Matemáticas
Prueba de acceso a Ciclos Formativos de GS

Matemáticas. Prueba de acceso a Ciclos Formativos de GS

Primera edición, 2011

© 2011 Alicia Espuig

© 2011 MARCOMBO, S.A.
Gran Via de les Corts Catalanes, 594
08007 Barcelona
www.marcombo.com

Diseño y maquetación: Pol Creuheras Borda

«Cualquier forma de reproducción, distribución, comunicación pública o transformación de esta obra sólo puede ser realizada con la autorización de sus titulares, salvo excepción prevista por la ley. Diríjase a CEDRO (Centro Español de Derechos Reprográficos, www.cedro.org) si necesita fotocopiar o escanear algún fragmento de esta obra».

ISBN: 978-84-267-1704-7

D.L.: BI-1323-2011
Impreso en Service Point S.A.
Printed in Spain

Matemáticas
Prueba de acceso a Ciclos Formativos de GS

Alicia Espuig

marcombo
ediciones técnicas

Estructura del libro ✓

La estructura general de los apartados de cada tema es la siguiente:

- Explicación teórica.
- Ejemplos referentes a la explicación teórica. Muchos de estos ejemplos se presentan en forma de ejercicios resueltos.
- Ejercicios propuestos del mismo tipo que los ejemplos anteriores, pensados para reforzar la explicación teórica. La mayoría de estos ejercicios incluyen la solución después del enunciado, para que sea más práctico per el/la alumno/a. En los casos en que no es conveniente tener la solución a la vista, ésta se encuentra al final del libro (en el apartado Ejercicios de teoría del Solucionario).
- Se repite la estructura anterior para cada explicación teórica del apartado.
- Al final de cada apartado (o diversos apartados, si no son muy extensos) hay una lista de ejercicios relacionados con los contenidos del apartado. Las soluciones de estos ejercicios se hallan al final del libro.

Al final del libro se incluye un Solucionario de todos los ejercicios.

El libro está pensado para que los/las alumnos/as puedan utilizarlo de forma autónoma si no pueden asistir a clase o se preparan para la prueba por libre. Las explicaciones están muy detalladas y los ejemplos y ejercicios, muy pautados. Además, el alumnado dispone de todas las soluciones para ir evaluando su progreso.

Muchos de los ejemplos y ejercicios del libro están basados en algunos de los que contenían las pruebas que se han hecho hasta el momento.

Índice

Tema 1 Conjuntos numéricos

En este tema:

1.1 NÚMEROS NATURALES. DIVISIBILIDAD

Los números naturales son los que utilizamos para contar.

El conjunto de los números naturales se representa con la letra N:

$N = \{1, 2, 3, 4, 5, 6...\}$

Es un conjunto ilimitado (tiene un número infinito de elementos).

1.1.1 Múltiplos y divisores

Dados dos números naturales, a y b, decimos que a es múltiplo de b si $\boldsymbol{a = n \cdot b}$, donde n es otro número natural.

Ejemplos:

1) **12** es múltiplo de **3**, ya que **12** = 4 · **3**. **2)** **40** es múltiplo de **8**, ya que **40** = 5 · **8**.

De este modo, para encontrar los múltiplos de un número vamos multiplicando dicho número por los números naturales.

Ejemplos:

1) Múltiplos de 2 → 2, 4, 6, 8, 10... **2)** Múltiplos de 5 → 5, 10, 15, 20, 25...

✓ **Ejercicio:** Calcula cinco múltiplos de 4 y de 7

a) Múltiplos de 4 → **b)** Múltiplos de 7 →

Dados dos números naturales, a y b, decimos que b es divisor de a si $\boldsymbol{a = n \cdot b}$, donde n es otro número natural.

Ejemplos:

1) **3** es divisor de **12**, ya que **12** = 4·**3** **2)** **8** es divisor de **40**, ya que **40** = 5 · **8**

Si la división $a : b$ es exacta, a es múltiplo de b y b es divisor de a. También decimos que a es divisible por b.

$$\begin{array}{l|l} \boldsymbol{a} & \boldsymbol{b} \\ \hline \boldsymbol{0} & \boldsymbol{n} \end{array} \rightarrow \begin{cases} a \text{ es múltiplo de } b \\ b \text{ es divisor de } a \\ a \text{ es divisible por } b \end{cases}$$

Ejemplo:

$$\begin{array}{l|l} 15 & 3 \\ \hline 0 & 5 \end{array} \rightarrow \begin{cases} 15 \text{ es múltiplo de } 3 \\ 3 \text{ es divisor de } 15 \\ 15 \text{ es divisible por } 3 \end{cases}$$

! Nota:

5 también es divisor de 15

$$\begin{array}{l|l} 15 & 5 \\ \hline 0 & 3 \end{array}$$

Ejemplos:

1) Divisores de 12 → 1, 2, 3, 4, 6, 12. **2)** Divisores de 15 → 1, 3, 5, 15.

✓ **Ejercicio:** Calcula los divisores de 8 y de 20.

a) Divisores de 8 → **b)** Divisores de 20 →

1.1.2 Criterios de divisibilidad

Los criterios de divisibilidad son reglas sencillas que nos permiten saber si un número es divisible por otro. Veamos los más utilizados. Un número natural es:

- Divisible por **2** si acaba en 0 o número par.
- Divisible por **3** si la suma de sus cifras es múltiplo de 3.
- Divisible por **4** si las dos últimas cifras, o bien son dos ceros o bien forman un número múltiplo de 4.
- Divisible por **9** si la suma de sus cifras es múltiplo de 9.
- Divisible por **5** si acaba en 0 o 5.
- Divisible por **6** si es divisible por 2 y por 3.
- Divisible por **10** si acaba en 0.

Ejemplo: Calcula todos los divisores de 60.

- Es divisible por 1: 60:1 = 60 → 1 y 60 son divisores de 60.
- Es divisible por 2 porque acaba en 0: 60:2 = 30 → 2 y 30 son divisores de 60.
- Es divisible por 3 porque 6+0 = 6 es múltiplo de 3: 60:3 = 20 → 3 y 20 son divisores de 60.
- Es divisible por 4: 60:4 = 15 → 4 y 15 son divisores de 60.
- Es divisible por 5 porque acaba en 0: 60:5 = 12 → 5 y 12 son divisores de 60.
- Es divisible por 6 porque es divisible por 2 y por 3: 60:6 = 10 → 6 y 10 son divisores de 60.
- No es divisible por 7, por 8 y por 9.

Divisores de **60** → 1, 2, 3, 4, 5, 6, 10, 12, 15, 20, 30 y 60.

✓**Ejercicio:** Calcula todos los divisores de 150.

1.1.3 Números primos y compuestos

Un número natural mayor que 1 es primo si únicamente es divisible por él mismo y por el número 1 (el 1 no se considera número primo).

Ejemplos:

Números primos → 2, 3, 5, 7, 11, 13, 17, 19, 23, 29...

✓**Ejercicio:**

Encuentra todos los número primos menores de 100.

Un número natural es compuesto si tiene otros divisores además de él mismo y el número 1.

1.1.4 Factorización de un número compuesto

Factorizar un número es descomponerlo en potencias de factores primos, es decir, expresarlo como un producto de potencias de números primos.

Ejemplo:

Factoriza los múmeros 60 y 72.

60	2		**72**	2	
30	2	$60 = 2 \cdot 2 \cdot 3 \cdot 5 = 2^2 \cdot 3 \cdot 5$	36	2	$72 = 2 \cdot 2 \cdot 2 \cdot 3 \cdot 3 = 2^3 \cdot 3^2$
15	3		18	2	
5	5		9	3	
1			3	3	
			1		

✓**Ejercicio: Factoriza los múmeros** 84 y 450. **Sol.:** $84 = 2^2 \cdot 3 \cdot 7$; $450 = 2 \cdot 3^2 \cdot 5^2$

1.1.5 Máximo común divisor (m.c.d.) y mínimo común múltiplo (m.c.m.)

El máximo común divisor de dos o más números es el mayor de sus divisores comunes.

Ejemplo: Calcula el máximo común divisor de 12 y 28.

El máximo común divisor de 12 y 28 se representa como m.c.d. (12, 28). Vamos a calcularlo:

Divisores de **12** → **1**, **2**, 3, **4**, 6, 12.

Divisores de **28** → **1**, **2**, **4**, 7, 14, 28.

De los divisores comunes, el más grande es el **4**:

$m.c.d.$ (12, 28) = 4

El mínimo común múltiplo de dos o más números es el menor de sus múltiplos comunes.

Ejemplo: Calcula el mínimo común múltiplo de 4 y 6.

El mínimo común múltiplo de 4 y 6 se representa como m.c.m (4, 6). Vamos a calcularlo:

Múltiplos de **4** → 4, 8, **12**, 16, 20, **24**, 28, 32, **36**...

Múltiplos de **6**→ 6, **12**, 18, **24**, 30, **36**, 42...

De los múltiplos comunes, el menor es el 12:

$m.c.m\ (4,6) = 12$

Para calcular el *m.c.d.* y el *m.c.m.* de dos o más números, se puede utilizar la siguiente regla práctica:

m.c.d	*m.c.m*
• *Factorizamos* los números. • Elegimos los factores primos *comunes* elevados al *menor exponente* y los multiplicamos.	• *Factorizamos* los números. • Elegimos los factores primos *comunes y no comunes* elevados *al mayor exponente* y los multiplicamos.

Ejemplos:

1) Calcula el *m.c.d.* y el *m.c.m.* de 60 y 72.

60	2	**72**	2
30	2	36	2
15	3	18	2
5	5	9	3
1		3	3
		1	

$60 = 2 \cdot 2 \cdot 3 \cdot 5 = 2^2 \cdot 3 \cdot 5$

$72 = 2 \cdot 2 \cdot 2 \cdot 3 \cdot 3 = 2^3 \cdot 3^2$

$m.c.d.(60,72) = 2^2 \cdot 3 = 12$

$m.c.m.\ (60,72) = 2^3 \cdot 3^2 . 5 = 360$

2) Calcula el *m.c.d.* y el *m.c.m.* de 6 y 4.

6	2	**4**	2
3	3	2	2
1		1	

$6 = 2 \cdot 3$

$4 = 2 \cdot 2 = 2^2$

$m.c.d.\ (6,4) = 2$

$m.c.m.\ (6,4) = 2^2 \cdot 3 = 12$

3) Calcula el *m.c.d.* y el *m.c.m.* de 12 y 56.

12	2	**56**	2
6	2	28	2
3	3	14	2
1		7	7
		1	

$12 = 2 \cdot 2 \cdot 3 = 2^2 \cdot 3$

$56 = 2 \cdot 2 \cdot 2 \cdot 7 = 2^3 \cdot 7$

$m.c.d.\ (12,56) = 2^2 = 4$

$m.c.m.\ (12,56) = 2^3 \cdot 3 \cdot 7 = 168$

4) Calcula el *m.c.d.* y el *m.c.m.* de 12, 20 y 50.

12	2	**20**	2	**50**	2
6	2	10	2	25	5
3	3	5	5	5	5
1		1	1	1	

$12 = 2 \cdot 2 \cdot 3 = 2^2 \cdot 3$

$20 = 2 \cdot 2 \cdot 5 = 2^2 \cdot 5$

$50 = 2 \cdot 5 \cdot 5 = 2 \cdot 5^2$

$m.c.d.\ (12,20,50) = 2$

$m.c.m.\ (12,20,50) = 2^2 \cdot 5^2 \cdot 3 = 300$

✓ **Ejercicio:** Calcula el *m.c.d* y el *m.c.m* de:

a) 84 y 14.
b) 75 y 45.
c) 9 y 70.
d) 90, 12 y 10.
e) 5, 15 y 13.
f) 150, 90 y 70.

Sol.: **a)** *m.c.d.* = 14; *m.c.m.* = 84
b) *m.c.d.* = 15; *m.c.m.* = 225
c) *m.c.d.* = 1*; *m.c.m.* = 630
d) *m.c.d.* = 2; *m.c.m.* = 180
e) *m.c.d.* = 1*; *m.c.m.* = 195
f) *m.c.d.* = 10; *m.c.m.* = 3.150

! * **Nota:** Si no hay ningún divisor común, el *m.c.d.* es 1.

Ejercicios

1. Calcula cinco múltiplos de los números siguientes:

6 →	25 →	8 →
12 →	15 →	9 →
4 →	11 →	20 →
7 →	30 →	45 →

2. Calcula todos los divisores de los números siguientes:

6 →	25 →	4→
8 →	12 →	11 →
15 →	9 →	20 →
7 →	30 →	45 →

3. Marca con un círculo los números divisibles por el número que se da a la izquierda usando los criterios de divisibilidad:

2 → 41, 32, 20, 153, 25, 48, 91, 92, 1220.

5 → 31, 36, 20, 350, 355, 32, 35, 81, 89, 10.

9 → 28, 585, 95, 504, 9756, 321, 921, 594, 9.

4 → 36, 424, 586, 1.200, 1.336, 4.252, 1.340.

3 → 285, 93, 352, 318, 225, 491, 5411, 31242.

10 → 35, 200, 350, 8001, 8005, 70, 425, 53, 110.

6 → 36, 28, 335, 333, 336, 422, 84, 1352, 552.

4. Marca con un círculo los números primos:

35, 41, 39, 12, 25, 96, 97, 51, 2, 63, 5, 81, 7, 61.

5. Si un número es múltiplo de 3 y de 5, ¿también lo es de 15? ¿Por qué?

6. Calcula el *m.c.d.* y el *m.c.m* de los números siguientes:

a) 54 y 72.

b) 70 y 245.

c) 10, 4 y 6.

d) 20, 120 y 240.

e) 14, 35 y 49.

f) 120, 700 y 180.

7. En una parada de autobús se detienen autobuses de tres líneas distintas. El autobús de la línea 1 pasa cada 15 minutos; el de la línea 2, cada 25 minutos; y el de la línea 3, cada 10 minutos. Si todos paran a las ocho de la mañana y cumplen puntualmente el horario, ¿cada cuántos minutos volverán a coincidir los tres autobuses en la parada?

8. El encargado de la cocina de un hotel quiere preparar bolsas de picnic para sus clientes. Dispone de 378 bocadillos, 252 piezas de fruta y 630 caramelos. Quiere que todas las bolsas sean iguales, que le salgan el máximo número posible de bolsas y que no le sobre comida. ¿Cuántas bolsas hará? ¿Cuántos bocadillos, piezas de fruta y caramelos colocará en cada bolsa?

1.2 NÚMEROS ENTEROS

Los números enteros surgieron por la necesidad de resolver operaciones matemáticas que no tienen solución en el conjunto de los números naturales (por ejemplo, la resta 3 – 10) y de expresar numéricamente situaciones que no se pueden expresar con números naturales.

El conjunto de los números enteros está formado por:

- los números enteros positivos (= los números naturales);
- los números enteros negativos;
- el número 0.

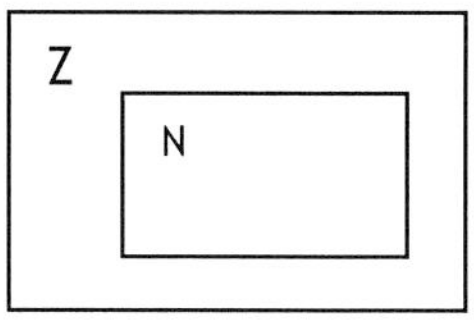

El conjunto de los números enteros lo representamos con Z :

$Z = \{...-6, -5, -4, -3, -2, -1, 0, 1, 2, 3, 4, 5, 6...\} = Z^- \cup \{0\} \cup Z^+ \quad N = Z^+ \subset Z$

El conjunto de los números naturales está incluido en el conjunto de los números enteros.

Representamos gráficamente los números enteros ordenados en una recta numérica:

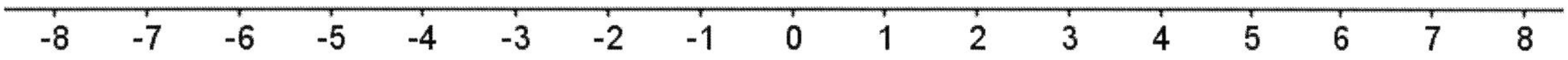

Ejemplos: Veamos ejemplos del uso de números enteros negativos en la vida cotidiana:

- Para expresar la temperatura bajo 0: – 5 °C
- Para expresar la profundidad: –300 m (bajo el nivel del mar)
- Para expresar deudas: –100 €
- Para expresar los niveles por debajo de la planta baja en un ascensor: planta –2

1.2.1 Valor absoluto y opuesto

El **valor absoluto** de un número entero es el número natural que obtenemos al prescindir de su signo. El valor absoluto se representa con | |.

Ejemplos:

$|-3| = 3 \quad |+3| = 3 \quad |-5| = 5 \quad |+10| = 10$

✓ **Ejercicios:**

$|+6| = \quad |-1| = \quad |-4| = \quad |+9| =$

El **opuesto** de un número entero es otro número entero que tiene el mismo valor absoluto, pero distinto signo.

Ejemplos:

$Op(-3) = +3 \quad Op(+3) = -3 \quad Op(-5) = +5 \quad Op(+10) = -10$

✓ **Ejercicios:**

a) $Op(+8) =$ **b)** $Op(-9) =$

1.2.2 Comparación de números enteros

! Nota: Veamos el significado de los símbolos <, >, ≤ y ≥.

$a < b \rightarrow a$ es menor que b. $a \leq b \rightarrow a$ es menor o igual *que* b.

$a > b \rightarrow a$ es mayor que b. $a \geq b \rightarrow a$ es mayor o igual *que* b.

Dados dos números enteros, el menor es el que está situado más a la izquierda en la recta numérica:

- Todos los números negativos son menores que 0 y que cualquier número positivo.
- Dados dos números enteros negativos, el mayor es el que tiene el menor valor absoluto.

Ejemplos:

$-3 < +2 \quad -8 < -5 \quad -1 < 0$

$+7 > -10 \quad -6 > -10 \quad +1 > 0$

✓ **Ejercicio:** Completa con < o >

a) +3 ......+2 **c)** +8 ...... –5 **e)** –1 ......+5

b) –7 ...... –10 **d)** –6 ...... –1 **f)** +1 .... –3

1.2.3 Operaciones con números enteros

Suma y resta de dos números enteros

Para sumar o restar dos números enteros, seguimos los pasos siguientes:

- Quitamos los paréntesis utilizando la siguiente regla, que coincide con la regla del producto de los signos:

$$+(+=+ \qquad +(-=-$$
$$-(-=+ \qquad -(+=-$$

- Si obtenemos dos números con el mismo signo, sumamos sus valores absolutos y añadimos ese mismo signo.
- Si obtenemos dos números de distinto signo, restamos sus valores absolutos y añadimos el signo del que tiene el mayor valor absoluto.

Ejemplos:

1) $(-3)+(-2)=-3-2=-5$

2) $(+2)-(+10)=+2-10=-8$

3) $(-3)+(+2)=-3+2=-1$

4) $(-4)-(+6)=-4-6=-10$

5) $(+3)+(-2)=+3-2=+1$

6) $(-2)-(-9)=-2+9=+7$

7) $(-5)-(-7)=-5+7=+2$

8) $(+8)+(+2)=+8+2=+10$

✓ Ejercicio:

a) $(-5)+(+6)=$

b) $(+5)-(-6)=$

c) $(-5)+(-6)=$

d) $(+5)-(+6)=$

Sol.: $1;\ 11;\ -11;\ -$

Propiedades de la suma de números enteros

Propiedad **conmutativa:** $a+b=b+a$ → *Ejemplo:* $(-3)+(+5)=(+5)+(-3)=+2$

Propiedad **asociativa:** $(a+b)+c=a+(b+c)$

Ejemplo: $(+3)+(-5)+(-2)=\underbrace{\big((+3)+(-5)\big)+(-2)}_{(-2)+(-2)}=\underbrace{(+3)+\big((-5)+(-2)\big)}_{(+3)+(-7)}=-4$

Elemento **neutro (0):** $a+0=0+a=a$

Elemento **simétrico** (el opuesto): $a+(-a)=(-a)+a=0$ → Ejemplo: $(-3)+(+3)=0$

Suma y resta de más de dos números enteros

Para sumar o restar más de dos números enteros, podemos proceder de la siguiente manera:

- Quitamos los paréntesis utilizando la misma regla que en el apartado anterior.
- Si, después de quitar los paréntesis, todos los números son del mismo signo, sumamos sus valores absolutos y añadimos ese signo.
- Si obtenemos números de signos diferentes:
  - Sumamos los valores absolutos de los positivos y los negativos por separado. El resultado serán dos números enteros de diferente signo.
  - Restamos sus valores absolutos y añadimos el signo del que tiene el mayor valor absoluto.

Ejemplos:

1) $(-3)+(-2)+(+10)-(+5)-(-8)+(-1)=-3-2+10-5+8-1=+18-11=\ +7$

2) $(-6)+(-11)-(+10)+(-2)=-6-11-10-2=\ -29$

3) $(+5)-(+5)-(-13)+(-20)-(+7)=+5-5+13-20-7=+18-32=\ -14$

Ejercicio:

a) $(-8)-(-1)+(-12)+(+5)-(+8)-(-4)=$

b) $(+3)-(-2)+(+11)-(-7)=$

c) $(+8)-(+6)-(-5)+(-7)=$

d) $(+7)-(+16)+(-15)-(-20)+(+9)=$

Sol.: a) -18 **b)** $+23$ **c)** 0 **d)** $+5$

Multiplicación y división exacta de dos números enteros

Para multiplicar o dividir dos números enteros, seguimos los siguientes pasos:

- Multiplicamos o dividimos sus valores absolutos para calcular el valor absoluto del resultado.
- El signo del resultado lo obtenemos aplicando la regla del producto de signos:
  - El resultado es positivo si los dos números tienen el mismo signo.
  - El resultado es negativo si son números de signos diferentes.

$+\cdot+=+$	$+\cdot-=-$
$-\cdot-=+$	$-\cdot+=-$

Ejemplos:

1) $(-3)\cdot(-2)=+6$ **4)** $(+4):(-2)=-2$

2) $(-6)\cdot(+5)=-30$ **5)** $(-5):(-5)=+1$

3) $(+5)\cdot(+5)=+25$ **6)** $(-15):(-5)=+3$

✓**Ejercicio:**

a) $(-10)\cdot(+2)=$ **d)** $(-36):(-9)=$

b) $(-6)\cdot(-4)=$ **e)** $(-5):(+5)=$

c) $(+3)\cdot(-7)=$ **f)** $(+6):(-3)=$

! Nota:

- Para multiplicar y dividir, aplicamos la regla del producto de signos.
- Para sumar y restar, añadimos el signo del que tiene el mayor valor absoluto.

Compara los signos:	Producto y división	Suma y resta
	$(-3)\cdot(-2)=+6$	$-3-2=-5$
	$(-5)\cdot(+7)=-35$	$-5+7=+2$
	$(+40):(+8)=+5$	$+40+8=+48$
	$(-5):(+1)=-5$	$-5+1=-4$

Propiedades de la multiplicación

Conmutativa: el orden de los factores no altera el producto:

$a\cdot b=b\cdot a\rightarrow$ Ejemplo: $(+3)\cdot(-2)=(-2)\cdot(+3)=-6$

Asociativa: la forma en que agrupemos los factores no altera el producto:

$(a\cdot b)\cdot c=a\cdot(b\cdot c)\rightarrow$ Ejemplo: $[(+3)\cdot(-2)]\cdot(-4)=(+3)\cdot[(-2)\cdot(-4)]$

$$(-6)\cdot(-4)=(+3)\cdot(+8)$$
$$+24=+24$$

Distributiva de la multiplicación respecto de la suma:

$a\cdot(b+c)=a\cdot b+a\cdot c\rightarrow$ Ejemplo: $(-3)\cdot[(-2)+(+5)]=(-3)\cdot(-2)+(-3)\cdot(+5)$

$$(-3)\cdot(+3)=(+6)+(-15)$$
$$-9=-9$$

Elemento neutro (1): $a\cdot 1=1\cdot a=a$

Sacar factor común

Cuando en una serie de sumandos hay un factor común a todos ellos, podemos sacar factor común aplicando la propiedad distributiva:

Ejemplos:

1) $(-5)\cdot(-2)+(-5)\cdot(+6)=(-5)\cdot[(-2)+(+6)]$

$$(+10)+(-30)=(-5)\cdot(+4)$$
$$-20=-20$$

2) $-6+9-15=3\cdot(-2+3-5)$

$$-21+9=3\cdot(-7+3)$$
$$-12=-12$$

Todos los sumandos son múltiplos de 3.

✓**Ejercicio:** Saca factor común y haz las operaciones para comprobar que se verifica la igualdad.

a) $3\cdot(-1)+3\cdot(-3)+3\cdot(+4)=$

b) $-5+10-15+25=$

Multiplicación de más de dos números enteros

Para multiplicar más de dos números enteros:

- Multiplicamos sus valores absolutos para calcular el valor absoluto del resultado.
- El signo del resultado está en función del número de factores negativos:
  - El resultado es positivo si hay un número par de factores negativos.
  - El resultado es negativo si hay un número impar de factores negativos.

Ejemplos:

1) $(-3)\cdot(-2)\cdot(-6)\cdot(+5) = -180$

2) $(-4)\cdot(+2)\cdot(-2)\cdot(+2)\cdot(+3) = +96$

3) $(-5)\cdot(-2)\cdot(-7)\cdot(+1)\cdot(-10) = +700$

4) $(-1)\cdot(-1)\cdot(-1)\cdot(-1)\cdot(-1) = -1$

✓Ejercicio:

a) $(-3)\cdot(-3)\cdot(+5)\cdot(+5) =$

b) $(-1)\cdot(+2)\cdot(-8)\cdot(+2)\cdot(-10) =$

c) $(-7)\cdot(-2)\cdot(-7)\cdot(-1)\cdot(-10) =$

d) $(-10)\cdot(-10)\cdot(-10)\cdot(-10) =$

Sol.: a) +225; b) –320; c) –980; d) +10.000

Operaciones combinadas

Cuando trabajamos con operaciones combinadas, debemos seguir el siguiente orden:

- Resolvemos los paréntesis y corchetes.
- Hacemos los productos y las divisiones en el orden en el que se presenten.
- Hacemos las sumas y restas.

Ejemplos:

1) $\mathbf{(-3)\cdot(-2) + (-5)\cdot(+6) + (+3)\cdot(-4) =}$

$+6 \quad + \quad (-30) \quad + \quad (-12) =$

$+6 - 30 - 12 = +6 - 42 = \quad -36$

2) $\mathbf{3 + 2\cdot(-5) - 4\cdot[\,4 - 8:(+3 - 5) - 5\,] =}$

$3 + 2\cdot(-5) - 4\cdot[4 - 8:(-2) - 5] =$

$3 + 2\cdot(-5) - 4\cdot[4 + 4 - 5] =$

$3 + 2\cdot(-5) - 4\cdot(+3) = 3 - 10 - 12 = 3 - 22 = \quad -19$

3) $\mathbf{5 - [\,(-3) + (+2)\cdot(-1) + (-5)\,] + 10 =}$

$5 - [\,(-3) + (-2) + (-5)\,] + 10 =$

$5 - [\,-3 - 2 - 5\,] + 10 =$

$5 - (-10) + 10 = 5 + 10 + 10 = \quad +25$

4) $\mathbf{4 - 12: [(-3) + (+2)\cdot(\,-1 + 10:(-2):(-5)\,) + (-3)] + 10 =}$

$4 - 12 : [\,(-3) + (+2)\cdot(\,-1 + 1\,) + (-3)\,] + 10 =$

$4 - 12 : [\,(-3) + (+2)\cdot 0 + (-3)\,] + 10 =$

$4 - 12 : [\,(-3) + 0 + (-3)\,] + 10 =$

$4 - 12 : [\,-3 - 3\,] + 10 =$

$4 - 12:(-6) + 10 = 4 + 2 + 10 = \quad +16$

✓Ejercicio:

a) $5 + 2\cdot(-3) - (2 - 4):(+2) =$

Sol.: 0

b) $8 - 5 \cdot \left[(+4) + (-7)\cdot\left(\,-1 + (-\,8):(+4)\right)\right] =$

Sol.: –117

! Nota: Si entre un número y un paréntesis o entre dos paréntesis no hay ningún signo, se sobrentiende que se trata de un signo de multiplicación (·) :

$3(2+5) = 3\cdot(2+5)$ $\qquad$ $(5+2\cdot 10)(4+5) = (5+2\cdot 10)\cdot(4+5)$

1.2.4 Múltiplos y divisores en el conjunto de los números enteros

Las definiciones de múltiplo y divisor que hemos dado en el apartado *Números naturales* se amplían al conjunto de los números enteros:

Dados dos números enteros, a y b, decimos que ***a* es múltiplo de *b*** y ***b* es divisor de *a*** si $\boldsymbol{a = n \cdot b}$, donde n es otro número entero.

Por tanto, para calcular múltiplos y divisores de números enteros debemos tener en cuenta los múltiplos y divisores negativos:

Ejemplos:

1. Múltiplos de 2 → +2, –2, +4, –4, +6, –6, +8, –8...

2. Divisores de 12 → +1, –1, +2, –2, +3, –3, +4, –4, +6, –6, +12, –12.

Ejercicios

Números enteros

1. Dibuja una recta numérica y representa en ella los siguientes números enteros:

$$-5, +7, +2, -7, +3, -2, -10$$

2. Ordena de menor a mayor los números siguientes:

$$+3, -4, -3, -1, +9, -6, +1, -8, -21$$

3. Comprueba gráficamente (representando los números en la recta numérica) el ejercicio anterior.

4. Completa con < o >:

a) -1 ......$+2$ b) $+8$ ...... $+5$ c) -6 ......$+5$ d) $+8$ 0

e) $+7$ ...... -12 f) -1 ...... -5 g) -10 ...... -4 h) -9 0

5. Calcula:

a) $|-2|=$ b) $|+8|=$ c) $|+7|=$ d) $|-12|=$

e) $\text{Op}(-2)=$ f) $\text{Op}(+8)=$ g) $\text{Op}(+7)=$ h) $\text{Op}(-12)=$

6. Calcula el valor de x. Da todos los resultados posibles

a) $|x|=3$ $x=$ b) $|x|=5$ $x=$

c) $|x-5|=3$ $x=$ d) $|x+2|=10$ $x=$

Suma y resta de números enteros

Efectúa las siguientes sumas y restas:

1. $(-4)+(-5)=$ **16.** $(-7)+(+12)=$ **31.** $(-15)+(-18)=$ **46.** $(+6)+(-5)=$

2. $(-8)+(+5)=$ **17.** $(-4)-(-18)=$ **32.** $(+24)+(-11)=$ **47.** $(-10)-(+5)=$

3. $(-14)-(-5)=$ **18.** $(-31)+(-5)=$ **33.** $(-3)+(-19)=$ **48.** $(+23)+(-11)=$

4. $(-10)-(+6)=$ **19.** $(-25)+(+5)=$ **34.** $(+10)+(-4)=$ **49.** $(-13)-(-25)=$

5. $(-24)+(-5)=$ **20.** $(-12)+(-16)=$ **35.** $(+34)+(-5)=$ **50.** $(+9)-(+15)=$

6. $(+20)+(-5)=$ **21.** $(+8)+(-10)=$ **36.** $(-9)+(-3)=$ **51.** $(-14)-(-3)=$

7. $(+4)-(-5)=$ **22.** $(-3)-(-7)=$ **37.** $(+8)+(-15)=$ **52.** $(-19)+(-6)=$

8. $(-13)+(-5)=$ **23.** $(-11)+(-9)=$ **38.** $(+16)+(+5)=$ **53.** $(-8)+(+25)=$

9. $(+4)+(-15)=$ **24.** $(-2)-(+5)=$ **39.** $(+16)+(-5)=$ **54.** $(+3)-(-5)=$

10. $(+4)-(+12)=$ **25.** $(+13)+(-6)=$ **40.** $(-16)+(-5)=$ **55.** $(+3)+(-5)=$

11. $(-9)+(+5)=$ **26.** $(-15)+(-17)=$ **41.** $(-16)-(-5)=$ **56.** $(-3)+(-5)=$

12. $(-10)+(-5)=$ **27.** $(+36)+(-5)=$ **42.** $(+21)+(-25)=$ **57.** $(-3)-(-5)=$

13. $(+6)+(-1)=$ **28.** $(-8)-(-5)=$ **43.** $(+36)-(-8)=$ **58.** $(+6)+(+26)=$

14. $(-14)-(-21)=$ **29.** $(-4)-(+2)=$ **44.** $(-12)+(-7)=$ **59.** $(+19)-(-35)=$

15. $(+24)-(+15)=$ **30.** $(+17)+(-6)=$ **45.** $(+4)+(-11)=$ **60.** $(+13)+(-45)=$

Ejercicios

Operaciones con números enteros

1. a) $(-3)+(-5)=$ e) $(+5)+(+3)=$ i) $(-13)+(-18)=$

b) $(-3)-(-10)=$ f) $(+8)+(-10)=$ j) $(-3)+(-3)=$

c) $(-11)-(+6)=$ g) $(-8)-(-15)=$ k) $(-3)+(+5)=$

d) $(+11)-(+16)=$ h) $(+6)-(+12)=$ l) $(+9)+(-7)=$

2. a) $(-3)+(-5)-(-2)+(+10)-(+15)+(-4)=$

b) $(-1)+(+9)-(+6)+(-5)=$

c) $(+2)-(+5)+(+17)-(-7)-(+1)+(-4)=$

d) $(-4)-(+5)-(+8)+(-2)=$

e) $(-6)-(-3)-(+11)-(-8)+(-20)=$

3. a) $(-8)\cdot(-8)=$ b) $(-1)\cdot(-8)=$ c) $(+5)\cdot(+4)=$

d) $(-2)\cdot(+9)=$ e) $(-7)\cdot(+4)=$ f) $(+9)\cdot(-7)=$

g) $(-5)\cdot(+7)=$ h) $(+5)\cdot(-11)=$ i) $(+6)\cdot(-8)=$

4. a) $(-8)\cdot(-1)\cdot(+10)\cdot(-2)=$ d) $(-5)\cdot(-5)\cdot(-5)=$

b) $(-2)\cdot(+5)\cdot(+3)\cdot(+3)\cdot(-1)\cdot(+2)=$ e) $(-3)\cdot(+3)\cdot(-3)=$

c) $(-2)\cdot(-1)\cdot(-3)\cdot(+7)\cdot(-1)\cdot(-3)=$

5. a) $(-25):(-5)=$ b) $(-9):(-3)=$ c) $(-10):(+2)=$

d) $(-120):(+4)=$ e) $(-27):(-9)=$ f) $(-8):(+1)=$

g) $(+15):(-5)=$ h) $(-22):(+2)=$ i) $(+16):(+4)=$

6. a) $-5+(-3)\cdot(-2)-2\cdot(8-5\cdot 2+1)+3=$

b) $(-5)\cdot(+8)-(-3)\cdot(-2)-(+4)\cdot(+6)-(+12):(-3)=$

c) $-2-(2-5\cdot 3)+8\cdot(1-6:(-2))=$

d) $5-2\cdot 8+(-60):(+5)=$

e) $-2-(-3+4-1+2)+3\cdot[2\cdot(1+2\cdot(-8))]=$

Ejercicios

Refuerzo de operaciones con números enteros

1. a) $(+16)+(-4)-(-3)-(+10)-(+15)+(-14)=$

   b) $(+12)+(+1)-(+6)+(-9)=$

   c) $(+21)-(-5)+(-11)-(-7)-(+10)+(-4)=$

   d) $(-4)-(+2)-(+8)+(-2)=$

2. a) $(-7)\cdot(+8)=$ b) $(-2)\cdot(-21)=$ c) $(+9)\cdot(+6)=$

   d) $(-1)\cdot(+9)=$ e) $(-7)\cdot(-9)=$ f) $(+8)\cdot(-6)=$

3. a) $(-8)\cdot(-1)\cdot(-11)\cdot(-2)=$

   b) $(-2)\cdot(+5)\cdot(+3)\cdot(-2)\cdot(-1)\cdot(+2)=$

   c) $(-2)\cdot(-1)\cdot(-3)\cdot(-8)\cdot(-1)\cdot(-3)=$

   d) $(-6)\cdot(-6)\cdot(-6)=$

4. a) $(-35):(-7)=$ b) $(-9):(-9)=$ c) $(-100):(+2)=$

   d) $(-120):(+6)=$ e) $(+54):(-9)=$ f) $(+28):(+2)=$

5. a) $5+(-3)\cdot(+2)-2\cdot(8+5\cdot 2+1)-3\cdot 5=$

   b) $(+5)\cdot(+9)-(-2):(-2)-(+4)\cdot(-6)-(-12):(-6)=$

   c) $-2-(2-15:3)-4\cdot(10-5\cdot(-2))=$

6. a) $-3+2\cdot 5-2\cdot[-5-3\cdot(-2)-(-10):(-2)]=$

   b) $-4\cdot[5\cdot(-4+1)-8\cdot(-2-1)]-2\cdot[3\cdot(2-8)+10]=$

   c) $[(-18):(-6)]\cdot 4-12+[(-5)\cdot(-2)\cdot(-1)]:(+10)=$

   d) $-3\cdot[(-8)-(-3)-(-5)+(-1)]:(+3)=$

   e) $2\cdot 7-10+4\cdot[-5\cdot 3-7\cdot(-2)]=$

   f) $-(-4+2-10+25-5)-6\cdot[2-15:(-2+32:(-4)+5)]=$

1.3 NÚMEROS RACIONALES

1.3.1 Fracciones

Una fracción es una expresión del tipo $\frac{a}{b}$, en la que a y b son números enteros, con $b \neq 0$, denominados **numerador** y **denominador** respectivamente (a = numerador y b = denominador).

$$\frac{\text{numerador}}{\text{denominador}}$$

Concepto de fracción

Una fracción puede representar:

- El cociente entre dos números enteros:

$\frac{a}{b}$ expresa el cociente o división de a entre $b \rightarrow a:b$

Ejemplos:

$\frac{1}{2}=0,5$ $\quad \frac{3}{4}=0,75$ $\quad \frac{5}{4}=1,25$ $\quad -\frac{5}{3}=-1,666...$ $\quad \frac{12}{3}=4$

El resultado del cociente se conoce como **expresión decimal** de la fracción y puede ser un número entero o un número decimal.

Si el numerador es menor que el denominador, el cociente es menor que 1 y la fracción se denomina **propia.**

Si el numerador es mayor que el denominador, el cociente es mayor que 1 y la fracción se denomina **impropia.**

- Una parte de la unidad:

$\frac{a}{b}$ puede representar una parte de la unidad.

El denominador indica el número de partes iguales en que dividimos la unidad y el numerador indica el número de partes que queremos destacar.

Ejemplos:

Fracción	Parte de la unidad	Expresión decimal	Propia o impropia
$\frac{1}{2}$	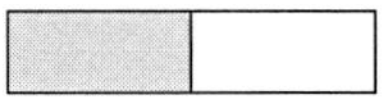	0,5	propia
$\frac{3}{4}$	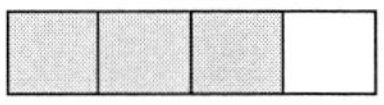	0,75	propia
$\frac{5}{4}$	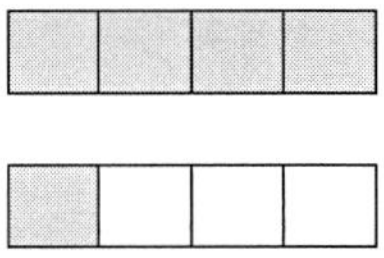	1,25	impropia

Ejercicio: Completa:

Fracción	Parte de la unidad	Expresión decimal	Propia o impropia
$\frac{9}{3}$	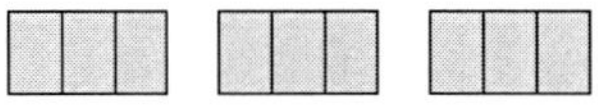	3	impropia
$\frac{2}{5}$			
$\frac{7}{3}$			

• El operador de un número:

Para calcular $\frac{a}{b}$ *de un número, dividimos el número entre* b *y el resultado lo multiplicamos por* a.

Ejemplos:

1) $\frac{3}{4}$ de 24 → 24:4 = 6 6·3 = **18** → $\left(\frac{3}{4} \text{ de } 24\right) = 18$

2) $\frac{5}{3}$ de 12 → 12 :3 = 4 4·5 = **20** → $\left(\frac{5}{3} \text{ de } 12\right) = 20$

✓ **Ejercicio:** Calcula:

$\frac{2}{3}$ de 24 →

$\frac{5}{2}$ de 16 →

Número mixto

Si descomponemos una fracción impropia en la suma de una parte entera y una fracción propia, obtenemos un número mixto. Se expresa como $c+\frac{a}{b}$ o como $c\,\frac{a}{b}$, donde c es la parte entera y $\frac{a}{b}$ es la fracción propia.

Para calcular el número mixto, hacemos la división de la fracción impropia; el cociente será la parte entera del número mixto y el resto será el numerador de su parte fraccionaria.

Para transformar un número mixto en una fracción impropia, multiplicamos el entero por el denominador y sumamos el resultado al numerador. El número obtenido será el numerador de la fracción impropia.

Ejemplos:

1) $\frac{23}{7} = 3\,\frac{2}{7}$ 23 | 7 → resto 2, cociente 3 $3\,\frac{2}{7} = \frac{21+2}{7} = \frac{23}{7}$

2) $\frac{25}{4} = 6\,\frac{1}{4}$ 25 | 4 → resto 1, cociente 6 $6\,\frac{1}{4} = \frac{24+1}{4} = \frac{25}{4}$

✓ **Ejercicio:**

Pasa de fracción a número mixto y viceversa:

a) $\frac{17}{4} =$ b) $2\,\frac{3}{5} =$

Representación de una fracción sobre la recta numérica

Para representar una fracción sobre una recta numérica, procedemos como se indica en el ejemplo siguiente. Si la fracción es impropia, la expresamos previamente como un número mixto para representarla fácilmente.

Ejemplo:

Representa $-\frac{3}{4}$ **y** $\frac{5}{3}$ **sobre la recta numérica.**

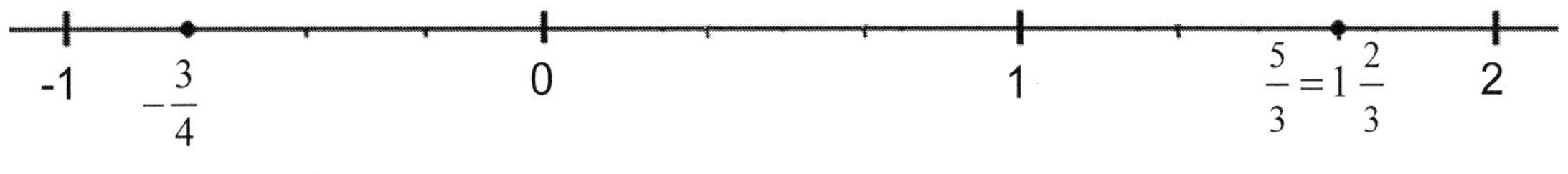

Fracciones equivalentes

Dos fracciones $\frac{a}{b}$ y $\frac{c}{d}$ son equivalentes si $a \cdot d = b \cdot c$.

Si dos fracciones son equivalentes, los resultados de sus cocientes son iguales (tienen la misma expresión decimal) y representen la misma parte de la unidad.

Ejemplo: Las fracciones siguientes son equivalentes:

Fracción	Partes de la unidad	Expresión decimal	$a \cdot d = b \cdot c$
$\frac{1}{2}$	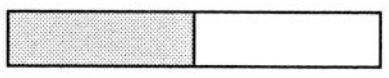	$1{:}2 = 0{,}5$	$\frac{1}{2} = \frac{2}{4} \rightarrow 1 \cdot 4 = 2 \cdot 2$
$\frac{2}{4}$	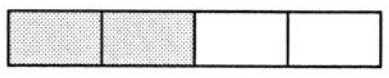	$2{:}4 = 0{,}5$	$\frac{1}{2} = \frac{3}{6} \rightarrow 1 \cdot 6 = 3 \cdot 2$
$\frac{3}{6}$	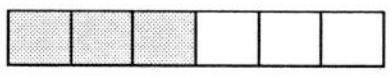	$3{:}6 = 0{,}5$	$\frac{2}{4} = \frac{3}{6} \rightarrow 2 \cdot 6 = 3 \cdot 4$

Para encontrar fracciones equivalentes a una fracción dada, se puede hacer:

- Por amplificación: multiplicando el numerador y el denominador de la fracción por un mismo número entero. Se pueden calcular infinitas fracciones equivalentes.
- Por simplificación: dividiendo el numerador y el denominador de la fracción por un mismo número entero, que sea divisor común de los dos.

! Nota: Dada una fracción, podemos encontrar infinitas fracciones equivalentes a la misma.

Ejemplo: Calcula fracciones equivalentse a la dada:

1) $\mathbf{\frac{3}{4}} \rightarrow \frac{6}{8}, \frac{9}{12}, \frac{12}{16}, \frac{15}{20}, \frac{18}{24} \ldots$ (por amplificación)

2) $\mathbf{\frac{60}{24}} \rightarrow \frac{30}{12}, \frac{20}{8}, \frac{15}{6}, \frac{10}{4}, \frac{5}{2}$ (por simplificación)

✓ **Ejercicio:** Calcula 5 fracciones equivalentes a la dada:

a) $\frac{2}{5} \rightarrow$ (por amplificación)

b) $\frac{120}{180} \rightarrow$ (por simplificación)

Reducción a denominador común

Reducir a denominador común dos o más fracciones es encontrar fracciones equivalentes a ellas que tengan el mismo denominador. Para hacerlo, seguimos los pasos siguientes:

- Calculamos el mínimo común múltiplo de los denominadores, que será el denominador común.
- Calculamos los numeradores para que las fracciones sean equivalentes, es decir, multiplicamos el numerador de cada fracción por el número por el que se multiplicaría el denominador para encontrar el denominador común (para que sean equivalentes se debe multiplicar numerador y denominador por el mismo número).

Ejemplos: Reduce a denominador común:

1) $\mathbf{\frac{3}{4}, \frac{1}{6}} \rightarrow \frac{9}{12}, \frac{2}{12}$
$\begin{cases} 4 \cdot \underline{3} = 12 \rightarrow \text{multiplicamos el numerador y el denominador de la primera fracción por 3.} \\ 6 \cdot \underline{2} = 12 \rightarrow \text{multiplicamos el numerador y el denominador de la segunda fracción por 2.} \end{cases}$

$m.c.m.(4,6) = 12$

2) $\mathbf{\frac{3}{5}, \frac{4}{15}, \frac{2}{25}} \rightarrow \frac{45}{75}, \frac{20}{75}, \frac{6}{75}$
$\begin{cases} 5 \cdot \underline{15} = 75 \rightarrow \text{multiplicamos num. y denom. de la primera fracción por 15.} \\ 15 \cdot \underline{5} = 75 \rightarrow \text{multiplicamos num. y denom. de la segunda fracción por 5.} \\ 25 \cdot \underline{3} = 75 \rightarrow \text{multiplicamos num. y denom. de la tercera fracción por 3.} \end{cases}$

$m.c.m.(5,15,25) = 75$

✓**Ejercicio:** Reduce a denominador común:

a) $\frac{2}{15}, \frac{7}{10}$ b) $\frac{5}{4}, \frac{3}{8}, \frac{1}{2}$ c) $\frac{3}{20}, \frac{4}{12}, \frac{2}{24}$

Fracción irreducible y simplificación de fracciones

Una fracción es irreducible cuando el numerador y el denominador no tienen ningún divisor común (son primos entre ellos). Simplificar una fracción es encontrar la fracción equivalente irreducible. Se puede hacer de tres formas:

- Dividiendo el numerador y el denominador por divisores comunes hasta que ya no tengan ningún divisor común.
- Dividiendo el numerador y el denominador por su máximo común divisor.
- Factorizando el numerador y el denominador y eliminando los factores comunes.

Ejemplos:

1) Simplifica $\frac{120}{36}$

1r método:

$$\frac{120}{36}=\frac{60}{18}=\frac{30}{9}=\frac{10}{3}$$

2º método:

$$\left.\begin{array}{l}120=2^3\cdot 3\cdot 5\\ 36=2^2\cdot 3^2\end{array}\right\} m.c.d.\ (120,36)=2^2\cdot 3=12$$

$$\rightarrow \frac{120}{36}=\frac{120:12}{36:12}=\frac{10}{3}$$

3r método:

$$\frac{120}{36}=\frac{\not{2}\cdot\not{2}\cdot 2\cdot\not{3}\cdot 5}{\not{2}\cdot\not{2}\cdot\not{3}\cdot 3}=\frac{2\cdot 5}{3}=\frac{10}{3}$$

2) Simplifica $\frac{45}{270}$

1r método:

$$\frac{45}{270}=\frac{9}{54}=\frac{3}{18}=\frac{1}{6}$$

2º método:

$$\left.\begin{array}{l}45=3^2\cdot 5\\ 270=2\cdot 3^3\cdot 5\end{array}\right\} m.c.d.\ (45,270)=3^2\cdot 5=45$$

$$\rightarrow \frac{45}{270}=\frac{45:45}{270:45}=\frac{1}{6}$$

3r método:

$$\frac{45}{270}=\frac{\not{3}\cdot\not{3}\cdot\not{5}}{2\cdot\not{3}\cdot\not{3}\cdot 3\cdot\not{5}}=\frac{1}{6}$$

✓**Ejercicio:** Simplifica $\frac{720}{420}$ utilizando los tres métodos. **Sol.:** $\frac{12}{7}$

Comparación de fracciones

En general, si una fracción es positiva:

- Cuanto mayor es su numerador, mayor es la fracción.
- Cuanto más grande es su denominador, menor es la fracción.

Para comparar dos fracciones positivas:

- Si tienen el mismo denominador, será mayor la que tenga mayor numerador.
- Si tienen el mismo numerador, será mayor la que tenga menor denominador.
- Si tienen denominador y numerador diferentes, las reducimos a denominador común para compararlas, o bien calculamos el cociente:

Si ninguna de las dos fracciones es positiva, las comparamos del mismo modo que comparamos los números enteros.

Ejemplos:

1) Mismo denominador: $\frac{3}{4}<\frac{7}{4}$ **2)** Mismo numerador: $\frac{3}{5}<\frac{3}{2}$

3) Numerador y denominador diferentes: $\frac{3}{4},\frac{4}{5}\rightarrow\frac{15}{20},\frac{16}{20}\rightarrow\frac{15}{20}<\frac{16}{20}$ $\frac{3}{4}=0,75<\frac{4}{5}=0,8$

1.3.2 Operaciones con fracciones

Suma y resta de fracciones

Para sumar o restar fracciones con el mismo denominador, sumamos o restamos sus numeradores y dejamos invariable el denominador. Si el resultado que se obtiene no es irreducible, lo simplificamos.

Ejemplos:

1) $\frac{3}{5}+\frac{1}{5}=\frac{4}{5}$ 2) $\frac{3}{4}+\frac{7}{4}=\frac{10}{4}=\frac{5}{2}$ 3) $\frac{8}{4}-\frac{2}{4}=\frac{6}{4}=\frac{3}{2}$

Para sumar o restar fracciones con diferente denominador, reducimos las fracciones a denominador común y las sumamos o restamos como en el caso anterior. Finalmente, simplificamos el resultado obtenido.

Ejemplos:

1) $\frac{3}{4}-\frac{1}{18}=\frac{27}{36}-\frac{2}{36}=\frac{25}{36}$ $m.c.m.(4,18)=36$

2) $2+\frac{1}{3}+\frac{7}{15}=\frac{2}{1}+\frac{1}{3}+\frac{7}{15}=\frac{30}{15}+\frac{5}{15}+\frac{7}{15}=\frac{42}{15}=\frac{14}{5}$ $m.c.m.(1,3,15)=15$

✓ **Ejercicio:**

a) $\frac{1}{8}+\frac{3}{4}-\frac{1}{6}=$ b) $\frac{1}{10}-\frac{2}{15}+\frac{5}{9}=$ c) $\frac{11}{12}+\frac{19}{45}-\frac{13}{18}=$

Sol.: a) $\frac{17}{24}$ b) $\frac{47}{90}$ c) $\frac{37}{60}$

! **Nota:** Todo número entero puede expresarse como una fracción de denominador 1:

Ejemplos: $2=\frac{2}{1}$; $-5=-\frac{5}{1}$

Multiplicación de fracciones

El producto de dos o más fracciones es otra fracción que tiene por numerador el producto de los numeradores y por denominador el producto de los denominadores. Para calcular el signo de la fracción resultante aplicamos la regla del producto de los signos.

$$\frac{a}{b}\cdot\frac{c}{d}=\frac{a\cdot c}{b\cdot d}$$

Ejemplos:

1) $\frac{5}{4}\cdot\frac{2}{3}=\frac{5\cdot 2}{4\cdot 3}=\frac{10}{12}=\frac{5}{6}$ 2) $\frac{5}{3}\cdot\left(-\frac{9}{10}\right)=-\frac{45}{30}=-\frac{3}{2}$

! **Nota:** El resultado final se debe simplificar siempre que no sea irreducible.

✓ **Ejercicio:**

a) $\frac{7}{2}\cdot\frac{8}{3}=$ b) $\frac{5}{3}\cdot\frac{7}{6}=$

Sol.: a) $\frac{28}{3}$ b) $\frac{35}{18}$

División de fracciones

El cociente de dos fracciones es otra fracción que tiene por *numerador el producto del numerador de la primera fracción por el denominador de la segunda, y por denominador el producto del denominador de la primera por el numerador de la segunda*. En la práctica decimos que multiplicamos en cruz:

$$\frac{a}{b}:\frac{c}{d}=\frac{a\cdot d}{b\cdot c} \qquad \frac{a}{b}\times\frac{c}{d}=\frac{a\cdot d}{b\cdot c}$$

Ejemplos:

1) $\frac{\mathbf{1}}{\mathbf{4}}:\frac{\mathbf{5}}{\mathbf{3}}=\frac{1\cdot 3}{4\cdot 5}=\frac{3}{20}$

2) $\frac{\mathbf{8}}{\mathbf{5}}:\frac{\mathbf{3}}{\mathbf{10}}=\frac{80}{15}=\frac{16}{3}$

! Nota: El resultado final debe simplificarse siempre y cuando no sea irreductible.

✓ Ejercicio:

a) $\frac{5}{9}:\frac{7}{4}=$

b) $\frac{1}{3}:\frac{1}{9}=$

Sol.: a) $\frac{20}{63}$ b) 3

A veces, cuando realizamos un producto o una división de diversas fracciones, conviene simplificar antes de multiplicar.

Ejemplos:

1) $\frac{4}{9}:\frac{16}{15}=\frac{4\cdot 15}{9\cdot 16}=\frac{\cancel{2}\cdot\cancel{2}\cdot\cancel{3}\cdot 5}{\cancel{3}\cdot 3\cdot\cancel{2}\cdot\cancel{2}\cdot 2\cdot 2}=\frac{5}{12}$

2) $\frac{5}{12}\cdot\frac{7}{15}\cdot\frac{18}{14}=\frac{5\cdot 7\cdot 18}{12\cdot 15\cdot 14}=\frac{\cancel{5}\cdot\cancel{7}\cdot\cancel{2}\cdot\cancel{3}\cdot\cancel{3}}{\cancel{2}\cdot 2\cdot\cancel{3}\cdot\cancel{3}\cdot\cancel{5}\cdot 2\cdot\cancel{7}}=\frac{1}{4}$

✓ Ejercicio:

a) $\frac{28}{5}:\frac{21}{25}=$

b) $\frac{18}{10}\cdot\frac{42}{45}\cdot\frac{25}{27}=$

Sol: a) $\frac{20}{3}$ b) $\frac{14}{9}$

Si tenemos el cociente de dos fracciones expresado como una fracción en la que el numerador y el denominador son a la vez dos fracciones, podemos expresarlo como un cociente y proceder como antes, o aplicar la siguiente regla práctica:

$$\frac{\frac{a}{b}}{\frac{c}{d}}=\frac{a\cdot d}{b\cdot c}=\frac{\text{producto de los extremos}}{\text{producto de los medios}}$$

Ejemplos:

1) $\frac{\frac{2}{3}}{\frac{5}{6}}=\frac{2\cdot 6}{3\cdot 5}=\frac{12}{15}=\frac{4}{5}$

2) $\frac{3}{\frac{5}{2}}=\frac{\frac{3}{1}}{\frac{5}{2}}=\frac{3\cdot 2}{1\cdot 5}=\frac{6}{5}$

Operaciones combinadas

Cuando realizamos operaciones combinadas con fracciones, se debe respetar la jerarquía de las operaciones:

- Resolvemos los paréntesis y los corchetes (se resuelven de dentro hacia afuera).
- Hacemos los productos y las divisiones en el orden en que se presenten.
- Resolvemos las sumas y las restas.

Conviene ir haciendo las operaciones aparte y simplificar cada resultado parcial.

Cuando hay operaciones en el numerador y en el denominador de una fracción, las realizamos por separado y hacemos el cociente de las dos fracciones resultantes.

Ejemplos:

1)

$$\frac{\frac{1}{5}\cdot\left(2-\frac{3}{4}\right)}{1+\frac{1}{6}:\frac{2}{3}} = \frac{\frac{1}{5}\cdot\frac{5}{4}}{1+\frac{1}{4}} = \frac{\frac{1}{4}}{\frac{5}{4}} = \frac{4}{20} = \frac{1}{5}$$

Operaciones:

$2-\frac{3}{4}=\frac{8}{4}-\frac{3}{4}=\frac{5}{4}$ $\qquad$ $\frac{1}{6}:\frac{2}{3}=\frac{3}{12}=\frac{1}{4}$

$1+\frac{1}{4}=\frac{4}{4}+\frac{1}{4}=\frac{5}{4}$

2)

$$\frac{\frac{2}{3}:\frac{10}{9}+\frac{8}{3}\cdot\left(1-\frac{1}{4}\right)-1}{\frac{1}{3}\cdot\frac{3}{5}-\frac{6}{5}:\frac{2}{3}} = \frac{\frac{3}{5}+\frac{8}{3}\cdot\frac{3}{4}-1}{\frac{1}{5}-\frac{9}{5}} = \frac{\frac{3}{5}+2-1}{-\frac{8}{5}} = \frac{\frac{8}{5}}{-\frac{8}{5}} = -1$$

Operaciones:

$\frac{2}{3}:\frac{10}{9}=\frac{18}{30}=\frac{3}{5}$ $\qquad$ $1-\frac{1}{4}=\frac{4}{4}-\frac{1}{4}=\frac{3}{4}$

$\frac{1}{3}\cdot\frac{3}{5}=\frac{3}{15}=\frac{1}{5}$ $\qquad$ $\frac{6}{5}:\frac{2}{3}=\frac{18}{10}=\frac{9}{5}$

$\frac{8}{3}\cdot\frac{3}{4}=\frac{24}{12}=2$ $\qquad$ $\frac{1}{5}-\frac{9}{5}=-\frac{8}{5}$

$\frac{3}{5}+2-1=\frac{3}{5}+1=\frac{3}{5}+\frac{5}{5}=\frac{8}{5}$

✓**Ejercicio:**

$$\frac{\left(\frac{3}{2}-\frac{4}{5}\right)\cdot 2-\frac{3}{5}:\frac{3}{4}}{\frac{1}{10}+1}=$$

Sol: $\frac{6}{11}$

1.3.3 Números decimales

Cuando calculamos la expresión decimal de una fracción, el resultado puede ser un número entero o un número decimal. Si el resultado es un número decimal, se pueden dar tres casos:

- Que sea un número **decimal exacto**, es decir, que tenga un número limitado de cifras decimales.
- Que sea un número **decimal periódico puro**, es decir, que tenga un número ilimitado de cifras decimales que se van repitiendo periódicamente. El grupo de cifras decimales que se repite se denomina periodo.
- Que sea un número **decimal periódico mixto**, es decir, que tenga un número ilimitado de cifras decimales, algunas de las cuales (no todas) se van repitiendo periódicamente. El grupo de cifras decimales que no se repiten se denomina anteperiodo y está situado delante del periodo.

Ejemplos:

$\frac{1}{4}=0,25\rightarrow$ Decimal exacto. $\qquad$ $\frac{3}{8}=0,375\rightarrow$ Decimal exacto.

$\frac{3}{2}=1,5\rightarrow$ Decimal exacto. $\qquad$ $\frac{2}{7}=0,\overset{\frown}{285714}\rightarrow$ Decimal periódico puro.

$\frac{10}{3}=3,33333...=3,\overset{\frown}{3}\rightarrow$ Decimal periódico puro. $\qquad$ $\frac{4}{11}=0,363636...=0,\overset{\frown}{36}\rightarrow$ Decimal periódico puro.

$\frac{1}{6}=0,16666...=0.1\overset{\frown}{6}\rightarrow$ Decimal periódico mixto. $\qquad$ $\frac{13}{12}=1,08333...=1,08\overset{\frown}{3}\rightarrow$ Decimal periódico mixto.

Fracción generatriz (paso de número decimal a fracción)

Todo número decimal exacto o periódico se puede expresar mediante una fracción irreducible que denominamos fracción generatriz.

Cálculo de la fracción generatriz de un número decimal exacto

La fracción generatriz de un número decimal exacto es equivalente a una fracción que tiene por numerador el número decimal sin la coma y por denominador un 1 seguido de tantos ceros como cifras decimales tenga el número.

Ejemplos:

1) $0,75=\frac{75}{100}=\frac{3}{4}$ **2)** $1,8=\frac{18}{10}=\frac{9}{5}$ **3)** $0,123=\frac{123}{1000}$

! Nota: Debemos simplificar siempre que sea posible, dado que la fracción generatriz es irreducible.

Cálculo de la fracción generatriz de un número decimal periódico puro

Para calcular la fracción generatriz de un número decimal periódico puro, procedemos como en los ejemplos:

Ejemplo: Calcula la fracción generatriz de $1,\widehat{3}$ **y de** $0,\widehat{123}$ **:**

	$1,\widehat{3}$	$0,\widehat{123}$
a) Llamamos x al número decimal.	$x=1,\widehat{3}=1,3333333...$	$x=0,\widehat{123}=0,123123...$
b) Multiplicamos x por un 1 seguido de tantos ceros como cifras tiene el periodo para obtener un número con la misma parte decimal que x.	$10x=13,333333...$	$1000x=123,123123...$
c) Restamos los dos números anteriores. Como los dos números tienen la misma parte decimal, el resultado será un número entero.	$10x=13,3333333...$ $-x=1,33333333...$ $9x=12$	$1000x=123,123123...$ $-x=0,123123...$ $999x=123$
Despejamos la x y simplificamos.	$x=\frac{12}{9}=\frac{4}{3}$	$x=\frac{123}{999}=\frac{41}{333}$
Calculamos el cociente para comprobar que es correcto.	$4:3=1,\widehat{3}$	$41:333=0,\widehat{123}$

Cálculo de la fracción generatriz de un número decimal periódico mixto:

Para calcular la fracción generatriz de un número decimal periódico mixto, procedemos como en los ejemplos:

Ejemplo: Calcula la fracción generatriz de $1,1\widehat{6}$ y de $1,2\widehat{54}$

Pasos a seguir	$1,1\widehat{6}$	$1,2\widehat{54}$
Llamamos x al número decimal	$x=1,1\widehat{6}=1,16666666...$	$x=1,25454545454...$
Multiplicamos x por un 1 seguido de tantos ceros como cifras tiene el anteperiodo para obtener un número decimal periódico puro.	$10x=11,666666...$	$10x=12,545454...$
Multiplicamos x por un 1 seguido de tantos ceros como cifras tienen el periodo y el anteperiodo juntos, para obtener otro número con la misma parte decimal que el anterior.	$100x=116,66666...$	$1000x=1254,545454...$
Restamos los dos números anteriores. Como ambos tienen la misma parte decimal, el resultado será un número entero.	$100x=116,666666...$ $-10x=11,6666...$ $90x=105$	$1000x=1254,545454...$ $-10x=12,545454...$ $990x=1242$
Despejamos la x y simplificamos.	$x=\frac{105}{90}=\frac{7}{6}$	$x=\frac{1242}{990}=\frac{69}{55}$
Calculamos el cociente para comprobar que es correcto.	$7:6=1,1\widehat{6}$	$69:55=1,2\widehat{54}$

✓ **Ejercicio:** Calcula la fracción generatriz de:

a) $25,5$ b) $1,\overset{\frown}{8}$ c) $0,\overset{\frown}{72}$

d) $0,41\overset{\frown}{6}$ e) $1,\overset{\frown}{185}$ f) $0,15\overset{\frown}{90}$

Sol: a) $\frac{51}{2}$ b) $\frac{17}{9}$ c) $\frac{8}{11}$ d) $\frac{5}{12}$ e) $\frac{32}{27}$ f) $\frac{7}{44}$

1.3.4 Números racionales

Un número racional es el conjunto formado por una fracción y todas sus fracciones equivalentes. Por tanto, distintas fracciones equivalentes representan el mismo número racional. Como representante del número racional se suele tomar la fracción irreducible o su expresión decimal:

Ejemplo:

$\left\{\frac{1}{4}, \frac{2}{8}, \frac{3}{12}, \frac{4}{16}, \frac{5}{20}, \ldots\right\}$ es el número racional representado por $\frac{1}{4}$ y de expresión decimal 0,25.

Para simplificar, hablamos del número racional $\frac{1}{4}$ o del número racional 0,25.

Por consiguiente, todo número racional se puede expresar en forma de fracción.
El conjunto de todos los número racionales lo simbolizamos con la letra Q.

Clasificación de los números racionales

- Racionales ($\mathbb{Q}$) (Fracciones)
  - Enteros ($\mathbb{Z}$)
    - Naturales (ej. 5; 2; 15)
    - El 0
    - Enteros negativos (ej. –5; –10; –8)
  - Decimales
    - Decimal exacto (ej. 3,2; 2,25)
    - Decimal periódico
      - Puro (ej. $3,\overset{\frown}{2}$; $2,\overset{\frown}{25}$)
      - Mixto (ej. $8,5\overset{\frown}{1}$; $0,25\overset{\frown}{32}$)

! Nota:
La calculadora redondea la última cifra de los números periódicos que caben en la pantalla.

Ejemplo: $\frac{5}{3} = 1,\overset{\frown}{6}$

El resultado que da la calculadora es: 1,666666667

Ejemplo: Clasifica los números siguientes:

a) $\frac{4}{9}$ → Racional, decimal periódico puro.

b) $-\frac{7}{6}$ → Racional, decimal periódico mixto.

c) $\frac{13}{5}$ → Racional, decimal exacto.

d) $-\frac{8}{2}$ → Racional, entero negativo.

e) $9,25356284542$ → Racional, decimal exacto.

f) $3,1256256256\ldots$ → Racional, decimal periódico mixto.

g) $3,3\overset{\frown}{5}$ → Racional, decimal periódico mixto.

h) $9,161616$ → Racional, decimal exacto.

i) $3,212121\ldots$ → Racional, decimal periódico puro.

j) $\frac{25}{5}$ → Racional, entero, natural.

✓ **Ejercicio:**

Clasifica los números siguientes:

a) $-\frac{4}{5}$ e) $3,\widehat{3}$ i) $-\frac{12}{4}$ m) $541,35222$

b) $\frac{5}{11}$ f) $4,555$ j) $-\frac{8}{3}$ n) $8,\widehat{45}$

c) $\frac{11}{6}$ g) $9,2\widehat{53}$ k) $\frac{5}{66}$ o) $3,\widehat{521}$

d) $3,8546953215$ h) $3,111...$ l) $\frac{5}{7}$ p) $\frac{10}{2}$

Ejercicios

Números racionales

1. Completa el cuadro:

Fracción	Partes de la unidad	Expresión decimal	Propia o impropia
$\frac{3}{5}$			
	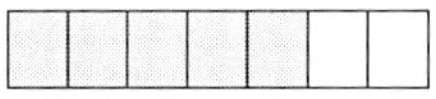		

$\frac{8}{3}$			

2. Calcula:

a) $\frac{3}{5}$ de 25 = b) $\frac{8}{3}$ de 15 = c) $\frac{5}{4}$ de 16 =

3. Pasa de fracción a número mixto o viceversa:

a) $3\,\frac{2}{5} =$ b) $6\frac{3}{11} =$ c) $5\,\frac{3}{8} =$ d) $\frac{12}{5} =$ e) $\frac{25}{6} =$ f) $\frac{37}{8} =$

4. Represента los siguientes números en la recta numérica:

$$-\frac{5}{4};\ \frac{3}{2};\ -\frac{10}{3};\ \frac{9}{2}$$

5. Calcula 5 fracciones equivalentes a la dada:

a) $\frac{4}{7}$ (por amplificación) b) $\frac{150}{360}$ (por simplificación)

6. Reduce a denominador común:

a) $\frac{4}{15}, \frac{1}{6}$ b) $\frac{7}{6}, \frac{1}{9}, \frac{5}{2}$ c) $\frac{9}{10}, \frac{4}{25}, \frac{7}{12}$

7. Simplifica las siguientes fracciones utilizando los tres métodos que conoces:

a) $\frac{150}{60}$ b) $\frac{16}{80}$ c) $\frac{252}{70}$

Ejercicios

8. Compara las siguientes fracciones sin calcular el cociente:

a) $\frac{2}{3}$ i $\frac{5}{3}$ b) $\frac{5}{3}$ i $\frac{5}{4}$ c) $\frac{2}{5}$ i $\frac{5}{3}$ d) $\frac{5}{3}$ i $\frac{4}{5}$ e) $\frac{8}{9}$ i $\frac{10}{11}$

9. Efectúa las siguientes sumas y restas. Simplifica el resultado:

a) $\frac{1}{4}-\frac{1}{8}=$ d) $-\frac{1}{2}-\frac{4}{3}=$ g) $\frac{3}{20}-\frac{5}{12}=$ j) $\frac{4}{25}+\frac{2}{15}-\frac{1}{2}=$

b) $\frac{1}{3}+\frac{5}{2}=$ e) $-\frac{25}{6}+\frac{3}{2}=$ h) $\frac{4}{5}-\frac{3}{10}+\frac{2}{15}=$

c) $\frac{1}{40}-\frac{4}{35}=$ f) $\frac{3}{10}-\frac{2}{15}=$ i) $\frac{5}{2}-\frac{3}{4}+\frac{1}{6}-\frac{7}{8}=$

10. Efectúa los siguientes productos. Simplifica el resultado:

a) $\frac{3}{4}\cdot\frac{8}{5}=$ b) $\frac{5}{6}\cdot\frac{9}{5}=$ c) $\left(-\frac{3}{4}\right)\cdot\left(+\frac{2}{15}\right)=$ d) $\left(-\frac{1}{7}\right)\cdot\left(-\frac{5}{2}\right)=$

11. Efectúa los siguientes productos. Simplifica antes de hacer el producto:

a) $\frac{3}{4}\cdot\frac{8}{5}\cdot\frac{15}{9}=$ c) $\left(-\frac{3}{4}\right)\cdot\left(+\frac{2}{15}\right)\cdot\left(-\frac{10}{27}\right)\cdot\left(+\frac{3}{2}\right)=$

b) $\frac{25}{6}\cdot\frac{30}{77}\cdot\frac{14}{15}=$ d) $\left(-\frac{49}{75}\right)\cdot\left(-\frac{10}{21}\right)=$

12. Efectúa las siguientes divisiones. Si lo crees conveniente, simplifica antes de hacer la división:

a) $\frac{5}{4}:\frac{25}{2}=$ b) $\frac{2}{3}:\frac{7}{8}=$ c) $\left(-\frac{6}{11}\right):\left(-\frac{2}{5}\right)=$ d) $\left(+\frac{7}{12}\right):\left(-\frac{28}{3}\right)=$

13. Calcula y simplifica:

a) $\dfrac{\frac{3}{5}}{\frac{3}{4}}=$ b) $\dfrac{\frac{4}{7}}{\frac{10}{3}}=$ c) $\dfrac{2}{\frac{6}{5}}=$

14. Calcula y simplifica:

a) $\dfrac{\frac{3}{4}-\frac{1}{2}}{\frac{1}{3}\cdot\frac{1}{2}}=$

b) $\dfrac{\left(\frac{5}{6}-\frac{1}{3}\right):\frac{2}{3}-1}{\frac{1}{2}+\frac{3}{4}-\frac{5}{6}}=$

c) $3:\left(-\frac{1}{4}+\frac{1}{8}\right)+\left(-\frac{1}{5}\right):\left(+\frac{7}{15}\right)-\frac{7}{2}\cdot\frac{1}{2}\cdot\frac{4}{21}=$

d) $\dfrac{2\cdot\left(\frac{1}{6}-\frac{1}{2}\right)+\frac{4}{5}:\frac{6}{25}-\frac{7}{2}\cdot\frac{1}{2}}{\frac{3}{2}+\frac{5}{3}+\frac{1}{6}}=$

e) $\dfrac{5+\frac{7}{8}\cdot\frac{4}{14}-3\cdot\left(2+\frac{1}{3}\right)}{\frac{5}{6}\cdot\frac{3}{4}\cdot\frac{2}{5}}=$

1.4 NÚMEROS REALES

1.4.1 Números irracionales

Decimos que un número es irracional si no se puede expresar en forma de fracción.

Los números irracionales son números decimales ilimitados (con infinitas cifras decimales) no periódicos.

El conjunto de los números irracionales se representa con la letra I.

- Números decimales
  - Limitados
  - Ilimitados
    - Periódicos
      - Puros
      - Mixtos

      → Racionales
    - No periódicos → Irracionales

Ejemplos de números irracionales

• Cualquier raíz no exacta (cuyo resultado no sea un número entero):

Ejemplos:

1) a) $\sqrt{2} = 1,414213562...$

b) $\sqrt{3} = 1,73205808...$

c) $\sqrt{5} = 2,236067977...$

2) La diagonal de un cuadrado de lado 1 es $\sqrt{2}$ (aplicando el teorema de Pitágoras: $d = \sqrt{1^2 + 1^2} = \sqrt{2}$)
Por lo tanto, la longitud de la diagonal de un cuadrado es un número irracional.

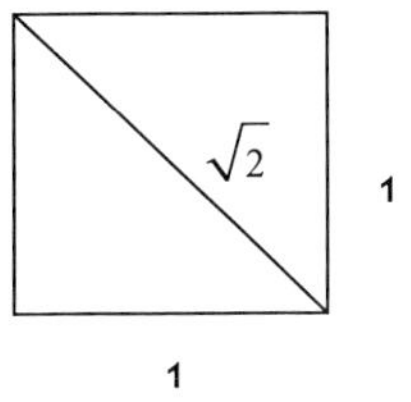

• El número π: $\pi = 3,141592654...$

El número π es la razón entre el diámetro de un circunferencia y su longitud: $\pi = \frac{l}{d}$

• El número de oro (o número áureo): $\Phi = \frac{1+\sqrt{5}}{2} = 1,618033989$

• El número *e*: $e = 2,718281$

• Cualquier número ilimitado no periódico:

Ejemplos: 0,01001000100001...

5,23655258913125...

1.4.2 Números reales

El conjunto de los números reales está formado por la unión de los números racionales y los irracionales. Los representamos con la letra R.

El conjunto de los números reales incluye todos los conjuntos que hemos estudiado hasta ahora: los racionales, los enteros y los naturales:

$$N \subset Z \subset Q \subset R$$

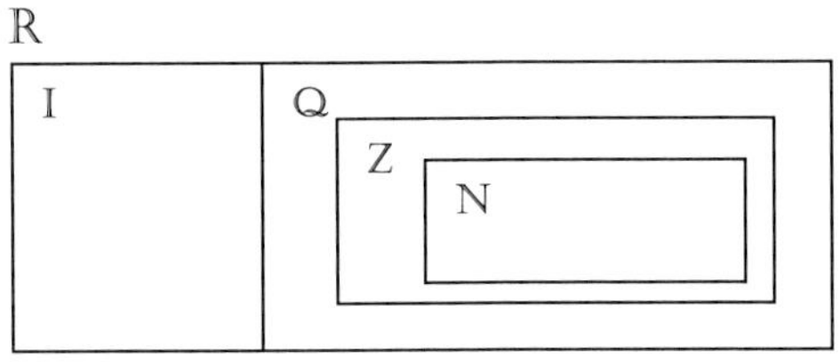

Clasificación de los números reales

- Números reales ($\mathbb{R}$)
  - Racionales ($\mathbb{Q}$)
    - Enteros ($\mathbb{Z}$)
      - Naturales (ej. +3; +10)
      - El 0
      - Enteros negativos (ej. –3; –10)
    - Decimales
      - Decimal exacto (ej. 3,51; 0,6)
      - Decimal periódico
        - Puro (ej. $3,\widehat{5}$; $0,\widehat{631}$)
        - Mixto (ej. $3,5\widehat{1}$; $0,1\widehat{62}$)
  - Irracionales ($\mathbb{I}$) (ejemplos: π; 0,623544582...; $\sqrt{7}$; e)

✓ **Ejercicio:** Clasifica los siguientes números:

a) $-3{,}5231...$	e) $1,\widehat{2}$	i) $-\frac{2}{11}$	m) -5
b) $5{,}21111...$	f) $-\sqrt{3}+1$	j) $\frac{7}{6}$	n) $\frac{24}{4}$
c) $\frac{1}{5}$	g) $\sqrt{9}$	k) $\pi+3$	o) $\frac{5}{4}$
d) $5{,}1549122136$	h) $1{,}333...$	l) $3e+1$	p) $\sqrt{10}$

! Nota: En lenguaje matemático escribimos:

- $x \in Q \rightarrow x$ pertenece al conjunto de los números racionales $\rightarrow x$ es un número racional.
- $x \notin Q \rightarrow x$ no pertenece al conjunto de los números racionales $\rightarrow x$ es un número irracional.

La recta real

La recta real es una recta en la que están representados todos los números reales. El conjunto de los números reales se corresponde con los puntos de la recta, de manera que a cada punto de la recta le corresponde un número real y viceversa.

Representación en la recta de números irracionales

Los números irracionales también se pueden representar sobre la recta real.

Los números irracionales que son radicales cuadráticos se pueden representar sobre la recta mediante métodos geométricos.

Para representar una raíz cuadrada no exacta, creamos un triángulo rectángulo de manera que la longitud de su hipotenusa sea igual al número que queremos representar.

Ejemplos:

$\sqrt{2}=\sqrt{1^2+1^2}$

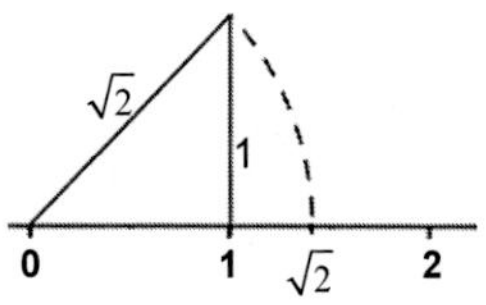

$\sqrt{5}=\sqrt{1^2+2^2}$

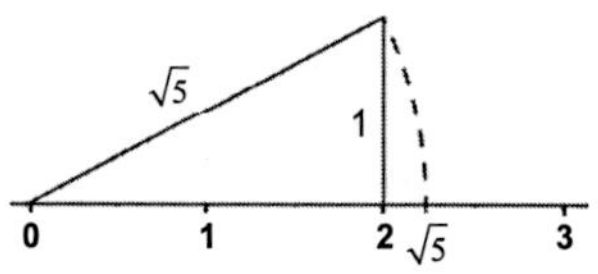

$\sqrt{6}=\sqrt{\left(\sqrt{5}\right)^2+1^2}$

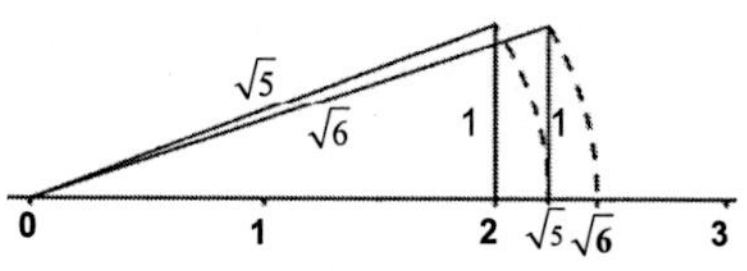

Un número irracional que no es una raíz cuadrada se puede representar sobre la recta real de manera aproximada, a partir de una aproximación de su expresión decimal. Cuantas más cifras decimales utilicemos para representar el número, más precisa será la representación.

Orden en el conjunto de los números reales

Los números reales se ordenan a partir de su representación en la recta real. Dados dos números reales, el menor está situado más a la izquierda en la recta real.

✓ **Ejercicio:** Ordena de menor a mayor los siguientes números reales:

$$3{,}14\ ;\ 5{,}3852...;\ 5{,}3;\ 5{,}36;\ 5{,}\overset{\frown}{36}\ ;\ \frac{17}{3};\ 5{,}365;\ \pi\ ;\ e;\ \sqrt{29}$$

Intervalos

Un intervalo es un conjunto de números reales que se corresponde con los puntos de un segmento o semirrecta de la recta real. Los intervalos que se corresponden con una semirrecta se denominan intervalos infinitos o semirrectas. Los intervalos pueden ser abiertos, si los puntos extremos no se incluyen en el intervalo, semiabiertos, si únicamente uno de los puntos extremos se incluye en el intervalo, o cerrados, si los dos puntos extremos se incluyen en el intervalo. En el cuadro siguiente se muestran los diferentes tipos de intervalos:

Intervalo abierto (a,b)	$\{x \in \mathbb{R} / a < x < b\}$	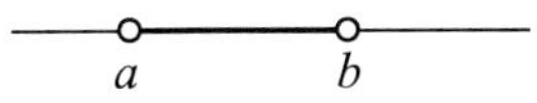	Conjunto formado por todos los números reales comprendidos entre a y b, excluidos a y b.
Intervalo cerrado $[a,b]$	$\{x \in \mathbb{R} / a \leq x \leq b\}$	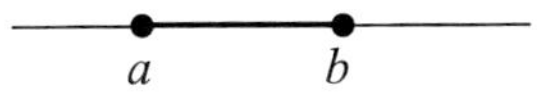	Conjunto formado por todos los números reales comprendidos entre a y b, incluidos a y b.
Intervalo semiabierto $(a,b]$	$\{x \in \mathbb{R} / a < x \leq b\}$	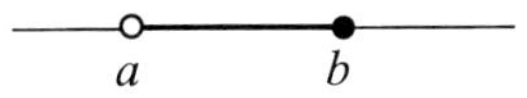	Conjunto formado por todos los números reales comprendidos entre a y b, excluido a e incluido b.
Intervalo semiabierto $[a,b)$	$\{x \in \mathbb{R} / a \leq x < b\}$		Conjunto formado por todos los números reales comprendidos entre a y b, incluido a y excluido b.
Semirrecta abierta $(a,+\infty)$	$\{x \in \mathbb{R} / x > a\}$	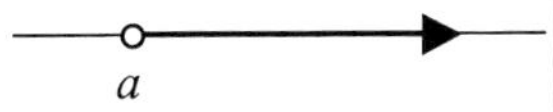	Conjunto formado por todos los números reales mayores que a.
Semirrecta cerrada $[a,+\infty)$	$\{x \in \mathbb{R} / x \geq a\}$	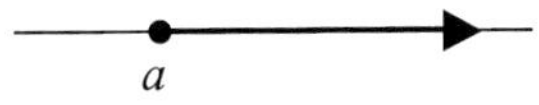	Conjunto formado por todos los números reales mayores o iguales que a.
Semirrecta abierta $(-\infty,b)$	$\{x \in \mathbb{R} / x < b\}$	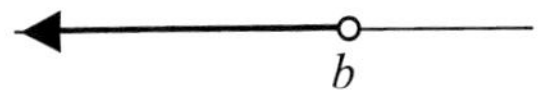	Conjunto formado por todos los números reales menores que b.
Semirrecta cerrada $(-\infty,b]$	$\{x \in \mathbb{R} / x \leq b\}$	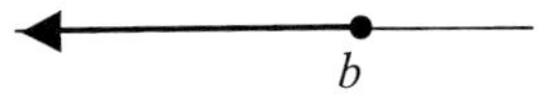	Conjunto formado por todos los números reales menores o iguales que b.

Ejemplos: Completa las dos últimas filas:

Intervalo abierto $(2,4)$	$\{x \in \mathbb{R} / 2 < x < 4\}$	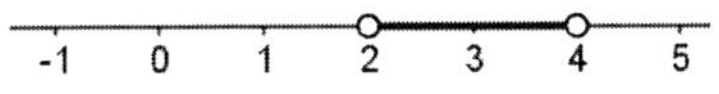	Conjunto formado por todos los números reales comprendidos entre 2 y 4, excluidos el 2 y el 4.
Intervalo semiabierto $[-1,3)$	$\{x \in \mathbb{R} / -1 \leq x < 3\}$	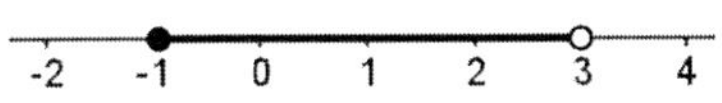	Conjunto formado por todos los números reales comprendidos entre-1 y 3, incluido el -1 y excluido el 3.
Semirrecta cerrada $(-\infty,2]$	$\{x \in \mathbb{R} / x \leq 2\}$	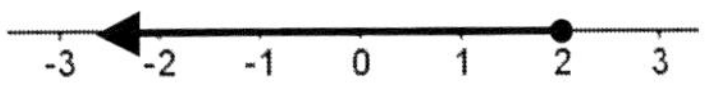	Conjunto formado por todos los número menores o iguales que 2.
Intervalo semiabierto $(-3,0]$			
Semirrecta abierta $(5,+\infty)$			

Cuando un número está dentro de un intervalo dado, decimos que pertenece al intervalo y lo escribimos:

$x \in (a,b)$ → Ejemplo: $2 \in (1,5]$

Si el número no está dentro del intervalo, decimos que no pertenece al intervalo y lo escribimos:

$x \notin (a,b)$ → Ejemplo: $2 \notin (3,+\infty)$

La recta real también la podemos representar en forma de intervalo infinito $\left(-\infty,+\infty\right)$.

Valor absoluto de un número real

El valor absoluto de un número real x se representa como $|x|$ y se define de la siguiente manera:

$$|x| = \begin{cases} x & si\ x \geq 0 \\ -x & si\ x < 0 \end{cases}$$

De este modo, para obtener el valor absoluto de un número real lo dejamos invariable si es positivo y lo cambiamos de signo si es negativo. El valor absoluto de un número siempre es positivo.

Ejemplo: $|-5| = 5$ y $|+4| = 4$

1.4.3 Aproximaciones y errores

Aproximaciones

Para trabajar con números decimales que tienen muchas cifras decimales, o infinitas, hacemos **aproximaciones.**

Decimos que la aproximación de un número es por **defecto** cuando es menor que el valor exacto y por **exceso** cuando es mayor.

Ejemplos: Completa la última fila

Valor exacto	Aproximación por defecto	Aproximación por exceso
π = 3,14159265358...	3,14	3,15
e = 2,718182...	2,718	2,719
5,856712...		

Podemos aproximar un número real por truncamiento o por redondeo:

- Para aproximar un número por truncamiento, tomamos el número de cifras decimales que necesitamos y eliminamos el resto
- Para aproximar un número por redondeo, tomamos el número de cifras que necesitamos, eliminamos el resto y modificamos, si es necesario, la última cifra decimal de la aproximación según la siguiente regla:
  - Si la primera cifra que eliminamos es menor que 5, dejamos igual las cifras anteriores (en este caso, el resultado coincide con el truncamiento).
  - Si la primera cifra que eliminamos es mayor o igual que 5, sumamos 1 a la cifra anterior (la última cifra de la aproximación).

Ejemplos: Completa las dos últimas filas.

Valor exacto	Orden de la aproximación	Aproximación por truncamiento	Aproximación por redondeo
321,548752...	Dos (hasta las centésimas)	321,54	321,55
−1,52338...	Tres (hasta las milésimas)	−1,523	−1,523
$0,2\widehat{5}$	Cuatro (hasta las diezmilésimas)	0,2555	0,2556
1,349612	Tres (hasta las milésimas)		
9,2548	Dos (hasta las centésimas)		

El redondeo es la mejor aproximación con un número determinado de cifras decimales. Por lo tanto, a partir de ahora utilizaremos el redondeo para aproximar un número.

Errores en la aproximación

Error absoluto y relativo

Cada vez que realizamos una aproximación cometemos un error, ya que no estamos considerando el valor exacto.

El **error absoluto** (E_a) de una aproximación es la diferencia, en valor absoluto, entre el valor exacto y el valor aproximado.

El **error relativo** (E_r) de una aproximación es el cociente entre el error absoluto y el valor absoluto del valor exacto, y nos indica cuál es el error que se comete por unidad.

El error relativo se puede expresar en tanto por ciento (error cometido por cada 100 unidades). Este error se denomina porcentaje de error y se calcula multiplicando por 100 el error relativo.

$$E_a = \left|V_{aproximado} - V_{exacto}\right| \qquad E_r = \frac{E_a}{\left|V_{exacto}\right|} \qquad Porcentaje\ de\ error = E_r \cdot 100$$

Ejemplos: Completa la última fila

Valor exacto	Aproximación	Error absoluto	Error relativo	Porcentaje de error
0,5134	0,5	0,0134 $(\left\|0,5134-0,5\right\|)$	0,0261 (0,0134:0,5134)	2,61 (0,0134·100)
– 8,558	– 8,56	0,002 $(\left\|-8,56-(-8,558)\right\|$	0,0002337 (0,002:8,558)	0,023 (0,0002337·100)
52,36	52,4			

El error relativo nos da información sobre el error cometido en comparación con el valor exacto. Nos sirve para comparar diversas aproximaciones e indicar cuál es más precisa. Cuanto mayor es el error relativo, menos precisa es la aproximación:

Ejemplo: Encuentra el error absoluto y el relativo de las siguientes aproximaciones, e indica cuál es la aproximación más precisa:

a) Tomamos 8,2 m² como el área de una habitación que en realidad tiene 8,27 m².

b) Tomamos 120 m como la distancia de un pista de atletismo que tiene 120,5 m.

a) $E_a = \left|8,27-8,2\right| = 0,07 \qquad E_r = \frac{0,07}{8,27} = 0,00846 \rightarrow 0,846\%$

b) $E_a = \left|120,5-120\right| = 0,5 \qquad E_r = \frac{0,5}{120,5} = 0,00415 \rightarrow 0,415\%$

El error absoluto del apartado a) es menor que el del apartado b); sin embargo, el error relativo es mayor. Eso significa que la aproximación del apartado b) es más precisa que la del apartado a).

✓ **Ejercicio:** Completa el cuadro.

Valor exacto	Número de cifras decimales	Aproximación por redondeo	¿Aproximación por defecto o por exceso?	Error absoluto	Error relativo	Porcentaje de error
50,32561	Una cifra					
50,32561	Dos cifras					
50,32561	Tres cifras					
–11,345	Una cifra					
–11,345	Dos cifras					

Cota de error absoluto

Si un número es irracional, no conocemos su valor exacto y, por lo tanto, no podemos encontrar el error absoluto cometido cuando hacemos una aproximación de dicho número. Sin embargo, sí que podemos acotar el error, es decir, dar un valor mayor o igual que el error cometido. Este valor se conoce como **cota de error absoluto** (hay muchas cotas de error absoluto posibles, la solución no es única). Si aproximamos hasta las décimas, una cota de error absoluto será 0,1. Si aproximamos hasta las centésimas, una cota de error absoluto será 0,01. Si aproximamos hasta las milésimas, una cota será 0,001 y así sucesivamente.

Ejemplo:

Dado el número $\sqrt{3}$ = 1,732050808...

- Si lo aproximamos hasta las décimas, el valor aproximado es 1,7 y una cota de valor absoluto es 0,1:

  E_a = | 1,732050808...– 1,7 | = 0,032050808...< 0,1 → Una cota de error absoluto es 0,1.

- Si lo aproximamos hasta las centésimas, el valor aproximado es 1,73 y una cota de valor absoluto es 0,01:

  E_a = | 1,732050808... – 1,73 | = 0,002050808...< 0,01 → Una cota de error absoluto es 0,01.

✓ **Ejercicio:** Completa el cuadro.

Valor exacto	Número de cifras decimales de la aproximación	Aproximación por redondeo	¿Aproximación por defecto o por exceso?	Cota de error absoluto
π	Dos cifras			
π	Tres cifras			
–3,25667...	Tres cifras			
$\sqrt{3}$	Una cifra			
$\sqrt{3}$	Cuatro cifras			

Ejercicios

1. Clasifica los números siguientes:

a) $-3,5231111...$ e) $1,38$ i) $-\frac{17}{12}$ m) -8

b) $-\sqrt{16}$ f) $\sqrt{8}+\sqrt{4}$ j) $\frac{7}{2}$ n) $-51,324$

c) $\frac{1}{12}$ g) $-\sqrt{15}$ k) $\pi-1$ o) $\frac{11}{3}$

d) $5,15151515...$ h) $1,312534...$ l) $e+1$ p) $5,211$

2. Representa en la recta real $\sqrt{10}$ y $-\sqrt{13}$.

3. Ordena de menor a mayor: 2,45; 2,99; $2,\widehat{9}$; $-\sqrt{2}$; -1,42; 0; $\frac{5}{2}$

4. Completa el cuadro:

Valor exacto	Aproximación por defecto (hasta las centésimas)	Aproximación por exceso (hasta las centésimas)
4,2852614		
$e=2,718182...$		
$5,3\widehat{8}$		
$5,\widehat{9}$		
3,1237		

Ejercicios

5. Completa el cuadro:

Intervalo cerrado $[-1,1]$	$\{x \in \mathbb{R} / -1 \leq x \leq 1\}$		Conjunto formado por todos los números reales comprendidos entre −1 y 1, incluidos el −1 y el 1.
		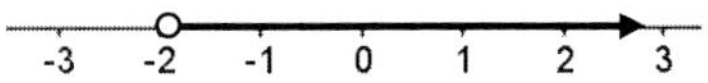	
Semirrecta abierta $(-\infty,0)$			
Intervalo semiabierto $(-5,0]$			
			Conjunto formado por todos los números reales mayores que −5 y menores que −3.
	$\{x \in \mathbb{R} / x \geq -4\}$		

6. Completa el cuadro:

Valor exacto	Aproximación por truncamiento		Aproximación por redondeo	
	2 cifras decimales	3 cifras decimales	2 cifras decimales	3 cifras decimales
4,2852614				
$e = 2{,}718182...$				
$5{,}3\overset{\frown}{8}$				
$5{,}\overset{\frown}{9}$				
3,1237				

7. Completa el cuadro:

Valor exacto	**Número de cifras decimales de la aproximación**	**Aproximación por redondeo**	**¿Aproximación por defecto o por exceso?**	**Error absoluto**	**Error relativo**	**Porcentaje de error**
2,115	Una cifra					
2,115	Dos cifras					
– 0,984	Una cifra					
– 0,984	Dos cifras					

¿Cuál de las aproximaciones anteriores es más precisa? ¿Cuál lo es menos?

8. Completa el cuadro:

Valor exacto	**Número de cifras decimales de la aproximación**	**Aproximación por redondeo**	**¿Aproximación por defecto o por exceso?**	**Cota de error absoluto**
3,555...	Dos cifras			
40,3232...	Tres cifras			

1.5 POTENCIAS Y RADICALES

1.5.1 Potencias

Potencia de exponente natural

Si a es un número real y n un número natural, llamamos potencia de base a y exponente n al resultado de multiplicar a por él mismo n veces:

$$a^n = a \cdot a \cdot a \cdot a \cdot \ldots \cdot a \ (n \text{ veces}) \begin{cases} \text{Es necesario multiplicar la base por sí misma} \\ \text{tantas veces como indique el exponente.} \end{cases}$$

a^n ← exponente; ↑ base

Ejemplos:

1) $3^2 = 3 \cdot 3 = 9$
base: 3
exponente: 2

2) $2^3 = 2 \cdot 2 \cdot 2 = 8$
base: 2
exponente: 3

3) $2^5 = 2 \cdot 2 \cdot 2 \cdot 2 \cdot 2 = 32$
base: 2
exponente: 5

4) $(-2)^2 = (-2) \cdot (-2) = 4$
base: –2
exponente: 2

5) $\left(\frac{2}{3}\right)^2 = \frac{2}{3} \cdot \frac{2}{3} = \frac{4}{9}$
base: 2/3
exponente: 2

Signo de una potencia de exponente natural

- Si la base es positiva, la potencia tiene signo positivo.
- Si la base es negativa:
  - La potencia tiene signo positivo si el exponente es par.
  - La potencia tiene signo negativo si el exponente es impar.

$$(+a)^n = +$$
$$(-a)^n = \begin{cases} + \text{ si } n \text{ par} \\ - \text{ si } n \text{ impar} \end{cases}$$
$$a > 0$$

Ejemplos:

1) $(-3)^2 = (-3) \cdot (-3) = +9$

2) $(-3)^3 = (-3) \cdot (-3) \cdot (-3) = -27$

3) $(-3)^4 = (-3) \cdot (-3) \cdot (-3) \cdot (-3) = +81$

4) $\left(-\frac{2}{3}\right)^2 = \left(-\frac{2}{3}\right)\left(-\frac{2}{3}\right) = +\frac{4}{9}$

5) $(+2)^3 = (+2) \cdot (+2) \cdot (+2) = +8$

6) $(-1)^5 = (-1) \cdot (-1) \cdot (-1) \cdot (-1) \cdot (-1) = -1$

! Nota:

$$(-2)^2 \neq -2^2 \begin{cases} (-2)^2 = (-2) \cdot (-2) = +4 \rightarrow \text{la base de la potencia es } -2 \\ -2^2 = -2 \cdot 2 = -4 \rightarrow \text{la base de la potencia es } 2 \end{cases}$$

✓ **Ejercicio:** Calcula:

$(-5)^4 =$ $\qquad -5^4 =$

$(-5)^3 =$ $\qquad -5^3 =$

Potencias y calculadora

Para hacer potencias con la calculadora se suele utilizar la tecla x^y o la tecla con el símbolo ^

Ejemplos: Resuelve las siguientes potencias con la calculadora y apunta cómo se hace:

$3^4 =$ $\qquad 5^6 =$ $\qquad 2^{10} =$

✓ **Ejercicio:** Resuelve con la calculadora (si hace falta) y la regla de los signos de una potencia:

a) $(-5)^4 =$

b) $(+4)^3 =$

c) $(-8)^6 =$

d) $(-3)^5 =$

e) $(-1)^{100} =$

f) $-8^6 =$

g) $(+6)^7 =$

h) $(-10)^9 =$

i) $(-2,5)^{12} =$

Propiedades de las potencias

	Propiedad	Ejemplos	Desarrollo
Producto de potencias con la misma base	$a^n \cdot a^m = a^{n+m}$	$2^2 \cdot 2^3 = 2^{2+3} = 2^5$	$2^2 \cdot 2^3 = \underbrace{2 \cdot 2}_{2^2} \cdot \underbrace{2 \cdot 2 \cdot 2}_{2^3} = 2^5$
Cociente de potencias con la misma base	$\dfrac{a^n}{a^m} = a^{n-m}$	$\dfrac{5^7}{5^3} = 5^{7-3} = 5^4$ $\dfrac{5^3}{5^7} = 5^{3-7} = 5^{-4}$ $\dfrac{5^7}{5^7} = 5^{7-7} = 5^0$	$\dfrac{5^7}{5^3} = \dfrac{\not 5 \cdot \not 5 \cdot \not 5 \cdot 5 \cdot 5 \cdot 5 \cdot 5}{\not 5 \cdot \not 5 \cdot \not 5} = 5 \cdot 5 \cdot 5 \cdot 5 = 5^4$ $\dfrac{5^3}{5^7} = \dfrac{\not 5 \cdot \not 5 \cdot \not 5}{\not 5 \cdot \not 5 \cdot \not 5 \cdot 5 \cdot 5 \cdot 5 \cdot 5} = \dfrac{1}{5 \cdot 5 \cdot 5 \cdot 5} = \dfrac{1}{5^4}$ $\dfrac{5^7}{5^7} = 1$
Potencia de un producto	$(a \cdot b)^n = a^n \cdot b^n$ *	$(3 \cdot 5)^2 = 3^2 \cdot 5^2$	$(3 \cdot 5)^2 = 15^2 = 225;\ 3^2 \cdot 5^2 = 9 \cdot 25 = 225$
Potencia de un cociente	$\left(\dfrac{a}{b}\right)^n = \dfrac{a^n}{b^n}$	$\left(\dfrac{6}{2}\right)^2 = \dfrac{6^2}{2^2}$	$\left(\dfrac{6}{2}\right)^2 = \dfrac{6}{2} \cdot \dfrac{6}{2} = \dfrac{36}{4} = 9;\ \left(\dfrac{6}{2}\right)^2 = 3^2 = 9$
Potencia de una potencia	$(a^n)^m = a^{n \cdot m}$	$(3^2)^3 = 3^{2 \cdot 3} = 3^6$	$(3^2)^3 = 3^2 \cdot 3^2 \cdot 3^2 = \underbrace{3 \cdot 3}_{3^2} \cdot \underbrace{3 \cdot 3}_{3^2} \cdot \underbrace{3 \cdot 3}_{3^2} = 3^6$
Potencia de exponente 1	$a^1 = a$	$7^1 = 7$	

! * Nota:

$$(a+b)^n \neq a^n + b^n \rightarrow ej. \underbrace{(2+3)^2}_{5^2=25} \neq \underbrace{2^2+3^2}_{4+9=13}$$

✓ Ejercicio: Simplifica (escribe como una sola potencia), aplicando las propiedades de las potencias:

a) $2^5 \cdot 2^3 =$ **b)** $2^5 : 2^3 =$ **c)** $(2 \cdot 5)^3 =$ **d)** $(10:5)^3 =$ **e)** $(2^5)^3 =$

Potencia de exponente 0

Cualquier potencia de exponente 0 se define como la unidad: $a^0 = 1$

Potencia de exponente entero negativo

Cualquier potencia que tiene exponente entero negativo es igual a la inversa de la misma potencia con exponente positivo:

$$\boxed{a^{-n} = \frac{1}{a^n}} \qquad \left(\frac{a}{b}\right)^{-n} = \frac{1}{\left(\frac{a}{b}\right)^n} = \frac{1}{\frac{a^n}{b^n}} = \frac{b^n}{a^n} = \left(\frac{b}{a}\right)^n$$

! Nota: $\dfrac{1}{\frac{a}{b}} = \dfrac{b}{a} \rightarrow \dfrac{b}{a}$ es la inversa de $\dfrac{a}{b}$

Ejemplos:

1) $2^{-3} = \dfrac{1}{2^3} = \dfrac{1}{8}$ **2)** $\left(\dfrac{2}{3}\right)^{-3} = \left(\dfrac{3}{2}\right)^3 = \dfrac{27}{8}$ **3)** $(-2)^{-3} = \dfrac{1}{(-2)^3} = \dfrac{1}{-8} = -\dfrac{1}{8}$

✓ Ejercicio:

a) $7^{-2} =$ **b)** $\left(\dfrac{1}{5}\right)^{-4} =$ **c)** $(-8)^{-2} =$

Cuadro resumen

$a^n \cdot a^m = a^{n+m}$	$(a \cdot b)^n = a^n \cdot b^n$	$(a^n)^m = a^{n \cdot m}$	$a^{-n} = \frac{1}{a^n}$
$\frac{a^n}{a^m} = a^{n-m}$	$\left(\frac{a}{b}\right)^n = \frac{a^n}{b^n}$	$a^1 = a$ $a^0 = 1$	$\left(\frac{a}{b}\right)^{-n} = \left(\frac{b}{a}\right)^n$

1.5.2 Radicales (raíces)

La radicación es la operación inversa de la potenciación.

Si a es un número real y n es un número natural, llamamos raíz enésima (o radical de índice n) de a a todo número real que elevado a n es igual a a. Se representa con $\sqrt[n]{a}$. El número a se llama radicando y el número n se denomina índice:

$$\sqrt[n]{a} = b \quad \leftrightarrow \quad b^n = a$$

índice ⟶ $\sqrt[n]{a}$ ⟵ radicando

radical ⟶

Si el índice es 2, no se indica en la raíz. Así, $\sqrt{a}$ se lee raíz cuadrada de a.

De la definición de raíz podemos deducir que:

- La raíz de índice par de un número positivo tiene dos soluciones, que son dos números reales opuestos:

Ejemplos: $\sqrt{25} = \pm 5 \rightarrow \begin{cases} 5^2 = 25 \\ (-5)^2 = 25 \end{cases}$ $\qquad \sqrt[4]{16} = \pm 2 \rightarrow \begin{cases} 2^4 = 16 \\ (-2)^4 = 16 \end{cases}$

Pero si no escribimos ningún signo delante de la raíz consideramos que tomamos el valor positivo (para tomar el negativo se coloca el signo – delante de la raíz). A partir de ahora consideraremos:

$$\sqrt{25} = 5 \qquad -\sqrt{25} = -5 \qquad \pm\sqrt{25} = \pm 5$$

- La raíz cuadrada de un número negativo no existe (no es un número real), ya que no hay ningún número real que elevado al cuadrado sea igual a un número negativo.

- En general, podemos decir que la raíz de índice par de un número negativo no existe (no es un número real), porque cualquier número elevado a exponente par es positivo.

- La raíz de índice impar de un número negativo existe, es única y negativa.

Ejemplos:

a) $\sqrt{9} = 3 \rightarrow 3^2 = 9$
radicando: 9
índice: 2

b) $\sqrt[3]{8} = 2 \rightarrow 2^3 = 8$
radicando: 8
índice: 3

c) $\sqrt[4]{625} = 5 \rightarrow 5^4 = 625$
radicando: 625
índice: 4

d) $\sqrt{-9} \notin R \rightarrow \begin{cases} 3^2 = 9 \\ (-3)^2 = 9 \end{cases}$
radicando: –9 (negativo)
índice: 2 (par)

e) $\sqrt[3]{-8} = -2 \rightarrow (-2)^3 = -8$
radicando: –8 (negativo)
índice: 3 (impar)

f) $\sqrt[4]{-625} \notin R \rightarrow \begin{cases} 5^4 = 625 \\ (-5)^4 = 625 \end{cases}$
radicando: –625 (negativo)
índice: 4 (par)

✓ **Ejercicio:** Resuelve:

a) $\sqrt[3]{27} =$ $\qquad$ b) $\sqrt[3]{-27} =$ $\qquad$ c) $\sqrt[4]{81} =$

d) $\sqrt[4]{-81} =$ $\qquad$ e) $-\sqrt{81} =$ $\qquad$ f) $\sqrt{-81} =$

Radicales y calculadora

Para hacer radicales con la calculadora se suelen utilizar las teclas $\sqrt[x]{\ }$ o $x^{\frac{1}{y}}$

Resuelve los siguientes radicales con la calculadora y anota cómo se hace:

$\sqrt[6]{64} =$ $\qquad$ $\sqrt[4]{2401} =$ $\qquad$ $\sqrt[5]{10} =$

✓ **Ejercicio:** Resuelve utilizando la calculadora. Si no es exacta, iguala hasta las centésimas.

a) $\sqrt[3]{27} =$ b) $\sqrt[10]{1024} =$ c) $\sqrt[3]{-9} =$

El radical como potencia de exponente fraccionario

Un radical es una potencia en la cual el exponente es una fracción. El numerador del exponente es la potencia del radicando y el denominador del exponente es el índice del radical:

$$\sqrt[n]{a^m} = a^{\frac{m}{n}} \qquad \sqrt[n]{a} = a^{\frac{1}{n}}$$

Ejemplos:

1) Expresa en forma de potencia:

a) $\sqrt{9} = 9^{\frac{1}{2}}$ b) $\sqrt[3]{5} = 5^{\frac{1}{3}}$ c) $\sqrt[4]{2^3} = 2^{\frac{3}{4}}$ d) $\sqrt[3]{5^2} = 5^{\frac{2}{3}}$ e) $-\sqrt[3]{5^6} = -5^{\frac{6}{3}} = -5^2$

2) Expresa en forma de radical:

a) $5^{\frac{1}{2}} = \sqrt{5}$ b) $12^{\frac{5}{4}} = \sqrt[4]{12^5}$ c) $(-2)^{\frac{1}{5}} = \sqrt[5]{-2}$ d) $-20^{\frac{1}{2}} = -\sqrt{20}$ e) $6^{-\frac{7}{5}} = \frac{1}{\sqrt[5]{6^7}}$

✓ **Ejercicio:**

1. Expresa en forma de potencia:

a) $\sqrt[8]{2} =$ b) $\sqrt[3]{-4} =$ c) $\sqrt[5]{5^3} =$ d) $\sqrt[15]{5^5} =$ e) $\sqrt[3]{5^{-1}} =$

2. Expresa en forma de radical:

a) $7^{\frac{3}{8}} =$ b) $11^{\frac{1}{4}} =$ c) $(-9)^{\frac{1}{2}} =$ d) $-6^{\frac{2}{5}} =$ e) $2^{-\frac{1}{3}} =$

Propiedades de los radicales

	Propiedad	Ejemplo	Demostración pasando a potencias
Raíz de un producto	$\sqrt[n]{a \cdot b} = \sqrt[n]{a} \cdot \sqrt[n]{b}$ *	$\underbrace{\sqrt{9 \cdot 4}}_{\sqrt{36}=6} = \underbrace{\sqrt{9} \cdot \sqrt{4}}_{3 \cdot 2=6}$	$\sqrt[n]{a \cdot b} = (a \cdot b)^{\frac{1}{n}} = a^{\frac{1}{n}} \cdot b^{\frac{1}{n}} = \sqrt[n]{a} \cdot \sqrt[n]{b}$
Raíz de un cociente	$\sqrt[n]{\frac{a}{b}} = \frac{\sqrt[n]{a}}{\sqrt[n]{b}}$	$\sqrt{\frac{9}{4}} = \frac{\sqrt{9}}{\sqrt{4}} = \frac{3}{2}$	$\sqrt[n]{\frac{a}{b}} = \left(\frac{a}{b}\right)^{\frac{1}{n}} = \frac{a^{\frac{1}{n}}}{b^{\frac{1}{n}}} = \frac{\sqrt[n]{a}}{\sqrt[n]{b}}$
Raíz de una raíz	$\sqrt[m]{\sqrt[n]{a}} = \sqrt[n \cdot m]{a}$	$\underbrace{\sqrt{\sqrt[3]{64}}}_{\sqrt{4}=2} = \underbrace{\sqrt[6]{64}}_{2}$	$\sqrt[m]{\sqrt[n]{a}} = \left(a^{\frac{1}{n}}\right)^{\frac{1}{m}} = a^{\frac{1}{n} \cdot \frac{1}{m}} = a^{\frac{1}{n \cdot m}} = \sqrt[n \cdot m]{a}$
Potencia de una raíz	$\left(\sqrt[n]{a}\right)^m = \sqrt[n]{a^m}$	$\underbrace{\left(\sqrt[3]{8}\right)^2}_{2^2=4} = \sqrt[3]{8^2} = \underbrace{\sqrt[3]{64}}_{4}$	$\left(\sqrt[n]{a}\right)^m = \left(a^{\frac{1}{n}}\right)^m = a^{\frac{m}{n}} = \sqrt[n]{a^m}$
Raíces equivalentes	$\sqrt[n]{a^m} = \sqrt[n \cdot p]{a^{m \cdot p}}$	$\underbrace{\sqrt{9}}_{3} = \underbrace{\sqrt[4]{9^2}}_{\sqrt[4]{81}=3} = \underbrace{\sqrt[6]{9^3}}_{\sqrt[6]{729}=3} =$	$\sqrt[n]{a^m} = a^{\frac{m}{n}} = a^{\frac{m \cdot p}{n \cdot p}} = \sqrt[n \cdot p]{a^{m \cdot p}}$
Raíz como operación inversa de la potencia	$\sqrt[n]{a^n} = \left(\sqrt[n]{a}\right)^n = a$	$\sqrt{3^2} = \left(\sqrt{3}\right)^2 = 3$ $\sqrt[3]{2^3} = \left(\sqrt[3]{2}\right)^3 = 2$	$\sqrt[n]{a^n} = \left(\sqrt[n]{a}\right)^n = a^{\frac{n}{n}} = a^1 = a$

! * Nota: $\sqrt[n]{a+b} \neq \sqrt[n]{a} + \sqrt[n]{b} \rightarrow \underline{ex.}\ \underbrace{\sqrt{9+16}}_{\sqrt{25}=5} \neq \underbrace{\sqrt{9}+\sqrt{16}}_{3+4=7}$

Cuadro resumen

$\sqrt[n]{a\cdot b}=\sqrt[n]{a}\cdot\sqrt[n]{b}$	$\sqrt[m]{\sqrt[n]{a}}=\sqrt[n\cdot m]{a}$	$\sqrt[n]{a^m}=\sqrt[n\cdot p]{a^{m\cdot p}}$
$\sqrt[n]{\dfrac{a}{b}}=\dfrac{\sqrt[n]{a}}{\sqrt[n]{b}}$	$\left(\sqrt[n]{a}\right)^m=\sqrt[n]{a^m}$	$\sqrt[n]{a^n}=\left(\sqrt[n]{a}\right)^n=a$

✓ **Ejercicios:**

1. Aplica las propiedades de las raíces para resolver:

a) $\sqrt[3]{27\cdot 8}=$ b) $\sqrt{\dfrac{16}{25}}=$ c) $\sqrt[5]{\sqrt{\sqrt[3]{10}}}=$ d) $\left(\sqrt{5}\right)^3=$

2. Calcula 3 raíces equivalentes a $\sqrt[5]{3^2}$:

Introducción de factores en un radical

Para introducir un factor dentro de un radical, elevamos el factor al índice de la raíz:

$$b\cdot\sqrt[n]{a}=\sqrt[n]{b^n\cdot a} \qquad (\text{ Demostración: } b\cdot\sqrt[n]{a}=\sqrt[n]{b^n}\cdot\sqrt[n]{a}=\sqrt[n]{b^n\cdot a}\ )$$

Ejemplos:

a) $5\cdot\sqrt{2}=\sqrt{5^2\cdot 2}=\sqrt{50}$ b) $2\cdot\sqrt[3]{3}=\sqrt[3]{2^3\cdot 3}=\sqrt[3]{24}$ c) $3\cdot\sqrt[5]{2}=\sqrt[5]{3^5\cdot 2}=\sqrt[5]{486}$

✓ **Ejercicio:** Introduce el factor dentro del radical:

a) $10\cdot\sqrt{3}=$ b) $3\cdot\sqrt[6]{3}=$

Extracción de factores de un radical

Para extraer factores de un radical, actuamos de manera inversa al caso anterior. Factorizamos el radicando y cuando el exponente de un factor del radicando es mayor que el índice del radical, extraemos ese factor fuera del radical, tal como se indica en el siguiente ejemplo:

$$\sqrt[n]{b^n\cdot a}=b\cdot\sqrt[n]{a} \quad\rightarrow\quad \sqrt[5]{5^{13}}=\sqrt[5]{5^5\cdot 5^5\cdot 5^3}=\sqrt[5]{5^5}\cdot\sqrt[5]{5^5}\cdot\sqrt[5]{5^3}=5^2\cdot\sqrt[5]{5^3}=25\cdot\sqrt[5]{125}$$

Otra manera de hacerlo es dividir el exponente del factor entre el índice del radical:

- El **cociente** de la división nos indica el número de factores que debemos extraer.
- El **resto** de la división nos indica el número de factores que debemos dejar dentro del radical.

De este modo, el ejemplo anterior quedaría:

$$\begin{array}{r|l} 13 & 5 \\ \hline 3 & 2 \end{array} \qquad \sqrt[5]{5^{13}}=5^2\cdot\sqrt[5]{5^3}$$ → Extraemos dos 5 y dejamos 3 dentro

Ejemplos:

1) $\sqrt{24}=\sqrt{2^3\cdot 3}=2\cdot\sqrt{2\cdot 3}=2\cdot\sqrt{6}$ $\left\{\sqrt{2^3\cdot 3}=\sqrt{2^2\cdot 2\cdot 3}=2\cdot\sqrt{2\cdot 3};\ \begin{array}{r|l} 3 & 2 \\ \hline 1 & 1 \end{array}\right.$ extraemos 1 factor y dejamos 1 dentro

2) $\sqrt[3]{16000}=\sqrt[3]{2^7\cdot 5^3}=2^2\cdot 5\cdot\sqrt[3]{2}=20\cdot\sqrt[3]{2}$ $\left\{\sqrt[3]{2^3\cdot 2^3\cdot 2\cdot 5^3}=2\cdot 2\cdot 5\cdot\sqrt[3]{2};\ \begin{array}{r|l} 7 & 3 \\ \hline 1 & 2 \end{array}\ \begin{array}{r|l} 3 & 3 \\ \hline 0 & 1 \end{array}\right.$ → Extraemos 2 doses y dejamos 1 dentro. Extraemos 1 cinco y no dejamos ninguno dentro

3) $\sqrt[3]{2^8\cdot 5^3\cdot 3^2\cdot 7^{10}}=2^2\cdot 5\cdot 7^3\cdot\sqrt[3]{2^2\cdot 3^2\cdot 7}$ 4) $\sqrt[7]{11^{25}}=11^3\cdot\sqrt[7]{11^4}$

✓ **Ejercicio:** Extraer factores:

a) $\sqrt{864} =$ b) $\sqrt[9]{3^{30} \cdot 5^{25}} =$

Simplificación de radicales

Para simplificar radicales, dividimos el índice del radical y el exponente del radicando por el máximo común divisor de los dos, aplicando la propiedad:

$$\sqrt[n]{a^m} = \sqrt[n \cdot p]{a^{m \cdot p}}$$

Ejemplos: Simplifica:

a) $\sqrt[10]{3^5} = \sqrt{3}$ b) $\sqrt[9]{7^{15}} = \sqrt[3]{7^5}$

✓ **Ejercicio:** Simplifica:

a) $\sqrt[15]{3^{25}} =$ b) $\sqrt[4]{7^{12}} =$

Reducción a índice común

Reducir dos o más radicales a índice común es encontrar radicales equivalentes a estos con el mismo índice. El índice común será el *m.c.m.* de los índices y para calcular los radicales equivalentes usaremos la propiedad:

$$\sqrt[n]{a^m} = \sqrt[n \cdot p]{a^{m \cdot p}}$$

También podemos pasar los radicales a potencia de exponente fraccionario y reducir a denominador común los exponentes.

Ejemplos: Reduce a índice común $\sqrt[4]{5^3}$ y $\sqrt[6]{7}$:

$$mcm(4,6) = 12 \begin{cases} \sqrt[3 \cdot 4]{5^{3 \cdot 3}} = \sqrt[12]{5^9} \quad i \quad \sqrt[2 \cdot 6]{7^{2 \cdot 1}} = \sqrt[12]{7^2} \\ \sqrt[4]{5^3} = 5^{\frac{3}{4}} = 5^{\frac{9}{12}} = \sqrt[12]{5^9} \quad i \quad \sqrt[6]{7} = 7^{\frac{1}{6}} = 7^{\frac{2}{12}} = \sqrt[12]{7^2} \end{cases}$$

✓ **Ejercicio:** Reduce a índice común $\sqrt[6]{5}$ y $\sqrt[15]{2^2}$:

1.5.3 Operaciones con radicales

Suma y resta de radicales

Solo podemos sumar o restar radicales si, después de simplificarlos y extraer los factores, tenemos el mismo índice y el mismo radicando, es decir, si son semejantes.

Para sumar o restar radicales semejantes, sumamos o restamos los números que multiplican los radicales (los que hay delante de los radicales) y dejamos invariable el radical.

Ejemplos:

1) $\mathbf{7\sqrt{2} + \sqrt{2} - 3\sqrt{2}} = 5\sqrt{2}$

2) $\mathbf{\sqrt{32} + \sqrt{18} - \sqrt{200}} = \sqrt{2^5} + \sqrt{2 \cdot 3^2} - \sqrt{2^3 \cdot 5^2} = 2^2\sqrt{2} + 3\sqrt{2} - 2 \cdot 5\sqrt{2} = 4\sqrt{2} + 3\sqrt{2} - 10\sqrt{2} = -3\sqrt{2}$

3) $\mathbf{3\sqrt{5} + 5\sqrt{20} + \sqrt{125}} = 3\sqrt{5} + 5\sqrt{2^2 \cdot 5} + \sqrt{5^3} = 3\sqrt{5} + 10\sqrt{5} + 5\sqrt{5} = 18\sqrt{5}$

Producto y división de radicales

Para multiplicar y dividir radicales con el mismo índice, multiplicamos y dividimos los radicandos, aplicando estas propiedades:

$$\sqrt[n]{a} \cdot \sqrt[n]{b} = \sqrt[n]{a \cdot b} \qquad \frac{\sqrt[n]{a}}{\sqrt[n]{b}} = \sqrt[n]{\frac{a}{b}}$$

Si no tienen el mismo índice, se deben reducir a índice común (el m.c.m. de los índices) y después realizar la operación.

Ejemplos:

1) $\sqrt{7}\cdot\sqrt{6}=\sqrt{42}$

2) $\dfrac{\sqrt{15}}{\sqrt{3}}=\sqrt{5}$

3) $\sqrt{3}\cdot\sqrt[3]{5}=\sqrt[6]{3^3}\cdot\sqrt[6]{5^2}=\sqrt[6]{3^3\cdot 5^2}=\sqrt[6]{675}$

4) $\dfrac{\sqrt[6]{3^2}}{\sqrt[4]{5}}=\dfrac{\sqrt[12]{3^4}}{\sqrt[12]{5^3}}=\sqrt[12]{\dfrac{3^4}{5^3}}=\sqrt[12]{\dfrac{81}{125}}$

✓ **Ejercicio:** Realiza las siguientes operaciones:

a) $5\sqrt{5}-10\sqrt{5}-2\sqrt{2}=$ b) $2\sqrt{27}+\sqrt{48}+\sqrt{147}-5\sqrt{20}=$ c) $3\sqrt{12}-2\sqrt{45}-5\sqrt{75}=$

d) $\sqrt[3]{4}\cdot\sqrt[3]{10}=$ e) $\sqrt{8}\cdot\sqrt[4]{5}=$ f) $\dfrac{\sqrt[10]{3^3}}{\sqrt[15]{5}}=$

Sol.:

a) $-5\sqrt{5}-2\sqrt{2}$ b) $17\sqrt{3}-10\sqrt{5}$ c) $-19\sqrt{3}-6\sqrt{5}$

d) $\sqrt[3]{40}$ e) $\sqrt[4]{320}=2\sqrt[4]{20}$ f) $\sqrt[30]{\dfrac{19683}{25}}$

1.5.4 Productos notables

Los **productos notables** son multiplicaciones de binomios que se pueden realizar utilizando fórmulas que facilitan muchos cálculos. Veamos las más importantes:

Cuadrado de la suma

$$(a+b)^2=(a+b)\cdot(a+b)=a^2+a\cdot b+b\cdot a+b^2=a^2+2\cdot a\cdot b+b^2$$

Cuadrado de la resta

$$(a-b)^2=(a-b)\cdot(a-b)=a^2-a\cdot b-b\cdot a+b^2=a^2-2\cdot a\cdot b+b^2$$

$$(a+b)^2=a^2+2\cdot a\cdot b+b^2$$
$$(a-b)^2=a^2-2\cdot a\cdot b+b^2$$
$$(a+b)\cdot(a-b)=a^2-b^2$$

Suma por diferencia

$$(a+b)\cdot(a-b)=a^2+a\cdot b-b\cdot a-b^2=a^2-b^2$$

(**Nota:** $a-b$ se denomina conjugado de $a+b$)

Ejemplos: Desarrolla:

1) $(5+\sqrt{3})^2=5^2+2\cdot 5\cdot\sqrt{3}+(\sqrt{3})^2=25+10\sqrt{3}+3=28+10\sqrt{3}$

2) $(\sqrt{5}-\sqrt{3})^2=(\sqrt{5})^2-2\cdot\sqrt{5}\cdot\sqrt{3}+(\sqrt{3})^2=5-2\sqrt{15}+3=8-2\sqrt{15}$

3) $(\sqrt{5}+\sqrt{3})(\sqrt{5}-\sqrt{3})=(\sqrt{5})^2-(\sqrt{3})^2=5-3=2$

✓ **Ejercicio:** Desarrolla:

a) $(1+\sqrt{7})^2=$ b) $(1-\sqrt{7})^2=$ c) $(1+\sqrt{7})(1-\sqrt{7})=$

d) $(\sqrt{3}+\sqrt{5})^2=$ e) $(3-\sqrt{6})^2=$ f) $(\sqrt{10}+\sqrt{3})(\sqrt{10}-\sqrt{3})=$

Sol.: **a)** $8+2\sqrt{7}$ **b)** $8-2\sqrt{7}$ **c)** -6 **d)** $8+2\sqrt{15}$ **e)** $15-6\sqrt{6}$ **f)** 7

1.5.5 Racionalización

Racionalizar una fracción que tenga radicales en el denominador es encontrar una fracción equivalente a ella que no los tenga. En la práctica, decimos que suprimimos los radicales del denominador.

Estudiaremos los casos más frecuentes de racionalización:

Racionalización de una fracción con una raíz cuadrada en el denominador

Para suprimir una raíz cuadrada del denominador, multiplicamos numerador y denominador por la misma raíz, operamos y simplificamos el resultado.

Ejemplos: Racionaliza:

1) $\dfrac{\mathbf{5}}{\sqrt{\mathbf{2}}}=\dfrac{5\cdot\sqrt{2}}{\sqrt{2}\cdot\sqrt{2}}=\dfrac{5\sqrt{2}}{2}$

2) $\dfrac{\mathbf{8}}{\mathbf{3}\sqrt{\mathbf{6}}}=\dfrac{8\cdot\sqrt{6}}{3\sqrt{6}\cdot\sqrt{6}}=\dfrac{8\sqrt{6}}{3\cdot 6}=\dfrac{8\sqrt{6}}{18}=\dfrac{4\sqrt{6}}{9}$

Racionalización de una fracción con una raíz enésima en el denominador

Para suprimir una raíz enésima del denominador del tipo $\sqrt[n]{a^m}$,multiplicamos numerador y denominador por $\sqrt[n]{a^{n-m}}$. De este modo, obtenemos una potencia enésima en el radicando de la raíz del denominador.

Ejemplos: Racionaliza:

1) $\dfrac{\mathbf{1}}{\sqrt[3]{\mathbf{5}}}=\dfrac{\sqrt[3]{5^2}}{\sqrt[3]{5}\cdot\sqrt[3]{5^2}}=\dfrac{\sqrt[3]{5^2}}{\sqrt[3]{5^3}}=\dfrac{\sqrt[3]{25}}{5}$

2) $\dfrac{\mathbf{3}}{\sqrt[5]{\mathbf{2}^3}}=\dfrac{3\sqrt[5]{2^2}}{\sqrt[5]{2^3}\cdot\sqrt[5]{2^2}}=\dfrac{3\sqrt[5]{2^2}}{\sqrt[5]{2^5}}=\dfrac{3\sqrt[5]{4}}{2}$

Racionalización de una fracción con un binomio en el denominador, en el que al menos uno de los dos términos es una raíz cuadrada

Para suprimir las raíces cuadradas de una suma o resta de dos términos (binomio) en el denominador, multiplicamos numerador y denominador por el conjugado del denominador:

- Si el denominador es del tipo $a+b$ multiplicamos por $a-b$.
- Si el denominador es del tipo $a-b$ multiplicamos por $a+b$.

Ejemplos: Racionaliza:

$$\frac{\mathbf{3}}{\mathbf{4}+\sqrt{\mathbf{10}}}=\frac{3\left(4-\sqrt{10}\right)}{\left(4+\sqrt{10}\right)\left(4-\sqrt{10}\right)}=\frac{3\left(4-\sqrt{10}\right)}{4^2-\left(\sqrt{10}\right)^2}=\frac{3\left(4-\sqrt{10}\right)}{6}=\frac{4-\sqrt{10}}{2}$$

✓ **Ejercicio:** Racionaliza:

a) $\dfrac{3}{2\sqrt{3}}=$ b) $\dfrac{2}{\sqrt[4]{3}}=$ c) $\dfrac{4}{3\sqrt[5]{8}}=$ d) $\dfrac{2}{\sqrt{3}-\sqrt{7}}=$ e) $\dfrac{5}{\sqrt{2}+1}=$

Sol.: a) $\dfrac{\sqrt{3}}{2}$ b) $\dfrac{2\sqrt[4]{27}}{3}$ c) $\dfrac{\sqrt[5]{4096}}{6}$ d) $-\dfrac{\sqrt{3}+\sqrt{7}}{2}$ e) $5\sqrt{2}-5$

Ejercicios

Potencias

1. Calcula:

a) $7^2 =$
b) $(-7)^2 =$
c) $-7^2 =$
d) $(-7)^3 =$
e) $-7^3 =$
f) $(+7)^3 =$
g) $7^{-2} =$
h) $(-7)^{-2} =$
i) $-7^{-2} =$
j) $7^{-3} =$
k) $(-7)^{-3} =$
l) $-7^{-3} =$
m) $7^0 =$
n) $(-7)^0 =$
o) $-7^0 =$
p) $7^1 =$
q) $-(-7)^2 =$
r) $-(-7)^3 =$
s) $-(-7)^0 =$
t) $-(+7)^0 =$
u) $-(+7)^3 =$
v) $-(+7)^2 =$
w) $-(-7)^{-2} =$
x) $-(-7)^{-3} =$

2. Calcula:

a) $\frac{2^2}{3} =$
b) $\left(\frac{2}{3}\right)^2 =$
c) $\left(-\frac{2}{3}\right)^2 =$
d) $\left(-\frac{2}{3}\right)^3 =$
e) $\left(+\frac{2}{3}\right)^3 =$
f) $\left(-\frac{5}{6}\right)^0 =$
g) $\left(-\frac{5}{6}\right)^1 =$
h) $-\left(-\frac{5}{6}\right)^2 =$
i) $-\left(-\frac{5}{6}\right)^3 =$
j) $-\left(+\frac{5}{6}\right)^3 =$
k) $\left(\frac{4}{7}\right)^{-2} =$
l) $\left(\frac{4}{7}\right)^{-3} =$
m) $\left(\frac{4}{7}\right)^{-1} =$
n) $\left(-\frac{4}{7}\right)^{-2} =$
o) $\left(-\frac{4}{7}\right)^{-3} =$

3. Simplifica usando las propiedades de las potencias (dando el resultado como una sola potencia) y calcula:

a) $5^5 \cdot 5^3 =$
b) $(-4)^3 \cdot (-4)^3 \cdot (-4)^2 =$
c) $5^3 \cdot (-3)^3 \cdot 2^3 =$
d) $\frac{11^7}{11^3} =$
e) $\frac{8^5 \cdot 3^8 \cdot 8 \cdot 7^5 \cdot 7^{-2}}{3^5 \cdot 7^4 \cdot 8^4} =$
f) $(6^2)^5 =$
g) $3^2 \cdot 3^6 \cdot 3^7 =$
h) $3^5 \cdot 3^{-2} =$
i) $2^5 \cdot 4^3 \cdot 16^2 =$
j) $\frac{6^7}{6^9} =$
k) $\frac{(-3)^3 \cdot (-3)^6}{(-3)^{10}} =$
l) $\left(\left((-5)^2\right)^3\right)^2 =$
m) $(-4)^3 \cdot (-4)^2 =$
n) $4^2 \cdot 7^2 =$
o) $2^3 \cdot 5^2 =$
p) $\frac{2^4 \cdot 2^6 \cdot 2^{-1}}{2^2 \cdot 2^5} =$
q) $\frac{18^3}{3^3} =$
r) $\left((-2)^{-1}\right)^5 =$

4. Elimina los paréntesis:

a) $(8yx)^2 =$
b) $\left(\frac{2}{11}\right)^5 =$
c) $\left(x^3 \cdot b^5 \cdot c\right)^3 =$
d) $\left(\frac{a^2 \cdot x}{y \cdot z^3}\right)^5 =$
e) $\left(2 \cdot b^5 \cdot c^{-1}\right)^4 =$
f) $\left(\frac{2a}{7b}\right)^2 =$

Radicales

1. Calcula las siguientes raíces, en caso de que sea posible:

a) $\sqrt{60} =$
b) $-\sqrt{64} =$
c) $\sqrt{-49} =$
d) $\sqrt[3]{1000} =$
e) $\sqrt[3]{-729} =$
f) $\sqrt[5]{-\frac{1}{100000}} =$

Ejercicios

2. Expresa en forma de raíz:

a) $5^{\frac{1}{4}}$ e) $(-3)^{\frac{1}{5}} =$ i) $6^{\frac{1}{2}} =$ m) $(-6)^{\frac{1}{2}} =$

b) $5^{\frac{3}{4}} =$ f) $(-3)^{\frac{2}{5}} =$ j) $6^{\frac{3}{2}} =$ n) $(-6)^{\frac{4}{2}} =$

c) $-5^{\frac{1}{4}} =$ g) $-(-3)^{\frac{2}{5}} =$ k) $6^{-\frac{1}{2}} =$ o) $(-6)^{-\frac{5}{3}} =$

d) $\left(\frac{3}{4}\right)^{\frac{1}{4}} =$ h) $\left(\frac{2}{5}\right)^{\frac{2}{5}} =$ l) $\left(\frac{2}{3}\right)^{-\frac{3}{2}}$ p) $\left(-\frac{6}{5}\right)^{\frac{2}{3}} =$

3. Expresa en forma de potencia:

a) $\sqrt[5]{3^6} =$ d) $\sqrt{8} =$ g) $\sqrt[3]{5} =$

b) $\sqrt[3]{4^6} =$ e) $\sqrt{5^4} =$ h) $\sqrt[3]{-2} =$

c) $\sqrt[3]{(-6)^2} =$ f) $\sqrt{2^2} =$ i) $\sqrt[3]{-5^2} =$

4. Aplicando las propiedades de las raíces, expresa el resultado como una sola raíz:

a) $\sqrt{5}\cdot\sqrt{10} =$ c) $\sqrt[3]{3}\cdot\sqrt[3]{-4} =$ e) $\dfrac{\sqrt{15}}{\sqrt{5}} =$ g) $\dfrac{\sqrt{3}}{\sqrt{10}} =$

b) $\dfrac{\sqrt[3]{5}\cdot\sqrt[3]{6}}{\sqrt[3]{-15}} =$ d) $\sqrt[4]{\sqrt{\sqrt[3]{5}}} =$ f) $\sqrt{\sqrt{7}} =$ h) $\left(\sqrt{2}\right)^3 =$

5. Simplifica aplicando las propiedades de las raíces y calcula:

a) $\sqrt{\dfrac{169}{64}} =$ c) $\sqrt[3]{\dfrac{8}{125}} =$ e) $\sqrt{7^4\cdot 5^2\cdot 3^8} =$

b) $\sqrt{25\cdot 144} =$ d) $\sqrt[3]{\dfrac{2^{15}\cdot 3^6}{5^9\cdot 7^{12}}} =$

6. Simplifica los siguientes radicales:

a) $\sqrt[4]{4} =$ c) $\sqrt[10]{243} =$ e) $\sqrt[12]{1024} =$

b) $\sqrt[6]{625} =$ d) $\sqrt[9]{64} =$ f) $\sqrt{81} =$

7. Reduce los siguientes radicales a índice común:

a) $\sqrt[4]{5}, \sqrt{2}, \sqrt[3]{5}$ b) $\sqrt[5]{5^2}, \sqrt{7}, \sqrt[15]{3^4}$ c) $\sqrt[4]{11^3}, \sqrt[8]{2^7}, \sqrt[6]{7}$

8. Extrae fuera del radical los factores que se puedan:

a) $5\sqrt{32} =$ d) $\sqrt[5]{384} =$

b) $\sqrt{\dfrac{9}{20}} =$ e) $\sqrt[3]{\dfrac{72}{250}} =$

c) $5\sqrt[3]{128} =$ f) $\sqrt[4]{7^8\cdot 5^3\cdot 2^{11}} =$

Ejercicios

9. Introduce los factores bajo el signo radical:

a) $5\sqrt{3} =$

b) $\frac{1}{4}\sqrt{2} =$

c) $3\sqrt[3]{2} =$

d) $\frac{2}{5}\sqrt[3]{\frac{1}{4}} =$

e) $5\sqrt[4]{3} =$

10. Efectúa los siguientes productos simplificando el resultado si es posible:

a) $\sqrt{2}\cdot\sqrt[5]{4} =$

b) $\sqrt{2}\cdot\sqrt[3]{4}\cdot\sqrt[4]{2} =$

c) $\sqrt[15]{3}\cdot\sqrt[6]{7} =$

d) $\sqrt{\frac{1}{2}}\cdot\sqrt[6]{\frac{2}{3}} =$

11. Efectúa las siguientes sumas y restas:

a) $2\sqrt{54}-\sqrt{216}+5\sqrt{24} =$

b) $5\sqrt{3}+\sqrt{12}-2\sqrt{75}+3\sqrt{27} =$

c) $\sqrt[3]{40}-2\sqrt[3]{135}+3\sqrt[3]{5} =$

d) $3\sqrt{50}-2\sqrt{98}+\sqrt{32} =$

e) $\sqrt[3]{250}-2\sqrt[3]{16}+\sqrt[3]{81} =$

f) $\sqrt{98}+\sqrt{300}-2\sqrt{72}+\sqrt{50}-5\sqrt{3} =$

g) $\sqrt{28}-5\sqrt{63}+\frac{1}{5}\sqrt{175} =$

12. Desarrolla y di si el resultado es racional o irracional.

a) $\left(\sqrt{3}+\sqrt{2}\right)^2 =$

b) $\left(\sqrt{3}-\sqrt{2}\right)^2 =$

c) $\left(\sqrt{3}+\sqrt{2}\right)\cdot\left(\sqrt{3}-\sqrt{2}\right) =$

d) $\left(2\sqrt[3]{7}\right)^3 =$

13. Racionaliza:

a) $\frac{12}{\sqrt{2}} =$ b) $\frac{2}{3\sqrt[4]{2}} =$ c) $\frac{1}{\sqrt[3]{2}} =$ d) $\frac{\sqrt{3}+1}{\sqrt{3}-1} =$ e) $\frac{\sqrt{2}}{\sqrt{7}-\sqrt{5}} =$

14. Realiza las siguientes operaciones racionalizando previamente las expresiones:

a) $\frac{5}{\sqrt{3}}+\frac{\sqrt{3}}{3} =$ b) $\frac{1}{\sqrt{2}}+\frac{1}{3} =$ c) $\frac{1}{3+\sqrt{7}}+\frac{1}{3-\sqrt{7}} =$ d) $\frac{1}{\sqrt{5}+1}+\frac{1}{\sqrt{5}-1} =$

1.6 NOTACIÓN CIENTÍFICA

Los números muy grandes o muy pequeños se suelen escribir en **notación científica**, es decir, como un número decimal mayor o igual que 1 y menor que 10 multiplicado por una potencia de 10:

$$a \cdot 10^n \quad \text{donde} \quad a \in [1,10) \quad \text{y} \quad n \in Z \ (n \text{ es un número entero})$$

Si el número es grande, el exponente es positivo y si es pequeño el exponente es negativo.

Para pasar de notación científica a la forma decimal habitual, utilizamos la siguiente regla práctica:

$a \cdot 10^n \rightarrow$ desplazamos la coma del número a n lugares hacia la derecha.

$a \cdot 10^{-n} \rightarrow$ desplazamos la coma del número a n lugares hacia la izquierda.

Para escribir un número en notación científica, colocamos la coma detrás de la primera cifra distinta de 0 y escribimos una potencia de 10 de exponente igual al número de lugares que hemos movido la coma.

Ejemplos:

1) $5.250.000.000.000 = 5,25 \cdot 10^{12}$

2) $0,000000000035 = 3,5 \cdot 10^{-11}$

3) $8 \cdot 10^{-3} = 0,008$

4) $1,5483 \cdot 10^{10} = 15.483.000.000$

5) Masa del sol: $2 \cdot 10^{30}$ kg $= 2.000.000.000.000.000.000.000.000.000.000$ kg

6) Carga de un electrón: $1,6 \cdot 10^{-19}$ coulombs $= 0,00000000000000000016$ coulombs

7) Número de estrellas que hay en una galaxia: $10^{11} = 100.000.000.000$

8) N.° de átomos que contiene un mol (N.° de Avogadro): $6,02 \cdot 10^{23} = 602.000.000.000.000.000.000.000$

✓ **Ejercicio:**

1) Pasa de la forma decimal habitual a notación científica.

a) 27.500.000.000 c) 1.000.000

b) 0,0000000000000000000081 d) 0,0032

2) Pasa de notación científica a la forma decimal habitual.

a) $8,123 \cdot 10^{17}$ c) $2,15 \cdot 10^{-6}$

b) $3 \cdot 10^{-10}$ d) 10^{-3}

1.6.1 Notación científica y calculadora

Cuando operamos con una calculadora científica y el resultado tiene más cifras de las que caben en la pantalla o hay muchos ceros a la derecha de la coma, la calculadora expresa este resultado directamente en notación científica.

Ejemplo: Efectúa la operación 2^{100} con tu calculadora y apunta lo que sale en la pantalla

$= 1,2676506 \cdot 10^{30}$

! Nota: En muchas calculadoras no aparece el 10. No te olvides de escribirlo tú.

También podemos introducir en la calculadora valores en notación científica y operar con ellos. Para hacer esta operación se utiliza, en la mayoría de las calculadoras, la tecla EXP.

Ejemplos: Introduce en la calculadora y apunta cómo se hace:

1) $6,02 \cdot 10^{23} =$ 2) $1,6 \cdot 10^{-19} =$

1.6.2 Operaciones en notación científica

Suma y resta en notación científica

Para sumar y restar números en notación científica, dichos números deben tener la misma potencia de 10 (los exponentes de las potencias de 10 deben ser iguales).

- Si los números que queremos sumar o restar tienen la misma potencia de 10, sumamos o restamos los números y dejamos invariable la potencia de 10.
- Si los números que queremos sumar o restar no tienen la misma potencia de 10, los debemos expresar previamente como números con la misma potencia de 10.

Ejemplos: Efectúa las siguientes operaciones:

1) $\mathbf{6{,}5\cdot 10^{5}-3\cdot 10^{5}+9{,}25\cdot 10^{5}}=(6{,}5-3+9{,}25)\cdot 10^{5}=12{,}75\cdot 10^{5}=1{,}275\cdot 10^{6}$

2) $\mathbf{1{,}6\cdot 10^{-13}+2{,}23\cdot 10^{-13}}=3{,}83\cdot 10^{-13}$

3) $\mathbf{3{,}2\cdot 10^{10}+1{,}2\cdot 10^{12}}=3{,}2\cdot 10^{10}+120\cdot 10^{10}=123{,}2\cdot 10^{10}=1{,}232\cdot 10^{12}$

4) $\mathbf{1{,}6\cdot 10^{-8}-2{,}23\cdot 10^{-11}}=1{,}6\cdot 10^{-8}-0{,}00223\cdot 10^{-8}=1{,}59777\cdot 10^{-8}$

✓ **Ejercicio:** Efectúa las siguientes operaciones:

a) $3{,}8\cdot 10^{7}-1{,}5\cdot 10^{7}=$

b) $8{,}021\cdot 10^{7}-1{,}533\cdot 10^{8}+2{,}4\cdot 10^{5}=$

c) $8\cdot 10^{-4}-9{,}15\cdot 10^{-5}+6{,}2\cdot 10^{-6}=$

Sol: a) $2{,}3\cdot 10^{7}$ b) $-7{,}285\cdot 10^{7}$ c) $7{,}147\cdot 10^{-4}$

Multiplicación y división en notación científica

Para multiplicar y dividir números en notación científica, aplicamos las propiedades de las potencias.

Ejemplos: Efectúa las siguientes operaciones:

1) $\mathbf{(6{,}5\cdot 10^{5})\cdot(-3\cdot 10^{7})}=6{,}5\cdot(-3)\cdot 10^{5+7}=-19{,}5\cdot 10^{12}=-1{,}95\cdot 10^{13}$

2) $\mathbf{5\cdot 10^{-13}\cdot 5\cdot 10^{5}}=25\cdot 10^{-13+5}=25\cdot 10^{-8}=2{,}5\cdot 10^{-7}$

3) $\dfrac{\mathbf{3{,}2\cdot 10^{10}}}{\mathbf{1{,}2\cdot 10^{12}}}=(3{,}2:1{,}2)\cdot 10^{10-12}=2{,}\widehat{6}\cdot 10^{-2}$

4) $\dfrac{\mathbf{3\cdot 10^{-8}\cdot 2{,}5\cdot 10^{5}}}{\mathbf{5\cdot 10^{3}}}=\dfrac{3\cdot 2{,}5}{5}\cdot 10^{-8+5-3}=1{,}5\cdot 10^{-6}$

✓ **Ejercicio:** Efectúa las siguientes operaciones:

a) $(-5\cdot 10^{-4})\cdot(-3\cdot 10^{6})=$ b) $\dfrac{8{,}21\cdot 10^{7}}{2\cdot 10^{10}}=$ c) $\dfrac{3{,}47\cdot 10^{15}\cdot 2\cdot 10^{-5}}{1{,}4\cdot 10^{4}}=$

Sol: a) $1{,}5\cdot 10^{3}$ b) $4{,}105\cdot 10^{-3}$ c) $4{,}957\cdot 10^{6}$

Ejercicios

1. Escribe los siguientes números en notación decimal habitual:

a) $3 \cdot 10^8 =$ **c)** $8,31 \cdot 10^{-10} =$ **e)** $5,2 \cdot 10^{-5} =$ **g)** $3,5 \cdot 10^{12} =$

b) $1,325 \cdot 10^9 =$ **d)** $6,345821 \cdot 10^{25} =$ **f)** $7,25 \cdot 10^{-4} =$ **h)** $6 \cdot 10^{-1} =$

2. Escribe los siguientes números en notación científica:

a) 3.526.498.889.500 = **c)** 0,01= **e)** 0,0000000000000000000025 =

b) 0,0005 = **d)** 350.000.000.000 = **f)** 453.000 =

3. Calcula la expresión decimal de:

a) $10^6 =$ **c)** $10^{-3} =$ **e)** $10^{-2} =$

b) $10^{-1} =$ **d)** $10^{10} =$ **f)** $10^{-6} =$

4. Expresa en notación científica:

a) 100.000.000 = **d)** 10.000 =

b) 0,001 = **e)** 0,000001 =

5. Calcula con la calculadora y expresa el resultado en notación científica:

a) $3^{25} =$ **b)** $12^{20} =$ **c)** $2:5^{20}$

6. Efectúa las siguientes operaciones (comprueba el resultado con la calculadora):

a) $1,5 \cdot 10^{15} - 9,5 \cdot 10^{15} =$ **c)** $2,5 \cdot 10^{15} \cdot 3 \cdot 10^{-5} =$ **e)** $\dfrac{1,25 \cdot 10^{12} - 5 \cdot 10^9}{3 \cdot 10^{10}} =$

b) $2,5 \cdot 10^{15} + 3 \cdot 10^{17} =$ **d)** $\dfrac{4,3 \cdot 10^{10}}{3 \cdot 10^{21}} =$

1.7 LOGARITMOS DECIMALES

El **logaritmo decimal de un número *b*** *es* el exponente al que se debe elevar el número 10 para obtener b. Se designa con $\log b$ y el número b recibe el nombre de argumento del logaritmo.

$\log b = x$ si y solo si $10^x = b$ $x =$ el exponente al que elevamos 10 para obtener el argumento

(argumento: b)

$10^{\log b} = b$ "10 elevado al logaritmo es igual al argumento"

De la definición se deduce que el argumento no puede ser cero ni negativo, ya que cualquier potencia de 10 es positiva:

$$b = 10^x > 0 \rightarrow b > 0$$

Ejemplos:

1) Calcula:

a) $\mathbf{log\ 1000} = 3$; ya que $10^3 = 1000$

b) $\mathbf{log 100} = 2$; ya que $10^2 = 100$

c) $\mathbf{log\ 0{,}1} = -1$; ya que $10^{-1} = \frac{1}{10} = 0{,}1$

d) $\mathbf{log\ \sqrt{10}} = \frac{1}{2}$; ya que $10^{\frac{1}{2}} = \sqrt{10}$

e) $\mathbf{log\ 1} = 0$; ya que $10^0 = 1$

f) $\mathbf{log\ 10} = 1$; ya que $10^1 = 10$

g) $\mathbf{log\ 0{,}001} = -3$; ya que $10^{-3} = \frac{1}{1000} = 0{,}001$

h) $\mathbf{log\ \sqrt[3]{100}} = \frac{2}{3}$; ya que $10^{\frac{2}{3}} = \sqrt[3]{100}$

2) Calcula el valor de x:

a) $\mathbf{log\ x = 5} \rightarrow 10^5 = x \rightarrow x = 100.000$

b) $\mathbf{log\ x = -2} \rightarrow 10^{-2} = \frac{1}{10^2} \rightarrow x = \frac{1}{10^2}$

✓ **Ejercicio:**

1) Calcula:

a) $\log 10.000 =$

b) $\log \frac{1}{\sqrt{10}} =$

c) $\log 10^7 =$

d) $\log 0{,}01 =$

e) $\log \sqrt[3]{10} =$

f) $\log \sqrt[5]{1000} =$

2) Calcula el valor de x:

a) $\log x = 6$

b) $\log x = -4$

c) $\log x = -\frac{1}{4}$

1.7.1 Logaritmos y calculadora

Con la calculadora se pueden calcular los logaritmos decimales usando la tecla log.

Ejemplos: Calcula los siguientes logaritmos con la calculadora y anota cómo se hace:

1) log 1000 =

2) log 5 =

Sol.: 1) 3 2) 0,699

1.7.2 Propiedades de los logaritmos

El logaritmo de un producto es igual a la suma de los logaritmos de los factores.	$\log\ (b \cdot c) = \log\ b + \log\ c$
El logaritmo de un cociente es igual al logaritmo del dividendo menos el logaritmo del divisor.	$\log\ \left(\frac{b}{c}\right) = \log\ b - \log\ c$
El logaritmo de una potencia es igual al producto del exponente por el logaritmo de la base de la potencia.	$\log\ b^n = n \log\ b$
El logaritmo de una raíz es igual al logaritmo del radicando dividido por el índice de la raíz.	$\log \sqrt[n]{b} = \frac{\log b}{n} = \frac{1}{n} \log\ b$
No existe el logaritmo de 0 o de un número negativo.	$b > 0$
El logaritmo decimal de 10 es 1.	$\log\ 10 = 1$
El logaritmo de 1 es cero.	$\log\ 1 = 0$

Ejemplos:

1) Desarrolla aplicando las propiedades:

$$\log\sqrt[3]{\frac{a^4\cdot b}{7}}=\frac{1}{3}\log\left(\frac{a^4\cdot b}{7}\right)=\frac{1}{3}\left(\log\left(a^4\cdot b\right)-\log 7\right)=\frac{1}{3}\left(\log a^4+\log b-\log 7\right)=\frac{1}{3}\left(4\log a+\log b-\log 7\right)$$

2) Expresa como un solo logaritmo:

$$5\cdot\left(3\log x+\log x-2\log x\right)=5\cdot\left(\log x^3+\log x-\log x^2\right)=5\cdot\log\left(\frac{x^3\cdot x}{x^2}\right)=5\cdot\log x^2=\log\left(x^2\right)^5=\log x^{10}$$

✓ **Ejercicio:**

a) Desarrolla aplicando las propiedades:

$$\log\left(\frac{a^2\cdot b^5}{\sqrt{c}}\right)^3=$$

b) Expresa como un solo logaritmo:

$$2\cdot\left(3\log x+\frac{1}{2}\log y-2\log x\right)=$$

Ejercicios

1. Calcula los siguientes logaritmos sin utilizar la calculadora:

a) $\log 100=$

b) $\log 1.000.000=$

c) $\log 10^9=$

d) $\log\sqrt{10}=$

e) $\log 0=$

f) $\log 0,1=$

g) $\log 10=$

h) $\log\left(\frac{1}{10}\right)^5=$

i) $\log\sqrt{1000}=$

j) $\log\left(-10\right)=$

k) $\log 0,00001=$

l) $\log 1=$

m) $\log\frac{1}{100}=$

n) $\log\sqrt[3]{10}=$

o) $\log\sqrt[3]{10^5}=$

2. Calcula el valor de x:

a) $\log x=-1$

b) $\log x=3$

c) $\log x=\frac{1}{2}$

d) $\log x=0$

3. Calcula con la calculadora los siguientes logaritmos:

a) $\log 35=$ c) $\log 70=$ e) $\log 2=$

4. Desarrolla aplicando las propiedades de los logaritmos:

a) $\log\left(\frac{\sqrt[3]{a}\cdot b}{c}\right)^3=$

b) $\log\left(\frac{a^4\cdot\sqrt[7]{b}}{\sqrt[3]{c^2}}\right)=$

5. Expresa como un solo logaritmo aplicando las propiedades de los logaritmos y simplifica:

a) $\frac{1}{3}\left(\log a^4+\log b^8-\log a-\log b^2\right)=$

b) $2\cdot\left(\frac{1}{2}\log x-2\log y\right)=$

Tema 2 Proporcionalidad

En este tema:

2.1 RAZÓN Y PROPORCIÓN

2.1.1 Razón

Una razón es un cociente entre dos números e indica la relación que hay entre ellos.
Así, la razón entre a y b es el cociente $\frac{a}{b}$ y nos indica el número de veces que a contiene b.

Ejemplos:

1) Un jugador de baloncesto ha acertado 6 de 10 intentos a canasta:

   Se dice que la relación entre el número de aciertos y el número de intentos es de 6 a 10 o que la razón entre los aciertos y los intentos es de 6/10.

2) En una receta se añaden 2 partes de azúcar por cada 3 partes de harina:

   Se dice que la relación entre las partes de azúcar y las partes de harina es de 2 a 3 o que la razón entre las partes de azúcar y las partes de harina es de 2/3.

3) En una clase hay 14 chicos y 11 chicas.

   Se dice que la relación entre el número de chicos y el número de chicas es de 14 a 11 o que la razón entre el número de chicos y el de chicas es de 14/11.

! Nota: Diferencia entre razón y fracción

En una razón los dos números pueden ser decimales, mientras que en una fracción han de ser números enteros. De este modo, $\frac{2{,}5}{2}$ es una razón, pero no es una fracción.

2.1.2 Proporción

Una proporción es una igualdad entre dos razones.

$\frac{a}{b} = \frac{c}{d}$ → Proporción.

Se dice que a, b, c y d forman una proporción o son cantidades proporcionales y se lee "a es a b como c es a d".

a y d se denominan términos extremos, y b y c se denominan términos medios.

Constante de proporcionalidad

El valor de los cocientes de una proporción es constante y se conoce como constante de proporcionalidad o razón de la proporción:

$$\frac{a}{b} = \frac{c}{d} = k$$ → k = constante de proporcionalidad

Ejemplos:

1) Para hacer un flan para 4 personas, utilizamos 1 huevo y 3 cucharadas de azúcar. Para hacer un flan para 8 personas, utilizamos 2 huevos y 6 cucharadas de azúcar.

   La relación entre el número de huevos y el número de cucharadas de azúcar se mantiene constante. Se dice que 1, 3, 2 y 6 forman una proporción:

   $\frac{1}{3} = \frac{2}{6} = 0{,}\widehat{3}$ → 1 es a 3 como 2 es a 6. La constante de proporcionalidad es $0{,}\widehat{3}$

   También podemos expresar la proporción como:

   $\frac{3}{1} = \frac{6}{2} = 3$ → 3 es a 1 como 6 es a 2. La razón de proporcionalidad es 3.

   La constante de proporcionalidad indica que por cada cucharada de azúcar hacen falta $0{,}\widehat{3}$ huevos o que por cada huevo hacen falta 3 cucharadas de azúcar.

2) En el ejemplo anterior, la relación entre el número de personas y el número de huevos también se mantiene constante (al igual que la relación entre el número de personas y el número de cucharadas de azúcar):

   $\frac{4}{1} = \frac{8}{2} = 4$ → 4 es a 1 como 8 es a 2. La constante de proporcionalidad es 4.

   También podemos expresar la proporción como:

   $\frac{1}{4} = \frac{2}{8} = 0{,}25$ → 1 es a 4 como 2 es a 8. La constante de proporcionalidad es 0,25.

   La constante de proporcionalidad indica que el número de personas es 4 veces el número de huevos o que por cada persona hacen falta 0,25 huevos.

Ejemplos:

3) Las medidas de los lados de las siguientes figuras forman una proporción:

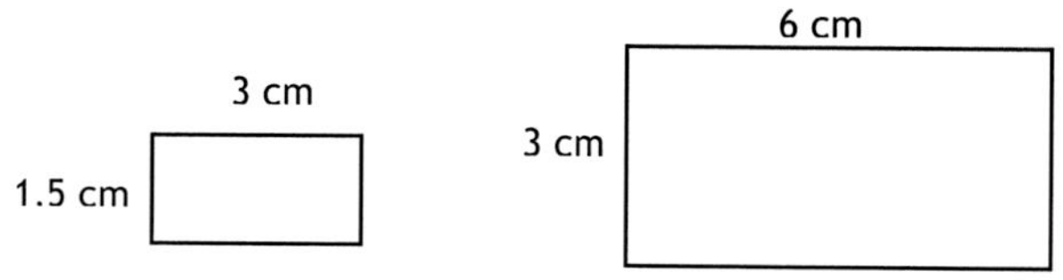

$\frac{3}{1,5} = \frac{6}{3} = 2 \rightarrow$ 3 es a 1,5 como 6 es a 3. La constante de proporcionalidad es 2.

La constante de proporcionalidad indica que en estos dos rectángulos los lados horizontales miden el doble que los verticales.

✓ Ejercicios

1) Escribe la proporción entre el número de personas y el número de cucharadas de azúcar del ejemplo. Calcula la constante de proporcionalidad e interpreta el resultado.

2) Indica la proporción que forman las medidas de los lados de las siguientes figuras y la razón de proporcionalidad:

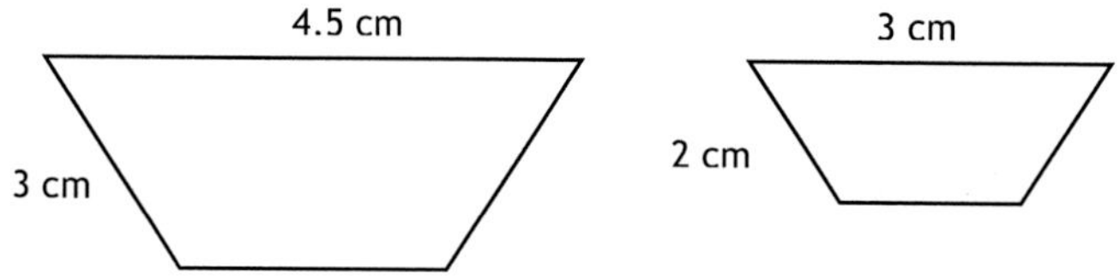

Sol.: 1. $\frac{4}{3} = \frac{8}{6} = 1,\widehat{3}$ o $\frac{3}{4} = \frac{6}{8} = 0,75$ **2.** $\frac{3}{2} = \frac{4,5}{3} = 1,5$

Propiedades fundamentales de las proporciones

- En una proporción el producto de los términos extremos es igual al producto de los términos medios. Así, si multiplicamos en cruz, los resultados coinciden.

$$\frac{a}{b} \times \frac{c}{d} \leftrightarrow a \cdot d = b \cdot c$$

Ejemplos: Indica si los siguientes números forman una proporción:

1) 6, 8, 9 y 12

Comprobamos si se verifica la propiedad fundamental de las proporciones:

$\frac{6}{8} \stackrel{?}{=} \frac{9}{12} \quad 6 \cdot 12 \stackrel{?}{=} 9 \cdot 8 \rightarrow 72 = 72 \rightarrow$ Sí que forman una proporción

2) 5, 10, 15 y 25

Comprobamos si se verifica la igualdad entre razones. Para hacerlo, multiplicamos en cruz:

$\frac{5}{10} \stackrel{?}{=} \frac{15}{25} \quad 5 \cdot 25 \stackrel{?}{=} 10 \cdot 15 \rightarrow 125 \neq 150 \rightarrow$ No forman una proporción $\frac{5}{10} \neq \frac{15}{25}$

✓ Ejercicios: Indica si los siguientes números forman una proporción:

a) 4, 6, 6 y 9 **b)** 1, 3, 5 y 14

Sol: a) Sí que forman una proporción **b)** No forman una proporción

- Si $\dfrac{a}{b}=\dfrac{c}{d}$, por lo tanto $\dfrac{a}{b}=\dfrac{c}{d}=\dfrac{a+c}{b+d}$

> **Ejemplo:**
>
> $$\frac{3}{4}=\frac{6}{8}=\frac{6+3}{4+8}=\frac{9}{12}=0{,}75$$

2.1.3 Cuarta proporcional

Es muy frecuente conocer tres términos de una proporción y desconocer el cuarto término, que se denomina cuarta proporcional. Así, la cuarta proporcional es el término desconocido de una proporción. Se suele representar con la letra x:

$$\frac{a}{b}=\frac{c}{x} \quad \text{o} \quad \frac{a}{b}=\frac{x}{d} \quad \text{o} \quad \frac{x}{b}=\frac{c}{d} \quad \text{o} \quad \frac{a}{x}=\frac{c}{d}$$

Cálculo de la cuarta proporcional

Para calcular la cuarta proporcional, aplicamos la propiedad fundamental de las proporciones y despejamos x:

$$\frac{a}{b}=\frac{c}{x} \rightarrow a\cdot x=b\cdot c \rightarrow \boxed{x=\frac{b\cdot c}{a}}$$

> **Ejemplo:**
>
> $$\frac{3}{4}=\frac{6}{x} \rightarrow 3\cdot x=4\cdot 6 \rightarrow 3\cdot x=24 \rightarrow x=\frac{24}{3}=8$$

Podemos utilizar la siguiente regla práctica:

Multiplicamos los dos extremos o los dos medios conocidos (situados en diagonal) y dividimos por el tercer valor:

$$\frac{a}{b}=\frac{c}{x} \rightarrow \boxed{x=\frac{b\cdot c}{a}} \qquad \frac{a}{b}=\frac{x}{d} \rightarrow \boxed{x=\frac{a\cdot d}{b}}$$

> **Ejemplos: Calcula la cuarta proporcional:**
>
> a) $\dfrac{3}{2}=\dfrac{x}{8}$ $\quad x=\dfrac{3\cdot 8}{2}=12$
>
> b) $\dfrac{x}{6}=\dfrac{15}{9}$ $\quad x=\dfrac{15\cdot 6}{9}=10$
>
> c) $\dfrac{1}{x}=\dfrac{5}{3}$ $\quad x=\dfrac{3\cdot 1}{5}=0{,}6$
>
> d) $\dfrac{4}{3}=\dfrac{2}{x}$ $\quad x=\dfrac{3\cdot 2}{4}=1{,}5$
>
> ✓ **Ejercicio:** Calcula la cuarta proporcional:
>
> a) $\dfrac{4}{10}=\dfrac{6}{x}$ b) $\dfrac{x}{3}=\dfrac{5}{6}$ c) $\dfrac{2}{x}=\dfrac{5}{4}$ d) $\dfrac{3}{4}=\dfrac{x}{7}$
>
> **Sol.:** **a)** 15 **b)** 2,5 **c)** 1,6 **d)** 5,25

2.2 MAGNITUDES DIRECTAMENTE PROPORCIONALES

Una magnitud es cualquier cualidad o característica que puede medirse (como por ejemplo la masa, la altura, la temperatura, el precio, el tiempo, la longitud, la superficie, el volumen, la velocidad...).

Hay magnitudes que están relacionadas, de manera que una depende de otra.

> **Ejemplos: Las siguientes magnitudes están relacionadas, de manera que una depende de otra.**
>
> **1)** El *número de bolígrafos* que compramos en una papelería y el precio que pagamos por ellos.
>
> **2)** El *número de kilómetros* recorridos por un coche y el *consumo de gasolina.*
>
> **3)** La *velocidad* a la que circula un vehículo y el *tiempo* que tarda en recorrer una determinada distancia.
>
> **4)** El *número de trabajadores* que realiza un trabajo y el *tiempo* que tardan en acabarlo.
>
> **5)** La *medida del lado* de un cuadrado y su *área*

Decimos que dos magnitudes que están relacionadas (de manera que una depende de la otra) son directamente proporcionales si cuando aumenta (o disminuye) una magnitud, la otra magnitud también aumenta (o disminuye) y lo hace de manera proporcional, es decir, verificando las siguientes condiciones equivalentes:

- Al multiplicar o dividir el valor de una magnitud por un número, el valor de la otra queda multiplicado o dividido por este mismo número (si duplicamos el valor de una magnitud, el valor de la otra también se duplica; si triplicamos el valor de una magnitud, el valor de la otra también se triplica; si dividimos por dos el valor de una magnitud, el valor de la otra también queda dividido por dos, etc.).
- El cociente entre el valor que toma una magnitud y el que toma la otra se mantiene constante. Esta constante se denomina constante de proporcionalidad.

Tal como hemos indicado, las dos condiciones anteriores son equivalentes y, por lo tanto, para averiguar si dos magnitudes son directamente proporcionales será suficiente comprobar que se verifica una de estas condiciones.

Ejemplos:

1) En una papelería un bolígrafo cuesta 1,5 €. El número de bolígrafos que compramos en esta papelería y el precio que pagamos por ellos son magnitudes directamente proporcionales.

Si aumentamos o disminuimos el número de bolígrafos que compramos, el precio aumenta o disminuye de manera proporcional. Hacemos una tabla de valores para comprobarlo:

Número bolígrafos	1	2	3	4	5	6 ...	10
Precio (€)	1,5	3	4,5	6	7,5	9 ...	15

Si multiplicamos por 2 el número de bolígrafos, el precio se multiplica por 2; si multiplicamos por 3 el número de bolígrafos, el precio es multiplica por 3; etc.

Vemos cómo el cociente entre el precio y el número de bolígrafos se mantiene constante:

$$\frac{1,5}{1}=\frac{3}{2}=\frac{4,5}{3}=\frac{6}{4}=\frac{15}{10}=1,5 \rightarrow \text{ constante de proporcionalidad.}$$

2) El número de trabajadores que realizan un trabajo y el tiempo que tardan en acabarlo no son magnitudes directamente proporcionales, ya que cuanto más grande sea el número de trabajadores, menos tiempo tardarán en acabar el trabajo. En este caso, cuando aumenta una magnitud, la otra disminuye.

3) La medida del lado de un cuadrado y la de su área no son magnitudes directamente proporcionales. A pesar de que cuando aumenta una magnitud, también aumenta la otra, no lo hace de manera proporcional:

Hacemos una tabla de valores para comprobarlo:

Lado (cm)	1	2	3	4	5	...
Área (cm^2)	1	4	9	16	25	...

Si multiplicamos por 2 la medida del lado, el área no queda multiplicada por 2.

Vemos cómo el cociente entre el área y la medida del lado no se mantiene constante:

$$\frac{1}{1}\neq\frac{4}{2}\neq\frac{9}{3}\neq\frac{16}{4}\neq\frac{25}{5} \text{ constante de proporcionalidad.}$$

✓ **Ejercicio:** Indica si las siguientes magnitudes son directamente proporcionales:

a) El número de *kilómetros recorridos* por un coche que circula a velocidad constante por un terreno llano y los litros de *gasolina* que consume.

b) La *velocidad* de un vehículo que circula a velocidad constante y el *tiempo* que tarda en recorrer una determinada distancia.

c) La *velocidad* de un vehículo que circula a velocidad constante y el *número de kilómetros recorridos* en un tiempo determinado.

d) El *peso* de una niña y su *edad*.

2.2.1 Regla de tres simple directa

La regla de tres simple directa es un método utilizado para resolver problemas en los que intervienen dos magnitudes directamente proporcionales.

Son problemas en los que se dan tres datos (por eso llama regla de tres) y nos piden un cuarto dato. Como las magnitudes son directamente proporcionales, los cuatro datos forman una proporción y el dato desconocido es la cuarta proporcional.

Para resolver un problema de proporcionalidad utilizando una regla de tres simple directa, seguimos los siguientes pasos:

- Identificamos las dos magnitudes que aparecen en el enunciado del problema y comprobamos si son directamente proporcionales. Si no lo son, no podemos aplicar una regla de tres simple directa.
- Si son magnitudes directamente proporcionales, planteamos la regla de tres escribiendo los datos tal como se indica a continuación, donde a, b y c son los datos conocidos y x el dato desconocido:

Magnitud A		Magnitud B
a	$\longrightarrow$	b
c	$\longrightarrow$	x

Cuando la magnitud A toma el valor a, la magnitud B toma el valor b. Entonces, cuando la magnitud A toma el valor c, la magnitud B toma el valor x.

De forma abreviada se lee: si a a le corresponde b, entonces a c le corresponde x.

- Planteamos la siguiente proporción:

$$\frac{a}{c} = \frac{b}{x}$$

- Calculamos la cuarta proporcional:

$$\frac{a}{c} = \frac{b}{x} \rightarrow a \cdot x = c \cdot b \rightarrow \boxed{x = \frac{c \cdot b}{a}}$$

Ejemplos:

1) En una tienda tres kilos de tomates cuestan 2 €. ¿Cuánto costarán 5 kilos?

- Identificamos las dos magnitudes que aparecen en el enunciado del problema y comprobamos si son directamente proporcionales:

Las dos magnitudes son el peso (kg) y el precio (€). Cuando el peso aumenta, el precio también aumenta y lo hace de manera proporcional (si multiplicamos el peso por 2, el precio también queda multiplicado por 2). Por lo tanto, son magnitudes directamente proporcionales.

- Planteamos la regla de tres y la resolvemos:

Peso (kg)		Precio (€)
3	$\longrightarrow$	2
5	$\longrightarrow$	x

Si 3 kg cuestan 2 €, 5 kg cuestan x €

$\frac{3}{5} = \frac{2}{x} \rightarrow x = \frac{5 \cdot 2}{3} = \frac{10}{3} = 3{,}33€$ cuestan 5 kg de tomates.

2) En una fábrica, una máquina empaqueta 120 productos en 4 horas. ¿Cuántos productos empaquetará en 6 horas?

- Identificamos las dos magnitudes que aparecen en el enunciado del problema y comprobamos si son directamente proporcionales

Las dos magnitudes son el *número de productos* que empaqueta la máquina y el *tiempo* (*horas*) que tarda en empaquetarlos. Cuando aumenta el tiempo, también aumenta el número de productos empaquetados y lo hace de manera proporcional (si duplicamos el tiempo, se duplica el número de productos). Por lo tanto, son magnitudes directamente proporcionales.

- Planteamos la regla de tres y la resolvemos:

Tiempo (horas)		Productos
4	$\longrightarrow$	120
6	$\longrightarrow$	x

Si en 4 horas empaqueta 120 productos, en 6 horas empaqueta x

$\frac{4}{6}=\frac{120}{x} \rightarrow x=\frac{6\cdot 120}{4}=180$ productos empaqueta en 6 horas.

3) Para hacer una paella para 8 personas necesitamos 1 kg de arroz. ¿Cuántos kilos de arroz necesitamos para hacer una paella para 10 personas?

- Identificamos las dos magnitudes y comprobamos si son directamente proporcionales:

Las dos magnitudes son el *número de personas* y el *peso del arroz* (*kg*). Cuando aumenta el número de personas, también aumentan los kilos de arroz, y lo hacen de manera proporcional (si multiplicamos por 2 el número de personas, se duplica la cantidad de arroz). Por lo tanto, son magnitudes directamente proporcionales.

- Planteamos la regla de tres y la resolvemos:

Número de personas		Peso arroz (kg)
8	$\longrightarrow$	1
10	$\longrightarrow$	x

Si para 8 personas necesitamos 1 kg de arroz, para 10 personas necesitamos x kg

$\frac{8}{10}=\frac{1}{x} \rightarrow x=\frac{1\cdot 10}{8}=1{,}25$ kilos de arroz necesitamos para 10 personas.

✓ **Ejercicios:**

1. Cinco entradas de teatro nos han costado 105 €.¿Cuánto nos costarán 3 entradas?
2. Un coche consume una media de 5,5 litros de gasoil por cada 100 km recorridos. Si un litro de gasoil cuesta 0,99 €; ¿cuál será el coste aproximado de gasoil necesario para realizar un trayecto de 350 km?
3. Una excursionista ha recorrido 15 km en 4 horas y todavía le faltan 3 km para acabar la excursión. Si va al mismo ritmo, ¿cuánto tardará en recorrer los 3 km que le faltan?
4. Un grifo ha tardado 3 horas en verter 150 litros de agua en un depósito. ¿Cuánto tiempo tardará en acabar de llenar el depósito si este tiene una capacidad de 1.000 litros?

Sol.: 1. 63 € **2.** 19,06 € **3.** 48 minutos **4.** 17 horas

2.2.2 Problemas de reparto proporcional

Los problemas de reparto proporcional consisten en dividir una cantidad en partes directamente proporcionales a otras cantidades. Para resolver estos problemas se utiliza la propiedad de las proporciones:

$$\frac{a}{b}=\frac{c}{d}=\frac{a+c}{b+d}$$

Ejemplo: Una madre quiere repartir 6.000 € entre sus tres hijas de manera directamente proporcional a sus edades. Sus hijas tienen 5, 10 y 15 años. Calcula qué cantidad de dinero le corresponde a cada hija.

Llamamos x, y y z a las tres cantidades de dinero que nos piden:

x = cantidad de dinero que le corresponde a la hija pequeña.

y = cantidad de dinero que le corresponde a la hija mediana.

z = cantidad de dinero que le corresponde a la hija mayor.

Planteamos la proporción:

$$\frac{x}{5} = \frac{y}{10} = \frac{z}{15} = \frac{x+y+z}{5+10+15} = \frac{6000}{30}$$

Calculamos x, y y z:

$$\frac{x}{5} = \frac{6000}{30} \rightarrow x = \frac{6000 \cdot 5}{30} = 1000 \rightarrow x = 1.000\,€$$

$$\frac{y}{10} = \frac{6000}{30} \rightarrow y = \frac{6000 \cdot 10}{30} = 2.000 \rightarrow y = 2.000\,€$$

$$\frac{z}{15} = \frac{6000}{30} \rightarrow x = \frac{6000 \cdot 15}{30} = 3.000 \rightarrow z = 3.000\,€$$

A la hija pequeña le corresponderán 1.000 €; a la mediana, 2.000 € y a la mayor, 3.000 €.

✓ **Ejercicio:** Un padre quiere repartir un terreno de 4.500 ha entre sus hijos de manera directamente proporcional al número de hijos que tiene cada uno. El hijo mayor tiene 3 hijos, el mediano tiene 5 y el pequeño 1. Calcula cuántas hectáreas le corresponderán a cada hijo.

Sol.: Hijo mayor: 1.500 ha; hijo mediano: 2.500 ha; hijo pequeño: 500 ha.

2.3 MAGNITUDES INVERSAMENTE PROPORCIONALES

Decimos que dos magnitudes que están relacionadas (de manera que una depende de la otra) son inversamente proporcionales si cuando una magnitud aumenta, la otra magnitud disminuye y además verifican las siguientes condiciones equivalentes:

- Al multiplicar (o dividir) el valor de una magnitud por un número, el valor de la otra queda dividido (o multiplicado) por este mismo número (si duplicamos el valor de una magnitud, el valor de la otra queda reducido a la mitad; si multiplicamos por 3 el valor de una magnitud, el valor de la otra queda dividido por 3; si dividimos por 5 el valor de una magnitud, el valor de la otra queda multiplicado por 5, etc.).
- El producto del valor que toma una magnitud por el valor que toma la otra magnitud se mantiene constante. Esta constante se denomina constante de proporcionalidad inversa.

Tal como hemos indicado, las dos condiciones anteriores son equivalentes y, por lo tanto, para averiguar si dos magnitudes son inversamente proporcionales será suficiente comprobar que se verifica una de estas condiciones.

Ejemplos:

1. **¿El número de pintores que trabajan para pintar una casa y el tiempo que tardan en pintarla son magnitudes inversamente proporcionales?**

   Si aumentamos el número de pintores, disminuye el tiempo que tardan en pintar la casa, de manera que si duplicamos el número de pintores, el tiempo se reduce a la mitad; si triplicamos el número de pintores, el tiempo se reduce una tercera parte, etc.

   Supongamos que un pintor tarda 6 días en pintar la casa. Hacemos una tabla de valores

   ·2

Número de pintores	1	2	3	4	6	12
Tiempo (días)	6	3	2	1,5	1	0,5

   Veamos cómo el producto del número de pintores por el número de días se mantiene constante:

   1 · 6 = 2 · 3 = 3 · 2 = 4 · 1,5 = 6 · 1 = 12 · 0,5 = 6 → constante de proporcionalidad inversa

2. **La velocidad a la que circula un vehículo y el tiempo que tarda en recorrer una determinada distancia son magnitudes inversamente proporcionales.**

Al aumentar la velocidad disminuye el tiempo, de manera que si se duplica la velocidad, el tiempo queda reducido a la mitad; si se reduce la velocidad a la mitad, el tiempo se duplica, etc.

Supongamos que queremos recorrer 100 km. Hacemos una tabla de valores:

Velocidad (km/h)	10	20	25	50	80	100
Tiempo (horas)	10	5	4	2	1,25	1

Veamos cómo el producto de la velocidad por el tiempo se mantiene constante:

$10 \cdot 10 = 20 \cdot 5 = 25 \cdot 4 = 50 \cdot 2 = 80 \cdot 1{,}25 = 100 \cdot 1 = 100 \rightarrow$ constante de proporcionalidad inversa

3. **Una persona sigue una dieta para perder peso, de manera que cada semana pierde 2 kg. A medida que aumenta el tiempo que esta persona está a dieta, su peso disminuye. Del mismo modo, en este caso el *tiempo* y el *peso* no son magnitudes inversamente proporcionales, ya que a doble número de semanas no le corresponde la mitad de peso.**

Veámoslo en una tabla de valores:

Tiempo (semanas)	0	1	2	3	4
Peso (kg)	80	78	76	74	72

El producto del tiempo por el peso no se mantiene constante: $0 \cdot 80 \neq 1 \cdot 78 \neq 2 \cdot 76 \neq 3 \cdot 74 \neq 4 \cdot 72$

✓ **Ejercicios:** Indica si las siguientes magnitudes son inversamente proporcionales, directamente proporcionales o no tienen ninguna relación de proporcionalidad.

a) Los *metros de cinta* que queremos comprar y el *precio* que pagaremos por la cinta.

b) Un grupo de alumnos alquila un autobús para ir de excursión. El *número de alumnos* que van a la excursión y el dinero que pagará cada alumno por el autobús.

c) La *velocidad* a la que va un coche que circula a velocidad constante y el *espacio recorrido* (km) en una hora.

d) El *número de gallinas* que hace falta alimentar y los días que nos durará la comida que tenemos almacenada para esta finalidad.

e) El *número de acertantes* del primer premio del "Euromillón" y el *dinero* que se lleva cada acertante.

f) El *número de horas* que dedicamos a estudiar un examen y la *nota* que sacamos.

g) El *peso* y la *altura* de una persona.

2.3.1 Regla de tres simple inversa

La regla de tres simple inversa es un método que se utiliza para resolver problemas en los que intervienen dos magnitudes inversamente proporcionales.

Son problemas en los que nos dan tres datos (por eso se llama regla de tres) y nos piden un cuarto dato.

Para resolver un problema de proporcionalidad utilizando una regla de tres simple inversa, seguimos los siguientes pasos:

- Identificamos las dos magnitudes que aparecen en el enunciado del problema y comprobamos si son inversamente proporcionales. Si no lo son, no podemos aplicar una regla de tres simple inversa.
- Si son magnitudes inversamente proporcionales, planteamos la regla de tres escribiendo los datos tal como se indica a continuación, donde a, b y c son los datos conocidos y x el dato desconocido:

Magnitud A		Magnitud B
a	$\longrightarrow$	b
c	$\longrightarrow$	x

Cuando la magnitud A toma el valor a, la magnitud B toma el valor b.

Entonces, cuando la magnitud A toma el valor c, la magnitud B toma el valor x.

De forma abreviada se lee: si a a le corresponde b, entonces a c le corresponde x.

- Planteamos la siguiente proporción, invirtiendo los datos de la segunda razón, correspondientes a la segunda magnitud:

$$\frac{a}{c} = \frac{x}{b}$$

- Calculamos la cuarta proporcional:

$$\frac{a}{c} = \frac{x}{b} \rightarrow a \cdot b = c \cdot x \rightarrow \boxed{x = \frac{a \cdot b}{c}}$$

Ejemplos:

1) Tres pintores tardan dos días en pintar una casa. ¿Cuánto tardarán cinco pintores?

Tal como hemos visto en el ejemplo 1, el *número de pintores* y el *tiempo* que tardarán en pintar la casa son magnitudes inversamente proporcionales.

Planteamos la regla de tres y la resolvemos

Número de pintores		Tiempo (días)
3	$\longrightarrow$	2
5	$\longrightarrow$	x

Si 3 pintores tardan 2 días, 5 pintores tardan x días.

$$\frac{3}{5} = \frac{x}{2} \rightarrow x = \frac{3 \cdot 2}{5} = \frac{6}{5} = 1{,}2$$ días tardarán cinco pintores.

2) Un coche que circula a una velocidad media de 80 km/h ha tardado 3 horas en ir de la ciudad A a la ciudad B. ¿Cuántas horas tardará en hacer el trayecto de vuelta si circula a una velocidad media de 100 km/h?

Tal como hemos visto en el ejemplo 2, la velocidad y el tiempo son magnitudes inversamente proporcionales.

Planteamos la regla de tres y la resolvemos:

Velocidad (km/h)		Tiempo (horas)
80	$\longrightarrow$	3
100	$\longrightarrow$	x

Si va a 80 km/h, tarda 3 h; si va a 100 km/h tardará x h

$$\frac{80}{100} = \frac{x}{3} \rightarrow x = \frac{3 \cdot 80}{100} = 2{,}40 \text{ h} = 2 \text{ h } 24 \text{ min}^{*}$$ horas tardará.

! **Nota:** 0,4 horas = 0,4 · 60 minutos = 24 minutos

✓ **Ejercicios:**

1. Con un saco de pienso un agricultor puede alimentar 10 gallinas durante una semana. ¿Durante cuántos días podría alimentar 14 gallinas con el mismo saco de pienso?

2. Un grupo de 20 alumnos alquila un autobús para ir de excursión con un coste de 15 € por alumno. En el último momento se apuntan 4 alumnos más. ¿Cuánto tendrá que pagar cada alumno por el alquiler del autobús?

3. Una furgoneta puede cargar 80 cajas de 15 kg cada una. ¿Cuántas cajas de 12 kg puede cargar?

Sol.: 1. 5 días **2.** 12,5 € **3.** 100 cajas

2.4 PORCENTAJES

El **tanto por ciento**, r %, significa r de cada cien y también se representa con la razón $\frac{r}{100}$

Ejemplos:

1) El 75 % de los estudiantes ha aprobado → 75 de cada cien estudiantes han aprobado: $\frac{75}{100}$.

2) Una jugadora de baloncesto ha acertado el 30 % de los intentos a canasta → ha acertado 30 de cada 100 intentos: $\frac{30}{100}$

3) Nos hacen un descuento del 12 % → Nos descuentan 12 € de cada 100 € de compra: $\frac{12}{100}$

2.4.1 Tanto por ciento de una cantidad

El **tanto por ciento de una cantidad**, r % *de* q, es la parte de q que se obtiene al dividir q en 100 partes iguales y tomar r, es decir $\frac{r}{100}$ de q:

$$r\ \%\ \text{de}\ q = \frac{r}{100}\ \text{de}\ q$$

Podemos calcular el tanto por ciento de una cantidad, r % *de* q, de dos maneras diferentes:

- Calculando $\frac{r}{100}$ de q, es decir, multiplicando $\frac{r}{100}$ por q:

$$r\ \%\ \text{de}\ q = \frac{r}{100}\ \text{de}\ q = \boxed{\frac{r}{100}\cdot q}$$

Una manera sencilla y rápida de hacer este cálculo es dividir r por 100 (mentalmente desplazamos la coma dos lugares hacia la izquierda) y multiplicar el resultado (si es necesario con la calculadora) por q.

Ejemplos:

1) El 75 % de 400 = $\frac{75}{100}$ de 400 = $\frac{75}{100}\cdot 400 = 0{,}75\cdot 400 = 300$

2) El 5 % de 360 = $\frac{5}{100}$ de 360 = $\frac{5}{100}\cdot 360 = 0{,}05\cdot 360 = 18$

✓ **Ejercicio:** Calcula.

a) El 82 % de 120 =

b) El 2 % de 1.275 =

Sol: a) 98,4 **b)** 25,5

- Aplicando una regla de tres simple directa

%		Cantidad
100	⟶	q
r	⟶	x

$$\frac{100}{r} = \frac{q}{x} \rightarrow x = \frac{r\cdot q}{100}$$

Si el 100 % es equivalente a q, el r % es equivalente a x.

Ejemplos:

1) Calcula el 75 % de 400 con una regla de tres.

%		Cantidad	
100	$\longrightarrow$	400	Si el 100 % es equivalente a 400,
75	$\longrightarrow$	x	el 75 % es equivalente a x.

$\frac{100}{75} = \frac{400}{x} \rightarrow x = \frac{75 \cdot 400}{100} = 300$ → 300 es el 75 % de 400.

2) Calcula el 5 % de 360 con una regla de tres.

%		Cantidad	
100	$\longrightarrow$	360	Si el 100 % es equivalente a 360,
5	$\longrightarrow$	x	el 5 % es equivalente a x.

$\frac{100}{5} = \frac{360}{x} \rightarrow x = \frac{5 \cdot 360}{100} = 18$ → 18 es el 5 % de 360.

✓ **Ejercicios:** Calcula, utilizando una regla de tres.

a) El 82 % de 120 =

b) El 2 % de 1.275 =

Sol: a) 98,4 **b)** 25,5

A veces conocemos la cantidad que representa un porcentaje, pero no conocemos la cantidad total a la que este porcentaje hace referencia:

Ejemplos:

1) Nos dicen que el 80 % de los alumnos de una clase ha aprobado un examen. Si sabemos que han aprobado 12 alumnos, ¿cuántos alumnos hay en la clase?

Resolvemos el problema aplicando una regla de tres, teniendo en cuenta que el número de alumnos de la clase equivale al 100 % de los alumnos:

%		Alumnos	
80	$\longrightarrow$	12	Si el 80 % es equivalente a 12,
100	$\longrightarrow$	x	el 100 % es equivalente a x.

$\frac{80}{100} = \frac{12}{x} \rightarrow x = \frac{1200}{80} = 15$ → Hay 15 alumnos en la clase.

✓ **Ejercicio:** Sabemos que el 23 % de una cantidad es 11,5. Calcula esta cantidad.

Sol: 50

2.4.2 Cálculo del porcentaje que representa una parte respecto al total

A veces nos interesa calcular el porcentaje que representa una cantidad (una parte) respecto a otra cantidad dada (el total).

Podemos calcular el porcentaje que representa p respecto a q, de dos maneras diferentes:

- Multiplicando por 100 la razón $\frac{p}{q}$

$$x\% = \frac{p \text{ (la parte)}}{q \text{ (el total)}} \cdot 100$$

- Aplicando una regla de tres simple directa

Cantidad		%	
q	$\longrightarrow$	100	Si q es equivalente al 100 %,
p	$\longrightarrow$	x	p es equivalente al x %.

$$\frac{q}{p} = \frac{100}{x} \rightarrow x = \frac{100 \cdot p}{q}$$

Ejemplos:

De un grupo de 25 alumnos, han aprobado 20. ¿Qué porcentaje de alumnos han aprobado?

$\frac{20 \text{ (la parte)}}{25 \text{ (el total)}} \cdot 100 = 0{,}8 \cdot 100 = 80\ \%$ → Ha aprobado el 80 % del alumnado.

También lo podemos resolver aplicando una regla de tres:

%		Alumnos
25	⟶	100
20	⟶	x

Si 25 es equivalente al 100 %,
20 es equivalente al x %.

$\frac{25}{20} = \frac{100}{x} \rightarrow x = \frac{20 \cdot 100}{25} = 80\ \%$ → Ha aprobado el 80 % del alumnado.

✓**Ejercicio:** María ha acertado 8 de los 14 intentos que ha hecho a canasta. ¿Cuál ha sido su porcentaje de aciertos?

Sol: 57,14 %

2.4.3 Aumentos y disminuciones porcentuales

Veamos unos cuantos ejemplos de problemas en los que aparecen aumentos y disminuciones porcentuales:

Ejemplos:

1) En un artículo que cuesta 30 € nos hacen un 15 % de descuento. Calcula el precio después de hacer el descuento.

$30 - (15\% \text{ de } 30) = 30 - 0{,}15 \cdot 30 = 25{,}5€$ → El artículo con el descuento costará 25,5 €.

O bien: $30 \cdot 0{,}85 = 25{,}5€$ (ya que si nos hacen un descuento del 15 %, pagaremos el 85 % del precio inicial del artículo)

2) Si los precios de los billetes de tren han subido un 5 %, ¿cuánto costará un billete que antes costaba 18 €?

$18 + (5\% \text{ de } 18) = 18 + 18 \cdot 0{,}05 = 18{,}9€$ → El billete costará 18,9 €.

O bien, $1{,}05 \cdot 18 = 18{,}9\ €$ (ya que si la subida es del 5 %, pagaremos el 105 % del precio inicial del billete)

✓**Ejercicios:**

1) Un ordenador cuesta 830 €. Si nos hacen un descuento del 40 %, ¿cuánto pagaremos?

2) En la panadería de la esquina han subido un 10 % los precios de los pasteles. ¿Cuánto nos costará un pastel de manzana que antes costaba 1,2 €?

Sol.: 1) 498 € **2)** 1,32 €

Tal como hemos visto, calcular un aumento porcentual de un r % de una cantidad equivale a calcular el (100 + r) % de esa cantidad. Del mismo modo, calcular una disminución porcentual de un r % de una cantidad equivale a calcular el (100 – r) % de esa cantidad.

A veces conocemos la cantidad que resulta de hacer el aumento o disminución porcentual y queremos saber cuál era la cantidad inicial. Veamos unos ejemplos:

Ejemplos:

1) Nos hacen un 5 % de descuento sobre un artículo. Si hemos pagado 76 € por este artículo, ¿cuánto costaba antes de hacer el descuento?

Sabemos que el 95 % del precio inicial son 76 €. Aplicamos una regla de tres, teniendo en cuenta que la cantidad que nos piden equivale al 100 % del precio.

%	Precio (€)
95 →	76
100 →	x

Si el 95 % es equivalente a 76, el 100 % es equivalente a x.

$\frac{95}{100}=\frac{76}{x} \to x=\frac{76\cdot 100}{95}=80€$ → El artículo costaba 80 € antes del descuento.

2) Un artículo al que han aplicado un IVA del 18 % nos ha costado 495,60 €. ¿Cuál era el precio del artículo sin IVA?

Sabemos que el 118 % del precio inicial (sin IVA) son 495,60 €. Aplicamos una regla de tres, teniendo en cuenta que la cantidad que nos piden equivale al 100 % del precio.

%	Precio (€)
118 →	495,6
100 →	x

Si el 118 % es equivalente a 495,60, el 100 % es equivalente a x.

$\frac{118}{100}=\frac{495,6}{x} \to x=\frac{495,6\cdot 100}{118}=420€$ → El precio del artículo sin IVA era 420 €.

✓ **Ejercicios:** Sabemos que han subido un 8 % el precio de un artículo. Si hemos pagado 77,76 € por este artículo, ¿cuánto costaba antes de la subida del precio?

Sol.: 72 €

Ejercicios

Razón y proporción

1. Di si los siguientes pares de números son o no proporcionales y si lo son, calcula la razón de proporcionalidad (o constante de proporcionalidad):

a) 5, 6 y 10, 8. b) 4, 7 y 12, 21.

2. Calcula la cuarta proporcional:

a) $\frac{2}{3}=\frac{x}{9}$ b) $\frac{x}{18}=\frac{4}{6}$ c) $\frac{36}{48}=\frac{45}{x}$

d) $\frac{x}{6}=\frac{6}{4}$ e) $\frac{11}{x}=\frac{33}{21}$ f) $\frac{7}{14}=\frac{x}{4}$

g) $\frac{5}{7}=\frac{x}{28}$ h) $\frac{x}{7}=\frac{12}{14}$ i) $\frac{20}{24}=\frac{15}{x}$

j) $\frac{2}{3}=\frac{x}{5}$ k) $\frac{x}{3}=\frac{2}{5}$ l) $\frac{2}{x}=\frac{4}{5}$

Ejercicios

Regla de tres simple directa

3. La razón entre la cantidad de harina y la cantidad de mantequilla en un pastel es 5/2.
   a) Calcula la cantidad de mantequilla que hemos de añadir si hemos puesto 125 g de harina.
   b) Calcula la cantidad de harina que debemos añadir si hemos puesto 180 g de mantequilla.
4. Si de un limón de 0,3 kg obtenemos 0,18 l de limonada, ¿cuantos litros obtendremos con 4 kg de limones?
5. Un coche consume de media 5,5 l de gasoil cada 100 km. Si el gasoil cuesta 1,2 €/l, calcula cuanto costará hacer un recorrido de 325 km.
6. En un supermercado nos han hecho un descuento de 1,5 € en una compra de 50 €. Si hacemos un gasto de 185 € en este supermercado, ¿cuánto dinero nos descontarán?
7. Para hacer una torta para 4 personas necesitamos 250 g de harina. ¿Cuánta harina necesitamos para hacer una torta para 6 personas?
8. Una madre quiere dar una paga semanal a sus tres hijas que sea directamente proporcional a sus edades. Las hijas tienen 10,12 y 15 años. Si da 12 € de paga a su hija pequeña, ¿cuánto dinero dará a las otras dos hijas?

Regla de tres simple inversa

9. Tres trabajadores de la cocina de un hotel han preparado las bolsas de picnic en una hora. ¿Cuánto tiempo habrían tardado cuatro trabajadores en preparar las mismas bolsas?
10. Un grifo que vierte 5 litros de agua por minuto tarda 2 horas en llenar un depósito. ¿Cuánto tardaría en llenar el mismo depósito un grifo que vierte 8 litros por minuto?
11. Queremos plantar árboles al lado de un camino a lo largo de un trayecto concreto. Si plantamos un árbol cada 2 metros, nos hacen falta 120 árboles para cubrir todo el trayecto. ¿Cuántos árboles nos harán falta si los separamos 3 metros?
12. Unas amigas se van de viaje a Europa. Calculan que con el presupuesto que tienen pueden viajar durante 45 días si se gastan de media 30 € por persona y día. ¿Durante cuántos días pueden viajar si se gastan de media 50 € por persona y día?
13. Si repartimos un pastel entre 6 personas, a cada una le corresponde 150 g de pastel. Si repartimos el pastel entre 4 personas, ¿cuántos gramos le corresponden a cada persona?

Regla de tres simple directa e inversa

14. Para preparar un pastel de manzana para 5 personas necesitamos 150 g de harina, 3 manzanas Golden, 200 g de mantequilla, 8 cucharadas de azúcar y 4 huevos. Calcula la cantidad de cada ingrediente que necesitamos para preparar una tarta para 8 personas.
15. Una correctora ha corregido un dossier de 20 folios en 1 h 30 minutos. ¿Cuánto tardaría en corregir un dossier similar de 90 páginas?
16. En una fábrica de tornillos, cinco operarios montan 60 cajas de tornillos en una hora. ¿Cuántas cajas montarían 8 operarios en el mismo tiempo?
17. En una ciudad hay 2 parques por cada 3.000 habitantes. Si en total hay 5 parques en esta ciudad, ¿cuántos habitantes hay?
18. Tres pintores tardan 10 días en pintar una casa. ¿Cuánto tardarían en pintar la misma casa 5 pintores?
19. Si 6 kg de naranjas nos han costado 7,5 €, ¿cuánto nos costarían 10 kg?
20. Tres trabajadores tardan 12 horas en hacer un encargo ¿Cuánto tardarían 4 trabajadores en hacer el mismo trabajo?
21. Una moto ha consumido 38,4 litros de gasolina para hacer un recorrido de 800 km. ¿Cuántos litros de gasolina consumirá aproximadamente al hacer un recorrido de 1.000 km?

Ejercicios

22. Si vamos a una velocidad constante de 100 km/h tardamos 30 minutos en recorrer la distancia entre dos ciudades. Si vamos a una velocidad constante de 120 km/h, ¿cuánto tardamos?

23. Queremos pintar 16 habitaciones (todas de la misma medida) de una residencia de estudiantes. Si para pintar las cinco primeras habitaciones hemos utilizado 18 botes de pintura, ¿cuántos botes de pintura utilizaremos en total?

24. Tenemos comida para alimentar los dos peces de nuestra pecera durante seis días. Si nos regalan un tercer pez, ¿para cuántos días tendremos comida?

Porcentajes

25. Calcula:

 a) 8 % de 350 b) 2,3 % de 370 c) 150 % de 120 d) 23 % de 45

26. En la última evaluación Ana ha obtenido: 3 notables, 2 sobresalientes y 5 suficientes. Calcula el porcentaje que representa cada calificación.

27. El 5 % del alumnado del centro tiene la gripe. Si en el centro hay 280 alumnos, ¿cuántos alumnos tienen la gripe?

28. El 96 % de las habitaciones de un hotel están ocupadas. Si el hotel tiene 125 habitaciones, ¿cuántas habitaciones representan este porcentaje?

29. Si han aprobado el 80 % de los alumnos de una clase de 35 alumnos, ¿cuántos alumnos han aprobado?

30. El 24 % de los habitantes de un pueblo trabaja en una fábrica de galletas. Si sabemos que 2.520 habitantes del pueblo trabajan en esta fábrica, ¿cuántos habitantes tiene el pueblo?

31. De 50.000 personas encuestadas 15.000 han dicho que tienen intención de votar al partido A. ¿Qué porcentaje de las personas encuestadas tiene intención de votar a este partido?

32. A Mónica le han subido el sueldo un 14 %. Si antes cobraba 1.600 €, ¿cuánto cobrará ahora?

33. Unos pantalones antes de las rebajas costaban 50 €. Si los rebajan un 30 %, ¿cuánto costarán ahora?

34. En una empresa hay 6 trabajadores/as de baja. Si estos representan el 8 % del total de la plantilla, ¿cuánta gente trabaja en la empresa?

35. Una camisa costaba 55 € antes de las rebajas, pero con el descuento que nos han hecho solo nos ha costado 33 €. ¿Cuánto dinero hemos ahorrado? ¿Qué tanto por ciento de descuento nos han hecho?

36. Una camisa costaba 75 €, pero nos han hecho un 35 % de descuento. ¿Cuánto nos hemos ahorrado? ¿Cuánto he tenido que pagar?

37. Un móvil costaba 121 €, pero con los puntos que tenemos acumulados nos hacen un 25 % de descuento. ¿Cuántos euros nos hacen de descuento? ¿Cuánto cuesta ahora el móvil?

38. Un reproductor de MP3 estaba marcado a 62 € pero nos han hecho un 12 % de descuento. ¿Cuánto nos hemos ahorrado? ¿Cuánto hemos tenido que pagar?

39. Llenar el depósito de gasolina del coche nos costaba 43 €, pero ahora el precio de la gasolina ha subido un 2 %. ¿Cuántos euros nos costará ahora llenar el depósito?

40. El precio de un mueble sin IVA es de 825 €. Si se aplica un 18 % de IVA, ¿cuál será su precio con IVA?

41. El precio de un reproductor de DVD portátil con IVA es de 129 €. Calcula su precio sin IVA, teniendo en cuenta que se le ha aplicado un IVA del 18 %.

42. Hemos pagado 24 € por unos pantalones que estaban rebajados un 25 %. ¿Cuánto costaban estos pantalones antes de las rebajas?

43. Ariadna vende el 40 % de un terreno que tiene en propiedad. Dos meses más tarde, vende el 20 % de la parte de terreno que le queda. En total ha vendido 728 hectáreas. Calcula qué porcentaje total del terreno ha vendido y cuál era el área del terreno.

Tema 3 Ecuaciones y sistemas

En este tema:

3.1 Ecuaciones de primer grado con una incógnita

3.2 Sistemas de ecuaciones

3.3 Ecuaciones de segundo grado con una incógnita

3.4 Ecuaciones irracionales

3.5 Ecuaciones exponenciales y logarítmicas

3.1 ECUACIONES DE PRIMER GRADO CON UNA INCÓGNITA

3.1.1 Expresiones algebraicas

Una **expresión algebraica** es una combinación de números y letras unidos por los signos de las operaciones aritméticas.

Ejemplos:

1) $2ab+y+3z$ 2) x^2+y^2 3) $4a+2b$ 4) $7x^2+1$ 5) $5x$

! Nota: Si entre dos letras o una letra y un número no hay ningún signo, se considera que es un producto.
Por ejemplo: $2ab = 2 \cdot a \cdot b$

Las expresiones algebraicas son muy útiles a la hora de resolver problemas, ya que nos permiten expresar una parte del enunciado en lenguaje algebraico (o simbólico), que es breve y preciso, y que nos permite operar.

Ejemplos: Si x representa la edad de Marta, traduce a lenguaje algebraico las siguientes frases:

1) La hermana de Marta tiene tres años más que ella: $x+3$

2) La madre de Marta tiene el triple de edad que ella: $3x$

3) El padre de Marta tiene el doble de edad que ella: $2x$

4) El hermano de Marta tiene la mitad de años que ella: $\frac{x}{2}$

5) La prima de Marta tiene 4 años menos que ella: $x-4$

✓ **Ejercicio:** Traduce a lenguaje algebraico las siguientes frases:

a) El doble de un número:

b) El triple de un número:

c) La mitad de un número:

d) La quinta parte de un número:

e) La mitad de un número más una unidad:

f) El número de días de x semanas:

g) El triple de un número menos su mitad:

h) Dos quintas partes de un número:

i) Repartir una cantidad de dinero entre seis hermanas:

j) Dos números consecutivos:

Valor numérico de una expresión algebraica

El valor numérico de una expresión algebraica es el número que se obtiene al sustituir las letras por determinados números y efectuar las operaciones indicadas.

Ejemplos: Calcula el valor numérico de:

1) $4x$ para $x=5 \rightarrow 4 \cdot 5 = 20$

2) x^2+1 para $x=-5 \rightarrow$
$\rightarrow (-5)^2+1 = 25+1 = 26$

3) $-a^2+3b$ para $a=-2$ i $b=-3 \rightarrow$
$\rightarrow -(-2)^2+3\cdot(-3) = -4-9 = -13$

✓ **Ejercicio:** Calcula el valor numérico de:

a) $-3x^3+1$ para $x=-1$

b) $4x-y$ para $x=-2$ e $y=-1$

c) $-x^4+3y$ para $x=-1$ e $y=0$

Sol.: a) 4 b) −7 c) −1

3.1.2 Igualdades: identidades y ecuaciones

Cuando igualamos dos expresiones algebraicas, utilizando el signo igual (=), obtenemos una igualdad algebraica. Una igualdad puede ser una identidad o una ecuación:

Igualdad
- Identidad
- Ecuación

Una **identidad** es una igualdad algebraica que se verifica siempre, para cualquier valor que tomen las letras.

Una **ecuación** es una igualdad algebraica que solo se verifica para algún valor de las letras o varios.

Ejemplos:

1) $6x - 2x = 4x$ es una identidad. La igualdad se verifica siempre para cualquier valor que tome x:

Para $x = 1 \rightarrow 6\cdot 1 - 2\cdot 1 = 4\cdot 1 \rightarrow 6 - 2 = 4 \rightarrow 4 = 4$

Para $x = 2 \rightarrow 6\cdot 2 - 2\cdot 2 = 4\cdot 2 \rightarrow 12 - 4 = 8 \rightarrow 8 = 8$

Para $x = 3 \rightarrow 6\cdot 3 - 2\cdot 3 = 4\cdot 3 \rightarrow 18 - 6 = 12 \rightarrow 12 = 12$

$\vdots$

2) $(a + b)^2 = a^2 + 2ab + b^2$ es una identidad. La igualdad se verifica siempre para cualquier valor que tomen a y b

3) $2x - 5 = 1$ es una ecuación. La igualdad solo se verifica para $x = 3$. Si $x \neq 3$, la igualdad no es cierta.

Para $x = 3$ $\quad 2\cdot 3 - 5 \overset{?}{=} 1 \rightarrow 6 - 5 \overset{?}{=} 1 \rightarrow 1 = 1$

Para $x = 1$ $\quad 2\cdot 1 - 5 \overset{?}{=} 1 \rightarrow 2 - 5 \overset{?}{=} 1 \rightarrow -3 \neq 1$

3.1.3 Nomenclatura de una ecuación

La expresión que hay a la izquierda del signo igual se denomina **primer miembro** y la que hay a la derecha se denomina **segundo miembro**. Los sumandos que componen las expresiones algebraicas se llaman **términos**.

Ejemplo:

Términos: $3x + 5x = 6 + x - 6x$

$\underbrace{3x + 5x}_{\text{1er miembro}} = \underbrace{6 + x - 6x}_{\text{2o miembro}}$

Las **incógnitas** de una ecuación son las letras (se suelen utilizar las letras $x, y, z\ldots$)

3.1.4 Tipos de ecuaciones

Las ecuaciones se clasifican:

- Según el **número de incógnitas:**

Ejemplos: $3x + x = x + 5 + 7x - 1 \rightarrow$ ecuación con una incógnita

$5x + 2y = -4 \rightarrow$ ecuación con dos incógnitas

$3x + x = y + 5 + 7z - 1 \rightarrow$ ecuación con tres incógnitas

- Según el **grado** (máximo exponente al que está elevada la incógnita):

Ejemplos: $3x + x = x + 5 + 7x - 1 \rightarrow$ ecuación de primer grado

$5x^2 + 2x = -4 \rightarrow$ ecuación de segundo grado

$3x^3 + x^2 = x + 1 \rightarrow$ ecuación de grado 3

3.1.5 Solución de una ecuación

La solución de una ecuación de primer grado es el valor de la incógnita que hace que se verifique la igualdad.

Para saber si un número dado es la solución de una ecuación, sustituimos el número por la incógnita (x) y comprobamos si se verifica la igualdad.

Ejemplo: Indica si $x = 1$, $x = -3$ y $x = 0$ son soluciones de la ecuación $3x - x = 4x + 6$.

$x = 1$	$x = -3$	$x = 0$
$3·1 - 1 = 4·1 + 6$	$3·(-3) - (-3) = 4·(-3) + 6$	$3·0 - 0 = 4·0 + 6$
$3 - 1 = 4 + 6$	$-9 + 3 = -12 + 6$	$0 = 0 + 6$
$2 \neq 10$	$-6 = -6$	$0 \neq +6$
No es solución	Sí que es solución	No es solución

✓ **Ejercicio:** Indica si $x = -1$, $x = -3$ y $x = 0$ **son soluciones de la ecuación** $5x - 4 = 2 + x - 6$

Sol.: Solo $x = 0$ es solución.

3.1.6 Ecuaciones equivalentes. Principios de equivalencia

Dos ecuaciones son equivalentes si tienen las mismas soluciones.

Principios de equivalencia

- Si sumamos o restamos a los dos miembros de una ecuación el mismo número o expresión, obtenemos una ecuación equivalente a la primera.
- Si multiplicamos o dividimos los dos miembros de una ecuación por el mismo número o expresión (diferente de cero), obtenemos una ecuación equivalente a la primera.

Para encontrar la solución de una ecuación, vamos convirtiéndola en otras equivalentes más sencillas, aplicando los principios de equivalencia.

Ejemplo: Aplica los principios de equivalencia a la ecuación $7x - 5 = 3x + 3$ y encuentra la solución::

- **Sumamos 5 a ambos miembros** $7x - 5 + 5 = 3x + 3 + 5 \rightarrow 7x = 3x + 3 + 5^{*} \rightarrow 7x = 3x + 8$

  *(en la práctica es lo mismo que pasar el 5 sumando al otro miembro)

- **Restamos $3x$ a ambos miembros** s $\rightarrow 7x - 3x = 3x + 8 - 3x \rightarrow 7x - 3x^{*} = +8 \rightarrow 4x = +8$

  *(en la práctica es lo mismo que pasar el $3x$ restando al otro miembro)

- **Dividimos ambos miembros por** $4 \rightarrow \frac{4x}{4} = \frac{8}{4} \rightarrow x = \frac{8}{4^{*}} \rightarrow x = 2$

  *(en la práctica es lo mismo que pasar el 4 dividiendo al otro miembro)

Por lo tanto, para aplicar los principios de equivalencia utilizamos la siguiente **regla práctica:**

- Podemos cambiar un término de miembro modificando el signo (si está sumando, pasa restando, y si está restando, pasa sumando).
- Si un número o una expresión diferente de cero está multiplicando todo un miembro, puede pasar al otro miembro dividiéndolo. Si está dividiendo todo un miembro, puede pasar al otro miembro multiplicándolo.

3.1.7 Resolución de ecuaciones de primer grado con una incógnita

Resolución de ecuaciones simples

Resolver una ecuación es encontrar su solución.

Para **resolver una ecuación de primer grado simple** (sin paréntesis ni denominadores), seguimos los siguientes pasos:

- Transponemos los términos: agrupamos los términos que tienen x en un miembro y los términos numéricos (sin x) en otro, modificando el signo de aquellos términos que cambian de miembro.
- Reducimos los términos semejantes: sumamos o restamos (en función de los signos) los términos que tiene x y los términos numéricos por separado.
- Despejamos la incógnita: el coeficiente de la x pasa dividiendo al otro miembro (o multiplicando si estuviese dividiendo).
- Hacemos la prueba: sustituimos la solución por la incógnita en la ecuación del enunciado y comprobamos que se verifica la igualdad.

Ejemplos: Resuelve las siguientes ecuaciones:

1) $\mathbf{2x + 5x + 2 = 3x - x + 10 + 7}$

- Transponemos los términos:

$$2x+5x-3x+x=10+7-2$$

- Reducimos los términos semejantes:

$$8x-3x=17-2$$
$$5x=15$$

- Despejamos la incógnita::

$$x=\frac{15}{5}=3 \rightarrow \mathbf{x=3}$$

- Hacemos la prueba

$$2\cdot\mathbf{3}+5\cdot\mathbf{3}+2=3\cdot\mathbf{3}-\mathbf{3}+10+7$$
$$6+15+2=9-3+10+7$$
$$\mathbf{23=23}$$

2) $\mathbf{4x - 2 - x - 5 = 10x + 28}$

- Transponemos los términos:

$$4x-x-10x=28+2+5$$

- Reducimos los términos semejantes:

$$4x-11x=+35$$
$$-7x=35$$

- Despejamos la incógnita:

$$x=\frac{35}{-7}=-5 \rightarrow \mathbf{x=-5}$$

- Hacemos la prueba

$$4\cdot(\mathbf{-5})-2-(\mathbf{-5})-5=10\cdot(\mathbf{-5})+28$$
$$-20-2+5+-5=-50+28$$
$$\mathbf{-22=-22}$$

✓ **Ejercicio:** Resuelve las siguientes ecuaciones y haz la prueba:

a) $2x+2x-10+5=5x-1$

b) $-8+x-6x-1=-3x-6-10$

c) $2-x+2x=-3x+4-x-2$

Sol.: a) -4 b) $\frac{7}{2}$ c) 0

Casos especiales. Discusión de las soluciones de una ecuación de primer grado con una incógnita

Resuelve las ecuaciones de los siguientes ejemplos y di qué tienen de especial.

Ejemplos:

1) $\mathbf{x + 3x + 2 = 4x + 10 - 5}$

2) $\mathbf{8 + 3x + 2 = 4x + 10 - x}$

1. Cuando resolvemos la ecuación del ejemplo 1, obtenemos la expresión $0x = 3$. En este caso, la ecuación no tiene solución, debido a que no hay ningún número que al multiplicarlo por 0 sea igual a 3. Tampoco podemos aislar la x, ya que no se puede dividir por 0:

$$x=\frac{3}{0}=\nexists$$

2. Cuando resolvemos la ecuación del ejemplo 2, obtenemos la expresión $0x = 0$. En este caso, hay infinitas soluciones, ya que al multiplicar cualquier número por 0 el resultado es 0. En realidad, esta igualdad no es una ecuación, sino una identidad, ya que se verifica siempre.

En general, cuando resolvemos una ecuación de primer grado con una incógnita:

- Si obtenemos $\boldsymbol{ax = b}$, con $a \neq 0$ (b puede ser 0)* → la ecuación **tiene una solución.**
- Si obtenemos $\mathbf{0}\boldsymbol{x = b}$, con $b \neq 0$ → la ecuación **no tiene solución.**
- Si obtenemos $\mathbf{0}\boldsymbol{x}\mathbf{ = 0}$ → hay infinitas soluciones y la igualdad no es una ecuación, sino una **identidad.**

! * **Nota:** Si obtenemos $ax = 0$ con $a \neq 0$, sí que tiene solución, y esta es 0: $x=\frac{0}{a}=0$.

Resolución de ecuaciones con paréntesis

Para **resolver una ecuación con paréntesis**, quitamos los paréntesis aplicando la propiedad distributiva y después procedemos como en el caso anterior.

Ejemplo: Resuelve la siguiente ecuación y haz la prueba: $\mathbf{2(x+5)+x=-3\,(6-5x)+16}$

- Quitamos los paréntesis:

$$2x+10+x=-18+15x+16$$

- Resolvemos la ecuación como en el caso anterior:

$$2x+x-15x=-18+16-10$$

$$-12x=-12$$

$$x=\frac{-12}{-12}=1\rightarrow \mathbf{x=1}$$

- Hacemos la prueba:

$$2\,(\mathbf{1}+5)+\mathbf{1}=-3\,(6-5\cdot\mathbf{1})+16$$

$$2\cdot 6+1=-3\cdot 1+16$$

$$\rightarrow \mathbf{13=13}$$

✓ **Ejercicio:** Resuelve la siguiente ecuación y haz la prueba: $-4(x-2)-2x-(3-2x)=-3$

Sol.: 2

Resolución de ecuaciones con denominadores

Para resolver una ecuación de primer grado con denominadores, debemos quitar los denominadores. Para hacerlo, multiplicamos los dos miembros de la ecuación por el m.c.m. de los números que hay en los denominadores.

Ejemplo: Resuelve la siguiente ecuación y haz la prueba:

$$\mathbf{\frac{x-4}{6}-\frac{x+6}{4}=\frac{-x+4}{2}} \qquad mcm(6,4,2)=12$$

Multiplicamos todos los términos por 12:

$$12\cdot\frac{x-4}{6}-12\cdot\frac{x+6}{4}=12\cdot\frac{-x+4}{2}$$

Hacemos las divisiones y quitamos los denominadores:

$$2(x-4)-3(x+6)=6(-x+4)$$

Quitamos los paréntesis y resolvemos:

$$2x-8-3x-18=-6x+24$$

$$2x-3x+6x=+24+8+18$$

$$5x=50$$

$$x=\frac{50}{5}=10\rightarrow x=10$$

Prueba:

$$\frac{10-4}{6}-\frac{10+6}{4}=\frac{-10+4}{2}$$

$$\frac{6}{6}-\frac{16}{4}=\frac{-6}{2}\rightarrow 1-4=-3\rightarrow -3=-3$$

✓ **Ejercicio:** Resuelve la siguiente ecuación y haz la prueba:

$$\frac{x-4}{5}-\frac{x+11}{10}=\frac{3x+5}{2}-3$$

Sol.: –1

En general, para resolver una ecuación de primer grado con una incógnita, seguimos los siguientes pasos:

- Quitamos los denominadores.
- Quitamos los paréntesis.
- Transponemos los términos.
- Aislamos la incógnita

Ecuaciones en forma de proporción

Para resolver una ecuación en forma de proporción (igualdad entre dos razones), basta con multiplicar en cruz (los denominadores pasan multiplicando al otro miembro).

Ejemplo: Resuelve la siguiente ecuación y haz la prueba:

$$\frac{x-4}{x+1}=\frac{7}{2}$$

$$2(x-4)=7(x+1)$$
$$2x-8=7x+7 \to \ 2x-7x=7+8$$
$$-5x=15 \to x=\frac{15}{-5}=-3 \to \ x=-3$$

Prueba:

$$\frac{-3-4}{-3+1}=\frac{7}{2} \to \frac{-7}{-2}=\frac{7}{2} \to \frac{7}{2}=\frac{7}{2}$$

✓**Ejercicio:** Resuelve la siguiente ecuación y haz la prueba:

$$\frac{x-14}{x}=-\frac{5}{2}$$

Sol.: 4

3.1.8 Resolución de problemas

Para resolver un problema utilizando ecuaciones de primer grado con una incógnita, podemos seguir los siguientes pasos:

- Leemos atentamente el enunciado y diferenciamos los datos que nos dan de los que nos piden.
- Utilizamos la letra x para representar la incógnita, es decir, lo que pide el problema. Si el problema nos pide más de un dato, representamos con x una de los datos y el resto los expresamos en función de x.
- Si es necesario, hacemos dibujos, tablas, esquemas...
- Planteamos la ecuación, traduciendo a lenguaje algebraico las partes del enunciado que relacionen la incógnita con los datos.
- Resolvemos la ecuación planteada.
- Expresamos la solución adecuadamente.
- Comprobamos que la solución obtenida verifica las condiciones del enunciado del problema.

Ejemplos de problemas

1) Si mi madre me diera un tercio del dinero que tengo ahora y mi padre me diese 100 €, tendría 160 €. ¿Cuánto dinero tengo ahora?

- Llamamos x a lo que nos pide el problema (la incógnita):

  x = dinero que tengo ahora
- Planteamos la ecuación:

$$x+\frac{x}{3}+100=160$$

- Resolvemos la ecuación:

$$3x+3\frac{x}{3}+3\cdot 100=3\cdot 160$$
$$3x+x+300=480$$
$$3x+x=480-300$$
$$4x=180$$
$$x=\frac{180}{4}=45 \to \ x=45$$

- Expresamos la solución adecuadamente:

  Ahora tengo 45€
- Comprobamos la solución:

  45 + 15 + 100 = 160

2) Marina tiene el doble de edad que Juan. Entre los dos tienen 21 años. ¿Cuántos años tiene cada uno?

- Llamamos x a la edad de Juan y expresamos la de Marina en función de la de Juan:

  x = edad de Juan

  $2x$ = edad de Marina ("tiene el doble de edad que Juan")

- Planteamos la ecuación: $x + 2x = 21$

- Resolvemos la ecuación: $3x = 21 \rightarrow x = \frac{21}{3} = 7 \rightarrow x = 7$

- Expresamos la solución adecuadamente:

  Juan tiene **7 años** y Marina tiene **14 años**

- Comprobamos la solución:

  14 es el doble de 7; 7 y 14 suman 21.

3) En el congelador tenemos helados de fresa, chocolate y turrón. Sabemos que hay el triple de helados de chocolate que de fresa y dos helados más de fresa que de turrón. También sabemos que en total hay 23 helados. ¿Cuántos helados tenemos de cada sabor?

- Llamamos x al número de helados de turrón y expresamos el resto en función de x. Para hacerlo, traducimos a lenguaje algebraico el enunciado del problema:

  x = helados de turrón

  $x + 2$ = helados de fresa ("dos más de fresa que de turrón")

  $3\cdot(x + 2)^{*}$ = helados de chocolate ("el triple de chocolate que de fresa")

! Nota: !Cuidado con el paréntesis! → !$3x + 2$ sería incorrecto!

- Planteamos la ecuación:

  $x + x + 2 + 3(x + 2) = 23$

- Resolvemos la ecuación:

  $x + x + 2 + 3(x + 2) = 23$

  $x + x + 2 + 3x + 6 = 23$

  $x + x + 3x = 23 - 2 - 6$

  $5x = 15 \rightarrow x = \frac{15}{5} = 3 \rightarrow x = 3$

- Expresamos la solución adecuadamente::

  3 helados de turrón

  5 helados de fresa

  15 helados de chocolate

- Comprobamos la solución:

  5 = 3 + 2

  15 = 3·5

  3 + 5 + 15 = 23

4) Encuentra tres números consecutivos que sumen 39.

- Llamamos x al menor de los tres números que nos piden y expresamos los otros en función de x:

  x = primer número

  $x + 1$ = segundo número

  $x + 2$ = tercer número

- Planteamos la ecuación: $x + x + 1 + x + 2 = 39$

- Resolvemos la ecuación:

  $x + x + x = 39 - 1 - 2$

  $3x = 36 \rightarrow x = \dfrac{36}{3} = 12 \rightarrow x = 12$

- Expresamos la solución adecuadamente:

  Los tres números son: 12, 13 y 14

- Comprobamos la solución:

  12, 13 y 14 son consecutivos y suman 39: 12 + 13 + 14 = 39

5) Una madre y su hija tienen 42 y 17 años, respectivamente. ¿Cuántos años deben pasar para que la edad de la madre sea el doble de la edad de la hija?

- **Hacemos un cuadro:** x = años que deben pasar

	Ahora	Dentro de x años
Edad de la madre	42	42 + x
Edad de la hija	17	17 + x

- Planteamos la ecuación: $42 + x = 2(17 + x)$
- Resolvemos la ecuación:

  $42 + x = 34 + 2x$

  $42 - 34 = 2x - x \rightarrow x = 8$

- Expresamos la solución adecuadamente:

  Deberán pasar **8 años.**

- Comprobamos la solución:

  Dentro de 8 años la madre tendrá 50 y la hija tendrá 25

  50 es el doble de 25.

Ejercicios

Ecuaciones de primer grado con una incógnita

1. Resuelve las siguientes ecuaciones simples y haz la prueba:

a) $2x-5-x+2=5x-11$

b) $x-5+9=5x-2x+2$

c) $4x-x+2+5=10x-28$

d) $5x-4-x=-3+2x+1$

e) $x-7x+11=-x-3x+10-5$

f) $2x+10-5=-3x$

g) $x+2x-10+5=5x-1$

h) $3x+5-x=2x+10-5$

i) $3x-2+x=4x+2$

j) $-2-2x+4=4x+2$

k) $40=5x-8+x$

l) $-3x+5-8+8x-x=-5x+10x$

m) $4x=7x+10$

n) $2x+5=-10$

o) $1=-6x-3+11x$

p) $4x-3x+10-1=4x+10$

q) $x+10-3x=-2x+10-5$

r) $8x-3x+5=10x+5-5x$

2. Resuelve las siguientes ecuaciones con paréntesis y haz la prueba:

a) $5(4x-3)-2x=x-2(x-2)+19$

b) $-3(1-3x)=3-2(1-x)-18$

c) $2(x+3)=5-(2x+1)+6$

d) $-(1-x)-5(3x+7)=-36$

e) $3x-3(x+1)+2=-15-3x$

f) $1-8(2x-1)-x=3(x-2)$

g) $-5(x+1)+3x=-(x+1)-10$

h) $2x-6(x-1)=13-3(1-2x)$

i) $-7(x-1)=5-(-x+2)$

j) $-5(x+1)+2=-5x-3$

3. Resuelve las siguientes ecuaciones con denominadores y haz la prueba:

a) $\frac{x+3}{2}-\frac{x-5}{4}=5$

b) $\frac{4x+10}{5}=\frac{2x+1}{3}+1$

c) $\frac{-x-2}{4}-\frac{6x-2}{5}=-3$

d) $\frac{4(x-1)}{10}-\frac{8-x}{12}=2x+5$

e) $\frac{2(x+1)}{3}-\frac{5(x+1)}{2}=\frac{x}{5}-12$

f) $\frac{1}{4}(4x+2)+\frac{1}{6}(3-6x)=1$

g) $\frac{x}{4}-\frac{2(x+1)}{2}=x-1$

h) $\frac{2x+1}{2}-x=5$

i) $\frac{x+5}{4}-\frac{2}{3}=\frac{x+3}{2}$

j) $\frac{2}{5}x-\frac{1}{15}=\frac{1}{3}x-x+\frac{1}{5}$

4. Resuelve las siguientes ecuaciones en forma de proporción y haz la prueba:

a) $\frac{x+3}{3}=\frac{5x+20}{10}$

b) $\frac{2(x+1)}{5}=\frac{x+3}{3}$

c) $\frac{2x-3}{2}=\frac{4x-1}{4}$

d) $\frac{5x+3}{2(x+1)}=\frac{1}{2}$

e) $\frac{3}{x}=\frac{4}{x+1}$

f) $\frac{2}{x-3}=-\frac{4}{x+6}$

Problemas

Ecuaciones de primer grado con una incógnita

1. Si al triple de un número le sumamos 5 unidades, el resultado es 50. ¿Cuál es ese número?
2. Si al cuádruple de un número le restamos 30 unidades, el resultado es 78. ¿Cuál es ese número?
3. Si a la mitad de un número le sumamos 8 unidades, el resultado es 70. ¿Cuál es ese número?
4. Si a la tercera parte de un número le restamos 6 unidades, el resultado es 25. ¿Cuál es ese número?
5. Si a la cuarta parte de un número le sumamos 25 unidades, el resultado es 65. Encuentra este número.
6. Si a la mitad de un número le sumamos su quinta parte, el resultado es 91. ¿Cuál es ese número?
7. Encuentra dos números consecutivos que sumen 47.
8. Si duplicamos la cantidad de dinero que tenemos ahora y añadimos 150 €, tendremos 400 €. ¿Cuánto dinero tenemos ahora?
9. Encuentra dos números que sumen 135 y que uno sea 25 unidades menor que el otro.
10. En una granja hay 800 animales entre cerdos y gallinas. Si hay el triple de gallinas que de cerdos, ¿cuántos cerdos y cuantas gallinas hay en la granja?
11. En una clase de 24 alumnos hay cinco veces más de chicas que de chicos. ¿Cuántos chicos hay? ¿Cuántas chicas hay?
12. En una escuela trabajan 35 profesores/as. Si hay 15 profesoras más que profesores, ¿cuántas profesoras y cuántos profesores hay?
13. Carla y Pedro comen 6 kg de fruta a la semana entre los dos. Si sabemos que Carla come la cuarta parte de fruta que Pedro, ¿cuántos kilos de fruta come cada uno?
14. En una caja hay 21 yogures. Si hay la mitad de yogures de fresa que de plátano, ¿cuántos yogures de fresa hay? ¿Y de plátano?
15. Marcos y Mónica tienen 24 años entre los dos. Si Marcos es seis años mayor que Marta, ¿cuántos años tiene cada uno?
16. La hermana de Luis tiene 10 años menos que él, y su madre tiene el doble de años que él. Si las edades de los tres suman 90 años, ¿cuántos años tiene cada uno?
17. Inés, Marta y Miguel tienen 80 años entre los tres. Si Marta tiene nueve años más que Inés y Miguel tiene 1 año menos que Marta, ¿cuántos años tiene cada uno?
18. Tres hermanas se reparten 200 €. La pequeña se queda el triple de euros que la mediana y la mayor se queda tanto dinero como las otras dos juntas. ¿Cuánto dinero se queda cada una?
19. José, Juan y Ana quieren comprar un regalo que vale 120 € a un amigo. Ana pone 20 € más que Juan y José pone la mitad de lo que pone Juan. ¿Cuántos euros pone cada uno?
20. Una chica hace cicloturismo durante tres días. Si cada día recorre 15 km más que el día anterior y en total recorre 228 km, ¿cuántos kilómetros recorre cada día?
21. Tenemos 19 kg de fruta entre naranjas, plátanos y manzanas. Si hay 3 kg más de naranjas que de manzanas y el doble de plátanos que de naranjas, ¿cuántos kilos de cada clase de fruta tenemos?
22. María ha leído un libro de 200 páginas en tres días. El segundo día ha leído 20 páginas más que el primer día y el tercer día ha leído el triple que el segundo. ¿Cuántas páginas ha leído cada día?
23. Cuatro amigas hacen una obra de teatro y se reparten el dinero que ganan con la actuación en función del papel que interpreta cada una. La primera se lleva la mitad de dinero que ganan, la segunda se lleva una sexta parte, la tercera se lleva una octava parte y la última 50 €. ¿Cuánto dinero ganan con la actuación?
24. Pepa tiene diez años más que Laura y hace cinco años su edad era el doble de la de Laura. ¿Cuánto dinero tiene cada una?
25. Noa tiene seis años menos que Fernando y dentro de dos años la edad de Fernando será el triple de la de Noa. ¿Cuántos años tiene cada uno?
26. José y Andrea tienen 17 y 11 años respectivamente. ¿Cuántos años hace que la edad de José era el doble que la de Andrea?

3.2 SISTEMAS DE ECUACIONES

3.2.1 Soluciones de ecuaciones lineales con dos incógnitas

Una ecuación lineal con dos incógnitas es una ecuación del tipo $ax + by = c$, en la que a, b y c son números reales siendo a y b distintos de 0. Las ecuaciones lineales con dos incógnitas tienen infinitas soluciones..

Ejemplos:

1) La ecuación con dos incógnitas $x + y = 5$ tiene por soluciones:

$$\begin{cases}x=0\\y=5\end{cases};\begin{cases}x=5\\y=0\end{cases};\begin{cases}x=1\\y=4\end{cases};\begin{cases}x=4\\y=1\end{cases};\begin{cases}x=2\\y=3\end{cases};\begin{cases}x=3\\y=2\end{cases};\begin{cases}x=-1\\y=6\end{cases};\begin{cases}x=-2\\y=7\end{cases};\begin{cases}x=-5\\y=10\end{cases}\ \dots$$

Así podemos continuar encontrando más soluciones. Tiene infinitas soluciones (lo cual no significa que cualquier par de números sea una solución).

2) La ecuación con dos incógnitas $2x + y = 5$ tiene por soluciones:

$$\begin{cases}x=0\\y=5\end{cases};\begin{cases}x=5\\y=-5\end{cases};\begin{cases}x=1\\y=3\end{cases};\begin{cases}x=2\\y=1\end{cases};\begin{cases}x=3\\y=-1\end{cases};\begin{cases}x=4\\y=-3\end{cases};\begin{cases}x=-1\\y=7\end{cases};\begin{cases}x=-2\\y=9\end{cases};\begin{cases}x=-3\\y=11\end{cases}\ \dots$$

Así podemos continuar encontrando más soluciones. Tiene infinitas soluciones.

✓**Ejercicios:**

1. Encuentra cinco soluciones de la ecuación $2x - y = 2$

2. Indica si el par de valores $x = 3$ y $y = 4$ es solución de las siguientes ecuaciones:

a) $x + y = 10$ **b)** $3x + y = 13$ **c)** $x - y = 1$ **d)** $x - y = -1$

3.2.2 Soluciones de un sistema de dos ecuaciones lineales con dos incógnitas

Dos ecuaciones lineales con dos incógnitas forman un sistema de ecuaciones lineales.

Una solución de un sistema es una solución común a todas las ecuaciones del sistema. En el caso de un sistema con dos ecuaciones, debe ser la solución de las dos ecuaciones.

Ejemplos:

1) La solución del sistema $\begin{cases}x+y=10\\x-y=2\end{cases}$ es $x = 6$ y $y = 4$, ya que verifica las dos ecuaciones: $\begin{cases}6+4=10\\6-4=2\end{cases}$

La solución es **única**. No hay ningún otro par de números que verifique las dos ecuaciones. Hay infinitos pares de números que verifican la primera ecuación (que su suma sea 10) e infinitos pares de números que verifiquen la segunda ecuación (que su resta sea 2), pero únicamente hay un par de números (6 y 4) que verifiquen las dos ecuaciones a la vez (que su suma sea 10 y su resta 2).

2) La solución del sistema $\begin{cases}x+y=10\\2x-3y=10\end{cases}$ es $x = 8$ y $y = 2$, ya que verifica las dos ecuaciones: $\begin{cases}8+2=10\\2\cdot 8-3\cdot 2=10\end{cases}$

En este caso, también la solución es **única**. Es el único par de números que verifica las dos ecuaciones.

3. El sistema $\begin{cases}x+y=10\\2x+2y=20\end{cases}$ **tiene infinitas soluciones,** ya que son dos ecuaciones equivalentes (la segunda ecuación se obtiene multiplicado la primera por 2). En este caso, todos los pares de números que son solución de la primera ecuación lo son también de la segunda.

4. El sistema $\begin{cases}x+y=10\\x+y=5\end{cases}$ **no tiene solución,** ya que no hay ningún par de números cuya suma sea 10 y 5 a la vez.

✓**Ejercicio:** Indica si el par de valores $x=3$ e $y=-2$ es solución de los siguientes sistemas:

a) $\begin{cases} x+y=5 \\ 3x-y=-1 \end{cases}$ b) $\begin{cases} 2x-y=8 \\ -x-y=-1 \end{cases}$ c) $\begin{cases} x-y=5 \\ 2x+y=1 \end{cases}$

3.2.3 Clasificación de los sistemas

Hemos visto que un sistema de dos ecuaciones con dos incógnitas puede tener una solución, puede tener infinitas soluciones y puede no tener solución. En función del número de soluciones, los sistemas se clasifican de la siguiente manera:

- Sistema
  - Compatible: tiene solución
    - Determinado: tiene una única solución
    - Indeterminado: tiene infinitas soluciones
  - Incompatible: no tiene solución

3.2.4 Resolución de sistemas de dos ecuaciones lineales con dos incógnitas

Un sistema se puede resolver algebraicamente o gráficamente.

Para resolver un sistema algebraicamente, hay tres métodos: método de reducción, método de sustitución, método de igualación

Método de reducción

Para resolver un sistema por **reducción**, seguimos los siguientes pasos:

- Encontramos un sistema equivalente al dado en el que una incógnita (que puede ser tanto x como y) tenga el mismo coeficiente en las dos ecuaciones, pero con el signo cambiado, de manera que al sumarlas se reduzca esta incógnita.

  Para hacerlo, si es necesario, multiplicamos una ecuación por un número, o multiplicamos las dos ecuaciones, cada una por el número que corresponda. El coeficiente que buscamos será el m.c.m de los dos coeficientes.

  A veces, no es necesario hacer este paso porque ya hay una incógnita que tiene el mismo coeficiente en las dos ecuaciones, pero con el signo cambiado.
- Sumamos las dos ecuaciones para reducir una incógnita.
- Resolvemos la ecuación resultante, que solo tiene una incógnita. Ya tendremos el valor de una incógnita.
- Calculamos el valor de la otra incógnita, sustituyendo en cualquiera de las dos ecuaciones del enunciado la incógnita que hemos calculado por su valor.
- Hacemos la prueba, sustituyendo los valores obtenidos en las dos ecuaciones del enunciado y comprobando que se verifican las dos igualdades.

Ejemplos: Resuelve los siguientes sistemas por reducción:

1) $\begin{cases} \mathbf{x+y=10} \\ \mathbf{x-y=6} \end{cases}$

- Sumamos las dos ecuaciones:

$$\begin{array}{r} x+y=10 \\ x-y=6 \\ \hline 2x \quad \not{} =16 \end{array}$$

- Resolvemos la ecuación:

$$x=\frac{16}{2}=8 \rightarrow x=8$$

- Calculamos el valor de la otra incógnita:

$$\begin{cases} x+y=10 \xrightarrow{x=8} 8+y=10 \rightarrow y=10-8=2 \rightarrow y=2 \\ x-y=6 \end{cases}$$

- Hacemos la **prueba**:

Sustituimos x por 8 e y por 2 en el sistema del enunciado y comprobamos que se verifican las dos igualdades:

$$\begin{cases} 8+2=10 \rightarrow 10=10 \\ 8-2=6 \rightarrow 6=6 \end{cases}$$

2) $\begin{cases} x+y=10 \\ 2x-3y=-10 \end{cases}$	• Multiplicamos la primera ecuación por 3. Así, la y tendrá el mismo coeficiente en las dos ecuaciones, pero con el signo cambiado (3 y -3): $\begin{cases} x+y=10 \xrightarrow{\cdot 3} 3x+3y=30 \\ 2x-3y=-10 \quad 2x-3y=-10 \end{cases}$ • Sumamos las dos ecuaciones y resolvemos la ecuación: $3x+3y=30$ $2x-3y=-10$ $5x \quad / \quad =20 \rightarrow x=\frac{20}{5}=4 \rightarrow x=4$ • Calculamos el valor de la otra incógnita: $\begin{cases} x+y=10 \xrightarrow{x=4} 4+y=10 \rightarrow y=10-4=6 \rightarrow y=6 \\ 2x-3y=-10 \end{cases}$	• Hacemos la **prueba:** Sustituimos x por 4 e y por 6 en el sistema del enunciado y comprobamos que se verifican las dos igualdades: $\begin{cases} 4+6=10 \\ 2\cdot 4-3\cdot 6=-10 \end{cases}$ $\rightarrow \begin{cases} 10=10 \\ 8-18=-10 \rightarrow -10=-10 \end{cases}$
3) $\begin{cases} 3x-5y=7 \\ 2x-3y=4 \end{cases}$	• Multiplicamos la primera ecuación por 2 y la segunda por -3. Así, la x tendrá el mismo coeficiente en las dos ecuaciones, pero con el signo cambiado (6 y -6, que es el $m.c.m.(2,3)$): $\begin{cases} 3x-5y=7 \xrightarrow{\cdot 2} 6x-10y=14 \\ 2x-3y=4 \xrightarrow{\cdot(-3)} -6x+9y=-12 \end{cases}$ • Sumamos las dos ecuaciones y resolvemos la ecuación: $\begin{cases} 6x-10y=14 \\ -6x+9y=-12 \end{cases}$ $/ \quad -y=2 \rightarrow y=\frac{2}{-1}=-2 \rightarrow y=-2$ • Calculamos el valor de la otra incógnita: $\begin{cases} 3x-5y=7 \xrightarrow{y=-2} 3x-5\cdot(-2)=7 \\ 2x-3y=4 \end{cases}$ $\rightarrow 3x+10=7 \rightarrow 3x=7-10=-3 \rightarrow x=\frac{-3}{3}=-1 \rightarrow x=-1$	• Hacemos la **prueba:** Sustituimos x por -1 e y por -2 en el sistema el enunciado y comprobamos que se verifiquen las dos igualdades: $\begin{cases} 3\cdot(-1)-5\cdot(-2)=7 \\ 2\cdot(-1)-3\cdot(-2)=4 \end{cases}$ $\rightarrow \begin{cases} -3+10=7 \rightarrow 7=7 \\ -2+6=4 \rightarrow 4=4 \end{cases}$

✓ Ejercicio: **Resuelve los siguientes sistemas por reducción y haz la prueba:**

a) $\begin{cases} 2x+y=9 \\ 3x+y=14 \end{cases}$ b) $\begin{cases} 2x-5y=-14 \\ 3x+2y=-2 \end{cases}$ c) $\begin{cases} -3x+3y=-9 \\ 5x-4y=15 \end{cases}$ d) $\begin{cases} 6x+5y=-28 \\ 2x-3y=0 \end{cases}$

Sol.: a) $x=5; y=-1$ b) $x=-2; y=2$ c) $x=3; y=0$ d) $x=-3; y=-2$

Método de sustitución

Para resolver un sistema por **sustitución** seguimos los siguientes pasos:

- Despejamos una incógnita de una de las dos ecuaciones (escogemos la que nos parezca más fácil de despejar).
- Sustituimos en la otra ecuación la misma incógnita que hemos despejado por la expresión obtenida.
- Resolvemos la ecuación resultante, que solo tiene una incógnita. Ya tendremos el valor de una incógnita.
- Calculamos el valor de la otra incógnita, que es la misma que hemos despejado en primer lugar. Sustituimos en la igualdad en la cual tenemos despejada el valor de la incógnita que ya hemos calculado.
- Hacemos la prueba, sustituyendo los valores obtenidos en las dos ecuaciones del enunciado y comprobando que se verifican las dos igualdades.

Ejemplos: Resuelve los siguientes sistemas por sustitución:

1) $\begin{cases} x-2y=3 \\ 2x-3y=7 \end{cases}$

- Despejamos una incógnita de una ecuación y la sustituimos en la otra:

$$\begin{cases} x-2y=3 \xrightarrow{\text{aislamos } x} x=3+2y^{*} \\ 2x-3y=7 \xrightarrow{\text{substituimos } x} 2(3+2y)-3y=7 \end{cases}$$

- Resolvemos la ecuación resultante: $2(3+2y)-3y=7$

$6+4y-3y=7 \rightarrow 4y-3y=7-6 \rightarrow y=1$

- Calculamos el valor de la otra incógnita:

$^{*}x=3+2y \xrightarrow{y=1} x=3+2\cdot 1=3+2=5 \rightarrow x=5$

Hacemos la prueba:

Sustituimos x por 5 e y por 1 en el sistema del enunciado y comprobamos que se verifiquen las dos igualdades:

$$\begin{cases} x-2y=3 \\ 2x-3y=7 \end{cases} \rightarrow \begin{cases} 5-2\cdot 1=3 \\ 2\cdot 5-3\cdot 1=7 \end{cases} \rightarrow \begin{cases} 5-2=3 \rightarrow 3=3 \\ 10-3=7 \rightarrow 7=7 \end{cases}$$

2) $\begin{cases} 2x-y=5 \\ 5x-2y=13 \end{cases}$

- Despejamos una incógnita de una ecuación y la sustituimos en la otra:

$$\begin{cases} 2x-y=5 \xrightarrow{\text{aislamos } y} -y=5-2x \rightarrow y=-5+2x^{*} \\ 5x-2y=13 \xrightarrow{\text{substituimos } y} 5x-2(-5+2x)=13 \end{cases}$$

- Resolvemos la ecuación resultante: $2(3+2y)-3y=7$

$5x+10-4x=13 \rightarrow 5x-4x=13-10 \rightarrow x=3$

- Calculamos el valor de la otra incógnita:

$^{*}y=-5+2x \xrightarrow{x=3} y=-5+2\cdot 3=-5+6=1 \rightarrow y=1$

Hacemos la prueba:

Sustituimos x por 3 e y por 1 en el sistema del enunciado y comprobamos que se verifiquen las dos igualdades:

$$\begin{cases} 2x-y=5 \\ 5x-2y=13 \end{cases} \rightarrow \begin{cases} 2\cdot 3-1=5 \\ 5\cdot 3-2\cdot 1=13 \end{cases} \rightarrow \begin{cases} 6-1=5 \rightarrow 5=5 \\ 15-2=13 \rightarrow 13=13 \end{cases}$$

3) $\begin{cases} 2x-5y=7 \\ 3x+2y=1 \end{cases}$

- Despejamos una incógnita de una ecuación y la sustituimos en la otra:

$$\begin{cases} 2x-5y=7 \xrightarrow{\text{aislamos } x} 2x=7+5y \rightarrow x=\dfrac{7+5y}{2}^{*} \\ 3x+2y=1 \xrightarrow{\text{substituimos } x} 3\left(\dfrac{7+5y}{2}\right)+2y=1 \end{cases}$$

- Resolvemos la ecuación resultante: $3\left(\dfrac{7+5y}{2}\right)+2y=1$

$\dfrac{21+15y}{2}+2y=1 \rightarrow 2\cdot\dfrac{21+15y}{2}+2\cdot 2y=2\cdot 1$

$21+15y+4y=2 \rightarrow 15y+4y=2-21$

$19y=-19 \rightarrow y=\dfrac{-19}{19}=-1 \rightarrow y=-1$

- Calculamos el valor de la otra incógnita:

$^{*}x=\dfrac{7+5y}{2} \xrightarrow{y=-1} x=\dfrac{7+5\cdot(-1)}{2}=\dfrac{7-5}{2}=\dfrac{2}{2}=1 \rightarrow x=1$

Hacemos la prueba:

Sustituimos x por 1 e y por −1 en el sistema del enunciado y comprobamos que se verifiquen las dos igualdades:

$$\begin{cases} 2x-5y=7 \\ 3x+2y=1 \end{cases} \rightarrow \begin{cases} 2\cdot 1-5\cdot(-1)=7 \\ 3\cdot 1+2\cdot(-1)=1 \end{cases} \rightarrow \begin{cases} 2+5=7 \rightarrow 7=7 \\ 3-2=1 \rightarrow 1=1 \end{cases}$$

✓ **Ejercicio: Resuelve los siguientes sistemas por sustitución y haz la prueba:**

a) $\begin{cases} x-y=2 \\ 5x-3y=0 \end{cases}$ b) $\begin{cases} 2x+3y=-5 \\ -3x+5y=17 \end{cases}$ **Sol.: a)** $x=-3; y=-5$ **b)** $x=-4; y=1$

Método de igualación

Para resolver un sistema por **igualación**, seguimos los siguientes pasos:

- Despejamos la misma incógnita de las dos ecuaciones (escogemos la que nos parezca más fácil de despejar).
- Igualamos las dos expresiones que hemos obtenido en el paso anterior.
- Resolvemos la ecuación resultante, que solo tiene una incógnita. Ya tendremos el valor de una incógnita.
- Calculamos el valor de la otra incógnita, que es la misma que hemos aislado en primer lugar, sustituyendo en cualquiera de las dos igualdades en la que la tenemos despejada el valor de la incógnita que hemos calculado.
- Hacemos la prueba, sustituyendo los valores obtenidos en las dos ecuaciones del enunciado y comprobando que se verifican las dos igualdades.

Ejemplos: Resuelve los siguientes sistemas por igualación:

1) $\begin{cases} x+y=2 \\ 3x+y=-4 \end{cases}$

- Despejamos la misma incógnita en las dos ecuaciones:

$$\begin{cases} x+y=2 \xrightarrow{\text{despejamos } y} y=2-x \; ^{*} \\ 3x+y=-4 \xrightarrow{\text{despejamos } y} y=-4-3x \end{cases}$$

- Igualamos: $2-x=-4-3x$
- Resolvemos la ecuación resultante:

$$-x+3x=-4-2$$

$$2x=-6 \rightarrow x=\frac{-6}{2}=-3 \rightarrow x=-3$$

- Calculamos el valor de la otra incógnita:

$$^{*}y=2-x \xrightarrow{x=-3} y=2-(-3)=2+3=5 \rightarrow y=5$$

- Hacemos la **prueba**:

Sustituimos x por -3 e y por 5 en el sistema del enunciado y comprobamos que se verifican las dos igualdades:

$$\begin{cases} x+y=2 \\ 3x+y=-4 \end{cases} \rightarrow \begin{cases} -3+5=2 \\ 3\cdot(-3)+5=-4 \end{cases} \rightarrow \begin{cases} 2=2 \\ -9+5=-4 \rightarrow -4=-4 \end{cases}$$

2) $\begin{cases} 2x-y=-1 \\ 3x+2y=2 \end{cases}$

- Despejamos la misma incógnita en las dos ecuaciones:

$$\begin{cases} 2x-y=-1 \xrightarrow{\text{aislamos } x} x=\dfrac{-1+y}{2} \; ^{*} \\ 3x+2y=2 \xrightarrow{\text{aislamos } x} x=\dfrac{2-2y}{3} \end{cases}$$

- Igualamos: $\dfrac{-1+y}{2}=\dfrac{2-2y}{3}$
- Resolvemos la ecuación resultante:

$$\frac{-1+y}{2}=\frac{2-2y}{3} \quad \text{multiplicamos en cruz}$$

$$3(-1+y)=2(2-2y)$$

$$-3+3y=4-4y \rightarrow 3y+4y=4+3$$

$$7y=7 \rightarrow y=1$$

- Calculamos el valor de la otra incógnita:

$$^{*}x=\frac{-1+y}{2} \xrightarrow{y=1} x=\frac{-1+1}{2}=\frac{0}{2}=0 \rightarrow x=0$$

- Hacemos la **prueba**:

Sustituimos x por 0 e y por 1 en el sistema del enunciado y comprobamos que se verifican las dos igualdades:

$$\begin{cases} 2x-y=-1 \\ 3x+2y=2 \end{cases} \rightarrow \begin{cases} 2\cdot 0-1=-1 \\ 3\cdot 0+2\cdot 1=2 \end{cases} \rightarrow \begin{cases} -1=-1 \\ 0+2=2 \rightarrow 2=2 \end{cases}$$

3)

$$\begin{cases} 5x - 2y = 15 \\ -4x + 3y = -19 \end{cases}$$

• Despejamos la misma incógnita de las dos ecuaciones:

$$\begin{cases} 5x - 2y = 15 \xrightarrow{\text{despejamos } x} 5x = 15 + 2y \rightarrow x = \dfrac{15 + 2y}{5} \\ -4x + 3y = -19 \xrightarrow{\text{despejamos } x} -4x = -19 - 3y \rightarrow 4x = 19 \end{cases}$$

$$\rightarrow x = \frac{19 + 3y}{4}$$

• Igualamos: $\dfrac{15+2y}{5} = \dfrac{19+3y}{4}$

• Resolvemos la ecuación resultante:

$$\frac{15+2y}{5} = \frac{19+3y}{4} \quad \text{multiplicamos en cruz}$$

$$4(15+2y) = 5(19+3y)$$

$$60 + 8y = 95 + 15y \rightarrow 8y - 15y = 95 - 60$$

$$-7y = 35 \rightarrow y = \frac{35}{-7} \rightarrow y = -5$$

• Calculamos el valor de la otra incógnita:

$$^*x = \frac{15+2y}{5} \xrightarrow{y=-5} x = \frac{15+2\cdot(-5)}{5}$$

$$\rightarrow x = \frac{15-10}{5} = \frac{5}{5} = 1 \rightarrow x = 1$$

• Hacemos la **prueba**:

Sustituimos x por 1 e y por -5 en el sistema del enunciado y comprobamos que se verifican las dos igualdades:

$$\begin{cases} 5x - 2y = 15 \\ -4x + 3y = -19 \end{cases} \rightarrow$$

$$\rightarrow \begin{cases} 5\cdot 1 - 2\cdot(-5) = 15 \\ -4\cdot 1 + 3\cdot(-5) = -19 \end{cases}$$

$$\rightarrow \begin{cases} 5 + 10 = 15 \\ -4 - 15 = -19 \end{cases}$$

$$\rightarrow \begin{cases} 15 = 15 \\ -19 = -19 \end{cases}$$

✓ **Ejercicio:** Resuelve los siguientes sistemas por igualación:

a) $\begin{cases} 2x - y = 5 \\ 8x + y = -5 \end{cases}$ b) $\begin{cases} 3x - 2y = 10 \\ -5x + 3y = -16 \end{cases}$ **Sol.:** a) $x = 0; y = -5$ b) $x = 2; y = -2$

Sistemas compatibles indeterminados e incompatibles

Hasta ahora todos los ejemplos que hemos visto son sistemas compatibles determinados, ya que tienen una única solución. Veamos ahora dos ejemplos de sistemas que no son compatibles determinados:

Ejemplos: Resuelve los siguientes sistemas por el método que quieras.

1) $\begin{cases} 2x + 6y = 4 \\ 3x + 9y = 6 \end{cases}$ **2)** $\begin{cases} x + 2y = 4 \\ 2x + 4y = 6 \end{cases}$

En el ejemplo 1:

Habremos obtenido:

- $0x + 0y = 0$ si has intentado resolver el sistema por reducción.
- $0x = 0$ o $0y = 0$ si has intentado resolver el sistema por sustitución o igualación.

Todos estos resultados indican que es un sistema compatible indeterminado, es decir, que tiene infinitas soluciones.

En realidad, las dos ecuaciones son equivalentes. Si dividimos la primera ecuación por 2 y la segunda por 3, obtenemos la misma ecuación. Por lo tanto, deben tener las mismas soluciones; las soluciones de la primera ecuación son también soluciones de la segunda, y viceversa.

$$\begin{cases} 2x + 6y = 4 \xrightarrow{\div 2} x + 3y = 2 \\ 3x + 9y = 6 \xrightarrow{\div 3} x + 3y = 2 \end{cases}$$

En el ejemplo 2:

Habremos obtenido:

- $0x + 0y = -2$ si has intentado resolver el sistema por reducción.
- $0x = -2$ o $0y = -2$ si has intentado resolver el sistema por sustitución o igualación.

Ninguno de estos resultados es posible, ya que $0 \neq -2$. Estos resultados indican que es un sistema incompatible, es decir, que no tiene solución. No hay ningún par de números que sea solución de las dos ecuaciones.

Si dividimos la segunda ecuación entre 2, veremos que los primeros miembros de las dos ecuaciones son iguales, pero los segundos miembros son diferentes:

$$\begin{cases} x+2y=4 \\ 2x+4y=6 \end{cases} \xrightarrow{\div 3} \begin{matrix} x+2y=4 \\ x+2y=3 \end{matrix}$$

> $x + 2y$ no puede ser a la vez 3 y 4

Podemos concluir que:

> Si cuando resolvemos un sistema obtenemos:
>
> - $0x + 0y = 0$, $0x = 0$ o $0y = 0 \rightarrow$ El sistema es **compatible indeterminado** $\rightarrow$ Infinitas soluciones
> - $0x + 0y = b$, $0x = b$ o $0y = b$ con $b \in R$, $b \neq 0 \rightarrow$ El sistema es **incompatible** $\rightarrow$ No tiene solución
> - $ax = b$ o $ay = b$ con a y $b \in R$, $a \neq 0 \rightarrow$ El sistema es **compatible determinado** $\rightarrow$ Solución única

✓ **Ejercicio:** Clasifica los sistemas siguientes:

a) $\begin{cases} 5x+2y=1 \\ -10x-4y=-2 \end{cases}$ b) $\begin{cases} 5x+2y=2 \\ 15x+6y=2 \end{cases}$ c) $\begin{cases} 5x+2y=7 \\ 15x-10y=5 \end{cases}$

Método gráfico

Ejes cartesianos o de coordenadas

Los ejes cartesianos están formados por dos rectas perpendiculares graduadas:

- La recta horizontal se llama **eje de abscisas** o de las x (eje 0X).
- La recta vertical se llama **eje de ordenadas** o de las y (eje 0Y).
- El punto de corte de los ejes se denomina **origen de coordenadas.** Es el punto (0,0).
- A la derecha del origen de coordenadas se representan los valores positivos de x y a la izquierda se representan los valores negativos.
- En la parte superior del origen de coordenadas se representan los valores positivos de y, y en la parte inferior se representan los valores negativos.

Para describir la posición de cualquier punto del plano, se utiliza un par ordenado de números (x,y) denominados **coordenadas** cartesianas del punto.

La primera coordenada, x, recibe el nombre de **abscisa** del punto y la segunda coordenada, y, se conoce como **ordenada** del punto.

Ejemplo: **Representa en unos ejes cartesianos los puntos:**

A(−3,0); B(0,4); C(4,4); D(2,0); E(2,−3); F(−2,−2); G(−2,1); H(−1,1); I(0,0).

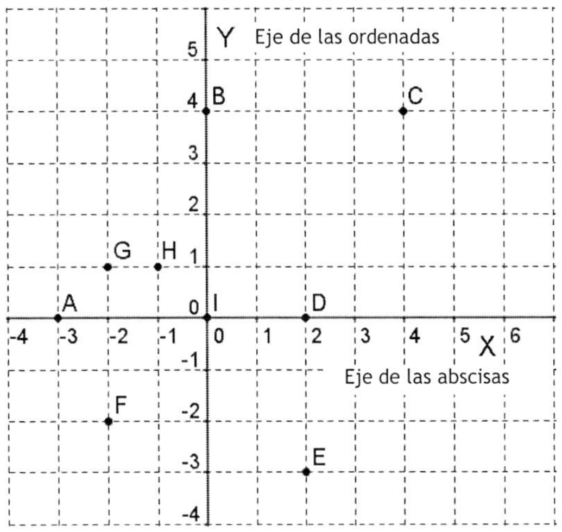

Representación gráfica de una ecuación con dos incógnitas

Una ecuación lineal (de primer grado) con dos incógnitas tiene infinitas soluciones. No podemos darlas todas, pero podemos representarlas gráficamente.

La representación gráfica en unos ejes cartesianos de las soluciones de una ecuación lineal con dos incógnitas es una recta.

Para realizarla, seguimos los siguientes pasos:

- Calculamos al menos tres soluciones de la ecuación. Para facilitar el cálculo, podemos:
  - despejar la incógnita y;
  - elegir valores cualesquiera para la incógnita x y sustituirla por estos valores;
  - calcular el valor de y para cada valor de x elegido;
  - colocar las soluciones en una tabla de valores.
- Representamos las soluciones obtenidas en unos ejes cartesianos. Cada solución corresponde a un punto (x,y) en el gráfico de coordenadas.
- Unimos los puntos y obtenemos una recta. Cada uno de los infinitos puntos de la recta es una solución de la ecuación. Del mismo modo, cada solución de la ecuación será un punto de la recta

Ejemplo: Representa gráficamente la recta $x + y = 4$

Calculamos las soluciones de la ecuación (como mínimo 3):

- Podemos buscar directamente las soluciones porque es fácil encontrar números que sumen 4:

$x = 0, y = 4$; $x = 4, y = 0$; $x = 1, y = 3$; $x = 2, y = 2$; $x = -1, y = 5$; $x = -2, y = 6$; etc.
(0,4) (4,0) (1,3) (2,2) (−1,5) (−2,6) ...

- O bien podemos despejar $y \rightarrow y = 4 - x$, ir dando valores a la x y calcular los valores correspondientes de la y:

Si $x = 0 \rightarrow y = 4 - 0 = 4 \rightarrow (0,4)$ Si $x = 2 \rightarrow y = 4 - 2 = 2 \rightarrow (2,2)$

Si $x = 1 \rightarrow y = 4 - 1 = 3 \rightarrow (1,3)$ Si $x = -2 \rightarrow y = 4 - (-2) = 6 \rightarrow (-2,6)$

Si $x = -1 \rightarrow y = 4 - (-1) = 5 \rightarrow (-1,5)$ Si $x = 4 \rightarrow y = 4 - 4 = 0 \rightarrow (4,0)$

Así podríamos continuar calculando soluciones...

- Hacemos una tabla de valores con los resultados obtenidos, representamos los puntos gráficamente y los unimos:

x	y
0	4
1	3
-1	5
2	2
-2	6
4	0

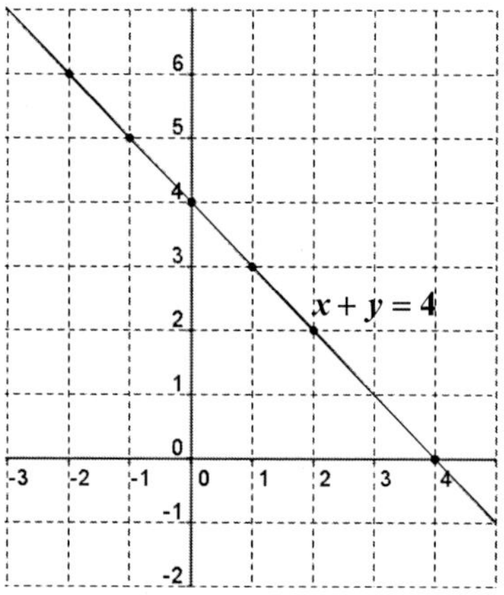

✓ **Ejercicio:** Representa gráficamente la recta $x - y = 2$.

Representación gráfica de un sistema lineal de dos ecuaciones con dos incógnitas

Si representamos gráficamente las dos ecuaciones de un sistema en unos mismos ejes cartesianos, el punto o los puntos que tengan en común las dos rectas serán la solución o las soluciones del sistema. Nos podemos encontrar en alguno de estos tres casos:

- Que las rectas sean secantes, es decir, que se corten en un punto. Este punto de corte (o punto de intersección) será la solución única del sistema y, por tanto, el sistema será compatible determinado.

- Que las rectas sean paralelas, es decir, que no tengan ningún punto en común. En este caso, el sistema no tiene solución y es incompatible.
- Que las rectas sean coincidentes, es decir, que tengan todos los puntos en común. En este caso, el sistema tiene infinitas soluciones y es compatible indeterminado

Compatible determinado:		→ Secantes
Incompatible:		→ Paralelas
Compatible indeterminado:		→ Coincidentes

Ejemplos: Resuelve gráficamente los siguientes sistemas:

1) $\begin{cases} \boldsymbol{x+y=-1} & \rightarrow \quad y=-x-1 \\ \boldsymbol{x-y=7} & \rightarrow \quad y=x-7 \end{cases}$

$y=-1-x$

x	y
-2	1
-1	0
0	-1
1	-2
2	-3

$y=x-7$

x	y
-2	-9
-1	-8
0	-7
1	-6
2	-5

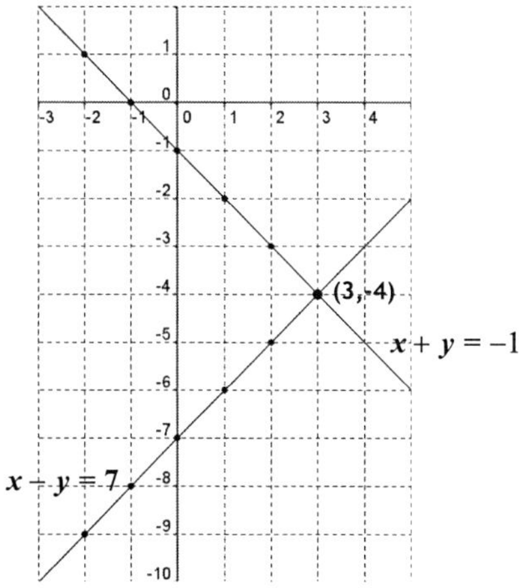

La solución es (3, -4). Es compatible determinado.

2) $\begin{cases} \boldsymbol{4x+2y=8} \rightarrow 2y=-4x+8 \rightarrow \; y=-2x+4 \\ \boldsymbol{2x+y=4} \rightarrow \; y=-2x+4 \end{cases}$

$y=-2x+4$

x	y
-2	8
-1	6
0	4
1	2
2	0

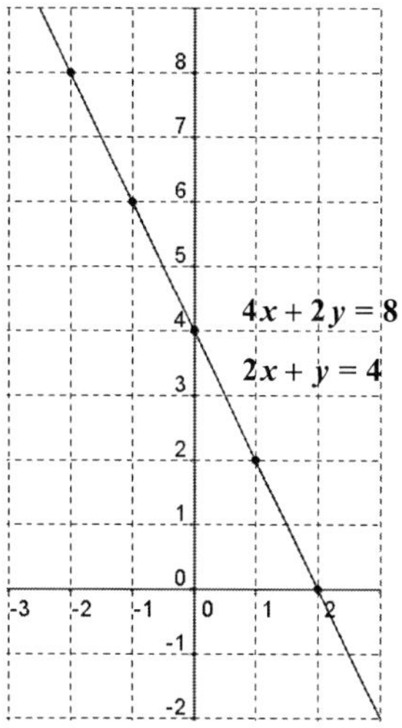

Las rectas son coincidentes.

El sistema es compatible indeterminado.

Tiene infinitas soluciones.

3) $\begin{cases} \boldsymbol{x-y=-3} & \rightarrow \quad y=x+3 \\ \boldsymbol{x-y=0} & \rightarrow \quad y=x \end{cases}$

$y=x+3$

x	y
-2	1
-1	2
0	3
1	4
2	5

$y=-1-x$

x	y
-2	-2
-1	-1
0	0
1	1
2	2

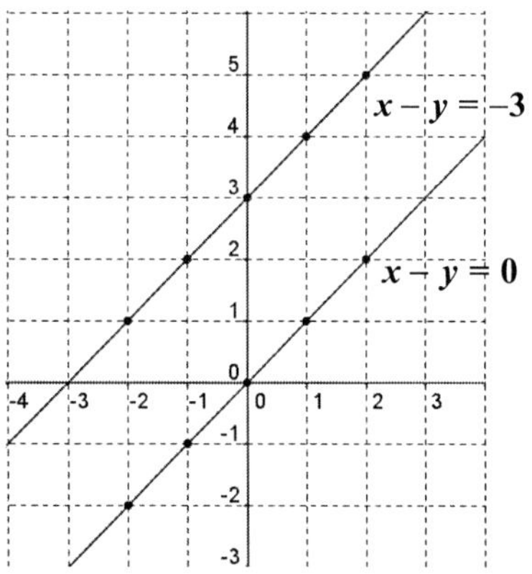

Sistema incompatible: No tiene solución

✓ **Ejercicios:** Resuelve gráficamente los siguientes sistemas:

a) $\begin{cases} x+y=10 \\ x-y=4 \end{cases}$

Sol.: (7,3)

b) $\begin{cases} x+y=10 \\ x+y=6 \end{cases}$

(Sol.: Incompatible)

c) $\begin{cases} -x+y=3 \\ -3x+y=1 \end{cases}$

Sol.: (1,4)

3.2.5 Resolución de sistemas lineales de tres ecuaciones con tres incógnitas

Una solución de un sistema de tres ecuaciones con tres incógnitas es una terna de números reales (un valor por incógnita) que verifican todas las ecuaciones del sistema.

Ejemplo:

$$\begin{cases} x+2y-z=6 \\ 2x-y-z=1 \\ x+y+z=2 \end{cases}$$

La solución del sistema es $x = 1; y = 2$ i $z = -1$ ya que verifica las tres ecuaciones

$$\begin{cases} \mathbf{1}+2\cdot\mathbf{2}-(\mathbf{-1})=6 \rightarrow 1+4+1=6 \\ 2\cdot\mathbf{1}-\mathbf{2}-(\mathbf{-1})=1 \rightarrow 2-2+1=1 \\ \mathbf{1}+\mathbf{2}+(\mathbf{-1})=2 \rightarrow 1+2-1=2 \end{cases}$$

Para resolver un sistema lineal de tres ecuaciones con tres incógnitas, hay diversos métodos. Solo estudiaremos el método de Gauss, que es muy similar al método de reducción que se utiliza para resolver sistemas de dos ecuaciones con dos incógnitas.

Sistemas equivalentes

Dado un sistema de ecuaciones lineales, podemos obtener sistemas equivalentes a este:

- Cambiando las ecuaciones de orden.
- Multiplicando o dividiendo los dos miembros de una ecuación por un mismo número distinto de cero.
- Sumando a una ecuación otra ecuación multiplicada por un número.

Sistemas escalonados

Un sistema escalonado se caracteriza por el hecho de que cada ecuación tiene menos incógnitas que la ecuación superior.

Ejemplo:

$$\begin{cases} x+y-2z=0 \xrightarrow{z=-1;\ y=3} x+\mathbf{3}^{**}-2\cdot(\mathbf{-1})^{*}=0 \rightarrow x+3+2=0 \rightarrow x=-5 \\ 2y-z=7 \xrightarrow{z=-1} 2y-(\mathbf{-1})^{*}=7 \rightarrow 2y+1=7 \rightarrow y=3^{**} \\ -3z=3 \longrightarrow z=\dfrac{3}{-3}=-1 \rightarrow z=-1^{*} \end{cases}$$

A partir de la tercera ecuación encontramos $z=-1$. Sustituyendo el valor de z en la segunda ecuación, obtenemos $y=3$. Finalmente, sustituyendo y y z en la primera ecuación, obtenemos $x=-5$.

Tal como hemos visto en el ejemplo anterior, los sistemas escalonados son muy fáciles de resolver.

Método de Gauss

Este método consiste en ir encontrando sistemas equivalentes (aplicando las transformaciones indicadas anteriormente) hasta llegar a un sistema escalonado.

Veamos con unos ejemplos cómo lo podemos hacer:

Ejemplos: Resuelve los siguientes sistemas aplicando el método de Gauss.

1) $\begin{cases} \mathbf{4x-6y+2z=20} \\ \mathbf{x-3y-2z=-6} \\ \mathbf{-3x+3y+5z=19} \end{cases}$ **2)** $\begin{cases} \mathbf{x+4y-2z=3} \\ \mathbf{3x-2y+3z=1} \\ \mathbf{-2x+6y-5z=2} \end{cases}$ **3)** $\begin{cases} \mathbf{x+4y-2z=3} \\ \mathbf{3x-2y+3z=1} \\ \mathbf{-2x+6y-5z=-2} \end{cases}$

1) Si es posible, colocamos como primera ecuación la que tenga los coeficientes más sencillos (por ejemplo, la que tenga un 1 como coeficiente de la x). Además, simplificamos las ecuaciones siempre que sea posible.

$$\begin{cases} \mathbf{4x-6y+2z=20} \\ \mathbf{x-3y-2z=-6} \\ \mathbf{-3x+3y+5z=19} \end{cases} \xrightarrow{\text{Intercambiamos las dos primeras ecuaciones}} \begin{cases} x-3y-2z=-6 \\ 4x-6y+2z=20 \\ -3x+3y+5z=19 \end{cases} \xrightarrow{\text{Dividimos la segunda ecuación por 2}} \begin{cases} x-3y-2z=-6 \\ 2x-3y+z=10 \\ -3x+3y+5z=19 \end{cases}$$

Reducimos la x de la segunda y la tercera ecuación. Para hacerlo, a la segunda ecuación le sumamos la primera multiplicada por −2 y a la tercera ecuación le sumamos la primera multiplicada por 3.

Después reducimos la y de la tercera ecuación, sumando a la tercera ecuación la segunda multiplicada por 2.

Llamamos E_1, E_2, E_3 a cada una de las tres ecuaciones.

$$\xrightarrow[E_3+3\cdot E_1]{E_2+(-2)\cdot E_1} \begin{cases} x-3y-2z=-6 \\ 3y+5z=22 \\ -6y-z=1 \end{cases} \xrightarrow{E_3+2\cdot E_2} \begin{cases} x-3y-2z=-6 \\ 3y+5z=22 \\ 9z=45 \end{cases}$$

Ahora ya tenemos un sistema en forma escalonada y lo podemos resolver fácilmente:

$$\begin{cases} x-3y-2z=-6 \xrightarrow[y=-1]{z=5} x-3\cdot(\mathbf{-1})^{**}-2\cdot\mathbf{5}^{*}=-6 \to x+3-10=-6 \to x=1 \\ 3y+5z=22 \xrightarrow{z=5} 3y+5\cdot\mathbf{5}^{*}=22 \to 3y+25=22 \to 3y=-3 \to y=-1^{**} \\ 9z=45 \longrightarrow z=\dfrac{45}{9}=5 \to z=5^{*} \end{cases}$$

2)

$$\begin{cases} \mathbf{x+4y-2z=3} \\ \mathbf{3x-2y+3z=1} \\ \mathbf{-2x+6y-5z=-2} \end{cases} \xrightarrow[E_3+2\cdot E_1]{E_2+(-3)\cdot E_1} \begin{cases} x+4y-2z=3 \\ -14y+9z=-8 \\ 14y-9z=4 \end{cases} \xrightarrow{E_3+E_2} \begin{cases} x+4y-2z=3 \\ -14y+9z=-8 \\ 0x+0y+0z=-4 \end{cases}$$

Como $0x + 0y + 0z = 0 \neq -4 \to$ **El sistema no tiene solución. Es incompatible.**

En general, si una ecuación es $\mathbf{0x+0y+0z=a}$ donde $a \in R,\ a \neq 0 \to$ El sistema es incompatible. No tiene solución.

3)

$$\begin{cases} \mathbf{x+4y-2z=3} \\ \mathbf{3x-2y+3z=1} \\ \mathbf{-2x+6y-5z=2} \end{cases} \xrightarrow[E_3+2\cdot E_1]{E_2+(-3)\cdot E_1} \begin{cases} x+4y-2z=3 \\ -14y+9z=-8 \\ 14y-9z=8 \end{cases} \xrightarrow{E_3+E_2} \begin{cases} x+4y-2z=3 \\ -14y+9z=-8 \\ 0x+0y+0z=0 \end{cases}$$

La tercera ecuación ha quedado $0x + 0y + 0z = 0$ y se verifica siempre. Por lo tanto, nos queda un sistema con dos ecuaciones y tres incógnitas. Un sistema con mas incógnitas que ecuaciones tiene infinitas soluciones (menos ecuaciones quiere decir menos condiciones que han de verificar las incógnitas). Por tanto, es un sistema compatible indeterminado.

En general, si una ecuación es $\mathbf{0x+0y+0z=0} \to$ El sistema es compatible indeterminado. Tiene infinitas soluciones.

Podemos expresar las soluciones del sistema en función de una de las incógnitas, por ejemplo, la incógnita z. Se dice que z es un parámetro porque lo trataremos como si fuese un número. Los parámetros se representan con letras griegas. Por ejemplo, representaremos z por la letra λ:

$$\begin{cases} x+4y-2z=3 \xrightarrow{y=\frac{9\lambda+8}{14}\ ;\ z=\lambda} x+4\left(\frac{9\lambda+8}{14}\right)-2\lambda=3 \rightarrow x=3-\frac{18\lambda+16}{7}+2\lambda=\frac{-4\lambda+5}{7} \rightarrow x=\frac{-4\lambda+5}{7} \\ -14y+9z=-8 \xrightarrow{z=\lambda} 14y=9\lambda+8 \rightarrow y=\frac{9\lambda+8}{14} \end{cases}$$

Solución: $x=\frac{-4\lambda+5}{7}$; $y=\frac{9\lambda+8}{14}$; $z=\lambda$

Si vamos dando valores a λ obtendremos soluciones del sistema:

$\lambda=1 \rightarrow \left(\frac{1}{7},\frac{17}{14},1\right)$; $\lambda=0 \rightarrow \left(\frac{5}{7},\frac{4}{7},0\right)$; $\lambda=2 \rightarrow \left(-\frac{3}{7},\frac{13}{7},2\right)$ ...

✓ **Ejercicio:** Resuelve, si es posible, los siguientes sistemas aplicando el método de Gauss:

a) $\begin{cases} 5x-2y+z=-8 \\ x-3y+2z=1 \\ 2x+2y-3z=-6 \end{cases}$ **b)** $\begin{cases} x-2y+z=1 \\ x+5y+2z=2 \\ 4x-y+5z=0 \end{cases}$ **c)** $\begin{cases} x+4y-3z=1 \\ 3x+10y+z=2 \\ -2x-6y-4z=-1 \end{cases}$

Sol.: x = –2; y = –1; z = 0 **Sol.:** Incompatible **Sol.:** $x=-17\lambda-1$; $y=\frac{10\lambda+1}{2}$; $z=\lambda$

3.2.6 Resolución de problemas

Muchos de los problemas que podemos resolver con una ecuación también los podemos resolver planteando un sistema. A veces resulta más fácil plantear un sistema que una sola ecuación.

Para resolver un problema usamos sistemas de ecuaciones y se procede de manera muy parecida a como lo hemos hecho con ecuaciones:

- Leemos atentamente el enunciado y diferenciamos los datos que nos dan de los que nos piden.
- Utilizamos las letras (x, y, z) para representar las incógnitas (lo que nos pide el problema).
- Si es necesario, hacemos dibujos, tablas, esquemas...
- Traducimos a lenguaje algebraico las partes del enunciado que relacionan las incógnitas con los datos y planteamos un sistema de ecuaciones.
- Resolvemos el sistema planteado por el método que nos parezca más apropiado.
- Expresamos la solución adecuadamente.
- Comprobamos que la solución obtenida verifica las condiciones del enunciado del problema.

Ejemplos de problemas

1) Encuentra dos números que suman 11 y cuya resta es igual a 7.

- Llamamos x e y a los números que nos pide el problema (las incógnitas):

  x = un número

  y = el otro número

- Planteamos el sistema de ecuaciones:

$$\begin{cases} x+y=11 \\ x-y=7 \end{cases}$$

- Resolvemos el sistema por reducción:

$$\begin{cases} x+y=11 \\ x-y=7 \end{cases}$$
$$2x \;/ =18$$
$$\rightarrow x=\frac{18}{2}=9 \rightarrow x=9$$

Calculamos y subsituyendo $x=9$ en la primera ecuación

$$\begin{cases} x+y=11 \rightarrow 9+y=11 \rightarrow y=11-9=2 \rightarrow y=2 \\ x-y=7 \end{cases}$$

- Expresamos la solución adecuadamente: Los números que nos piden son el 9 y el 2.
- Comprobamos la solución: $9+2=11$ y $9-2=7$

2) Hace dos años la edad de un padre y la de su hija sumaban 38 años y dentro de cinco años la edad del padre será el triple de la edad de la hija. ¿Cuántos años tiene cada uno?

- Llamamos x = edad actual del padre e y = edad actual de la hija, y hacemos el cuadro:

	Ahora	Hace dos años	Dentro de 5 años
Edad padre	x	$x-2$	$x+\mathbf{5}$
Edad hija	y	$y-2$	$y+\mathbf{5}$

- Planteamos el sistema: $\begin{cases} x-2+y-2=38 & \leftarrow \text{Hace dos años} \\ x+5=3(y+5) & \leftarrow \text{Dentro de cinco años} \end{cases}$

- Resolvemos el sistema por sustitución:

$$\begin{cases} x-2+y-2=38 \rightarrow x+y=42 \rightarrow x=42-y^{*} & \text{(aislamos)} \\ x+5=3(y+5) \rightarrow 42-y+5=3(y+5) & \text{(sustituimos)} \end{cases}$$

$$42-y+5=3y+15 \rightarrow -y-3y=15-5-42 \rightarrow -4y=-32 \rightarrow y=\frac{-32}{-4}=8 \rightarrow y=8 \quad \text{(resolvemos)}$$

Calculamos x:

$^{*}x=42-y \rightarrow x=42-8=34 \rightarrow x=34$

- Expresamos la solución adecuadamente:

  El padre tiene **34 años**

  La hija tiene **8 años**

- Comprobamos la solución: 32 + 6 = 38 y 39 es el triple de 13

3) La suma del dinero que tienen María, Laura y Julia es 210 €. María tiene 30 € más que Laura y Julia tiene el doble de lo que tienen María y Laura juntas. ¿Cuánto dinero tiene cada una?

- Llamamos:

  x = euros que tiene Mireia.

  y = euros que tiene Laura.

  z = euros que tiene Julia.

- Planteamos y resolvemos el sistema:

$$\begin{cases} x+y+z=210 \\ x=y+30 \\ z=2\cdot(x+y) \end{cases} \xrightarrow[\text{y las ordenamos}]{\text{Pasamos las incógnitas al primer miembro}} \begin{cases} x+y+z=210 \\ x-y \quad =30 \\ -2x-2y+z=0 \end{cases} \xrightarrow[E_3+2\cdot E_1]{E_2-E_1} \begin{cases} x+y+z=210 \\ -2y-z=-180 \\ 3z \quad =420 \end{cases}$$

$$\begin{cases} x+y+z=210 & \rightarrow x+20+140=210 \rightarrow x=210-20-140 \rightarrow x=50 \\ 2y+z=180 & \rightarrow 2y+140=180 \rightarrow 2y=40 \rightarrow y=20 \\ 3z=420 & \rightarrow z=\dfrac{420}{3}=140 \end{cases}$$

- Expresamos correctamente la solución:

  Mireia tiene 50 €, Laura tiene 20 € y Julia tiene 140 €.

- Comprobamos la solución:

  $50+20+140=210$

  $50=20+30$

  $140=2\cdot(50+20)$

Ejercicios

Sistemas de dos ecuaciones con dos incógnitas

1. Resuelve los sistemas siguientes por el método de reducción y haz la prueba:

a) $\begin{cases} x+y=3 \\ x-y=-1 \end{cases}$ b) $\begin{cases} x-2y=8 \\ 2x+y=6 \end{cases}$ c) $\begin{cases} 3x-2y=5 \\ 3x+5y=-2 \end{cases}$ d) $\begin{cases} 5x-2y=-4 \\ 15x+3y=6 \end{cases}$

e) $\begin{cases} 4x+7y=4 \\ -3x+2y=-3 \end{cases}$ f) $\begin{cases} 3x+4y=23 \\ 2x-3y=4 \end{cases}$ g) $\begin{cases} 5x+2y=4 \\ 2x+3y=-5 \end{cases}$ h) $\begin{cases} 6x-2y=0 \\ x-y=-1 \end{cases}$

2. Resuelve los sistemas siguientes por el método de sustitución y haz la prueba:

a) $\begin{cases} x-y=8 \\ 3x+5y=16 \end{cases}$ b) $\begin{cases} 4x+y=8 \\ 2x+3y=-6 \end{cases}$ c) $\begin{cases} 5x-2y=1 \\ 3x-y=1 \end{cases}$

d) $\begin{cases} 5x+7y=-8 \\ -x+2y=5 \end{cases}$ e) $\begin{cases} 2x-3y=-6 \\ 5x-4y=20 \end{cases}$ f) $\begin{cases} 3x-4y=20 \\ 2x-12y=11 \end{cases}$

3. Resuelve los sistemas siguientes por el método de igualación y haz la prueba:

a) $\begin{cases} x-2y=7 \\ x+5y=-7 \end{cases}$ b) $\begin{cases} 6x-y=13 \\ 3x-y=4 \end{cases}$ c) $\begin{cases} 3x-5y=-10 \\ x+2y=37 \end{cases}$

d) $\begin{cases} 6x-5y=1 \\ -3x+2y=-1 \end{cases}$ e) $\begin{cases} 2x+3y=2 \\ 3x+2y=8 \end{cases}$ f) $\begin{cases} 4x-6y=-3 \\ 8x+3y=4 \end{cases}$

4. Resuelve cada uno de los sistemas siguientes por los tres métodos. Comprueba que obtienes el mismo resultado. ¿Qué método te gusta más? ¿Cuál crees que te cuesta menos?

a) $\begin{cases} 3x+y=-3 \\ -8x+y=30 \end{cases}$ b) $\begin{cases} 5x-3y=30 \\ 10x+7y=125 \end{cases}$ c) $\begin{cases} x+4y=-10 \\ 3x-y=-4 \end{cases}$ d) $\begin{cases} 4x+4y=-1 \\ 2x-y=1 \end{cases}$

5. Clasifica los siguientes sistemas. Hazlo analíticamente:

a) $\begin{cases} 2x-7y=-5 \\ -3x+y=-2 \end{cases}$ b) $\begin{cases} 10x-6y=-2 \\ -5x+3y=1 \end{cases}$ c) $\begin{cases} x+3y=5 \\ 2x+6y=7 \end{cases}$

d) $\begin{cases} 2x-y=1 \\ -2x+y=-1 \end{cases}$ e) $\begin{cases} x-3y=0 \\ 2x-6y=0 \end{cases}$ f) $\begin{cases} 2x-4y=10 \\ 5x-10y=10 \end{cases}$

6. Resuelve gráficamente los siguientes sistemas:

a) $\begin{cases} x+y=5 \\ 2x-y=1 \end{cases}$ b) $\begin{cases} 2x+y=5 \\ 2x+y=1 \end{cases}$ c) $\begin{cases} 3x-2y=4 \\ x+y=-2 \end{cases}$

Problemas

Sistemas de dos ecuaciones con dos incógnitas

1. Encuentra dos números sabiendo que suman 27 y que uno de ellos es el doble del otro.
2. Encuentra dos números que se diferencian en cinco unidades y que suman 29.
3. Encuentra dos números consecutivos sabiendo que el triple del menor es igual al mayor más 9.
4. Queremos repartir 19 caramelos entre José y Mónica, de manera que a Mónica le damos 5 caramelos más que a José. ¿Cuántos caramelos daremos a cada uno?
5. Queremos preparar 3 litros de una bebida mezclando naranjada con ginebra, de forma que haya cuatro veces más de naranjada que de ginebra. ¿Cuántos litros de naranjada y de ginebra tendremos que poner?

Problemas

6. La edad de Laura es una tercera parte de la edad de Pedro y si a la edad de Pedro le restamos la edad de Laura, obtenemos la edad de Laura más cuatro años. Calcula las edades de los dos.
7. En un albergue hay habitaciones para 3 personas (con 3 camas) y para 4 personas (con 4 camas). Si en total hay 7 habitaciones y 26 camas, ¿cuántas habitaciones hay de cada tipo?
8. En una granja hay gallinas y vacas. Si en total hay 80 cabezas y 210 patas, ¿cuántas gallinas y cuántas vacas hay?
9. Un chica compra 5 caramelos y 2 chocolatinas por 4 €. En la misma tienda, su hermana compra 3 caramelos y 3 chocolatinas por 5,1 €. Calcula el precio de los caramelos y de las chocolatinas.
10. Claudia compra 5 kg de hortalizas, entre tomates y cebollas, por 4,5 €. Calcula cuántos kilos de cada clase de hortalizas ha comprado, sabiendo que ha pagado los tomates a 1,2 €/kg y las cebollas a 0,7 €/kg.
11. Entre Juan y Paula tienen 500 €. Si Juan se gastase 25 € y Paula se gastase 75 €, Paula tendría el triple de dinero que Juan. ¿Cuánto dinero tiene cada uno?
12. Adela tiene el triple de dinero que Martín, pero si diera 100 € a Martín, tendrían la misma cantidad de dinero. ¿Cuánto dinero tiene cada uno?
13. Antonio y Miguel coleccionan sellos. Entre los dos tienen 150 sellos, pero si Antonio diese 15 sellos a Miguel, tendrían la misma cantidad. ¿Cuántos sellos tiene cada uno?
14. Si en una clase faltasen 4 chicas, habría el mismo número de chicos que de chicas. Por otra parte, si faltasen 3 chicos, habría el doble de chicas que de chicos. ¿Cuántas chicas y cuántos chicos hay en clase?
15. El perímetro de un rectángulo es de 44 cm. Si la base mide 8 cm menos que la altura, ¿cuáles son las dimensiones del rectángulo?
16. El lado desigual de un triángulo isósceles mide un tercio de lo que miden los lados iguales. Si el perímetro del triángulo es de 42 cm, ¿cuánto mide cada lado del triángulo?
17. Una madre y una hija se llevan 28 años y dentro de tres años la edad de la madre será cinco veces la de la hija. ¿Cuántos años tiene cada una?
18. Carolina tiene nueve años más que su hermana y hace tres años su edad era cuatro veces la de su hermana. ¿Cuántos años tiene cada una?
19. Ramón tiene el doble de años que su hermano. Hace seis años su edad era cinco veces la de su hermano. ¿Cuántos años tiene cada uno?

Ejercicios y problemas

Ejercicios y problemas: sistemas de tres ecuaciones con tres incógnitas

1. Resuelve los sistemas siguientes por el método de Gauss:

a) $\begin{cases} -x+2y+z=3 \\ 5x-y+4z=3 \\ -3x+3y-5z=-2 \end{cases}$ **b)** $\begin{cases} 2x+2y+5z=1 \\ x-y+3z=-4 \\ 3x-4y+z=-6 \end{cases}$ **c)** $\begin{cases} x-3y+8z=2 \\ x+3y-z=8 \\ -x+2y+z=-3 \end{cases}$

d) $\begin{cases} x+2y+z=1 \\ 6x-4y+7z=11 \\ -x+2y+3z=2 \end{cases}$ **e)** $\begin{cases} x+y-2z=0 \\ -x+y-z=0 \\ -2x+4y-5z=0 \end{cases}$ **f)** $\begin{cases} x+3y+z=5 \\ x+5y+7z=1 \\ -x-y+5z=1 \end{cases}$

2. En una fábrica producen coches blancos, negros y rojos. Fabrican 140 coches diarios. El número de coches negros representa 3/5 del número de coches blancos y el número de coches rojos es 1/4 del número de coches negros. ¿Cuántos coches de cada color se fabrican a diario?

3. El dinero que llevan Pedro, Juan y Ángel suma 200 €. Ángel lleva la misma cantidad de dinero que Pedro y Juan juntos, y Pedro lleva 3/2 del dinero que lleva Juan. ¿Cuánto dinero lleva cada uno?

4. María va tres domingos seguidos a la pastelería. El primer domingo compra tres pasteles de manzana, dos de nata y uno de chocolate, y se gasta 15,75 €. El segundo domingo compra dos pasteles de manzana, uno de nata y uno de chocolate, y se gasta 10 €. El tercer día compra un pastel de cada tipo y se gasta 7,5 €. ¿Cuál es el precio de cada pastel?

5. En una caja hay manzanas, peras y plátanos. En total suman 12 piezas de fruta. El triple del número de manzanas es igual a la suma del número de peras y plátanos, y el doble del número de peras es igual a la suma del número de manzanas y plátanos. Halla el número de manzanas, peras y plátanos.

3.3 ECUACIONES DE SEGUNDO GRADO

Una ecuación es de segundo grado si la potencia máxima a la que está elevada la incógnita o incógnitas es 2. Únicamente estudiaremos ecuaciones de segundo grado con una incógnita.

Ejemplos

1) $x^2+25=0$

2) $x^2+2x+5=x+1$

✓ **Ejercicio:** Di si las siguientes ecuaciones son de segundo grado:

a) $x^2+2x=3x^2+x+1$ c) $x^4+1=0$

b) $-x^3+2x^2+5x=2+x^2$ d) $5x^2=3$

3.3.1 Forma general de una ecuación de segundo grado

Toda ecuación de segundo grado con una incógnita se puede expresar de la forma siguiente:

$$\boxed{ax^2+bx+c=0}$$ en que a, b y c son números reales y $a \neq 0$*

Esta expresión se denomina forma general de la ecuación de segundo grado. Llamamos a al coeficiente que multiplica x^2, b al coeficiente que multiplica x y c al término sin x.

! * **Nota:** Si $a=0$ no es una ecuación de segundo grado.

✓ **Ejercicio:** Indica los valores de a, b y c de las siguientes ecuaciones de segundo:

a) $2x^2+3x+10=0 \rightarrow a=2,\ b=3,\ c=10$

b) $x^2-x-3=0 \rightarrow a=1,\ b=-1,\ c=-3$

c) $3x^2-2x+5=0$

d) $-x^2-x-2=0$

e) $2-x^2+5x=0$

f) $x^2+2=0$

g) $2x^2-x=0$

h) $3x+1=0$

i) $2x^2=0$

j) $5x^2-5=0$

Si una ecuación de segundo grado no está expresada en forma general, la deberemos pasar nosotros a dicha forma para poder resolverla. Para hacerlo, seguimos los pasos siguientes:

- Transponemos los términos que haga falta para tener todos los términos en el primer miembro y un 0 en el segundo miembro.
- Reducimos los términos semejantes, sumando los términos con x^2, los términos con x y los números, por separado.

Ejemplo: Expresa en la forma general la ecuación $x^2+2x-2x^2=x+1-3$ e indica los valores de a, b y c.

- Pasamos todos los términos al primer miembro:

  $x^2+2x-2x^2-x-1+3=0$

- Reducimos los términos semejantes:

  $-x^2+x+2=0 \rightarrow a=-1,\ b=1,\ c=2$

✓ **Ejercicio:** Expresa en la forma general las siguientes ecuaciones de segundo grado e indica los valores de a, b y c.

a) $5x^2-2x-x+3=5-6x^2-4x$ b) $x^2+5x+3=2x+10+3x$

c) $8x^2-3x+5+x=2x+10+6x^2+x+2x^2$

Solución: a) $11x^2+x-2=0 \rightarrow a=11,\ b=1,\ c=-2$ b) $x^2-7=0 \rightarrow a=1,\ b=0,\ c=-7$
c) $5x+5=0 \rightarrow$ Ecuación de primer grado

3.3.2 Ecuaciones de segundo grado completas e incompletas

Una ecuación de segundo grado expresada en forma general es completa si a, b y c son diferentes de 0, es decir, si tiene los tres términos.

Una ecuación de segundo grado expresada en forma general es incompleta si $b=0$ y/o $c=0$, es decir, si solamente tiene dos términos o un término.

✓ **Ejercicio:** Indica si las siguientes ecuaciones son completas o incompletas:

a) $x^2+3x+1=0$ c) $x^2+2=0$

b) $x^2+x=0$ d) $2x^2=0$

3.3.3 Solución de una ecuación de segundo grado

Un número es solución de una ecuación de segundo grado si al sustituirlo por x se verifica la igualdad.

Ejemplo:

Las soluciones de la ecuación $\mathbf{x^2-25=0}$ son 5 y –5, ya que $\begin{cases} 5^2-25=0 \\ (-5)^2-25=0 \end{cases}$

✓ **Ejercicio:** Indica si $x=2$ y $x=-2$ son solución de las siguientes ecuaciones:

a) $x^2+4x+4=0$ b) $-x^2+4=0$ c) $x^2-2x=0$

3.3.4 Resolución de ecuaciones de segundo grado completas

Para resolver una ecuación de segundo grado completa, se utiliza la fórmula de la ecuación de segundo grado:

$$x=\frac{-b\pm\sqrt{b^2-4\cdot a\cdot c}}{2\cdot a}$$

Ejemplos: Resuelve las siguientes ecuaciones:

1) $\mathbf{x^2+5x+6=0}$

$$x=\frac{-5\pm\sqrt{5^2-4\cdot1\cdot6}}{2\cdot1}=\frac{-5\pm\sqrt{25-24}}{2}=\frac{-5\pm\sqrt{1}}{2}=\frac{-5\pm1}{2}=\begin{cases}\frac{-5+1}{2}=\frac{-4}{2}=-2 \\ \frac{-5-1}{2}=\frac{-6}{2}=-3\end{cases}$$

Tiene dos soluciones

Prueba:

$x=-2 \rightarrow (-2)^2+5\cdot(-2)+6=0 \rightarrow 4-10+6=0 \rightarrow 0=0$

$x=-3 \rightarrow (-3)^2+5\cdot(-3)+6=0 \rightarrow 9-15+6=0 \rightarrow 0=0$

2) $\mathbf{x^2-8x+12=0}$

$$x=\frac{-(-8)\pm\sqrt{(-8)^2-4\cdot1\cdot12}}{2\cdot1}=\frac{+8\pm\sqrt{64-48}}{2}=\frac{+8\pm\sqrt{16}}{2}=\frac{+8\pm4}{2}=\begin{cases}\frac{+8+4}{2}=\frac{12}{2}=6 \\ \frac{+8-4}{2}=\frac{4}{2}=2\end{cases}$$

Tiene dos soluciones

Prueba:

$x=6 \rightarrow 6^2-8\cdot6+12=0 \rightarrow 36-48+12=0 \rightarrow 0=0$

$x=2 \rightarrow 2^2-8\cdot2+12=0 \rightarrow 4-16+12=0 \rightarrow 0=0$

3) $\mathbf{2x^2+x-3=0}$

$$x=\frac{-1\pm\sqrt{1^2-4\cdot 2\cdot(-3)}}{2\cdot 2}=\frac{-1\pm\sqrt{1+24}}{4}=\frac{-1\pm\sqrt{25}}{4}=\frac{-1\pm 5}{4}=\begin{cases}\dfrac{-1+5}{4}=\dfrac{4}{4}=1\\[2mm]\dfrac{-1-5}{4}=\dfrac{-6}{4}=-\dfrac{3}{2}\end{cases}$$

Tiene dos soluciones

Prueba:

$$x=1\to 2\cdot 1^2+1-3=0\to 2+1-3=0\to 0=0$$

$$x=-\frac{3}{2}\to 2\cdot\left(-\frac{3}{2}\right)^2+\left(-\frac{3}{2}\right)-3=0\to 2\cdot\frac{9}{4}-\frac{3}{2}-3=0\to\frac{18}{4}-\frac{6}{4}-\frac{12}{4}=\frac{18-18}{4}=\frac{0}{4}=0$$

4) $\mathbf{-3x^2+5x-1=0}$

$\mathbf{-3x^2+5x-1=0}$

$$x=\frac{-5\pm\sqrt{5^2-4\cdot(-3)\cdot(-1)}}{2\cdot(-3)}=\frac{-5\pm\sqrt{25-12}}{-6}=\frac{-5\pm\sqrt{13}}{-6}=\begin{cases}=\dfrac{-5+\sqrt{13}}{-6}=\dfrac{5-\sqrt{13}}{6}\approx 0{,}23\\[2mm]=\dfrac{-5-\sqrt{13}}{-6}=\dfrac{5+\sqrt{13}}{6}\approx 1{,}43\end{cases}$$

Tiene dos soluciones irracionales

Soluciones exactas

Soluciones aproximadas

5) $\mathbf{2x^2+x+3=0}$

$$x=\frac{-1\pm\sqrt{1^2-4\cdot 2\cdot 3}}{2\cdot 2}=\frac{-1\pm\sqrt{1-24}}{4}=\frac{-1\pm\sqrt{-23}}{4}\notin R$$ No tiene ninguna solución real

6) $\mathbf{x^2-4x+4=0}$

$$x=\frac{-(-4)\pm\sqrt{(-4)^2-4\cdot 1\cdot 4}}{2\cdot 1}=\frac{+4\pm\sqrt{16-16}}{2}=\frac{+4\pm\sqrt{0}}{2}=\frac{+4\pm 0}{2}=\begin{cases}\dfrac{+4+0}{2}=2\\[2mm]\dfrac{+4-0}{2}=2\end{cases}$$

Tiene una única solución

Solución doble

Prueba:

$$x=2\to 2^2-4\cdot 2+4=0\to 4-8+4=0\to 0=0$$

✓ **Ejercicio:** Resuelve las siguientes ecuaciones y haz la prueba:

a) $x^2-2x-15=0$ **c)** $x^2-12x+36=0$

b) $-x^2+7x-10=0$ **d)** $x^2-2x+3=0$

Sol.:a) $x=5$ i $x=-3$ **b)** $x=5$ i $x=2$ **c)** $x=6$ **d)** No tiene solución

3.3.5 Número de soluciones de una ecuación de segundo grado completa

Una ecuación de segundo grado con una incógnita puede tener una solución real, dos soluciones reales o ninguna solución real.

Para saber cuantas soluciones tiene una ecuación de segundo grado completa sin tener que resolverla, se calcula el discriminante de la ecuación, que es la expresión que hay dentro de la raíz cuadrada de la fórmula de la ecuación de segundo grado. El discriminante se representa con el símbolo Δ:

Discriminante $= \Delta = b^2 - 4 \cdot a \cdot c$

- Si el discriminante es **positivo** $\rightarrow$ La ecuación tiene **dos** soluciones reales.
- Si el discriminante es **negativo** $\rightarrow$ La ecuación **no tiene** soluciones reales.
- Si el discriminante es és **0** $\rightarrow$ La ecuación tiene **una** solución real.

Ejemplos: Indica cuántas soluciones tienen las siguientes ecuaciones sin calcularlas:

1) $\mathbf{x^2 - 3x + 1 = 0} \rightarrow \Delta = (-3)^2 - 4 \cdot 1 \cdot 1 = 9 - 4 = 5 > 0 \rightarrow$ Tiene dos soluciones reales.

2) $\mathbf{x^2 + 3x + 3 = 0} \rightarrow \Delta = 3^2 - 4 \cdot 3 \cdot 1 = 9 - 12 = -3 < 0 \rightarrow$ No tiene soluciones reales.

3) $\mathbf{x^2 - 10x + 25 = 0} \rightarrow \Delta = (-10)^2 - 4 \cdot 1 \cdot 25 = 100 - 100 = 0 \rightarrow$ Tiene una solución real.

✓ **Ejercicio:** Di cuántas soluciones tienen las siguientes ecuaciones sin calcularlas:

a) $x^2 + 8x + 16 = 0$ b) $x^2 + x + 10 = 0$ c) $x^2 - 5x + 1 = 0$

Sol.: **a)** Una solución. **b)** No tiene soluciones reales. **c)** Dos soluciones.

3.3.6 Resolución de una ecuación de segundo grado incompleta

Ecuación del tipo $ax^2 + c = 0$ $(b = 0)$

Para resolver una ecuación del tipo $ax^2 + c = 0$, basta con despejar la incógnita. Veámoslo en los ejemplos siguientes:

Ejemplos:

1) $\mathbf{x^2 - 25 = 0} \rightarrow x^2 = 25 \rightarrow x = \pm\sqrt{25} = \pm 5 \rightarrow x = 5$ y $x = -5$

Prueba: $\begin{cases} x = 5 \rightarrow 5^2 - 25 = 0 \rightarrow 25 - 25 = 0 \rightarrow 0 = 0 \\ x = -5 \rightarrow (-5)^2 - 25 = 0 \rightarrow 25 - 25 = 0 \rightarrow 0 = 0 \end{cases}$

2) $\mathbf{x^2 + 25 = 0} \rightarrow x^2 = -25 \rightarrow x = \pm\sqrt{-25} \rightarrow$ No tiene soluciones reales

3) $\mathbf{2x^2 - 32 = 0} \rightarrow 2x^2 = 32 \rightarrow x^2 = \dfrac{32}{2} = 16 \rightarrow x = \pm\sqrt{16} = \pm 4 \rightarrow x = 4$ y $x = -4$

Prueba: $\begin{cases} x = 4 \rightarrow 2 \cdot 4^2 - 32 = 0 \rightarrow 2 \cdot 16 - 32 = 0 \rightarrow 32 - 32 = 0 = 0 \\ x = -4 \rightarrow 2 \cdot (-4)^2 - 32 = 0 \rightarrow 2 \cdot 16 - 32 = 0 \rightarrow 32 - 32 = 0 \rightarrow 0 = 0 \end{cases}$

4) $\mathbf{4x^2 - 9 = 0} \rightarrow 4x^2 = 9 \rightarrow x^2 = \dfrac{9}{4} \rightarrow x = \pm\sqrt{\dfrac{9}{4}} = \pm\dfrac{3}{2} \rightarrow x = +\dfrac{3}{2}$ y $x = -\dfrac{3}{2}$

Prueba: $\begin{cases} x = \dfrac{3}{2} \rightarrow 4 \cdot \left(\dfrac{3}{2}\right)^2 - 9 = 0 \rightarrow 4 \cdot \dfrac{9}{4} - 9 = 0 \rightarrow 9 - 9 = 0 \rightarrow 0 = 0 \\ x = -\dfrac{3}{2} \rightarrow 4 \cdot \left(-\dfrac{3}{2}\right)^2 - 9 = 0 \rightarrow 4 \cdot \dfrac{9}{4} - 9 = 0 \rightarrow 9 - 9 = 0 \rightarrow 0 = 0 \end{cases}$

5) $\mathbf{x^2 - 5 = 0} \rightarrow x^2 = 5 \rightarrow x = \pm\sqrt{5} = \pm 2,24 \rightarrow x = +\sqrt{5} = 2,24$ y $x = -\sqrt{5} = -2,24$

Prueba: $\begin{cases} x = \sqrt{5} \rightarrow \left(\sqrt{5}\right)^2 - 5 = 0 \rightarrow 5 - 5 = 0 \rightarrow 0 = 0 \\ x = -\sqrt{5} \rightarrow (\sqrt{-5})^2 - 5 = 0 \rightarrow 5 - 5 = 0 \rightarrow 0 = 0 \end{cases}$

✓ **Ejercicio:** Resuelve las siguientes ecuaciones y haz la prueba:

a) $x^2-4=0$ b) $x^2+1=0$ c) $3x^2-27=0$ d) $x^2-3=0$ e) $16x^2-25=0$

Sol.: **a)** ± 2 **b)** No tiene solución real **c)** ± 3 **d)** $\pm\sqrt{3}$ **e)** $\pm\frac{5}{4}$

Ecuación del tipo $ax^2+bx=0$ $(c=0)$

Para resolver una ecuación del tipo $ax^2+bx=0$, seguimos los pasos siguientes:

- Como el factor x está en los dos términos, sacamos x como factor común:

$$x\cdot(ax+b)=0$$

- Igualamos a 0 cada factor, ya que para que un producto de dos números sea 0, necesariamente alguno de los factores debe ser 0.

$$x\cdot(ax+b)=0 \quad \rightarrow \quad \begin{cases} x=0 \\ ax+b=0 \end{cases}$$

- Obtenemos directamente una solución, $x=0$, y para calcular la otra solución resolvemos la ecuación de primer grado resultante.

De este modo, una ecuación de este tipo siempre tiene dos soluciones y una de ellas es 0.

Ejemplos: Resuelve las siguientes ecuaciones:

1) $\mathbf{x^2+4x=0} \rightarrow x\cdot(x+4)=0 \rightarrow \begin{cases} x=0 \\ x+4=0 \rightarrow x=-4 \end{cases}$

$\rightarrow x=0$ y $x=-4$ (dos soluciones)

Prueba: $\begin{cases} x=0 \rightarrow 0^2+4\cdot 0=0 \rightarrow 0=0 \\ x=-4 \rightarrow (-4)^2+4\cdot(-4)=0 \\ \rightarrow 16-16=0 \rightarrow 0=0 \end{cases}$

2) $\mathbf{4x^2-12x=0} \rightarrow x\cdot(4x-12)=0 \rightarrow \begin{cases} x=0 \\ 4x-12=0 \rightarrow x=3 \end{cases}$

$\rightarrow x=0$ y $x=3$ (dos soluciones)

Prueba: $\begin{cases} x=0 \rightarrow 4\cdot 0^2-12\cdot 0=0 \rightarrow 0=0 \\ x=3 \rightarrow 4\cdot 3^2-12\cdot 3=36-36=0 \end{cases}$

3) $\mathbf{5x^2+x=0} \rightarrow x\cdot(5x+1)=0 \rightarrow \begin{cases} x=0 \\ 5x+1=0 \rightarrow x=-\frac{1}{5} \end{cases}$

$\rightarrow x=0$ y $x=-\frac{1}{5}$ (dos soluciones)

Prueba: $\begin{cases} x=0 \rightarrow 5\cdot 0^2+0=0 \rightarrow 0=0 \\ x=-\frac{1}{5} \rightarrow 5\cdot\left(-\frac{1}{5}\right)^2+\left(-\frac{1}{5}\right)=0 \\ \rightarrow 5\cdot\frac{1}{25}-\frac{1}{5}=\frac{1}{5}-\frac{1}{5}=0 \rightarrow 0=0 \end{cases}$

✓ **Ejercicio:** Resuelve las siguientes ecuaciones y haz la prueba:

a) $x^2-5x=0$ b) $3x^2-9x=0$ c) $2x^2-x=0$ d) $5x^2+6x=0$

Sol.: **a)** $x=0$ y $x=5$ **b)** $x=0$ y $x=3$ **c)** $x=0$ y $x=\frac{1}{2}$ **d)** $x=0$ y $x=$

Ejercicios

Ecuaciones de segundo grado

1. Indica cuáles de las siguientes ecuaciones son de segundo grado:

a) $x^2+3x+1=0$ c) $x^2+x^5+2x+1=x^2$ e) $x^2+4=0$

b) $x^3+x^2+2x+1=0$ d) $x+2x+1=0$ f) $x^4+x^2+3=0$

2. Indica si los siguientes valores son solución de la ecuación $x^2-x-2=0$:

a) $x=0$ b) $x=2$ c) $x=-2$ d) $x=-1$

3. Indica los valores de a, b y c:

a) $2x^2+3x+1=0$ c) $x^2+3x-10=0$ e) $x^2+x=0$

b) $-x^2-3x+1=0$ d) $x^2+10=0$ f) $-5x^2+x-3=0$

4. Resuelve las siguientes ecuaciones:

a) $x^2+4x+3=0$ d) $x^2-x-2=0$ g) $2x^2-2x-4=0$

b) $x^2+7x+10=0$ e) $2x^2+2x-4=0$ h) $-x^2+3x+28=0$

c) $2x^2+x-1=0$ f) $16x^2-16x+3=0$ i) $3x^2-6x+1=0$

5. Resuelve las siguientes ecuaciones:

a) $x^2+10x+25=0$ c) $2x^2+2x+3=0$ e) $x^2-6x+9=0$

b) $x^2+x+5=0$ d) $-3x^2-2x-10=0$ f) $x^2+2x+1=0$

6. Calcula el discriminante de cada ecuación y indica si tienen una solución, dos soluciones o ninguna solución.

a) $x^2+x+8=0$ c) $-3x^2+x+2=0$ e) $x^2-4x+4=0$

b) $2x^2+14x+20=0$ d) $-x^2+2x-3=0$ f) $-x^2-12x-36=0$

7. Resuelve las siguientes ecuaciones:

a) $x^2-9=0$ f) $x^2-64=0$ k) $4x^2-25=0$

b) $x^2+9=0$ g) $x^2+64=0$ l) $x^2-3=0$

c) $-x^2+1=0$ h) $-3x^2+27=0$ m) $x^2-2=0$

d) $5x^2-125=0$ i) $9x^2-16=0$ n) $-2x^2+32=0$

e) $x^2+3=0$ j) $-x^2-6=0$ o) $2x^2+10=0$

8. Resuelve las siguientes ecuaciones:

a) $x^2-2x=0$ c) $x^2+2x=0$ e) $x^2-6x=0$

b) $3x^2-5x=0$ d) $2x^2-10x=0$ f) $2x^2-3x=0$

9. Resuelve las siguientes ecuaciones:

a) $x^2-x-2=0$ g) $x^2+16x+64=0$ m) $-x^2-16x-64=0$

b) $2x^2+x=0$ h) $x^2+1=0$ n) $x^2-8=0$

c) $-x^2-4x+5=0$ i) $-5x^2+8=0$ o) $x^2+x-12=0$

d) $x^2-x-12=0$ j) $4x^2-12=0$ p) $x^2-10=0$

e) $2x^2+x+3=0$ k) $4x^2-3x=0$ q) $x^2-20x+100=0$

f) $x^2-3x+10=0$ l) $x^2+16=0$ r) $5x^2+12x-15=0$

3.4 ECUACIONES IRRACIONALES

Una ecuación es irracional cuando la incógnita se encuentra debajo del signo del radical.

Ejemplos:

1) $\sqrt{4x}+3=x$ 2) $\sqrt{3x+1}-x=1$

En este curso solo estudiaremos ecuaciones irracionales con un único radical cuadrático.

Para resolver una ecuación irracional con un único radical cuadrático, seguimos los pasos siguientes:

- Despejamos el radical (de manera que quede solo en un miembro).
- Eliminamos el radical, elevando al cuadrado los dos miembros de la ecuación (ya que si dos expresiones son iguales, también lo serán sus cuadrados: si $a=b$, llavors $a^2=b^2$).
- Resolvemos la ecuación que nos resulta, que ya no es irracional.
- Comprobamos las soluciones, dado que no todas las soluciones de la ecuación que resulta de elevar al cuadrado los dos miembros han de ser necesariamente soluciones de la ecuación inicial:

Si $a^2=b^2$ no siempre es cierto que $a=b$ (ej. $3^2=(-3)^2$ y $3\neq -3$)

! * Nota: Recuerda las fórmulas de los productos notables:

$(a+b)^2=a^2+2\cdot a\cdot b+b^2$ $(a-b)^2=a^2-2\cdot a\cdot b+b^2$

Ejemplos: Resuelve las siguientes ecuaciones irracionales:

1) $\mathbf{\sqrt{4x}+3=x}$

- Despejamos el radical:

$\sqrt{4x}=x-3$

- Eliminamos el radical elevando al cuadrado los dos miembros de la ecuación

$\left(\sqrt{4x}\right)^2=(x-3)^2 \rightarrow 4x=x^2-6x+9 \rightarrow x^2-10x+9=0$

- Resolvemos la ecuación resultante:

$$x=\frac{-(-10)\pm\sqrt{(-10)^2-4\cdot 1\cdot 9}}{2\cdot 1}=\frac{+10\pm\sqrt{100-36}}{2}=\frac{+10\pm 8}{2}=\begin{cases}\dfrac{+10+8}{2}=\dfrac{18}{2}=9\\[2mm]\dfrac{+10-8}{2}=\dfrac{2}{2}=1\end{cases}$$

- Comprobamos las soluciones

$x=9 \rightarrow \sqrt{4\cdot 9}+3=9 \rightarrow 6+3=9 \rightarrow 9=9 \rightarrow$ Sí es la solución de la ecuación inicial

$x=4 \rightarrow \sqrt{4\cdot 1}+3=1 \rightarrow 2+3=1 \rightarrow 5\neq 1 \rightarrow$ No es solución de la ecuación inicial

$\rightarrow$ Solución: $x=9$

2) $\sqrt{3x+1}-x=1$

- Despejamos el radical:

$\sqrt{3x+1}=x+1$

- Eliminamos el radical elevando al cuadrado los dos miembros de la ecuación:

$\left(\sqrt{3x+1}\right)^2=(x+1)^2 \rightarrow 3x+1=x^2+2x+1 \rightarrow 0=x^2+2x-3x+1-1 \rightarrow x^2-x=0$

- Resolvemos la ecuación resultante:

$$x^2-x=0 \rightarrow x\cdot(x-1)=0 \rightarrow \begin{cases} x=0 \\ x-1=0 \rightarrow x=1 \end{cases}$$

- Comprobamos las soluciones:

$$\left.\begin{array}{l} x=0 \rightarrow \sqrt{3\cdot 0+1}-0=1 \rightarrow \sqrt{1}-0=1 \rightarrow 1=1 \rightarrow \text{Sí que es solución de la ecuación inicial} \\ x=1 \rightarrow \sqrt{3\cdot 1+1}-1=1 \rightarrow \sqrt{4}-1=1 \rightarrow 2-1=1 \rightarrow \text{Sí que es solución de la ecuación inicial} \end{array}\right\} \rightarrow$$

$\rightarrow$ Soluciones: $x=0$ y $x=1$

✓ **Ejercicio:** Resuelve las siguientes ecuaciones irracionales:

a) $\sqrt{5x}=10-x$ **c)** $\sqrt{5x+6}-x=0$ **e)** $\sqrt{-2x}-2x=6$

b) $x+\sqrt{3x-6}=8$ **d)** $\sqrt{4x+5}+x=10$ **f)** $\sqrt{3x-2}=x$

Sol.: **a)** $x=5$ ($x=20$ *No*) **c)** $x=6$ ($x=-1$ *No*) **e)** $x=-2$ ($x=-4,5 \rightarrow$ *No*)

b) $x=5$ ($x=14$ *No*) **d)** $x=5$ ($x=19$ *No*) **f)** $x=1$ y $x=2$

Para **resolver una ecuación irracional con más de un radical**, elevamos al cuadrado los dos miembros tantas veces como sea necesario para eliminar todos los radicales. Después procedemos como en el caso anterior.

Ejemplo: Resuelve la ecuación: $\sqrt{x}+\sqrt{x-7}=7$

- Despejamos uno de los radicales:

$\sqrt{x-7}=7-\sqrt{x}$

- Eliminamos el radical elevando al cuadrado los dos miembros de la ecuación:

$\left(\sqrt{x-7}\right)^2=\left(7-\sqrt{x}\right)^2 \rightarrow x-7=49-14\sqrt{x}+x$

- Despejamos el radical que ha quedado:

$$14\sqrt{x}=49+x-x+7 \rightarrow 14\sqrt{x}=56 \rightarrow \sqrt{x}=\frac{56}{14}=4 \rightarrow \sqrt{x}=4$$

- Volvemos a elevar los dos miembros al cuadrado para eliminar el otro radical:

$\left(\sqrt{x}\right)^2=4^2 \rightarrow x=16$

- Comprobamos la solución:

$x=16 \rightarrow \sqrt{16}+\sqrt{16-7}=7 \rightarrow 4+3=7 \rightarrow$ Sí que es solución de le ecuación inicial $\rightarrow$ Solución: $x=16$

✓ **Ejercicio:** Resuelve las siguientes ecuaciones:

a) $\sqrt{27+x}=3+\sqrt{x}$ **b)** $\sqrt{x}-1=\sqrt{x-9}$

Sol: a) 9 **b)** 25

3.5 ECUACIONES EXPONENCIALES Y LOGARÍTMICAS

3.5.1 Ecuaciones exponenciales

Una ecuación exponencial es una ecuación en la que la incógnita se encuentra en el exponente.

Para resolver una ecuación exponencial, debemos intentar poner los dos miembros como potencias de la misma base, de manera que podamos igualar los exponentes.

Ejemplos: Resuelve las siguientes ecuaciones exponenciales:

1) $\mathbf{3^{5+x}=9}$

$3^{5+x}=3^2 \rightarrow 5+x=2 \rightarrow x=-3$

Prueba: $3^{5-3}=9 \rightarrow 3^2=9$

2) $\mathbf{3^{2x-5}=3^{x+2}}$

$2x-5=x+2 \rightarrow x=7$

Prueba: $3^{2\cdot 7-5}=3^{7+2} \rightarrow 3^9=3^9$

3) $\mathbf{5^{3x+1}=1}$

$5^{3x+1}=5^0 \rightarrow 3x+1=0 \rightarrow x=-\dfrac{1}{3}$

Prueba: $5^{3\cdot\left(-\frac{1}{3}\right)+1}=1 \rightarrow 5^{-1+1}=1 \rightarrow 5^0=1$

4) $\mathbf{5^{2x+1}=125}$

$5^{2x+1}=5^3 \rightarrow 2x+1=3 \rightarrow x=1$

Prueba: $5^{2\cdot 1+1}=125 \rightarrow 5^3=125$

5) $\mathbf{2^{x^2+1}=4^{x+2}}$

$2^{x^2+1}=\left(2^2\right)^{x+2} \rightarrow 2^{x^2+1}=2^{2\cdot(x+2)}$

$\rightarrow x^2+1=2(x+2) \rightarrow x^2+1=2x+4$

$\rightarrow x^2-2x-3=0 \rightarrow \begin{cases} x=3 \\ x=-1 \end{cases}$

Prueba:

$x=3 \rightarrow 2^{3^2+1}=4^{3+2} \rightarrow 2^{10}=4^5 \rightarrow 1024=1024$

$x=-1 \rightarrow 2^{(-1)^2+1}=4^{-1+2} \rightarrow 2^2=4^1 \rightarrow 4=4$

6) $\mathbf{4^{2x+1}=(0,5)^{3x+5}}$

$\left(2^2\right)^{2x+1}=\left(2^{-1}\right)^{3x+5} \rightarrow 2^{4x+2}=2^{-3x-5}$

$\rightarrow 4x+2=-3x-5 \rightarrow x=-1$

Prueba: $4^{2\cdot(-1)+1}=(0,5)^{3\cdot(-1)+5} \rightarrow 4^{-1}=0,5^2$

$\rightarrow \dfrac{1}{4}=\left(\dfrac{1}{2}\right)^2 \rightarrow \dfrac{1}{4}=\dfrac{1}{4}$

✓ **Ejercicio:** Resuelve las siguientes ecuaciones exponenciales:

a) $3^{5+x}=27$ **b)** $2^{5+5x}=8^{3x-1}$ **Sol.: a)** $x=-2$ **b)** $x=2$

En muchas ocasiones, no podemos poner los dos miembros como potencias de la misma base.

Si tenemos una ecuación exponencial del tipo $a^x=b$ y no podemos poner los dos miembros como potencias de la misma base, procedemos de la siguiente manera

- Aplicamos logaritmos decimales a los dos miembros de la ecuación:

$$\log a^x=\log b$$

- Aplicamos la propiedad de los logaritmos: $\log a^n=n\cdot\log a$:

$$\log a^x=\log b \rightarrow x\cdot\log a=\log b$$

- Despejamos la incógnita y calculamos la solución aproximada con la calculadora:

$$x=\frac{\log b}{\log a}$$

Haremos lo mismo si, en lugar de tener una x en el exponente, tenemos una expresión en la que aparece la x.

Ejemplos: Resuelve las siguientes ecuaciones exponenciales:

1) $\mathbf{3^x = 10}$

$\log 3^x = \log 10$

$\rightarrow x \cdot \log 3 = \log 10 \rightarrow x = \dfrac{\log 10}{\log 3} = \dfrac{1}{\log 3} \approx 2{,}1$ (Solución aproximada)

2) $\mathbf{5^{4x-1} = 8}$

$\log 5^{4x-1} = \log 8 \rightarrow (4x-1)\cdot \log 5 = \log 8$

$\rightarrow 4x - 1 = \dfrac{\log 8}{\log 5} \rightarrow x = \dfrac{\dfrac{\log 8}{\log 5}+1}{4} \approx 0{,}57$

3) $\left(\dfrac{1}{2}\right)^x = 7$

$\log\left(\dfrac{1}{2}\right)^x = \log 7 \rightarrow x \cdot \log\left(\dfrac{1}{2}\right) = \log 7$

$\rightarrow x \cdot (\cancel{\log 1} - \log 2) = \log 7 \rightarrow x = -\dfrac{\log 7}{\log 2} \approx -2{,}81$

4) $\mathbf{5^{\frac{4}{x}} = 3}$

$\log 5^{\frac{4}{x}} = \log 3 \rightarrow \dfrac{4}{x}\cdot \log 5 = \log 3$

$\rightarrow \dfrac{4}{x} = \dfrac{\log 3}{\log 5} \rightarrow 4 \cdot \log 5 = x \cdot \log 3$

$\rightarrow x = \dfrac{4 \cdot \log 5}{\log 3} \approx 5{,}86$

✓ **Ejercicio:** Resuelve las siguientes ecuaciones exponenciales:

a) $8^x = 3$ b) $2^{3x+1} = 5$

Sol.: a) $x \approx 0{,}53$ b) $x \approx 0{,}44$

3.5.2 Ecuaciones logarítmicas

Una ecuación logarítmica es una ecuación en qué la incógnita se halla en el argumento de un logaritmo.

Sólo estudiaremos los siguientes casos:

Igualdad entre dos logaritmos decimales

Para resolver una igualdad entre dos logaritmos de la misma base, seguimos los pasos siguientes:

- Igualamos los argumentos y resolvemos la ecuación resultante.
- Comprobamos si las soluciones obtenidas verifican la ecuación logarítmica, ya que es posible que al sustituir una solución en la ecuación inicial aparezca algún argumento negativo. En este caso, la solución no sería válida, dado que no existe el logaritmo de un número negativo.

Ejemplos: Resuelve las ecuaciones logarítmicas siguientes:

1) $\mathbf{\log\ (x^2 - 3) = \log\ (2x)}$

- Igualamos los argumentos y resolvemos la ecuación resultante:

$$x^2 - 3 = 2x \rightarrow x^2 - 2x - 3 = 0 \rightarrow x = \frac{2 \pm \sqrt{(-2)^2 - 4\cdot 1\cdot(-3)}}{2\cdot 1} = \frac{2 \pm 4}{2} = \begin{cases} \dfrac{2+4}{2} = 3 \\ \dfrac{2-4}{2} = -1 \end{cases}$$

- Comprobamos si las soluciones verifican la ecuación logarítmica:

$x = 3 \rightarrow \log(3^2 - 3) = \log(2\cdot 3) \rightarrow \log 6 = \log\ 6$ Sí que es solución

$x = -1 \rightarrow \log\left((-1)^2 - 3\right) = \log\left(2\cdot(-1)\right) \rightarrow \log(-2) = \log(-2) \rightarrow$ No es solución ya que $\log(-2) \nexists$

La solución de la ecuación del enunciado es $x = 3$

2) $\log(5x - 7) = \log(x + 1)$

- Igualamos los argumentos y resolvemos la ecuación resultante:

$$5x - 7 = x + 1 \rightarrow 4x = 8 \rightarrow x = 2$$

- Comprobamos si la solución verifica la ecuación logarítmica.

$$\log(5 \cdot 2 - 7) = \log(2 + 1) \rightarrow \log 3 = \log 3$$

✓ **Ejercicio:** Resuelve las siguientes ecuaciones logarítmicas:

a) $\log\left(x^2 - x\right) = \log 6$ **b)** $\log(x - 12) = \log(5x)$

Sol.: **a)** $x = 3$ i $x = -2$ **b)** No tiene solución

Igualdad entre un logaritmo decimal y un número

Para resolver una igualdad entre un logaritmo decimal y un número, seguimos los pasos siguientes:

- Aplicamos la definición de logaritmo (10 elevado al logaritmo es igual al argumento) y resolvemos la ecuación resultante.
- Comprobamos si las soluciones obtenidas verifican la ecuación logarítmica

Ejemplos: Resuelve las siguientes ecuaciones logarítmicas:

1) $\log(3x + 1) = 2$

- Aplicamos la definición de logaritmo y resolvemos la ecuación resultante:

$$10^2 = 3x + 1 \rightarrow 100 = 3x + 1 \rightarrow 99 = 3x \rightarrow x = 33$$

- Comprobamos si las soluciones obtenidas verifican la ecuación logarítmica.

$\log(3 \cdot 33 + 1) = 2 \rightarrow \log 100 = 2$ Sí que es solución, ya que $10^2 = 100$.

2) $\log(4x + 5) = 0$

- Aplicamos la definición de logaritmo (la base elevada al logaritmo es igual al argumento):

$$10^0 = 4x + 5 \rightarrow 1 = 4x + 5 \rightarrow -4 = 4x \rightarrow x = -1$$

- Comprobamos si las soluciones obtenidas verifican la ecuación logarítmica.

$\log\left(4 \cdot (-1) + 5\right) = 0 \rightarrow \log 1 = 0$ Sí que es solución

✓ **Ejercicio:** Resuelve las siguientes ecuaciones logarítmicas:

a) $\log x = 5$ **b)** $\log(x + 250) = 3$ **c)** $\log(2x - 3) = 2$

Sol.: **a)** $x = 100.000$ **b)** $x = 750$ **c)** $x = 51{,}5$

Ejercicios

Ecuaciones exponenciales y logarítmicas

1. Resuelve las siguientes ecuaciones exponenciales:

a) $3^{x+1} = 81$
b) $2^{x-2} = 128$
c) $4^{x-6} = 16^{-x}$
d) $5^{2x-5} = 125^{\frac{x}{2}}$
e) $7^{4x-2} = 1$
f) $5^{x} = 2$
g) $10^{x} = 5$
h) $2^{5x-4} = 3$
i) $4^{x+5} = 5$

2. Resuelve las siguientes ecuaciones logarítmicas:

a) $\log(x^2 - 5) = \log(x - 3)$
b) $\log(x + 4) = \log(2x)$
c) $\log x = 3$
d) $\log(x - 40) = 2$
e) $\log(4x + 200) = 3$
f) $\log(5x) = 2$
g) $\log\left(\frac{x}{2}\right) = 2$
h) $\log(x - 3) = 0$
i) $\log(2x) = 0$

Tema 4 Polinomios

En este tema:

4.1 Polinomios

4.2 Operaciones con polinomios

4.3 Teorema del resto

4.4 Raíces de un polinomio

4.5 Factorización

4.6 Divisibilidad de polinomios

4.7 Fracciones algebraicas

4.8 Ampliación de ecuaciones y sistemas

4.1 POLINOMIOS

4.1.1 Monomios

Un **monomio** es una expresión algebraica formada por el producto de un número real, llamado coeficiente, y una o varias variables (o indeterminadas) elevadas a un exponente natural o cero. La parte del monomio formada por las variables y sus exponentes se denomina **parte literal**.

Ejemplos:

1) $2x^3y^2$	2) $3ab$	3) $5x^2$	4) $3\pi x^5 z$
Coeficiente: 2	Coeficiente: 3	Coeficiente: 5	Coeficiente: 3π
Parte literal: x^3y^2	Parte literal: ab	Parte literal: x^2	Parte literal: x^5z

Estudiaremos únicamente monomios con una sola variable o indeterminada (que normalmente será x).

Grado de un monomio

El **grado de un monomio** con una indeterminada es el exponente al que está elevada la variable.

Ejemplo: Indica el coeficiente, la parte literal y el grado del monomio $5x^3$:

! Nota: Un número real a distinto de cero se considera un monomio de grado cero: $\begin{cases} a = ax^0 = a \cdot 1 \quad (x^0 = 1) \\ 3 = 3x^0 = 3 \cdot 1 \end{cases}$

✓ **Ejercicio:** Completa la tabla:

Monomio	Coeficiente	Parte literal	Variable	Grado
$3y^5$				
$-\frac{10}{3}x^3$				
$3z$				
$-0{,}25p^8$				

Monomios semejantes

Dos o más monomios son semejantes si tienen la misma parte literal.

Ejemplos:

1) $2x^2$, $5x^2$ y $-2x^2$ son semejantes
2) $5x$ y $3x^2$ no son semejantes
3) $3x$ y $2y$ no son semejantes

Si trabajamos con una sola variable o indeterminada, x, los monomios semejantes son aquellos que tienen el mismo grado.

4.1.2 Polinomios

Un **polinomio** es una expresión algebraica formada por la suma de diversos monomios no semejantes.

Solo estudiaremos polinomios con una indeterminada.

Los polinomios se suelen representar con una letra mayúscula y la indeterminada, x, entre paréntesis: $P(x)$, $Q(x)$, $A(x)$, etc.

Ejemplos:

- Son polinomios:

  1) $P(x)=8x^4-3x^3+2x+10$ **2)** $Q(x)=-5x^5-\frac{3}{2}x^4-x^3+9x^2-x-6$

- No son polinomios:

  3) $2x^{-2}+5x-3$ → el exponente del primer término es negativo.

  4) $\frac{3}{x}+2x+1$ → el exponente del primer término es negativo.

  5) $6x^3-\sqrt{x}+2x^2+7$ → el exponente del segundo término es una fracción.

  6) 5^x+2x+6 → la indeterminada está en el exponente.

! Nota: $\frac{3}{x}=3x^{-1}$ $\sqrt{x}=x^{\frac{1}{2}}$

Los monomios de un polinomio se conocen también como **términos** del polinomio.

El **grado de un polinomio** es el mayor de los grados de todos sus monomios.

El **término independiente** de un polinomio es el monomio de grado 0, es decir, el monomio formado por un número real (sin variable).

Un **binomio** es un polinomio formado por dos monomios no semejantes (Ejemplo: $2x^3+x$).

Un **trinomio** es un polinomio formado por tres monomios no semejantes (Ejemplo: $2x^3+x+1$).

Escribimos los términos de los polinomios ordenados de mayor a menor grado. Si un grado no aparece, se dice que su coeficiente es 0 y que el polinomio es incompleto.

Ejemplo:

$x^6+3x^3-5x^2+2x+9$ → es un polinomio incompleto (no aparecen los términos de grado 5 y 4), formado por 5 términos, de grado 6 y de término independientes 9.

Grado ← $x^{\boxed{6}}+3x^3-5x^2+2x+\boxed{9}$ → Término independiente

En general, un polinomio en la indeterminada x es de la forma:

$$P(x)=a_nx^n+a_{n-1}x^{n-1}+\ldots+a_1x+a_0 \text{ donde } \begin{cases} n \text{ es el grado} \\ a_n,\ a_{n-1}\ldots\ldots\ldots,\ a_1,\ a_0 \text{ son los coeficientes} \\ a_0 \text{ es el término independiente} \end{cases}$$

✓ **Ejercicio:** Completa la tabla:

Polinomio	Grado	Término independiente	Número de términos	¿Completo o incompleto?	Coeficiente del término de grado 3
$P(x)=5x^4-3x^3+2x+10$					
$Q(x)=-5x^5-\frac{3}{2}x^4-x^3+9x^2-6$					
$R(x)=4x^2+x+1$					
$S(x)=5x^2+2x^5+9x$					
$T(x)=3x-2$					
$U(x)=x^3-4x^2+x+1$					

4.1.3 Valor numérico de un polinomio

El valor numérico de un polinomio $P(x)$ para $x=a$ (donde a es un número real) es el número que se obtiene al sustituir la variable x por a y hacer las operaciones. Se representa con $P(a)$.

Ejemplo: Dado el polinomio:

$$P(x) = -3x^4 - 2x^3 - x^2 - 1$$

Calcula el valor numérico de $P(x)$ en $x = 2$ y $x = -2$, es decir, calcula $P(2)$ y $P(-2)$.

$P(2) = -3 \cdot 2^4 - 2 \cdot 2^3 - 2^2 - 1 = -3 \cdot 16 - 16 - 4^* - 1 = -69$

$P(-2) = -3 \cdot (-2)^4 - 2 \cdot (-2)^3 - (-2)^2 - 1 = -3 \cdot 16 - 2 \cdot (-8) - (+4) - 1 = -48 + 16 - 4 - 1 = -37$

! * **Nota:** $-2^2 = -4 \neq (-2)^2 = +4$

✓ **Ejercicios:**

1. Dado el polinomio:

$$P(x) = -x^4 + 2x^3 - 5x^2 + x + 3$$

Calcula el valor numérico de $P(x)$ para $x = 2$ y $x = -1$, es decir, calcula $P(2)$ y $P(-1)$.

2. Calcula el valor numérico de los siguientes polinomios para $x = 3$, $x = -1$ y $x = 0$:

a) $P(x) = 6x^3 - x^2 - 3$ **b)** $Q(x) = -3x^4 + 2x^3 + 7x^2 - x + 5$

c) $R(x) = 8$ **d)** $S(x) = x^3 - 1$

Sol:

1. $P(2) = -15$ y $P(-1) = -6$

2. a) $P(3) = 150$; $P(-1) = -10$ y $P(0) = -3$ **b)** $Q(3) = -124$; $Q(-1) = 8$ y $Q(0) = 5$

c) $R(3) = 8$; $R(-1) = 8$ y $R(0) = 8$ **d)** $S(3) = 26$; $S(-1) = -2$ y $S(0) = -1$

Ejercicios

Polinomios

1. Indica cuáles de las siguientes expresiones algebraicas son polinomios:

a) $7x^2 + 4{,}9x$ **b)** $4\sqrt{x^3} + x^2 - 5$ **c)** $\sqrt{2}x^2 + \pi x + 1$

d) $\frac{7}{4}x^2 + \frac{1}{2}x$ **e)** $\frac{5}{x} + 3x^2 - 1$ **f)** $\frac{5x^3 + 1}{x - 1}$

2. Completa el cuadro:

Polinomio	Grado	Término independiente	Número de términos o monomios	¿Completo o incompleto?	Coeficiente del término de grado 3
$P(x) = 5x^5 - x^3 + x + 9$					
$Q(x) = x^5 - \frac{1}{2}x^4 - \frac{2}{3}x^3 + 3x^2 + x + 7$					
$R(x) = x^2 + 1$					
$S(x) = x^2 + x^4 - 5$					
$T(x) = x^3 + 3x^2 - 2x$					
$U(x) = -5x^3 + x^2 - x - 1$					

3. Calcula el valor numérico de los siguientes polinomios para $x = 3$, $x = -2$ y $x = 0$:

a) $P(x) = x^4 - x^3 + 1$ **b)** $Q(x) = -3x^2 + x - 1$ **c)** $R(x) = x^3 - 3$

d) $S(x) = -2$ **e)** $T(x) = x^4 - 5x^3 - x^2 + 10$

4.2 OPERACIONES CON POLINOMIOS

4.2.1 Suma y resta de polinomios

Suma y resta de monomios

Dos monomios se pueden sumar o restar si son semejantes.

Para sumar o restar monomios, sumamos o restamos los coeficientes y dejamos invariable la parte literal:

$$ax^n + bx^n = (a+b)x^n$$

Ejemplo:

$$\boxed{2}x^3 + \boxed{5}x^3 = \boxed{7}x^3$$

Si hay coeficientes con signo negativo, aplicamos las reglas de la suma y la resta de números enteros.

Ejemplos:

1) $\mathbf{7x^3 - 5x^3} = 2x^3$ 2) $\mathbf{x^2 - 3x^2} = -2x^2$ 3) $\mathbf{-2x^6 - 8x^6} = -10x^6$

✓ **Ejercicio:** Haz las siguientes sumas de monomios:

a) $7x^4 - 8x^4 =$ b) $-9x^5 + 5x^5 =$ c) $-10x^7 - x^7 =$

Suma de polinomios

Para sumar dos polinomios, sumamos sus términos semejantes (del mismo grado).

Ejemplo: Suma los siguientes polinomios:

$\mathbf{P(x) = 5x^4 - 2x^3 + x^2 - 8x + 6}$ $\mathbf{Q(x) = x^3 - 3x^2 - 5x - 3}$

$$P(x)+Q(x) = (5x^4 - 2x^3 + x^2 - 8x + 6) + (x^3 - 3x^2 - 5x - 3) = 5x^4 - x^3 - 2x^2 - 13x + 3$$

✓ **Ejercicio:** Suma los siguientes polinomios:

$P(x) = x^5 - x^4 - 9x^3 + 5x^2 - x - 4$ $Q(x) = x^6 - 3x^5 - x^4 + 3x^2 + x - 1$

Sol.: $P(x)+Q(x) = x^6 - 2x^5 - 2x^4 - 9x^3 + 8x^2 - 5$

Resta de polinomios

Dados dos polinomios P y Q, para encontrar el polinomio resta $P - Q$, sumamos al polinomio P el polinomio $-Q$, que es el que se obtiene al cambiar de signo todos los términos de Q: $P - Q = P + (-Q)$.

Ejemplo: Efectua la resta $P(x) - Q(x)$:

$\mathbf{P(x) = 5x^4 - 2x^3 + x^2 - 8x + 6}$ $\mathbf{Q(x) = x^3 - 3x^2 - 5x - 3}$

$$P(x)-Q(x) = (5x^4 - 2x^3 + x^2 - 8x + 6) - (x^3 - 3x^2 - 5x - 3) =$$

$$= 5x^4 - 2x^3 + x^2 - 8x + 6 - x^3 + 3x^2 + 5x + 3 = 5x^4 - 3x^3 + 4x^2 - 3x + 9$$

✓ **Ejercicio:** Efectua la resta $P(x) - Q(x)$:

$P(x) = x^5 - x^4 - 9x^3 + 5x^2 - x - 4$ $Q(x) = x^6 - 3x^5 - x^4 + 3x^2 + x - 1$

$P(x) - Q(x) =$

Sol.: $P(x)-Q(x) = -x^6 + 4x^5 - 9x^3 + 2x^2 - 2x - 3$

4.2.2 Multiplicación de polinomios

Para multiplicar dos monomios, multiplicamos sus coeficientes y sumamos los exponentes:

$$ax^n \cdot bx^m = (a \cdot b)x^{n+m}$$

Ejemplo:

$$\boxed{2}x^3 \cdot \boxed{5}x^2 = \boxed{10}x^5$$

(coeficientes: x; exponentes: +)

Ejemplos:

1) $(+7x^3)\cdot(-5x^2) = -35x^5$ 2) $(+x^2)\cdot(-3x^2) = -3x^4$ 3) $5x^3 \cdot 4 = 20x^3$

4) $(-2x^4)\cdot(-8x) = 16x^5$ 5) $(-5x)\cdot(+3x) = -15x^2$ 6) $3x^2 \cdot x = 3x^3$

✓ **Ejercicio:** Haz las siguientes multiplicaciones de monomios:

a) $(-7x^3)\cdot(-2x^3) =$ c) $(+2x^2)\cdot(-5x) =$ e) $2x^4 \cdot 8x =$

b) $(-2x^5)\cdot(-6) =$ d) $-5x \cdot 3x^3 =$ f) $\frac{2}{3}x^2 \cdot (-9) =$

Multiplicación de polinomios

Para multiplicar dos polinomios P y Q, multiplicamos cada uno de los monomios de P por todos los de Q y simplificamos el resultado (sumando los monomios semejantes).

Ejemplo: Multiplica los polinomios siguientes:

$$P(x) = -2x^3 + x^2 + 6 \qquad Q(x) = -3x^2 - 5x - 3$$

$$P(x)\cdot Q(x) = (-2x^3 + x^2 + 6)\cdot(-3x^2 - 5x - 3) =$$
$$= (-2x^3)\cdot(-3x^2) + (-2x^3)\cdot(-5x) + (-2x^3)\cdot(-3) + (+x^2)\cdot(-3x^2) + (+x^2)\cdot(-5x) + (+x^2)\cdot(-3) +$$
$$+ (+6)\cdot(-3x^2) + (+6)\cdot(-5x) + (+6)\cdot(-3) =$$
$$= 6x^5 + 10x^4 + 6x^3 - 3x^4 - 5x^3 - 3x^2 - 18x^2 - 30x - 18 = 6x^5 + 7x^4 + x^3 - 21x^2 - 30x - 18$$

✓ **Ejercicio:** Multiplica los polinomios siguientes:

$$P(x) = -x^4 + 5x^2 - 4 \qquad Q(x) = +3x^2 + x - 1$$

Sol.: $-3x^6 - x^5 + 16x^4 + 5x^3 - 17x^2 - 4x + 4$

4.2.3 División de polinomios

División de monomios

Para dividir dos monomios, dividimos sus coeficientes y restamos los exponentes:

$$ax^n : bx^m = (a : b)x^{n-m}$$

Ejemplo:

$$\boxed{8}x^5 : \boxed{2}x^2 = \boxed{4}x^3$$

(coeficientes: ":"; exponentes: -)

Para dividir dos monomios, es necesario que el grado del dividendo sea mayor que el grado del divisor ($n > m$); de lo contrario, la resta de los exponentes sería un número negativo y el resultado no sería un monomio.

Si la división de los coeficientes no es exacta, se deja el resultado en forma de fracción irreducible (simplificada).

Ejemplos:

1) $\left(+\mathbf{15x^3}\right):\left(-\mathbf{5x^2}\right)=-3x$ 2) $\left(+\mathbf{9x^2}\right):\left(-\mathbf{3x^2}\right)=-3x^0=-3$ 3) $\mathbf{20x^3:4}=5x^3$

4) $\left(-\mathbf{16x^4}\right):\left(-\mathbf{8x}\right)=2x^3$ 5) $\left(-\mathbf{5x^5}\right):\left(+\mathbf{3x^3}\right)=-\frac{5}{3}x^2$ 6) $\mathbf{3x^2:2x}=\frac{3}{2}x$

! Nota: $10x^2:2x^3 \rightarrow$ no se puede hacer la división porque $2<3$ y el resultado ($5x^{-1}$) no sería un monomio.

✓ **Ejercicio:** Haz las siguientes divisiones de monomios:

a) $\left(-10x^6\right):\left(-2x^3\right)=$ c) $\left(+2x\right):\left(-5x\right)=$ e) $-8x^5:4x=$

b) $\left(-6x^5\right):\left(-2\right)=$ d) $-5x^4:3x^3=$ f) $18x:\left(-9x^3\right)=$

División de polinomios

Para dividir un polinomio $P(x)$ (polinomio dividendo) entre otro $D(x)$ (polinomio divisor), siendo grado $P(x)$ > grado $D(x)$, debemos encontrar dos polinomios $Q(x)$ (polinomio cociente) y $R(x)$ (polinomio resto) que verifiquen que:

$$\boxed{P(x)=Q(x)\cdot D(x)+R(x)}\text{, con grado } R(x) < \text{grado } D(x)$$

(Dividendo = cociente · divisor + resto)

En formato de división lo escribimos así:

$$\begin{array}{r|l} P(x) & D(x) \\ \hline R(x) & Q(x) \end{array} \qquad \begin{array}{r|l} \textit{Dividendo} & \textit{Divisor} \\ \hline \textit{Resto} & \textit{Cociente} \end{array}$$

! Nota: Analogía con números: $\begin{array}{r|l} 9 & 2 \\ \hline 1 & 4 \end{array} \quad 1<2$

Prueba: $4\cdot 2+1=9$

Para hacer una división de dos polinomios, seguimos los pasos indicados en el siguiente ejemplo:

Ejemplo: Haz la siguiente división: $(2x^3-x^2+2):(2x^2+x)$

Escribimos los polinomios en forma de división ordenando sus monomios de mayor a menor grado y dejando un espacio en blanco para cada grado que no aparezca del polinomio dividendo.

$$\begin{array}{r|l} \underbrace{2x^3-x^2\qquad+2}_{\text{dividendo}} & \underset{\uparrow \text{ divisor}}{2x^2+x} \\ \hline \end{array}$$

Dividimos el primer término del dividendo por el primer término del divisor. El resultado será el primer término del cociente:

$$2x^3:2x^2=x$$

$$\begin{array}{r|l} \underline{2x^3}-x^2\qquad+2 & \underline{2x^2}+x \\ \hline & x \end{array}$$

Multiplicamos este primer término del cociente por todos los términos del divisor y restamos el resultado al dividendo (colocando los resultados del producto cambiados de signo debajo del dividendo y haciendo la suma):

$$\begin{array}{rrr|l} 2x^3 & -x^2 & +2 & 2x^2+x \\ \cline{4-4} -2x^3 & -x^2 & & x \\ \cline{1-3} / & -2x^2 & +2 & \end{array}$$

$$x\cdot(2x^2+x)=2x^3+x^2$$

Cambiamos de signo para restar: $-2x^3-x^2$

Sumamos: $2x^3\ -x^2+2-2x^3-x^2=-2x^2+2$

Si el grado del resto obtenido en el paso anterior es mayor o igual que el grado del divisor, este resto pasará a ser el nuevo dividendo.

Repetimos el proceso hasta que el grado del resto sea menor que el del divisor.

El último resto obtenido será el resto de la división.

$$\begin{array}{rrrr|l} 2x^3 & -x^2 & & +2 & 2x^2+x \\ \cline{5-5} -2x^3 & -x^2 & & & x-1 \leftarrow \text{Cociente} \\ \hline / & -2x^2 & & +2 & \\ & +2x^2 & +x & & \\ \hline & / & x & +2 & \leftarrow \text{Resto} \end{array}$$

Dividimos: $-2x^2 : 2x^2 = -1$

Multiplicamos: $-1 \cdot (2x^2 + x) = -2x^2 - x$

Cambiamos de signo: $+2x^2 + x$

Sumamos: $-2x^2 + 2 + 2x^2 + x = x + 2$

$gr(x+2) < gr(2x^2+x)$ → Se ha acabado la división

Hacemos la prueba comprobando que se verifica:

Cociente · divisor + resto = Dividendo

$$(x-1)\cdot(2x^2+x)+x+2$$

$$= 2x^3 + x^2 - 2x^2 - x + x + 2 = 2x^3 - x^2 + 2$$

Ejemplos: Haz las siguientes divisiones:

1) $\mathbf{(2x^3+3x^2-5x+4):(x^2-2x+3)}$

$$\begin{array}{rrrr|l} 2x^3 & +3x^2 & -5x & +4 & x^2-2x+3 \\ \cline{5-5} -2x^3 & +4x^2 & -6x & & 2x+7 \\ \hline / & +7x^2 & -11x & +4 & \\ & -7x^2 & +14x & -21 & \\ \hline & / & +3x & -17 & \end{array}$$

Así, tenemos que el cociente es:

$$Q(x) = 2x + 7$$

y el resto es: $R(x) = 3x - 17$

Prueba: Se verifica $2x^3 + 3x^2 - 5x + 4 = (x^2 - 2x + 3)(2x + 7) + 3x - 17$?

$$(x^2-2x+3)(2x+7)+3x-17 = 2x^3+7x^2-4x^2-14x+6x+21+3x-17 =$$

$$= 2x^3 + 3x^2 - 5x + 4$$

2) $\mathbf{(4x^4-3x^2+5):(2x^2-3x)}$

$$\begin{array}{rrrrr|l} 4x^4 & & -3x^2 & & +5 & 2x^2-3x \\ \cline{6-6} -4x^4 & +6x^3 & & & & 2x^2+3x+3 \\ \hline / & +6x^3 & -3x^2 & & +5 & \\ & -6x^3 & +9x^2 & & & \\ \hline & / & +6x^2 & & +5 & \\ & & -6x^2 & +9x & & \\ \hline & & / & +9x & +5 & \end{array}$$

Así, tenemos que el cociente es:

$$Q(x) = 2x^2 + 3x + 3$$

y el resto es: $R(x) = 9x + 5$

Prueba: Se verifica $4x^4 - 3x^2 + 5 = (2x^2 + 3x + 3)(2x^2 - 3x) + 9x + 5$?

$$(2x^2+3x+3)(2x^2-3x)+9x+5 = 4x^4-6x^3+6x^3-9x^2+6x^2-9x+9x+5 == 4x^4-3x^2+5$$

✓ **Ejercicio:** Haz las siguientes divisiones y las pruebas correspondientes:

a) $\left(x^4-2x^2+6x\right):\left(x^2-x+3\right)$ b) $\left(6x^3-2x^2+7\right):\left(3x^2+2x\right)$

Sol.: **a)** $Q(x)=x^2+x-4; R(x)=-x+12$ **b)** $Q(x)=2x-2; R(x)=4x+7$

Si el cociente de los coeficientes no es un número entero trabajamos con fracciones.

Ejemplo: Haz la siguiente división: $(2x^3-3x+5):(2x+1)$

$$\begin{array}{rr|l} 2x^3 & -3x+5 & 2x+1 \\ \cline{3-3} -2x^3-x^2 & & x^2-\frac{1}{2}x-\frac{5}{4} \\ \hline / \quad -x^2 & -3x+5 & \\ x^2 & +\frac{1}{2}x & \\ \hline / & -\frac{5}{2}x+5 & \\ & \frac{5}{2}x+\frac{5}{4} & \\ \hline & / \quad \frac{25}{4} & \end{array}$$

Así, tenemos que el cociente es:

$$Q(x) = x^2-\frac{1}{2}x-\frac{5}{4}$$

y el resto es: $R(x) = \frac{25}{4}$

Prueba: Se verifica $2x^3-3x+5=\left(x^2-\frac{1}{2}x-\frac{5}{4}\right)\cdot(2x+1)+\frac{25}{4}$?

$$\left(x^2-\frac{1}{2}x-\frac{5}{4}\right)\cdot(2x+1)+\frac{25}{4}=2x^3+x^2-x^2-\frac{1}{2}x-\frac{5}{2}x-\frac{5}{4}+\frac{25}{4}=2x^3-\frac{6}{2}x+\frac{20}{4}=2x^3-3x+5$$

✓ **Ejercicio:** Haz las siguientes divisiones y las pruebas correspondientes:

a) $\left(x^2-5x+1\right):\left(3x-5\right)$ b) $\left(3x^3-x+8\right):\left(2x^2+x\right)$

Sol.: **a)** $Q(x)=\frac{1}{3}x-\frac{10}{9};\ R(x)=-\frac{41}{9}$ **b)** $Q(x)=\frac{3}{2}x-\frac{3}{4};\ R(x)=-\frac{1}{4}x+8$

4.2.4 Regla de Ruffini

La regla de Ruffini es un sencillo procedimiento para dividir polinomios cuando el divisor es del tipo $x-a$ o $x+a$, donde a es un número real.

Ejemplo: ¿Podemos utilizar la regla de Ruffini en los casos siguientes?

$\left(x^2+3x+5\right):\left(x-4\right)$ → Sí, porque el divisor es del tipo $x-a$ donde $a=4$.

$\left(x^2+3x+5\right):\left(x+4\right)$ → Sí, porque el divisor es del tipo $x+a$ donde $a=4$.

$\left(x^2+3x+5\right):\left(x^2-4\right)$ → No, porque el divisor es del tipo x^2-a.

Para aplicar la regla de Ruffini, seguimos los pasos indicados en el siguiente ejemplo:

Ejemplo: Haz la siguiente división aplicando la regla de Ruffini: $(-2x^3 + x^2 - 3) : (x - 2)$

Anotamos los coeficientes del polinomio dividendo, ordenados de mayor a menor grado, y teniendo en cuenta que si un grado no aparece, el coeficiente es 0. Los colocamos como en el ejemplo.

	-2	1	0	-3

Abajo y a la izquierda escribimos el término independiente del polinomio divisor cambiado de signo: si el divisor es $x - 2$, escribimos **2**.

Si el polinomio divisor fuese $x + 2$ escribiríamos -2.

	-2	1	0	-3
→ **2**				

Bajamos el primer coeficiente del dividendo (en este ejemplo, -2).

	-2	1	0	-3
2	↓			
	-2			

Multiplicamos este coeficiente por el término independiente del divisor cambiado de signo y escribimos el resultado debajo del siguiente coeficiente del dividendo:

$$2\cdot(-2) = -\mathbf{4}$$

	-2	1	0	-3
2		**-4**		
	-2			

Sumamos el segundo coeficiente del dividendo al resultado del producto del paso anterior:

$$1+(-4) = 1 - 4 = -\mathbf{3}$$

	-2	1	0	-3
2		-4		
	-2	**-3**		

Procedemos del mismo modo para calcular los demás resultados:

$2\cdot(-3) = -\mathbf{6}$ $\quad 0 - 6 = -\mathbf{6}$

$2\cdot(-6) = -\mathbf{12}$ $\quad -3 - 12 = -\mathbf{15}$

	-2	1	0	-3
2		-4	**-6**	
	-2	-3	**-6**	

	-2	1	0	-3
2		-4	-6	**-12**
	-2	-3	-6	**-15**

El último resultado obtenido es el resto de la división y los otros resultados son los coeficientes del cociente de la división (el grado del cociente es una unidad menor que el número de coeficientes):

$$Q(x) = -2x^2 - 3x - 6 \qquad R(x) = -15$$

(3 coeficientes → grado 2)

	-2	1	0	-3
2		-4	-6	-12
	-2	-3	-6	**-15**
	coef. cociente			resto

Hacemos la división anterior sin aplicar la regla de Ruffini y comprobamos que obtenemos el mismo resultado:

$$\begin{array}{rrrr|l}
-2x^3 & +x^2 & & -3 & x-2 \\
2x^3 & -4x^2 & & & -2x^2-3x-6 \\
\hline
/ & -3x^2 & & -3 & \\
 & +3x^2 & -6x & & \\
\hline
 & / & -6x & -3 & \\
 & & +6x & -12 & \\
\hline
 & & / & -15 &
\end{array}$$

$$Q(x) = -2x^2 - 3x - 6 \qquad R(x) = -15$$

! Nota: Cuando aplicamos la regla de Ruffini, el resto es siempre un número real, ya que el divisor, del tipo $x - a$ o $x + a$, es de grado 1 y el grado del resto debe ser menor que el del divisor. Por tanto, el grado del resto debe ser 0.

✓ Ejercicio: Haz las siguientes divisiones aplicando la regla de Ruffini y sin aplicarla, y comprueba que obtienes el mismo resultado. ¿Cuál es el método más sencillo?

a) $\left(x^3-3x+6\right):\left(x-5\right)$ b) $\left(x^5+2x^3-x^2-10\right):\left(x+1\right)$

Sol.: a) $Q(x)=x^2+5x+22$ $R(x)=116$ b) $Q(x)=x^4-x^3+3x^2-4x+4$ $R(x)=-14$

4.2.5 Productos notables

Repasemos los productos notables que estudiamos en el tema 1 y que se utilizan mucho para hacer cálculos con polinomios:

Cuadrado de la suma

$$\left(a+b\right)^2=\left(a+b\right)\cdot\left(a+b\right)=a^2+a\cdot b+b\cdot a+b^2=a^2+2\cdot a\cdot b+b^2$$

Cuadrado de la resta

$$\left(a-b\right)^2=\left(a-b\right)\cdot\left(a-b\right)=a^2-a\cdot b-b\cdot a+b^2=a^2-2\cdot a\cdot b+b^2$$

Cuadrado de la diferencia

$$\left(a+b\right)\cdot\left(a-b\right)=a^2+a\cdot b-b\cdot a-b^2=a^2-b^2$$ ($a-b$ se llama conjugado de $a+b$)

$$\left(a+b\right)^2=a^2+2\cdot a\cdot b+b^2$$
$$\left(a-b\right)^2=a^2-2\cdot a\cdot b+b^2$$
$$\left(a+b\right)\cdot\left(a-b\right)=a^2-b^2$$

Ejemplos: Desarrolla:

1) $\left(\mathbf{2x+3}\right)^2=\left(2x\right)^2+2\cdot 2x\cdot 3+3^2=4x^2+12x+9$

2) $\left(\mathbf{2x-3}\right)^2=\left(2x\right)^2-2\cdot 2x\cdot 3+3^2=4x^2-12x+9$

3) $\left(\mathbf{2x+3}\right)\cdot\left(\mathbf{2x-3}\right)=4x^2-9$

4) $\left(\mathbf{5x^4+x^3}\right)\cdot\left(\mathbf{5x^4-x^3}\right)=\left(5x^4\right)^2-\left(x^3\right)^2=25x^8-x^6$

5) $\left(\mathbf{5x^4+x^3}\right)^2=\left(5x^4\right)^2+2\cdot 5x^4\cdot x^3+\left(x^3\right)^2=25x^8+10x^7+x^6$

✓ Ejercicio: Desarrolla:

a) $\left(1+3x\right)^2=$ d) $\left(x+5\right)\cdot\left(x-5\right)=$ g) $\left(7x^3+x\right)\cdot\left(7x^3-x\right)=$

b) $\left(1-3x\right)^2=$ e) $\left(4x-6x^5\right)^2=$ h) $\left(7x^3-x\right)^2=$

c) $\left(1+3x\right)\left(1-3x\right)=$ f) $\left(x^3+2x^2\right)^2=$ i) $\left(2x+3y^4\right)^2=$

Sol.

a) $9x^2+6x+1$ b) $9x^2-6x+1$ c) $-9x^2+1$ d) x^2-25

e) $36x^{10}-48x^6+16x^2$ f) $x^6+4x^5+4x^4$ g) $49x^6-x^2$ h) $49x^6-14x^4+x^2$

i) $4x^2+12xy^4+9y^8$

Ejercicios

Operaciones con polinomios

1. Calcula las siguientes operaciones:

a) $(5x^3 - 2x^2 + x - 4) + (3x^3 + 4x^2 - 10x + 9) =$

b) $(7x^5 - 2x^3 - x^2 - 6x + 8) + (-15x^5 - x^4 - 9x^2 + x - 1) =$

c) $(-2x^2 - x + 7) - (3x^4 - 2x^3 - 2x^2 + x + 8) =$

d) $(6x^4 - x^2 + 5x + 1) - (5x^4 - 4x^3 - 3x^2 + 2x - 5) =$

e) $(x^5 + 3x^4 - 2x^3 + x) - (2x^5 - 5x^3 + x^2 - 7x + 4) =$

2. Calcula los productos y las divisiones de los siguientes monomios:

a) $3x \cdot 3x^2 =$ **b)** $-\frac{1}{2}x \cdot \frac{4}{5}x^4 =$ **c)** $6x^2 \cdot (-5x) =$ **d)** $-2x^4 \cdot (-5) =$

e) $6x^2 : (-2x) =$ **f)** $-8x^7 : (-4x^5) =$ **g)** $-2x^4 : (-5x^4) =$ **h)** $x^3 : 5x^2 =$

3. Calcula los siguientes productos:

a) $(x^2 + x - 3) \cdot (x^3 - 1) =$

b) $\left(x^3 + 2x^2 - \frac{1}{3}\right) \cdot (6x^2 + 3) =$

c) $(-2x^5 + x^4 - x^3 + 5x + 1) \cdot (7x^2 - x) =$

d) $(-x^3 + 7x - 1) \cdot (x^4 - x - 6) =$

e) $(-x^2 + 2x - 3) \cdot (x^3 - 5x^2 + 8) =$

4. Efectúa las siguientes divisiones y comprueba el resultado haciendo la prueba:

a) $(6x^3 - 2x^2 + x + 4) : (2x^2)$

b) $(-2x^5 + 8x^3 + 7x^2 - 4x + 2) : (x^2 - x + 1)$

c) $(x^6 - 3x^3 + 5x^2 - x - 10) : (x^2 - 2x + 2)$

d) $(x^7 - 3x^5 + 2x + 9) : (x^2 - x + 1)$

e) $(x^7 - 3x^5 + 2x + 9) : (x^4 - 5x + 1)$

5. Calcula el cociente y el resto de las siguientes divisiones aplicando la regla de Ruffini. Después, haz la división y comprueba que obtienes el mismo resultado:

a) $(x^5 + x^4 - 15x^3 + 5x^2 - 10) : (x + 5)$

b) $(5x^6 - 2x^3 + x + 3) : (x - 1)$

c) $(-3x^5 + 7x^3 - 2x^2 - 4) : (x + 1)$

d) $(x^4 - x^3 + 3x^2 - 2x) : (x - 3)$

6. Haz las siguientes divisiones. Si puedes, aplica la regla de Ruffini.

a) $(4x^5 - 2x^4 + 2x^3 + x^2 + 3) : (2x^3 - 3x^2 + x - 1)$

b) $(9x^4 - 6x^3 - 2x + 1) : (3x^3 - x - 4)$

c) $(x^5 - 8x^3 - 11x - 6) : (x + 3)$

d) $(x^4 - 2x^3 + 10) : (x - 4)$

e) $(3x^2 + x + 10x^3 - 1) : (5x - 1)$

7. Desarrolla las siguientes igualdades notables:

a) $(4x - 3y)^2 =$ **d)** $(3x - 2)^2 =$ **g)** $(n + 3m)(n - 3m) =$

b) $(2a + 3b)^2 =$ **e)** $(2x - 7)^2 =$ **h)** $(5 + 8x)(5 - 8x) =$

c) $(5x^3 + 3y^2)^2 =$ **f)** $(8x^2 + 2)^2 =$ **i)** $(6x - 1)(6x + 1) =$

4.3 TEOREMA DEL RESTO

El valor numérico de un polinomio $P(x)$ per a $x = a$, $P(a)$, coincide con el resto de la división $P(x) : (x - a)$.

$$\begin{array}{l|l} P(x) & x\text{-}a \\ \hline R & Q(x) \end{array} \longrightarrow \boxed{R = P(a)}$$

Este resultado se conoce como teorema del resto y se obtiene al sustituir x por a en la igualdad $P(x) = Q(x) \cdot (x - a) + R$:

$$P(a) = Q(a) \cdot (a - a) + R = Q(a) \cdot 0 + R = R \rightarrow P(a) = R$$

Ejemplo: Consideremos la división del ejemplo del apartado anterior, de resto −15:

$$\left(-2x^3 + x^2 - 3\right) : \left(x - 2\right) \begin{cases} P(x) = -2x^3 + x^2 - 3 \\ a = 2 \end{cases}$$

$$\begin{array}{rrr|l}
-2x^3 & +x^2 & -3 & x-2 \\ \cline{4-4}
2x^3 & -4x^2 & & -2x^2 - 3x - 6 \\ \cline{1-3}
 & -3x^2 & -3 & \\
 & +3x^2 & -6x & \\ \cline{2-3}
 & & -6x - 3 & \\
 & & +6x - 12 & \\ \cline{2-3}
 & & -15 &
\end{array}$$

	-2	1	0	-3
2		-4	-6	-12
	-2	-3	-6	**-15**
	coef. cociente			resto

Calculamos $P(2)$ y comprobamos que también es −15:

$$P(2) = -2 \cdot 2^3 + 2^2 - 3 = -2 \cdot 8 + 4 - 3 = -16 + 4 - 3 = -15$$

De este modo, el teorema del resto permite calcular el valor numérico de un polinomio usando la regla de Ruffini.

Ejemplo: Sea $P(x) = x^3 + 2x^2 - 10$. Calcula $P(2)$ aplicando el teorema del resto y sin aplicarlo, y comprueba que obtienes el mismo resultado:

Calculamos el cociente $P(x) : (x - 2)$ por el método de Ruffini:

	1	2	0	-10
2		2	8	16
	1	4	8	$6 = R = P(2)$

$P(2) = 6$

Calculamos $P(2)$ y comprobamos que es 6:

$$P(2) = 2^3 + 2 \cdot 2^2 - 10 = 8 + 2 \cdot 4 - 10 = 8 + 8 - 10 = 6$$

✓Ejercicios:

1) Sea $P(x) = x^3 + 2x^2 - x + 5$. Calcula $P(-3)$ aplicando el teorema del resto y sin aplicarlo, y comprueba que obtienes el mismo resultado. ¿Qué te resulta más fácil?

Sol.: −1

2) Haz el ejercicio 3 del apartado “Polinomios” (pág. 103) aplicando el teorema del resto y comprueba que obtienes el mismo resultado.

4.4 RAÍCES DE UN POLINOMIO

Un número real a es una raíz del polinomio $P(x)$ si el valor numérico de P para $x = a$ es cero, es decir, si $\boldsymbol{P(a) = 0}$.

De este modo, las raíces de un polinomio son las soluciones de la ecuación que resulta de igualar el polinomio a 0: $P(x) = 0$

Ejemplo: Indica si 2 y −1 son raíces del polinomio $\boldsymbol{P(x) = x^3 - x^2 - 4x + 4}$.

- Calculamos $P(2)$ y $P(-1)$:

  $P(2) = 2^3 - 2^2 - 4\cdot 2 + 4 = 8 - 4 - 8 + 4 = 0 \rightarrow$ **2** sí que es raíz, $P(2) = 0$

  $P(-1) = (-1)^3 - (-1)^2 - 4\cdot(-1) + 4 = -1 - 1 + 4 + 4 = 6 \rightarrow$ **−1** no es raíz, $P(-1) \neq 0$

- También lo podemos calcular por la regla de Ruffini:

$$\begin{array}{c|cccc} & 1 & -1 & -4 & +4 \\ 2 & & 2 & 2 & -4 \\ \hline & 1 & 1 & -2 & \underline{|0} = P(2) \end{array} \qquad \begin{array}{c|cccc} & 1 & -1 & -4 & +4 \\ -1 & & -1 & 2 & 2 \\ \hline & 1 & -2 & -2 & \underline{|6} = P(-1) \neq 0 \end{array}$$

2 es raíz — **−1** no es raíz

! **Nota:** Normalmente, resulta más fácil utilizar la regla de Ruffini para averiguar si un número es raíz de un polinomio.

✓ **Ejercicio:** Di si 3 y −2 son raíces del polinomio anterior.

Sol.: 3 no es raíz y −2 sí que lo es.

4.4.1 Cálculo de las raíces de un polinomio

Calcular las raíces de un polinomio $P(x)$ es resolver la ecuación $P(x) = 0$.

Polinomios de primer y segundo grado

Si el polinomio es de grado 1 o de grado 2, debemos resolver una ecuación de primer o segundo grado.

Ejemplos: Calcula la raíces de los siguientes polinomios:

1) $\boldsymbol{P(x) = 5x - 1}$ Resolvemos la ecuación $5x - 1 = 0 \rightarrow 5x = 1 \rightarrow x = \frac{1}{5}$ → Tiene una sola raíz: $\frac{1}{5}$

2) $\boldsymbol{P(x) = x^2 + 3x - 10}$ Resolvemos la ecuación $x^2 + 3x - 10 = 0$

Aplicamos la fórmula de la ecuación de 2º grado:

$$x = \frac{-3 \pm \sqrt{3^2 - 4\cdot 1\cdot(-10)}}{2\cdot 1} = \frac{-3 \pm \sqrt{9+40}}{2} = \frac{-3 \pm \sqrt{49}}{2} = \frac{-3 \pm 7}{2} = \begin{cases} \frac{-3+7}{2} = \frac{4}{2} = 2 \\ \frac{-3-7}{2} = \frac{-10}{2} = -5 \end{cases}$$

→ Tiene dos raíces: **2** y **−5**

Polinomios de grado superior a dos

No hay un método general para calcular todas las raíces de un polinomio cualquiera de grado superior a 4, y la fórmula para calcular las raíces de un polinomio de grado 3 o 4 es demasiado complicada y no forma parte de los objetivos de este curso.

Sin embargo, sí que hay un método para calcular las raíces enteras (si tiene) de cualquier polinomio. Para hacerlo, nos basamos en las siguientes propiedades:

- Si un polinomio tiene raíces enteras, estas son divisores del término independiente.
- Un polinomio puede tener como máximo tantas raíces reales como su grado (no todas necesariamente enteras).

Así, podemos probar, mediante la regla de Ruffini, qué divisores del término independiente son raíces.

Ejemplo: Calcula las raíces enteras del polinomio $P(x) = x^3 - x^2 - 4x + 4$.

- Escribimos los divisores de 4 (término independiente), que serán las posibles raíces: ± 1; ± 2; ± 4
- Vamos comprobando si son raíces por la regla de Ruffini, comenzando por el divisor más pequeño:

	1	-1	-4	4
1		1	0	-4
	1	0	-4	$0 = P(1)$

	1	-1	-4	4
-1		-1	2	2
	1	-2	-2	$6 = P(-1)$

	1	-1	-4	4
2		2	2	-4
	1	1	-2	$0 = P(2)$

	1	-1	-4	4
-2		-2	6	-4
	1	-3	2	$0 = P(-2)$

Hemos obtenido que las raíces de $P(x)$ son: 1, 2 y -2

✓ **Ejercicio:** Calcula las raíces enteras del polinomio $P(x) = x^3 + 2x^2 - 5x - 6$. **Sol.:** –1, 2 y –3.

Este método no se utiliza porque puede llegar a ser muy largo (imagina que el término independiente tiene muchos divisores) y solo permite calcular raíces enteras.

Existe una manera más rápida y eficaz de calcular las raíces enteras de un polinomio de grado superior a dos (y en muchas ocasiones permite calcular también raíces no enteras). Consiste en factorizar el polinomio, tal como se explica en el punto siguiente.

4.5 FACTORIZACIÓN DE POLINOMIOS

Factorizar un polinomio (o hacer su descomposición factorial) es expresarlo como producto de otros polinomios (factores) de grado menor. Normalmente, interesa que el grado de los factores sea el menor posible.

Ejemplo: La factorización del polinomio $x^3 - 7x^2 + 10x$ és $x \cdot (x-2) \cdot (x-5)$

$$x^3 - 7x^2 + 10x = x \cdot (x-2) \cdot (x-5)$$

Si hacemos el producto de la derecha obtenemos el polinomio de la izquierda:

$$x \cdot (x-2) \cdot (x-5) = (x^2 - 2x) \cdot (x-5) = x^3 - 5x^2 - 2x^2 + 10x = x^3 - 7x^2 + 10x$$

Así, este polinomio de grado 3 se puede expresar como un producto de tres polinomios de primer grado.

! Nota: El punto de multiplicación normalmente se omite: $x \cdot (x-2) \cdot (x-5) = x(x-2)(x-5)$

El concepto de factorizar un polinomio es análogo al de factorizar un número (descomponerlo en producto de números primos. Ejemplo: $150 = 2 \cdot 3 \cdot 5^2$).

4.5.1 Estrategias para factorizar polinomios

Buscar factores del tipo $x - a$

Si un número entero a es raíz de un polinomio $P(x)$, entonces $P(x)$ és divisible por $x - a$ (el resto de la división $P(x) : (x - a)$ es 0) y $x - a$ es un factor de la descomposición factorial.

Demostración:

Por el teorema del resto, si a es raíz de $P(x)$:

$P(a) = 0 = R$ → resto de la división $P(x):(x - a)$

Si el resto de la división $P(x):(x-a)$ es 0, la división es exacta y, por tanto, $x-a$ es divisor de $P(x)$.

$$P(x)=(x-a)\cdot Q(x)+R=(x-a)\cdot Q(x)+0=(x-a)\cdot Q(x) \text{ donde } Q(x) \text{ es el polinomio cociente.}$$

→ $x-a$ es un factor de la descomposición factorial.

Utilizamos el método de Ruffini para calcular las raíces y cada vez que encontramos una raíz vamos factorizando:

	Coef. de $P(x)$
a	
	Coef. de $Q(x)$ $\lfloor 0=R=P(a)$

$$\rightarrow \quad \begin{array}{c|l} P(x) & x\text{-}a \\ \hline 0 & Q(x) \end{array} \quad \rightarrow \begin{cases} P(a)=0 \rightarrow a \text{ es raíz} \\ R=0 \rightarrow P(x)=(x-a)\cdot Q(x)+0= \\ \qquad =(x-a)\cdot Q(x) \end{cases}$$

Para calcular la siguiente raíz y continuar factorizando, lo haremos a partir del polinomio cociente $Q(x)$, de menor grado que $P(x)$ (grado $Q(x)$ = grado $P(x)-1$). De esta manera, se va simplificando el proceso.

Ejemplo: Factoriza el polinomio $P(x)=x^3-x^2-4x+4$.

- Escribimos los divisores de 4 (término independiente), que serán las posibles raíces: $\pm 1; \pm 2; \pm 4$
- Vamos comprobando si son raíces por la regla de Ruffini, comenzando por el divisor más pequeño:

	1	-1	-4	4
1		1	0	-4
	1	0	-4	$\lfloor 0=P(1)$

$$\rightarrow \begin{cases} P(1)=0 \rightarrow x=1 \text{ es raíz} \\ p(x)=(x-1)(x^2+4) \end{cases}$$

- Para continuar factorizando, buscamos las raíces del polinomio cociente x^2-4. Lo podemos hacer por la regla de Ruffini o resolviendo la ecuación de segundo grado (este segundo método es más recomendable porque es más rápido y permite calcular raíces no enteras):

– Por la regla de Ruffini:

	1	0	-4
-1		-1	1
	1	-1	$\lfloor -3\neq 0$

	1	0	-4
2		2	4
	1	2	$\lfloor 0$

	1	2
-2		-2
	1	$\lfloor 0$

$$\rightarrow \begin{cases} P(-1)\neq 0 \rightarrow -1 \text{ no es raíz} \\ P(2)=0 \rightarrow 2 \text{ es raíz} \\ P(-2)=0 \rightarrow -2 \text{ es raíz} \end{cases} \qquad \boxed{P(x)=(x-1)\cdot(x-2)\cdot(x+2)}$$

– Resolviendo la ecuación de segundo grado:

$$x^2-4=0 \rightarrow x^2=4 \rightarrow x=\pm\sqrt{4}=\pm 2 \rightarrow \begin{cases} x=2 \\ x=-2 \end{cases}$$

$$P(x)=(x-1)\cdot(x-2)\cdot(x+2)$$

Prueba: Para hacer la prueba, debemos hacer el producto de los tres factores y comprobar que sale $P(x)$:

$$(x-1)\cdot(x-2)\cdot(x+2)=(x^2-x-2x+2)\cdot(x+2)=(x^2-3x+2)\cdot(x+2)$$

$$=x^3-3x^2+2x+2x^2-6x+4=x^3-x^2-4x+4$$

Orden de multiplicidad de una raíz

Si el factor $x-a$ se repite, en la factorización aparecerá en forma de potencia $(x-a)^n$, donde n es el número de veces que se repite. En ese caso, se dice que la raíz a tiene orden de multiplicidad n.

- Si $n=1 \rightarrow$ se dice que la raíz es simple o de orden de multiplicidad 1
- Si $n=2 \rightarrow$ se dice que la raíz es doble o de orden de multiplicidad 2.
- Si $n=3 \rightarrow$ se dice que la raíz es triple o de orden de multiplicidad 3.

Y así sucesivamente.

Resolver una ecuación de segundo grado si el polinomio es de grado 2

Para factorizar un polinomio de segundo grado, no es necesario aplicar la regla de Ruffini.

Es más recomendable calcular las raíces resolviendo la ecuación de segundo grado y después factorizar. Esto es más rápido que aplicar la regla de Ruffini (porque no tenemos que ir probando divisores) y, además, se calculan las raíces reales, enteras o no.

Para factorizar un polinomio $P(x)$ de grado 2 seguimos los siguientes pasos:

- Resolvemos la ecuación de segundo grado que resulta de igualar el polinomio a 0, $P(x) = 0$. Las soluciones de la ecuación son las raíces del polinomio.
- Si el polinomio tiene dos raíces a_1 y a_2, $x - a_1$ y $x - a_2$ son divisores de $P(x)$ y la factorización será:

$$\boxed{P(x) = k(x-a_1)\cdot(x-a_2)}$$ donde k es el coeficiente del término de segundo grado

- Si el polinomio tiene una sola raíz, a_1, se dice que la raíz es doble (está repetida) o tiene orden de multiplicidad 2, y la factorización quedará así:

$$\boxed{P(x) = k(x-a_1)\cdot(x-a_1) = k(x-a_1)^2}$$ donde k es el coeficiente del término de segundo grado

- Si la ecuación de segundo grado no tiene solución, el polinomio no tiene ninguna raíz real y no se puede factorizar

Ejemplos: Factoriza los siguientes polinomios:

1) $\mathbf{P(x) = x^2 + 3x - 10}$

Resolvemos la ecuación $x^2 + 3x - 10 = 0$ aplicando la fórmula de la ecuación de segundo grado:

$$x = \frac{-3 \pm \sqrt{3^2 - 4\cdot 1\cdot(-10)}}{2\cdot 1} = \frac{-3 \pm \sqrt{9+40}}{2} = \frac{-3 \pm \sqrt{49}}{2} = \frac{-3 \pm 7}{2} = \begin{cases} \dfrac{-3+7}{2} = \dfrac{4}{2} = 2 \\ \dfrac{-3-7}{2} = \dfrac{-10}{2} = -5 \end{cases}$$

→ Tiene dos raíces: **2** y **−5** → $P(x) = (x-2)\cdot\big(x-(-5)\big) = (x-2)\cdot(x+5)$ $k = 1$ (el coeficiente de x^2 es 1)

Prueba: $(x-2)\cdot(x+5) = x^2 + 5x - 2x - 10 = x^2 + 3x - 10$

2) $\mathbf{P(x) = 4x^2 - 4x + 1}$ → Resolvemos la ecuación $4x^2 - 4x + 1 = 0$:

$$x = \frac{4 \pm \sqrt{(-4)^2 - 4\cdot 4\cdot 1}}{2\cdot 4} = \frac{4 \pm \sqrt{16-16}}{8} = \frac{4 \pm \sqrt{0}}{8} = \frac{4 \pm 0}{8} = \begin{cases} \dfrac{4+0}{8} = \dfrac{4}{8} = \dfrac{1}{2} \\ \dfrac{4-0}{8} = \dfrac{4}{8} = \dfrac{1}{2} \end{cases}$$

→ Tiene una raíz doble: $\frac{1}{2}$ → $P(x) = 4\cdot\left(x-\frac{1}{2}\right)\cdot\left(x-\frac{1}{2}\right) = 4\cdot\left(x-\frac{1}{2}\right)^2$ $k = 4$ (el cociente de $4x^2$ es 4)

! Nota: Para evitar que queden fracciones en la factorización se puede escribir también de esta manera:

$$P(x) = 4\cdot\left(x-\frac{1}{2}\right)\cdot\left(x-\frac{1}{2}\right) = 2\cdot\left(x-\frac{1}{2}\right)\cdot 2\left(x-\frac{1}{2}\right) = (2x-1)\cdot(2x-1) = (2x-1)^2$$

Prueba: $4\cdot\left(x-\frac{1}{2}\right)^2 = 4\cdot\left(x^2 - 2\cdot x\cdot\frac{1}{2} + \left(\frac{1}{2}\right)^2\right) = 4\cdot\left(x^2 - x + \frac{1}{4}\right) = 4x^2 - 4x + 1$

✓ **Ejercicio:** Factoriza el siguiente polinomio y haz la prueba:

a) $P(x) = 2x^2 + 4x - 6$ **Sol.:** $P(x) = 2(x+3)(x-1)$

Identificar productos notables

Cuando un polinomio es el cuadrado de una suma, el cuadrado de una resta o una suma por diferencia, y lo identificamos, podemos factorizarlo sin necesidad de hacer ningún cálculo. Debemos fijarnos si es de la forma: $a^2 + 2ab + b^2$, $a^2 - 2ab + b^2$ ó $a^2 - b^2$:

Ejemplos: Factoriza, identificando igualdades notables:

1) $\mathbf{x^2 + 8x + 16} = x^2 + 2 \cdot 4 \cdot x + 4^2 = (x+4)^2$

2) $\mathbf{x^2 - 25} = x^2 - 5^2 = (x+5) \cdot (x-5)$

3) $\mathbf{x^4 - 16} = \left(x^2\right)^2 - 4^2 = (x^2+4)(x^2-4) = (x^2+4)(x-2)(x+2)$

✓ **Ejercicio:** Factoriza, identificando igualdades notables:

a) $x^2 + 10x + 25 =$ b) $x^2 - 9 =$

Sacar factor común

Un número

Si el máximo común divisor de los coeficientes es distinto de 1, sacamos factor común. Debemos fijarnos si todos los coeficientes tienen algún divisor común y buscar el mayor. De esta forma, el polinomio que queda es más fácil de factorizar.

Ejemplos: Saca factor común. Haz el ejemplo 2:

1) $\mathbf{5x^2 + 10x^2 + 15} = 5 \cdot (x^2 + 2x^2 + 3) \rightarrow m.c.d.(5,\ 10,\ 15) = 5$

2) $\mathbf{3x^3 + 9x^2 + 3x - 9} =$

Un factor del tipo x o x^n

Si un polinomio no tiene término independiente (el término independiente es 0) debemos sacar factor común de x o x elevada a la mínima potencia en que aparezca.

Después de sacar factor común, el polinomio que queda sí que tendrá el término independiente distinto de 0 y podremos buscar sus divisores para continuar factorizando.

En estos casos, x es un factor de la descomposición factorial y 0 es raíz del polinomio, ya que $x = x - 0$.

Si hemos sacado x^n como factor común, 0 es una raíz de orden de multiplicidad n.

Ejemplos: Saca factor común:

1) $\mathbf{x^3 + x^2 + 8x} = x \cdot (x^2 + x + 8) \rightarrow$ 0 es una raíz simple

2) $\mathbf{x^5 - 25x^3} = x^3 \cdot (x^2 - 25) \rightarrow$ 0 es una raíz triple

✓ **Ejercicio:** Saca factor común:

a) $x^4 + x^3 + 8x^2 =$ b) $x^3 - 2x =$

4.5.2 Método general para factorizar polinomios

Con todo lo que hemos visto podemos elaborar un método general para factorizar polinomios de grado superior a 2 que tengan alguna raíz entera o varias. Seguimos los siguientes pasos:

1. Sacamos factor común siempre que sea posible
   - Si todos los coeficientes son múltiplos de un mismo número, lo sacamos como factor común (el *m.c.d.* de los coeficientes).
   - Si el polinomio no tiene término independiente (tiene término independiente igual a 0), sacamos factor común x o x^n (n = la mínima potencia a la que aparece x). En este caso, ya tenemos dos factores y una raíz es 0 (de orden de multiplicidad n).
     - Si el polinomio que queda después de sacar factor común es de grado 1, se ha acabado la factorización.
     - Si es de grado 2, lo factorizamos identificando una igualdad notable o resolviendo la ecuación de segundo grado.
     - Si es de grado superior a 2, pasamos al paso 2.
   - Si el término independiente es distinto de 0, no podemos sacar factor común. Hacemos el paso 2.
2. Buscamos factores del tipo $x - a$:
   - Escribimos los divisores del término independiente (posibles raíces enteras).
   - Calculamos el valor numérico de cada divisor por la regla de Ruffini, comenzando por el divisor menor y siguiendo un orden, hasta que encontramos un divisor a que sea raíz (valor numérico 0).
   - Si a es raíz, $P(x)$ es divisible por $x - a$. Factorizamos $P(x)$ → $P(x) = (x-a)\cdot Q(x)$
   - Si $Q(x)$ es de grado superior a 2, repetimos el proceso para $Q(x)$ hasta que el polinomio cociente sea de grado 2 (pasamos al paso 3) o hasta que ya no encontremos más raíces (pasamos al paso 4). Debemos tener en cuenta que:
     - Si un divisor no es raíz de $P(x)$, tampoco es raíz de $Q(x)$. Por tanto, no lo volvemos a probar.
     - Si a también es divisor del término independiente de $Q(x)$, debemos averiguar si es raíz de $Q(x)$, porque podría ser una raíz repetida (de orden de multiplicidad mayor que 1). es decir, volvemos a probar a con $Q(x)$.
   - Si $Q(x)$ es de grado 2, hacemos el paso 3.
3. Cuando llegamos a un polinomio cociente de grado 2, factorizamos resolviendo la ecuación de segundo grado o identificando una igualdad notable.
4. Cuando el polinomio cociente es de grado superior a 2 y no encontramos más raíces enteras, ya no podemos factorizar más utilizando este método. Se ha acabado la factorización.

   La forma general de la descomposición factorial será:

$$\boxed{P(x) = (x-a_1)^{n_1}\cdot(x-a_2)^{n_2}\cdot \ldots\ (x-a_k)^{n_k}\cdot Q(x)}$$

donde

$$\begin{cases} a_1, a_2, \ \ldots\ , a_k \text{ son las raíces de } P(x) \\ n_1, n_2, \ \ldots\ , n_k \text{ son los órdenes de multiplicidad de las raíces. (Si la raíz es simple } n = 1) \\ Q(x) \text{ es el último polinomio que no hemos podido factorizar. (Puede ser 1).} \end{cases}$$

Como ya hemos mencionado, no todos los polinomios de grado superior a 2 se pueden factorizar utilizando este método. Para factorizar un polinomio de grado superior a 2 con este método, es necesario que tenga alguna raíz entera o varias.

Veamos diversos ejemplos de factorizaciones:

Ejemplos: Factoriza los siguientes polinomios y calcula las raíces

1) $P(x) = x^4 + 3x^3 - 3x^2 - 11x - 6$

- Escribimos los divisores de –6 (término independiente), que serán las posibles raíces enteras

$$\pm 1;\ \pm 2;\ \pm 3;\ \pm 6$$

- Vamos comprobando si son raíces por la regla de Ruffini, comenzando por el divisor más pequeño y factorizamos cuando encontramos una raíz:

	1	3	-3	-11	-6
1		1	4	1	10
	1	4	1	10	$\lfloor 4 = P(1)$

	1	3	-3	-11	-6
-1		-1	-2	5	6
	1	2	-5	-6	$\lfloor 0 = P(-1)$

$$\rightarrow \begin{cases} P(1) \neq 0 \rightarrow 1 \text{ no es raíz} \\ P(-1) = 0 \rightarrow -1 \text{ es raíz} \\ P(x) = (x+1)\cdot(x^3 + 2x^2 - 5x - 6) \end{cases}$$

- Buscamos ahora raíces del polinomio cociente $x^3 + 2x^2 - 5x - 6$. Lo continuamos probando por la regla de Ruffini comenzando por –1, porque podría volver a ser raíz:

	1	2	-5	-6
-1		-1	-1	6
	1	1	-6	$\lfloor 0 = Q(-1)$

$$\rightarrow \begin{cases} Q(-1) = 0 \rightarrow -1 \text{ es raíz otra vez} \\ \rightarrow P(x) = (x+1)\cdot(x+1)\cdot(x^2 + x - 6) = \\ \qquad = (x+1)^2\cdot(x^2 + x - 6) \end{cases}$$

- Como el último polinomio cociente que nos ha salido es de grado 2, resolvemos la ecuación de segundo grado: : $x^2 + x - 6 = 0$

$$x = \frac{-1 \pm \sqrt{1^2 - 4\cdot 1\cdot(-6)}}{2\cdot 1} = \frac{-1 \pm \sqrt{1+24}}{2} = \frac{-1 \pm \sqrt{25}}{2} = \frac{-1 \pm 5}{2} = \begin{cases} \dfrac{-1+5}{2} = \dfrac{4}{2} = 2 \\ \dfrac{-1-5}{2} = \dfrac{-6}{2} = -3 \end{cases} \text{ raíces}$$

- Escribimos todas las raíces que hemos calculado y la descomposición factorial:

Raíces: –1 (doble), 2, –3. $\quad P(x) = (x+1)^2\cdot(x-2)\cdot(x+3)$

- Hacemos la prueba:

$$(x+1)^2\cdot(x-2)\cdot(x+3) = (x^2 + 2x + 1)\cdot(x-2)\cdot(x+3) = (x^3 + 2x^2 + x - 2x^2 - 4x - 2)\cdot(x+3) =$$
$$= (x^3 - 3x - 2)\cdot(x+3) = x^4 - 3x^2 - 2x + 3x^3 - 9x - 6 = x^4 + 3x^3 - 3x^2 - 11x - 6$$

2) $P(x) = x^5 - 3x^3 - x^2 - 2x$

- Como el término independiente es 0, sacamos factor común de x:

$$P(x) = x\cdot(x^4 - 3x^2 - x - 2) \rightarrow 0 \text{ es raíz}$$

- Escribimos los divisores de –2 (término independiente de $x^4 - 3x^2 - x - 2$) : $\pm 1;\ \pm 2$

- Vamos comprobando si son raíces por la regla de Ruffini, comenzando por el divisor más pequeño y factorizamos cuando encontramos una raíz:

	1	0	-3	-1	-2
1		1	1	-2	-3
	1	1	-2	-3	$\lfloor -5 = P(1) \neq 0$

	1	0	-3	-1	-2
-1		-1	1	2	-1
	1	-1	-2	1	$\lfloor -3 = P(-1) \neq 0$

	1	0	-3	-1	-2
2		2	4	2	2
	1	2	1	1	$\lfloor 0 = P(2)$

$$\rightarrow \begin{cases} P(1) \neq 0 \rightarrow 1 \text{ no es raíz} \\ P(-1) \neq 0 \rightarrow -1 \text{ no es raíz} \\ P(2) = 0 \rightarrow 2 \text{ es raíz} \\ P(x) = x\cdot(x-2)\cdot(x^3 + 2x^2 + x + 1) \end{cases}$$

- Buscamos raíces del polinomio cociente: $Q(x) = x^3 + 2x^2 + x + 1$:

  Como los divisores del término independiente de Q(x) son 1 y −1, y ya hemos visto que no son raíces, entonces $Q(x)$ no tiene raíces enteras y no lo podemos descomponer utilizando este método.

- Escribimos todas las raíces que hemos calculado y la descomposición factorial:

Raíces: **0** y **2**.	$P(x) = x\cdot(x-2)\cdot(x^3+2x^2+x+1)$

- Hacemos la prueba:

$$P(x) = x\cdot(x-2)\cdot(x^3+2x^2+x+1) = (x^2-2x)\cdot(x^3+2x^2+x+1)$$
$$= x^5+2x^4+x^3+x^2-2x^4-4x^3-2x^2-2x = x^5-3x^3-x^2-2x$$

3) $P(x) = 3x^4 - 3$

- Sacamos factor común 3: $3x^4 - 3 = 3\cdot(x^4-1)$
- Escribimos los divisores de -1 (término independiente de $x^4 - 1$), que serán las posibles raíces enteras: ± 1
- Vamos calculando las raíces del polinomio $x^4 - 1$ y factorizándolo utilizando la regla de Ruffini:

	1	0	0	0	-1
1		1	1	1	1
	1	1	1	1	$0 = P(1)$

$$\rightarrow \begin{cases} P(1) = 0 \rightarrow 1 \text{ es raíz} \\ P(x) = 3\cdot(x-1)\cdot(x^3+x^2+x+1) \end{cases}$$

- Buscamos ahora las raíces del polinomio cociente $x^3 + x^2 + x + 1$. Lo continuamos probando por la regla de Ruffini comenzando por 1, porque podría volver a ser raíz:

	1	1	1	1
1		1	2	3
	1	2	3	$4 = Q(1) \neq 0$

	1	1	1	1
-1		-1	0	-1
	1	0	1	$0 = Q(-1)$

$$\rightarrow \begin{cases} Q(1) \neq 0 \rightarrow 1 \text{ es raíz simple (no está repetida)} \\ P(x) = 3\cdot(x-1)\cdot(x+1)(x^2+1) \end{cases} \quad Q(-1) = 0 \rightarrow -1 \text{ es raíz}$$

  Como el último polinomio cociente que nos ha salido es de grado 2, resolvemos la ecuación de segundo grado:

$$x^2+1=0 \rightarrow x^2 = -1 \rightarrow x = \pm\sqrt{-1} \notin R \quad \text{No tiene soluciones reales}$$

  El polinomio no tiene más raíces reales y no se puede seguir factorizando.

- Escribimos todas las raíces que hemos calculado y la descomposición factorial:

Raíces: 1 y -1	$P(x) = 3\cdot(x-1)\cdot(x+1)(x^2+1)$

- Hacemos la prueba:

$$3\cdot(x-1)\cdot(x+1)(x^2+1) = 3\cdot(x^2-1)\cdot(x^2+1) = 3\cdot(x^4-1) = 3x^4-3$$

4) $P(x) = x^5 + 6x^4 + 12x^3 + 8x^2$

- Como el término independiente es 0, sacamos x^2 factor común:

$$P(x) = x^2\cdot(x^3+6x^2+12x+8) \rightarrow 0 \text{ es raíz doble}$$

- Escribimos los divisores de 8 (término independiente de $x^3 + 6x^2 + 12x + 8$), que serán las posibles raíces enteras: $\pm 1; \pm 2; \pm 4; \pm 8$

- Vamos comprobando si son raíces por la regla de Ruffini, comenzando por el divisor más pequeño, y factorizamos cuando encontramos una raíz:

	1	6	12	8
1		1	7	19
	1	7	19	$\underline{27} = P(1) \neq 0$

	1	6	12	8
-1		-1	-5	-7
	1	5	7	$\underline{1} = P(-1) \neq 0$

	1	6	12	8
2		2	16	56
	1	8	28	$\underline{64} = P(2) \neq 0$

	1	6	12	8
-2		-2	-8	-8
	1	4	4	$\underline{0} = P(-2)$

$$\rightarrow \begin{cases} P(1) \neq 0 \rightarrow 1 \text{ no es raíz; } P(-1) \neq 0 \rightarrow -1 \text{ no es raíz; } P(2) \neq 0 \rightarrow 2 \text{ no es raíz;} \\ P(-2) = 0 \rightarrow -2 \text{ es raíz } \rightarrow P(x) = x^2 \cdot (x+2) \cdot (x^2 + 4x + 4) \end{cases}$$

- Como el último polinomio cociente que hemos obtenido es de grado 2, resolvemos la ecuación de segundo grado: $x^2 + 4x + 4 = 0$

$$x = \frac{-4 \pm \sqrt{4^2 - 4 \cdot 1 \cdot 4}}{2 \cdot 1} = \frac{-4 \pm \sqrt{16-16}}{2} = \frac{-4 \pm \sqrt{0}}{2} = \frac{-4 \pm 0}{2} = \begin{cases} \dfrac{-4+0}{2} = -2 \\ \dfrac{-4-0}{2} = -2 \end{cases} \text{ raíces}$$

- Escribimos todas las raíces que hemos calculado y la descomposición factorial

Raíces: 0 doble y -2 triple	$P(x) = x^2 (x+2)^3$

- Hacemos la prueba:

$$x^2 \cdot (x+2)^3 = x^2 \cdot (x+2) \cdot (x+2)^2 = (x^3 + 2x^2) \cdot (x^2 + 4x + 4) =$$
$$= x^5 + 4x^4 + 4x^3 + 2x^4 + 8x^3 + 8x^2 = x^5 + 6x^4 + 12x^3 + 8x^2$$

5) $\boldsymbol{P(x) = 6x^3 + 7x^2 - 9x + 2}$

- Escribimos los divisores de 2 (término independiente), que serán las posibles raíces enteras: $\pm 1; \pm 2$
- Vamos comprobando si son raíces por la regla de Ruffini, comenzando por el divisor más pequeño, y factorizamos cuando encontramos una raíz:

	6	7	-9	2
1		6	13	4
	6	13	4	$\underline{6} = P(1) \neq 0$

	6	7	-9	2
-1		-6	-1	10
	6	1	-10	$\underline{12} = P(-1) \neq 0$

	6	7	-9	2
2		12	38	58
	6	19	29	$\underline{60} = P(2) \neq 0$

	6	7	-9	2
-2		-12	10	-2
	6	-5	1	$\underline{0} = P(-2) \neq 0$

$$\rightarrow \begin{cases} P(1) \neq 0 \rightarrow 1 \text{ no es raíz; } P(-1) \neq 0 \rightarrow -1 \text{ no es raíz; } P(2) \neq 0 \rightarrow 2 \text{ no es raíz} \\ P(-2) = 0 \rightarrow -2 \text{ es raíz } \rightarrow P(x) = (x+2) \cdot (6x^2 - 5x + 1) \end{cases}$$

- Como el último polinomio cociente que hemos obtenido es de grado 2, resolvemos la ecuación de segundo grado: $6x^2 - 5x + 1 = 0$

$$x = \frac{5 \pm \sqrt{(-5)^2 - 4 \cdot 6 \cdot 1}}{2 \cdot 6} = \frac{5 \pm \sqrt{25-24}}{12} = \frac{5 \pm \sqrt{1}}{12} = \frac{5 \pm 1}{12} = \begin{cases} \frac{5+1}{12} = \frac{6}{12} = \frac{1}{2} \\ \frac{5-1}{12} = \frac{4}{12} = \frac{1}{3} \end{cases} \text{raíces}$$

$k = 6$ → Cociente del término de segundo grado ($6x^2$)

- Escribimos todas las raíces que hemos calculado y la descomposición factorial:

Raíces: **−2,** $\frac{1}{2}$ y $\frac{1}{3}$; $P(x) = \underbrace{6}_{2 \cdot 3} \cdot (x+2) \cdot \left(x - \frac{1}{2}\right) \cdot \left(x - \frac{1}{3}\right) = (x+2) \cdot (2x-1) \cdot (3x-1)$

- Hacemos la prueba

$$6 \cdot (x+2) \cdot \left(x - \frac{1}{2}\right) \cdot \left(x - \frac{1}{3}\right) = 6 \cdot (x+2) \cdot \left(x^2 - \frac{1}{3}x - \frac{1}{2}x + \frac{1}{6}\right) = 6 \cdot (x+2) \cdot \left(x^2 - \frac{5}{6}x + \frac{1}{6}\right) =$$

$$= (x+2) \cdot (6x^2 - 5x + 1) = 6x^3 - 5x^2 + x + 12x^2 - 10x + 2 = 6x^3 + 7x^2 - 9x + 2$$

6) $\boldsymbol{P(x) = x^4 - 5x^3 + x^2 - 1}$

- Escribimos los divisores de 1 (término independiente), que serán las posibles raíces enteras: ± 1
- Vamos comprobando si son raíces por la regla de Ruffini, comenzando por el divisor más pequeño, y factorizamos cuando encontramos una raíz

	1	-5	1	-1
1		1	-4	-3
	1	-4	-3	$\lfloor -4 = P(1) \neq 0$

	1	-5	1	-1
-1		-1	6	-7
	1	-6	7	$\lfloor -8 = P(-1) \neq 0$

→ $\{P(1) \neq 0 \rightarrow 1$ no es raíz; $P(-1) \neq 0 \rightarrow -1$ no es raíz; → $P(x)$ no tiene raíces enteras

No podemos factorizar este polinomio utilizando este método.

✓ **Ejercicio:** Factoriza los siguientes polinomios y calcula las raíces:

a) $P(x) = x^4 - x^3 - 34x^2 + 4x + 120$ **b)** $P(x) = x^4 + 3x^3 - 9x^2 + 5x$

c) $P(x) = 2x^4 - 3x^3 - 20x^2 + 27x + 18$ **d)** $P(x) = x^3 - 1$

Sol.:

a) $(x-2) \cdot (x+2) \cdot (x+5) \cdot (x-6)$; *raíces*: $2, -2, -5, 6$

b) $x \cdot (x-1)^2 \cdot (x+5)$; *raíces*: $0, 1$ *doble*, -5

c) $2 \cdot (x-2) \cdot (x-3) \cdot (x+3) \cdot \left(x + \frac{1}{2}\right) = (x-2) \cdot (x-3) \cdot (x+3) \cdot (2x+1)$; *raíces*: $2, 3, -3, -\frac{1}{2}$

d) $(x-1) \cdot (x^2 + x + 1)$; *raíces*: 1

4.5.3 Cálculo de las raíces de un polinomio factorizado

Cuando un polinomio está factorizado, es muy fácil calcular las raíces.

Para calcular las raíces de un polinomio $P(x)$ factorizado, seguimos los siguientes pasos:

- Igualamos el polinomio a 0, ya que sus raíces son las soluciones de la ecuación: $P(x)=0$.
- Igualamos a 0 cada uno de los factores, dado que si un producto de factores es 0, necesariamente algún factor es nulo.
- Resolvemos cada una de las ecuaciones que resultan de igualar los factores a 0.

Muchas veces no será necesario que hagamos cálculos, ya que si $x-a$ es un divisor de $P(x)$ (un factor de la descomposición factorial), entonces a es una raíz de $P(x)$:

$$P(x)=(x-a)\cdot Q(x)\rightarrow P(a)=(a-a)\cdot Q(x)=0$$

Ejemplos: Calcula las raíces de los siguientes polinomios:

1) $\boldsymbol{P(x)=x\cdot(x-5)\cdot(x+6)}\rightarrow\begin{cases}x=0\\ x-5=0\rightarrow x=5\\ x+6=0\rightarrow x=-6\end{cases}$ → Las raíces son: 0, 5 i –6

En este ejemplo las raíces se deducen fácilmente y no sería necesario hacer cálculos

2) $\boldsymbol{P(x)=2x^3\cdot(x+2)\cdot\left(x+\frac{1}{2}\right)\cdot(x^2+5)}\rightarrow\begin{cases}2x^3=0\rightarrow x=0\\ x+2=0\rightarrow x=-2\\ x+\frac{1}{2}=0\rightarrow x=-\frac{1}{2}\\ x^2+5=0\rightarrow \text{No tiene solución}\end{cases}$

→ Las raíces son: 0 (triple), -2 y $-\frac{1}{2}$

3) $\boldsymbol{P(x)=(x^2-2)\cdot(2x+5)}\rightarrow\begin{cases}x^2-2=0\rightarrow x=\pm\sqrt{2}\\ 2x+5=0\rightarrow x=-\frac{5}{2}\end{cases}$ → Las raíces son: $\sqrt{2}, -\sqrt{2}$ i $-\frac{5}{2}$

En este ejemplo el polinomio aún se puede factorizar más:

$P(x)=2\left(x-\sqrt{2}\right)\cdot\left(x-\sqrt{2}\right)\left(x+\frac{5}{2}\right)$ o bé $P(x)=\left(x-\sqrt{2}\right)\cdot\left(x-\sqrt{2}\right)(2x+5)$

✓ **Ejercicios:** Calcula las raíces de los siguientes polinomios:

a) $P(x)=x^2\cdot(x+10)\cdot(x-9)$

b) $P(x)=2(x+1)\cdot\left(x-\frac{3}{4}\right)(x+5)^2$

c) $P(x)=(x+3)\cdot(3x-5)(x^2+x+1)$

Ejercicios

Raíces y factorización de polinomios

1. Indica si $x = 1$, $x = -1$, $x = 2$ y $x = 0$ son raíces de los siguientes polinomios:

a) $P(x) = x^2 + x - 6$

b) $P(x) = x^3 - 1$

c) $P(x) = x^3 - 8x^2 + 17x - 10$

d) $P(x) = x^4 + 2x^3 + 5x^2 + 4x$

2. Calcula las raíces de los siguientes polinomios de primer y segundo grado y factorízalos:

a) $P(x) = 5x + 25$

b) $P(x) = 4x - 5$

c) $P(x) = x^2 - 2x - 8$

d) $P(x) = 5x^2 - 10x - 15$

e) $P(x) = 3x^2 + x - 2$

f) $P(x) = 12x^2 - 19x + 4$

g) $P(x) = -x^2 + 81$

h) $P(x) = x^2 - 6x + 9$

i) $P(x) = x^2 + x + 3$

j) $P(x) = x^2 + 14x + 49$

3. Saca factor común, calcula las raíces y factoriza:

a) $P(x) = x^4 - x^2$

b) $P(x) = x^3 + x$

c) $P(x) = 2x^2 - 10x$

d) $P(x) = x^4 - 4x^3 - 5x^2$

e) $P(x) = 5x^5 - 20x^4 + 20x^3$

f) $P(x) = 7x^4 - 7x$

4. Calcula las raíces de los siguientes polinomios y factorízalos:

a) $P(x) = x^3 - 4x^2 - 11x + 30$

b) $P(x) = 3x^3 - 18x^2 + 33x - 18$

c) $P(x) = x^3 + x - 10$

d) $P(x) = x^3 - 9x^2 + 15x + 25$

e) $P(x) = -x^4 - 3x^3 - 3x^2 - x$

f) $P(x) = x^4 + x^3 - 3x^2 + 5x + 1$

g) $P(x) = 4x^3 - x^2 - 4x + 1$

h) $P(x) = x^3 + 2x^2 + 7x - 10$

i) $P(x) = x^6 + 2x^5 - 3x^4 - 4x^3 + 4x^2$

j) $P(x) = x^4 - 25x^2 + 60x - 36$

k) $P(x) = x^4 - 4x^2 - 45$

l) $P(x) = 2x^6 + 10x^5 - 8x^4 - 40x^3$

5. Calcula las raíces de los siguientes polinomio:

a) $P(x) = (x-7)\cdot(5x-3)$

b) $P(x) = x\cdot(x^2-4)\cdot(x+1)$

c) $P(x) = 5(x+3)\cdot\left(x - \frac{1}{5}\right)(x^2 + x + 5)$

d) $P(x) = x^3(x-8)^2\cdot(2x+4)$

6. Encuentra el valor de k para que

a) $x = -1$ sea raíz del polinomio $P(x) = x^3 - kx^2 + kx + 15$.

b) $x = 3$ sea raíz del polinomio $P(x) = x^3 + kx^2 - 9x - 45$.

7. Sin hacer ninguna división, contesta:

a) ¿$P(x) = x^3 + 5x^2 - 9x - 45$ es múltiple de $x + 5$?

b) ¿$x - 2$ es divisor del polinomio $P(x) = x^3 + 4$?

4.6 DIVISIBILIDAD DE POLINOMIOS

Si el resto del cociente entre dos polinomios $P(x):D(x)$ es 0 (la división es exacta), decimos que $P(x)$ es **múltiplo** de $D(x)$ y $D(x)$ es **divisor** de $P(x)$:

$$\begin{array}{l|l} P(x) & D(x) \\ \hline 0 & Q(x) \end{array} \quad \longrightarrow \quad \begin{array}{l} P(x) \text{ es múltiplo de } D(x) \\ D(x) \text{ es divisor de } P(x) \end{array}$$

Cuando factorizamos un polinomio $P(x)$, todos los factores son divisores de $P(x)$.

4.6.1 Mínimo común múltiplo ($m.c.m.$) y máximo común divisor ($m.c.d.$) de polinomios

El **mínimo común múltiplo** (**$m.c.m.$**) de dos o más polinomios es el polinomio de menor grado que es múltiplo común de todos ellos.

El **máximo común divisor** (**$m.c.d.$**) de dos o más polinomios es el polinomio de mayor grado que es divisor común de todos ellos.

El método para calcular el $m.c.m.$ y el $m.c.d.$ de dos o más polinomios es muy parecido al que se utiliza para calcular el $m.c.m.$ y el $m.c.d.$ de dos o más números. Seguimos los pasos siguientes:

- Factorizamos los polinomios.
- El mínimo común múltiplo es el producto de los factores comunes y no comunes elevados al mayor exponente.
- El máximo común divisor es el producto de los factores comunes elevados al menor exponente. Si no tienen ningún factor común, $m.c.d. = 1$.

Ejemplos: Calcula el $m.c.m.$ y el $m.c.d.$ de los siguientes polinomios ya factorizados:

1) $P(x)=x\cdot(x+1)^3\cdot(x+4)$ i $Q(x)=x^2\cdot(x+1)^2\cdot(x+5)$

$$\rightarrow \begin{cases} mcm\big(P(x),Q(x)\big)=x^2\cdot(x+1)^3\cdot(x+4)\cdot(x+5) \\ mcd\big(P(x),Q(x)\big)=x\cdot(x+1)^2 \end{cases}$$

2) $P(x)=(x+1)^3\cdot(x+2)$ i $Q(x)=(x-1)^2\cdot(x+2)$

$$\rightarrow \begin{cases} mcm\big(P(x),Q(x)\big)=(x+1)^3\cdot(x+2)\cdot(x-1)^2 \\ mcd\big(P(x),Q(x)\big)=x+2 \end{cases}$$

✓ **Ejercicios:** Calcula el $m.c.m.$ y el $m.c.d.$ de los polinomios siguientes ya factorizados:

a) $P(x)=x\cdot(x+1)^2\cdot(x-1)$ y $Q(x)=x\cdot(x-1)^2$

b) $P(x)=x^3\cdot(x+1)^2\cdot(x+5)$, $M(x)=x^2\cdot(x+1)$ y $Q(x)=x^2\cdot(x+5)$

Sol.:

a) $\begin{cases} mcm=x\cdot(x+1)^2\cdot(x-1)^2 \\ mcd=x\cdot(x-1) \end{cases}$ b) $\begin{cases} mcm=x^3\cdot(x+1)^2\cdot(x+5) \\ mcd=x^2 \end{cases}$

4.7 FRACCIONES ALGEBRAICAS

Una **fracción algebraica** es un cociente de dos polinomios $\dfrac{P(x)}{Q(x)}$ con $Q(x) \neq 0$.

Trabajamos con fracciones algebraicas de forma análoga a como lo hacemos con fracciones numéricas.

4.7.1 Fracciones equivalentes

Dos fracciones algebraicas $\dfrac{P(x)}{Q(x)}$ y $\dfrac{M(x)}{N(x)}$ son **equivalentes** si $P(x)\cdot N(x) = Q(x)\cdot M(x)$.

El criterio de equivalencia es el mismo que el de las fracciones numéricas.

Ejemplo: Indica si las siguientes fracciones son equivalentes:

$$\frac{x+1}{x-4} \text{ y } \frac{x^2-1}{x^2-5x+4}$$

Son equivalentes si $(x+1)\cdot(x^2-5x+4) = (x-4)\cdot(x^2-1)$:

$$(x+1)\cdot(x^2-5x+4) = x^3-5x^2+4x+x^2-5x+4 = x^3-4x^2-x+4$$

$$(x-4)\cdot(x^2-1) = x^3-x-4x^2+4 = x^3-4x^2-x+4$$

Como los productos cruzados son iguales las fracciones son equivalentes.

Analogía con fracciones numéricas:
$\frac{2}{4}=\frac{3}{6} \rightarrow 2\cdot 6 = 3\cdot 4$

Cuando multiplicamos o dividimos el numerador y el denominador de una fracción algebraica por el mismo polinomio, obtenemos una fracción equivalente a la primera. En el caso de la división, el polinomio por el que dividimos debe ser divisor del numerador y del denominador, de manera que las divisiones sean exactas.

Fracción irreducible

Una fracción algebraica es irreducible si el numerador y el denominador no tienen ningún divisor común.

Si al factorizar el numerador y el denominador de una fracción algebraica vemos que no tienen ningún factor común, entonces la fracción es irreducible.

4.7.2 Simplificación de fracciones algebraicas

Simplificar una fracción algebraica es encontrar la fracción algebraica irreducible equivalente.

Para simplificar una fracción algebraica, dividimos el numerador y el denominador por su *m.c.d.*

En la práctica, factorizamos los dos polinomios y simplificamos los factores comunes:

Ejemplo: Simplifica la fracción algebraica $\dfrac{x^3-x}{x^3+2x^2+x}$

$$\frac{x^3-x}{x^3+2x^2+x} = \frac{x\cdot(x+1)\cdot(x-1)}{x\cdot(x+1)^2} = \frac{\cancel{x}\cdot\cancel{(x+1)}\cdot(x-1)}{\cancel{x}\cdot\cancel{(x+1)}\cdot(x+1)} = \frac{x-1}{x+1}$$

(es lo mismo que dividir por el mcd $= x\cdot(x+1)$)

Analogía con fracciones numéricas
$\frac{24}{30} = \frac{\cancel{2}\cdot 2\cdot 2\cdot \cancel{3}}{\cancel{2}\cdot\cancel{3}\cdot 5} = \frac{2\cdot 2}{5} = \frac{4}{5}$

✓ **Ejercicio:** Simplifica la fracción algebraica $\dfrac{x^3+2x^2-15x}{x^4-6x^3+9x^2}$

Sol.: $\dfrac{x+5}{x^2-3x}$

4.7.3 Operaciones con fracciones algebraicas

Suma y resta de fracciones algebraicas

Para sumar y restar fracciones algebraicas con el mismo denominador, sumamos (o restamos) los numeradores y dejamos invariable el denominador. Finalmente, simplificamos el resultado obtenido si no es irreducible.

Si no tienen el mismo denominador, reducimos a denominador común, es decir, encontramos fracciones equivalentes (multiplicando el numerador y el denominador por el mismo polinomio) que tengan entre ellos el mismo denominador.

El **denominador común** es el mínimo común múltiplo de los denominadores.

Una vez tenemos el mismo denominador, sumamos o restamos los numeradores y simplificamos el resultado.

Ejemplos:

1) Realiza la operación: $\dfrac{\mathbf{x+2}}{\mathbf{x^2-1}}+\dfrac{\mathbf{x-3}}{\mathbf{x^2-x}}$

- Factorizamos los denominadores y calculamos el $m.c.m.$

$$\left.\begin{array}{l} x^2-1=(x+1)\cdot(x-1) \\ x^2-x=x\cdot(x-1) \end{array}\right\} mcm = x\cdot(x+1)\cdot(x-1)$$ → este será el denominador común

- Reducimos a denominador común, multiplicando el numerador y el denominador de la primera fracción por x y el numerador y el denominador de la segunda fracción por $x+1$.

$$\frac{x+2}{x^2-1}+\frac{x-3}{x^2-x}=\frac{x+2}{(x+1)\cdot(x-1)}+\frac{x-3}{x\cdot(x-1)}=\frac{(x+2)\cdot\mathbf{x}}{\mathbf{x}\cdot(x+1)\cdot(x-1)}+\frac{(x-3)\cdot(\mathbf{x+1})}{x\cdot(x-1)\cdot(\mathbf{x+1})}$$

$\cdot x$ $\qquad$ $\cdot(x+1)$

- Hacemos los productos de los denominadores y los sumamos.

$$\frac{x^2+2x}{x\cdot(x+1)\cdot(x-1)}+\frac{x^2-2x-3}{x\cdot(x-1)\cdot(x+1)}=\frac{2x^2-3}{x\cdot(x-1)\cdot(x+1)}$$

- Averiguamos si se puede simplificar el resultado:
  - En este caso, no se puede simplificar porque si factorizamos el numerador vemos que no tiene ningún factor común con el denominador.

$$2x^2-3=2\cdot\left(x-\sqrt{\frac{3}{2}}\right)\cdot\left(x+\sqrt{\frac{3}{2}}\right)$$

  - Para hacer este paso, no es necesario factorizar si vemos fácilmente (como en este caso) que las raíces del denominador no lo son del numerador. En este ejemplo se ve rápidamente que ni 0, ni 1, ni -1 son raíces del numerador, por tanto, no podemos tener ningún factor común.

2) Realiza la operación: $\dfrac{x}{x^2-25}-\dfrac{1}{2x-10}$

$$\frac{x}{x^2-25}-\frac{1}{2x-10}=\frac{x}{(x-5)\cdot(x+5)}-\frac{1}{2(x-5)}=\frac{2x}{2(x-5)\cdot(x+5)}-\frac{1\cdot(x+5)}{2(x-5)\cdot(x+5)}=$$

$$=\frac{2x}{2(x-5)\cdot(x+5)}-\frac{x+5}{2(x-5)\cdot(x+5)}\overset{*}{=}\frac{2x-x-5}{2(x-5)\cdot(x+5)}=\frac{\cancel{x-5}}{2\cancel{(x-5)}\cdot(x+5)}=\frac{1}{2(x+5)}$$

El resultado se puede simplificar porque $x - 5$ es un factor común al numerador y al denominador.

! * **Nota:** Recuerda que para restar, cambiamos de signo todos los términos del numerador de la fracción que está restando.

✓ **Ejercicio:** Realiza las operaciones siguientes:

a) $\dfrac{x-1}{x^2+4x+4}+\dfrac{2x^2}{x^2-4}-\dfrac{x}{3(x+2)}=$

b) $\dfrac{2x-15}{x^2+5x}+\dfrac{x}{x+5}=$

Sol.: a) $\dfrac{5x^3+15x^2-5x+6}{3(x+2)^2(x-2)}$ b) $\dfrac{x-3}{x}$

Multiplicación de fracciones algebraicas

El producto de dos o más fracciones algebraicas es otra fracción algebraica que tiene como numerador el producto de los numeradores y como denominador el producto de los denominadores:

$$\frac{P(x)}{Q(x)}\cdot\frac{M(x)}{N(x)}=\frac{P(x)\cdot M(x)}{Q(x)\cdot N(x)}$$

Es aconsejable factorizar todos los polinomios, dejar indicados los productos y simplificar antes de hacerlos.

Ejemplo: Realiza la siguiente operación:

$$\frac{\mathbf{x^3+x}}{\mathbf{x^2-1}}\cdot\frac{\mathbf{x+1}}{\mathbf{x^2-x}}=\frac{x\cdot(x^2+1)}{(x+1)\cdot(x-1)}\cdot\frac{x+1}{x\cdot(x-1)}=\frac{\cancel{x}\cdot(x^2+1)\cdot\cancel{(x+1)}}{\cancel{(x+1)}\cdot(x-1)\cdot\cancel{x}\cdot(x-1)}=\frac{x^2+1}{(x-1)^2}$$

! **Nota:** Analogía con fracciones numéricas:

$$\frac{4}{9}\cdot\frac{15}{16}=\frac{4\cdot15}{9\cdot16}=\frac{\cancel{2}\cdot\cancel{2}\cdot\cancel{3}\cdot5}{\cancel{3}\cdot3\cdot\cancel{2}\cdot\cancel{2}\cdot2\cdot2}=\frac{5}{12}$$

✓ **Ejercicio:** Realiza la siguiente operación:

$\dfrac{x^3+3x^2-18x}{x-5}\cdot\dfrac{x^2-25}{x^3-3x^2}=$

Sol.: $\dfrac{x^2+11x+30}{x}$

División de fracciones algebraicas

El cociente de dos fracciones algebraicas es otra fracción que tiene como numerador el producto del numerador de la primera fracción por el denominador de la segunda y, como denominador, el producto del denominador de la primera por el numerador de la segunda. En la práctica, decimos que multiplicamos en cruz:

$$\frac{P(x)}{Q(x)}:\frac{M(x)}{N(x)}=\frac{P(x)\cdot N(x)}{Q(x)\cdot M(x)}$$

Procedemos de la misma manera que con el producto: factorizamos y simplificamos antes de multiplicar.

Ejemplo: Realiza la siguiente operación:

$$\frac{x^2+5x}{x+1}:\frac{x^2+3x-10}{x^2+2x+1}=\frac{x\cdot(x+5)}{x+1}:\frac{(x+5)\cdot(x-2)}{(x+1)^2}=\frac{x\cdot\cancel{(x+5)}\cdot\cancel{(x+1)}\cdot(x+1)}{\cancel{(x+1)}\cdot\cancel{(x+5)}\cdot(x-2)}=\frac{x^2+x}{x-2}$$

✓ **Ejercicio:** Realiza la siguiente operación:

$$\frac{x^2-3x}{x-4}:\frac{x^5-9x^3}{x-4}=$$

Sol.: $\frac{1}{x^3+3x^2}$

Ejercicios

Fracciones algebraicas

1. Simplifica las siguientes fracciones algebraicas:

a) $\frac{x^3+5x^2+8x+4}{x^2-4}$

b) $\frac{x^3-1}{x^2-1}$

c) $\frac{x^3-5x^2-9x+45}{x^3+x^2-21x-45}$

d) $\frac{x^2+9}{x^4-81}$

e) $\frac{x^5+x^4}{x^4-x^2}$

f) $\frac{x^3+x}{x^3-x}$

g) $\frac{x^2-14x+49}{x^2-49}$

h) $\frac{x^3+3x}{x^2+3}$

i) $\frac{3x^2-12}{3x^2-3x-6}$

j) $\frac{5x^2-80}{5x+20}$

k) $\frac{x^3+x^2-30x}{x^4+2x^3-29x^2-30x}$

l) $\frac{1-x}{x^2-1}$

2. Realiza las siguientes sumas y restas, y simplifica el resultado si es posible:

a) $\frac{5x+1}{x-2}+\frac{x^2+x-3}{x-2}$

b) $\frac{x^2-1}{3x+2}-\frac{3x^2-5x-10}{3x+2}$

c) $\frac{1}{x^2-1}-\frac{2}{x^2+2x-3}$

d) $\frac{1}{x+5}+\frac{1}{x-5}$

e) $\frac{x-3}{x}+\frac{6}{x^2+2x}-\frac{x+1}{x+2}$

f) $\frac{x+1}{x^3-1}+\frac{x-2}{x^2-1}$

g) $\frac{x+1}{x-1}+\frac{x-1}{x+1}$

h) $\frac{2x}{x^2-16}+\frac{x+1}{3x+12}$

i) $\frac{2}{x}+\frac{5x}{x-3}-\frac{x-4}{x^2-9}$

j) $\frac{x-2}{x^3-x}+\frac{x}{x^2-1}$

Ejercicios

3. Realiza las siguientes multiplicaciones y divisiones, y simplifica el resultado si es posible:

a) $\dfrac{x-6}{x^2+3x+2}\cdot\dfrac{x^2+2x}{x^2-36}$

b) $\dfrac{x^2-3x+2}{x^4-9x^2}\cdot\dfrac{x^2-3x}{x-1}$

c) $\dfrac{2x^2+8x}{x^2-10x+25}\cdot\dfrac{x^2-25}{2x}$

d) $\dfrac{\frac{1}{x-1}}{\frac{2x}{x+2}}\cdot\dfrac{\frac{x-1}{x+2}}{\frac{1}{x}}$

e) $\dfrac{x^3-5x^2}{x^3+3x^2-4x-12}:\dfrac{x-5}{x^3+4x^2+4x}$

f) $\dfrac{x^2-3x-4}{x^3+x^2-x-1}:\dfrac{x^3-2x^2-7x-4}{x^2-1}$

g) $\dfrac{x^3}{8x-8}:\dfrac{x^2}{x^2-x}$

h) $\dfrac{\frac{x}{x-3}}{\frac{x+3}{x}}:\dfrac{\frac{1}{x+1}}{\frac{x^2-9}{x^3+x^2}}$

4.8. AMPLIACIÓN DE ECUACIONES Y SISTEMAS

A veces nos encontramos ecuaciones y sistemas que contienen fracciones algebraicas, productos de polinomios, productos notables, etc. Para resolverlas tendremos que aplicar algunos conocimientos que hemos aprendido en este tema.

Veamos unos cuantos ejemplos:

Ejemplo: Resuelve las ecuaciones y los sistemas siguientes:

1) $\dfrac{(x+1)^2}{12}+\dfrac{x^2}{2}=\dfrac{(x+1)(x-2)}{3}+\dfrac{3}{2}$

Esta ecuación de segundo grado no está expresada en la forma general y para poder resolverla deberemos operar hasta obtener una ecuación equivalente que sí esté expresada en la forma general. Seguimos los siguientes pasos:

- Quitamos los denominadores multiplicando los dos miembros de la ecuación por 12 (m.c.m. de los denominadores):

$$12\cdot\frac{(x+1)^2}{12}+12\cdot\frac{x^2}{2}=12\cdot\frac{(x+1)(x-2)}{3}+12\cdot\frac{3}{2}$$

$$(x+1)^2+6x^2=4(x+1)(x-2)+18$$

- Desarrollamos los productos y trasponemos los términos:

$$x^2+2x+1+6x^2=4(x^2-x-2)+18$$

$$x^2+2x+1+6x^2=4x^2-4x-8+18$$

$$x^2+2x+1+6x^2-4x^2+4x+8-18=0$$

$$3x^2+6x-9=0$$

- Resolvemos la ecuación utilizando la fórmula general de la ecuación de segundo grado y obtenemos $x=-3$ y $x=1$.

2) $\dfrac{12}{x}+\dfrac{x+2}{x-2}=4$

En esta ecuación aparecen fracciones algebraicas y para resolverla debemos quitar los denominadores y operar. Seguimos los pasos siguientes:

- Para quitar los denominadores deberemos multiplicar los dos miembros por el mínimo común múltiplo de los denominadores, en este caso es $x(x-2)$:

$$\frac{12\cancel{x}(x-2)}{\cancel{x}}+\frac{(x+2)x\cancel{(x-2)}}{\cancel{x-2}}=4x(x-2)$$
$$12(x-2)+(x+2)x=4x(x-2)$$

- Desarrollamos los productos y trasponemos los términos:

$$12(x-2)+(x+2)x=4x(x-2)$$
$$12x-24+x^2+2x=4x^2-8x$$
$$12x-24+x^2+2x-4x^2+8x=0$$
$$-3x^2+22x-24=0$$

- Resolvemos la ecuación utilizando la fórmula general de la ecuación de segundo grado y obtenemos x = 6 y $x=\dfrac{4}{3}$.

- Comprobamos que los valores obtenidos no anulan ningún denominador de la ecuación, ya que en este caso la solución no sería válida, dado que no es posible dividir por 0. Los denominadores de la ecuación de este ejemplo solo se anulan para $x=2$ y para $x=0$, por tanto las soluciones obtenidas son válidas.

3) $\begin{cases} 2x-y=7 \\ \dfrac{y^2+2x+7}{y-1}=y-6 \end{cases}$

Para resolver este sistema debemos quitar el denominador de la segunda ecuación y trasponer los términos:

$$\begin{cases} 2x-y=7 \\ \dfrac{y^2+2x+7}{y-1}=y-6 \end{cases} \rightarrow \begin{cases} 2x-y=7 \\ y^2+2x+7=(y-6)(y-1) \end{cases} \rightarrow \begin{cases} 2x-y=7 \\ y^2+2x+7=y^2-7y+6 \end{cases} \rightarrow$$
$$\begin{cases} 2x-y=7 \\ y^2+2x-y^2+7y=-7+6 \end{cases} \rightarrow \begin{cases} 2x-y=7 \\ 2x+7y=-1 \end{cases}$$

Hemos obtenido un sistema lineal de dos ecuaciones con dos incógnitas que se pueden resolver por reducción, sustitución o igualación y obtendremos que $x=3$ e $y=-1$.

Debemos comprobar que los valores obtenidos no anulen ningún denominador. Efectivamente, el denominador de la segunda ecuación no se anula cuando $y=-1$. Por tanto, la solución es válida.

4) $\begin{cases} \mathbf{x \cdot y = 28} \\ \mathbf{(y-2)\cdot(x-2) = 10} \end{cases}$

Este sistema no es lineal y se debe resolver por sustitución. Despejamos una incógnita de la primera ecuación y la sustituimos en la otra:

$$\begin{cases} x \cdot y = 28 \xrightarrow{\text{Despejamos } x} x = \dfrac{28}{y} \\ (y-2)\cdot(x-2) = 10 \xrightarrow{\text{Sustituimos } x} (y-2)\cdot\left(\dfrac{28}{y} - 2\right) = 10 \end{cases}$$

Resolvemos la ecuación $(y-2)\cdot\left(\dfrac{28}{y} - 2\right) = 10$, siguiendo los siguientes pasos:

- Desarrollamos el producto:

$$(y-2)\cdot\left(\frac{28}{y} - 2\right) = 10 \rightarrow 28 - 2y - \frac{56}{y} + 4 = 10$$

- Quitamos el denominador multiplicando los dos miembros de la ecuación por y:

$$28y - 2y^2 - \frac{56}{y}y + 4y = 10y$$
$$28y - 2y^2 - 56 + 4y = 10y$$
$$28y - 2y^2 - 56 + 4y - 10y = 0$$
$$-2y^2 + 22y - 56 = 0$$

- Dividimos los dos miembros de la ecuación por -2:

$$y^2 - 11y + 28 = 0$$

- Resolvemos la ecuación de segundo grado que hemos obtenido utilizando la fórmula general de la ecuación de segundo grado, y obtendremos que $y = 4$ e $y = 7$.

Ejercicios

1. Resuelve las siguientes ecuaciones:

a) $\dfrac{(x-3)^2}{5} - \dfrac{x^2}{10} = \dfrac{(x-2)\cdot(x+2)}{2} + \dfrac{6x}{5} + 1$

d) $\dfrac{x+1}{x} = \dfrac{x}{x+2}$

b) $\dfrac{x^2}{3} - \dfrac{2x}{4} = \dfrac{(x-1)(x+1)}{6} - \dfrac{x}{2}$

e) $\dfrac{x}{x-1} + \dfrac{1}{x} = 1$

c) $(x-5)^2 + (x+5)(x-5) = 0$

f) $\dfrac{x+1}{x-3} - \dfrac{x+2}{x+3} = \dfrac{x+1}{x^2-9}$

Ejercicios

2. Resuelve los siguientes sistemas:

a) $\begin{cases} 3x + y = 4 \\ \dfrac{x^2 + y - 1}{x+3} = x + 1 \end{cases}$

b) $\begin{cases} \dfrac{x}{2} - \dfrac{3y}{4} = 1 - y \\ (x-1)(x+2) + 2y = x^2 + y - 1 \end{cases}$

c) $\begin{cases} x \cdot y = -5 \\ 2x + y = 9 \end{cases}$

d) $\begin{cases} x^2 + y^2 = 5 \\ x - y = -3 \end{cases}$

e) $\begin{cases} 2x + y = 12 \\ \dfrac{(x-1)(y+1)}{6} = y \end{cases}$

Tema 5 Trigonometría

En este tema:

5.1 ÁNGULOS

Dos semirrectas del plano, s_1 y s_2, de origen común O dividen el plano en dos regiones. Cada una de estas regiones se llama ángulo.

Así, un **ángulo** es una región del plano limitada por dos semirrectas de origen común.

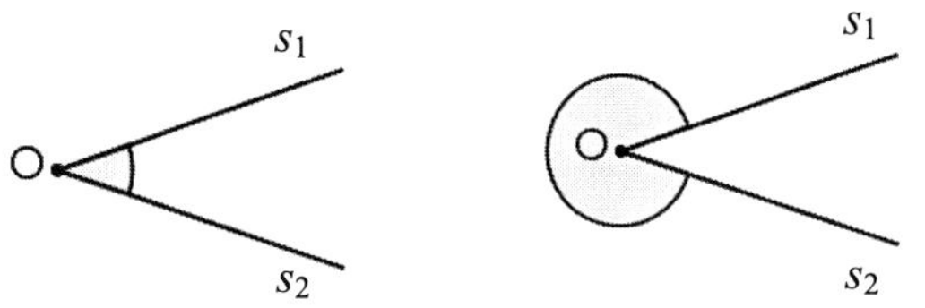

s_1 y s_2 son los lados del ángulo.

O es el vértice del ángulo.

5.1.1 Medida de ángulos

Grados sexagesimales

Normalmente, para medir ángulos, utilizamos los **grados sexagesimales** y sus divisores, los **minutos** y los **segundos**.

Cuando las dos semirrectas son coincidentes (una encima de la otra) forman un ángulo nulo y un ángulo completo

En el sistema sexagesimal un ángulo completo mide 360°.

Se define

1 grado sexagesimal = 1° = $\frac{1}{360}$ parte de un ángulo completo.

1 minuto = 1'= $\frac{1}{60}$ parte de un grado.

1 segundo = 1"= $\frac{1}{60}$ parte de un minuto.

1° = 60'
1'= 60"

La medida de un ángulo también se llama amplitud del ángulo.

Radianes

En trigonometría también se utiliza otra unidad denominada radián, que es la unidad de medida de ángulos del Sistema Internacional.

Cuando el ángulo central α de una circunferencia abarca un arco de longitud igual al radio de la circunferencia, diremos que α mide un **radián** (rad). La amplitud del radián es siempre la misma, independientemente del radio de la circunferencia

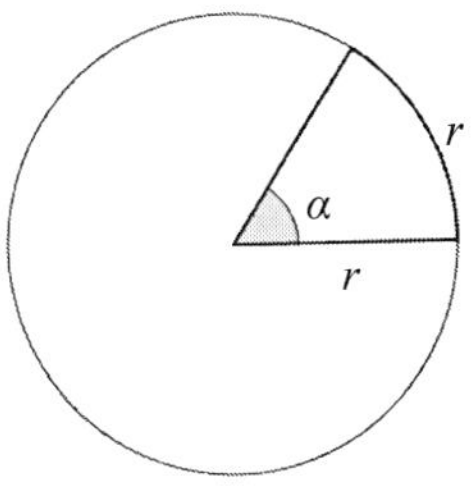

$\alpha = 1\ rad$

Conversión de grados sexagesimales a radianes y viceversa

Como la longitud de una circunferencia es $2\pi r$, esta contiene 2π veces la longitud del radio. Por tanto, una circunferencia contiene 2π radianes y, a la vez, 360°:

360° = $2\pi\ rad$

→ $\pi\ rad = 180^\circ$

→ $1\,rad = \frac{360}{2\pi} = 57^\circ\ 17'\ 44{,}81''$

Para pasar de grados a radianes, y viceversa, aplicamos una regla de tres utilizando la equivalencia anterior:

Ejemplos:

1) Expresa en radianes el ángulo $\alpha = 30^{\circ}$.

360° ⟶ 2π rad

30° ⟶ x rad

$$x = \frac{2\pi \cdot 30}{360} = \frac{60\pi}{360} = \frac{\pi}{6}\ rad$$

! * **Nota:** También podemos plantear así la regla de tres:

180° ⟶ π rad

30° ⟶ x rad

! * **Nota:** Los radianes se suelen expresar en función de π (como π es un número irracional, no lo podemos expresar de manera exacta y no se suele sustituir).
Por tanto, cuando pasamos de grados a radianes, dejamos el resultado en función de π y simplificamos la fracción siempre que sea posible.

2) Expresa en grados sexagesimales el ángulo $\alpha = 3$ rad.

2π rad ⟶ 360°

3 rad ⟶ x °

$$x = \frac{3 \cdot 360^{\circ}}{2\pi} = 171{,}89^{\circ}$$

3) Expresa en grados sexagesimales el ángulo $\alpha = \frac{\pi}{4}$ rad.

Si los radianes están expresados en función de π, no hace falta aplicar una regla de tres, solo es necesario sustituir π por 180°.

$$\pi\, rad = 180^{\circ} \rightarrow \alpha = \frac{\pi}{4} = \frac{180}{4} = 45^{\circ}$$

✓ **Ejercicios:** Pasa de grados a radianes o viceversa.

a) $\alpha = 70^{\circ}$ b) $\alpha = 1{,}25$ rad c) $\alpha = \frac{3\pi}{2}$ rad

Sol.: a) $\alpha = \frac{7\pi}{18}$ b) $\alpha = 71{,}62^{\circ}$ c) $\alpha = 270^{\circ}$

Forma compleja e incompleja en el sistema sexagesimal

Para expresar un ángulo en grados sexagesimales, lo podemos hacer en forma compleja (expresando los grados, minutos y segundos) o en forma incompleja (expresando los grados como un número decimal).

Para pasar de una forma a otra, es conveniente utilizar la calculadora, con la tecla [o ’ ’’]

Ejemplo:

1) Expresa los siguientes ángulos en forma compleja utilizando la calculadora, y apunta cómo se hace:

a) 50,5° =

b) 30,46°=

2) Expresa los siguientes ángulos en forma incompleja, utilizando la calculadora, y apunta cómo se hace:

a) 30° 15’ =

b) 80° 45’ 10’’ =

c) 34° 40’’ =

✓ **Ejercicio: Pasa de forma incompleja a compleja, y viceversa, utilizando la calculadora:**

a) 35,84° =	f) 32° 22’ 49’’ =
b) 5,3° =	g) 115° 4’ 13’’ =
c) 120,54° =	h) 45° 25’ 7’’ =
d) 225,90° =	i) 86° 45’’ =
e) 35,57° =	j) 12° 21’ =

Sol.: Ejemplos: **1.** a) 50° 30’ b) 30° 27’ 36’’ **2.** a) 30,25° b) 80,753 c) 34,01

Ejercicio: a) 35° 50’ 24’’ b) 5°18’ c) 120° 32’ 24’’ d) 225° 54’ e) 35° 34’ 12’
f) 32,38° g) 115,07° h) 45,42° i) 86,01° j) 12,35°

5.1.2 Tipos de ángulos

Ángulo recto: ángulo que mide 90°. Está determinado por dos semirrectas perpendiculares.

Ángulo agudo: ángulo menor que un ángulo recto (< 90°).

Ángulo plano: ángulo que mide 180°. Está determinado por dos semirrectas opuestas.

Ángulo obtuso: ángulo mayor que un ángulo recto (>90°) y menor que el ángulo plano (<180°).

Ángulo cóncavo: ángulo mayor que un ángulo plano (>180°) .

Ángulo nulo: ángulo que mide 0°. Está determinado por dos semirrectas coincidentes.

Ángulo completo: ángulo que mide 360°. Está determinado por dos semirrectas coincidentes.

Ángulo recto	Ángulo agudo	Ángulo plano	Ángulo obtuso	Ángulo cóncavo	Ángulo nulo	Ángulo completo
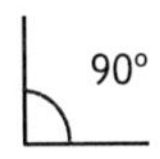	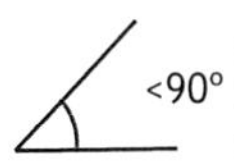		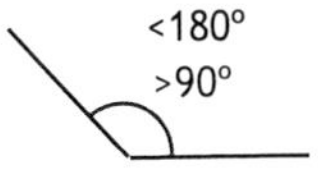	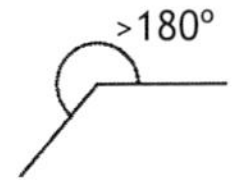	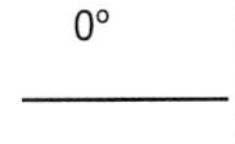	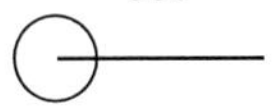

5.1.3 Ángulos complementarios y suplementarios

Dos ángulos son complementarios si la suma de sus medidas es igual a 90°.

Dos ángulos son suplementarios si la suma de sus medidas es igual a 180°.

Ángulos complementarios	Ángulos suplementarios
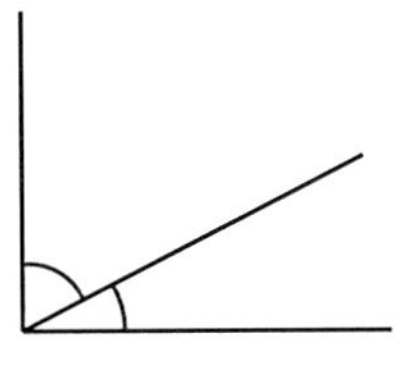	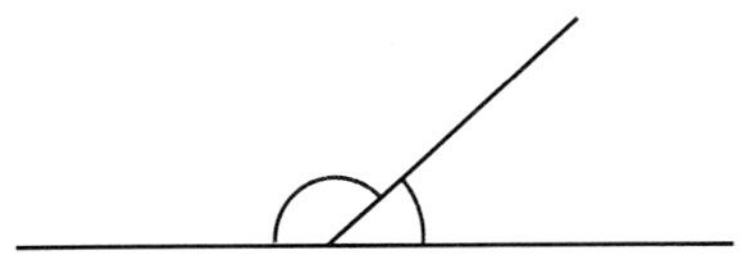

Ejercicios

Ángulos

1. Expresa en radianes (en forma de fracción y en función de π):

a) 15°	g) 105°	m) 195°	s) 285°
b) 30°	h) 120°	n) 210°	t) 300°
c) 45°	i) 135°	o) 225°	u) 315°
d) 60°	j) 150°	p) 240°	v) 330°
e) 75°	k) 165°	q) 255°	w) 345°
f) 90°	l) 180°	r) 270°	x) 360°

2. Expresa en radianes (en forma de fracción y en función de π):

a) 73° b) 38° c) 21° d) 7°

3. Expresa en grados:

a) 4 rad	d) $1,5\pi$ rad	g) $\dfrac{5\pi}{3}$ rad	j) $\dfrac{\pi}{7}$ rad
b) 2,53 rad	e) $\dfrac{4\pi}{5}$ rad	h) $\dfrac{5\pi}{18}$ rad	k) $\dfrac{3\pi}{4}$ rad
c) 1,25 rad	f) $\dfrac{\pi}{8}$ rad	i) $\dfrac{\pi}{12}$ rad	l) $\dfrac{7\pi}{6}$ rad

4. Expresa en grados, minutos y segundos:

a) 25,32°	c) 95,56°	e) 40,01°	g) 325,003°
b) 8,3°	d) 247,925°	f) 130,5°	h) 125,124°

5. Pasa a forma incompleja

a) 12° 52' 45''	c) 8° 30''	e) 50° 25' 10''	g) 332° 25''
b) 15° 45'	d) 10° 50' 35,3''	f) 120° 40' 13''	h) 86° 30'

6. Realiza las siguientes operaciones utilizando la calculadora

a) 12° 52' 45'' + 81° 35' 40'' b) 50° 25' 10'' – 12° 20'40''

7. Clasifica los siguientes ángulos:

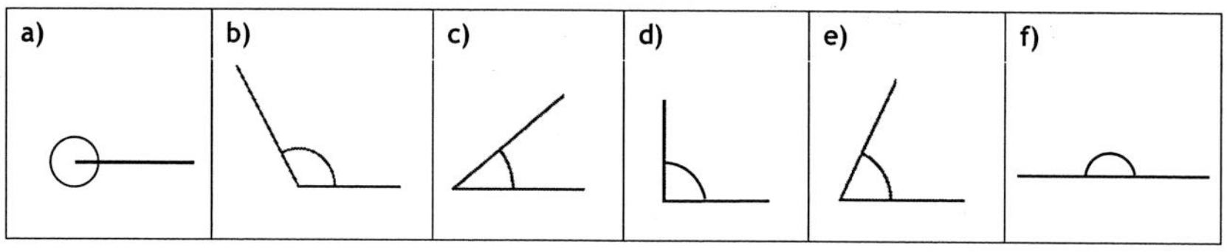

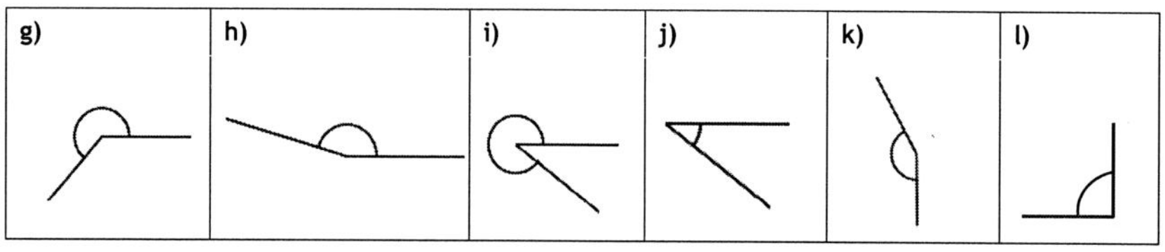

8. Calcula el ángulo suplementario y complementario de los siguientes ángulos:

	a) 45°	b) 85°	c) 90°	d) 10°
Complementario				
Suplementario				

5.2 TRIÁNGULOS

Una **línea poligonal** es una línea formada por diversos segmentos rectilíneos. Un **polígono** es la porción del plano limitada por una línea poligonal cerrada.

Los **triángulos** son polígonos de tres lados.

5.2.1 Propiedades de los triángulos

Todos los triángulos cumplen las dos propiedades siguientes

- **La suma de los ángulos interiores de un triángulo es 180°**

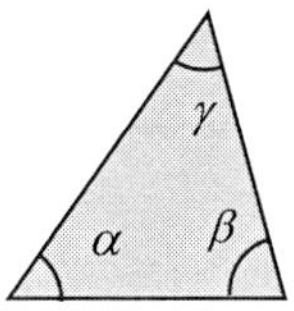

$$\alpha + \beta + \gamma = 180^\circ$$

Si dibujas en una hoja un triángulo, lo recortas y doblas los vértices uniéndolos todos en un mismo punto, comprobarás que los tres ángulos suman 180°.

- La longitud de un lado cualquiera es siempre menor que la suma de las longitudes de los otros dos lados.

  Si hubiese un lado mayor que la suma de los otros dos, no se podría cerrar el triángulo, tal como se observa en la siguiente figura:

5.2.2 Clasificación de triángulos

Los triángulos se pueden clasificar según los lados y según los ángulos

Según los lados

- **Triángulo equilátero:** triángulo que tiene los tres lados iguales (de la misma longitud). También tiene los tres ángulos iguales (de 60°).
- **Triángulo isósceles:** triángulo que tiene dos lados iguales (de la misma longitud). También tiene dos ángulos iguales.
- **Triángulo escaleno:** triángulo que tiene los tres lados diferentes (de diferente longitud). También tiene los tres ángulos diferentes.

Triángulo equilátero	Triángulo isósceles	Triángulo escaleno
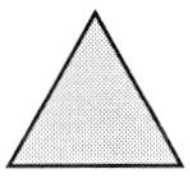	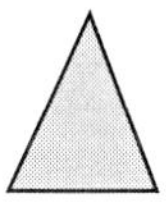	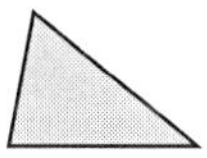

Según los ángulos

- **Triángulo acutángulo:** triángulo que tiene los tres ángulos agudos.
- **Triángulo rectángulo:** triángulo que tiene un ángulo recto (90°). Los lados que forman el ángulo recto se llaman catetos y el otro lado, el opuesto al ángulo recto, se llama hipotenusa.
- **Triángulo obtusángulo:** triángulo que tiene un ángulo obtuso.

Triángulo acutángulo	Triángulo rectángulo	Triángulo obtusángulo
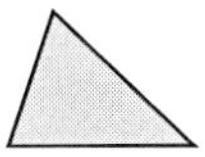	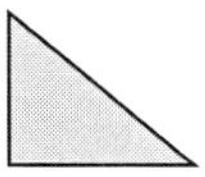	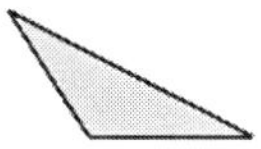

5.2.3 Teorema de Pitágoras

El teorema de Pitágoras establece que en un triángulo rectángulo, el cuadrado de la longitud de la hipotenusa es igual a la suma de los cuadrados de las longitudes de los catetos.

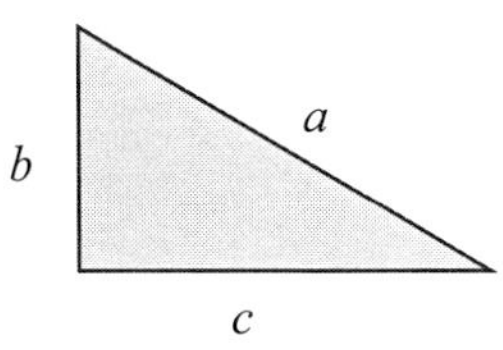

$$a^2 = b^2 + c^2$$
$$hipotenusa^2 = cateto_1^2 + cateto_2^2$$

Despejando cada uno de los lados obtenemos las siguientes fórmulas:

$$hipotenusa=\sqrt{cateto_1^2+cateto_2^2} \qquad \left(a=\sqrt{b^2+c^2}\right)$$

$$cateto_1=\sqrt{hipotenusa^2-cateto_2^2} \qquad \left(b^2=a^2-c^2 \rightarrow b=\sqrt{a^2-c^2}\right)$$

$$cateto_2=\sqrt{hipotenusa^2-cateto_1^2} \qquad \left(c^2=a^2-b^2 \rightarrow c=\sqrt{a^2-b^2}\right)$$

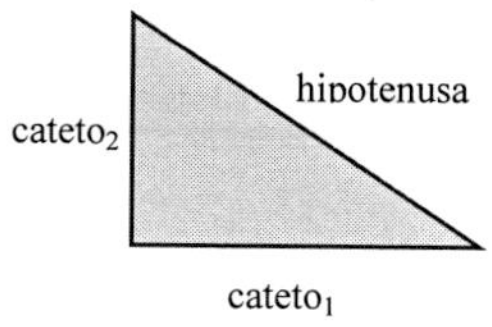

Ejemplos:

1) Calcula la hipotenusa de un triángulo rectángulo cuyos catetos miden 6 y 8 cm:

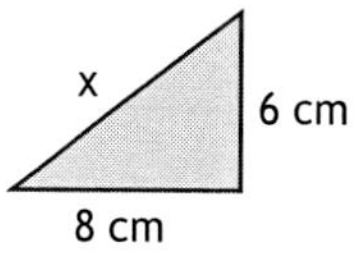

$$hipotenusa=\sqrt{cateto_1^2+cateto_2^2}$$

$$x=\sqrt{6^2+8^2}=\sqrt{36+64}=\sqrt{100}=10\,cm$$

2) Sabemos que la hipotenusa de un triángulo rectángulo mide 10 cm y que uno de sus catetos mide 5 cm. ¿Cuánto mide el otro cateto?

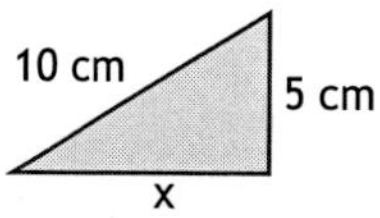

$$cateto_1=\sqrt{hipotenusa^2=cateto_2^2}$$

$$x=\sqrt{10^2-5^2}=\sqrt{100-25}=\sqrt{75}=8{,}66\,cm$$

✓ **Ejercicio:** Calcula el valor de x:

a)

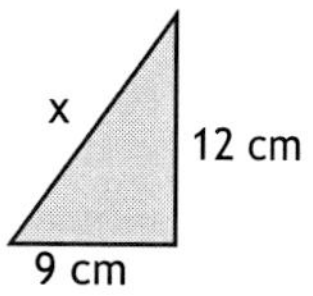

b)

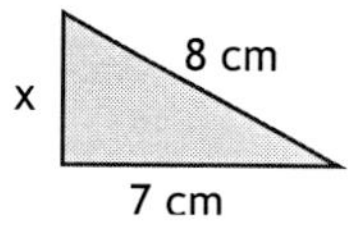

c)

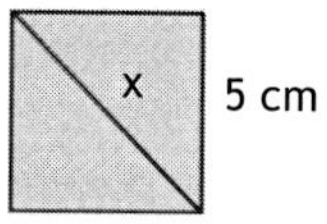

Sol.: **a)** x = 15 cm **b)** x = 3,87 cm **c)** x = 7,07 cm

Ejercicios

Triángulos

1. Calcula el ángulo que falta:

a)

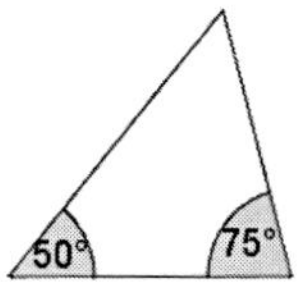

b)

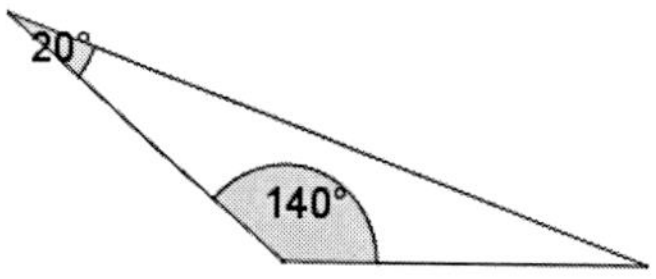

c)

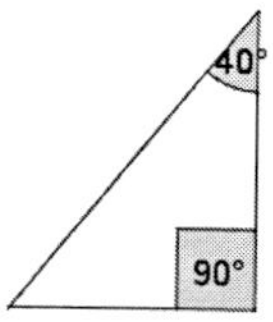

2. Indica si podríamos crear un triángulo con los lados a, b y c.

a) a = 4 cm
b = 5 cm
c = 8 cm

b) a = 5 cm
b = 3 cm
c = 1 cm

c) a = 6 cm
b = 2 cm
c = 4 cm

Ejercicios

3. Clasifica los siguientes triángulos, según los lados y según los ángulos:

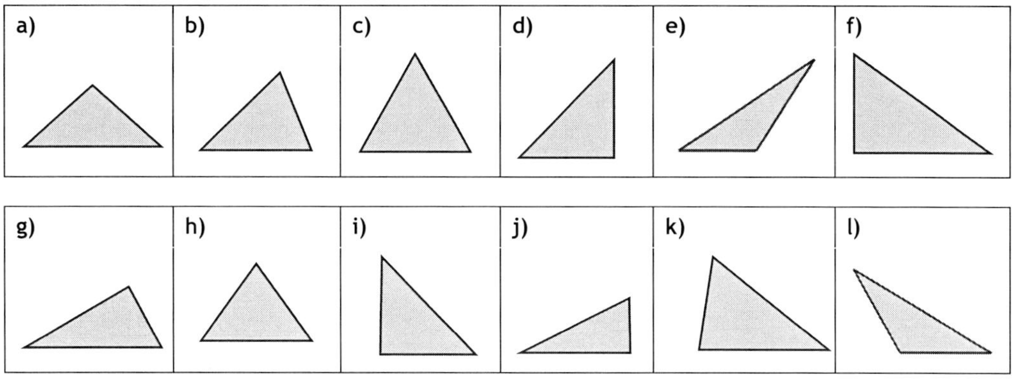

4. ¿Es posible dibujar un triángulo equilátero rectángulo? ¿Y equilátero obtusángulo? Razona la respuesta.

5. Calcula el valor de x, aplicando el teorema de Pitágoras:

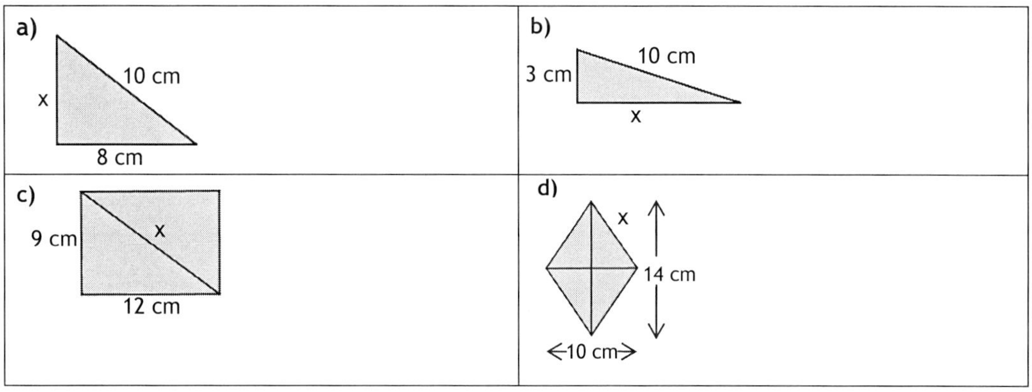

5.3 RAZONES TRIGONOMÉTRICAS DE UN ÁNGULO AGUDO

Dado un triángulo rectángulo con un ángulo agudo α, definimos las razones trigonométricas del ángulo α , sen α, cos α y tg α, de la siguiente manera:

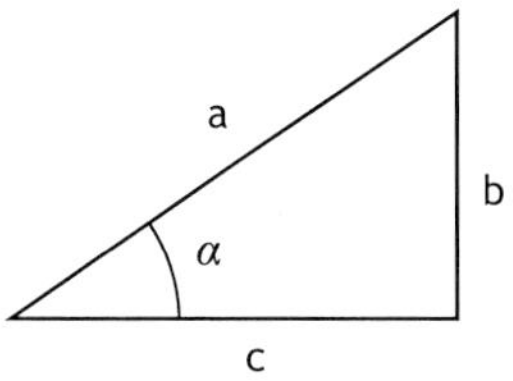

$$\operatorname{sen}\alpha = \frac{\textit{cateto opuesto}}{\textit{hipotenusa}} = \frac{b}{a} \quad \text{(seno de } \alpha\text{)}$$

$$\cos\alpha = \frac{\textit{cateto contiguo}}{\textit{hipotenusa}} = \frac{c}{a} \quad \text{(coseno de } \alpha\text{)}$$

$$\operatorname{tg}\alpha = \frac{\textit{cateto opuesto}}{\textit{cateto contiguo}} = \frac{b}{c} \quad \text{(tangente de } \alpha\text{)}$$

Como los catetos son menores que la hipotenusa:

$$0 \leq \operatorname{sen}\alpha \leq 1 \quad \text{y} \quad 0 \leq \cos\alpha \leq 1$$

Dado un ángulo α, sus razones trigonométricas son siempre las mismas, independientemente del triángulo que dibujemos. Podemos dibujar muchos triángulos rectángulos con un ángulo igual a α, pero todos serán iguales entre ellos y, por lo tanto, las razones entres sus lados serán las mismas:

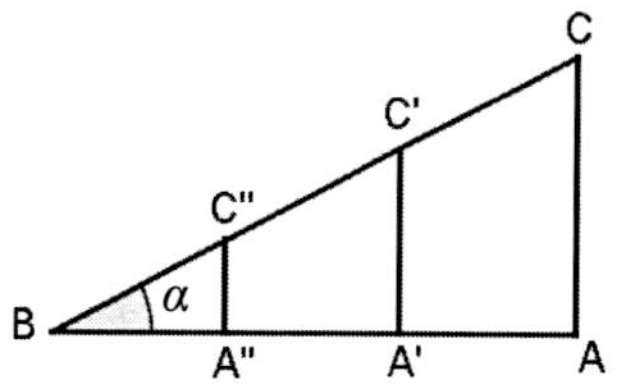

$$\operatorname{sen}\alpha=\frac{CA}{BC}=\frac{C'A'}{BC'}=\frac{C''A''}{BC''}$$

$$\cos\alpha=\frac{BA}{BC}=\frac{B'A'}{BC'}=\frac{B''A''}{BC''}$$

$$\operatorname{tg}\alpha=\frac{CA}{BA}=\frac{C'A'}{BA'}=\frac{C''A''}{BA''}$$

Ejemplos:

1) Calcula las razones trigonométricas de los ángulos α y β del siguiente triángulo:

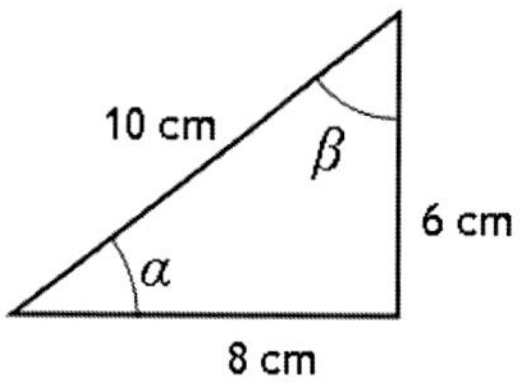

$$\operatorname{sen}\alpha=\frac{6}{10}=0,6 \qquad \cos\alpha=\frac{8}{10}=0,8 \qquad \operatorname{tg}\alpha=\frac{6}{8}=0,75$$

$$\operatorname{sen}\beta=\frac{8}{10}=0,8 \qquad \cos\beta=\frac{6}{10}=0,6 \qquad \operatorname{tg}\beta=\frac{8}{6}=1,\widehat{3}$$

Observa que:

- α y β son complementarios: $\alpha+\beta=90°$
- $\sin\alpha=\cos\beta$, $\sin\beta=\cos\alpha$ y $\operatorname{tg}\alpha=1/\operatorname{tg}\beta$

2) Calcula las razones trigonométricas de 30° a partir de los triángulos rectángulos siguientes y comprueba que obtienes el mismo resultado en los dos casos. Utiliza la regla para medir los lados.

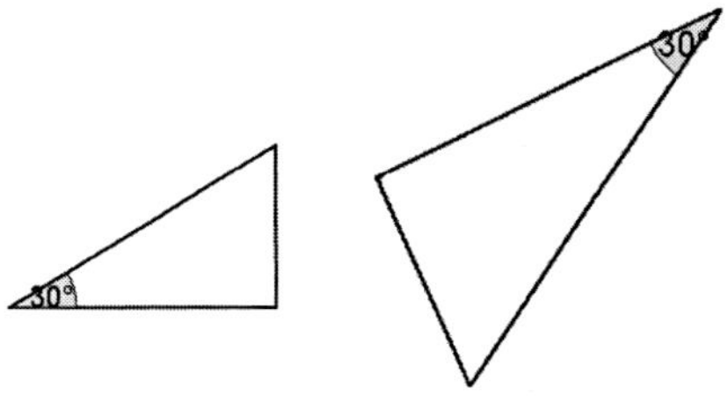

Sol.: sen 30° = 0,5; cos 30° = 0,866;
tg 30° = 0,577

✓ **Ejercicio:** Calcula las razones trigonométricas de los ángulos α y β del siguiente triángulo:

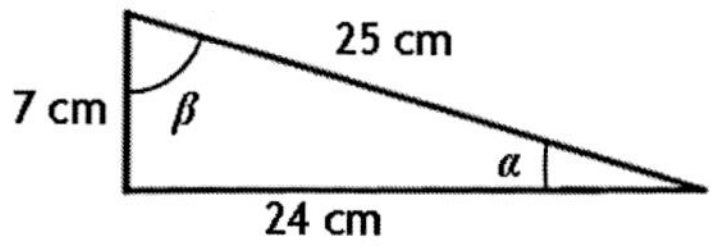

Sol.: sen α = *0,28* cos α = *0,96* tg α = *0,29* sen β =*0,96* cos β = *0,28* tg β = *3,43*

5.3.1 Uso de la calculadora

Las razones trigonométricas de un ángulo agudo se pueden calcular utilizando la calculadora científica, con las teclas:

sen **cos** **tan**

Ejemplo:

Calcula las razones trigonométricas de 60° utilizando la calculadora y apunta cómo se hace:

sen 60° =

cos 60° =

tg 60° =

Sol.: sen 60° = 0,866 ; cos 60° = 0,5 ; tg 60° = 1,73

✓ **Ejercicio:**

Calcula las siguientes razones trigonométricas utilizando la calculadora. Redondea el resultado a tres cifras decimales:

a) sin 45° =	d) sin 32° =	g) sin 10,3° =
b) cos 45° =	e) cos 15° =	h) cos 80° 5'' =
c) tg 45° =	f) tg 24° =	i) tg 75° 25' 30'' =

Sol.: a) 0,707 b) 0,707 c) 1 d) 0,530 e) 0,966 f) 0,445 g) 0,179 h) 0,174 i) 3,846

También podemos hacer el cálculo inverso: dadas las razones trigonométricas de un ángulo agudo, calcular este ángulo. Para hacerlo, utilizamos las teclas: sen^{-1}, cos^{-1} y tan^{-1}.

Ejemplo: Calcula el ángulo α, utilizando la calculadora, y apunta cómo se hace:

a) sen α = 0,9659225826 α =

b) cos α = 0,5 α =

c) tg α = 1,5 α =

Sol.: a) α = 75° b) α = 60° c) α = 56,31°

✓ **Ejercicio:** Calcula el ángulo α utilizando la calculadora y exprésalo de manera compleja:

a) sen α = 0,70710678	α =	e) sen α = 0,6	α =
b) cos α = 0,25	α =	f) cos α = 0,95	α =
c) tg α = 0,5	α =	g) tg α = 1	α =
d) cos α = 1,5	α =	h) sen α = 2	α =

Sol.: a) 45° b) 75° 31' 20,96" c) 26° 33' 54,18" d) $\nexists$ e) 36° 52' 11,63" f) 18° 11' 41,54" g) 45° h) $\nexists$

5.3.2 Razones trigonométricas inversas

Aunque este curso no las utilizaremos, conviene saber que existen tres razones trigonométricas más, que son las inversas de las que ya hemos visto:

$$\sec\alpha = \frac{1}{\cos\alpha} \text{ (secante de } \alpha\text{)}; \quad \operatorname{cosec}\alpha = \frac{1}{\operatorname{sen}\alpha} \text{ (cosecante de } \alpha\text{)}; \quad \operatorname{cotg}\alpha = \frac{1}{\operatorname{tg}\alpha} \text{ (cotangente de } \alpha\text{)}$$

5.3.3 Razones trigonométricas de 30°, 45° y 60°

El siguiente cuadro muestra la expresión exacta de las razones trigonométricas de 30°, 45° y 60°:

	sen	cos	tg
30°	$\frac{1}{2}$	$\frac{\sqrt{3}}{2}$	$\frac{\sqrt{3}}{3}$
45°	$\frac{\sqrt{2}}{2}$	$\frac{\sqrt{2}}{2}$	1
60°	$\frac{\sqrt{3}}{2}$	$\frac{1}{2}$	$\sqrt{3}$

Ejercicios

Razones trigonométricas de un ángulo agudo

1. Calcula las razones trigonométricas de 25° utilizando los tres triángulos rectángulos y comprueba que obtienes el mismo resultado (mide los lados de los triángulos con la regla).

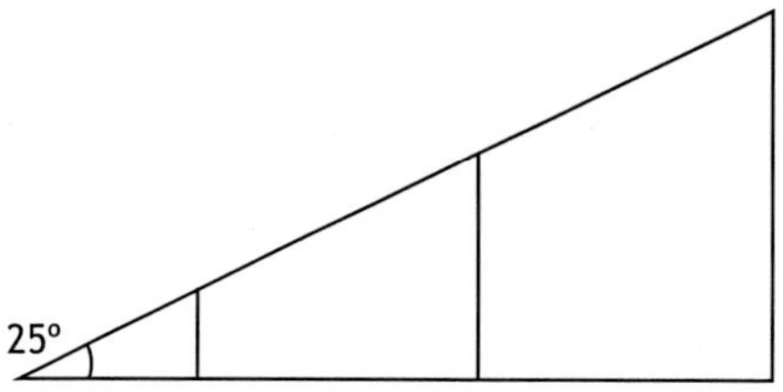

2. Calcula las razones trigonométricas de los ángulos α y β:

a)

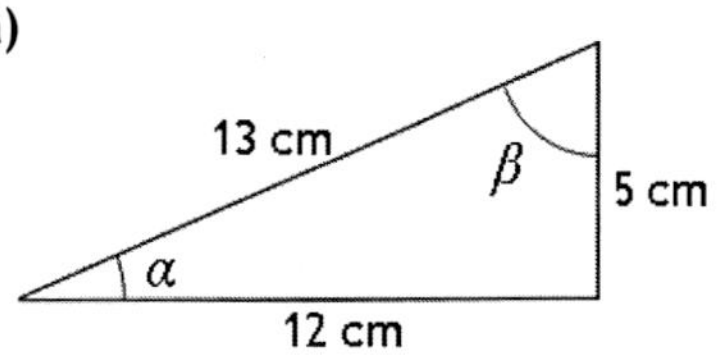

b)

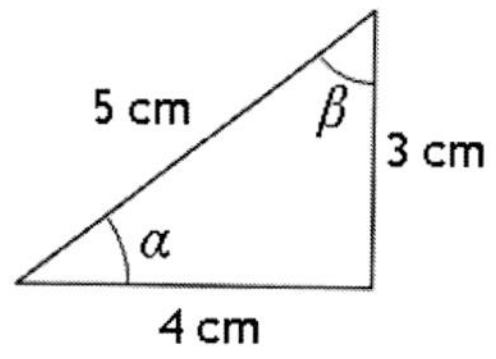

3. Encuentra las razones trigonométricas de los ángulos señalados:

a)

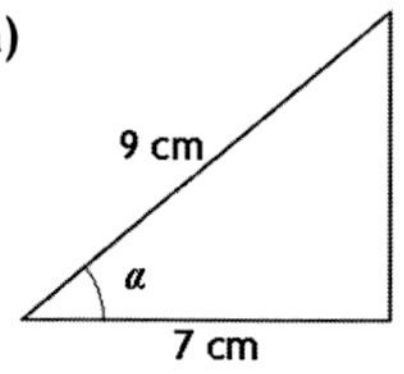

b)

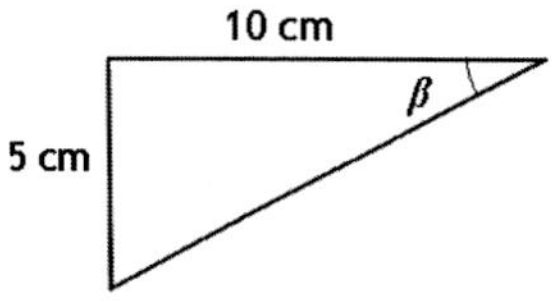

c)

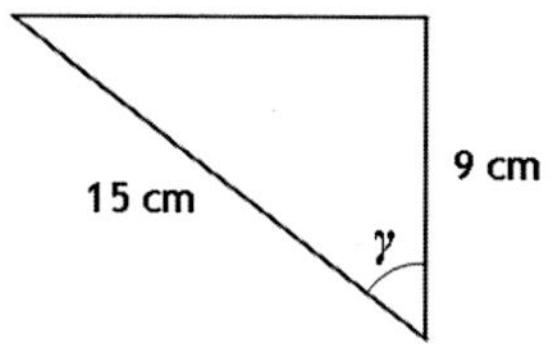

4. Calcula las siguientes razones trigonométricas utilizando la calculadora. Redondea los resultados a las milésimas:

a) sin 15° =

b) cos 38° =

c) tg 25° =

d) sin 82° =

e) cos 76° =

f) tg 59° =

g) sin 18,5° =

h) cos 70° 57' 25'' =

i) tg 75° 50'' =

5. Con ayuda de la calculadora, calcula el valor de un ángulo α, menor o igual que 90°, que tenga la razón trigonométrica que se indica:

a) sin α = 0,93969262

b) cos α = 0,9

c) tg α = 1,191753593

d) sin α = 0,68199836

e) cos α = 5

f) tg α = 2

g) cos α = 0,819152044

h) sin α = 1

i) tg α = 0,3

5.4 RESOLUCIÓN DE TRIÁNGULOS RECTÁNGULOS

Resolver un triángulo consiste en determinar todos sus elementos (lados y ángulos). Mediante la trigonometría podemos resolver un triángulo rectángulo si conocemos dos de sus elementos, uno de los cuales, al menos, debe ser un lado*.

> **!** * **Nota:** Si únicamente conocemos los tres ángulos, no podremos determinar los lados, ya que hay infinitos triángulos, todos iguales entre ellos, con los mismos ángulos.
>
> **Ejemplo:**
>
> 
>
> Los ángulos de estos dos triángulos miden lo mismo, pero los lados, no.

El cuadro siguiente muestra las fórmulas que se utilizan para resolver triángulos rectángulos. La nomenclatura utilizada normalmente es la que se presenta en el triángulo del cuadro: los ángulos se representan con letras mayúsculas A (ángulo recto), *B* y *C* (ángulos agudos), y los lados se representan con letras minúsculas a (hipotenusa), *b* y *c* (catetos opuestos a los ángulos *B* y *C*, respectivamente).

Fórmulas:

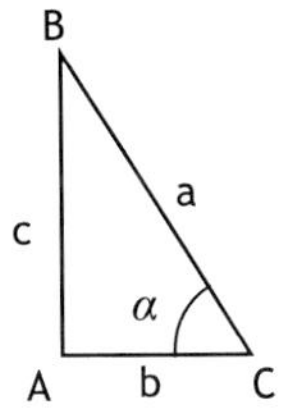

$$\operatorname{sen}\alpha = \frac{\text{cateto opuesto}}{\text{hipotenusa}} = \frac{c}{a}$$

$$\cos\alpha = \frac{\text{cateto contiguo}}{\text{hipotenusa}} = \frac{b}{a}$$

$$\operatorname{tg}\alpha = \frac{\text{cateto opuesto}}{\text{cateto contiguo}} = \frac{c}{b}$$

$$A + B + C = 180^o$$

$$si\ A = 90^o \rightarrow B + C = 90^o$$

$$a^2 = b^2 + c^2 \quad (\text{teorema de Pitágoras})$$

Estudiemos los diferentes casos en los siguientes ejemplos.

! **Nota:** En ocasiones hay más de una manera de obtener un elemento, pero es preferible utilizar los datos que nos da el problema, siempre que sea posible, que los que ya hemos calculado nosotros (que podrían ser erróneos).

Ejemplos:

1) Conocemos la hipotenusa y un cateto

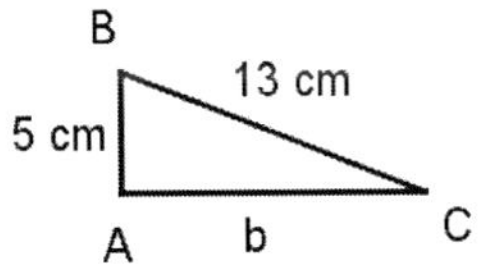

- Calculamos *b*, aplicando el teorema de Pitágoras:

$$b = \sqrt{13^2 - 5^2} = \sqrt{169 - 25} = \sqrt{144} = 12\ cm$$

- Calculamos *B*:

Usaremos cos B, ya que el coseno es la razón trigonométrica que relaciona los dos datos conocidos (hipotenusa y cateto contiguo a B) con el desconocido (B).

$$B = \frac{5}{13} = 0,38 \rightarrow B = 67,38^o$$

- Calculamos *C*: $C = 90^o - B \rightarrow C = 90^o - 67,38^o = 22,62^o \rightarrow C = 22,62^o$

2) Conocemos los dos catetos

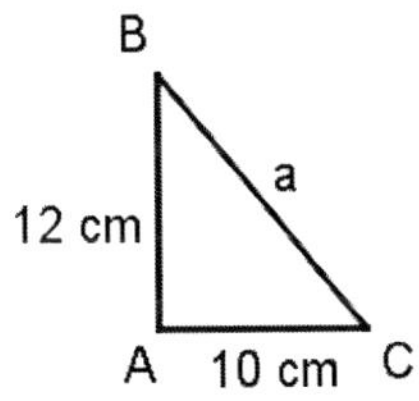

- Calculamos *a*, aplicando el teorema de Pitágoras:

$$b = \sqrt{12^2 + 10^2} = \sqrt{144 + 100} = \sqrt{244} = 15,62\ cm$$

- Calculamos *B*:

Usaremos tg B, ya que la tangente es la razón trigonométrica que relaciona los dos datos conocidos (cateto opuesto y cateto contiguo a B) con el desconocido (B).

$$\operatorname{tg} B = \frac{10}{12} = 0,8\widehat{3} \rightarrow B = 39,81^o$$

- Calculamos C: $C = 90^o - B \rightarrow C = 90^o - 39,81^o = 50,19^o \rightarrow C = 50,19^o$

3) Conocemos un cateto y un ángulo agudo

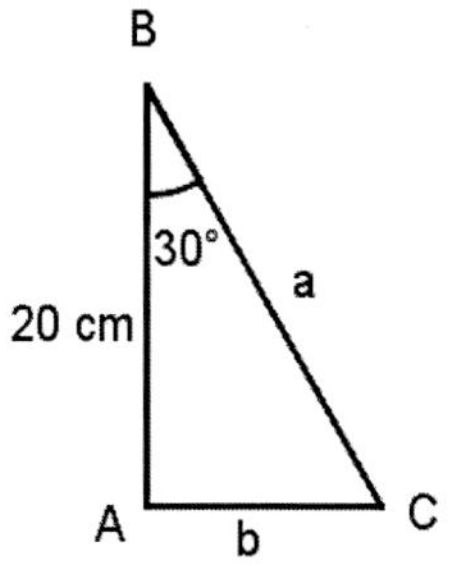

- Calculamos C: $C = 90° - B \rightarrow C = 90° - 30° = 60° \rightarrow C = 60°$
- Calculamos $\boldsymbol{a}$:

Usaremos cos B, ya que el coseno es la razón trigonométrica que relaciona los dos datos conocidos (B y cateto contiguo a B) con el desconocido (hipotenusa).

$$\cos 30° = \frac{20}{a} \rightarrow a = \frac{20}{\cos 30°} = 23{,}1cm \rightarrow a = 23{,}1cm$$

! Nota: Si el cateto conocido fuese el opuesto al ángulo conocido, usaríamos el seno, como en el ejercicio c).

- Calculamos $\boldsymbol{b}$: (usaremos tg B)

$$\text{tg}30° = \frac{b}{20} \rightarrow b = 20 \cdot \text{tg}30° = 11{,}55 \rightarrow b = 11{,}55$$

4) Conocemos la hipotenusa y un ángulo agudo

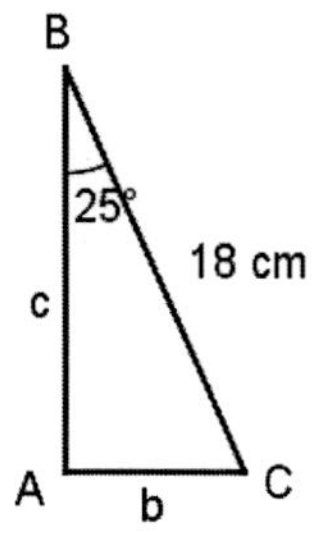

- Calculamos C: $C = 90° - B \rightarrow C = 90° - 25° = 65° \rightarrow C = 65°$
- Calculamos b:

Usaremos sen B, ya que el seno es la razón trigonométrica que relaciona los dos datos conocidos (B y la hipotenusa) con el desconocido (cateto opuesto).

$$\text{sen}\,25° = \frac{b}{18} \rightarrow b = 18 \cdot \text{sen}25° = 7{,}6m \rightarrow b = 7{,}6m$$

- Calculamos $\boldsymbol{c}$: (usaremos cos B)

$$\cos 25° = \frac{c}{18} \rightarrow c = 18 \cdot \cos 25° = 16{,}31 \rightarrow c = 16{,}31\ cm$$

✓ **Ejercicios:** Resuelve los siguientes triángulos rectángulos:

a)

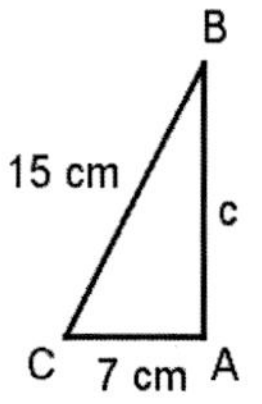

b)

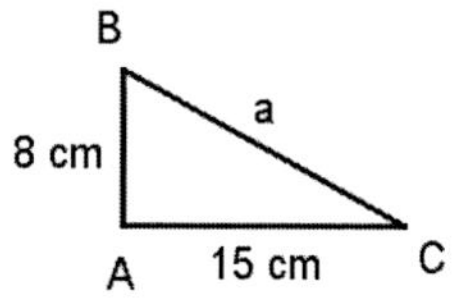

c)

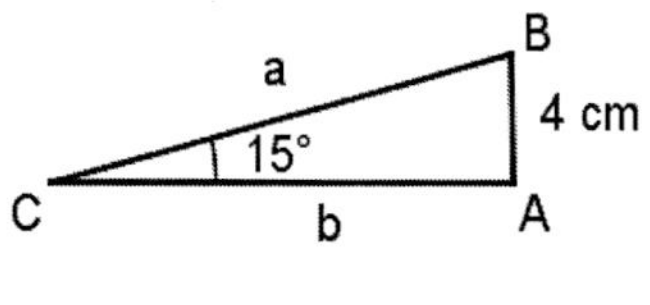

d)

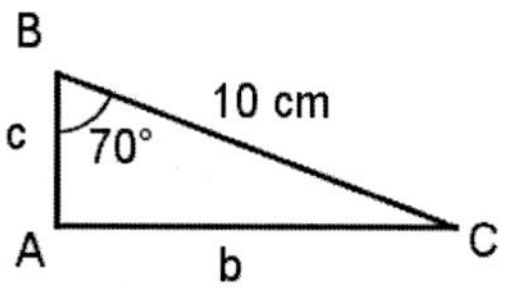

Sol.: a) C = 62,18°; B = 27,82°; $\boldsymbol{c}$ = 13,27 cm   b) C = 28,07°; B = 61,93°; $\boldsymbol{a}$ = 17 cm

c) B = 75°; $\boldsymbol{b}$ = 14,93 cm; $\boldsymbol{a}$ = 15,45 cm   d) C = 20°; $\boldsymbol{b}$ = 9,4 cm; $\boldsymbol{c}$ = 3,42 cm

5.4.1 Problemas en los que se aplica la resolución de triángulos rectángulos

Veamos ejemplos de problemas que se resuelven utilizando la trigonometría, en particular, la resolución de triángulos rectángulos.

Ejemplos:

1) Situados a 10 m del pie de un árbol, vemos su extremo superior bajo un ángulo de 70° (ángulo que forma la visual con la horizontal, también conocido como ángulo de elevación). Calcula la altura del árbol.

La razón trigonométrica que relaciona los datos conocidos (un ángulo y el cateto contiguo) y el desconocido (el cateto opuesto) es la tangente:

$$\text{tg}\,70^\circ = \frac{x}{10} \rightarrow x = 10 \cdot \text{tg}\,70^\circ = 27,47\,m$$

La altura del árbol es **27,47 m**

2) Calcula el ángulo de elevación del Sol sobre el horizonte cuando una persona que mide 1,65 m proyecta una sombra de 1,25 m.

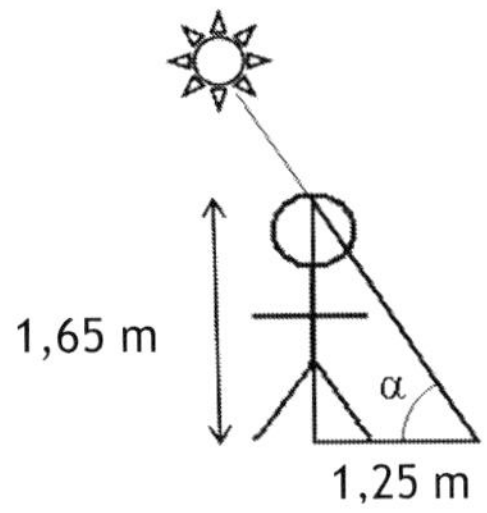

La razón trigonométrica que relaciona los datos conocidos (los dos catetos) y el desconocido (un ángulo) es la tangente:

$$\text{tg}\,\alpha = \frac{1,65}{1,25} = 1,32 \rightarrow \alpha = 52,85^\circ$$

La inclinación del Sol es de **52,85°** sobre el horizonte

3) Los dos lados iguales de un triángulo isósceles miden 10 m y forman un ángulo de 50°. Calcula el otro lado y el área del triángulo.

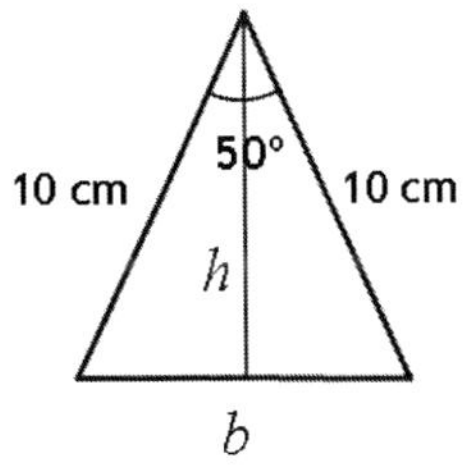

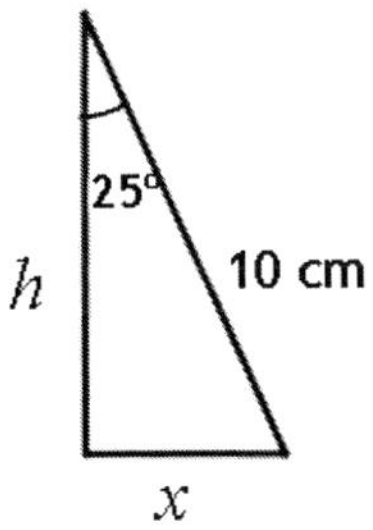

La altura correspondiente al ángulo diferente divide un triángulo isósceles en dos triángulos iguales.

- Calculamos la altura del triángulo (h) utilizando el coseno:

$$\cos 25^\circ = \frac{h}{10} \rightarrow h = 10 \cdot \cos 25^\circ = 9,06\ m$$

- Calculamos x (la mitad de la base del triángulo), usando el seno:

$$\text{sen}\,25^\circ = \frac{x}{10} \rightarrow x = 10 \cdot \text{sen}\,25^\circ = 4,23\ m$$

- Calculamos la base (lado desigual) $b = 2x$: $b = 2 \cdot 4{,}23 = 8{,}46\ m$

- Calculamos el área del triángulo: $A = \dfrac{8,46 \cdot 9,06}{2} = 38,32\,m^2$

El lado desigual mide **8,46 m** y el área **38,32 m²**

4) Calcula el área de un pentágono regular de 8 cm de lado.

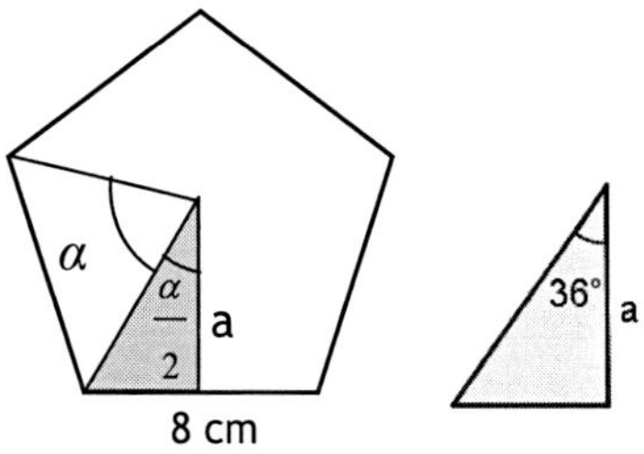

Para calcular el área, previamente debemos calcular la apotema. Para hacerlo, utilizamos el triángulo rectánculo gris del dibujo, del cual conocemos un cateto (la mitad del lado) y podemos conocer un ángulo (la mitad del ángulo central).

- Calculamos el ángulo central α:

$$\alpha = \frac{360}{\text{Nro. lados}} = \frac{360}{5} = 72^{\circ} \rightarrow \frac{\alpha}{2} = 36^{\circ}$$

- Calculamos la apotema:

$$\operatorname{tg} 36 = \frac{4}{a} \rightarrow a = \frac{4}{\operatorname{tg} 36} = 5{,}51\ cm$$

- Calculamos el área:

$$A = \frac{P \cdot a}{2} = \frac{40 \cdot 5{,}51}{2} = 110{,}2\ cm^2$$ El lado mide **110,2 cm²**

5) Observamos el punto más alto de un edificio bajo un ángulo de 70°. Si nos alejamos 30 m, lo observamos bajo un ángulo de 30°. ¿Qué altura tiene el edificio?

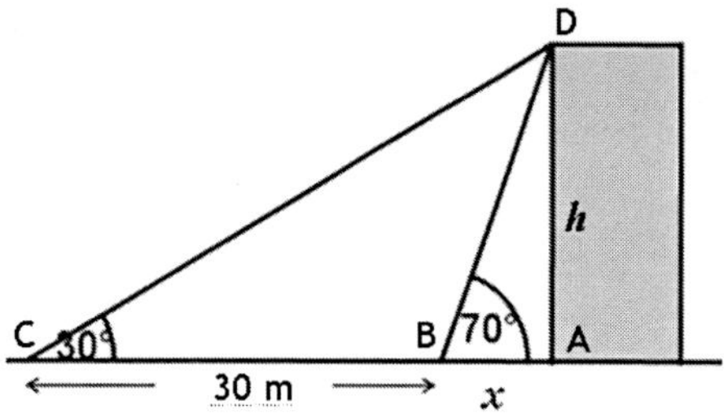

En este esquema hay dos triángulos rectángulos: el triángulo ABD y el triángulo ACD.

Utilizando un solo triángulo rectángulo no podemos resolver el problema, ya que no tenemos datos suficientes.

Debemos plantear un sistema de dos ecuaciones con dos incógnitas (h y x), utilizando un triángulo rectángulo para cada ecuación.

La razón trigonométrica que utilizaremos es la tangente, ya que los datos desconocidos son los catetos.

- Planteamos el sistema y lo resolvemos por igualación:

$$\begin{cases} \mathbf{tg\,70^{\circ}} = \dfrac{\boldsymbol{h}}{\boldsymbol{x}} \xrightarrow{\text{aislamos } h} h = x \cdot \operatorname{tg} 70^{\circ\,*} \\ \mathbf{tg\,30^{\circ}} = \dfrac{\boldsymbol{h}}{\boldsymbol{x+30}} \xrightarrow{\text{aislamos } h} h = (x+30) \cdot \operatorname{tg} 30^{\circ} \end{cases} \rightarrow \text{igualamos: } x \cdot \operatorname{tg} 70^{\circ} = (x+30) \cdot \operatorname{tg} 30^{\circ}$$

- Resolvemos la ecuación para calcular x:

$$x \cdot \operatorname{tg} 70^{\circ} = (x+30) \cdot \operatorname{tg} 30^{\circ} \rightarrow x \cdot \operatorname{tg} 70^{\circ} = x \cdot \operatorname{tg} 30^{\circ} + 30 \cdot \operatorname{tg} 30^{\circ} \rightarrow x \cdot \operatorname{tg} 70^{\circ} - x \cdot \operatorname{tg} 30^{\circ} = 30 \cdot \operatorname{tg} 30^{\circ}$$

$$\rightarrow x \cdot (\operatorname{tg} 70^{\circ} - \operatorname{tg} 30^{\circ}) = 30 \cdot \operatorname{tg} 30^{\circ} \rightarrow x = \frac{30 \cdot \operatorname{tg} 30^{\circ}}{\operatorname{tg} 70^{\circ} - \operatorname{tg} 30^{\circ}}$$

- Sustituimos* para calcular h:

$$h = x \cdot \operatorname{tg} 70^{\circ} \rightarrow \frac{30 \cdot \operatorname{tg} 30^{\circ}}{\operatorname{tg} 70 - \operatorname{tg} 30^{\circ}} \cdot \operatorname{tg} 70^{\circ} = \frac{30 \cdot \operatorname{tg} 30^{\circ} \cdot \operatorname{tg} 70^{\circ}}{\operatorname{tg} 70^{\circ} - \operatorname{tg} 30^{\circ}} \rightarrow h = \frac{30 \cdot \operatorname{tg} 30^{\circ} \cdot \operatorname{tg} 70^{\circ}}{\operatorname{tg} 70^{\circ} - \operatorname{tg} 30^{\circ}} = 21{,}93\, m$$

6) Un palo está sujeto por dos cables, tal como refleja la figura. Calcula la altura del palo:

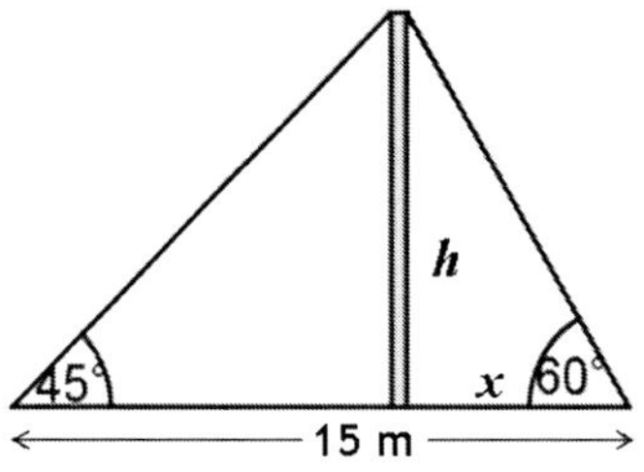

Planteamos el sistema y lo resolvemos por igualación:

$$\begin{cases} \mathbf{tg\,60^o = \dfrac{h}{x}} \xrightarrow{\text{despejamos } h} h = x \cdot \text{tg}\,60^o\,^* \\ \mathbf{tg\,45^o = \dfrac{h}{15 - x}} \xrightarrow{\text{despejamos } h} h = (15 - x) \cdot \text{tg}\,45^o \end{cases}$$

$\rightarrow$ Igualamos: $x \cdot \text{tg}\,60^o = (15 - x) \cdot \text{tg}\,45^o$

- Resolvemos la ecuación para calcular x:

$$x \cdot \text{tg}\,60^o = (15 - x) \cdot \text{tg}\,45^o \rightarrow x \cdot \text{tg}\,60^o = 15 \cdot \text{tg}\,45^o - x \cdot \text{tg}\,45^o \rightarrow x \cdot \text{tg}\,60^o + x \cdot \text{tg}\,45^o = 15 \cdot \text{tg}\,45^o$$

$$\rightarrow x \cdot (\text{tg}\,60^o + \text{tg}45^o) = 15 \cdot \text{tg}\,45^o \rightarrow x = \frac{15 \cdot \text{tg}\,45^o}{\text{tg}\,60^o + \text{tg}\,45^o}$$

- Sustituimos * para calcular h:

$$h = x \cdot \text{tg}\,60 = \frac{15 \cdot \text{tg}\,45}{\text{tg}\,60 + \text{tg}\,45} \cdot \text{tg}\,60 = \frac{15 \cdot \text{tg}\,45 \cdot \text{tg}\,60}{\text{tg}\,60 + \text{tg}\,45} \rightarrow h = \frac{15 \cdot \text{tg}\,45 \cdot \text{tg}\,60}{\text{tg}\,60 + \text{tg}\,45} = \frac{15 \cdot \sqrt{3}}{\sqrt{3} + 1} = 9{,}51\ m$$

Ejercicios

Resolución de triángulos rectángulos

1. En los triángulos siguientes, calcula el valor del ángulo desconocido:

	A	B	C
Triángulo 1	58°		25°
Triángulo 2		32°	86°
Triángulo 3	110° 63' 22''	50° 27' 61''	

2. Resuelve los siguientes triángulos rectángulos:

a)

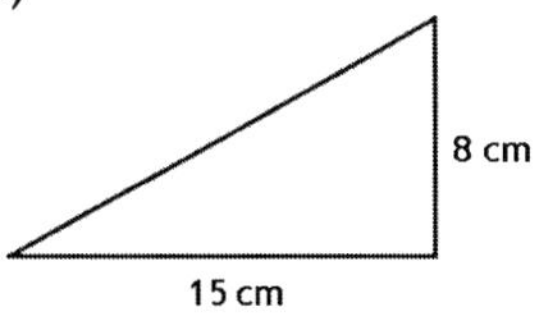

b)

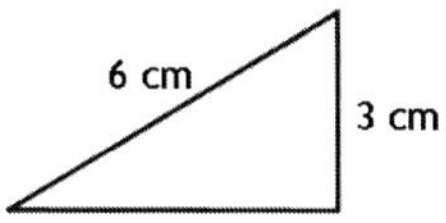

c)

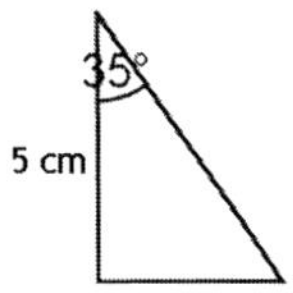

d)

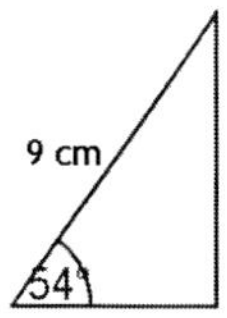

3. Resuelve los siguientes triángulos rectángulos:

a) a = 41 cm b = 40 cm
b) C = 75° a = 4 cm
c) B = 45° b = 2,5 cm
d) b = 7 cm c = 24 cm
e) a = 11 cm b = 6 cm
f) b = 40 cm c = 40 cm
g) B = 38° 25' 40'' a = 8,25 cm
h) C = 42° 31' b = 125 cm
i) B = $\dfrac{2\pi}{5}$ rad c = 125 cm
j) C = $\dfrac{\pi}{12}$ rad c = 10 cm

4. Calcula los catetos de un triángulo rectángulo isósceles de hipotenusa 12 cm.

5. Calcula la altura de un campanario si a 10 m de su base observamos el punto más alto bajo un ángulo de 65° (ángulo que forma la visual con la horizontal, también conocido como ángulo de elevación).

6. Calcula la altura a la que llega una escalera de 4 m apoyada en una pared y que forma un ángulo con el suelo de 60°.

7. Un tramo recto de carretera de 150 m salva un desnivel de 25 metros Calcula el ángulo de inclinación de la carretera.

Ejercicios

8. Un coche sube por una carretera que tiene una pendiente de 8,5°. ¿Cuántos metros habrá subido en vertical (h) cuando haya recorrido 135 m?

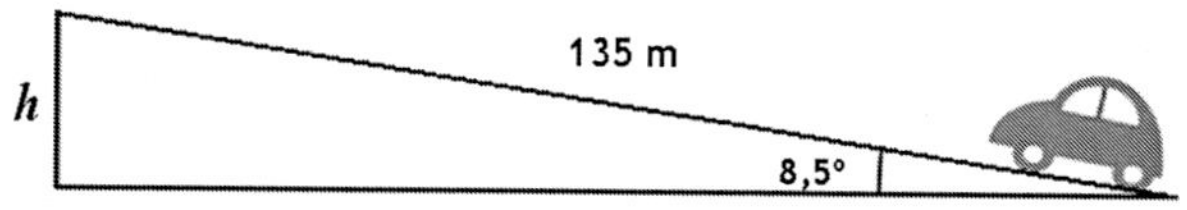

9. Una excursionista ha bajado desde la cima de una montaña hasta un collado en línea recta. Si sabemos que ha descendido 125 m en vertical y que la pendiente del tramo que ha bajado es de 20°, ¿qué distancia ha recorrido?

10. La sombra de un edificio es de 10 m cuando el ángulo de elevación del sol (ángulo que forman los rayos solares con la Tierra) es de 70°. Calcula la altura del edificio.

11. ¿Cuál es el ángulo de elevación del sol en el momento en el que la sombra de un palo mide el doble que su altura?

12. Una niña está volando una cometa con un cordel de 50 m. El cordel, que está totalmente estirado, tiene una inclinación respecto a la horizontal de 45°. Si sabemos que la mano con la que la niña vuela la cometa se encuentra a una altura de 1,1 m de altura, ¿a qué altura se encuentra la cometa?

13. Desde un faro, que se encuentra a 46 m sobre el nivel del mar, se ve un barco bajo un ángulo de 35° (ángulo que forma la visual con la horizontal, también conocido como ángulo de depresión). ¿A qué distancia de la vertical del faro (x) se encuentra el barco?

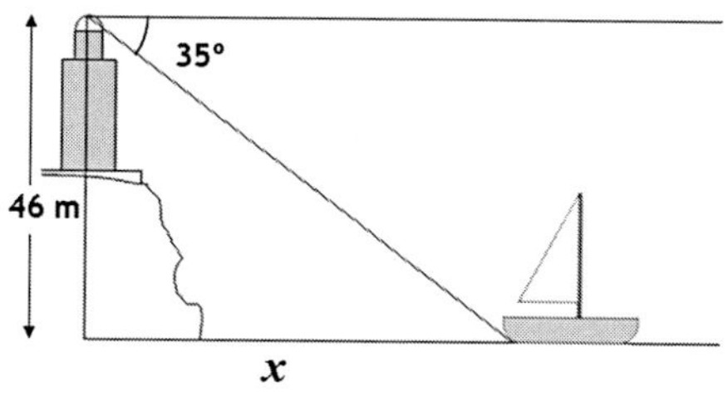

14. Cuando un avión vuela sobre una ciudad A, el ángulo de depresión (medido desde el avión) de otra ciudad B es de 22°. Calcula la altura a la que vuela el avión y la distancia del avión a la ciudad B, sabiendo que la distancia en línea recta entre las dos ciudades es de 19 km.

15. Nos encontramos en el punto A, a la orilla de un lago, y queremos encontrar la distancia, d, del punto A al punto B. Calcula d a partir de las medidas indicadas en el dibujo.

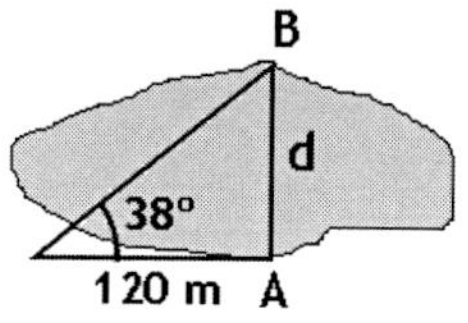

16. Calcula el área y el perímetro de un triángulo isósceles de lado desigual 12 cm y ángulo desigual 30°.

17. Calcula el área de un triángulo isósceles si los lados iguales miden 7 cm y los ángulos iguales miden 74°.

18. El ángulo desigual de un triángulo isósceles mide 44° y la altura del triángulo es de 6 cm. Calcula los lados del triángulo.

19. Un trípode, cuyas patas miden 50 cm, se abre de manera que el ángulo que forman cada par de patas es el mismo. Calcula este ángulo, sabiendo que la distancia que separa cada par de patas es de 30 cm.

20. Abrimos un compás de modo que sus brazos, que miden 15 cm, forman un ángulo de 35°. Calcula la distancia que separa las puntas del compás.

21. Calcula los ángulos de un rombo cuyas diagonales miden 20 cm y 16 cm.

Ejercicios

22. Calcula el área de un rombo, si el lado mide 17 cm y uno de sus ángulos internos es de 38°.

23. Calcula el área de un hexágono regular de 2 m de lado.

24. Calcula el área de un octógono regular de 5 cm de radio.

25. Calcula el área y el perímetro de un decágono regular inscrito en un círculo de 13 cm de radio.

26. Con los datos de la figura, calcula:

a) a

b) B

c) C

d) D

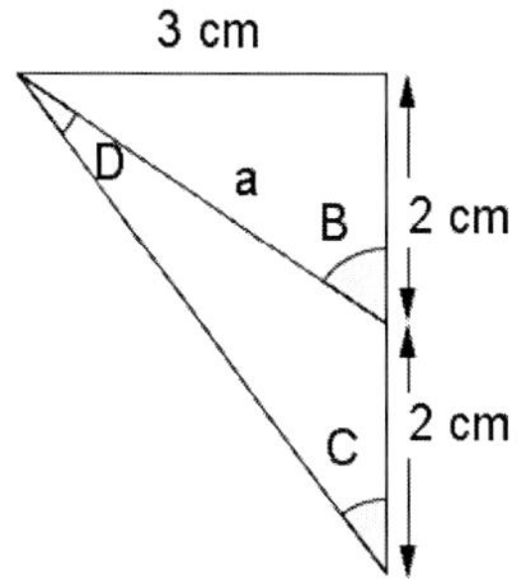

27. Para conocer la anchura de un río (x) y la altura de un árbol (h) que se encuentra en la orilla opuesta procedemos de la siguiente manera: nos situamos enfrente del árbol y medimos el ángulo de elevación en su parte más alta (52°). Nos alejamos 15 m en dirección perpendicular a la orilla del río y volvemos a medir el ángulo de elevación (26°). Calcula la anchura del río y la altura del árbol.

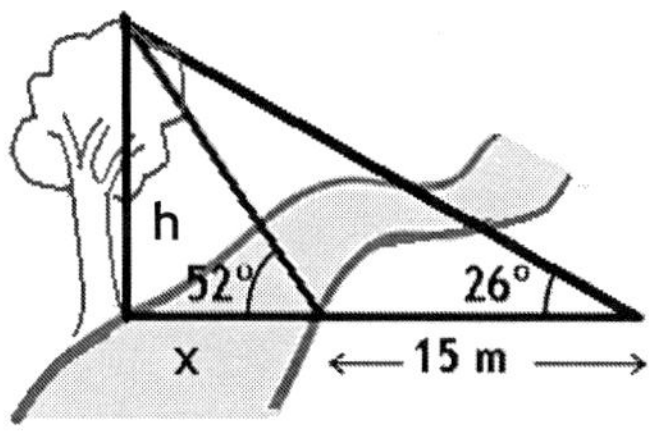

28. Desde la orilla de un río vemos un punto situado en la otra orilla bajo un ángulo de 65° (ángulo que forma la visual con la orilla del río en la que nos encontramos). Nos alejamos 25 m por la orilla del río y observamos el mismo punto bajo un ángulo de 40°. Calcula la anchura (x) del río.

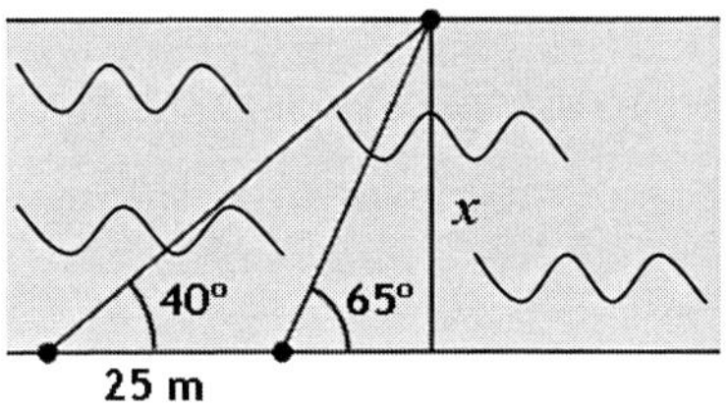

29. ¿A qué altura vuela el pájaro?

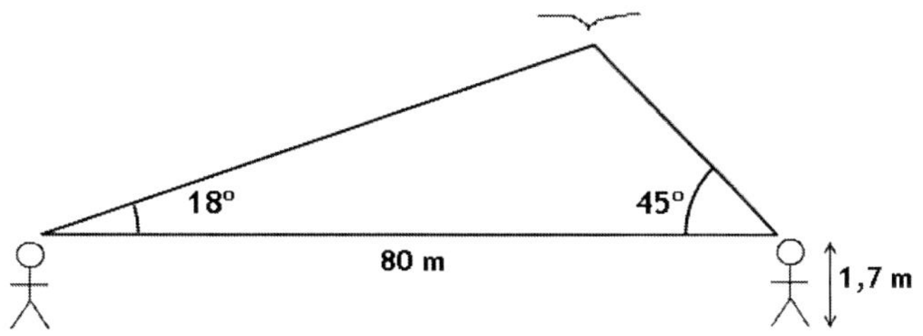

30. Una antena está fijada al suelo por dos cables que forman con la antena ángulos de 28° y 50°. La distancia entre los puntos de sujeción de los cables al suelo (alineados con el pie de la antena) es de 100 m. Calcula la altura de la antena.

Ejercicios

31. El ángulo bajo el que se ve la torre de un faro desde un barco mide 40°. Cuando el barco se acerca 150 m, este ángulo es de 55°. Calcula la altura de la torre del faro sobre el nivel del mar.

32. Un avión vuela entre dos ciudades, A y B (en su plano vertical), que distan 27 km. Los ángulos de elevación del avión desde A y B (ángulos que forman las visuales del avión respecto de la horizontal) son de 30° y 45°, respectivamente. Calcula a qué altura vuela el avión y a qué distancia se encuentra el avión de cada ciudad.

33. El ángulo bajo el que vemos la cima de una montaña desde un punto situado al nivel del mar es de 27°. Si caminamos 2.000 m en línea recta y en dirección hacia la montaña, todavía nos encontramos al nivel del mar y el ángulo bajo el que vemos la cima es de 48°. Calcula la altura de la montaña.

5.5 RAZONES TRIGONOMÉTRICAS DE UN ÁNGULO CUALQUIERA

5.5.1 Circunferencia goniométrica

Una circunferencia goniométrica o trigonométrica es una circunferencia de radio 1 centrada en el origen de coordenadas que se utiliza para representar ángulos y sus razones trigonométricas.

Los ángulos que se representen tienen las siguientes características:

- Son ángulos centrales (con el vértice en el centro de la circunferencia).
- Tienen un lado sobre la parte positiva del eje 0X.
- Se miden en sentido directo (sentido contrario al de las agujas del reloj) desde el eje 0X.

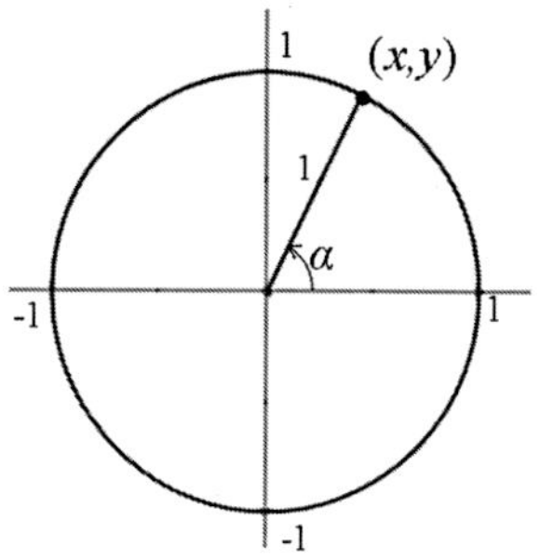

A cada ángulo le corresponde un punto (x,y) de la circunferencia.

5.5.2 Definición de las razones trigonométricas a partir de la circunferencia goniométrica

Podemos definir las razones trigonométricas de un ángulo cualquiera utilizando la circunferencia goniométrica.

Seno y coseno

El coseno y seno de α se definen como las coordenadas (x,y) del punto que corresponden al ángulo α:

$$(x, y) = (\cos\alpha, \operatorname{sen}\alpha) \rightarrow \begin{cases} x = \cos\alpha \\ y = \operatorname{sen}\alpha \end{cases}$$

Si calculamos el seno y coseno de α a partir del triángulo gris de la figura de la derecha, de hipotenusa 1, obtenemos el mismo resultado:

$$\operatorname{sen}\alpha = \frac{\text{cateto opuesto}}{\text{hipotenusa}} = \frac{y}{1} = y$$

$$\cos\alpha = \frac{\text{cateto contiguo}}{\text{hipotenusa}} = \frac{x}{1} = x$$

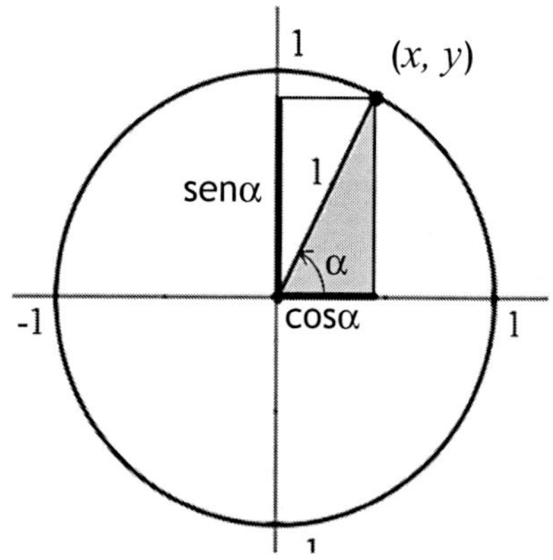

Tangente

La tangente se define como el cociente del seno entre el coseno:

$$tg\,\alpha = \frac{sen\alpha}{cos\alpha}$$

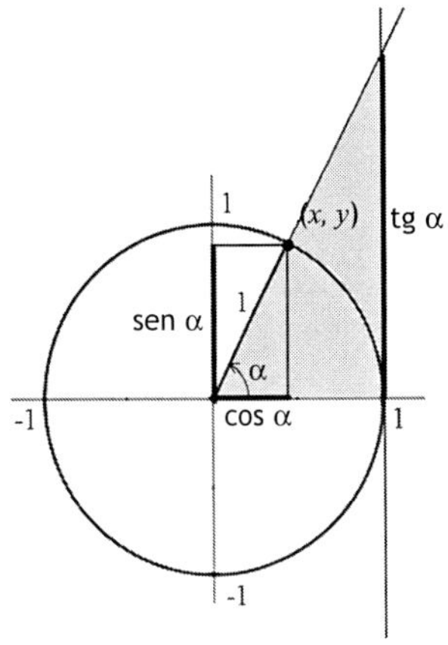

Gráficamente, la podemos representar en la circunferencia goniométrica tal como se indica en la figura de la derecha. La tangente es la longitud del segmento que une el punto (1,0) con el punto de intersección entre la recta perpendicular al eje 0X que pasa por el punto (1,0) y la prolongación del lado del ángulo que no se encuentra sobre el eje 0X.

Si calculamos la tangente de α a partir del triángulo rectángulo gris de la figura, obtenemos el mismo resultado:

$$\mathrm{tg}\,\alpha = \frac{cateto\,opuesto}{cateto\,contiguo} = \frac{cateto\,opuesto}{1} = cateto\,opuesto$$

Representación de las razones trigonométricas de ángulos situados en diferentes cuadrantes

Primer cuadrante	Segundo cuadrante	Tercer cuadrante	Cuarto cuadrante
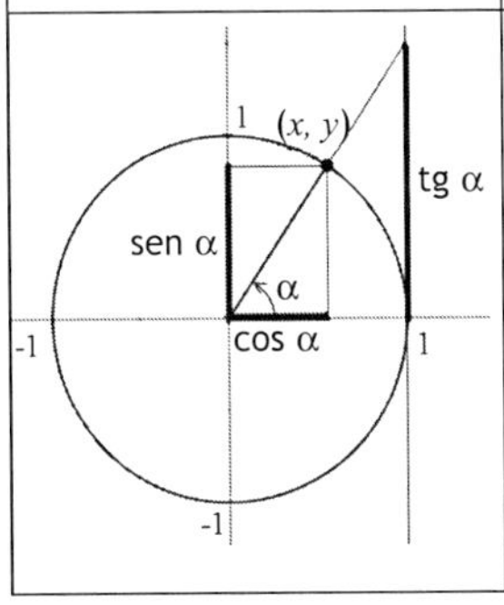	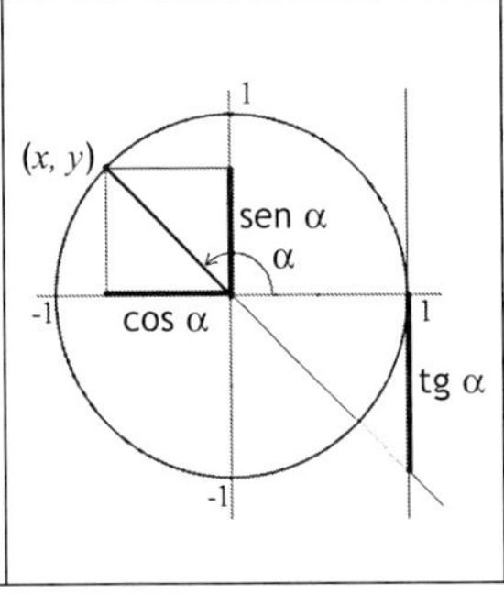	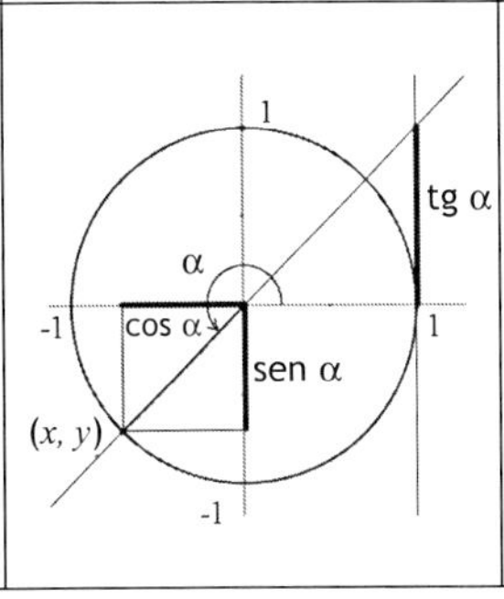	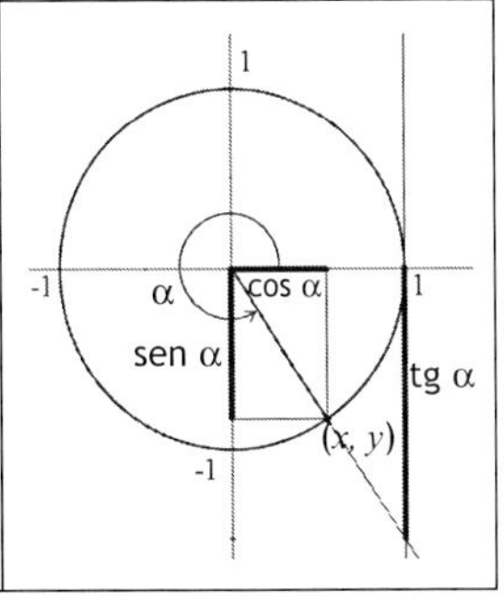

! Nota: Si el segmento que representa la tangente queda situado en el cuarto cuadrante, significa que la tangente es negativa.

✓ Ejercicio: Representa en la circunferencia goniométrica los siguientes ángulos y sus razones trigonométricas:

a) 45°   b) 150°   c) 200°   d 300°

Ángulos negativos

Se considera que los ángulos negativos son los que se miden en el sentido de las agudas del reloj, al contrario que los positivos. Un ángulo negativo $-\alpha$ es equivalente a $360° - \alpha$.

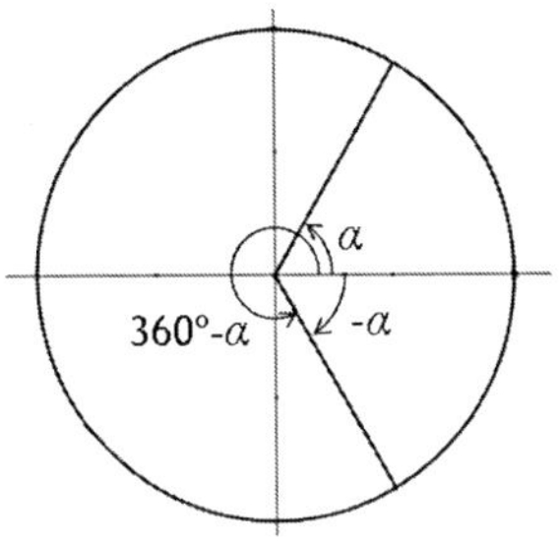

$$-\alpha = 360 - \alpha$$

! Nota: α y $-\alpha$ se conocen como **ángulos opuestos**.

5.5.3 Propiedades de las razones trigonométricas de un ángulo cualquiera

De las representaciones del apartado anterior, podemos deducir las siguientes propiedades:

- El seno y el coseno toman valores entre –1 y 1:

$$-1 \leq \operatorname{sen} \alpha \leq 1 \qquad -1 \leq \cos \alpha \leq 1$$

- El signo de las razones trigonométricas va variando en función del cuadrante en el que se encuentra situado el ángulo, tal como se muestra en el siguiente esquema:

sen α	cos α	tg α
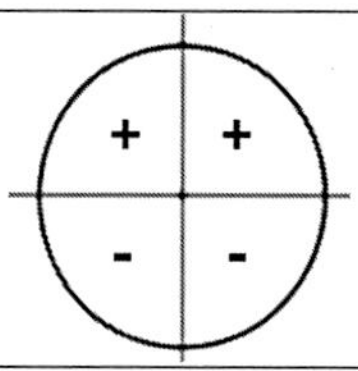	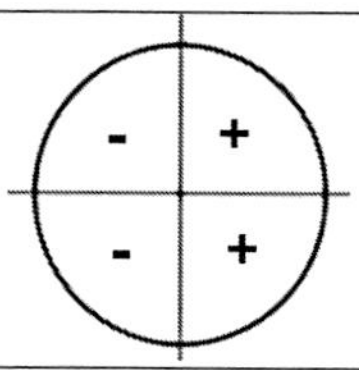	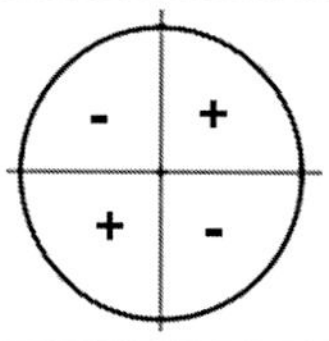

- Las razones trigonométricas de 0°, 90°, 180° y 270° son:

	0°	90°	180°	270°
sen α	0	1	0	–1
cos α	1	0	–1	0
tg α	0	∄*	0	∄*

! Nota: La tangente de 90° y 180° no se puede calcular, ya que el coseno de estos dos ángulos es igual a 0 y no podemos dividir por 0:

$$\operatorname{tg} 90^0 = \frac{\operatorname{sen} 90^0}{\cos 90^0} = \frac{1}{0} \nexists \qquad \operatorname{tg} 270^0 = \frac{\operatorname{sen} 270^0}{\cos 270^0} = \frac{-1}{0} \nexists$$

Gráficamente, tampoco se puede representar, porque la prolongación del lado del ángulo es paralela a la recta perpendicular al eje 0X y que pasa por (1,0).

5.5.4 Cálculo del ángulo a partir de la razón trigonométrica

En el apartado *Razones trigonométricas de un ángulo agudo* hemos visto que utilizando la calculadora (con las teclas $\sin^{-1}$, $\cos^{-1}$ y $\tan^{-1}$), podemos calcular un ángulo agudo conociendo una de sus razones trigonométricas.

Sin embargo, ahora hemos visto que puede haber dos ángulos que tengan la misma razón trigonométrica. La calculadora solo nos da una solución. La otra solución posible la deberemos calcular nosotros utilizando las relaciones del apartado anterior (o deduciéndolas con la circunferencia goniométrica). Veámoslo:

Suponemos que conocemos una razón trigonométrica de α y x es la solución que nos da la calculadora.

Conocemos **sen α**	Conocemos **cos α**	Conocemos **tg α**
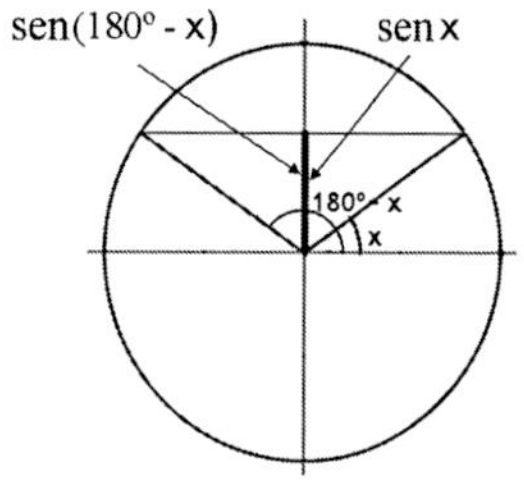	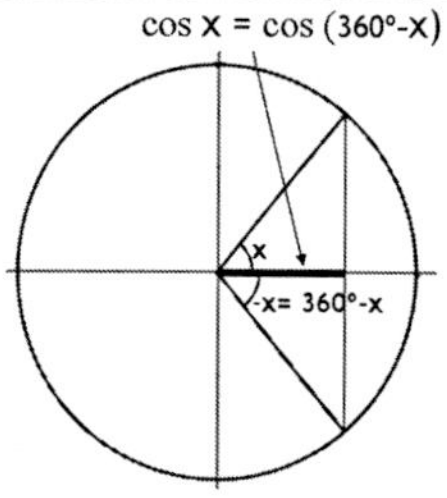	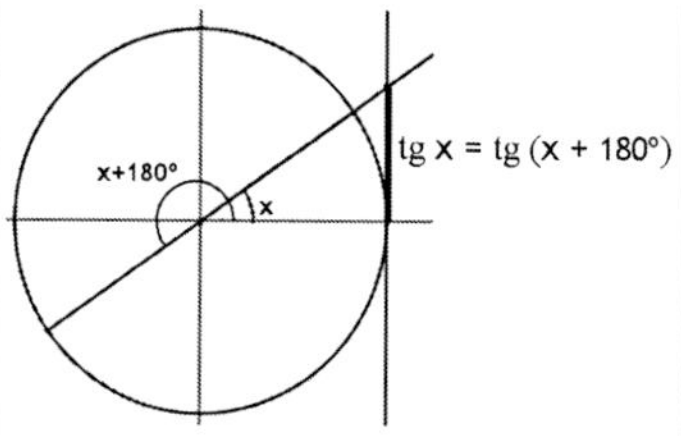
Los ángulos suplementarios tienen el mismo seno: $\alpha = \begin{cases} x \\ 180^\circ - x \end{cases}$	Los ángulos opuestos tienen el mismo coseno: $\alpha = \begin{cases} x \\ -x = 360^\circ - x \end{cases}$	Los ángulos que se diferencian en 180° tienen la misma tangente: $\alpha = \begin{cases} x \\ x + 180^\circ \end{cases}$

Ejemplos: Calcula y dibuja los ángulos α, comprendidos entre 0° y 360°, que verifiquen la condición

a) sen α = 0,5	b) cos α = 0,8	c) tg α = 1
$\alpha = \begin{cases} 30^\circ \text{ (solución calculadora)} \\ 180^\circ - 30^\circ = 150^\circ \end{cases}$ 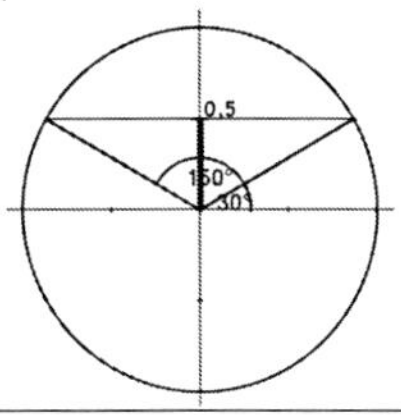	$\alpha = \begin{cases} 36,87^\circ \text{ (solución calculadora)} \\ -36,87^\circ = 323,13^\circ \end{cases}$ 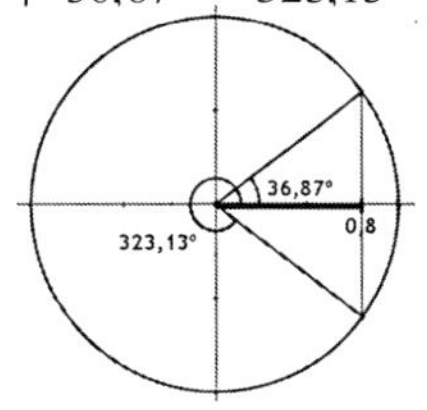	$\alpha = \begin{cases} 45^\circ \text{ (solución calculadora)} \\ 180^\circ + 45^\circ = 225^\circ \end{cases}$ 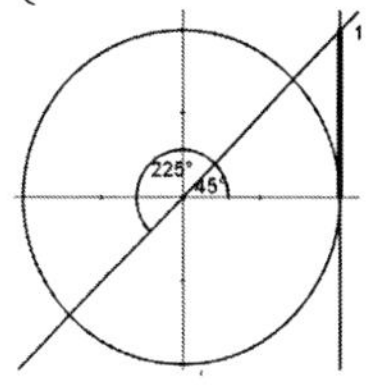

✓ **Ejercicio:** Calcula y dibuja los ángulos α, comprendidos entre 0° y 360°, que verifiquen la condición:

a) sen α = 0,75 b) cos α = 0,5 c) tg α = –1 d) sen α = – 0,5 e) sin α = 1

Sol.: a) 48,59° y 131,41° **b)** 60° y 300° **c)** 135° y 315° **d)** 210° y 330° **e)** 90°

Así, cuando calculamos el ángulo a partir de la razón trigonométrica, hay dos soluciones (dos ángulos con la misma razón), excepto en los siguientes casos:

$\text{sen}\alpha = 1 \rightarrow \alpha = 90^\circ$ (*solución única*) $\cos\alpha = 1 \rightarrow \alpha = 0^\circ$ (*solución única*)

$\text{sen}\alpha = -1 \rightarrow \alpha = 270^\circ$ (*solución única*) $\cos\alpha = -1 \rightarrow \alpha = 180^\circ$ (*solución única*)

Ángulos que miden más de 360°

Cuando un ángulo α es mayor de 360°, se interpreta que ha dado una o varias vueltas completas a la circunferencia. Las razones trigonométricas de α serán las mismas que las del ángulo que queda después de dar las vueltas completas (este ángulo es el resto de la división α : 360).

Ejemplos:

1) **Calcula el ángulo comprendido entre 0° y 360° que tiene las mismas razones trigonométricas que el ángulo dado:**

a) 500° $\rightarrow 500 = 360 + \mathbf{140} \rightarrow \begin{cases} \text{sen } 500^\circ = \sin 140^\circ = 0.64 \\ \cos 500^\circ = \cos 140^\circ = -0,77 \\ \text{tg } 500^\circ = \text{tg } 140^\circ = -0,84 \end{cases}$ El ángulo que nos piden es 140°

b) 2450° $\rightarrow 2450^* = 6 \cdot 360 + \mathbf{290} \rightarrow \begin{cases} \text{sen } 2450^\circ = \sin 290^\circ = -0.94 \\ \cos 2450^\circ = \cos 290^\circ = 0,34 \\ \text{tg } 2450^\circ = \text{tg } 290^\circ = -2,75 \end{cases}$ El ángulo que nos piden es 290°

$^*2450 \,|\, 360$
$290 \quad 6$

2) **Encuentra todos los ángulos menores de 900° que cumplen que sen α = 0,5.**

Si calculamos con la calculadora el ángulo que tiene por seno 0,5, nos da 30°. La calculadora siempre da el ángulo entre 0° y 360°. El resto los calculamos sumando 360° (vueltas completes) las veces que haga falta:

$$\text{sen } \alpha = 0,5 \rightarrow \begin{cases} \alpha = 30^\circ + 360^\circ \cdot k \\ \alpha = 150^\circ + 360^\circ \cdot k \end{cases} \qquad k \in N$$

$\rightarrow \alpha$ puede tomar los siguientes valores: $\begin{cases} \mathbf{30^\circ};\ 30^\circ + 360^\circ = \mathbf{390^\circ};\ 30^\circ + 360^\circ \cdot 2 = \mathbf{750^\circ} \\ \mathbf{150^\circ};\ 150^\circ + 360^\circ = \mathbf{510^\circ};\ 30^\circ + 360^\circ \cdot 2 = \mathbf{870^\circ} \end{cases}$

✓ **Ejercicios:**

1. Calcula el ángulo comprendido entre 0° y 360° que tiene las mismas razones trigonométricas que 1.300°.
2. Encuentra todos los ángulos menores que 1.000° que cumplen que cos α = 0,5.

Sol.: 1. 220° **2.** 60°; 420°;780°; 300°; 660°

5.5.5 Relaciones fundamentales entre las razones trigonométricas de un mismo ángulo

Las razones trigonométricas de un ángulo verifican ciertas relaciones, que permiten encontrar el valor de una razón a partir del valor de otra. Las más importantes son:

- Fórmula fundamental de la trigonometría: $\boxed{\mathbf{sen}^2\alpha + \mathbf{cos}^2\alpha = 1}$

! Nota: Las potencias de las razones trigonométricas se escriben con el exponente antes del ángulo, de manera que no hace falta escribir los paréntesis: $(\sin\alpha)^2 = \sin^2\alpha$

La fórmula fundamental de la trigonometría permite calcular el valor del seno de un ángulo conocido su coseno (sin calculadora), o viceversa. Si despejamos el seno y el coseno, obtenemos:

$$\operatorname{sen}\alpha = \pm\sqrt{1-\cos^2\alpha} \qquad \cos\alpha = \pm\sqrt{1-\operatorname{sen}^2\alpha}$$

- Fórmula que relaciona la tangente con el seno y el cosenos:

$$\mathbf{tg}\,\alpha = \frac{\mathbf{sen}\,\alpha}{\mathbf{cos}\,\alpha}$$

Con las dos relaciones que hemos visto, podemos calcular dos razones trigonométricas de un ángulo, conociendo la tercera:

Ejemplos: Resuelve los siguientes ejercicios utilizando las relaciones entre las razones trigonométricas:

1) Encuentra las razones trigonométricas de los dos ángulos comprendidos entre 0° y 360° de seno:

$$\cos\alpha = \pm\sqrt{1-(-0,6)^2} = \pm 0,8 \rightarrow \begin{cases} \cos\alpha = 0,8 \rightarrow \operatorname{tg}\alpha = \dfrac{-0,6}{0,8} = -0,75 \rightarrow \operatorname{tg}\alpha = -0,75 \\ \cos\beta = -0,8 \rightarrow \operatorname{tg}\beta = \dfrac{-0,6}{-0,8} = 0,75 \rightarrow \operatorname{tg}\beta = 0,75 \end{cases}$$

2) Calcula sen α y tg α, sabiendo que cos α = 0,8 y que *α* es un ángulo agudo:

$\operatorname{sen}\alpha = \pm\sqrt{1-\cos^2\alpha} = \pm\sqrt{1-0,8^2} = \pm\sqrt{0,36} = \pm 0,6 \rightarrow$ Como α es agudo escogemos la solución positiva.

$$\operatorname{sen}\alpha = 0,6 \rightarrow \operatorname{tg}\alpha = \frac{\operatorname{sen}\alpha}{\cos\alpha} = \frac{0,6}{0,8} = 0,75$$

3) Calcula las razones trigonométricas de un ángulo *α* del segundo cuadrante, sabiendo que tg α = −1:

Resolvemos por sustitución el sistema siguiente:

$$\begin{cases} -1 = \dfrac{\operatorname{sen}\alpha}{\cos\alpha} \xrightarrow{\text{Despejamos sen }\alpha} \operatorname{sen}\alpha = -\cos\alpha^{\,*} \\ \operatorname{sen}^2\alpha + \cos^2\alpha = 1 \xrightarrow{\text{Despejamos sen }\alpha} (-\cos\alpha)^2 + \cos^2\alpha = 1 \end{cases}$$

$$(-\cos\alpha)^2 + \cos^2\alpha = 1 \rightarrow \cos^2\alpha + \cos^2\alpha = 1 \rightarrow 2\cos^2\alpha = 1 \rightarrow \cos\alpha = \pm\sqrt{\frac{1}{2}} = \pm\frac{\sqrt{2}}{2} = \pm 0,707$$

Como α es un ángulo del segundo cuadrante, cos α es negativo → $\cos\alpha = \dfrac{-\sqrt{2}}{2}$

Calculamos $\operatorname{sen}\alpha$ *: $\operatorname{sen}\alpha = -\cos\alpha \rightarrow \operatorname{sen}\alpha = \dfrac{\sqrt{2}}{2}$

✓ **Ejercicio:** Calcula las razones trigonométricas de un ángulo α del tercer cuadrante sabiendo que sen α = −0,5

Sol.: $\cos\alpha = -\dfrac{\sqrt{3}}{2} = -0,866$; $\operatorname{tg}\alpha = \dfrac{\sqrt{3}}{3} = 0,577$

Ejercicios

Razones trigonométricas de un ángulo cualquiera

1. Representa en la circunferencia trigonométrica los siguientes ángulos y sus razones trigonométricass:

a) 34° b) 120° c) 240° d) 345°

2. Representa los ángulos 0°, 90°, 180° y 270° en la circunferencia trigonométrica y completa el cuadro siguiente (sin utilizar la calculadora):

	0°	**90°**	**180°**	**270°**
sen α				
cos α				
tg α				

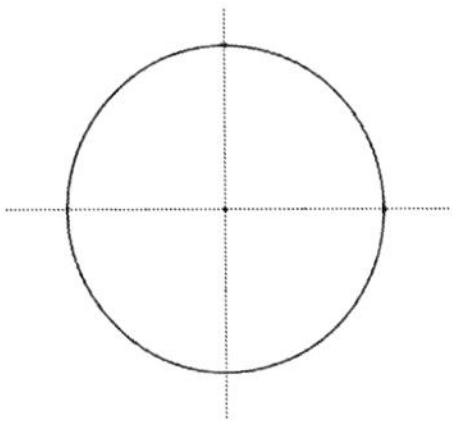

3. Calcula el ángulo comprendido entre 0° y 360° que tiene las mismas razones trigonométricas que el ángulo dado:

a) 1300° b) 5321° c) 435°

4. Encuentra todos los ángulos menores de 1.500° que cumplen que $\cos \alpha = \frac{\sqrt{2}}{2}$.

5. Calcula y dibuja los ángulos α, comprendidos entre 0° y 360°, que verifican la condición siguiente. Comprueba el resultado con la calculadora.

a) $\sin \alpha = 0{,}9$ b) $\cos \alpha = 0{,}25$ c) $\text{tg}\ \alpha = -1{,}5$ d) $\cos \alpha = -0{,}5$ e) $\sin \alpha = -1$

6. Calcula y dibuja las razones trigonométricas de un ángulo α que cumple las condiciones siguientes, utilizando las relaciones entre las razones trigonométricas. Comprueba el resultado con la calculadora:

a) Es del segundo cuadrante y $\text{tg}\ \alpha = -2$

b) Es del tercer cuadrante y $\cos \alpha = -\frac{1}{2}$

c) Es del segundo cuadrante y $\text{sen}\ \alpha = 0{,}8$

d) Es del cuarto cuadrante y $\text{tg}\ \alpha = -1$

7. Indica en qué cuadrantes se encuentra cada ángulo, a partir de las razones trigonométricas dadas:

ángulo	**coseno**	**seno**	**tangente**	**cuadrante**
α	0,82		-0,7	
β	-0,67	0,74		
γ		0,42	0,47	
δ	-0,77		0,84	

5.6 RESOLUCIÓN DE TRIÁNGULOS NO RECTÁNGULOS

Para resolver triángulos no rectángulos, utilizamos el **teorema del seno** y el **del coseno**, que se enuncian en el cuadro siguiente, y la propiedad que establece que los ángulos interiores de un triángulo suman 180°.

Fórmulas:

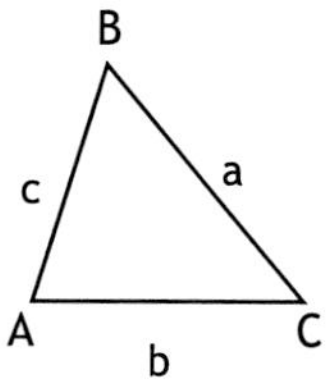

Teorema del seno: $\dfrac{a}{\operatorname{sen} A} = \dfrac{b}{\operatorname{sen} B} = \dfrac{c}{\operatorname{sen} C}$

Teorema del coseno:
$$a^2 = b^2 + c^2 - 2bc\cos A$$
$$b^2 = a^2 + c^2 - 2ac\cos B$$
$$c^2 = a^2 + b^2 - 2ab\cos C$$

La suma de los ángulos de un triángulo es 180°: $A + B + C = 180^\circ$

Recordemos que resolver un triángulo consiste en determinar todos sus elementos (lados y ángulos). La trigonometría nos permite resolver un triángulo si conocemos tres de sus elementos, uno de los cuales, al menos, ha de ser un lado.

Estudiemos los diferentes casos en los ejemplos siguientes.

Ejemplos:

1) Conocemos los tres lados: ***a*** **= 5 cm;** ***b*** **= 4 cm;** ***c*** **= 2 cm**

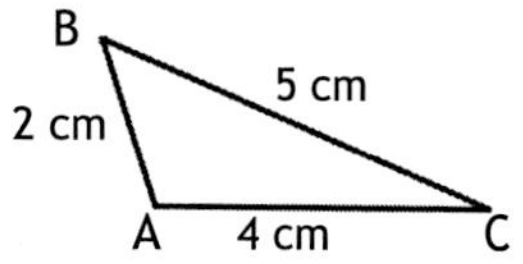

(Si tiene solución, es única)

- Calculamos A, aplicando el teorema del coseno:

$$a^2 = b^2 + c^2 - 2bc\cos A \rightarrow 5^2 = 4^2 + 2^2 - 2\cdot 4\cdot 2\cos A \rightarrow 25 = 20 - 16\cos A$$
$$\rightarrow \cos A = \frac{20-25}{16} = -0.3125 \rightarrow A = 108{,}21^\circ$$

- Calculamos B, aplicando el teorema del seno (también podríamos volver a aplicar el teorema del coseno):

$$\frac{a}{\operatorname{sen} A} = \frac{b}{\operatorname{sen} B} = \frac{c}{\operatorname{sen} C} \rightarrow \frac{5}{\operatorname{sen} 108{,}21^\circ} = \frac{4}{\operatorname{sen} B} \rightarrow 5\cdot \operatorname{sen} B = 4\cdot \operatorname{sen} 108{,}21^\circ$$
$$\rightarrow \operatorname{sen} B = \frac{4\cdot \operatorname{sen} 108{,}21^\circ}{5} = 0{,}76 \rightarrow B = \begin{cases} 49{,}46^\circ \\ 130{,}54^\circ \rightarrow \textit{solución no factible} \end{cases}$$

- Calculamos C, aplicando que la suma de los ángulos de un triángulo es 180°:

$$C = 180^\circ - B - A \rightarrow C = 180^\circ - 108{,}21^\circ - 49{,}46^\circ = 22{,}33^\circ \rightarrow C = 22{,}33^\circ$$

! Nota: Si el resultado de la suma de los dos lados menores es menor que el lado de mayor tamaño, no se puede construir el triángulo y, al aplicar el teorema del coseno, resultará que no tiene solución:

Ejemplo: $2+3=5<6$

$$\begin{cases} a = 2cm \\ b = 6cm \\ c = 3cm \end{cases} \rightarrow \begin{cases} a^2 = b^2 + c^2 - 2bc\cos A \rightarrow 2^2 = 6^2 + 3^2 - 2\cdot 6\cdot 3\cos A \rightarrow 4 = 45 - 36\cos A \\ \cos A = \dfrac{45-4}{36} = 1{,}14 \rightarrow \begin{cases} \text{no existe un angulo tal que su coseno sea 1,14} \\ \text{ya que } -1<\cos\alpha<1 \end{cases} \end{cases}$$

2) Conocemos dos ángulos y un lado: A = 70°; C = 30°; ***b*** **= 5 cm**

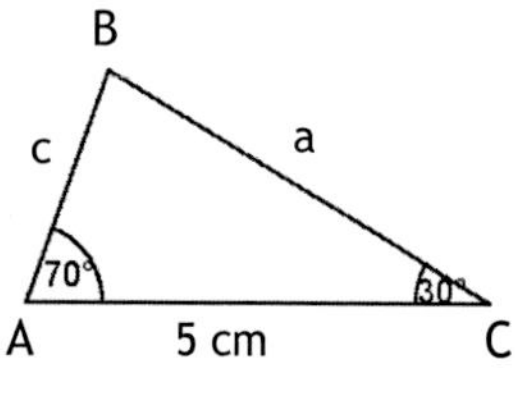

- Calculamos B : $B = 180^\circ = C = A = 180^\circ 70^\circ = 30^\circ = 80^\circ$
- Calculamos ***a*** y ***c*** aplicando el teorema del seno:

$$\frac{a}{\operatorname{sen} A} = \frac{b}{\operatorname{sen} B} = \frac{c}{\operatorname{sen} C} \rightarrow \frac{a}{\operatorname{sen} 70^\circ} = \frac{5}{\operatorname{sen} 80^\circ} = \frac{c}{\operatorname{sen} 30^\circ}$$
$$\rightarrow \begin{cases} a = \dfrac{5\cdot \operatorname{sen} 70^\circ}{\operatorname{sen} 80^\circ} = 4{,}77\,cm \rightarrow a = 4{,}77\,cm \\ c = \dfrac{5\cdot \operatorname{sen} 30^\circ}{\operatorname{sen} 80^\circ} = 2{,}54\,cm \rightarrow c = 2{,}54\,cm \end{cases}$$

3) Conocemos dos lados y el ángulo comprendido: **A = 45°; c = 3 cm; b = 5 cm**

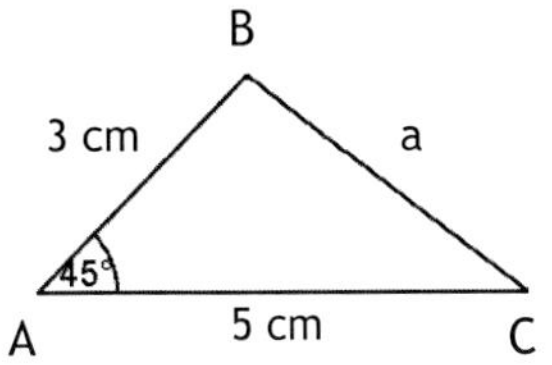

- Calculamos a aplicando el teorema del coseno:

$$a^2 = b^2 + c^2 - 2bc\cos A \rightarrow a^2 = 5^2 + 3^2 - 2\cdot 5\cdot 3\cos 45^{\circ}$$

$$a = \sqrt{34 - 30\cdot\cos 45} = 3{,}57586\,cm \rightarrow a = 3{,}58\,cm$$

- Calculamos B aplicando el teorema del seno:

$$\frac{a}{\operatorname{sen} A} = \frac{b}{\operatorname{sen} B} \rightarrow \frac{3{,}58}{\operatorname{sen} 45^{\circ}} = \frac{5}{\operatorname{sen} B} \rightarrow$$

$$\operatorname{sen} B = \frac{5\cdot \operatorname{sen} 45^{\circ}}{3{,}57586} = 0{,}988722686 \rightarrow B = \begin{cases} 81{,}39^{\circ} \\ 180^{\circ} - 81{,}39^{\circ} = 98{,}61^{\circ} \end{cases} ?$$

- Calculamos C aplicando el teorema del seno para ver cuál de las dos soluciones de B es posible:

$$\frac{a}{\operatorname{sen} A} = \frac{c}{\operatorname{sen} C} \rightarrow \frac{3{,}57586}{\operatorname{sen} 45^{\circ}} = \frac{3}{\operatorname{sen} C} \rightarrow \operatorname{sen} C = \frac{3\cdot \operatorname{sen} 45^{\circ}}{3{,}57586} = 0{,}593233611$$

$$\rightarrow C = \begin{cases} 36{,}39^{\circ} \text{ solución factible} \\ 180 - 36{,}39 = 143{,}61^{\circ} \rightarrow \text{Esta solución no es posible} \\ \qquad \text{ya que } 143{,}66^{\circ} + 45^{\circ} > 180 \end{cases}$$

- Volvemos a calcular B sabiendo que la suma de los ángulos de un triángulo es 180°:

$$B = 180^{\circ} - 45^{\circ} - 36{,}39^{\circ} = 98{,}61^{\circ} \rightarrow B = 98{,}61^{\circ}$$

4) Conocemos dos lados y un ángulo opuesto a uno de ellos (no incluido) (puede tener una solución, dos soluciones o ninguna solución)

a) A = 35°; a = 60cm; c = 50cm

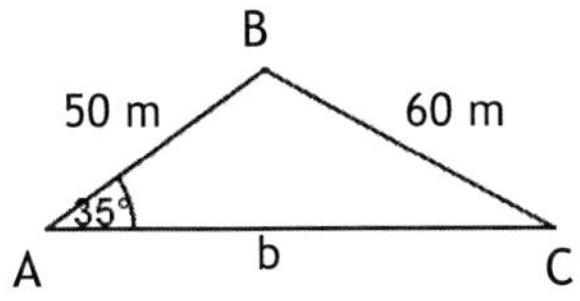

TIENE SOLUCIÓN ÚNICA

- Calculamos **C** aplicando el teorema del seno:

$$\frac{a}{\operatorname{sen} A} = \frac{c}{\operatorname{sen} C} \rightarrow \frac{60}{\operatorname{sen} 35^{\circ}} = \frac{50}{\operatorname{sen} C} \rightarrow \operatorname{sen} C = \frac{50\cdot \operatorname{sen} 35^{\circ}}{60} = 0{,}477980363$$

$$\rightarrow C = \begin{cases} 28{,}55^{\circ} \text{ única solución factible} \\ 180 - 28{,}55 = 151{,}45^{\circ} \rightarrow \text{Esta solución no es posible} \\ \qquad \text{ya que } 151{,}45^{\circ} + 35^{\circ} > 180^{\circ} \end{cases}$$

- Calculamos **B** (sabiendo que la suma de los ángulos de un triángulo es 180°):

$$B = 180^{\circ} - 35^{\circ} - 28{,}55^{\circ} =^{\circ} \rightarrow B = 116{,}45^{\circ}$$

- Calculamos b aplicando el teorema del seno:

$$\frac{a}{\operatorname{sen} A} = \frac{b}{\operatorname{sen} B} \rightarrow \frac{60}{\operatorname{sen} 35^{\circ}} = \frac{b}{\operatorname{sen} 116{,}45^{\circ}} \rightarrow b = \frac{60\cdot \operatorname{sen} 116{,}45o}{\operatorname{sen} 35^{\circ}} = 93{,}66\,m$$

$$\rightarrow b = 93{,}66\,m$$

b) A = 35°; a = 20cm; c = 50cm

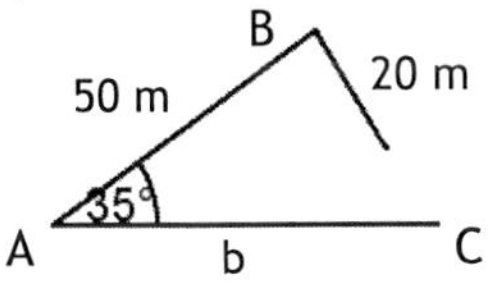

- Calculamos **C** aplicando el teorema del seno:

NO TIENE SOLUCIÓN

$$\frac{a}{\operatorname{sen} A} = \frac{c}{\operatorname{sen} C} \rightarrow \frac{20}{\operatorname{sen} 35^{\circ}} = \frac{50}{\operatorname{sen} C} \rightarrow$$

$$\operatorname{sen} C = \frac{50\cdot \operatorname{sen} 35^{\circ}}{20} = 1{,}43 \rightarrow \text{No tiene solucion (sen } C > 1)$$

c) A = 35°; a = 40cm; c = 50cm

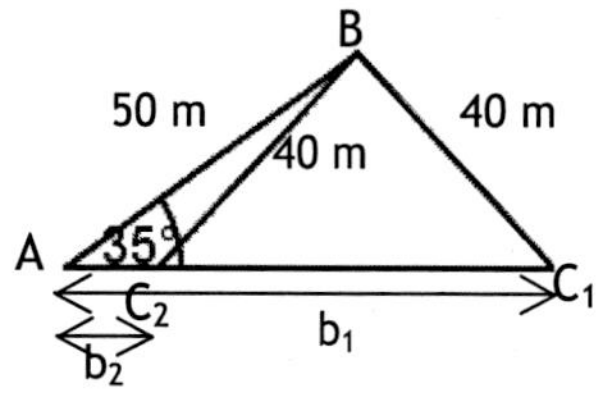

- Calculamos **C** aplicando el teorema del seno:

$$\frac{a}{\operatorname{sen} A}=\frac{c}{\operatorname{sen} C}\rightarrow\frac{40}{\operatorname{sen} 35^{\circ}}=\frac{50}{\operatorname{sen} C}\rightarrow \operatorname{sen} C=\frac{50\cdot\operatorname{sen} 35^{\circ}}{40}=0,71697054$$

$$\rightarrow C=\begin{cases} C_1=45,8^{\circ} \\ C_2=180-45,8=134,2^{\circ}\rightarrow 134,2+35<180^{\circ}\rightarrow C_2=134,2^{\circ}\end{cases}$$

$\rightarrow$ Hay dos soluciones

- Calculamos **B_1 y B_2** (sabiendo que la suma de los ángulos de un triángulo es 180°):

$$B_1=180^{\circ}-35^{\circ}-45,8^{\circ}=99,2^{\circ}\rightarrow B_1=99,2^{\circ}$$

$$B_2=180^{\circ}-35^{\circ}-134,2^{\circ}=10,8^{\circ}\rightarrow B_2=10,8^{\circ}$$

- Calculamos b_1 y b_2 aplicando el teorema del seno:

$$\frac{a}{\operatorname{sen} A}=\frac{b_1}{\operatorname{sen} B_1}\rightarrow\frac{40}{\operatorname{sen} 35^{\circ}}=\frac{b_1}{\operatorname{sen} 99,2^{\circ}}\rightarrow b_1=\frac{40\cdot\operatorname{sen} 99,2^{\circ}}{\operatorname{sen} 35^{\circ}}=68,84\ m\rightarrow b_1=68,84\,m$$

$$\frac{a}{\operatorname{sen} A}=\frac{b_2}{\operatorname{sen} B_2}\rightarrow\frac{40}{\operatorname{sen} 35^{\circ}}=\frac{b_2}{\operatorname{sen} 10,8^{\circ}}\rightarrow b_2=\frac{40\cdot\operatorname{sen} 10,8^{\circ}}{\operatorname{sen} 35^{\circ}}=13,07\ m\rightarrow b_2=13,07\,m$$

TIENE DOS SOLUCIONES
$C_1=45,8^{\circ}$
$B_1=99,2^{\circ}$
$b_1=68,84\,m$
y
$C_2=134,2^{\circ}$
$B_2=10,8^{\circ}$
$b_2=13,07\,m$

✓ **Ejercicio:** Resuelve los siguientes triángulos (dibuja triángulos esquemáticos, sin mantener las proporciones reales):

a) a = 3 cm; b = 8 cm; c = 7 cm

b) A = 60°; C = 40°; b = 10 cm

c) A = 75°; c = 7 cm; b = 8 cm

d) A = 40°; a = 10 cm; b = 9 cm

e) A = 40°; a = 5 cm; b = 9 cm

f) A = 40°; a = 6 cm; b = 9 cm

Sol.: **a)** A = 21,79°; B = 98,21°; C = 60°

b) B = 80°; c = 6,53 cm; a = 8,79 cm

c) B = 57,47°; C = 47,53°; a = 9,17 cm

d) B = 35,35°; C = 104,65°; c = 15,05 cm

e) No tiene solución

f) B_1 = 74,62°; C_1 = 65,38°; c_1 = 8,49 cm

B_2 = 105,38°; C_2 = 34,62°; c_2 = 5,3 cm

Ejercicios

Resolución de triángulos no rectángulos

1. Resuelve los triángulos siguientes:

a) $a = 10$ cm $b = 6$ cm $c = 7$ cm

b) $a = 5$ cm $b = 9$ cm $c = 2$ cm

c) $a = 5$ cm A = 10° B = 20°

d) $a = 12$ cm $b = 10$ cm C = 23°

e) $a = 8$ cm $b = 5$ cm A = 37°

f) $a = 12$ cm $b = 13$ cm A = 80°

g) $a = 6$ cm $b = 7$ cm A = 52°

h) $b = 60$ cm C = 30° B = 50°

i) $a = 8{,}5$ cm $b = 3{,}9$ cm $c = 5{,}1$ cm

j) $c = 8$ cm $b = 15$ cm A = 53°

k) $c = 13$ cm $b = 15$ cm C = 55°

l) $c = 5$ cm A = 27° B = 38°

m) $b = 51$ cm $a = 42$ cm B = 23°

n) $a = 13$ cm $b = 12$ cm $c = 5$ cm

o) $c = 12$ cm $a = 16$ cm C = 56°

p) $a = 9{,}4$ cm $c = 14{,}7$ cm B = 25,8°

q) $a = 26$ cm $c = 15$ cm A = 36°

r) $b = 80$ m A = 63° C = 71°

s) $a = 17$ cm $b = 25$ cm $c = 15$ cm

t) $a = 11$ cm $b = 18$ cm C = 65°

2. Cuando el ángulo de elevación del Sol sobre el horizonte aumenta de 60° a 75°, la sombra de un edificio se acorta 5 m. Calcula la altura del edificio.

3. Dos barcos salen del mismo punto siguiendo direcciones diferentes que forman un ángulo de 54°. Si los dos barcos navegan en línea recta, ¿qué distancia los separará cuando un barco haya recorrido 400 km y el otro haya recorrido 650 km?

4. Dos lados adyacentes de un paralelogramo forman un ángulo de 70°, y miden 27 cm y 31 cm. Calcula las dos diagonales del paralelogramo, sabiendo que los ángulos interiores de un paralelogramo suman 360°.

5. Estamos en una orilla del río (punto C del dibujo) y queremos saber la distancia entre dos puntos, A y B, inaccesibles, que están en la otra orilla. Realizamos las medidas indicadas en el dibujo. Calcula la distancia, x, entre A y B.

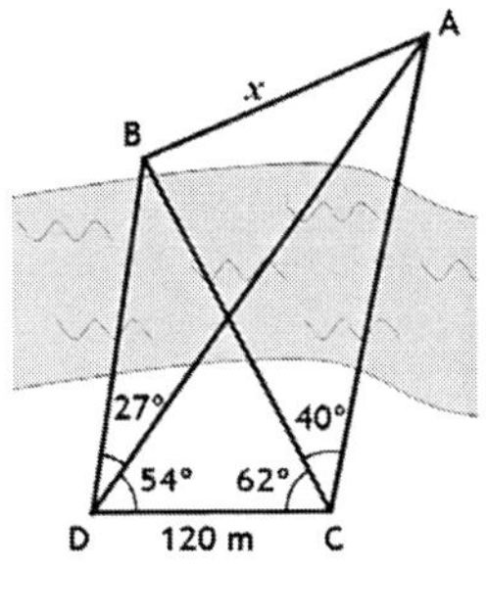

6. Calcula el valor de x:

a)

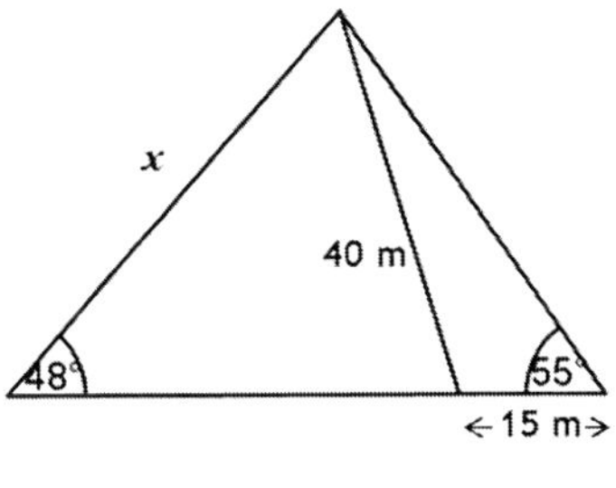

b)

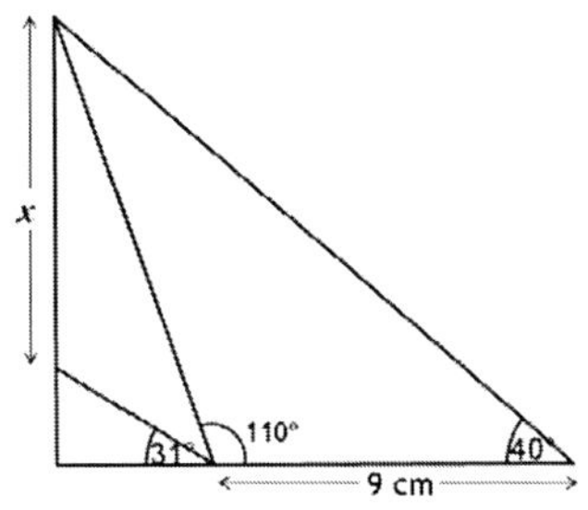

Tema 6 Vectores en el plano

En este tema:

6.1 VECTORES EN EL PLANO

Cuando trabajamos en dos dimensiones (en la pizarra, en un papel, en planos y mapas, en las vistas de una figura, etc.), se dice que trabajamos **en el plano.**

Si trabajamos en tres dimensiones, se dice que trabajamos **en el espacio.**

En este tema, estudiaremos vectores y rectas en dos dimensiones, es decir, en el plano.

6.1.1 Puntos del plano

El plano está formado por un conjunto infinito de puntos.

Recordemos que, en un **sistema de coordenadas cartesianas**, la posición de cada punto del plano está determinada por dos coordenadas (x,y), denominadas abscisa (x) y ordenada (y).

Ejemplo: Escribe las coordenadas de los puntos representados en los ejes de coordenadas siguientes:

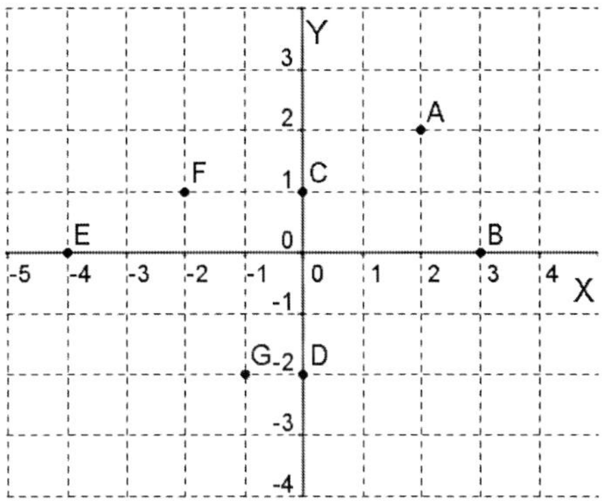

$A(2,2)$

$B(3,0)$

$C(0,1)$

$D(0,-2)$

$E(-4,0)$

$F(-2,1)$

$G(-1,-2)$

✓ **Ejercicios:**

1. Escribe las coordenadas de los puntos siguientes:

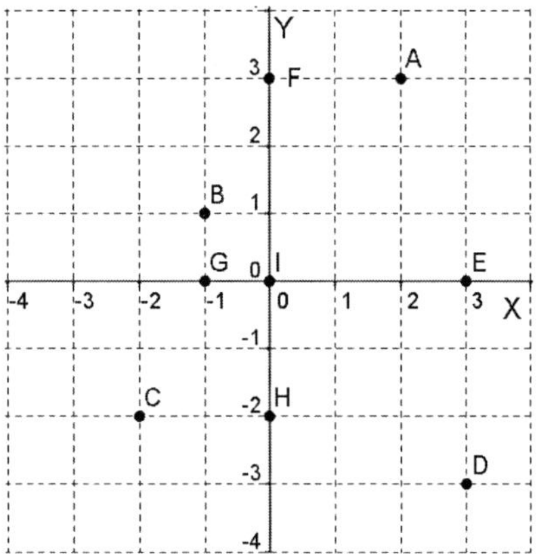

2. Representa los puntos dados en unos ejes de coordenadas:
   $A(1,5)$; $B(4,3)$; $C(0,6)$; $D(-5,2)$; $E(-1,3)$;
   $F(-4,0)$; $G(-3,-7)$; $H(-1,-5)$; $I(0,-3)$; $J(5,-1)$;
   $K(2,-4)$; $L(1,0)$; $O(0,0)$.

6.1.2 Definición de vector

Un **vector libre** ($\vec{v}$) es un segmento orientado (una flecha) determinado por los siguientes elementos:

- Su **módulo** $(|\vec{v}|)$ **:** la longitud del segmento.
- Su **dirección**: la de la recta sobre la que se encuentra.
- Su **sentido**: el que indica la flecha (cada dirección tiene dos sentidos).

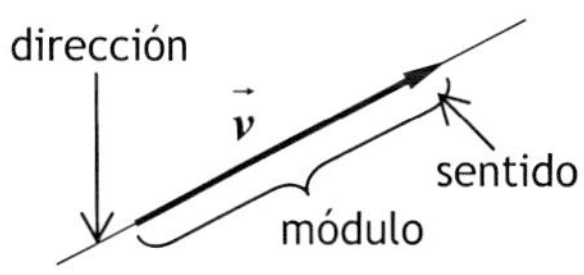

Los vectores libres se representan por letras minúsculas con una flecha encima ($\vec{v}, \vec{u}, \vec{w}, \vec{a}...$).

Ejemplos:

1)

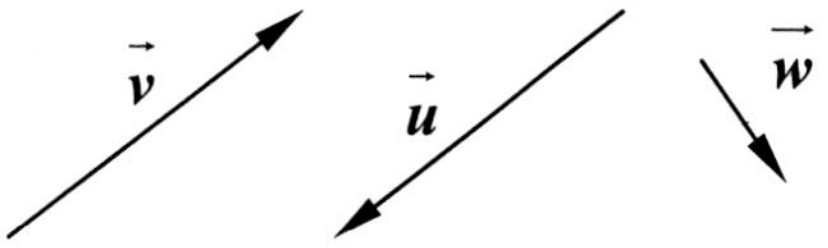

Módulo: $|\vec{v}| = |\vec{u}| = 2{,}5\ cm;\ \ |\vec{w}| = 1\ cm$

Dirección y sentido:

$\vec{v}$ y $\vec{u}$ tienen la misma dirección (la de la recta que forma 36,9° con la horizontal) y sentidos opuestos.

$\vec{w}$ está sobre una recta que forma 53,1° con la horizontal.

2) Hay magnitudes físicas (como la velocidad, la fuerza, la aceleración, etc.) que no quedan bien determinadas cuando únicamente se da un número, hace falta darles también la dirección y el sentido. Para representar estas magnitudes, denominadas magnitudes vectoriales, se utilizan vectores. El vector nos informa de la intensidad (módulo), la dirección y el sentido de la magnitud. Veamos dos ejemplos:

a) Sobre un objeto se aplica una fuerza $\vec{F}$

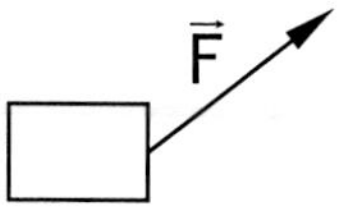

$|\vec{F}| = 10\ N$

El vector fuerza nos indica la intensidad de la fuerza (módulo del vector = 10 Newtons), la dirección y el sentido en los que se aplica la fuerza.

b) Un coche va a una velocidad $\vec{v}$

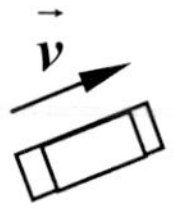

$|\vec{v}| = 80\ km/h$

El vector velocidad nos indica la velocidad (módulo del vector = 80 km/h) y la dirección y el sentido del movimiento.

Cuando un vector une dos puntos A y B del plano, yendo de A a B (con la punta de la flecha en B), se llama vector fijo de origen A y extremo B. Se representa con $\overrightarrow{AB}$.

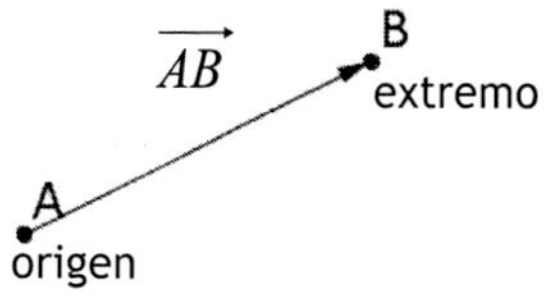

- El módulo del vector $\overrightarrow{AB}$ es la longitud del segmento AB.
- La dirección de $\overrightarrow{AB}$ es la de la recta que pasa por A y B.
- $\overrightarrow{AB}$ y $\overrightarrow{BA}$ tienen la misma dirección y sentidos opuestos.

Vectores equipolentes (o equivalentes)

Dos o más vectores fijos son **equipolentes** si tienen el mismo módulo, la misma dirección y el mismo sentido.

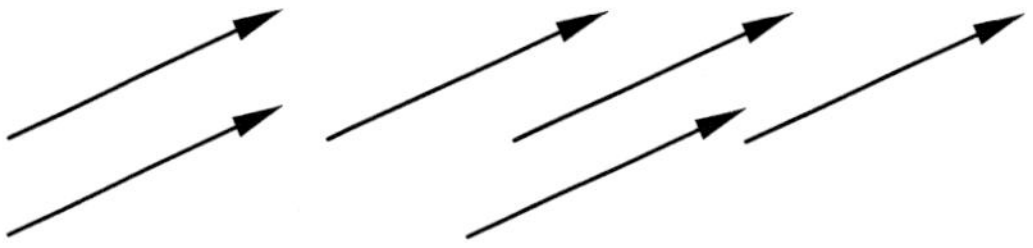

Todos los vectores fijos equipolentes a un vector dado representan el mismo **vector libre** independientemente de dónde estén situados. Hay infinitos vectores equipolentes a un vector dado, y se obtienen moviendo este vector paralelamente en el plano.

6.1.3 Componentes de un vector

Las componentes cartesianas (o coordenadas cartesianas) de un **vector libre** $\vec{v}$ son las coordenadas del extremo del vector, cuando situamos el origen del vector en el origen de coordenadas (O) de unos ejes cartesianos. Coinciden con las proyecciones ortogonales del vector sobre los ejes de coordenadas.

A partir de ahora, cuando hablemos de los componentes de un vector, nos referiremos a los componentes cartesianos.

Escribimos los componentes de un vector $\vec{v}$ de la siguiente manera: $\vec{v} = (v_1, v_2)$.

Ejemplo:

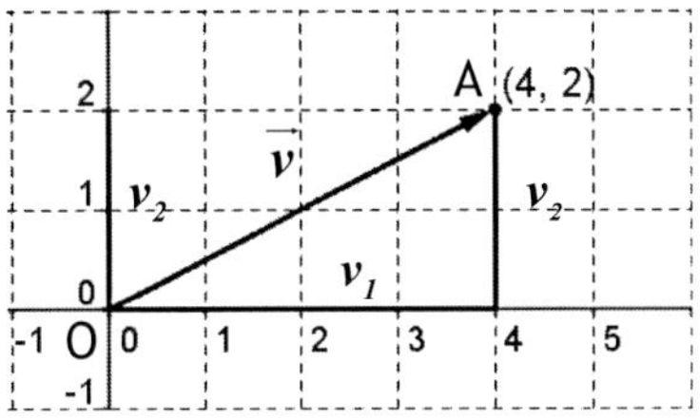

$$\vec{v} = (4,2)$$

! Nota: El vector $\overrightarrow{OA}$ que tiene por origen el origen de coordenadas y por extremo el punto A, se llama vector de posición del punto A.

Las componentes de $\overrightarrow{OA}$, coinciden con las coordenadas del punto A.

✓ Ejercicio: Escribe las componentes de los siguientes vectores:

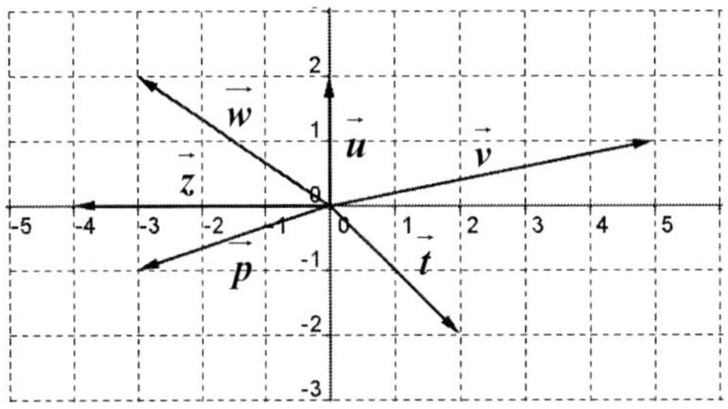

$\vec{v} =$ $\vec{z} =$

$\vec{u} =$ $\vec{p} =$

$\vec{w} =$ $\vec{t} =$

! Nota: Las vectores horizontales y verticales tienen una componente igual a cero.

También podemos interpretar las componentes de un vector $\vec{v}$ como los movimientos, en la dirección de los ejes, para ir del punto origen al punto extremo del vector:

- v_1 → movimiento en la dirección del eje 0X { - positivo hacia la derecha; - negativo hacia la izquierda
- v_2 → movimiento en la dirección del eje 0Y { - positivo hacia arriba; - negativo hacia abajo

Ejemplos:

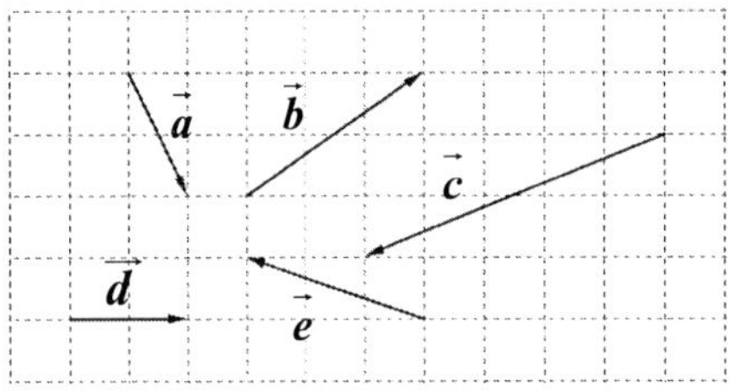

$\vec{a} = (1,-2) \rightarrow$ 1 hacia la derecha, 2 hacia abajo.

$\vec{b} = (3,2) \rightarrow$ 3 hacia la derecha, 2 hacia arriba.

$\vec{c} = (-5,-2) \rightarrow$ 5 hacia la izquierda, 2 hacia abajo.

$\vec{d} = (2,0) \rightarrow$ 2 hacia la derecha.

$\vec{e} = (-3,1) \rightarrow$ 3 hacia la izquierda, 1 hacia arriba.

✓ Ejercicio: Escribe las componentes de los siguientes vectores:

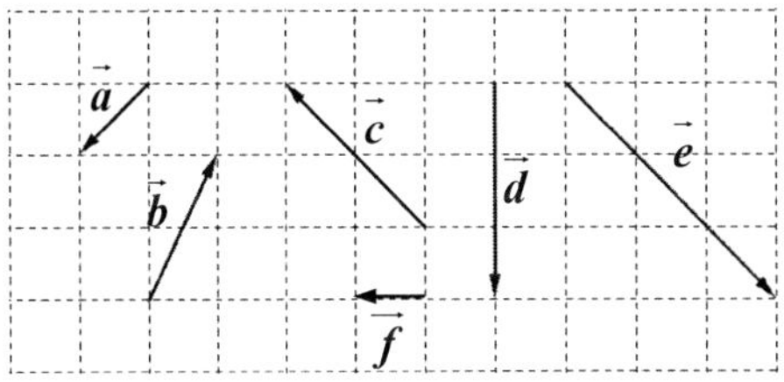

$\vec{a} =$ $\vec{d} =$

$\vec{b} =$ $\vec{e} =$

$\vec{c} =$ $\vec{f} =$

Cálculo de las componentes de un vector fijo

Las componentes del vector $\overrightarrow{AB}$ se calculan restando a las coordenadas del extremo B las coordenadas del origen A:

$$\left.\begin{matrix} A(a_1,a_2) \\ B(b_1,b_2) \end{matrix}\right\} \rightarrow \boxed{\overrightarrow{AB}=(b_1-a_1,b_2-a_2)}$$

(*extremo - origen*)

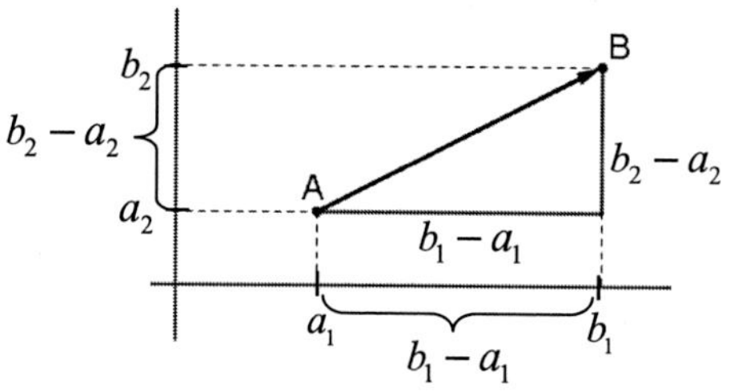

Ejemplos:

1) **Dados los puntos $A(2,1)$ y $B(6,3)$, calcula los componentes del vector $\overrightarrow{AB}$.**

$$\left.\begin{matrix} A(2,1) \\ B(6,3) \end{matrix}\right\} \rightarrow \vec{v}=\overrightarrow{AB}=(6-2,3-1)=(4,2)\rightarrow \overrightarrow{AB}=(4,2)$$

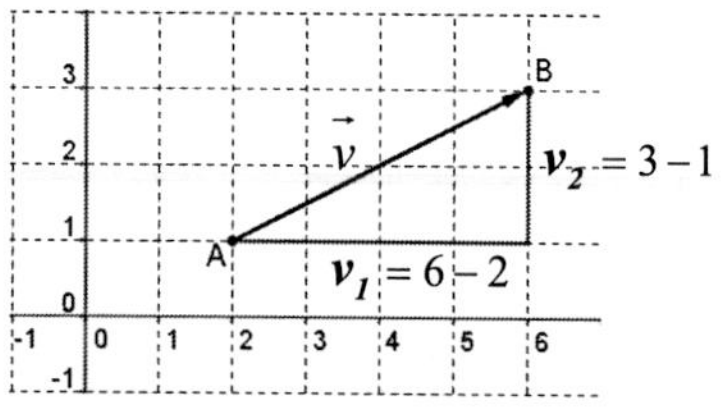

2) **Calcula el extremo del vector $\overrightarrow{AB}=(3,-4)$, sabiendo que el origen es el punto $A(-2,2)$. Compruébalo gráficamente**

$$\left.\begin{matrix} A(-2,2) \\ B(x,y) \end{matrix}\right\} \rightarrow \overrightarrow{AB}=(3,-4)=(x-(-2),y-2)=(x+2,y-2)$$

$$\rightarrow \begin{cases} 3=x+2\rightarrow x=3-2=1\rightarrow\ x=1 \\ -4=y-2\rightarrow y=-4+2=-2\rightarrow\ y=-2 \end{cases} \rightarrow\ B(1,-2)$$

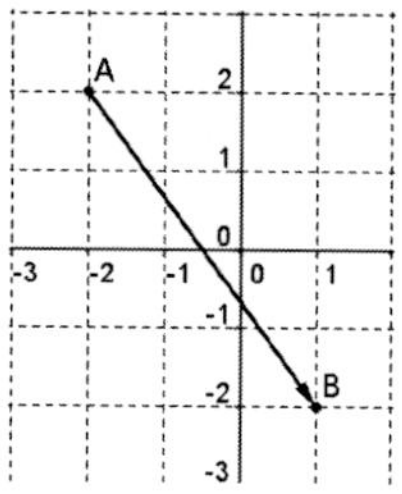

✓ **Ejercicios:**

1. Dados los puntos $A(1,1)$, $B(6,3)$, $C(-1,3)$, $D(-3,1)$, $E(3,1)$, $F(4,-2)$, $G(-1,-2)$ y $H(-3,-2)$, calcula, analíticamente, las componentes de los vectores: $\overrightarrow{AB}$, $\overrightarrow{CD}$, $\overrightarrow{EF}$, $\overrightarrow{GH}$. Compruébalo gráficamente.
2. Calcula el origen del vector $\overrightarrow{AB}$ = (3,–4), sabiendo que el extremo es el punto $B(-2,2)$. Compruébalo gráficamente:

Sol.: $\overrightarrow{AB}=(5,2)$; $\overrightarrow{CD}=(-2,-2)$; $\overrightarrow{EF}=(1,-3)$; $\overrightarrow{GH}=(-2,0)$ **2.** $A(-5,6)$

Dos vectores fijos equipolentes tienen las mismas componentes:

Ejemplos:

1) **Comprueba que los dos vectores equipolentes del siguiente gráfico tienen las mismas componentes:**

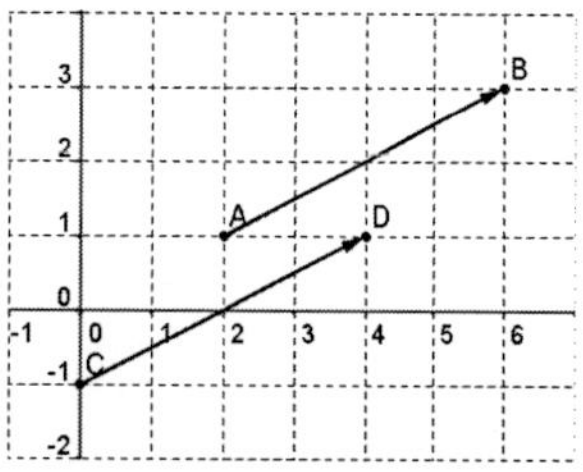

$$\left.\begin{matrix} A(2,1) \\ B(6,3) \end{matrix}\right\} \rightarrow \overrightarrow{AB}=(6-2,3-1)=(4,2)\rightarrow \overrightarrow{AB}=(4,2)$$

$$\left.\begin{matrix} C(0,-1) \\ D(4,1) \end{matrix}\right\} \rightarrow \overrightarrow{CD}=(4-0,1-(-1))=(4,2)\rightarrow \overrightarrow{CD}=(4,2)$$

2) Dados los puntos $A(-2,-3)$, $B(1,-2)$ y $C(2,1)$, encuentra las coordenadas de un cuarto punto D, sabiendo que ABCD es un paralelogramo.

Para que $ABCD$ sea un paralelogramo $\overrightarrow{AB}=\overrightarrow{DC}$:

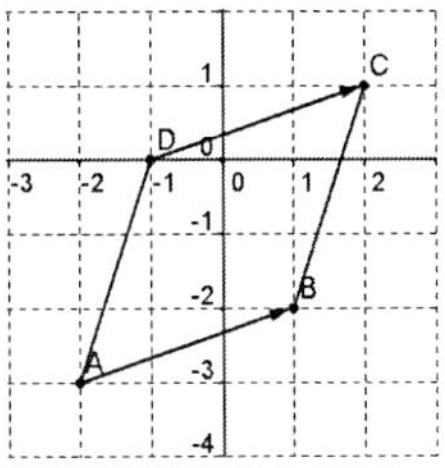

$$\left.\begin{matrix}A(-2,-3)\\ B(1,-2)\end{matrix}\right\}\rightarrow \overrightarrow{AB}=(1-(-2),-2-(-3))=(3,1)$$

$$\left.\begin{matrix}D(x,y)\\ C(2,1)\end{matrix}\right\}\rightarrow \overrightarrow{DC}=(2-x,1-y)$$

$$\overrightarrow{AB}=\overrightarrow{DC}\rightarrow(3,1)=(2-x,1-y)\rightarrow\begin{cases}3=2-x\rightarrow x=2-3=-1\rightarrow\ x=-1\\ 1=1-y\rightarrow y=1-1=0\rightarrow\ y=0\end{cases}\rightarrow\ D(-1,0)$$

✓ **Ejercicios:**

1. Dados los puntos $A(-1,0)$, $B(1,2)$, $C(1,-1)$ y $D(3,1)$, comprueba analíticamente y gráficamente que $\overrightarrow{AB}$ y $\overrightarrow{CD}$ son equipolentes.

2. Dados los puntos $A(-1,-1)$, $B(1,1)$ y $C(4,1)$, encuentra, analíticamente, las coordenadas de un cuarto punto D, sabiendo que $ABCD$ es un paralelogramo. Compruébalo gráficamente.

Sol.: $\overrightarrow{AB}=\overrightarrow{CD}=(2,2)$ **2.** $D(2,-1)$

Cálculo del módulo de un vector a partir de sus componentes

En la figura 1, vemos que el módulo de un vector es la longitud de la hipotenusa de un triángulo rectángulo que tiene por catetos las componentes del vector. En este caso, para calcular el módulo de un vector conocidas sus componentes, aplicamos el teorema de Pitágoras.

figura 1

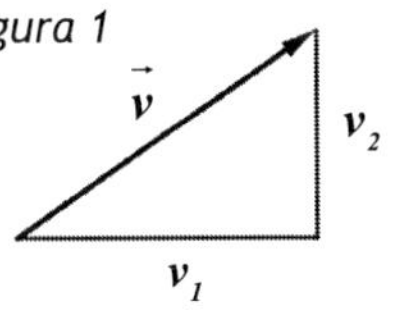

$$\vec{v}=(v_1,v_2)\ \rightarrow\ |\vec{v}|=\sqrt{v_1^{\,2}+v_2^{\,2}}$$

Ejemplo: Calcula el módulo del vector $\vec{v}=(-5,3)$.

$$\vec{v}=(-5,3)\ \rightarrow\ |\vec{v}|=\sqrt{(-5)^2+3^2}=\sqrt{34}$$

✓ **Ejercicio:** Calcula el módulo del vector $\vec{v}=(-1,8)$

Sol.: $\sqrt{65}$

6.1.4 Argumento de un vector

El argumento α de un vector libre $\vec{v}$ es el ángulo que forma el vector con la parte positiva del eje 0X, cuando situamos el origen del vector en el origen de coordenadas (figura 2). Medimos el ángulo en sentido directo o positivo (sentido contrario al de las agujas del reloj), desde el eje 0X.

Tal como podemos observar en la figura 3, para calcular el argumento α de un vector a partir de sus componentes, utilizamos la fórmula de la tangente de α

figura 2

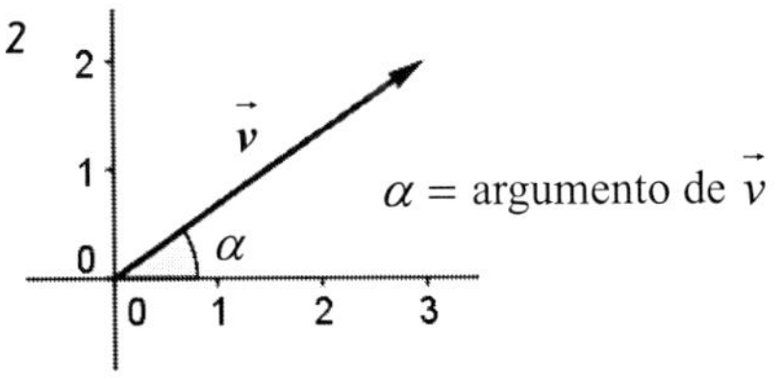

figura 3

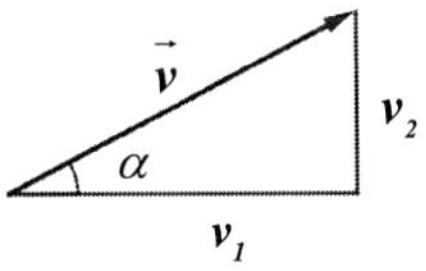

$$\operatorname{tg}\alpha=\frac{v_2}{v_1}$$

Ejemplo: Calcula el argumento de los vectores $\vec{v}$ = (3,2) y $\vec{u}$ = (−3,3).

$$\vec{v}=(3,2) \rightarrow \operatorname{tg}\alpha=\frac{v_2}{v_1}=\frac{2}{3}=0,\widehat{6}$$

$$\rightarrow \alpha=\begin{cases}\mathbf{33{,}69^o}\\ 33{,}69^o+180=213{,}69\end{cases}$$

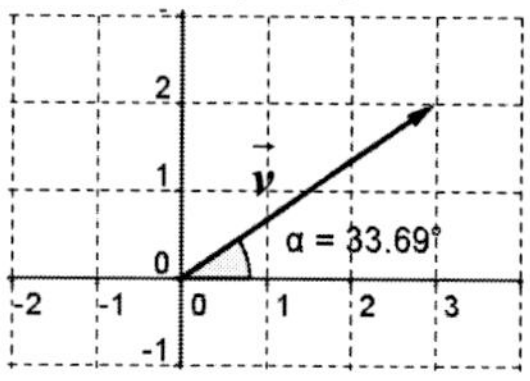

$$\vec{w}=(-3,3) \rightarrow \operatorname{tg}\alpha=\frac{v_2}{v_1}=\frac{3}{-3}=-1$$

$$\rightarrow \alpha=\begin{cases}-45^o=315^o\\ -45^o+180^o=\mathbf{135^o}\end{cases}$$

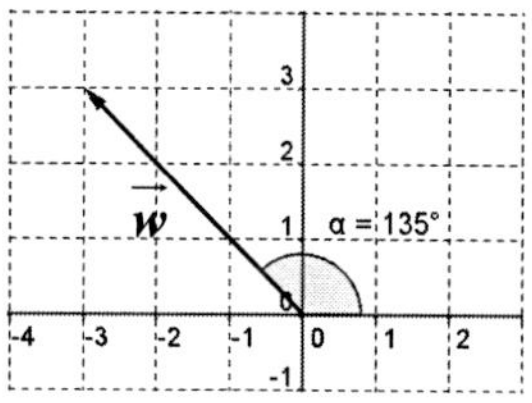

! Nota: Recordemos que hay dos ángulos, x y $x+180^o$, que tienen la misma tangente. Para saber cuál de los dos ángulos es el que buscamos, debemos representar gráficamente el vector y su argumento.

✓ **Ejercicio:** Calcula el argumento de los vectores $\vec{v}$ = (2,2) y $\vec{w}$ = (−3,−1). Represéntalos gráficamente.

Sol.: 45° y 198,43°

Forma polar de un vector

Un vector libre $\vec{v}$ puede venir determinado por su módulo y su argumento α. En estos casos, se expresa en forma polar, que es del tipo:

$$\boxed{|\vec{v}|_\alpha} \rightarrow \textbf{Forma polar de } \vec{v}$$

Para calcular las componentes de un vector a partir de su forma polar, utilizamos la trigonometría, tal como se indica a continuación:

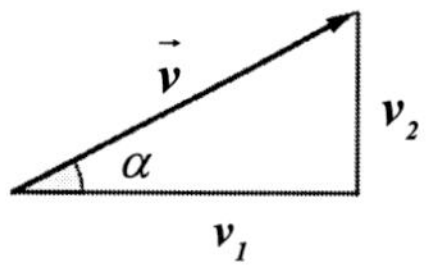

$$\cos\alpha=\frac{v_1}{|\vec{v}|}\rightarrow \boxed{v_1=|\vec{v}|\cdot\cos\alpha} \qquad \operatorname{sen}\alpha=\frac{v_2}{|\vec{v}|}\rightarrow \boxed{v_2=|\vec{v}|\cdot\operatorname{sen}\alpha}$$

Ejemplo: Calcula las componentes del vector $\vec{v}=5_{30^o}$

$$\vec{v}=(5\cos 30^o, 5\sin 30^o)=\left(\frac{5\sqrt{3}}{2},\frac{5}{2}\right)\approx(4'33,\ 2'5)$$

✓ **Ejercicio:** Calcula los componentes del vector $\vec{v}=2_{225^o}$

Sol.: $\left(-\sqrt{2},-\sqrt{2}\right)\approx(-1'41,-1'4$

6.1.5 Operaciones con vectores

Con vectores, podemos operar gráficamente (dibujándolos) o analíticamente (operando con componentes).

Suma de vectores

Gráficamente

Cuando colocamos un vector a continuación de otro (el origen de uno de ellos en el extremo del otro), el vector que va desde el origen del primero hasta el extremo del segundo es el vector suma de estos dos vectores.

Así, para sumar dos vectores, $\vec{v}$ y $\vec{u}$, gráficamente, procedemos de la siguiente manera:

- Colocamos el origen del vector $\vec{u}$ en el extremo del vector $\vec{v}$.
- Dibujamos el vector suma $\vec{s}=\vec{v}+\vec{u}$, que es el vector que tiene por origen el origen de $\vec{v}$ y por extremo el extremo de $\vec{u}$.

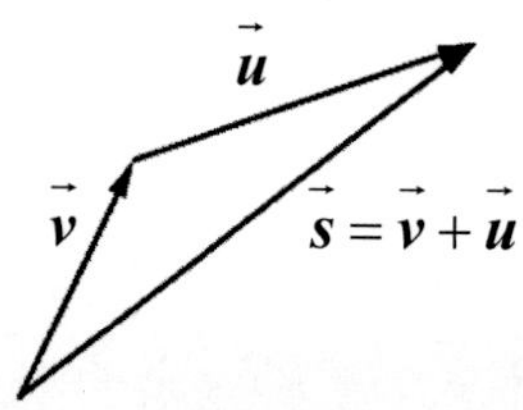

Regla del paralelogramo

Si dibujamos los vectores $\vec{v}$ y $\vec{u}$ con origen en un punto común y completamos el paralelogramo que tiene por lados consecutivos $\vec{v}$ y $\vec{u}$, el vector suma $\vec{s} = \vec{v} + \vec{u}$ es el vector que tiene el mismo origen que $\vec{v}$ y $\vec{u}$, y coincide con una diagonal del paralelogramo.

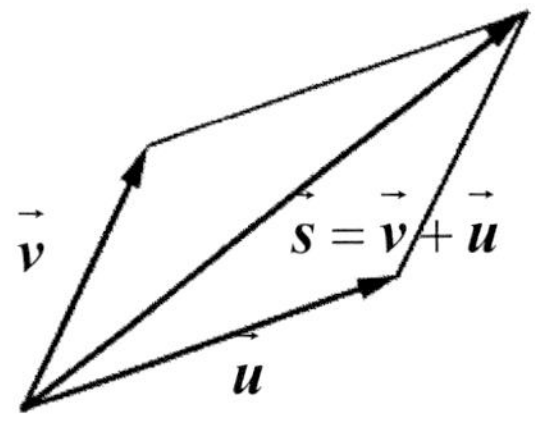

Analíticamente

Para sumar dos vectores, $\vec{v}$ y $\vec{u}$, con componentes, se suman las componentes de la manera siguiente:

$$\left.\begin{array}{l}\vec{v}=(v_1,v_2)\\ \vec{u}=(u_1,u_2)\end{array}\right\}\rightarrow \vec{s}=\vec{v}+\vec{u}=\boxed{(v_1,v_2)+(u_1,u_2)=(v_1+u_1,v_2+u_2)}$$

Ejemplo: Dados los vectores $\vec{v}$ = (1,2) y $\vec{u}$ = (3,1), calcula $\vec{v}$ + $\vec{u}$, analíticamente y gráficamente. Comprueba que obtienes el mismo resultado.

$$\vec{s}=\vec{v}+\vec{u}=(1,2)+(3,1)=(1+3,2+1)=(4,3)$$

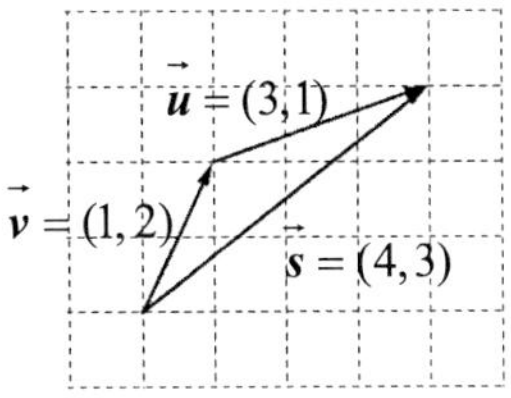

✓ **Ejercicio:** Dados los vectores $\vec{v}$ = (4,–1) y $\vec{u}$ = (–1,–2), calcula $\vec{v} + \vec{u}$, analíticamente y gráficamente. Comprueba que obtienes el mismo resultado.

Sol.: (3,–3)

Multiplicación de un vector por un número real

Gràficamente

Dado un vector $\vec{v}$ y un número real k, el vector producto de k por $\vec{v}$, $k \cdot \vec{v}$, es otro vector que tiene el módulo, la dirección y el sentido siguientes:

- Módulo: el módulo de $\vec{v}$ multiplicado por $|k|$.
- Dirección: la misma que $\vec{v}$.
- Sentido: $\begin{cases}\text{- el mismo sentido que } \vec{v}, \text{ si } k \text{ es positivo.}\\ \text{- sentido opuesto al de } \vec{v}, \text{ si } k \text{ es negativo.}\end{cases}$

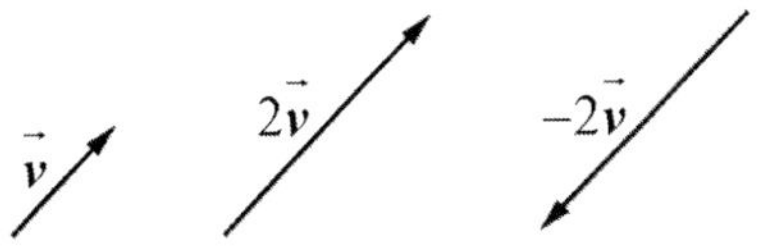

Se representa con $k\vec{v}$ (se omite el punto que hace de signo de multiplicar).

Analíticamente

Las componentes de $k\vec{v}$ se obtienen multiplicando por k los componentes de $\vec{v}$:

$$\vec{v}=(v_1,v_2)\rightarrow k\vec{v}=\boxed{k(v_1,v_2)=(k\cdot v_1,k\cdot v_2)}$$

Ejemplo: Dado el vector $\vec{v}$ = (–2,1), calcula $3\vec{v}$, $-3\vec{v}$, $\frac{1}{2}\vec{v}$ y $-\vec{v}$. Hazlo analíticamente y gráficamente, y comprueba que obtienes el mismo resultado.

$$3\vec{v}=3\cdot(-2,1)=(3\cdot(-2),3\cdot 1)=(-6,3)\rightarrow 3\vec{v}=(-6,3)$$

$$-3\vec{v}=-3\cdot(-2,1)=(-3\cdot(-2),-3\cdot 1)=(6,-3)\rightarrow -3\vec{v}=(6,-3)$$

$$\frac{1}{2}\vec{v}=\frac{1}{2}\cdot(-2,1)=\left(\frac{1}{2}\cdot(-2),\frac{1}{2}\cdot 1\right)=\left(-1,\frac{1}{2}\right)\rightarrow \frac{1}{2}\vec{v}=\left(-1,\frac{1}{2}\right)$$

$$-\vec{v}=-1\cdot(-2,1)=(-1\cdot(-2),-1\cdot 1)=(2,-1)\rightarrow -\vec{v}=(2,-1)$$

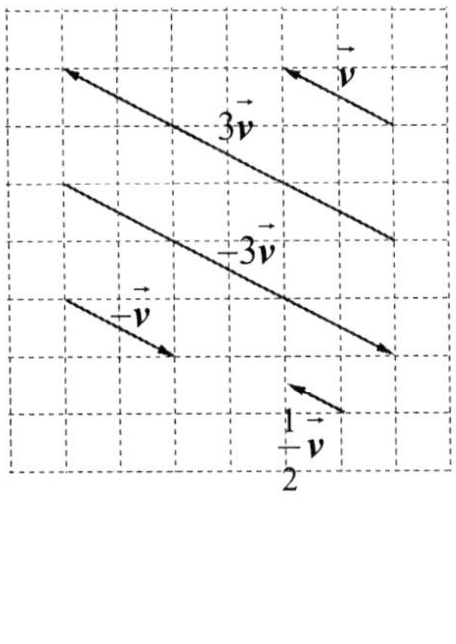

✓ **Ejercicio:** Dado el vector $\vec{v}$ = (4,–2), calcula $2\vec{v}$, $-3\vec{v}$, $-\frac{1}{4}\vec{v}$ y $-\vec{v}$, analíticamente y gráficamente.

Sol.: (8,–4); (–12,6); (–1,1/2); (–4,2)

! Nota: El vector $-\vec{v}$ se llama **vector opuesto** a $\vec{v}$ y tiene: el mismo módulo que $\vec{v}$, la misma dirección que $\vec{v}$ y el sentido contrario al de $\vec{v}$.

Resta de vectores

Gráficamente

Para hacer la resta de dos vectores $\vec{v}-\vec{u}$, sumamos al vector $\vec{v}$ el opuesto del vector $\vec{u}$: $\boxed{\vec{v}-\vec{u}=\vec{v}+(-\vec{u})}$
Gráficamente, construimos el vector $-\vec{u}$ y lo sumamos al vector $\vec{v}$. Lo podemos hacer dibujando un vector a continuación del otro o utilizando la *regla del paralelogramo*:

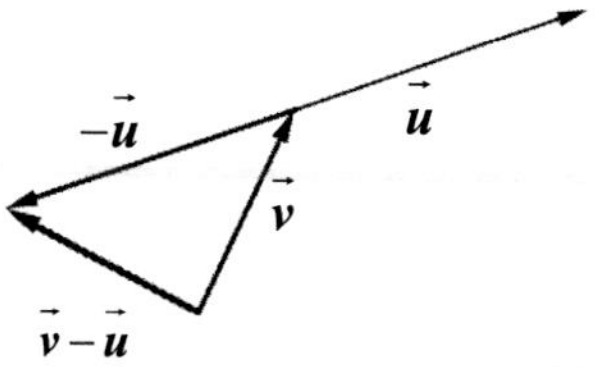

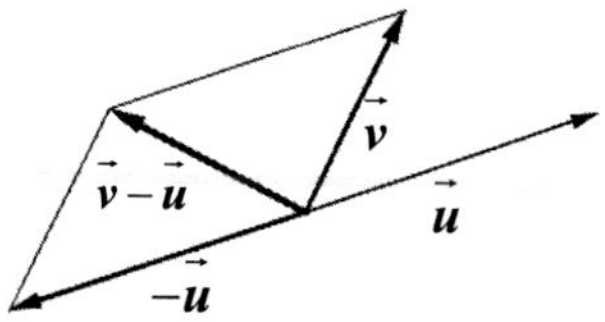

(Regla del paralelogramo)

Analíticamente

Para restar dos vectores con componentes, se restan las componentes de la siguiente manera:

$$\left.\begin{array}{l}\vec{v}=(v_1,v_2)\\ \vec{u}=(u_1,u_2)\end{array}\right\}\to \vec{s}=\vec{v}-\vec{u}=\boxed{(v_1,v_2)-(u_1,u_2)=(v_1-u_1,v_2-u_2)}$$

Ejemplo: Dados los vectores $\vec{v}$ = (1,2) y $\vec{u}$ = (3,1), calcula $\vec{v}-\vec{u}$, analíticamente y gráficamente. Comprueba que obtienes el mismo resultado.

$$\vec{r}=\vec{v}-\vec{u}=(1,2)-(3,1)=(1-3,2-1)=(-2,1)$$

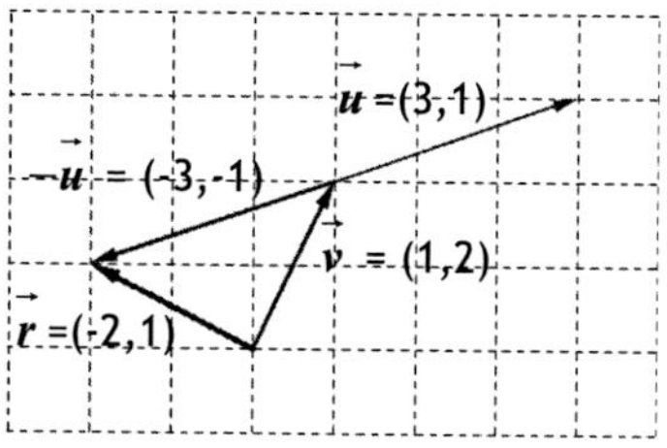

✓ **Ejercicio:** Dados los vectores $\vec{v}$ = (4,–3) y $\vec{u}$ = (–1,–2), calcula $\vec{v}-\vec{u}$, analíticamente y gráficamente. Comprueba que obtienes el mismo resultado.

Sol.: (5–1)

Combinación lineal de dos vectores

Llamamos **combinación lineal de dos vectores** $\vec{v}$ y $\vec{w}$ a una expresión del tipo:

$\boxed{k_1\vec{v}+k_2\vec{u}}$ donde k_1 y k_2 son dos números reales

Gráficamente

Para realizar gráficamente la combinación lineal $k_1\vec{v}+k_2\vec{u}$, dibujamos los vectores $k_1\cdot\vec{v}$ y $k_2\cdot\vec{u}$ (uno a continuación del otro o con el origen en un punto común, si queremos utilizar la regla del paralelogramo) y los sumamos.

Analíticamente

Para hacer la combinación lineal en componentes, hacemos primero los productos y después la suma. También podemos hacer la combinación lineal de las componentes directamente:

$$\left.\begin{array}{l}\vec{v}=(v_1,v_2)\\ \vec{u}=(u_1,u_2)\end{array}\right\}\rightarrow k_1\vec{v}+k_2\vec{u}=(k_1\cdot v_1,k_1\cdot v_2)+(k_2\cdot u_1,k_2\cdot u_2)=\ (k_1\cdot v_1+k_2\cdot u_1,\ k_1v_2+k_2\cdot u_2)$$

Ejemplo: Dados los vectores $\vec{v}$ = (2,1) y $\vec{u}$ =(1,–1), calcula $2\vec{v}-3\vec{u}$ analíticamente y gráficamente y comprueba que obtienes el mismo resultado.

$$2\vec{v}-3\vec{u}=2\cdot(2,1)-3\cdot(1,-1)=(4,2)+(-3,3)=(4-3,2+3)=\ (1,5)$$

O bien, haciendo directamente la combinación lineal de las componentes:

$$2\vec{v}-3\vec{u}=2\cdot(2,1)-3\cdot(1,-1)=\left(2\cdot2-3\cdot1,2\cdot1-3\cdot(-1)\right)=$$
$$=\left(4-3,2+3\right)=\ (1,5)$$

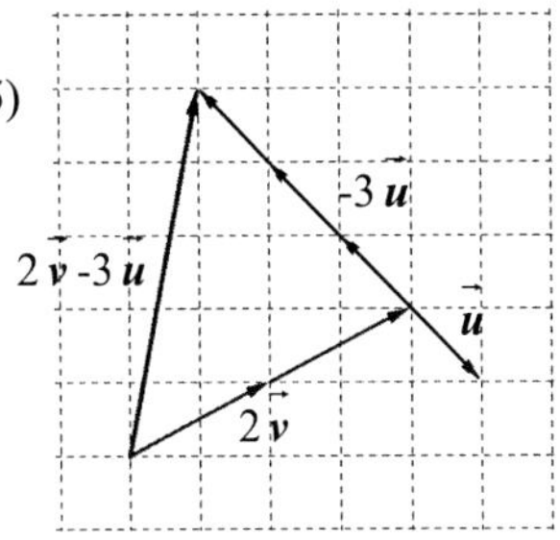

✓ **Ejercicio:** Dados los vectores $\vec{v}$ = (–3,1) y $\vec{u}$ = (–1,2), calcula $-\vec{v}+2\vec{u}$ analíticamente y gráficamente y comprueba que obtienes el mismo resultado.

Sol.: (1,3)

Operaciones combinadas

Veamos ejemplos de cómo se realizan, analíticamente, operaciones combinadas con vectores:

Ejemplo: Dados los vectores $\vec{v}$ = (–1,5), $\vec{u}$ = (–6,–3) y $\vec{w}$ = (1,4), calcula:

a) $2\vec{v}-5\vec{u}$ b) $-\vec{v}-\frac{2}{3}\vec{u}+3\vec{w}$ c) $\vec{w}-2\cdot\left(\vec{v}-\vec{u}\right)$

a) $2\vec{v}-5\vec{u}=2\cdot(-1,5)-5\cdot(-6,-3)=(-2,10)+(30,15)=\left(-2+30,10+15\right)=\ (28,25)$

b) $-\vec{v}-\frac{2}{3}\vec{u}+3\vec{w}=-(-1,5)-\frac{2}{3}\cdot(-6,-3)+3\cdot(1,4)=(1,-5)+(4,2)+(3,12)=$
$=\left(1+4+3,-5+2+12\right)=\ \left(8,9\right)$

c) $\vec{w}-2\cdot\left(\vec{v}-\vec{u}\right)=(1,4)-2\cdot\left((-1,5)-(-6,-3)\right)=(1,4)-2\cdot\left(-1+6,5+3\right)=(1,4)-2\cdot\left(5,8\right)=$
$=(1,4)+(-10,-16)=(1-10,4-16)=\ (-9,-12)$

✓ **Ejercicio:** Dados los vectores $\vec{v}$ = (2,–4), $\vec{u}$ = (–1,6) y $\vec{w}$ = (–3,–4), calcula:

a) $3\vec{v}-2\vec{u}=$ b) $\frac{5}{2}\vec{v}-\vec{u}-4\vec{w}=$ c) $2\vec{u}-\left(\vec{v}-\vec{w}\right)=$

Sol.: a) (8,–24) b) (18,0) c) (–7,12)

6.1.6 Vectores paralelos o proporcionales

Decimos que dos vectores son paralelos o proporcionales cuando tienen la misma dirección

Para calcular un vector paralelo a un vector dado $\vec{v}$, únicamente hace falta multiplicar $\vec{v}$ por un número k cualquiera, ya que $\vec{v}$ y $k\,\vec{v}$ tienen la misma dirección (cuando multiplicamos un vector por un número se mantiene la dirección):

Ejemplo: Dado el vector $\vec{v}$ = (–2,1), encuentra tres vectores paralelos a $\vec{v}$.

- Multiplicamos $\vec{v}$ por 2: $2\vec{v} = 2\cdot(-2,1) = (-4,2)$
- Multiplicamos $\vec{v}$ por 3: $3\vec{v} = 3\cdot(-2,1) = (-6,3)$
- Multiplicamos $\vec{v}$ por -1: $-\vec{v} = -1\cdot(-2,1) = (2,-1)$

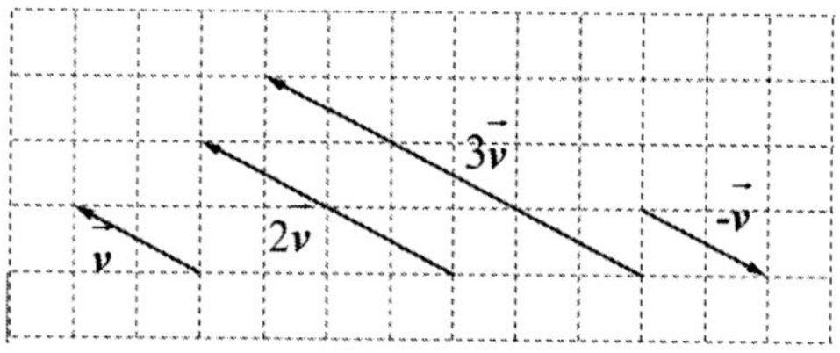

✓ **Ejercicio:** Dado el vector $\vec{v}$ = (–2,3), encuentra tres vectores paralelos a $\vec{v}$.

Sol.: Infinitas. Por ejemplo: (–4,6); (–6,9); (2,–3)

De la misma manera, dos vectores $\vec{v}$ y $\vec{u}$ son paralelos si existe un número real k que verifique que $\vec{v} = k\vec{u}$.

Así, si dos vectores $\vec{v} = (v_1, v_2)$ i $\vec{u} = (u_1, u_2)$ son paralelos:

$$\left.\begin{array}{l}\vec{v} = (v_1,v_2)\\ \vec{u} = (u_1,u_2)\\ \textit{paralelos}\end{array}\right\} \rightarrow \vec{v} = k\vec{u} \rightarrow (v_1,v_2) = k\cdot(u_1,u_2) \rightarrow (v_1,v_2) = (k\cdot u_1, k\cdot u_2) \rightarrow \begin{cases} v_1 = k\cdot u_1 \\ v_2 = k\cdot u_2 \end{cases} \rightarrow k = \frac{v_1}{u_1} = \frac{v_2}{u_2}$$

Por lo tanto, dos vectores son paralelos si el cociente de sus primeras componentes es igual al cociente de sus segundas componentes, es decir, si sus componentes son proporcionales.

Cuando dos vectores son paralelos, decimos también que son **linealmente dependientes.** Si no son paralelos, decimos que son **linealmente independientes.**

Ejemplo: Averigua si los pares de vectores siguientes son paralelos:

a) $\vec{v}$ **= (−6,2) y** $\vec{u}$ **= (−9,3)**

$\frac{-6}{-9} = \frac{2}{3} = 0,\hat{6}$ → son paralelos

b) $\vec{w}$ **= (−10,− 8) y** $\vec{z}$ **= (5,− 4)**

$\frac{-10}{5} = -2 \neq \frac{-8}{-4} = 2$ → no son paralelos

✓ **Ejercicio:** Averigua si los pares de vectores siguientes son paralelos:

a) $\vec{v}$ = (−10,5) y $\vec{u}$ = (4,−2)

b) $\vec{w}$ = (−2,5) y $\vec{z}$ = (3,−8)

Sol.: a) son paralelos   b) no son paralelos

6.1.7 Producto escalar de dos vectores

Si hacemos coincidir los orígenes de dos vectores libres $\vec{v}$ y $\vec{u}$, observamos que forman dos ángulos, α y 360° – α. Definimos el ángulo que forman dos vectores $\vec{v}$ y $\vec{u}$ como el menor de estos dos ángulos.

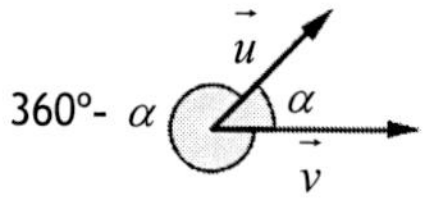

Se llama **producto escalar** de dos vectores $\vec{v}$ y $\vec{u}$, y se representa con $\vec{v}\cdot\vec{u}$, al número real que se obtiene de hacer las siguientes operaciones

$$\vec{v}\cdot\vec{u} = |\vec{v}|\cdot|\vec{u}|\cdot\cos\alpha$$

donde α es el ángulo que forman los dos vectores (para medir α se hacen coincidir los orígenes de los vectores)

Ejemplo: Calcula el producto escalar de dos vectores $\vec{v}$ y $\vec{u}$ sabiendo que forman un ángulo de 60° y que sus módulos son: $\vec{v} = |5|$ y $\vec{u} = |8|$.

$$\vec{v}\cdot\vec{u} = |\vec{v}|\cdot|\vec{u}|\cdot\cos\alpha = 5\cdot 8\cdot\cos 60^{o} = 20$$

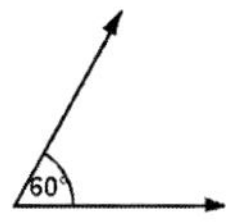

✓ **Ejercicio:** Calcula el producto escalar de dos vectores $\vec{v}$ y $\vec{u}$ sabiendo que forman un ángulo de 35° y que sus módulos son: $\vec{v} = |3|$ y $\vec{u} = |4|$.

Sol.: 9,83

Cálculo del producto escalar con componentes

Normalmente, no conocemos el ángulo que forman dos vectores, pero sí que conocemos sus componentes. El producto escalar de dos vectores $\vec{v}$ y $\vec{u}$ se puede calcular con componentes de la manera siguiente:

$$\left.\begin{array}{l}\vec{v} = (v_1, v_2)\\ \vec{u} = (u_1, u_2)\end{array}\right\} \rightarrow \boldsymbol{\vec{v}\cdot\vec{u} = v_1\cdot u_1 + v_2\cdot u_2}$$

Ejemplo: Calcula el producto escalar de los vectores $\vec{v}$ = (–6,9) y $\vec{u}$ = (2,–4).

$$\vec{v}\cdot\vec{u} = (-6,9)\cdot(2,-4) = -6\cdot 2 + 9\cdot(-4) = -12 - 36 = -48$$

✓ **Ejercicio:** Calcula el producto escalar de los vectores $\vec{v}$ = (–1,–3) y $\vec{u}$ = (4,–1).

Sol.: –1

6.1.8 Cálculo del ángulo que forman dos vectores

Para calcular el ángulo α que forman dos vectores, despejamos cos α de la fórmula del producto escalar y sustituimos $\vec{v}\cdot\vec{u}$ por la expresión que calcula el producto escalar con componentes. Una vez obtenido cos α, podemos calcular α utilizando la tecla $\cos^{-1}$ de la calculadora (la calculadora nos da la menor de las dos soluciones posibles, que es la que nos interesa).

$$\vec{v}\cdot\vec{u} = |\vec{v}|\cdot|\vec{u}|\cdot\cos\alpha \rightarrow \boxed{\boldsymbol{\cos\alpha = \frac{\vec{v}\cdot\vec{u}}{|\vec{v}|\cdot|\vec{u}|} = \frac{v_1\cdot u_1 + v_2\cdot u_2}{|\vec{v}|\cdot|\vec{u}|}}}$$

Ejemplo: Calcula el ángulo que forman los vectores $\vec{v}$ = (–1,3) y $\vec{u}$ = (2,3).

$$\cos\alpha = \frac{\vec{v}\cdot\vec{u}}{|\vec{v}|\cdot|\vec{u}|} = \frac{v_1\cdot u_1 + v_2\cdot u_2}{|\vec{v}|\cdot|\vec{u}|} = \frac{-1\cdot 2 + 3\cdot 3}{\sqrt{(-1)^2+3^2}\cdot\sqrt{2^2+3^2}} = \frac{7}{\sqrt{10}\cdot\sqrt{13}} = \frac{7}{\sqrt{130}} \rightarrow \alpha = 52{,}13^{o}$$

✓ **Ejercicio:** Calcula el producto escalar de los vectores $\vec{v}$ = (2,–5) y $\vec{u}$ = (–3,4).

Sol.: α = 164,93°

6.1.9 Vectores perpendiculares u ortogonales

Dos vectores, $\vec{v}$ y $\vec{u}$, son perpendiculares u ortogonales si forman un ángulo recto. Se representa con $\vec{v} \perp \vec{u}$.

Al ser $\cos 90^{o} = 0$, si dos vectores son perpendiculares, su producto escalar es igual a 0:

$$\text{Si } \vec{v}\perp\vec{u} \rightarrow \vec{v}\cdot\vec{u} = |\vec{v}|\cdot|\vec{u}|\cdot\cos\alpha = |\vec{v}|\cdot|\vec{u}|\cdot\cos 90^{o} = |\vec{v}|\cdot|\vec{u}|\cdot 0 = 0 \rightarrow \boldsymbol{\vec{v}\cdot\vec{u} = 0}$$

Por otra parte, si el producto escalar de dos vectores no nulos es 0, entonces $\cos\alpha = 0$ y, por tanto, $\alpha = 90$ y los vectores son perpendiculares:

$$\text{Si } \vec{v}\cdot\vec{u} = 0 \rightarrow |\vec{v}|\cdot|\vec{u}|\cdot\cos\alpha = 0 \rightarrow \cos\alpha = 0 \rightarrow \alpha = 90^\circ \rightarrow \vec{v}\perp\vec{u}$$

Ejemplo: Averigua si los pares de vectores siguientes son perpendiculares:

a) $\vec{v} = (-3,5)$ **y** $\vec{u} = (15,9)$

$\vec{v}\cdot\vec{u} = (-3,5)\cdot(15,9) = -3\cdot 15 + 5\cdot 9 = -45 + 45 = 0$ → son perpendiculares

b) $\vec{w} = (-4,2)$ **y** $\vec{z} = (3,4)$

$\vec{v}\cdot\vec{u} = (-4,2)\cdot(3,4) = -4\cdot 3 + 2\cdot 4 = -12 + 8 = -4 \neq 0$ → no son perpendiculares

✓ **Ejercicio:** Averigua si los pares de vectores siguientes son perpendiculares:

a) $\vec{v} = (2,-7)$ y $\vec{u} = (-1,4)$ **b)** $\vec{w} = (-1,6)$ y $\vec{z} = (6,1)$.

Sol.: a) no **b)** sí

Cálculo de vectores perpendiculares a un vector dado

Hay infinitos vectores perpendiculares a un vector dado.

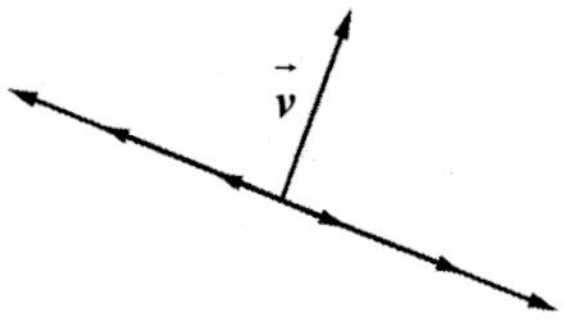

En la figura de la izquierda vemos seis vectores perpendiculares a un vector $\vec{v}$. De la misma manera se podrían dibujar muchos más.

Sin embargo, en el plano, solo hay dos vectores perpendiculares a $\vec{v}$ y que tienen el mismo módulo que $\vec{v}$.

Si $\vec{v} = (a,b)$, los vectores $(-b,a)$ y $(b,-a)$ son vectores perpendiculares a $\vec{v}$ y con el mismo módulo que $\vec{v}$:

$$(\boldsymbol{a},\boldsymbol{b})\perp(-\boldsymbol{b},\boldsymbol{a}) \qquad (\boldsymbol{a},\boldsymbol{b})\perp(\boldsymbol{b},-\boldsymbol{a}) \qquad |(\boldsymbol{a},\boldsymbol{b})| = |(-\boldsymbol{b},\boldsymbol{a})| = |(\boldsymbol{b},-\boldsymbol{a})|$$

Demostración:

$$(a,b)\cdot(-b,a) = a\cdot(-b) + b\cdot a = -a\cdot b + b\cdot a = 0 \rightarrow (a,b)\perp(-b,a)$$

$$(a,b)\cdot(b,-a) = a\cdot b + b\cdot(-a) = a\cdot b - b\cdot a = 0 \rightarrow (a,b)\perp(b,-a)$$

$$|(b,-a)| = \sqrt{b^2 + (-a)^2} = \sqrt{b^2 + a^2} = |(a,b)| \qquad |(-b,a)| = \sqrt{(-b)^2 + a^2} = \sqrt{b^2 + a^2} = |(a,b)|$$

Ejemplo:

$$\text{Si } \vec{v} = (1,2) \rightarrow \begin{cases}(-2,1)\\(2,-1)\end{cases} \text{ son perpendiculares a } \vec{v} = (1,2)$$

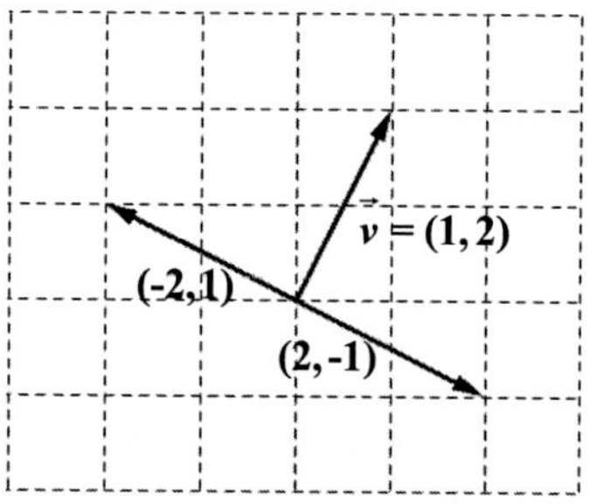

Comprobación:

$$(1,2)\cdot(-2,1) = -2 + 2 = 0 \rightarrow (1,2)\perp(-2,1)$$

$$(1,2)\cdot(2,-1) = 2 - 2 = 0 \rightarrow (1,2)\perp(2,-1)$$

Calculamos sus módulos:

$$|(1,2)| = \sqrt{1^2 + 2^2} = \sqrt{5} \qquad |(-2,1)| = \sqrt{(-2)^2 + 1^2} = \sqrt{5} \qquad |(2,-1)| = \sqrt{2^2 + (-1)^2} = \sqrt{5}$$

Si el vector $\vec{u}$ es perpendicular a $\vec{v}$, cualquier vector paralelo a $\vec{u}$ también es perpendicular a $\vec{v}$:

$$\text{Si } \vec{v} \perp \vec{u} \rightarrow \vec{v} \perp \alpha\vec{u}$$

De este modo, para calcular un vector perpendicular a un vector del plano $\vec{v}$, debemos invertir las componentes de $\vec{v}$ y cambiar de signo una de ellas. Si queremos calcular más vectores perpendiculares, solo tenemos que encontrar vectores paralelos al obtenido:

$$(a,b) \perp \alpha(-b,a)$$

Ejemplo: Calcula cinco vectores perpendiculares al vector $\vec{v}$ = (−3,5).

Los vectores siguientes son perpendiculares a $\vec{v}$: $(5,3);\ (-5,-3);\ (10,6);\ (15,9);\ (20,12)$

✓ **Ejercicio:** Calcula cinco vectores perpendiculares al vector $\vec{v}$ = (4,3). Lo puedes comprobar gráficamente.

6.1.10 Aplicaciones geométricas de los vectores

Los vectores son de gran utilidad a la hora de resolver muchos problemas geométricos. Veamos unos cuantos ejemplos:

Punto medio de un segmento

El punto medio, M, de un segmento AB es el punto que divide el segmento en dos segmentos de la misma longitud.

Utilizando vectores, se deduce que cada coordenada del punto M es la semisuma de las coordenadas correspondientes de los puntos A y B:

$$\left.\begin{array}{l} A(a_1,a_2) \\ B(b_1,b_2) \end{array}\right\} \rightarrow M\left(\frac{a_1+b_1}{2},\frac{a_2+b_2}{2}\right)$$

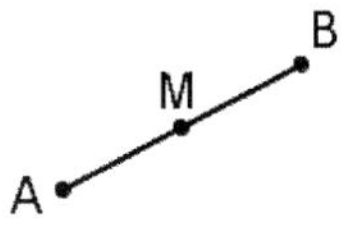

Demostración:

Si dibujamos los vectores $\overrightarrow{AB}$ y $\overrightarrow{AM}$ observamos que $\overrightarrow{AB} = 2\cdot\overrightarrow{AM}$.
De esta expresión podemos despejar las coordenadas de M para expresarlas en función de las coordenadas de A y B:

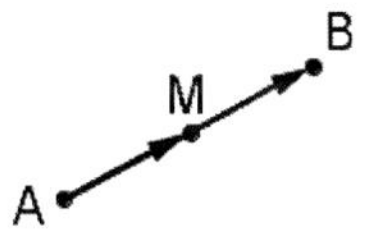

$$\left.\begin{array}{l} \overrightarrow{AB}=2\cdot\overrightarrow{AM} \\ A(a_1,a_2),\ B(b_1,b_2),\ M(x,y) \end{array}\right\} \rightarrow (b_1-a_1,b_2-a_2)=2\cdot(x-a_1,y-a_2) \rightarrow \begin{cases} b_1-a_1=2\cdot(x-a_1) \\ b_2-a_2=2\cdot(y-a_2) \end{cases}$$

$$\rightarrow \begin{cases} b_1-a_1=2x-2a_1 \rightarrow 2x=b_1-a_1+2a_1=b_1+a_1 \rightarrow x=\dfrac{b_1+a_1}{2} \\ b_2-a_2=2y-2a_2 \rightarrow 2y=b_2-a_2+2a_2=b_2+a_2 \rightarrow y=\dfrac{b_2+a_2}{2} \end{cases} \rightarrow M\left(\frac{a_1+b_1}{2},\frac{a_2+b_2}{2}\right)$$

Ejemplo: Calcula el punto medio del segmento de extremos A(2,5) y B(4,2).

$$M\left(\frac{2+4}{2},\frac{5+2}{2}\right) \rightarrow M\left(\frac{6}{2},\frac{7}{2}\right) \rightarrow M\left(3,\frac{7}{2}\right)$$

✓ **Ejercicio:** Calcula el punto medio del segmento de extremos A(1,−5) y B(−8,−3).

Sol.: $M\left(-\frac{7}{2},-4\right)$

Puntos alineados

Decimos que tres puntos están alineados cuando pertenecen a una misma recta.
Desde una perspectiva vectorial, tres puntos están alineados si, y solo si, los vectores que unen esos puntos tienen la misma dirección.

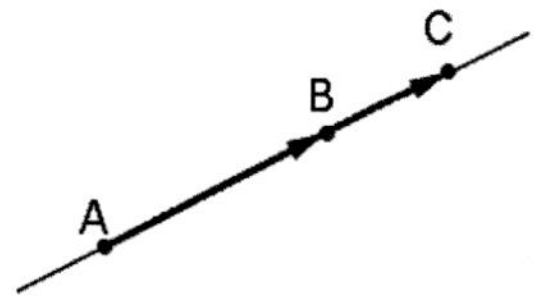

Así, para saber si tres puntos A, B y C están alineados, bastaría con comprobar si los vectores $\overrightarrow{AB}$ y $\overrightarrow{AC}$ (u otro par de vectores que unen dichos puntos) tienen la misma dirección.

Ejemplo: Indica si los puntos A(2,5), B(4,2) y C(6,–1) están alineados.

$$\left.\begin{array}{l}\overrightarrow{AB}=(4-2,2-5)=(2,-3)\\ \overrightarrow{AC}=(6-2,-1-5)=(4,-6)\end{array}\right\}\rightarrow\frac{2}{4}=\frac{-3}{-6}=\frac{1}{2}\rightarrow\overrightarrow{AB}\text{ y }\overrightarrow{AC}\text{ tienen la misma dirección}\rightarrow A,\ B\text{ y }C\text{ están alineados}$$

✓ **Ejercicio:** Indica si los puntos $A(1,3)$, $B(-1,2)$ y $C(8,4)$ están alineados. Puedes comprobarlo gráficamente.

Sol.: No están alineados

División de un segmento en *n* partes iguales

Para calcular los puntos que dividen un segmento en n (un número natural) partes iguales, procedemos como se indica en los siguientes ejemplos:

Ejemplos:

1) Dados los puntos $A(1,4)$ y $B(7,1)$, calcula las coordenadas de los puntos que dividen el segmento AB en tres parte iguales.

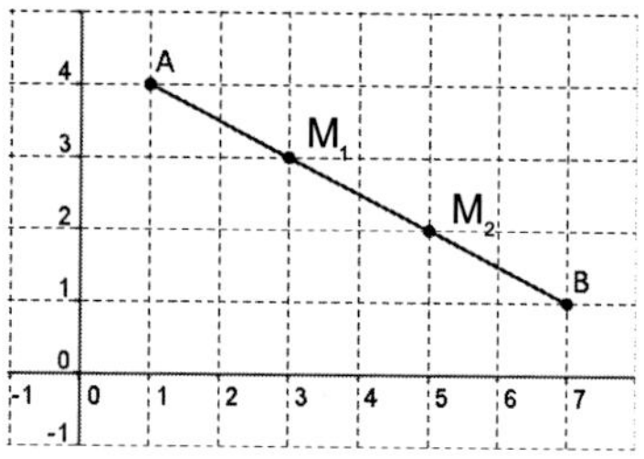

- Calculamos $M_1(x,y)$:

$$\overrightarrow{AM_1}=\frac{1}{3}\overrightarrow{AB}\rightarrow(x-1,y-4)=\frac{1}{3}(6,-3)=(2,-1)$$

$$\rightarrow\begin{cases}x-1=2\rightarrow x=2+1\rightarrow x=3\\ y-4=-1\rightarrow y=-1+4\rightarrow y=3\end{cases}\rightarrow M_1(3,3)$$

- Calculamos $M_2(x,y)$:

$$\overrightarrow{AM_2}=\frac{2}{3}\overrightarrow{AB}\rightarrow(x-1,y-4)=\frac{2}{3}(6,-3)=(4,-2)\rightarrow\begin{cases}x-1=4\rightarrow x=5\\ y-4=-2\rightarrow y=2\end{cases}\rightarrow M_2(5,2)$$

2) Dados los puntos $A(1,1)$ y $B(5,4)$, calcula las coordenadas de los puntos que dividen el segmento AB en cuatro partes iguales.

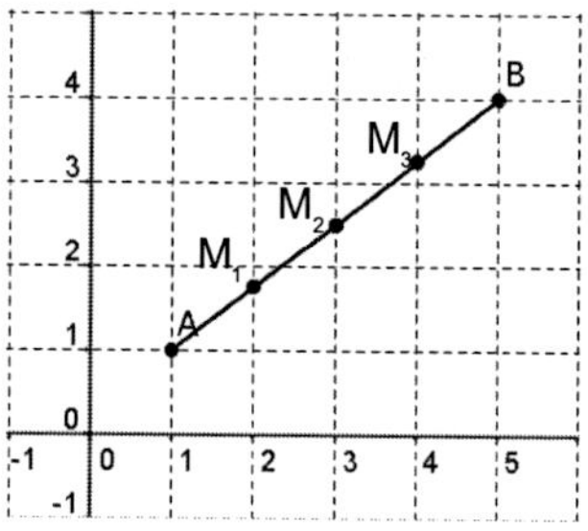

- Calculamos $M_1(x,y)$:

$$\overrightarrow{AM_1}=\frac{1}{4}\overrightarrow{AB}\rightarrow(x-1,y-1)=\frac{1}{4}(4,3)=\left(1,\frac{3}{4}\right)$$

$$\rightarrow\begin{cases}x-1=1\rightarrow x=2\\ y-1=\frac{3}{4}\rightarrow y=\frac{7}{4}\end{cases}\rightarrow M_1\left(2,\frac{7}{4}\right)$$

- Calculamos $M_2(x,y)$:

$$\overrightarrow{AM_2}=\frac{1}{2}\overrightarrow{AB}\rightarrow(x-1,y-1)=\frac{1}{2}(4,3)=\left(2,\frac{3}{2}\right)\rightarrow\begin{cases}x-1=2\rightarrow x=3\\ y-1=\frac{3}{2}\rightarrow y=\frac{5}{2}\end{cases}\rightarrow M_2\left(3,\frac{5}{2}\right)$$

- Calculamos $M_3(x,y)$:

$$\overrightarrow{AM_3}=\frac{3}{4}\overrightarrow{AB}\rightarrow(x-1,y-1)=\frac{3}{4}(4,3)=\left(3,\frac{9}{4}\right)\rightarrow\begin{cases}x-1=3\rightarrow x=4\\ y-1=\frac{9}{4}\rightarrow y=\frac{13}{4}\end{cases}\rightarrow M_3\left(4,\frac{13}{4}\right)$$

✓ **Ejercicio:** Dados los puntos $A(2,-1)$ i $B(4,2)$, calcula las coordenadas de los puntos que dividen el segmento AB en tres partes iguales.

Sol.: $M_1\left(\frac{8}{3},0\right);\ M_2\left(\frac{10}{3},1\right)$

Ejercicios

Vectores

! Nota: Es aconsejable hacer la comprobación gráfica de los ejercicios, siempre que sea posible, aunque el enunciado no lo pida.

1. Indica dos vectores de la figura que:

a) Sean equipolentes.

b) Tengan la misma dirección y el mismo módulo, pero el sentido diferente.

c) Tengan la misma dirección, pero el sentido y el módulo diferentes.

d) Tengan la misma dirección y el mismo sentido, pero el módulo diferente.

e) Tengan el mismo módulo, pero la dirección diferente.

f) Tengan una componente nula.

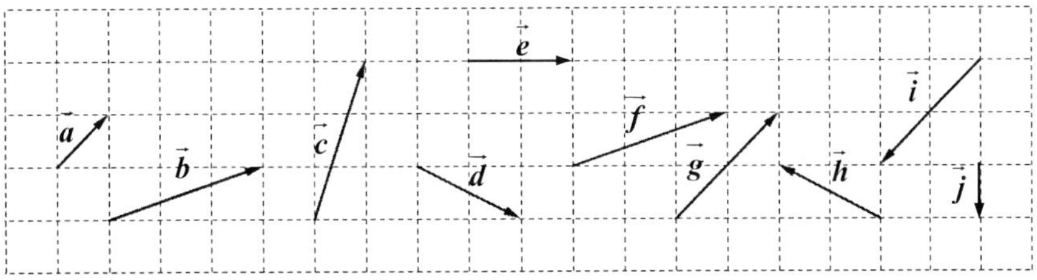

2. Calcula las componentes y el módulo de los vectores del ejercicio 1.

3. Representa gráficamente los siguientes vectores libres

$\vec{v}=(-4,3);\ \vec{u}=(-5,0);\ \vec{w}=(-2,-3);\ \vec{z}=(0,-2);\ \vec{p}=(4,-1).$

4. Dados los puntos $A(3,1)$, $B(-5,1)$, $C(-4,-2)$, $D(0,-3)$; calcula, analíticamente, las componentes y el módulo de los vectores siguientes:

a) $\overrightarrow{AB}$ **b)** $\overrightarrow{BA}$ **c)** $\overrightarrow{BC}$ **d)** $\overrightarrow{CB}$ **e)** $\overrightarrow{CD}$ **f)** $\overrightarrow{AD}$

5. Calcula el extremo del vector $\overrightarrow{AB}=(-2,8)$, sabiendo que el origen es el punto $A(1,-3)$.

6. Calcula el origen del vector $\overrightarrow{AB}=(3,-4)$, sabiendo que el extremo es el punto $B(0,-1)$.

7. Dados los puntos $A(3,0)$, $B(2,3)$, $C(-2,1)$, $D(7,2)$; averigua, analíticamente, si los vectores siguientes son equipolentes:

a) $\overrightarrow{AB}$ y $\overrightarrow{CD}$ **b)** $\overrightarrow{AC}$ y $\overrightarrow{DB}$

8. Dados los puntos $A(-3,-1)$, $B(0,5)$, $C(-7,4)$; averigua las coordenadas de un cuarto punto D, sabiendo que $\overrightarrow{AB}$ y $\overrightarrow{CD}$ son equipolentes.

9. Dados los puntos $A(-2,-1)$, $B(1,1)$, $C(2,0)$; encuentra las coordenadas de un cuarto punto D, sabiendo que ABCD es un paralelogramo. Calcula el perímetro de este paralelogramo.

10. Las coordenadas del punto B son el triple de las del punto A. Sabiendo que $\overrightarrow{AB}=(8,12)$, calcula las coordenadas de los puntos A y B.

Ejercicios

11. Las coordenadas del punto A son el doble de las del punto B. Sabiendo que $\overrightarrow{AB}$ = (–2,5), calcula las coordenadas de los puntos A y B.

12. Dados los vectores $\vec{v} = (-1,3)$, $\vec{u} = (2,-1)$ y $\vec{w} = (0,4)$, calcula analíticamente y gráficamente:

a) $\vec{v}+\vec{u}$ **c)** $\vec{v}-\vec{w}$ **e)** $3\vec{u}$ **g)** $-2\vec{u}$ **i)** $2\vec{v}+3\vec{u}$

b) $\vec{u}+\vec{w}$ **d)** $\vec{v}-\vec{u}$ **f)** $-\vec{v}$ **h)** $\frac{1}{2}\vec{w}$ **j)** $\vec{w}-2\vec{v}$

13. Dados los vectores $\vec{v} = (7,-4)$, $\vec{u} = (-5,-2)$ y $\vec{w} = (-6,0)$, calcula analíticamente:

a) $5\vec{v}-2\vec{u}$ **b)** $3\vec{v}-\frac{2}{3}\vec{w}$ **c)** $-\vec{w}-3\cdot\left(\vec{u}-\vec{v}\right)$ **d)** $-3\vec{u}+5\vec{v}+\vec{w}$

14. Encuentra cuatro vectores paralelos al vector $\vec{v} = (-5,4)$.

15. Averigua si los siguientes vectores son paralelos

a) $\vec{v}=(10,-20)$ y $\vec{u}=(-2,4)$ **b)** $\vec{w}=(-2,-5)$ y $\vec{z}=(3,7)$

16. Calcula el producto escalar de dos vectores $\vec{v}$ y $\vec{u}$, sabiendo que forman un ángulo de 17° y que sus módulos son: $\left|\vec{v}\right|=7$ y $\left|\vec{u}\right|=12$.

17. Calcula el producto escalar de dos vectores $\vec{v}$ y $\vec{u}$, sabiendo que forman un ángulo de 120° y que sus módulos son: $\left|\vec{v}\right|=11$ y $\left|\vec{u}\right|=4$.

18. Dados los vectores $\vec{v} = (7,-4)$, $\vec{u} = (-5,-2)$ y $\vec{w} = (-6,0)$, calcula analíticamente:

a) $\vec{v}\cdot\vec{u}$ **b)** $\vec{v}\cdot\vec{w}$ **c)** $\vec{w}\cdot\vec{u}$

19. Calcula el ángulo que forman los vectores siguientes:

a) $\vec{v}=(-5,-2)$ y $\vec{u}=(5,-1)$ **b)** $\vec{w}=(7,3)$ y $\vec{z}=(4,-1)$

20. Calcula el ángulo que forman los vectores siguientes y extrae conclusiones con relación a su dirección y sentido

a) $\vec{v}=(5,2)$ y $\vec{u}=(10,4)$ **b)** $\vec{w}=(-3,15)$ y $\vec{z}=(2,-10)$

21. Averigua si los pares de vectores siguientes son perpendiculares:

a) $\vec{v}=(3,4)$ y $\vec{u}=(-5,4)$ **b)** $\vec{w}=(-3,4)$ y $\vec{z}=(8,6)$

22. Calcula dos vectores perpendiculares al vector dado que tengan el mismo módulo que este:

a) $\vec{v}=(8,9)$ **b)** $\vec{u}=(-1,4)$ **c)** $\vec{z}=(-2,-10)$

23. Calcula cinco vectores perpendiculares al vector $\vec{v} = (-3,-2)$.

24. Calcula el punto medio del segmento de extremos:

a) $A(-2,-5)$ y $B(4,-3)$. **b)** $A(5,-6)$ y $B(4,-4)$.

25. Indica si los puntos dados están alineados:

a) $A(-2,1)$, $B(-1,-1)$ y $C(1,0)$. **b)** $A(-2,1)$, $B(1,2)$ y $C(4,3)$.

26. Dados los puntos $A(-3,-1)$ y $B(3,2)$, calcula las coordenadas de los puntos que dividen el segmento AB en:

a) tres partes iguales **b)** cuatro partes iguales

6.2 RECTA EN EL PLANO

6.2.1 Determinación de rectas

Una recta está determinada por:

- **Dos puntos.**

Ejemplo: Dibuja la recta que pasa por los puntos P(1,2) y Q(4,3):

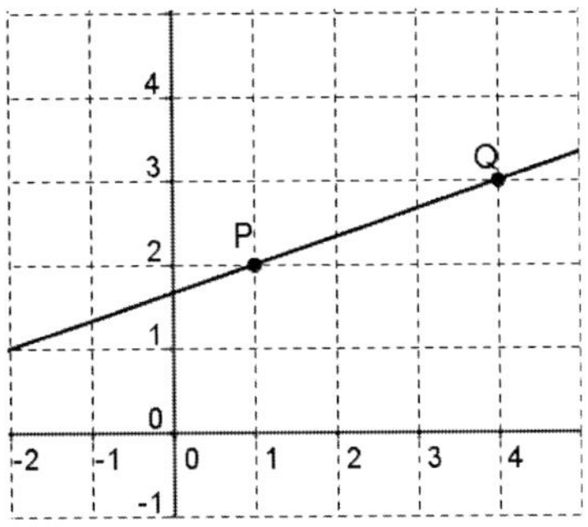

✓ **Ejercicio:** Dibuja la recta que pasa por los puntos A(3,–2) y B(0,2):

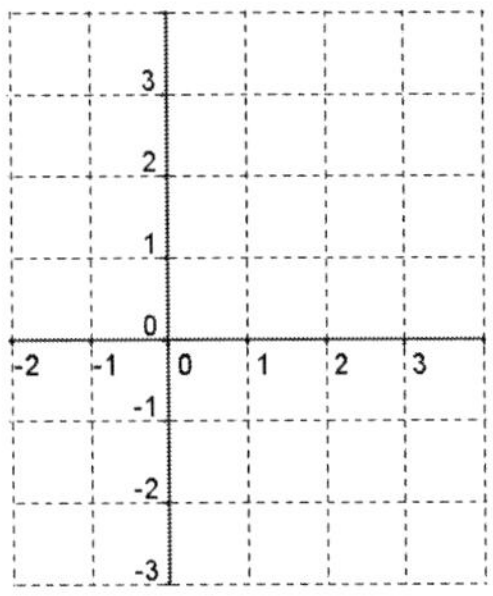

- **Un punto y una dirección**, que puede venir dada por:
  - **Un vector** que tiene la misma dirección que la recta, conocido como vector director. (Una recta tiene infinitos vectores directores, ya que hay infinitos vectores con la misma dirección)
  - **El ángulo** de inclinación de la recta respecto al eje OX.
  - **La pendiente** de la recta.

La pendiente m de **una recta** se define como la tangente del ángulo que forma la recta con el eje OX. Si la recta es oblicua, corta el eje OX y lo divide en dos partes. Para calcular la pendiente, tomamos el ángulo que forma la recta con la parte derecha del eje OX, medido en sentido directo desde el eje OX.

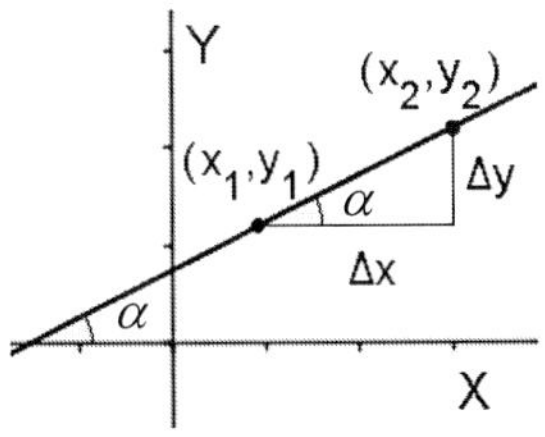

Dados dos puntos cualquiera de la recta, la pendiente es el cociente del incremento (variación) de la ordenada (Δy) entre el incremento de la abscisa (Δx). Así, la pendiente indica la variación de la ordenada cuando la abscisa se incrementa en una unidad:

$$m = \operatorname{tg}\alpha = \frac{\text{incremento de la ordenada}}{\text{incremento de la abcisa}} = \frac{\Delta y}{\Delta x} = \frac{y_2 - y_1}{x_2 - x_1}$$

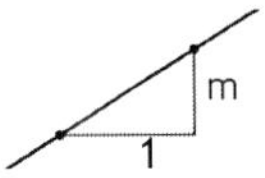

Ejemplo: Dibuja la recta que pasa por el punto P(1,–1) y que:

a) tiene por vector director $\vec{v}$ = (3,2)

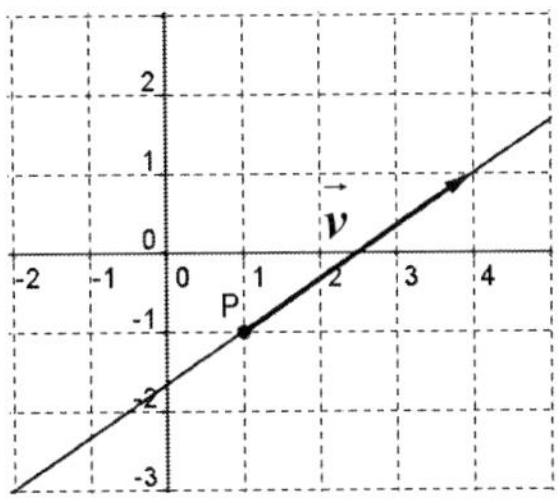

b) forma un ángulo de 30° con la parte positiva del eje OX.

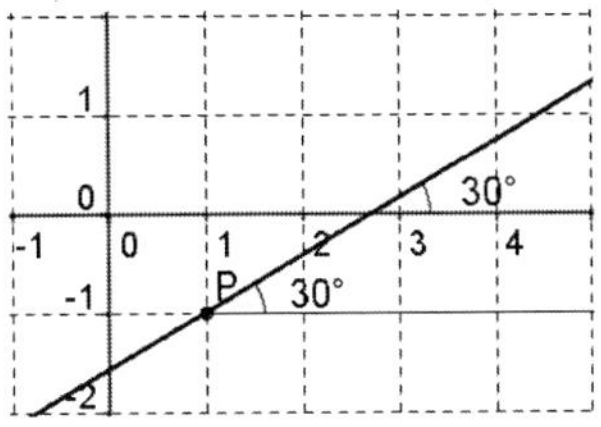

c) su pendiente es $m = 3$

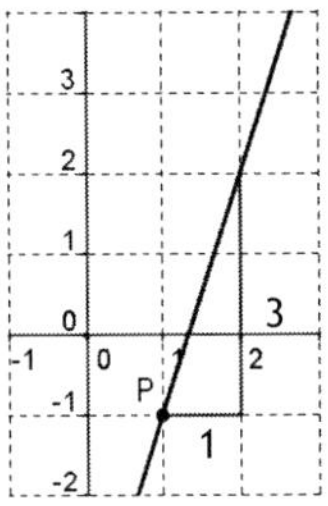

✓ **Ejercicio:** Dibuja la recta que pasa por el punto P(2,1) y que:

a) tiene por vector director $\vec{v} = (-2,1)$.

b) forma un ángulo de 45° con la parte positiva del eje OX.

c) su pendiente es $m = -2$

6.2.2 Ecuaciones de la recta

Una ecuación de la recta es una igualdad que verifican todos los puntos (x,y) de la recta, y solo estos.

La ecuación de la recta nos permite calcular cualquier punto de la recta y distinguir si un punto pertenece o no, ya que los puntos que no pertenecen a la recta no verifican su ecuación.

Hay diferentes ecuaciones de una misma recta, todas ellas equivalentes.

Ecuación vectorial

Hemos visto que un punto y un vector determinan una recta.

Dado un **punto** $P\,(p_1, p_2)$ de la recta y un **vector director** $\vec{v} = (v_1, v_2)$, queremos encontrar una fórmula que relacione cualquier punto de la recta $X\,(x,y)$ con P y $\vec{v}$.

De la figura de la derecha deducimos que:

$$\overrightarrow{OX} = \overrightarrow{OP} + \overrightarrow{PX}$$

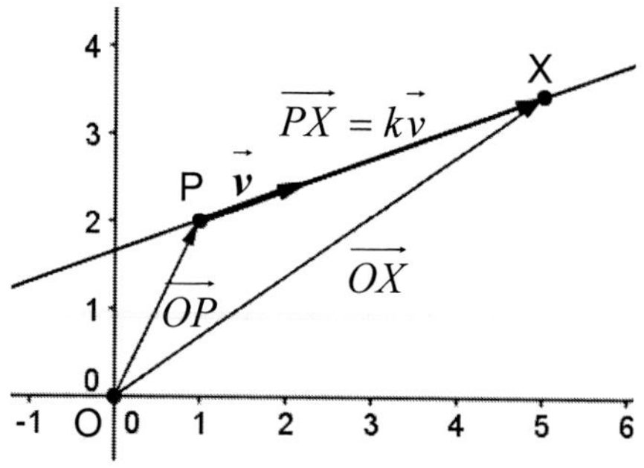

Como $\overrightarrow{PX}$ tiene la misma dirección que $\vec{v}$, existe un número real k que verifica que $\overrightarrow{PX} = k\vec{v}$. Si sustituimos en la igualdad $\overrightarrow{PX}$ por $k\vec{v}$ obtenemos la ecuación vectorial de la recta:

$$\boxed{\overrightarrow{OX} = \overrightarrow{OP} + k\vec{v}} \rightarrow \text{Ecuación vectorial de la recta}$$

$\overrightarrow{OX}$ y $\overrightarrow{OP}$ son los vectores de posición de los puntos X y P. Recordemos que las componentes del vector de posición de un punto coinciden con las coordenadas del punto. Por tanto:

$$\overrightarrow{OX} = (x, y) \quad \text{y} \quad \overrightarrow{OP} = (p_1, p_2)$$

Si expresamos la ecuación vectorial de la recta en componentes, obtenemos

$$\boxed{(x, y) = (p_1, p_2) + k(v_1, v_2)} \rightarrow \text{Ecuación vectorial de la recta (en componentes)}$$

Cada valor de k determina un punto de la recta.

Ejemplos:

1) Dada la recta r que pasa por el punto $P(-3,1)$ y que tiene por vector director $\vec{v} = (1,2)$:

a) Determina la ecuación vectorial de la recta r.

$$r: (x,y) = (p_1, p_2) + k(v_1, v_2) \rightarrow r: (x,y) = (-3,1) + k(1,2)$$

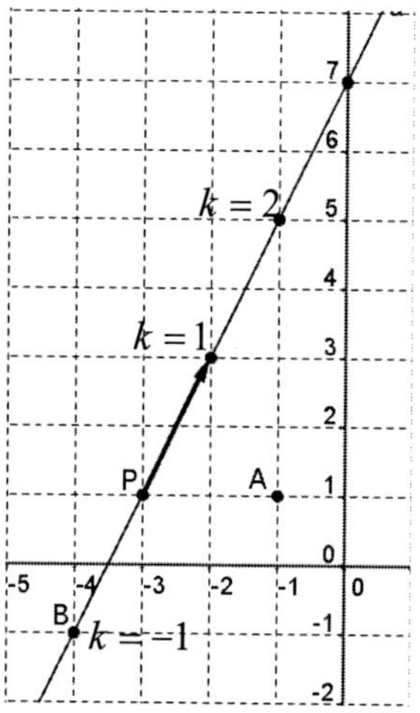

b) Calcula tres puntos que pertenezcan a la recta r.

$k = 0 \rightarrow P(-3,1)$

$k = 1 \rightarrow (x,y) = (-3,1) + 1 \cdot (1,2) = (-3+1, 1+2) = (-2,3)$

$k = 2 \rightarrow (x,y) = (-3,1) + 2 \cdot (1,2) = (-3+2, 1+4) = (-1,5)$

c) Averigua si los puntos A(−1,1) y B(−4,−1) pertenecen a la recta r.

Un punto pertenece a la recta si verifica la ecuación de la recta, es decir, si al sustituirlo por (x, y) existe un número real k que verifica la igualdad:

Si $\boldsymbol{A(-1,1)} \in r \rightarrow (-1,1) = (-3,1) + k(1,2) \rightarrow (-1,1) - (-3,1) = k(1,2)$

$$\rightarrow (2,0) = k(1,2) = (k, 2k) \rightarrow \begin{cases} 2 = k \\ 0 = 2k \rightarrow k = 0 \end{cases} \rightarrow \nexists k$$

El punto A no pertenece a la recta, ya que k no puede tomar dos valores diferentes, no puede ser igual a 2 y a 0 a la vez.

Si $\boldsymbol{B(-4,-1)} \in r \rightarrow (-4,-1) = (-3,1) + k(1,2) \rightarrow (-4,-1) - (-3,1) = k(1,2)$

$$\rightarrow (-1,-2) = k(1,2) = (k, 2k) \rightarrow \begin{cases} -1 = k \\ -2 = 2k \rightarrow k = -1 \end{cases} \rightarrow \exists k = -1$$

El punto B sí que pertenece a la recta, ya que existe un valor real $k = -1$ que verifica la igualdad.

2) Dada la recta r : $(x, y) = (-8,-3) + k\,(7,-2)$, encuentra un punto y un vector director.

$$P(-8,-3) \text{ y } \vec{v}=(7,-2)$$

✓ **Ejercicios:**

1. Dada la recta r que pasa por el punto $P(2,1)$ y que tiene por vector director $\vec{v}$ = (1,–1):
   a) Determina la ecuación vectorial de la recta r.
   b) Calcula tres puntos que pertenecen a la recta r.
   c) Averigua si los puntos $A(1,1)$ y $B(0,3)$ pertenecen a la recta r.
   d) Representa gráficamente la recta r y los puntos de los apartados b) y c).

2. Dada la recta r : $(x,y) = (1,-6) + k\,(-5,3)$, encuentra un punto y un vector director.

A partir de la ecuación vectorial de la recta se deducen las otras ecuaciones.

Ecuaciones paramétricas

Si hacemos las operaciones indicadas en la ecuación vectorial de la recta, en componentes, obtenemos las **ecuaciones paramétricas de la recta.**

$$(x,y)=(p_1,p_2)+k(v_1,v_2)\rightarrow \boxed{\begin{cases} x = p_1 + kv_1 \\ y = p_2 + kv_2 \end{cases}}$$ → Ecuaciones paramétricas de la recta

Ejemplos:

1) Dada la recta r que pasa por el punto $P(5,-4)$ y que tiene por vector director $\vec{v}$ = (–3,2):

a) Determina las ecuaciones paramétricas de la recta r.

$$r: \begin{cases} x = p_1 + kv_1 \\ y = p_2 + kv_2 \end{cases} \rightarrow r: \begin{cases} x = 5-3k \\ y = -4+2k \end{cases}$$

b) Calcula tres puntos que pertenezcan a la recta r.

$$k=0 \rightarrow P(5,-4)$$

$$k=1\rightarrow \begin{cases} x=5-3\cdot 1=2 \\ y=-4+2\cdot 1=-2 \end{cases} \rightarrow (2,-2)\ ; \qquad k=2\rightarrow \begin{cases} x=5-3\cdot 2=-1 \\ y=-4+2\cdot 2=0 \end{cases} \rightarrow (-1,0)$$

c) Averigua si los puntos $A(1,-1)$ y $B(-10,6)$ pertenecen a la recta r.

$$\text{Si } A(1,-1)\in r \rightarrow \begin{cases} 1=5-3k \rightarrow 1-5=-3k \rightarrow -4=-3k \rightarrow k=\dfrac{4}{3} \\ -1=-4+2k \rightarrow -1+4=2k \rightarrow 3=2k \rightarrow k=\dfrac{3}{2} \end{cases} \rightarrow \nexists\, k$$

El punto A no pertenece a la recta, ya que k no puede tomar dos valores diferentes (k no puede ser igual a 4/3 y a 3/2 a la vez).

$$\text{Si } B(-10,6)\in r \rightarrow \begin{cases} -10=5-3k \rightarrow -10-5=-3k \rightarrow -15=-3k \rightarrow k=5 \\ 6=-4+2k \rightarrow 6+4=2k \rightarrow 10=2k \rightarrow k=5 \end{cases} \rightarrow \exists\ k=5$$

El punto B sí que pertenece a la recta, ya que existe un valor real $k = 5$ que verifica la igualdad.

2) Encuentra un punto y un vector director de las siguientes rectas:

a) $r: \begin{cases} x = 2-4k \\ y = 5+3k \end{cases} \rightarrow \begin{cases} P(2,5) \\ \vec{v}=(-4,3) \end{cases}$ b) $r: \begin{cases} x = 1-k \\ y = k \end{cases} \rightarrow \begin{cases} P(1,0) \\ \vec{v}=(-1,1) \end{cases}$

✓ **Ejercicios:**

1. Dada la recta r que pasa por el punto $P(-1,3)$ y que tiene por vector director $\vec{v} = (-5,-1)$:

   a) Determina las ecuaciones paramétricas de la recta r.

   b) Calcula tres puntos que pertenezcan a la recta r.

   c) Averigua si los puntos $A(-1,1)$ y $B(9,5)$ pertenecen a la recta r.

2. Encuentra un punto y un vector director de las siguientes rectas:

   a) $r: \begin{cases} x = -3-2k \\ y = 7+6k \end{cases}$ **b)** $s: \begin{cases} x = 1-k \\ y = 5 \end{cases}$

Ecuación continua

Si despejamos el parámetro k de las ecuaciones paramétricas e igualamos las dos expresiones obtenidas, encontramos la **ecuación continua de la recta:**

$$\begin{cases} x = p_1 + kv_1 \rightarrow k = \dfrac{x-p_1}{v_1} \\ y = p_2 + kv_2 \rightarrow k = \dfrac{y-p_2}{v_2} \end{cases} \rightarrow \boxed{\dfrac{x-p_1}{v_1} = \dfrac{y-p_2}{v_2}}$$

→ Ecuación continua de la recta

Esta ecuación no se utiliza si $\vec{v}_1 = 0$ o $\vec{v}_2 = 0$, ya que no se puede dividir por 0.

Ejemplos:

1) **Dada la recta r que pasa por el punto $P(-3,4)$ y que tiene por vector director $\vec{v} = (6,-1)$:**

   a) Determina la ecuación continua de la recta r.

$$\frac{x-p_1}{v_1} = \frac{y-p_2}{v_2} \rightarrow \frac{x-(-3)}{6} = \frac{y-4}{-1} \rightarrow \frac{x+3}{6} = \frac{y-4}{-1}$$

   b) Calcula tres puntos que pertenezcan a la recta r.

   Para calcular puntos de la recta r, sustituimos una coordenada, x o y, por valores reales cualesquiera y calculamos la otra coordenada. Si no queremos trabajar con fracciones, intentamos sustituir x por valores que hagan que el cociente del primer miembro sea un número entero, o por valores que hagan que el cociente del segundo miembro sea un número entero:

$$x = -3 \rightarrow \frac{-3+3}{6} = \frac{y-4}{-1} \rightarrow 0 = \frac{y-4}{-1} \rightarrow y = 4 \rightarrow P(-3,4)$$

$$x = 3 \rightarrow \frac{3+3}{6} = \frac{y-4}{-1} \rightarrow 1 = \frac{y-4}{-1} \rightarrow -1 = y-4 \rightarrow -1+4 = y \rightarrow y = 3 \rightarrow (3,3)$$

$$y = 1 \rightarrow \frac{x+3}{6} = \frac{1-4}{-1} \rightarrow \frac{x+3}{6} = 3 \rightarrow x+3 = 18 \rightarrow x = 15 \rightarrow (15,1)$$

   c) Averigua si los puntos $A(-1,1)$ y $B(-15,6)$ pertenecen a la recta r.

   Si $\boldsymbol{A(-1,1)} \in r \rightarrow \dfrac{-1+3}{6} = \dfrac{1-4}{-1} \rightarrow \dfrac{2}{6} = \dfrac{-3}{-1} \rightarrow \dfrac{1}{3} = 3 \rightarrow$ Falso: $\dfrac{1}{3} \neq 3$

   El punto A no pertenece a la recta, ya que al sustituir las coordenadas de A por x e y no se verifica la igualdad.

   Si $\boldsymbol{B(-15,6)} \in r \rightarrow \dfrac{-15+3}{6} = \dfrac{6-4}{-1} \rightarrow \dfrac{-12}{6} = \dfrac{2}{-1} \rightarrow -2 = -2 \rightarrow$ Cierto

   El punto B sí que pertenece a la recta, ya que al sustituir las coordenadas de B por x e y se verifica la igualdad.

2) **Encuentra un punto y un vector director de las siguientes rectas:**

a) $r: \dfrac{x-2}{5} = \dfrac{y+3}{-2} \rightarrow P(2,-3)$ y $\vec{v} = (5,-2)$

b) $s: \dfrac{x}{2} = y+1 \rightarrow P(0,-1)$ y $\vec{v} = (2,1)$

c) $*t: \dfrac{2x-1}{4} = \dfrac{-y+3}{2} \rightarrow \dfrac{x-\frac{1}{2}}{2} = \dfrac{y-3}{-2} \rightarrow P\left(\dfrac{1}{2},3\right)$ y $\vec{v} = (2,-2)$

! * **Nota:** Dividimos por 2 el numerador y el denominador del primer miembro. Multiplicamos por −1 el numerador y el denominador del segundo miembro.

✓ **Ejercicios:**

1. Dada la recta r que pasa por el punto $P(8,-7)$ y que tiene por vector director $\vec{v} = (-3,-5)$:

a) Determina la ecuación continua de la recta r.

b) Calcula tres puntos que pertenezcan a la recta r.

c) Averigua si los puntos $A(-1,1)$ y $B(14,3)$ pertenecen a la recta r.

2. Encuentra un punto y un vector director de las siguientes rectas:

a) $r: \dfrac{x+5}{9} = \dfrac{y-1}{-11}$

b) $s: x-4 = y$

c) $r: \dfrac{-x-13}{2} = \dfrac{-3y+2}{9}$

Ecuación general o implícita

Si eliminamos los denominadores en la ecuación continua de la recta (multiplicando en cruz) y agrupamos todos los términos en un miembro, obtenemos la **ecuación general de la recta**:

$$\frac{x-p_1}{v_1} = \frac{y-p_2}{v_2} \rightarrow v_2(x-p_1) = v_1(y-p_2) \rightarrow v_2x - v_2p_1 = v_1y - v_1p_2$$

$$\rightarrow v_2x - v_2p_1 - v_1y + v_1p_2 = 0 \rightarrow \underbrace{v_2}_{A}x \underbrace{-v_1}_{B}y \underbrace{-v_2p_1 + v_1p_2}_{C} = 0$$

Así, la ecuación general de la recta es del tipo:

$$\boxed{Ax + By + C = 0}$$ → Ecuación general de la recta

donde A, B y C son números reales y $(A, B) = (v_2, -v_1)$

Vector director y característico

Como que $A = v_2$ y $B = -v_1$, un vector director de la recta es: $\boxed{\vec{v} = (-B, A)}$.

El vector (A,B) es perpendicular al vector director $(-B,A)$ y, por lo tanto, a la recta. Se llama **vector característico** de la recta (o vector normal a la recta):

(A,B)	$\perp$	$(-B,A)$
vector caraterístico		vector director

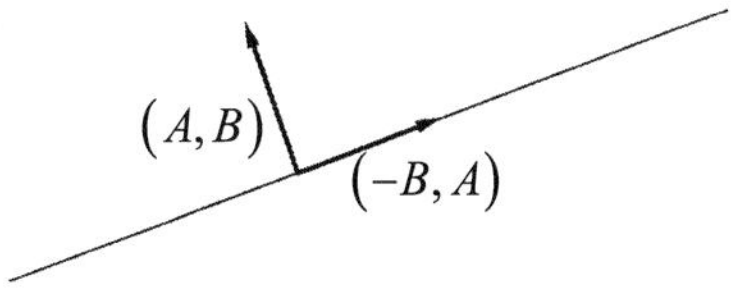

Ejemplos:

1) Dada la recta *r* que pasa por el punto P(2,–7) y que tiene por vector director $\vec{v}$ = (3,–4):

a) Determina la ecuación general de la recta *r*.

Hay dos maneras de calcular la ecuación general:

- A partir de la ecuación continua:

$$\frac{x-p_1}{v_1}=\frac{y-p_2}{v_2}\rightarrow\frac{x-2}{3}=\frac{y-(-7)}{-4}\rightarrow\frac{x-2}{3}=\frac{y+7}{-4}\quad \text{ecuación continua}$$

$$\frac{x-2}{3}=\frac{y+7}{-4}\rightarrow -4(x-2)=3(y+7)\rightarrow -4x+8=3y+21\rightarrow$$

$$\rightarrow -4x-3y+8-21=0\rightarrow\ r: -4x-3y-13=0$$

- Sustituyendo A por v_2 y B por $-v_1$ y calculando C (haciendo que P verifique la ecuación):

$$Ax+By+C=0 \text{ donde } (A,B)=(v_2,-v_1)=(-4,-3)\rightarrow -4x-3y+C=0$$

$$P(2,-7)\rightarrow -4\cdot 2-3\cdot(-7)+C=0\rightarrow -8+21+C=0\rightarrow C=-13\rightarrow\ -4x-3y-13=0$$

! Nota: Podemos multiplicar los dos miembros de la ecuación por –1, para que los términos sean positivos, y la ecuación que se obtiene es equivalente:

$$-4x-3y-13=0\rightarrow\ r:\ 4x+3y+13=0$$

b) Calcula tres puntos que pertenezcan a la recta *r*.

Para calcular puntos de la recta r, sustituimos una coordenada, x o y, por valores reales cualesquiera y calculamos la otra coordenada.

$$x=2\rightarrow 4\cdot 2+3y+13=0\rightarrow 3y+21=0\rightarrow y=\frac{-21}{3}=-7\rightarrow\ P(2,-7)$$

$$y=1\rightarrow 4x+3\cdot 1+13=0\rightarrow 4x+16=0\rightarrow x=\frac{-16}{4}=-4\rightarrow\ (-4,1)$$

$$x=-1\rightarrow 4\cdot(-1)+3y+13=0\rightarrow 3y+9=0\rightarrow y=\frac{-9}{3}=-3\rightarrow\ (-1,-3)$$

c) Averigua si los puntos A(–7,5) y B(3,–4) pertenecen a la recta *r*.

Si **A(–7,5)** $\in r\rightarrow 4\cdot(-7)+3\cdot 5+13=0\rightarrow -28+15+13=0\rightarrow\ 0=0$ Cierto

El punto A sí que pertenece a la recta, ya que al sustituir las coordenadas de A por x e y se verifica la igualdad.

Si **B(3,–4)** $\in r\rightarrow 4\cdot 3+3\cdot(-4)+13=0\rightarrow 12-12+13=0\rightarrow 13=0$ Falso: $13\neq 0$

El punto B no pertenece a la recta, ya que al sustituir las coordenadas de B por x e y no se verifica la igualdad.

2) Dada la recta $r: 5x-3y+10=0$, encuentra un punto y un vector director.

$$(A,B)=(5,-3)\rightarrow\vec{v}=(-B,A)=(3,5)\rightarrow\ \vec{v}=(3,5)\ \rightarrow \text{Vector director}$$

$$x=-2\rightarrow 5\cdot(-2)-3y+10=0\rightarrow -3y=0\rightarrow y=0\rightarrow\ P(-2,0)$$

✓ Ejercicios:

1. Dada la recta r que pasa por el punto $P(0,-7)$ y que tiene por vector director $\vec{v}$ = (1,–2):

a) Determina la ecuación general de la recta r.

b) Calcula tres puntos que pertenezcan a la recta r.

c) Averigua si los puntos $A(-6,5)$ y $B(1,3)$ pertenecen a la recta r.

2. Dada la recta $r: x+2y-1=0$, encuentra un punto y un vector director.

Ecuación punto-pendiente

Si en la ecuación continua de la recta despejamos $y - p_2$, obtenemos la ecuación punto-pendiente de la recta:

$$\frac{x-p_1}{v_1}=\frac{y-p_2}{v_2}\rightarrow y-p_2=\frac{v_2\cdot(x-p_1)}{v_1}=\frac{v_2}{v_1}(x-p_1)$$

Como se observa en la figura de la derecha:

$$\boxed{\frac{v_2}{v_1}=\mathbf{tg}\,\alpha=m \quad \text{(pendiente de la recta)}}$$

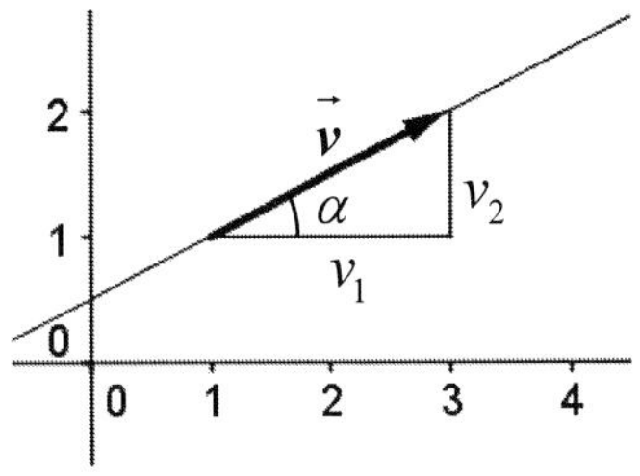

De este modo, la ecuación punto-pendiente queda:

$\boxed{y-p_2=m\cdot(x-p_1)}$ $\rightarrow$ Ecuación punto-pendiente de la recta

Esta ecuación se utiliza cuando se conoce un punto y la pendiente de la recta.

Cálculo del vector director a partir de la pendiente

Supongamos que conocemos la pendiente m de una recta y queremos calcular un vector director $\vec{v}=(v_1,v_2)$.

Los componentes del vector, v_1 y v_2, deben verificar la fórmula: $\dfrac{v_2}{v_1}=m$

Hay infinitos vectores directores de una recta y, por lo tanto, infinitas soluciones (infinitos pares de números cuyo cociente es m). Podemos elegir, por ejemplo, el vector $\vec{v}=(1,m)$, ya que $\dfrac{m}{1}=m$.

Si m es una fracción, $m=\dfrac{a}{b}$, entonces: $\vec{v}=(b,a)$: $\boxed{m=\dfrac{a}{b}\rightarrow\vec{v}=(b,a)}$

Ejemplos:

1) **Determina la ecuación punto-pendiente de la recta *r* de pendiente 4 y que pasa por el punto P(2,–3).**

$$y-p_2=m\cdot(x-p_1)\rightarrow r: y+3=4(x-2)$$

2) **Encuentra un punto, la pendiente y un vector director de las siguientes rectas:**

a) $r: y-1=-2(x+2)\rightarrow P(-2,1);\quad m=-2;\quad \vec{v}=(1,m)=(1,-2)$.

b) $s: y+2=\frac{2}{5}(x-4)\rightarrow P(4,-2);\quad m=\frac{2}{5};\quad \vec{v}=(5,2)$.

✓**Ejercicios:**

1. Determina la ecuación punto-pendiente de la recta r de pendiente –3 y que pasa por el punto P(–5,2).

2. Encuentra un punto, la pendiente y un vector director de las siguientes rectas:

a) $r: y+6=-(x-1)$ b) $s: y-1=\frac{4}{3}(x-2)$

Ecuación explícita

Si despejamos y en la ecuación punto-pendiente o en la ecuación general y operamos, obtenemos **la ecuación explícita de la recta:**

$$y-p_2=m\cdot(x-p_1)\rightarrow y=m\cdot(x-p_1)+p_2=mx\underbrace{-mp_1+p_2}_{n}$$

Así, la ecuación explícita de la recta es del tipo:

$y = mx + n$ → Ecuación explícita de la recta

(m = pendiente, n = punto de corte eje OY)

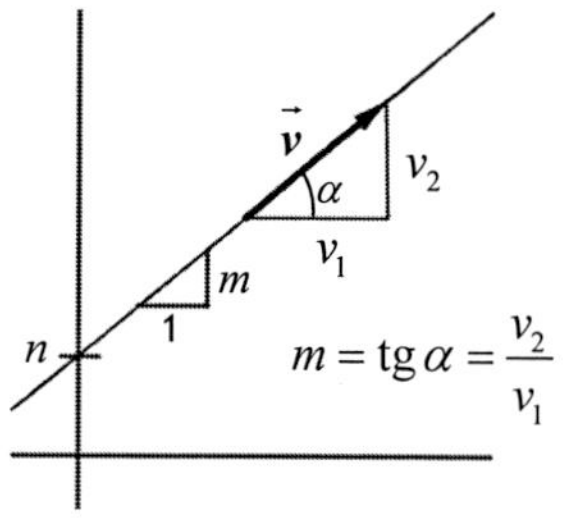

Si damos a x el valor cero:

$$x = 0 \to y = m \cdot 0 + n \to y = n \to (0, n) \text{ pertenece a la recta}$$

El punto $(0, n)$ pertenece al eje OY. Entonces, n es la ordenada en el origen o el punto de corte con el eje OY.

Ejemplos:

1) Dada la recta r que pasa por el punto $P(5,-2)$ y que tiene por vector director $\vec{v} = (-2,6)$:

a) Determina la pendiente de la recta.

$$m = \frac{v_2}{v_1} = \frac{6}{-2} = -3 \to m = -3$$

b) Determina la ecuación explícita de la recta r.

Hay dos maneras de calcular la ecuación explícita:

A partir de la ecuación punto-pendiente:

$$y - p_2 = m \cdot (x - p_1) \to y + 2 = -3(x-5) \to \text{ Ecuación punto-pendiente}$$

$$\to y = -3(x-5) - 2 \to y = -3x + 15 - 2 = -3x + 13 \to r: y = -3x + 13$$

A partir de la expresión de la ecuación explícita, sustituyendo m por -3 y calculando n (haciendo que P verifique la ecuación:

$$\left.\begin{array}{l} y = mx + n \to y = -3x + n \\ P(5,-2) \to -2 = -3 \cdot 5 + n \to -2 + 15 = n \to n = 13 \end{array}\right\} \to y = -3x + 13$$

c) Calcula tres puntos que pertenezcan a la recta r.

Para calcular puntos de la recta r, sustituimos x por valores reales cualesquiera y calculamos y:

$$x = 1 \to y = -3 \cdot 1 + 13 = 10 \to y = 10 \to (1,10);$$

$$x = 2 \to y = -3 \cdot 2 + 13 = 7 \to y = 7 \to (2,7)$$

$$x = -1 \to y = -3 \cdot (-1) + 13 = 16 \to y = 16 \to (-1,16)$$

d) Averigua si los puntos $A(4,1)$ y $B(3,-4)$ pertenecen a la recta r.

Si **A(4,1)** $\in r \to 1 = -3 \cdot 4 + 13 \to 1 = 1$ Cierto

El punto A sí que pertenece a la recta, ya que al sustituir las coordenadas de A por x e y se verifica la igualdad.

Si **B(3,−4)** $\in r \to -4 = -3 \cdot 3 + 13 \to -4 = 4$ Falso: $-4 \neq 4$

El punto B no pertenece a la recta, ya que al sustituir las coordenadas de B por x e y no se verifica la igualdad.

2) Dada la recta $r: y = x - 8$, encuentra el punto de corte con el eje OY, la pendiente y un vector director.

Punto de corte eje OY: $(0, -8)$; $m = 1$; $\vec{v} = (1,m) = (1,1)$

✓ Ejercicios:

1. Dada la recta r que pasa por el punto $P(-2,2)$ y que tiene por vector director $\vec{v} = (-2,-4)$:
   a) Determina la pendiente de la recta r.
   b) Determina la ecuación explícita de la recta r.
   c) Calcula tres puntos que pertenezcan a la recta r.
   d) Averigua si los puntos $A(4,1)$ y $B(-3,0)$ pertenecen a la recta r.

2. Dada la recta $r: y = 5x - 2$, encuentra el punto de corte con el eje OY, la pendiente y un vector director.

Rectas verticales y horizontales

El cuadro siguiente resume las características de las rectas horizontales y verticales:

	Recta **horizontal**	Recta **vertical**
Ecuación	$\boldsymbol{y = n}$, donde n es un número real (todos los puntos de la recta tienen la misma ordenada; y es constante)	$\boldsymbol{x = a}$, donde a es un número real (todos los puntos de la recta tienen la misma abscisa; x es constante)
Vector director	$(v_1, 0)$	$(0, v_2)$
Pendiente	$m = 0 \quad \left(\operatorname{tg} 0^\circ = \dfrac{0}{v_1} = 0 \right)$	No existe $\left(\nexists \operatorname{tg} 90^\circ = \dfrac{v_2}{0} \right)$

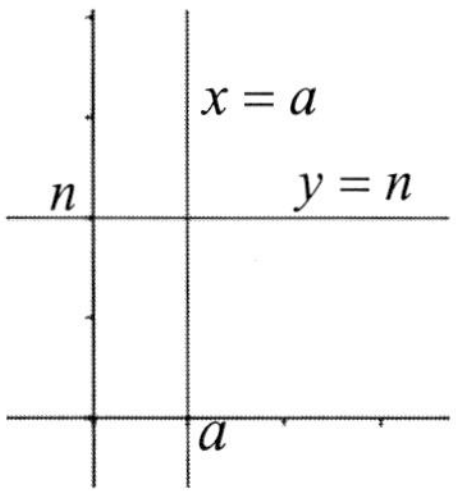

Ejemplo: Determina la ecuación de las rectas representadas en el gráfico:

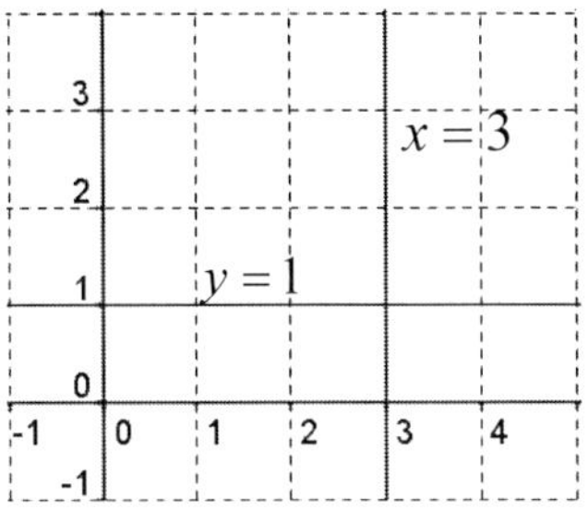

✓**Ejercicio:** Determina la ecuación de las rectas representadas en el gráfico:

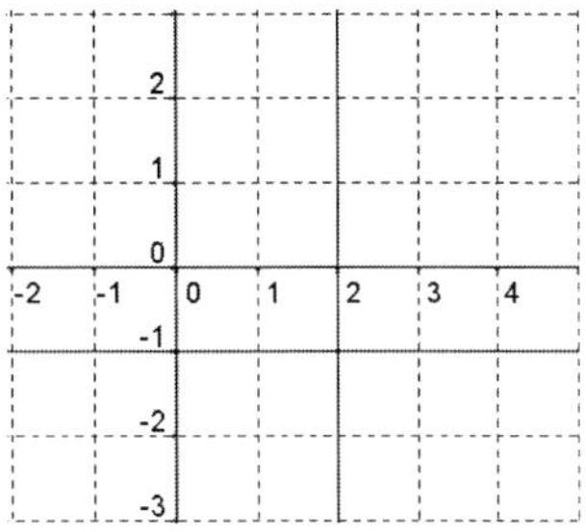

Resumen de les ecuaciones de la recta

Número	**Ecuación** $\begin{cases} \text{Punto}: P(p_1, p_2) \\ \text{Vector director}: \vec{v}(v_1, v_2) \end{cases}$	**Ejemplo:** $P(2,-3);\ \vec{v} = (-1,5)$
Ecuación vectorial	$(x,y) = (p_1, p_2) + k(v_1, v_2)$	$(x,y) = (2,-3) + k(-1,5)$
Ecuaciones paramétricas	$\begin{cases} x = p_1 + kv_1 \\ y = p_2 + kv_2 \end{cases}$	$\begin{cases} x = 2 - k \\ y = -3 + 5k \end{cases}$
Ecuación continua	$\dfrac{x - p_1}{v_1} = \dfrac{y - p_2}{v_2}$	$\dfrac{x-2}{-1} = \dfrac{y+3}{5}$
Ecuación general	$Ax + By + C = 0$ $(A,B) = (v_2, -v_1) \to \vec{v} = (-B, A)$	$5x + y - 7 = 0$
Ecuación punto-pendiente	$y - p_2 = m \cdot (x - p_1)$ $m = \dfrac{v_2}{v_1};\ \vec{v} = (1, m)$	$y + 3 = -5 \cdot (x - 2)$
Ecuación explícita	$y = mx + n$ $m = \dfrac{v_2}{v_1};\ \vec{v} = (1, m)$	$y = -5x + 7$

Ejemplo: Escribe las diferentes ecuaciones de la recta que pasa por el punto $P(-4,7)$ y que tiene como vector director el vector $\vec{v}=(2,-1)$.

Ecuación vectorial: $(x,y)=(-4,7)+k(2,-1)$

Ecuaciones paramétricas: $\begin{cases} x=-4+2k \\ y=7-k \end{cases}$

Ecuación continua: $\dfrac{x+4}{2}=\dfrac{y-7}{-1}$

Ecuación general:

$$\frac{x+4}{2}=\frac{y-7}{-1}\rightarrow -(x+4)=2(y-7)\rightarrow -x-4=2y-14\rightarrow\ -x-2y+10=0$$

Ecuación punto-pendiente: $m=\dfrac{v_2}{v_1}=-\dfrac{1}{2}\rightarrow\ y-7=-\dfrac{1}{2}\cdot(x+4)$

Ecuación explícita:

$$y-7=-\frac{1}{2}\cdot(x+4)\rightarrow y-7=-\frac{1}{2}x-2\rightarrow y=-\frac{1}{2}x-2+7\rightarrow\ y=-\frac{1}{2}x+5$$

✓ **Ejercicio:** Escribe las diferentes ecuaciones de la recta que pasa por el punto $P(-1,1)$ y que tiene como vector director el vector $\vec{v}=(-2,6)$.

6.2.3 Recta determinada por dos puntos

Sea r la recta que pasa por dos puntos dados $A(a_1, a_2)$ y $B(b_1,b_2)$. Entonces, el vector que une los dos puntos es un vector director de r:

$$\vec{v}=\overrightarrow{AB}=(b_1-a_1,b_2-a_2)\rightarrow \text{Vector director de la recta } r.$$

A partir de uno de los dos puntos y del vector director, podemos encontrar cualquier ecuación de la recta:

Recta determinada por $A(a_1,a_2)$ y $B(b_1,b_2)$ = Recta determinada por $A(a_1,a_2)$ y $\vec{v}=\overrightarrow{AB}$

Ejemplo: Escribe la ecuación continua de la recta que pasa por los puntos $A(3,-6)$ y $B(2,4)$.

- Calculamos un vector director de la recta $\vec{v}=\overrightarrow{AB}$:

$$\vec{v}=\overrightarrow{AB}=(2-3,4-(-6))=(-1,10)\rightarrow\ \vec{v}=(-1,10)$$

- **Dado un punto** $A(3,-6)$ y un vector director $\vec{v}=(-1,10)$, calculamos la ecuación :

Ecuación continua: $\dfrac{x-3}{-1}=\dfrac{y+6}{10}$

✓ **Ejercicio:** Escribe la ecuación continua de la recta que pasa por los puntos $A(0,3)$ y $B(-3,7)$.

Sol.: $\dfrac{x}{-3}=\dfrac{y-3}{4}$

Alineación de puntos

Ya hemos visto que, utilizando vectores, podemos averiguar si tres puntos están alineados.

También lo podemos hacer calculando la ecuación de la recta que une dos de estos puntos y comprobando si el tercer punto pertenece a la recta.

Ejemplo: Averigua si los puntos $A(3,-6)$, $B(2,4)$ y $C(1,5)$ están alineados.

En el ejemplo anterior hemos calculado la ecuación de la recta r que une los puntos A y B:

Recta que pasa por A y B: $r: \dfrac{x-3}{-1} = \dfrac{y+6}{10}$

Veamos si el punto C pertenece a la recta r:

$$\frac{1-3}{-1} = \frac{5+6}{10} \rightarrow \frac{-2}{-1} = \frac{11}{10} \rightarrow 2 = \frac{11}{10} \quad \text{Falso: } 2 \neq \frac{11}{10}$$

El punto C no pertenece a la recta r. Por lo tanto, los puntos A, B y C no están alineados.

✓ **Ejercicio:** Averigua si los puntos $A(3,1)$, $B(5,3)$ y $C(-1,-3)$ están alineados.

Sol.: Sí que están alineados

6.2.4 Posición relativa de dos rectas

Dos rectas en el plano pueden ser:

- **Secantes:** tienen diferentes direcciones y un punto en común.
- **Paralelas:** tienen la misma dirección y ningún punto en común.
- **Coincidentes:** tienen la misma dirección y todos los puntos en común.

Paralelas	Coincidentes	Secantes o incidentes
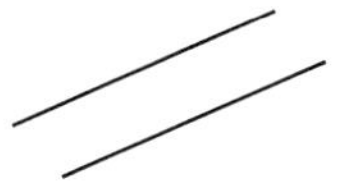		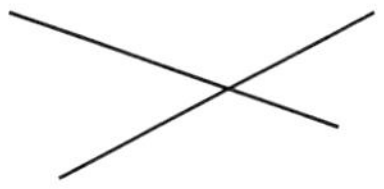

Si dos rectas son paralelas o coincidentes, tienen la misma pendiente y sus vectores directores son iguales o paralelos. Sus vectores característicos (perpendiculares) también son paralelos.

Si dos rectas son secantes, sus pendientes son diferentes y sus vectores directores tienen direcciones diferentes (no son paralelos). Sus vectores característicos tampoco son paralelos.

Así, dadas dos rectas r y s, que tienen por vectores directores $\vec{v} = (v_1, v_2)$ y $\vec{u} = (u_1, u_2)$, respectivamente, y cuyas pendientes son m y m', respectivamente:

- Si r y s son paralelas o coincidentes → $\dfrac{v_1}{u_1} = \dfrac{v_2}{u_2}$ y $m = m'$

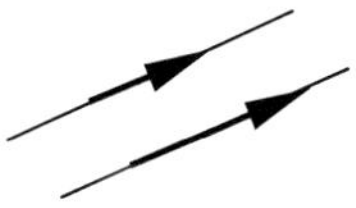

- Si r y s son secantes → $\dfrac{v_1}{u_1} \neq \dfrac{v_2}{u_2}$ y $m \neq m'$

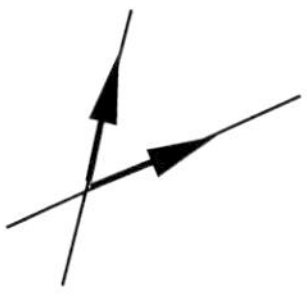

Si las ecuaciones generales de r y s son $r: Ax + By + C = 0$ y $s: A'x + B'y + C' = 0$:

- Si r y s son paralelas o coincidentes → (A,B) y (A',B') son paralelos → $\dfrac{A}{A'} = \dfrac{B}{B'}$

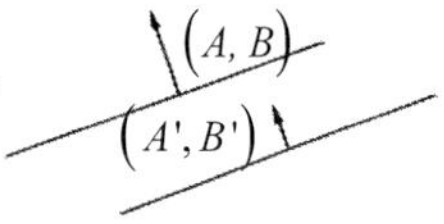

- Si r y s son secantes → (A,B) y (A',B') no son paralelos → $\dfrac{A}{A'} \neq \dfrac{B}{B'}$

Si dos rectas son coincidentes, sus ecuaciones son equivalentes (expresan la misma recta) y, por lo tanto, los coeficientes de sus ecuaciones generales son proporcionales (obtenemos una ecuación multiplicando los dos miembros de la otra ecuación por un número):

- Si r y s son coincidentes → $\dfrac{A}{A'} = \dfrac{B}{B'} = \dfrac{C}{C'}$
- Si r y s son paralelas→ $\dfrac{A}{A'} = \dfrac{B}{B'} \neq \dfrac{C}{C'}$

Determinación de la posición relativa de dos rectas a partir de sus ecuaciones

A partir de sus ecuaciones vectoriales, paramétricas o continuas

Para averiguar la posición relativa de las rectas r y s, a partir de sus ecuaciones vectoriales, paramétricas o continuas, procedemos de la siguiente manera:

- Calculamos un punto y un vector director de cada recta:

$$r \to P(p_1, p_2);\ \vec{v}(v_1, v_2) \qquad s \to Q(q_1, q_2);\ \vec{u}(u_1, u_2)$$

- Averiguamos si los vectores directores son paralelos:
  - Si $\frac{v_1}{u_1} \neq \frac{v_2}{u_2}$, las rectas son secantes.
  - Si $\frac{v_1}{u_1} = \frac{v_2}{u_2}$, las rectas son paralelas o coincidentes.
- Si los vectores son paralelos, las rectas, o bien tienen todos los puntos en común (coincidentes), o no tienen ningún punto en común (paralelas). Para averiguar si son paralelas o coincidentes, será suficiente comprobar si un punto de una recta pertenece a la otra:
  - Si $P \in s$, las rectas son coincidentes.
  - Si $P \notin s$, las rectas son paralelas.

A partir de sus ecuaciones explícitas

Queremos averiguar la posición relativa de las rectas r y s, a partir de sus ecuaciones explícitas:

$$r: y = mx + n \ \text{ y } \ s: y = m'x + n'$$

Comparamos los pendientes y las ordenadas en el origen:

- Si $m \neq m'$, las rectas son secantes.
- Si $m = m'$ y $n \neq n'$, las rectas son paralelas.
- Si $m = m'$ y $n = n'$, las rectas son coincidentes.

A partir de sus ecuaciones generales

Queremos averiguar la posición relativa de las rectas r y s, a partir de sus ecuaciones generales:

$$r: Ax + By + C = 0 \ \text{ y } \ s: A'x + B'y + C' = 0$$

Comprobamos si los coeficientes son proporcionales:

- Si $\frac{A}{A'} \neq \frac{B}{B'}$, las rectas son secantes.
- Si $\frac{A}{A'} = \frac{B}{B'} \neq \frac{C}{C'}$, las rectas son paralelas.
- Si $\frac{A}{A'} = \frac{B}{B'} = \frac{C}{C'}$ las rectas son coincidentes.

Cuadro resumen

Dadas las rectas:

$$r: \begin{cases} \text{Punto}: P(p_1, p_2) \\ \text{Vector director}: \vec{v}(v_1, v_2) \\ \text{Pendiente}: m \\ \text{Ecuación explícita}: y = mx + n \\ \text{Ecuación general}: Ax + By + C = 0 \end{cases} \qquad s: \begin{cases} \text{Punto}: Q(q_1, q_2) \\ \text{Vector director}: \vec{u}(u_1, u_2) \\ \text{Pendiente}: m' \\ \text{Ecuación explícita}: y = m'x + n' \\ \text{Ecuación general}: A'x + B'y + C' = 0 \end{cases}$$

Posición relativa	Vectores directores	Puntos en común	Ecuación explícita	Ecuación general
Secantes	No paralelos: $\frac{v_1}{u_1} \neq \frac{v_2}{u_2}$	Un punto en común.	$m \neq m'$	$\frac{A}{A'} \neq \frac{B}{B'}$
Paralelas	Iguales o paralelos: $\frac{v_1}{u_1} = \frac{v_2}{u_2}$	Ningún punto en común. $P \notin s;\ Q \notin r$	$m = m'$ $n \neq n'$	$\frac{A}{A'} = \frac{B}{B'} \neq \frac{C}{C'}$
Coincidentes	Iguales o paralelos: $\frac{v_1}{u_1} = \frac{v_2}{u_2}$	Todos los puntos en común. $P \in s;\ Q \in r$	$m = m'$ $n = n'$	$\frac{A}{A'} = \frac{B}{B'} = \frac{C}{C'}$

Determinación de la posición relativa mediante un sistema de ecuaciones

Otra manera de determinar la posición relativa de dos rectas consiste en resolver el sistema formado por sus ecuaciones, ya que las soluciones del sistema son puntos comunes a las dos rectas:

- Si el sistema es **compatible determinado** (tiene una solución), las rectas son secantes (tienen un punto en común).
- Si el sistema es **compatible indeterminado** (tiene infinitas soluciones), las rectas son coincidentes (tienen todos los puntos en común).
- Si el sistema es **incompatible** (no tiene solución), las rectas son paralelas (no tienen ningún punto en común).

Ejemplo: Averigua la posición relativa de los pares de rectas siguientes:

a) $\boldsymbol{r: \frac{x-4}{3} = \frac{y+2}{-6}}$ **y** $\boldsymbol{s: x-1 = \frac{y+1}{-2}}$

- Calculamos un punto y un vector director de cada recta:

$$r: \begin{cases} \text{Punto}: P(4,-2) \\ \text{Vector director}: \vec{v}(3,-6) \end{cases} \quad s: \begin{cases} \text{Punto}: Q(1,-1) \\ \text{Vector director}: \vec{u}(1,-2) \end{cases}$$

- Averiguamos si los vectores directores son paralelos:

$$\frac{3}{1} = \frac{-6}{-2} = 3 \rightarrow \text{son paralelas o coincidentes}$$

- Averiguamos si el punto P pertenece a la recta s:

$$\text{Si } P(4,-2) \in s \rightarrow 4-1 = \frac{-2+1}{-2} \rightarrow 3 = \frac{1}{2} \quad \text{Falso}: 3 \neq \frac{1}{2} \rightarrow r \text{ y } s \text{ son paralelas}$$

b) $\boldsymbol{r: y = 3x+1}$ **y** $\boldsymbol{s: y = 2x+1}$

Las pendientes son diferentes: $3 \neq 2 \rightarrow r$ y s son secantes

c) $\boldsymbol{r: 3x - y + 4 = 0}$ **y** $\boldsymbol{s: -9x + 3y - 12 = 0}$

$$\frac{3}{-9} = \frac{-1}{3} = \frac{4}{-12} = -\frac{1}{3} \rightarrow r \text{ y } s \text{ son coincidentes}$$

✓ **Ejercicio:** Averigua la posición relativa de los pares de rectas siguientes:

a) $r: 5x - 10y + 2 = 0$ y $s: x - 2y + 1 = 0$

b) $r: 2x - 3y + 5 = 0$ y $s: x - 2y + 1 = 0$

c) $r: 4x - 6y + 10 = 0$ y $s: 2x - 3y + 5 = 0$

d) $r: y = 3x + 1$ y $s: y = 3x - 1$

e) $r: y = 3x + 1$ y $s: y = =3x - 1$

f) $r: \frac{x-1}{2} = \frac{y-5}{6}$ y $s: \frac{x+2}{3} = \frac{y+4}{9}$

Sol.: **a)** paralelas **b)** secantes **c)** coincidentes **d)** paralelas **e)** secantes **f)** coincidentes

Punto de intersección o de corte de dos rectas secantes

Si dos rectas son secantes, tienen un punto en común, es decir, se cortan en un punto. Este punto se llama **punto de intersección o de corte de las rectas.**

Dicho punto verifica las ecuaciones de las dos rectas, ya que pertenece a las dos.

Por lo tanto, para calcular las coordenadas del punto de intersección, resolvemos el sistema formado por las ecuaciones de las rectas.

Para resolver el sistema, conviene tener las ecuaciones generales o explícitas de las rectas. Si tenemos otras formas de ecuación de la recta, operamos para convertirlas en ecuaciones generales.

Ejemplo: Calcula el punto de intersección de las rectas siguientes:

a) $\mathbf{r: x-y+1=0}$ **y** $\mathbf{s: x-2y+3=0}$

Resolvemos el sistema por reducción:

$$\begin{array}{l} *x-y=-1 \xrightarrow{\cdot(-1)} -x+y=1 \\ x-2y=-3 \qquad\quad\;\; x-2y=-3 \\ \hline \qquad\qquad\quad / \; -y=-2 \rightarrow y=2 \rightarrow *x-2=-1 \rightarrow x=-1+2=1 \rightarrow x=1 \end{array}$$

El punto de intersección es $(1,2)$

b) $\mathbf{r: y=3x+1}$ **y** $\mathbf{s: y=2x+1}$

Resolvemos el sistema por igualación:

$3x+1=2x+1 \rightarrow 3x-2x=1-1 \rightarrow x=0$

$y=3\cdot 0+1=1 \rightarrow y=1$

$\rightarrow$ El punto de intersección es $(0,1)$

✓**Ejercicio:** Calcula el punto de intersección de las rectas siguientes:

a) $r: 5x+4y+2=0$ y $s: x-3y-11=0$

b) $r: y=x-10$ y $s: y=-2x+2$

Sol.: a) (2,–3) b) (4,–6)

Ecuación de una recta paralela a una recta dada

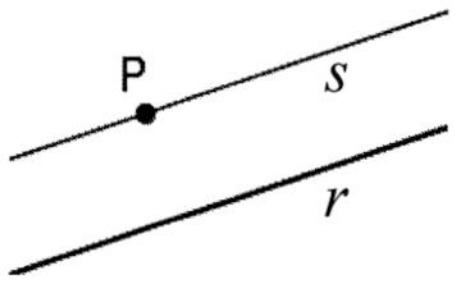

Supongamos que queremos calcular la ecuación de una recta s que pasa por un punto dado $P(p_1, p_2)$ y que es paralela a una recta dada r.

Las rectas r y s tienen la misma dirección y, por lo tanto, el mismo vector director, la misma pendiente y el mismo vector característico.

Así, la recta s viene determinada por el punto P y la dirección de r (el vector director de r, el vector característico de r o plano pendiente de r):

- Si $r: \dfrac{x-q_1}{v_1}=\dfrac{y-q_2}{v_2} \rightarrow s: \dfrac{x-p_1}{v_1}=\dfrac{y-p_2}{v_2}$
- Si $r: Ax+By+C=0 \rightarrow s: Ax+By+C'=0$ (calculamos C' haciendo que P verifique la ecuación)
- Si $r: y=mx+n \rightarrow s: y=mx+n'$ (calculamos n' haciendo que P verifique la ecuación)

Ejemplo: **Encuentra la ecuación de la recta s que pasa por el punto $P(5,-2)$ y que es paralela a r:**

a) $\boldsymbol{r: \frac{x-1}{2} = \frac{y-4}{-3}} \rightarrow s: \frac{x-5}{2} = \frac{y+2}{-3}$

b) $\boldsymbol{r: 2x - y + 1 = 0} \rightarrow s: 2x - y - 12 = 0$

$$\left.\begin{array}{l} s: 2x - y + C = 0 \\ P(5,-2) \in s \end{array}\right\} \rightarrow 2\cdot 5 - (-2) + C = 0 \rightarrow 10 + 2 + C = 0 \rightarrow C = -12$$

c) $\boldsymbol{r: y = -4x + 3} \rightarrow s: y = -4x + 18$

$$\left.\begin{array}{l} s: y = -4x + n \\ P(5,-2) \in s \end{array}\right\} \rightarrow -2 = -4\cdot 5 + n \rightarrow -2 = -20 + n \rightarrow n = -2 + 20 \rightarrow n = 18$$

✓**Ejercicio:** Encuentra la ecuación de la recta s que pasa por el punto $P\ (-1,-3)$ y que es paralela a la recta dada r:

a) $r: \frac{x-5}{-1} = \frac{y+4}{8}$ b) $r: x - 7y - 10 = 0$ c) $r: y = -x + 5$

Sol.: a) $\frac{x+1}{-1} = \frac{y+3}{8}$ b) $x - 7y - 20 = 0$ c) $y = -x - 4$

6.2.5 Puntos de corte con los ejes

Los ejes de coordenadas son dos rectas, una recta horizontal (eje OX) y una vertical (eje OY). Sus ecuaciones son:

$y = 0 \rightarrow$ Ecuación del eje OX (cualquier punto del eje de las abscisas tiene la ordenada igual a 0)

$x = 0 \rightarrow$ Ecuación del eje OY (cualquier punto del eje de las ordenadas tiene la abscisa igual a 0)

Una recta que no es ni horizontal ni vertical cortará los ejes de coordenadas por dos puntos (un punto de corte para cada eje).

Ejemplo: **Indica las coordenadas de los puntos de corte con los ejes de la siguiente recta:**

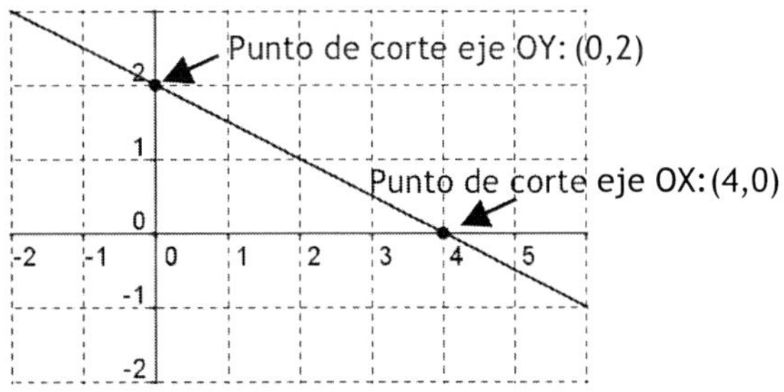

✓**Ejercicio:** Indica las coordenadas de los puntos de corte con los ejes de la siguiente recta:

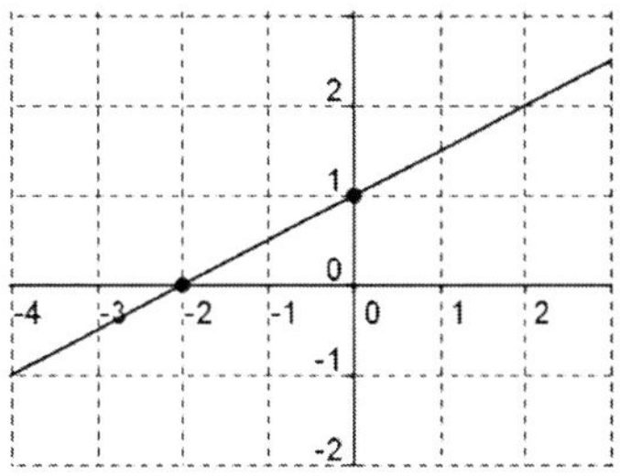

Cálculo de los puntos de corte con los ejes

Para calcular el punto de corte de una recta r con un eje de coordenadas, resolvemos el sistema formado por la ecuación de r y la ecuación del eje.

Punto de corte con el eje OX

El punto de corte de la recta r con el eje OX es el punto de r que tiene la ordenada igual a 0. Para calcularlo, sustituimos y por 0 ($y = 0$) en la ecuación de la recta y calculamos x:

Resolvemos el sistema: $\begin{cases} r: Ax + By + C \rightarrow \text{ecuación de } r \\ y = 0 \rightarrow \text{ecuación del eje OX} \end{cases}$

Punto de corte con el eje OY

El punto de corte de la recta r con el eje OY es el punto de r que tiene la abscisa igual a 0. Para calcularlo, sustituimos x por 0 ($x = 0$) en la ecuación de la recta y calculamos y:

Resolvemos el sistema: $\begin{cases} r: Ax + By + C \rightarrow \text{ecuación de } r \\ x = 0 \rightarrow \text{ecuación del eje OY} \end{cases}$

Ejemplo: Calcula los puntos de corte con los ejes de la recta $r: 2x - y + 4 = 0$:

Punto de corte con el eje OX:

$$\begin{cases} r: 2x - y + 4 = 0 \\ y = 0 \end{cases} \rightarrow 2x - 0 + 4 = 0$$

$$\rightarrow 2x + 4 = 0 \rightarrow x = -\frac{4}{2} = -2 \rightarrow (-2,0)$$

Punto de corte con el eje OY:

$$\begin{cases} r: 2x - y + 4 = 0 \\ x = 0 \end{cases} \rightarrow 2\cdot 0 - y + 4 = 0$$

$$\rightarrow -y + 4 = 0 \rightarrow y = 4 \rightarrow (0,4)$$

✓ **Ejercicio:** Calcula los puntos de corte con los ejes de la recta $r: 5x - 2y + 10 = 0$:

Sol.: (–2,0); (0,5)

6.2.6 Perpendicularidad de rectas

Dos rectas son perpendiculares si, y solo si, sus vectores directores son perpendiculares (su producto escalar es igual a cero).

Dadas dos rectas r y s que tienen por vectores directores $\vec{v} = (v_1, v_2)$ y $\vec{u} = (u_1, u_2)$, respectivamente:

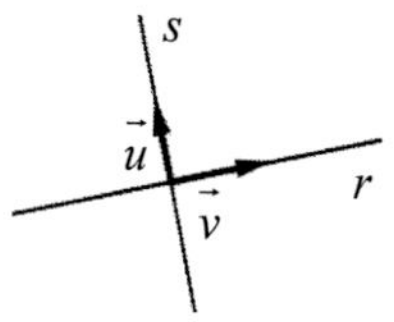

$$r \perp s \leftrightarrow \vec{v} \perp \vec{w} \leftrightarrow \vec{v}\cdot\vec{w} = 0$$

Sus vectores característicos también son perpendiculares:

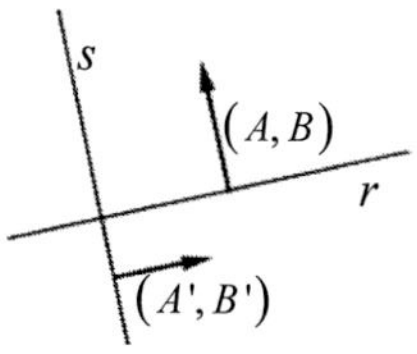

$$\begin{cases} r: Ax + By + C = 0 \\ s: A'x + B'y + C' = 0 \end{cases} \rightarrow r \perp s \leftrightarrow (A,B) \perp (A',B') \leftrightarrow (A,B)\cdot(A',B') = 0$$

Para saber si dos rectas son perpendiculares, basta comprobar si sus vectores directores o característicos lo son.

Ejemplo: Averigua si las rectas siguientes son perpendiculares:

a) $r: \frac{x-4}{3} = \frac{y+2}{-1}$ y $s: \frac{x-1}{2} = \frac{y+1}{6} \rightarrow$ Los vectores directores son $\vec{v} = (3,-1)$ y $\vec{u} = (2,6)$

$\vec{v}\cdot\vec{u} = (3,-1)\cdot(2,6) = 3\cdot 2 + (-1)\cdot 6 = 6 - 6 = 0 \rightarrow$ Son perpendiculares

b) $r: x - y + 1 = 0$ y $s: x - 2y + 3 = 0$

$(A,B)\cdot(A',B') = (1,-1)\cdot(1,-2) = 1\cdot 1 + (-1)\cdot(-2) = 1 + 2 = 3 \neq 0 \rightarrow$ No son perpendiculares

✓ **Ejercicio:** Averigua si las siguientes rectas son perpendiculares:

a) $r: \frac{x-4}{4} = \frac{y+2}{-3}$ y $s: \frac{x-1}{2} = \frac{y+1}{3}$ b) $r: 2x - 4y + 1 = 0$ y $s: 2x + y + 3 = 0$

Sol.: a) no b) sí

Pendientes de rectas perpendiculares

Dadas dos rectas r y s, de pendientes m y m', respectivamente:

$$r \perp s \;\leftrightarrow\; m' = -\frac{1}{m}$$

Demostración:

Los vectores directores de r y s son: $\vec{v} = (1, m)$ y $\vec{u} = (1, m')$

El producto escalar de $\vec{v}$ y $\vec{u}$ es: $(1,m)\cdot(1,m') = 1\cdot 1 + m\cdot m' = 1 + m\cdot m'$

las rectas serán perpendiculares si, y solo si, $1 + m\cdot m' = 0$

$$r \perp s \;\leftrightarrow\; \vec{v}\cdot\vec{w} = 0 \;\leftrightarrow\; 1 + m\cdot m' = 0 \leftrightarrow m\cdot m' = -1 \leftrightarrow\; m' = -\frac{1}{m}$$

Ejemplo: Averigua si las siguientes rectas son perpendiculares:

a) $\mathbf{r : y = 2x + 1}$ y $\mathbf{s : y = -\frac{1}{2}x + 1} \rightarrow m = 2;\ m' = -\frac{1}{2} \rightarrow m' = -\frac{1}{m} \rightarrow$ Son perpendiculares

b) $\mathbf{r : y = 3x + 1}$ y $\mathbf{s : y = \frac{1}{3}x + 1} \rightarrow m = 3;\ m' = \frac{1}{3} \rightarrow m' \neq -\frac{1}{m} \rightarrow$ No son perpendiculares

✓ **Ejercicio:** Averigua si las siguientes rectas son perpendiculares:

a) $r : y = x + 1$ y $s : y = -x - 5$ b) $r : y = 3x + 1$ y $s : y = -3x + 1$

Sol.: a) sí b) no

Ecuación de una recta perpendicular a una recta dada

Supongamos que queremos calcular la ecuación de una recta s que pasa por un punto dado $P(p_1, p_2)$ **y que es perpendicular a una recta dada** r.

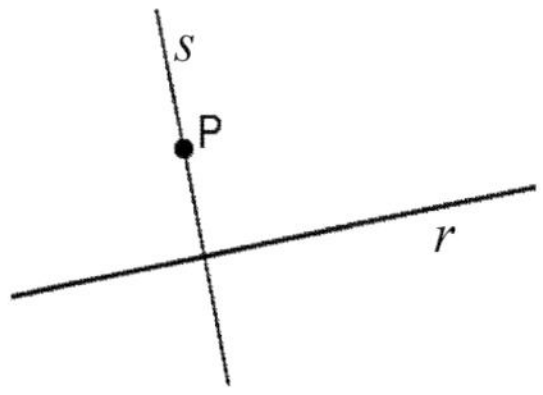

Para determinar la ecuación de la recta s, tomamos el punto P y un vector director ortogonal al de r, o un vector característico ortogonal al de r, o la pendiente igual a la inversa de la pendiente de r cambiada de signo:

- Si (v_1, v_2) es un vector director de $r \rightarrow$ $(-v_2, v_1)$ y $(v_2, -v_1)$ son vectores directores de s.
- Si (A, B) es un vector característico de $r \rightarrow$ $(-B, A)$ y $(B, -A)$ son vectores característicos de s.
- Si m es la pendiente de $r \rightarrow$ $-\frac{1}{m}$ es la pendiente de s.

Así, obtenemos que:

- Si $r : \frac{x - q_1}{v_1} = \frac{y - q_2}{v_2} \rightarrow s : \frac{x - p_1}{-v_2} = \frac{y - p_2}{v_1}$
- Si $r : Ax + By + C = 0 \rightarrow s : -Bx + Ay + C' = 0$ (calculamos C' haciendo que P verifique la ecuación)
- Si $r : y = mx + n$ $\rightarrow$ $s : y = -\frac{1}{m}x + n'$ (calculamos n' haciendo que P verifique la ecuación)

Ejemplo: **Calcula la ecuación de la recta** s **que pasa por el punto** P**(5, −2) y que es perpendicular a la recta dada** r**:**

a) $r: \dfrac{x-1}{2} = \dfrac{y-4}{-3} \rightarrow s: \dfrac{x-5}{3} = \dfrac{y+2}{2}$

b) $r: 2x - y + 1 = 0 \rightarrow s: x + 2y - 1 = 0$

$$\left.\begin{array}{l} s: x+2y+C=0 \\ P(5,-2) \in s \end{array}\right\} \rightarrow 5+2\cdot(-2)+C=0 \rightarrow 1+C=0 \rightarrow C=-1$$

c) $r: y = -4x + 3 \rightarrow s: y = \dfrac{1}{4}x - \dfrac{13}{4}$

$$\left.\begin{array}{l} s: y=\frac{1}{4}x+n \\ P(5,-2) \in s \end{array}\right\} \rightarrow -2=\frac{1}{4}\cdot 5+n \rightarrow -2-\frac{5}{4}=n \rightarrow n=-\frac{13}{4}$$

✓ **Ejercicio:** Calcula la ecuación de la recta s que pasa por el punto P (−1, −3) y que es perpendicular a la recta r:

a) $r: \dfrac{x-5}{-1} = \dfrac{y+4}{8}$ b) $r: x - 7y - 10 = 0$ c) $r: y = 2x + 5$

Sol.: a) $\dfrac{x+1}{-8} = \dfrac{y+3}{-1}$ b) $7x + y + 10 = 0$ c) $y = -\dfrac{1}{2}x - \dfrac{7}{2}$

6.2.7 Ángulo que forman dos rectas

Dos rectas secantes forman cuatro ángulos iguales dos a dos. Los ángulos diferentes son suplementarios.

Llamamos **ángulo que forman dos rectas**, α, al menor de los ángulos que determinan.

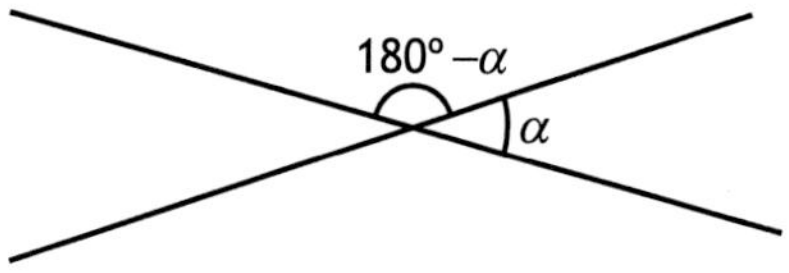

Si las dos rectas son perpendiculares, α = 90º.

Si no son perpendiculares, α **< 90º**, es decir, es un ángulo agudo. Por lo tanto, **cos** α **>0.**

El ángulo que forman los vectores directores de las rectas puede ser α o $180^\circ - \alpha$ (dependiendo de los sentidos de los vectores directores). Pero los cosenos de estos ángulos solo se diferencian en el signo, dado que **cos** α **= − cos** $(180^\circ - \alpha)$:

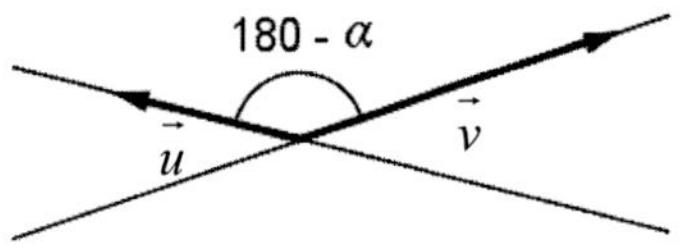

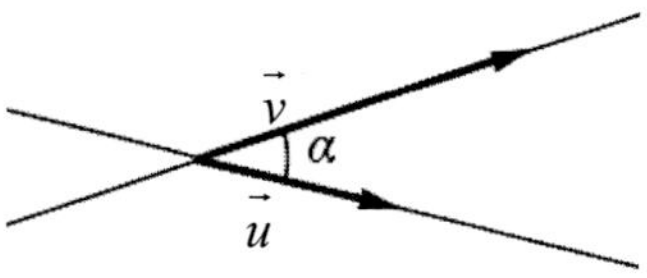

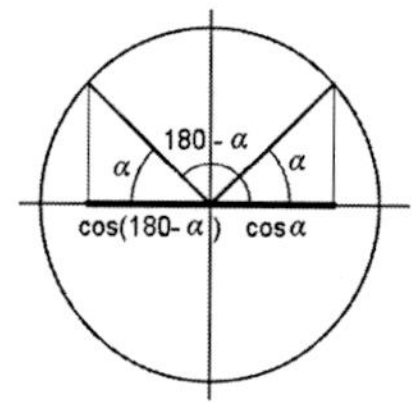

De este modo, el coseno del ángulo que forman dos rectas es el valor absoluto del coseno del ángulo que forman sus vectores directores.

Si β es el ángulo que forman los vectores directores, $\vec{v}$ y $\vec{u}$, de las rectas r y s, y α es el ángulo que formen r y s:

$$\cos\alpha = |\cos\beta| = \left|\frac{\vec{v}\cdot\vec{u}}{|\vec{v}|\cdot|\vec{u}|}\right| = \frac{|\vec{v}\cdot\vec{u}|}{|\vec{v}|\cdot|\vec{u}|} \rightarrow \boxed{\cos\alpha = \frac{|\vec{v}\cdot\vec{u}|}{|\vec{v}|\cdot|\vec{u}|}}$$

Tomamos el valor absoluto para que cos α sea positivo y α sea el ángulo agudo.

Ejemplo: Calcula el ángulo que forman las rectas siguientes:

a) $r: \frac{x-4}{3} = \frac{y+2}{1}$ y $s: y = -4x+3$ → Los vectores directores son $\vec{v} = (3,1)$ y $\vec{u} = (1,-4)$

$$\cos\alpha = \frac{\vec{v}\cdot\vec{u}}{|\vec{v}|\cdot|\vec{u}|} = \frac{|(3,1)\cdot(1,-4)|}{|(3,1)|\cdot|(1,-4)|} = \frac{|3\cdot1+1\cdot(-4)|}{\sqrt{3^2+1^2}\cdot\sqrt{1^2+(-4)^2}} = \frac{|-1|}{\sqrt{10}\cdot\sqrt{17}} = \frac{1}{\sqrt{170}} \rightarrow \alpha = 85,6°$$

b) $r: x-y+1=0$ y $s: x-2y+3=0$ → Los vectores directores son $\vec{v} = (1,1)$ y $\vec{u} = (2,1)$

$$\cos\alpha = \frac{|(-B,A)\cdot(-B',A')|}{|(-B,A)|\cdot|(-B',A')|} = \frac{|(1,1)\cdot(2,1)|}{|(1,1)|\cdot|(2,1)|} = \frac{|1\cdot2+1\cdot1|}{\sqrt{1^2+1^2}\cdot\sqrt{1^2+2^2}} = \frac{3}{\sqrt{2}\cdot\sqrt{5}} = \frac{3}{\sqrt{10}} \rightarrow \alpha = 18,43°$$

✓ **Ejercicio:** Calcula el ángulo que forman las siguientes rectas:

a) $r: \frac{x-4}{3} = \frac{y+2}{2}$ y $s: y = -x+3$ b) $r: x+7y+1=0$ y $s: 6x-5y+3=0$

Sol.: a) α = 78,69° b) α = 58,32°

6.2.8 Distancias

Distancia entre dos puntos

La distancia entre dos puntos A y B del plano es la longitud del segmento de recta que los une y coincide con el módulo de los vectores $\overrightarrow{AB}$ y $\overrightarrow{BA}$. Se representa con $d(A,B)$.

$$d(A,B) = |\overrightarrow{AB}| = |\overrightarrow{BA}|$$

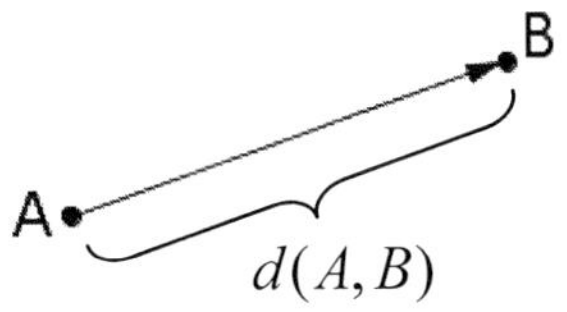

Ejemplo: Calcula la distancia entre los puntos $A(-2,5)$ y $B(-3,4)$:

Calculamos los componentes del vector $\overrightarrow{AB}$: $\overrightarrow{AB} = (-3-(-2), 4-5) = (-1,-1)$

Calculamos el módulo del vector $\overrightarrow{AB}$: $d(A,B) = |\overrightarrow{AB}| = \sqrt{(-1)^2+(-1)^2} = \sqrt{1+1} = \sqrt{2}$

✓ **Ejercicio:** Calcula la distancia entre los puntos $A(1,-3)$ y $B(-3,7)$.

Sol.: $\sqrt{116}$

Distancia de un punto a una recta

La distancia de un punto P a una recta r es la menor de las distancias entre P y los puntos de r.

Se representa con $d(P,r)$:

- Si P es un punto que pertenece a la recta r, entonces $d(P,r) = 0$.
- Si P es un punto exterior a la recta r, la distancia entre P y r es la longitud del segmento que une el punto P y un punto de r, y es perpendicular a r.

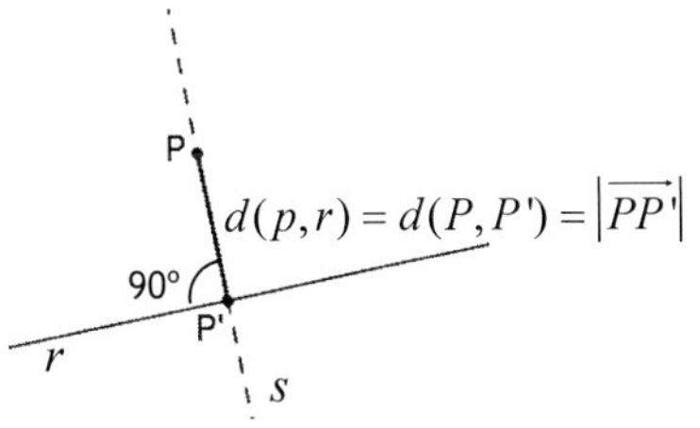

! * **Nota:** El punto P' es el punto de intersección de r y la recta s (representada en línea discontinua) perpendicular a r que pasa por P. Este punto se llama proyección ortogonal de P sobre r.

Para calcular la distancia de un punto $P(P_1, P_2)$ a **una recta *r*** de ecuación general $r: Ax + By + C = 0$, aplicamos la fórmula siguiente:

$$d(P,r)=\frac{|A\cdot p_1+B\cdot p_2+C|}{\sqrt{A^2+B^2}}$$

Ejemplo:

1) Calcula la distancia del punto $P(-2,5)$ a la recta $r: 2x - y + 11 = 0$.

$$d(P,r)=\frac{|2\cdot(-2)-1\cdot 5+11|}{\sqrt{2^2+(-1)^2}}=\frac{2}{\sqrt{5}}=\frac{2\sqrt{5}}{5}$$

2) Calcula el área del triángulo cuyos vértices son los puntos $A(1,1)$, $B(5,2)$ y $C(3,4)$.

La fórmula del área del triángulo es:

$$\text{A}_{\text{triángulo}}=\frac{b\cdot h}{2}$$

Por lo tanto, para calcular el área del triángulo, necesitamos calcular la longitud de la base, b, y la de la altura, h.

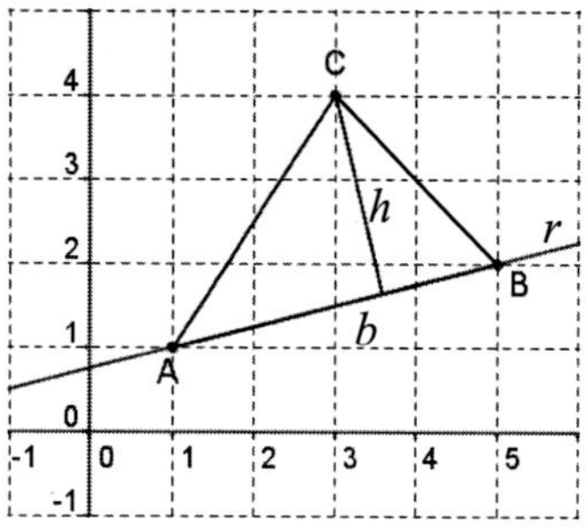

Si tomamos como base el lado AB y llamamos r a la recta que pasa por A y B, tenemos que:

$$b=|\overrightarrow{AB}| \qquad h=d(C,r)$$

• Calculamos b:

$$\overrightarrow{AB}=(5-1,2-1)=(4,1)\rightarrow b=|\overrightarrow{AB}|=|(4,1)|=\sqrt{4^2+1^2}=\sqrt{17}$$

• Calculamos r:

$$\left.\begin{array}{l}\vec{v}=\overrightarrow{AB}=(4,1)\rightarrow (A,B)=(1,-4)\rightarrow r: x-4y+C=0\\ A(1,1)\in r\rightarrow 1-4\cdot 1+C=0\rightarrow -3+C=0\rightarrow C=3\end{array}\right\}\rightarrow r: x-4y+3=0$$

• Calculamos h y el área:

$$h=d(C,r)=\frac{|3-4\cdot 4+3|}{\sqrt{1^2+(-4)^2}}=\frac{|-10|}{\sqrt{17}}=\frac{10}{\sqrt{17}}\rightarrow \text{A}_{\text{triángulo}}=\frac{b\cdot h}{2}=\frac{\sqrt{17}\cdot\frac{10}{\sqrt{17}}}{2}=5$$

✓ **Ejercicios:**

1) Calcula la distancia del punto P(–2,3) a la recta $8x$-$3y$-$5=0$.

2) Calcula el área del triángulo de vértices $A(-1,-2)$, $B(4,1)$ y $C(1,2)$.

Sol.: a) $\frac{30\sqrt{73}}{73}$ b) A = 7

Distancia entre dos rectas

La distancia entre dos rectas r y s es la menor de las distancias entre los puntos de r y los de s. Se representa con $d(r,s)$.

- Si las rectas son secantes o coincidentes, entonces $d(r,s)=0$.
- Si las rectas son paralelas, la distancia entre r y s es igual a la distancia entre un punto cualquier de una de las rectas y la otra recta.

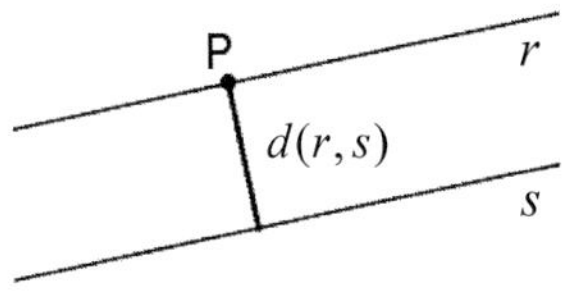

Así, para calcular la distancia entre dos rectas paralelas r y s, tomamos un punto P de la recta r y calculamos $d(P,s)$, o tomamos un punto Q de la recta s y calculamos $d(Q,r)$.

Ejemplos: Calcula la distancia entre las siguientes rectas:

a) $r: x-5y-8=0$ y $s: -x+2y+3=0$

- Averiguamos si las rectas son paralelas: $\frac{1}{-1}\neq\frac{-5}{2}\rightarrow$ no son paralelas $\rightarrow d(r,s)=0$

b) $r: 2x-4y-8=0$ y $s: -x+2y+3=0$

- Averiguamos si las rectas son paralelas: $\frac{2}{-1}=\frac{-4}{2}\neq\frac{-8}{3}\rightarrow$ son paralelas
- Calculamos las coordenadas de un punto P de la recta r:

$$x=0\rightarrow 2\cdot 0-4y-8=0\rightarrow -4y=8\rightarrow y=-2\rightarrow P(0,-2)$$

- Calculamos la distancia entre P y s: $d(r,s)=d(P,s)=\frac{|-0+2\cdot(-2)+3|}{\sqrt{(-1)^2+2^2}}=\frac{|-1|}{\sqrt{5}}=\frac{1}{\sqrt{5}}=\frac{\sqrt{5}}{5}$

✓ **Ejercicio:** Calcula la distancia entre las rectas siguientes:

a) $r:\frac{x+4}{3}=\frac{y-2}{1}$ y $s:2x-6y+3=0$

b) $r:2x-6y-10=0$ y $s:-x+3y+3=0$

c) $r:x-y-8=0$ y $s:5x+2y+3=0$

Sol.: a) $\frac{17}{\sqrt{40}}=\frac{17\sqrt{10}}{20}$ b) $\frac{2}{\sqrt{10}}=\frac{\sqrt{10}}{5}$ c) 0

Ejercicios

Rectas en el plano

1. Dibuja en unos ejes cartesianos la recta determinada por:

a) Los puntos $A(-2,-1)$ y $B(2,3)$.

b) El punto $P(4,3)$ y el vector director $\vec{v} = (-3,-1)$.

c) El punto $P(-1,2)$ y el ángulo que forma el eje OX $\alpha = 135°$.

d) El punto $P(1,1)$ y la pendiente $m = 2$.

e) El punto $P(-4,1)$ y la pendiente $m = \frac{2}{3}$.

f) El punto $P(-3,2)$ y la pendiente $m = -1$.

2. Dada la recta r que pasa por el punto $P(-5,-3)$ y que tiene por vector director $\vec{v} = (6,4)$:

a) Determina la ecuación vectorial y las ecuaciones paramétricas de la recta r.

b) Encuentra tres puntos que pertenezcan a la recta r.

c) Averigua si los puntos $A(-11,-7)$ y $B(2,-1)$ pertenecen a la recta r.

3. Dada la recta r que pasa por el punto $P(4,-3)$ y que tiene por vector director $\vec{v} = (-2,7)$:

a) Determina la ecuación continua de la recta r.

b) Encuentra tres puntos que pertenezcan a la recta r.

c) Averigua si los puntos $A(8,-7)$ y $B(0,11)$ pertenecen a la recta r.

4. Dada la recta r que pasa por el punto $P(-2,3)$ y que tiene por vector director $\vec{v} = (-1,4)$:

a) Determina la ecuación general de la recta r.

b) Encuentra tres puntos que pertenezcan a la recta r.

c) Averigua si los puntos $A(-5,15)$ y $B(4,3)$ pertenecen a la recta r.

5. Encuentra la ecuación general de la recta que pasa por el punto P y que tiene por vector director $\vec{v}$, en los casos siguientes:

a) $P(4,3)$ y $\vec{v} = (-3,-1)$ **b)** $P(10,-2)$ y $\vec{v} = (-2,9)$ **c)** $P(-5,1)$ y $\vec{v} = (1,-1)$

Ejercicios

6. Encuentra la ecuación punto-pendiente de la recta de pendiente m y que pasa por el punto P, en los casos siguientes:

a) $P(3,-4)$ y $m = 1$ **b)** $P(-2,-8)$ y $m = -5$ **c)** $P(3,4)$ y $m = \frac{2}{3}$

7. Dada la recta r que pasa por el punto $P(7,-9)$ y que tiene por vector director $\vec{v} = (-2,4)$:

a) Determina la ecuación explícita de la recta r.

b) Encuentra tres puntos que pertenezcan a la recta r.

c) Averigua si los puntos $A(5,-15)$ y $B(4,-3)$ pertenecen a la recta r.

8. Encuentra la ecuación explícita de la recta que pasa por el punto P y que tiene por vector director $\vec{v}$, en los casos siguientes:

a) $P(1,-1)$ y $\vec{v} = (4,3)$ **b)** $P(3,-2)$ y $\vec{v} = (-2,-8)$ **c)** $P(5,12)$ y $\vec{v} = (-1,0)$

9. Escribe las diferentes ecuaciones de la recta que pasa por el punto $P(-5,3)$ y que tiene como vector director el vector $\vec{v} = (-2,2)$.

10. Escribe las diferentes ecuaciones de la recta que pasa por el punto $P(3,-8)$ y que tiene como vector director el vector $\vec{v} = (5,2)$.

11. Encuentra un punto y un vector director de cada una de las rectas siguientes:

a) $(x,y) = (-10,-4) + k(-9,7)$

b) $\frac{x-15}{-1} = \frac{y+2}{6}$

c) $2x - 5y + 3 = 0$

d) $y = -5x + 10$

e) $\begin{cases} x = 2 - 8k \\ y = 3 + 6k \end{cases}$

f) $x - 5 = \frac{y+4}{12}$

g) $x + 3y + 1 = 0$

h) $y = -\frac{3}{2}x - 2$

i) $\begin{cases} x = -7 - k \\ y = 11 + k \end{cases}$

j) $\frac{-x-5}{-1} = \frac{4y+4}{8}$

k) $-2x - y - 12 = 0$

l) $y = x + 4$

12. Encuentra la pendiente de las rectas anteriores

13. Encuentra la ecuación continua de la recta que pasa por los puntos $A(-1,4)$ y $B(-3,5)$.

Ejercicios

14. Encuentra la ecuación general de la recta que pasa por los puntos $A(1,-3)$ y $B(1,2)$.

15. Encuentra la ecuación general de la recta que pasa por los puntos $A(-4,-3)$ y $B(-7,0)$.

16. Indica si los puntos siguientes están alineados:

a) $A(-1,-1)$, $B(2,1)$ y $C(8,5)$.

b) $D(-1,2)$, $E(0,0)$ y $F(2,-2)$

17. Averigua la posición relativa de los pares de rectas siguientes:

a) $r: 6x-15y+1=0$ y $s: -10x+25y+1=0$

b) $r: 2x-10y+8=0$ y $s: x+5y+4=0$

c) $r: y=2x+3$ y $s: y=2x+1$

d) $r: \frac{x-1}{1}=\frac{y-5}{4}$ y $s: \frac{x-2}{-3}=\frac{y+4}{-12}$

e) $r: 2x+6y+4=0$ y $s: -3x-9y-6=0$

f) $r: y=x+1$ y $s: y=-x+1$

g) $r: y=3x+\frac{1}{2}$ y $s: 6x-2y+1=0$

h) $r: \frac{x-1}{1}=\frac{y-5}{4}$ y $s: 2x-y+5=0$

18. Calcula el punto de intersección de las rectas secantes del ejercicio anterior

19. Calcula los puntos de corte con los ejes de las rectas:

a) $r: 2x-y+8=0$

b) $s: -3x+2y+6=0$

c) $t: y=5x+3$

20. Encuentra la ecuación de la recta paralela a la recta r y que pasa por el punto P, en los casos siguientes:

a) $\begin{cases} r: 4x-5y+3=0 \\ P(-3,5) \end{cases}$

b) $\begin{cases} r: \frac{x+5}{-2}=\frac{y+1}{-3} \\ P(4,-10) \end{cases}$

c) $\begin{cases} r: y=-5x+3 \\ P(-1,1) \end{cases}$

21. Indica si los siguientes pares de rectas son perpendiculares:

a) $r: x-5y+1=0$ y $s: 10x+2y-3=0$

b) $r: y=2x+4$ y $s: y=-\frac{1}{2}x+8$

c) $r: \frac{x-1}{1}=\frac{y-5}{4}$ y $s: \frac{x-2}{4}=\frac{y+4}{-1}$

d) $r: x+y+4=0$ y $s: -x-y-1=0$

e) $r: y=x+1$ y $s: y=-x-2$

f) $r: \frac{x-1}{3}=\frac{y-5}{7}$ y $s: 7x+3y+5=0$

22. Encuentra la ecuación de la recta perpendicular a la recta r y que pasa por el punto P, en los siguientes casos:

a) $\begin{cases} r: 4x-5y+3=0 \\ P(-3,5) \end{cases}$

b) $\begin{cases} r: \frac{x+5}{-2}=\frac{y+1}{-3} \\ P(4,-10) \end{cases}$

c) $\begin{cases} r: y=-5x+3 \\ P(-1,1) \end{cases}$

Ejercicios

23. Dados los puntos $A(-3,-3)$, $B(-1,0)$ y $C(2,-2)$, encuentra:

a) La ecuación de la recta r que pasa por A y B.

b) La ecuación de la recta paralela a r y que pasa por C.

c) La ecuación de la recta perpendicular a r y que pasa por C.

24. Calcula el valor de a para que las rectas $r: 3x + ay + 4 = 0$ y $s: 4x - 2y - 1 = 0$ sean:

a) paralelas

b) perpendiculares

25. Calcula el ángulo que forman las rectas siguientes:

a) $r: x - y + 1 = 0$ y $s: 7x + 2y - 3 = 0$

b) $r: y = -3x + 4$ y $s: y = -x + 1$

c) $r: 2x + y + 4 = 0$ y $s: -3x + 2y - 1 = 0$

d) $r: \dfrac{x-1}{2} = \dfrac{y-5}{3}$ y $s: \dfrac{x-2}{3} = \dfrac{y+4}{-2}$

26. Calcula la distancia entre los pares de puntos siguientes:

a) $A(-1,-1)$ y $B(2,3)$

b) $C(-2,2)$ y $D(0,5)$

27. Calcula la distancia entre el punto P y la recta r, en los casos siguientes:

a) $\begin{cases} r: 4x - 5y + 3 = 0 \\ P(-3,5) \end{cases}$

b) $\begin{cases} r: \dfrac{x+5}{-4} = \dfrac{y+1}{-3} \\ P(4,5) \end{cases}$

c) $\begin{cases} r: y = -5x + 3 \\ P(-1,1) \end{cases}$

28. Calcula la distancia entre los pares de rectas siguientes:

a) $r: 2x - 3y + 1 = 0$ y $s: 4x - 6y - 3 = 0$

b) $r: y = -2x + 5$ y $s: 2x + y + 10 = 0$

c) $r: \dfrac{x-1}{1} = \dfrac{y-5}{4}$ y $s: \dfrac{x-2}{2} = \dfrac{y+4}{-1}$

d) $r: y = x + 1$ y $s: y = x - 2$

29. Calcula el área de un triángulo de vértices $A(-3,-1)$, $B(3,0)$ y $C(1,-2)$.

Tema 7 Números complejos

En este tema:

7.1 EL CONJUNTO DE LOS NÚMEROS COMPLEJOS

En el conjunto de los números reales $\mathbb{R}$ no podemos calcular las raíces de índices pares de los números negativos. Para poder calcularlas, se amplía este conjunto. El nuevo conjunto se llama conjunto de los números complejos, y se representa con $\mathbb{C}$.
De esta forma, las ecuaciones de segundo grado que no tienen solución en $\mathbb{R}$ sí que la tienen en el conjunto $\mathbb{C}$.

Ejemplos:

1) $\sqrt{-2} \notin \mathbb{R}$ 2) $x^2 + 2 = 0 \rightarrow$ No tiene solución en $\mathbb{R}$

Este conjunto tiene muchas aplicaciones dentro de las Matemáticas. Nosotros veremos únicamente algunas definiciones y resultados básicos sobre el nuevo conjunto de números.

7.1.1 Construcción de los números complejos

Se define la **unidad imaginaria** como $\sqrt{-1}$. Se representa con $\boxed{\boldsymbol{i = \sqrt{-1} \rightarrow i^2 = -1}}$:

Un **número complejo** es un número de la forma $a + bi$, donde a y b son dos números reales.
La expresión $\boldsymbol{a + bi}$ es la forma binómica de un número complejo: a se llama **parte real** y b, **parte imaginaria.**

$$z = \underbrace{\boldsymbol{a}}_{\text{Parte real}} + \overbrace{\boldsymbol{b}}^{\text{Parte imaginaria}}\boldsymbol{i} \rightarrow \textbf{forma binómica de un número complejo} \begin{cases} \text{Si } b = 0,\ z \text{ es un número real} \\ \text{Si } a = 0,\ z \text{ es un número imaginario} \end{cases}$$

Ejemplos:

1. $5 + 2i \rightarrow \begin{cases} \text{Parte real} = 5 \\ \text{Parte imaginaria} = 2 \end{cases}$

2. $-3 - i \rightarrow \begin{cases} \text{Parte real} = -3 \\ \text{Parte imaginaria} = -1 \end{cases}$

3. $2i \rightarrow \begin{cases} \text{Parte real} = 0 \\ \text{Parte imaginaria} = 2 \end{cases} \rightarrow$ Número imaginario

4. $4 \rightarrow \begin{cases} \text{Parte real} = 4 \\ \text{Parte imaginaria} = 0 \end{cases} \rightarrow$ Número real

Veamos ejemplos de resolución de ecuaciones de segundo grado en el conjunto de los números complejos:

Ejemplo: Resuelve las ecuaciones siguientes en el conjunto de los números complejos:

a) $\boldsymbol{x^2 + 2 = 0} \rightarrow x^2 = -2 \rightarrow x = \pm\sqrt{-2} = \pm\sqrt{2}\cdot\sqrt{-1} = \pm\sqrt{2}\,i = \begin{cases} \sqrt{2}\,i \\ -\sqrt{2}\,i \end{cases}$

b) $\boldsymbol{x^2 - 6x + 34 = 0} \rightarrow x = \dfrac{6 \pm \sqrt{6^2 - 4\cdot 1\cdot 34}}{2\cdot 1} = \dfrac{6 \pm \sqrt{-100}}{2} = \dfrac{6 \pm 10i}{2} = 3 \pm 5i = \begin{cases} 3 + 5i \\ 3 - 5i \end{cases}$

✓ **Ejercicio:** Resuelve las ecuaciones siguientes en el conjunto de los números complejos:

a) $x^2 + 4 = 0$ b) $x^2 + 4x + 13 = 0$

Sol.: a) $2i$; $-2i$ b) $-2+3i$; $-2-3i$

7.1.2 Representación gráfica de número complejos

Un número complejo se puede representar en un sistema de ejes cartesianos donde el eje horizontal se conoce como **eje real** y el eje vertical como **eje imaginario.** El plano definido por estos ejes recibe el nombre de plano complejo.

El número complejo $a + bi$ se representa con el punto $\boldsymbol{(a,b)}$, llamado **afijo** del número complejo.

Ejemplo: Representa los afijos de los números complejos siguientes

$z_1 = 3+2i$
$z_2 = 3$
$z_3 = i$
$z_4 = -1+2i$
$z_5 = -2-2i$
$z_6 = -2i$

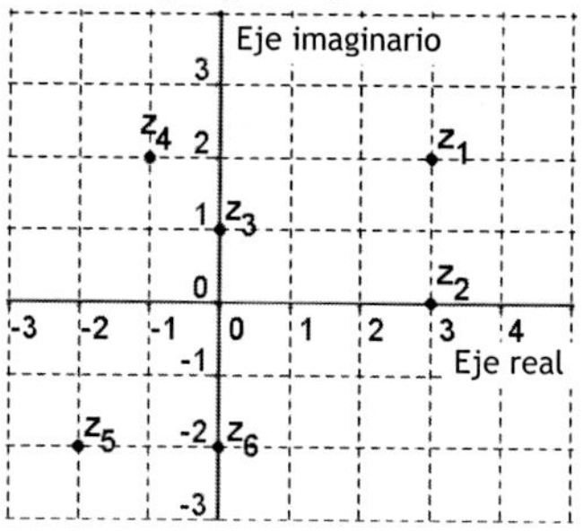

✓**Ejercicio:** Representa los afijos de los números complejos siguientes:

$z_1 = 1-3i$ $z_4 = -3+3i$
$z_2 = 2i$ $z_5 = -1-2i$
$z_3 = -i$ $z_6 = -3$

7.1.3 Igualdad de números complejos

Dos números complejos $z = a + bi$ y $z' = a' + b'i$ son iguales si, y solo si, sus partes reales e imaginarias son iguales:

$$\boxed{z = z' \leftrightarrow a = a' \text{ y } b = b'}$$

7.1.4 Opuesto y conjugado de un número complejo

El opuesto de un número complejo $z = a + bi$ es el número $-z = -a - bi$

El conjugado de un número complejo $z = a + bi$ es el número $\overline{z} = a - bi$.

Ejemplo: Calcula el opuesto y el conjugado de $z = -5 + 2i$.

Opuesto: $-z = 5-2i$ Conjugado: $z = -5-2i$

✓**Ejercicio:** Calcula el opuesto y el conjugado de $z = 4 - i$.

Cuando una ecuación de segundo grado no tiene solución en el conjunto de los números reales, las soluciones en el conjunto $\mathbb{C}$ son dos números complejos conjugados entre ellos (uno es conjugado del otro). Mirad los ejemplos y el ejercicio del apartado *Construcción de los números complejos*.

7.1.5 Forma polar de un número complejo

La **forma polar** de un número complejo $z = a + bi$ es la forma polar del vector de posición de su afijo, es decir, la forma polar del vector (a,b)

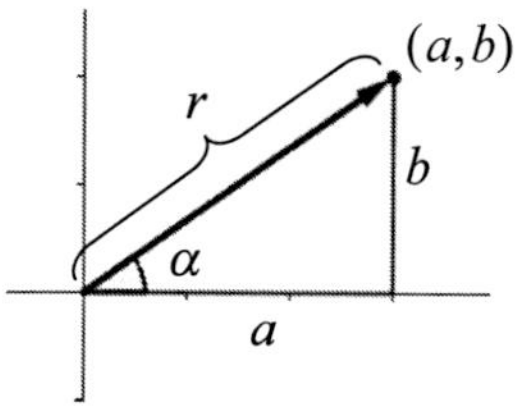

$$z = r_\alpha \rightarrow \begin{cases} r = |(a,b)| = \sqrt{a^2+b^2} \\ \alpha \text{ ángulo que forma el vector (a, b) con la parte positiva del eje real :} \\ \operatorname{tg}\alpha = \dfrac{b}{a} \end{cases}$$

Para pasar de forma polar a forma binómica aplicamos la trigonometría:

$$\cos\alpha = \frac{a}{r} \rightarrow a = r\cdot\cos\alpha \qquad \sin\alpha = \frac{b}{r} \rightarrow b = r\cdot\sin\alpha$$

Ejemplos:

1) **Escrbe el número complejo $z = -5 + 2\mathbf{i}$ en forma polar.**

$r = \sqrt{(-5)^2 + 2^2} = \sqrt{29}$

$$\operatorname{tg}\alpha = \frac{2}{-5} = -0{,}4 \rightarrow \alpha = \begin{cases} -21{,}8^\circ \\ -21{,}8^\circ + 180^\circ = 158{,}2^\circ \\ (z \text{ se encuentra en el segundo cuadrante}) \end{cases} \rightarrow z = \sqrt{29}_{158{,}2^\circ}$$

2) Escribe el número complejo $z = 8_{60^\circ}$ en forma binómica.

$$a = 8 \cdot \cos 60^\circ = 4$$

$$b = 8 \cdot \text{sen} 60^\circ = 8 \cdot \frac{\sqrt{3}}{2} = 4\sqrt{3} \approx 6{,}93 \quad \rightarrow \quad z = 4 + 4\sqrt{3}\,i$$

✓ Ejercicios:

1. Escribe los números complejos siguientes en forma polar:

a) $-2+2i$ b) -3 c) $2i$

2. Escribe los números complejos siguientes en forma binómica:

a) 7_{150° b) 6_{180°

Sol.: 1. a) $\sqrt{8}_{135^\circ} = 2\sqrt{2}_{135^\circ}$ **b)** 3_{180° **c)** 2_{90° **2. a)** $-\frac{7\sqrt{3}}{2} + \frac{7}{2}i$ **b)** –6

7.2 OPERACIONES CON NÚMEROS COMPLEJOS

7.2.1 Suma y resta de números complejos

Para sumar y restar números complejos en forma binómica, sumamos y restamos por separado sus partes reales e imaginarias

Dados dos números complejos $z = a + bi$ y $z' = a' + b'i$:

$$z + z' = (a + a') + (b + b')i \qquad\qquad z - z' = (a - a') + (b - b')i$$

Ejemplo: Dados los números complejos $z = 3 + 4i$ y $z' = -2 + 5i$, calcula $z + z'$ y $z - z'$.

$$z + z' = (3+4i) + (-2+5i) = (3+(-2)) + (4+5)i = 1+9i$$

$$z - z' = (3+4i) - (-2+5i) = (3-(-2)) + (4-5)i = 5-i$$

✓ **Ejercicio:** Dados los números complejos $z = -1 + 7i$ y $z' = 3 - 6i$, calcula $z + z'$ y $z - z'$.

Sol.: $z + z' = 2 + i$; $z - z' = -4 + 13i$

7.2.2 Multiplicación de números complejos

En forma binómica

Para multiplicar dos números complejos en forma binómica, multiplicamos cada sumando del primer número por los sumandos del segundo (propiedad distributiva de la multiplicación respecto de la suma), teniendo en cuenta que $i^2 = -1$.

Dados dos números complejos $z = a + bi$ y $z' = a' + b'i$:

$$z \cdot z' = (a + bi) \cdot (a' + b'i) = aa' + ab'i + ba'i + bb'i^2 = (aa' - bb') + (ab' + ba')i$$

Ejemplo: Dados los números complejos $z = 3 + 4i$ y $z' = -2 + 5i$, calcula:

a) $zz' = (3+4i) \cdot (-2+5i) = 3 \cdot (-2) + 3 \cdot 5i + 4 \cdot (-2)i + (4 \cdot 5)i^2 = -6 + 15i - 8i - 20 = -26 + 7i$

b) $3z = 3 \cdot (3+4i) = 3 \cdot 3 + 3 \cdot 4i = 9 + 12i$ (el producto de un número real por un número complejo es un caso particular del producto de dos números complejos, donde uno de ellos es real)

c) $3z + 2z' = 3 \cdot (3+4i) + 2 \cdot (-2+5i) = 9 + 12i - 4 + 10i = 5 + 22i$

✓ **Ejercicio:** Dados los números complejos $z = -1 + 7i$ y $z' = 3 - 6i$, calcula:

a) $z \cdot z' =$ b) $3z + 2z' =$

Sol.: a) $39 + 27i$ **b)** $3 + 9i$

En forma polar

Para multiplicar dos números complejos en forma polar, multiplicamos sus módulos y sumamos sus argumentos.
Dados dos números complejos $z = r_\alpha$ y $z' = r'_{\beta}$:

$$\boldsymbol{z \cdot z' = (r \cdot r')_{\alpha+\beta}}$$

Ejemplo: Dados los números complejos $z = 3_{40^\circ}$ y $z' = 2_{25^\circ}$, calcula $z \cdot z'$.

$$z \cdot z' = 3_{40^\circ} \cdot 2_{25^\circ} = (3 \cdot 2)_{40^\circ+25^\circ} = 6_{65^\circ}$$

✓**Ejercicio:** Dados los números complejos $z = 12_{120^\circ}$ y $z' = 3_{32^\circ}$, calcula $z \cdot z'$.

Sol.: 36_{152°

7.2.3 División de números complejos

En forma binómica

Para dividir números complejos en forma binómica, los expresamos en forma de fracción y multiplicamos el numerador y el denominador por el conjugado del denominador.

Dados dos números complejos $z = a + bi$ y $z' = a' + b'i$:

$$\frac{a+bi}{a'+b'i} = \frac{(a+bi)\cdot(a'-b'i)}{(a'+b'i)\cdot(a'-b'i)} = \frac{aa'+ab'i+ba'i+bb'i^2}{a'^2-b'^2i^2} = \frac{(aa'-bb')+(ab'+ba')i}{a'^2+b'^2} =$$
$$= \frac{(aa'-bb')}{a'^2+b'^2} + \frac{(ab'+ba')}{a'^2+b'^2}i$$

Ejemplo: Dados los números complejos $z = 3 + 4i$ y $z' = -2 + 5i$, calcula $z : z'$.

$$z \div z' = \frac{z}{z'} = \frac{3+4i}{-2+5i} = \frac{(3+4i)\cdot(-2-5i)}{(-2+5i)\cdot(-2-5i)} = \frac{3\cdot(-2)+3\cdot(-5i)+4i\cdot(-2)+4i\cdot(-5i)}{(-2)^2+5^2}$$
$$= \frac{-6-15i-8i-20i^2}{29} = \frac{-6-15i-8i+20}{29} = \frac{14-23i}{29} = \frac{14}{29} - \frac{23}{29}i$$

✓**Ejercicio:** Dados los números complejos $z = -1 + 7i$ y $z' = 3 - 6i$, calcula $z \div z'$.

Sol.: $-1+\frac{1}{3}i$

En forma polar

Para dividir dos números complejos en forma polar, dividimos sus módulos y restamos sus argumentos.
Dados dos números complejos $z = r_\alpha$ y $z' = r'_{\beta}$:

$$\boldsymbol{z : z' = (r : r')_{\alpha-\beta}}$$

Ejemplo: Dados los números complejos $z = 3_{40^\circ}$ y $z' = 2_{25^\circ}$, calcula $z : z'$.

$$z : z' = 3_{40^\circ} : 2_{25^\circ} = \left(\frac{3}{2}\right)_{40^\circ-25^\circ} = \left(\frac{3}{2}\right)_{15^\circ}$$

✓**Ejercicio:** Dados los números complejos $z = 12_{120^\circ}$ y $z' = 3_{32^\circ}$, calcula $z : z'$.

Sol.: 4_{88°

7.2.4 Potencias de números complejos

Potencias de la unidad imaginaria

Veamos el valor de las primeres potencias de la unidad imaginaria i:

$$i^1 = i \qquad i^2 = -1 \qquad i^3 = i^2 \cdot i = -i \qquad i^4 = i^3 \cdot i = -i \cdot i = -i^2 = -(-1) = 1 \qquad i^5 = i^4 \cdot i = i$$

Vemos que las potencias de i toman únicamente los valores $\mathbf{i}$, $\mathbf{-1}$, $\mathbf{-i}$ y $\mathbf{1}$ los cuales se van repitiendo sucesivamente en ciclos de cuatro. Cada cuatro potencias de i el resultado es 1 ($i^4 = 1$).

Por tanto, $i^n = i^r$, donde r es el resto de la división $n : 4$.

Ejemplo: Calcula:

a) $\boldsymbol{i^{14}} \to i^{14} = \underbrace{\underbrace{i^4}_{1} \cdot \underbrace{i^4}_{1} \cdot \underbrace{i^4}_{1}}_{\text{tres veces}} \cdot i^2 = i^{\boxed{2}} = -1$

$$\begin{array}{r|l} 14 & 4 \\ \hline 2 & 3 \end{array}$$

3 veces i^4

b) $\boldsymbol{i^{55}} \to i^{55} = \underbrace{\underbrace{i^4}_{1} \cdot \ldots \cdot \underbrace{i^4}_{1}}_{13\text{ veces}} \cdot i^3 = i^{\boxed{3}} = -i$

$$\begin{array}{r|l} 55 & 4 \\ \hline 3 & 13 \end{array}$$

13 veces i^4

✓ **Ejercicio:** Calcula:

a) i^{21} b) i^{120}

Sol.: a) i b) 1

Potencias de números complejos en forma binómica

Para calcular $(a + bi)^n$, debemos multiplicar $a + bi$ por sí mismo n veces.

Ejemplo: Calcula $(3 + 2i)^3$.

$$(3+2i)^3 = (3+2i)^2 \cdot (3+2i) = \left(9+2\cdot 3\cdot 2i+(2i)^2\right)\cdot(3+2i) = (9+12i-4)\cdot(3+2i) =$$

$$= (5+12i)\cdot(3+2i) = 5\cdot 3+5\cdot 2i+12\cdot 3i+12\cdot 2i^2 = 15+10i+36i-24 = -9+46i$$

✓ **Ejercicio:** Calcula $(1 - 5i)^3$.

Sol.: $-74 + 110i$

Potencias de números complejos en forma polar

Calcular potencias en forma polar es más fácil que hacerlo en forma binómica. Veámoslo:

$$(r_\alpha)^n = \underbrace{r_\alpha \cdot \ldots \cdot r_\alpha}_{n\text{ veces}} = (\underbrace{r \cdot \ldots \cdot r}_{n\text{ veces}})_{\underbrace{\alpha+\ldots+\alpha}_{n\text{ veces}}} = r^n{}_{n\cdot\alpha}$$

Para elevar a n un número complejo en forma polar, elevamos su módulo a n y multiplicamos su argumento por n :

$$\boxed{(r_\alpha)^n = (r^n)_{n\cdot\alpha}}$$

Ejemplo: Calcula $(3_{40^\circ})^3$ y $(4_{200^\circ})^5$.

$$(3_{40^\circ})^3 = (3^3)_{3\cdot 40} = 27_{120^\circ} \qquad (4_{200^\circ})^5 = (4^5)_{5\cdot 200^\circ} = 1024_{1000^\circ} = 1024_{280^\circ}$$

✓ **Ejercicio:** Calcula $(5_{35^\circ})^4$ y $(2_{153^\circ})^7$.

Sol.: 625_{140°; 128_{351°

7.2.5 Radicación de números complejos

Calcularemos las raíces de números complejos en forma polar porque es más sencillo.

Una raíz n**–ésima** de un número complejo r_α es un número complejo r'_β que verifica $\left(r'_\beta\right)^n = r_\alpha$.

$$\sqrt[n]{r_\alpha} = r'_\beta \quad \leftrightarrow \quad \left(r'_\beta\right)^n = r_\alpha$$

Todo número complejo distinto de cero tiene n raíces n-ésimas, que tienen el mismo módulo y distintos argumentos. Veamos cómo se calculan:

$$\left(r'_\beta\right)^n = r_\alpha \rightarrow \left[\left(r'\right)^n\right]_{n\cdot\beta} = r_\alpha \rightarrow \begin{cases} \left(r'\right)^n = r \rightarrow r' = \sqrt[n]{r} \\ n\cdot\beta = \alpha + 360^\circ k \rightarrow \beta = \dfrac{\alpha + 360^\circ k}{n} \end{cases} \quad \text{donde } k = 0, 1, 2, \ldots, n-1$$

Ejemplos:

1) Calcula $\sqrt[3]{5_{30^\circ}}$

$$\sqrt[3]{5_{30^\circ}} = \left(\sqrt[3]{5}\right)_{\frac{30^\circ+360^\circ k}{3}} \rightarrow \begin{cases} k=0 \rightarrow \left(\sqrt[3]{5}\right)_{\frac{30^\circ}{3}} = \left(\sqrt[3]{5}\right)_{10^\circ} \\ k=1 \rightarrow \left(\sqrt[3]{5}\right)_{\frac{30^\circ+360^\circ\cdot 1}{3}} = \left(\sqrt[3]{5}\right)_{130^\circ} \\ k=2 \rightarrow \left(\sqrt[3]{5}\right)_{\frac{30^\circ+360^\circ\cdot 2}{3}} = \left(\sqrt[3]{5}\right)_{250^\circ} \end{cases}$$

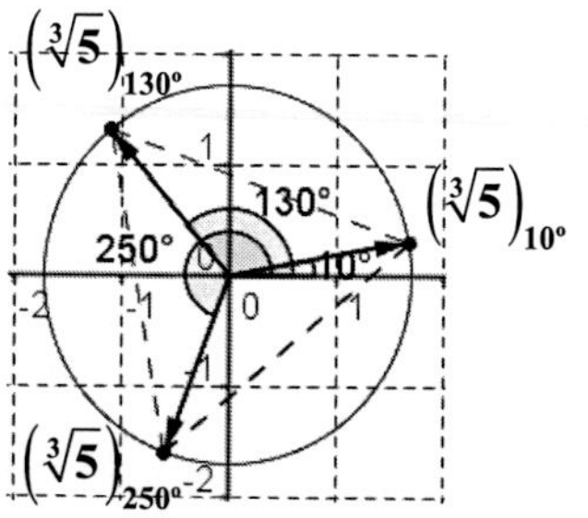

Prueba:

$$\left(\left(\sqrt[3]{5}\right)_{10^\circ}\right)^3 = \left(\sqrt[3]{5}\right)^3_{3\cdot 10^\circ} = 5_{30^\circ}\ ; \quad \left(\left(\sqrt[3]{5}\right)_{130^\circ}\right)^3 = \left(\sqrt[3]{5}\right)^3_{3\cdot 130^\circ} = 5_{390^\circ} = 5_{30^\circ}\ ;$$

$$\left(\left(\sqrt[3]{5}\right)_{250^\circ}\right)^3 = \left(\sqrt[3]{5}\right)^3_{3\cdot 250^\circ} = 5_{750^\circ} = 5_{30^\circ}$$

2) Calcula $\sqrt[6]{-1} = \sqrt[6]{1_{180^\circ}}$

$$\sqrt[6]{1_{180^\circ}} = \left(\sqrt[6]{1}\right)_{\frac{180^\circ+360^\circ k}{6}} \rightarrow \begin{cases} k=0 \rightarrow 1_{\frac{180^\circ}{6}} = 1_{30^\circ} \\ k=1 \rightarrow 1_{\frac{180^\circ+360^\circ\cdot 1}{6}} = 1_{90^\circ} \\ k=2 \rightarrow 1_{\frac{180^\circ+360^\circ\cdot 2}{6}} = 1_{150^\circ} \\ k=3 \rightarrow 1_{\frac{180^\circ+360^\circ\cdot 3}{6}} = 1_{210^\circ} \\ k=4 \rightarrow 1_{\frac{180^\circ+360^\circ\cdot 4}{6}} = 1_{270^\circ} \\ k=5 \rightarrow 1_{\frac{180^\circ+360^\circ\cdot 5}{6}} = 1_{330^\circ} \end{cases}$$

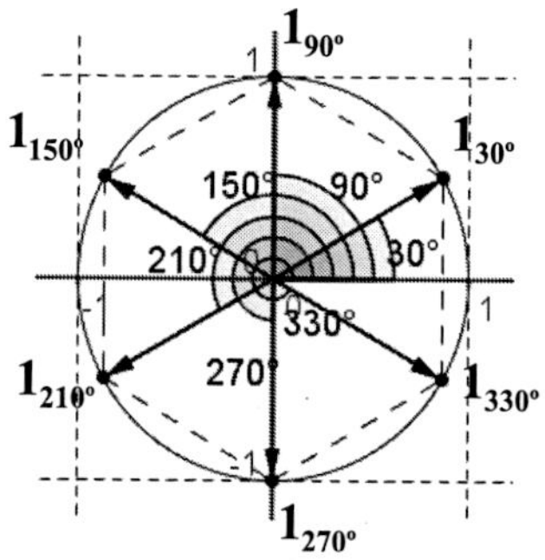

Prueba:

$$\left(1_{30^\circ}\right)^6 = 1^6_{6\cdot 30^\circ} = 1_{180^\circ}\ ; \quad \left(1_{90^\circ}\right)^6 = 1^6_{6\cdot 90^\circ} = 1_{540^\circ} = 1_{180^\circ}\ ; \quad \left(1_{150^\circ}\right)^6 = 1^6_{6\cdot 150^\circ} = 1_{900^\circ} = 1_{180^\circ}$$

$$\left(1_{210^\circ}\right)^6 = 1^6_{6\cdot 210^\circ} = 1_{1.260^\circ} = 1_{180^\circ}\ ; \quad \left(1_{270^\circ}\right)^6 = 1^6_{6\cdot 270^\circ} = 1_{1.620^\circ} = 1_{180^\circ}\ ; \quad \left(1_{330^\circ}\right)^6 = 1^6_{6\cdot 330^\circ} = 1_{1.980^\circ} = 1_{180^\circ}$$

En la representación gráfica podemos observar que los afijos de las raíces n-ésimas (para $n > 2$) de un número complejo son los vértices de un polígono regular de n lados, inscrito en una circunferencia de radio igual al módulo de las raíces

✓ Ejercicios:

a) Calcula $\sqrt[3]{27_{90^\circ}}$. Representa las soluciones gráficamente y haz la prueba.

b) Calcula las raíces quintas de 32 y represéntalas gráficamente.

Sol.: a) 3_{30°; 3_{150°; $3_{270^\circ} = -3i$ b) 2_{0°; 2_{72°; 2_{144°; 2_{216°; 2_{288°

Ejercicios

Números complejos

1. Indica la parte real y la parte imaginaria de los siguientes números complejos:

a) $-3+5i$ b) $3+i$ c) $-2-i$ d) $-5i$ e) -10

2. Indica qué número complejo del ejercicio anterior es real y cuál es imaginario.

3. Calcula, en el conjunto de los números complejos, las raíces cuadradas de los siguientes números:

a) -25 b) -3 c) -49 d) $-\frac{9}{16}$ e) $-\frac{1}{4}$ f) -5

4. Resuelve las siguientes ecuaciones de segundo grado, en el conjunto de los números complejos:

a) $x^2+9=0$ e) $-5x^2-3=0$ i) $x^2+x+1=0$

b) $x^2+1=0$ f) $x^2-2x+2=0$ j) $2x^2-x+1=0$

c) $x^2+3=0$ g) $x^2+10x+29=0$ k) $x^2+14x+50=0$

d) $2x^2+8=0$ h) $8x^2-4x+5=0$ l) $x^2-x+8=0$

5. Representa gráficamente, en unos ejes cartesianos, los afijos de los siguientes números complejos:

$z_1=-1+3i$ $z_2=-3-2i$ $z_3=-4$ $z_4=5i$ $z_5=-3i$ $z_6=2-i$ $z_7=4+i$

6. Calcula el opuesto y el conjugado de los siguientes números complejos:

a) $4+2i$ b) $6-i$ c) $-5i$ d) 4 e) $-1+i$ f) $-7-9i$

7. Expresa los siguientes números complejos en forma polar:

a) $4+3i$ b) $-4-3i$ c) $1-i$ d) $-2+3i$ e) 5 f) -3 g) $2i$ h) $-2i$

8. Expresa los siguientes números complejos en forma binómica:

a) 9_{25° b) 1_{45° c) 3_{42° d) 7_{0° e) 7_{90° f) 7_{180° g) 7_{270°

9. Dados los números complejos :

$z_1=1+3i$ $z_2=-5+4i$ $z_3=-3-i$ $z_4=2i$

Calcula:

a) z_1+z_2 e) z_1-z_2 i) $z_1\cdot z_2$ m) $z_1:z_2$ q) z_1^2

b) z_1+z_3 f) z_1-z_3 j) $z_1\cdot z_3$ n) $z_1:z_3$ r) z_2^3

c) z_2+z_3 g) z_2-z_3 k) $z_2\cdot z_3$ o) $z_2:z_3$ s) z_4^3

d) z_1+z_4 h) z_1-z_4 l) $z_1\cdot z_4$ p) $z_1:z_4$ t) z_4^{10}

10. Dados los números complejos:

$z_1=2_{60^\circ}$ $z_2=5_{30^\circ}$ $z_3=1_{150^\circ}$

Calcula:

a) $z_1\cdot z_2$ c) $z_2\cdot z_3$ e) $z_1:z_3$ g) z_1^3 i) z_3^5 k) $\sqrt{z_2}$

b) $z_1\cdot z_3$ d) $z_1:z_2$ f) $z_2:z_3$ h) z_2^2 j) $\sqrt[4]{z_1}$ l) $\sqrt[6]{z_3}$

Tema 8 Introducción a las cónicas

En este tema:

8.1 LUGAR GEOMÉTRICO

Un lugar geométrico es el conjunto de todos los puntos que verifican una condición determinada.

Ejemplos:

1. La mediatriz de un segmento es el lugar geométrico de los puntos del plano que equidistan de los extremos del segmento.
2. La bisectriz de un ángulo es el lugar geométrico de los puntos del plano que equidistan de los lados del ángulo.

8.1.1 Ecuación de un lugar geométrico

A partir de la definición de un lugar geométrico se puede determinar su ecuación, es decir, la igualdad que verifican todos los puntos que pertenecen a ese lugar geométrico. Los puntos que no pertenecen al lugar geométrico no verifican su ecuación.

Ejemplos: Calcula la ecuación del lugar geométrico de los puntos que equidistan de los puntos $A(1,2)$ y $B(-1,5)$ (ecuación de la mediatriz del segmento AB).

Un punto $P(x,y)$ que pertenece a este lugar geométrico debe verificar la siguiente condición:

$$d(P,A) = d(P,B)$$

Aplicando la definición de distancia entre dos puntos obtenemos:

$$\sqrt{(x-1)^2+(y-2)^2} = \sqrt{(x+1)^2+(y-5)^2}$$

Si elevamos al cuadrado los dos miembros y efectuamos las operaciones:

$$(x-1)^2+(y-2)^2 = (x+1)^2+(y-5)^2$$
$$x^2-2x+1+y^2-4y+4 = x^2+2x+1+y^2-10y+25$$
$$x^2-2x+1+y^2-4y+4-x^2-2x-1-y^2+10y-25=0$$
$$-4x+6y-21=0$$

Así, la ecuación de la mediatriz del segmento AB es: $-4x+6y-21=0$

En este tema estudiaremos una serie de curvas que se pueden definir como lugares geométricos y que se llaman cónicas. Las cónicas que estudiaremos son: la circunferencia, la elipse, la hipérbola y la parábola.

8.2 LA CIRCUNFERENCIA

La circunferencia es el lugar geométrico de los puntos del plano que equidistan de un punto fijo, llamado centro. La distancia de cualquier punto de la circunferencia al centro se llama radio.

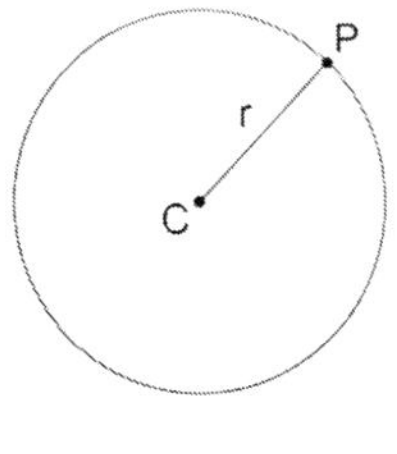

Representaremos el centro con la letra C, el radio con la letra r y un punto cualquiera de la circunferencia con la letra P.

8.2.1 Ecuación de la circunferencia

Veamos cuál es la ecuación de una circunferencia de centro $C(a,b)$ y radio r:

- Llamamos $P(x,y)$ a un punto cualquiera de la circunferencia y escribimos la condición que según la definición debe verificar P:

$$d(P,C)=r \rightarrow \sqrt{(x-a)^2+(y-b)^2}=r$$

- Si elevamos los dos miembros al cuadrado, obtenemos la ecuación de la circunferencia:

$$\boxed{(x-a)^2+(y-b)^2=r^2} \rightarrow \text{Ecuación de la circunferencia}$$

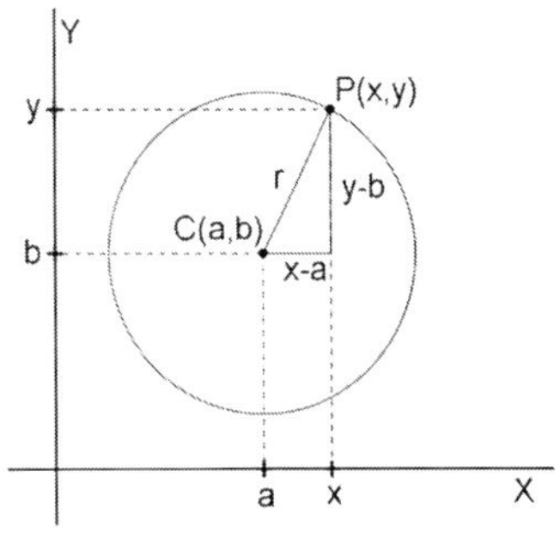

! Notas: Observando la figura de la parte inferior derecha de la página anterior podemos apreciar que la ecuación de la circunferencia se puede obtener aplicando el teorema de Pitágoras.

Si la circunferencia está centrada en el origen de coordenadas, $C(0,0)$, la ecuación de la circunferencia será:

$$x^2+y^2=r^2 \rightarrow \text{ Ecuación de una circunferencia centrada en } (0,0)$$

- Si hacemos las operaciones de la ecuación anterior obtendremos la ecuación general de la circunferencia

$$x^2-2ax+a^2+y^2-2by+b^2=r^2 \rightarrow x^2+y^2-2ax-2by+a^2+b^2-r^2=0$$

Así, la **ecuación general de la circunferencia** es del tipo:

$$\boxed{x^2+y^2+mx+ny+p=0} \quad \text{donde} \begin{cases} m=-2a \\ n=-2b \\ p=a^2+b^2-r^2 \end{cases}$$

Ejemplos:

1) Encuentra la ecuación de la circunferencia de centro C(-3,2) y radio 5.

$$(x-a)^2+(y-b)^2=r^2 \rightarrow (x+3)^2+(y-2)^2=5^2 \rightarrow (x+3)^2+(y-2)^2=25$$

Si desarrollamos la ecuación anterior, encontraremos también la ecuación general:

$$x^2+6x+9+y^2-4y+4-25=0 \rightarrow x^2+y^2+6x-4y-12=0$$

2) Encuentra el centro y el radio de la circunferencia que tiene por ecuación:

a) $\mathbf{(x-1)^2+(y+4)^2=4} \rightarrow C(1,-4);\ r=\sqrt{4}=2$

b) $\mathbf{x^2+y^2+4x-4y+7=0} \rightarrow \begin{cases} 4=-2a \rightarrow a=-2;\ -4=-2b \rightarrow b=2 \rightarrow C(-2,2) \\ 7=(-2)^2+2^2-r^2 \rightarrow r^2=8-7=1 \rightarrow r=1 \end{cases}$

3) Indica si los puntos $A(4,1)$ y $B(2,-1)$ pertenecen a la circunferencia de ecuación $(x-1)^2+(y+3)^2=25$.

Comprobamos si los puntos A y B verifican la ecuación de la circunferencia:

- Veamos si $A(4,1)$ verifica la ecuación:

$$(4-1)^2+(1+3)^2=25 \rightarrow 3^2+4^2=25 \rightarrow 9+16=25$$ Sí que verifica la ecuación.

- Veamos si $B(2,-1)$ verifica la ecuación:

$$(2-1)^2+(-1+3)^2=25 \rightarrow 1^2+2^2=25 \rightarrow 1+4 \neq 25$$ No verifica la ecuación.

El punto A pertenece a la circunferencia dada y el punto B no pertenece

✓ Ejercicio:

1) Encuentra la ecuación de la circunferencia de centro $C(0,-5)$ y radio $\sqrt{2}$.

2) Encuentra el centro y el radio de la circunferencia que tiene por ecuación:

a) $(x+2)^2+(y-1)^2=5$ b) $x^2+y^2+2y-8=0$

3) Indica si los puntos $A(0,1)$ y $B(-1,2)$ pertenecen a la circunferencia de ecuación $(x+1)^2+(y+2)^2=16$.

Sol.: 1. $x^2+(y+5)^2=2$ **2. a)** $C(-2,1);\ r=\sqrt{5}$ **b)** $C(0,-1);\ r=3$
3. A no pertenece a la circunferencia dada y B sí que pertenece.

8.2.2 Circunferencia determinada por tres puntos

Por tres puntos dados no alineados pasa una única circunferencia. Para calcular su ecuación, plantearemos un sistema de tres ecuaciones con tres incógnitas. Por cada punto obtenemos una ecuación sustituyendo las coordenadas del punto en la ecuación general de la circunferencia. Las tres incógnitas serán los tres coeficientes de la ecuación general de la circunferencia: m, n y p. Veamos un ejemplo:

Ejemplos: Encuentra la ecuación general de la circunferencia que pasa por los puntos $A(1,0)$, $B(4,1)$ y $D(3,4)$. Calcula el centro y el radio.

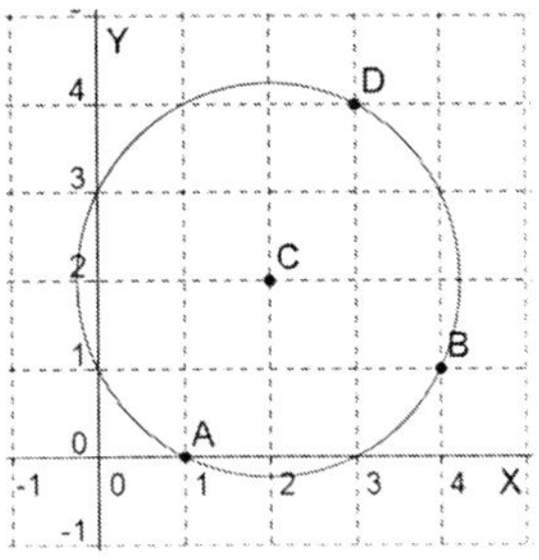

La ecuación general de la circunferencia es $x^2+y^2+mx+ny+p=0$

Hacemos que cada uno de los tres puntos verifique la ecuación:

$$A(1,0) \to 1^2+0^2+m\cdot 1+n\cdot 0+p=0 \to m+p=-1$$

$$B(4,1) \to 4^2+1^2+m\cdot 4+n\cdot 1+p=0 \to 4m+n+p=-17$$

$$D(3,4) \to 3^2+4^2+m\cdot 3+n\cdot 4+p=0 \to 3m+4n+p=-25$$

Resolvemos el sistema de tres ecuaciones con tres incógnitas obtenido, utilizando el método de Gauss:

$$\begin{cases} m+p=-1 \\ 4m+n+p=-17 \\ 3m+4n+p=-25 \end{cases} \xrightarrow[E_3-E_1]{E_2-E_1} \begin{cases} m+p=-1 \\ 3m+n=-16 \\ 2m+4n=-24 \end{cases} \xrightarrow{E_3-4E_2} \begin{cases} m+p=-1 \xrightarrow{m=-4} -4+p=-1 \to p=3 \\ 3m+n=-16 \xrightarrow{m=-4} -12+n=-16 \to n=-4 \\ -10m=40 \to m=-4 \end{cases}$$

La ecuación general de la circunferencia que pasa por A, B y D es $x^2+y^2-4x-4y+3=0$.

Calculamos el centro y el radio de la circunferencia:

$$\left.\begin{array}{l} -4=-2a \to a=2;\ -4=-2b \to b=2 \\ a^2+b^2-r^2=3 \to 2^2+2^2-r^2=3 \to r^2=8-3=5 \to r=\sqrt{5} \end{array}\right\} \to C(2,2);\ r=\sqrt{5}$$

✓ **Ejercicio:** Dados los puntos $A(0,-3)$, $B(5,-2)$ y $D(4,3)$:

a) Encuentra la ecuación general de la circunferencia que pasa por A, B y D.

b) Calcula el centro y el radio.

c) Represéntala gráficamente y comprueba que pasa por A, B y D.

Sol.: a) $x^2+y^2-4x-9=0$ b) $C(2,0);\ r=\sqrt{13}$

8.2.3 Posición relativa de una circunferencia y un punto

Dados un punto y una circunferencia en el plano, se pueden dar las siguientes situaciones:

- Que el punto pertenezca a la circunferencia.
- Que el punto sea interior a la circunferencia.
- Que el punto sea exterior a la circunferencia.

Para saber si el punto pertenece o no a la circunferencia, solo debemos comprobar si verifica la ecuación de la circunferencia, como ya hemos visto en ejemplos y ejercicios anteriores.

Si el punto no pertenece a la circunferencia, podemos averiguar si es interior o exterior a dicha circunferencia calculando la distancia del punto al centro de la misma:

- Si la distancia del punto al centro de la circunferencia es mayor que el radio de la circunferencia, entonces el punto es exterior a la circunferencia.
- Si la distancia del punto al centro de la circunferencia es menor que el radio de la circunferencia, entonces el punto es interior a la circunferencia.

El punto **pertenece** a la circunferencia	El punto es **interior** a la circunferencia	El punto es **exterior** a la circunferencia
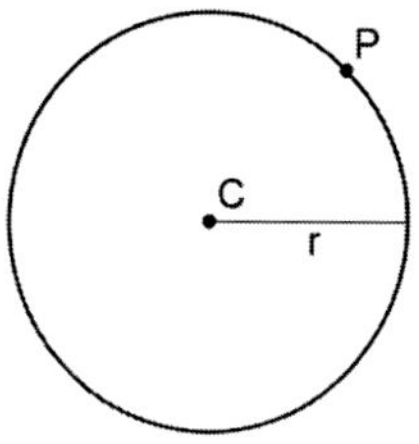	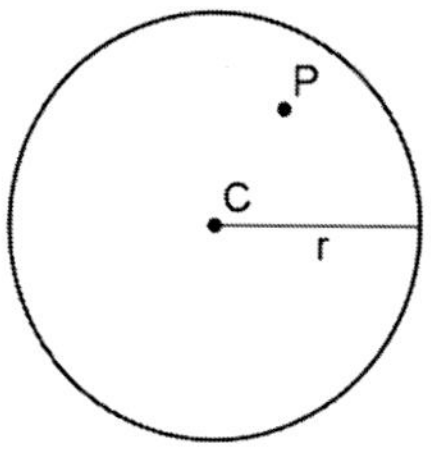	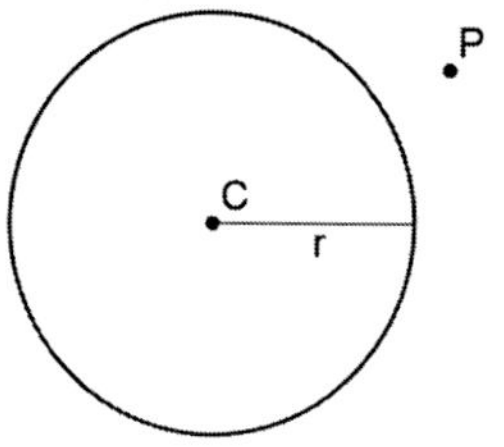
P verifica la ecuación de la circunferencia: $d(P,C)=r$	P no verifica la ecuación de la circunferencia: $d(P,C)<r$	P no verifica la ecuación de la circunferencia: $d(P,C)>r$

Ejemplos: **Encuentra la posición relativa de la circunferencia $c: x^2+y^2-6x-6y+14=0$ y el punto $P(5,1)$.**

Comprobamos si el punto verifica la ecuación de la circunferencia:

$$5^2+1^2-6\cdot 5-6\cdot 1+14=0$$
$$25+1-30-6+14=0 \rightarrow 4\neq 0$$

→ No verifica la ecuación → P no pertenece a c

Encontramos el centro $C(a,b)$ y el radio r de la circunferencia y calculamos $d(C,P)$:

$$-6=-2a\rightarrow a=3;\ -6=-2b\rightarrow b=3\rightarrow C(3,3)$$
$$a^2+b^2-r^2=14\rightarrow 3^2+3^2-r^2=14\rightarrow 18-14=r^2\rightarrow r=\sqrt{4}=2$$
$$d(P,C)=\sqrt{(5-3)^2+(1-3)^2}=\sqrt{4+4}=\sqrt{8}=2{,}83>2$$

$d(P,C)>r$ → P es un punto exterior a c.

✓ **Ejercicio:** Encuentra la posición relativa de la circunferencia $c: x^2+y^2-4y+2=0$ y el punto $P(-1,2)$:

Sol.: P es un punto interior a c

8.2.4 Posición relativa de una circunferencia y una recta

Dadas una recta y una circunferencia en el plano, la recta puede ser:

- **Secante** a la circunferencia: la recta y la circunferencia tienen dos puntos en común.
- **Tangente** a la circunferencia: la recta y la circunferencia tienen un punto en común.
- **Exterior** a la circunferencia: la recta y la circunferencia no tienen ningún punto en común.

La recta es **secante** a la circunferencia	La recta es **tangente** a la circunferencia	La recta es **exterior** a la circunferencia
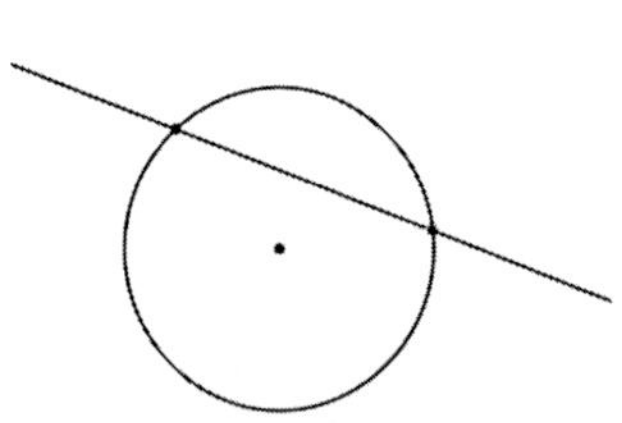	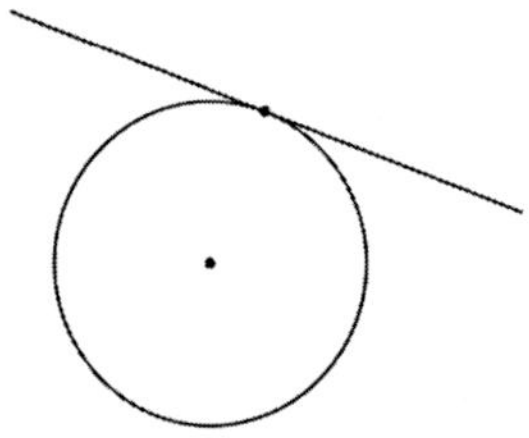	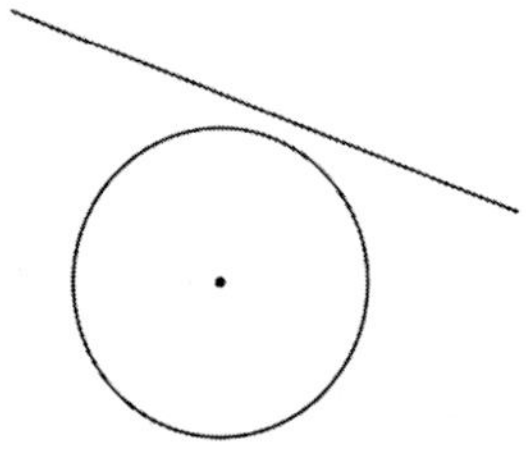

Para calcular la posición relativa de una circunferencia y una recta, debemos resolver el sistema de dos ecuaciones con dos incógnitas formado por las ecuaciones de la circunferencia y la recta. Así, dadas la recta $r : Ax + By + C = 0$ y la circunferencia $c : x^2 + y^2 + mx + ny + p = 0$, resolvemos el sistema:

$$\begin{cases} Ax + By + C = 0 \\ x^2 + y^2 + mx + ny + p = 0 \end{cases}$$

Este sistema se resuelve por sustitución, despejando una de las dos incógnitas de la ecuación de la recta y sustituyéndola en la de la circunferencia. Las soluciones del sistema son los puntos de corte o de tangencia de la circunferencia y la recta:

- Si el sistema tiene dos soluciones, la recta es secante a la circunferencia.
- Si el sistema tiene una solución, la recta es tangente a la circunferencia.
- Si el sistema no tiene soluciones reales, la recta es exterior a la circunferencia.

Ejemplos:

1) Encuentra la posición relativa de la circunferencia $c : x^2 + y^2 - 6x + 4y + 8 = 0$ y la recta $r : x - y - 4 = 0$.

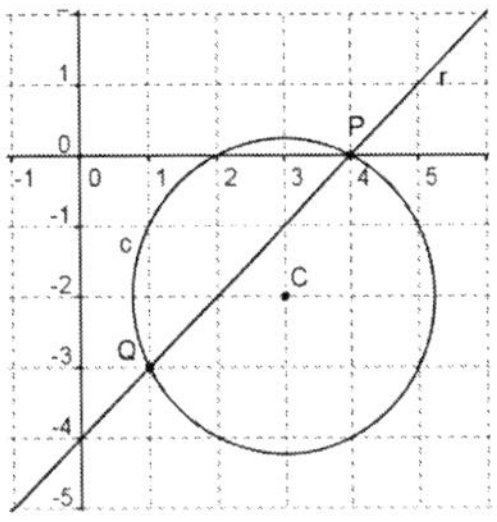

Resolvemos el sistema formado por las ecuaciones de c y r:

$$\begin{cases} x - y - 4 = 0 \xrightarrow{\text{despejamos } x} x = y + 4 \\ x^2 + y^2 - 6x + 4y + 8 = 0 \xrightarrow{\text{sustituimos } x} (y+4)^2 + y^2 - 6(y+4) + 4y + 8 = 0 \end{cases}$$

Resolvemos la ecuación de segundo grado que resulta:

$$(y+4)^2 + y^2 - 6(y+4) + 4y + 8 = 0 \to y^2 + 8y + 16 + y^2 - 6y - 24 + 4y + 8 = 0$$

$$2y^2 + 6y = 0 \to y^2 + 3y = 0 \to y(y+3) = 0 \to \begin{cases} y = 0 \\ y = -3 \end{cases}$$

Calculamos el valor de x, sustituyendo en la primera ecuación los valores de y que hemos obtenido:

$$x - y - 4 - 0 \xrightarrow{y-0} x - 4 - 0 \to x - 4 \to P(4,0)$$

$$x - y - 4 - 0 \xrightarrow{y--3} x - (-3) - 4 - 0 \to x - 1 \to Q(1,-3)$$

El sistema tiene dos soluciones, por lo tanto, la recta es secante a la circunferencia. Los puntos de corte son $P(4, 0)$ y $Q(1, -3)$.

2) Encuentra la posición relativa de la circunferencia $c : x^2 + y^2 - 6x + 4y + 8 = 0$ y la recta $r : 2x + y - 9 = 0$

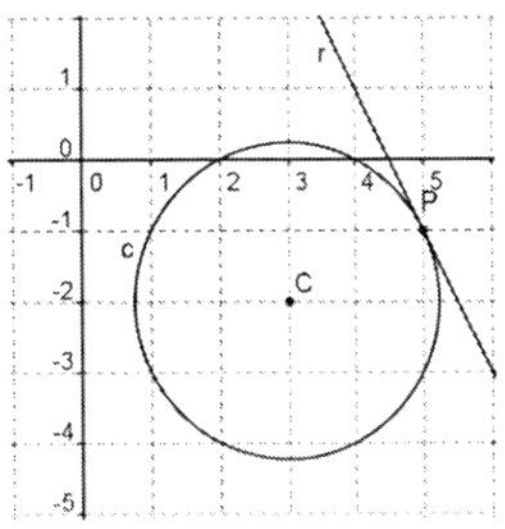

Resolvemos el sistema formado por las ecuaciones de c y r:

$$\begin{cases} 2x + y - 9 = 0 \xrightarrow{\text{despejamos } y} y = 9 - 2x \\ x^2 + y^2 - 6x + 4y + 8 = 0 \xrightarrow{\text{sustituimos } y} x^2 + (9-2x)^2 - 6x + 4(9-2x) + 8 = 0 \end{cases}$$

Resolvemos la ecuación de segundo grado que resulta:

$$x^2 + (9-2x)^2 - 6x + 4(9-2x) + 8 = 0$$

$$x^2 + 81 - 36x + 4x^2 - 6x + 36 - 8x + 8 = 0$$

$$5x^2 - 50x + 125 = 0 \to x^2 - 10x + 25 = 0 \to x = 5$$

Calculamos el valor de y, sustituyendo en la primera ecuación el valor de x que hemos obtenido:

$$2x + y - 9 = 0 \xrightarrow{x=5} 2 \cdot 5 + y - 9 = 0 \to 10 + y - 9 = 0 \to y = -1 \to P(5,-1)$$

El sistema tiene una solución, por lo tanto la recta es tangente a la circunferencia. El punto de tangencia es $P(5,-1)$.

3) Encuentra la posición relativa de la circunferencia $c: x^2 + y^2 - 6x + 4y + 8 = 0$ y la recta $r: x - y - 1 = 0$

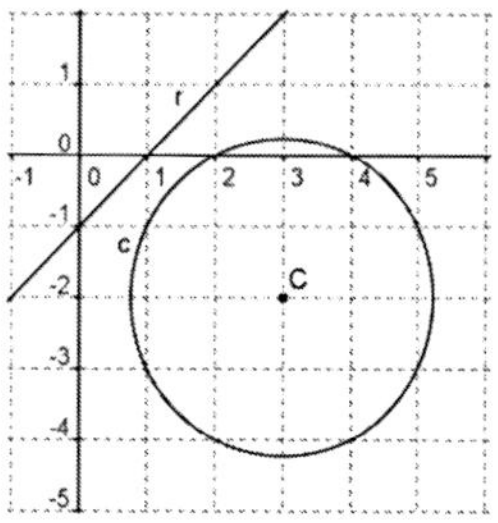

Resolvemos el sistema formado por las ecuaciones de c y r:

$$\begin{cases} x - y - 1 = 0 \xrightarrow{\text{despejamos } x} x = y + 1 \\ x^2 + y^2 - 6x + 4y + 8 = 0 \xrightarrow{\text{sustituimos } x} (y+1)^2 + y^2 - 6(y+1) + 4y + 8 = 0 \end{cases}$$

Resolvemos la ecuación de segundo grado que resulta:

$$(y+1)^2 + y^2 - 6(y+1) + 4y + 8 = 0 \rightarrow y^2 + 2y + 1 + y^2 - 6y - 6 + 4y + 8 = 0$$

$$2y^2 + 3 = 0 \rightarrow y = \pm\sqrt{-\frac{3}{2}} \notin R$$

El sistema no tiene soluciones reales, por lo tanto la recta es exterior a la circunferencia.

✓ **Ejercicio:** Encuentra la posición relativa de la circunferencia $c: x^2 + y^2 - 2x - 2y - 3 = 0$ y la recta:

a) $r: x - 2y - 4 = 0$ **b)** $s: -2x + y - 6 = 0$ **c)** $t: x + y - 3 = 0$

Sol.: a) Tangente. Punto de tangencia: (2,–1). b) Exterior c) Secante. Puntos de corte: (0,3) y (3,0).

8.3 LA ELIPSE

La elipse es el lugar geométrico de los puntos del plano tales que la suma de las distancias a dos puntos fijos, llamados focos, es constante.

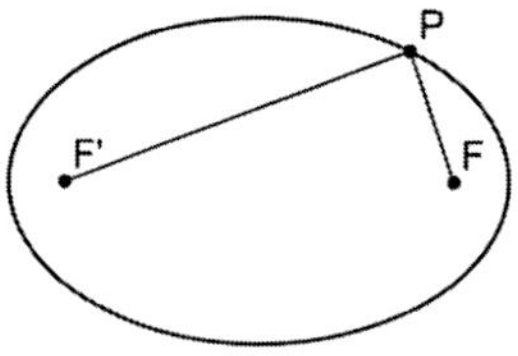

$d(P,F) + d(P,F')$ es constante

Si unimos los dos extremos de un cordel a dos puntos fijos (focos), tensamos el cordel con la punta de un lápiz y vamos moviendo el lápiz manteniendo tenso el cordel, podemos dibujar una elipse. La longitud del cordel será la suma de las distancias de los puntos de la elipse a los focos.

8.3.1 Elementos de una elipse

Solo estudiaremos elipses horizontales (con los focos sobre el eje 0X) centradas en el origen de coordenadas. En este caso, los ejes de simetría de la elipse coinciden con los ejes de coordenadas:

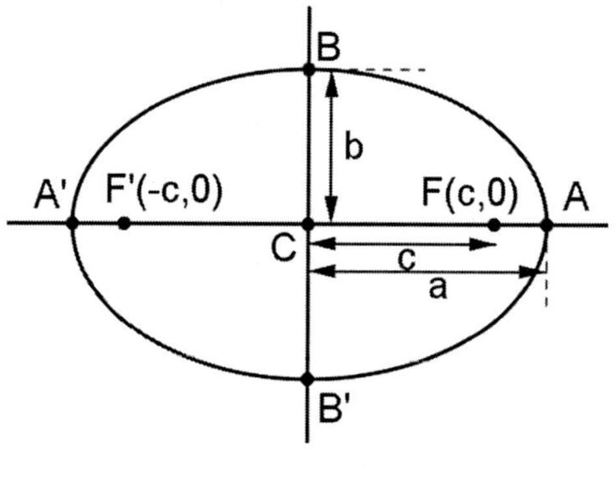

- Focos: F y F'
- Centro: C (punto medio del segmento FF')
- Distancia focal: $FF' = 2c$
- Semidistancia focal: $CF = c$
- Vértices: A, A', B y B'.
- Eje mayor: $A'A = 2a$
- Semieje mayor: $CA = a$
- Eje menor: $B'B = 2b$
- Semieje menor: $CB = b$

Según la definición de elipse, la suma de las distancias de cualquier punto de la elipse a los focos se mantiene constante. Si tomamos el punto A, vemos que la suma de las distancias de A a los focos es igual a 2a (eje mayor):

$$d(A,F) + d(A,F') = AF + AF' = A'F' + AF' = A'A = 2a$$

Así podemos decir que la suma de las distancias de cualquier punto de la elipse a los focos es igual a $2a$:

$$\boxed{d(P,F)+d(P,F')=2a}$$

8.3.2 Relación entre las constantes a, b y c

Si tomamos el punto B y le aplicamos la propiedad de la definición, deducimos que $BF = a$

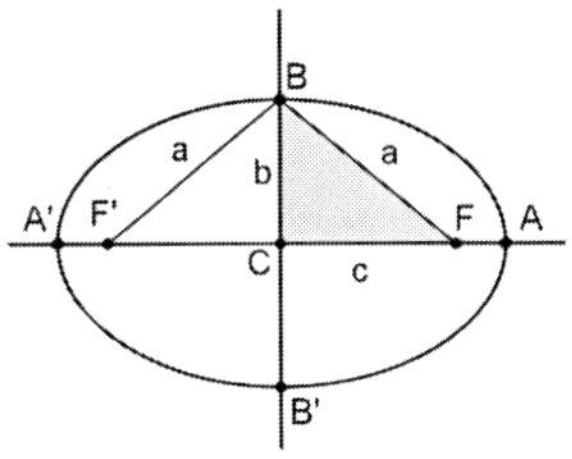

Si aplicamos el teorema de Pitágoras al triángulo gris de la figura, obtenemos que:

$$b^2+c^2=a^2$$

8.3.3 Excentricidad de la elipse

La excentricidad de la elipse se define como la razón entre la semidistancia focal y el semieje mayor, y se representa con la letra e:

$$e=\frac{c}{a}$$

La excentricidad es un número comprendido entre 0 y 1 que mide el grado de aplanamiento de la elipse:

- Cuanto más se aproxima e a 1, más se alejan los focos del centro y más aplanada es la elipse.
- Cuanto más se aproxima e a 0, más se aproximan los focos al centro, y más se asemeja la elipse a una circunferencia (si e = 0 la elipse es una circunferencia).

Las siguientes figuras representan dos elipses con excentricidades muy diferentes:

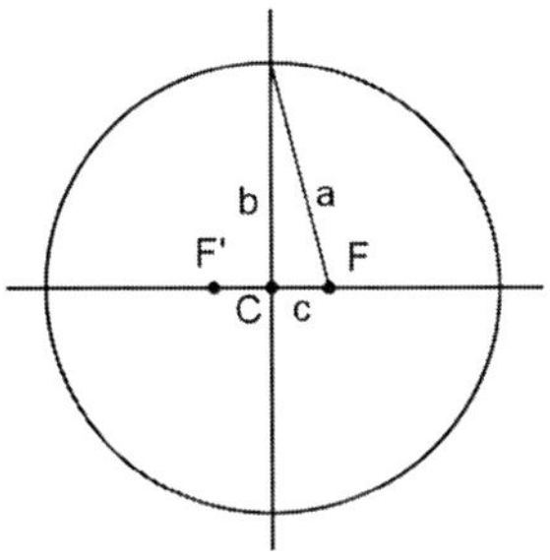

$e = 0,25$

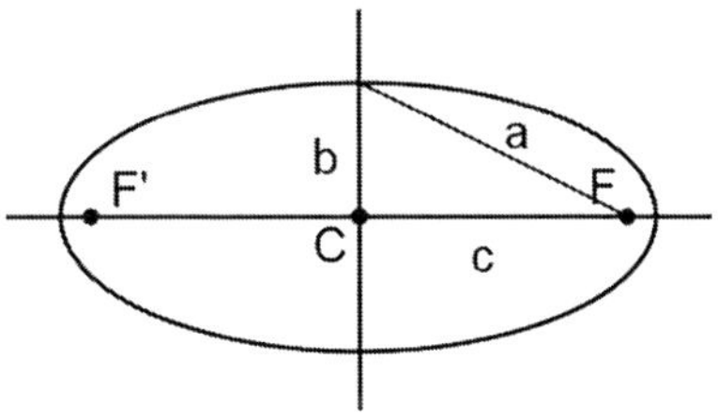

$e = 0,92$

Ejemplos: Encuentra el centro, los focos, los valores de a, b y c, los vértices y la excentricidad de la siguiente elipse:

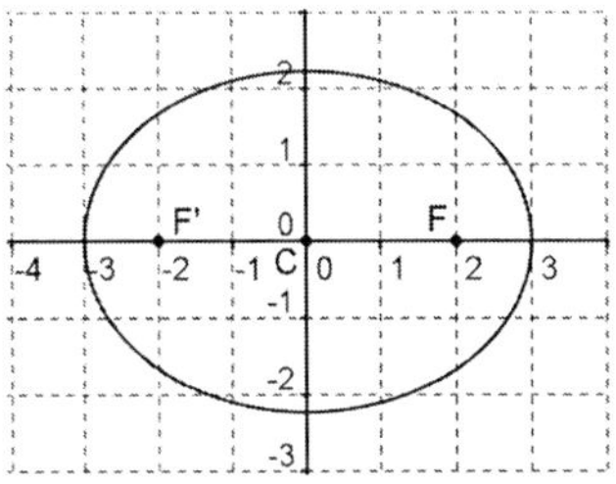

Centro: $C(0,0)$

Focos: $F(2,0)$; $F'(-2,0)$

$a=3;\ c=2;\ b=\sqrt{a^2-c^2}=\sqrt{3^2-2^2}=\sqrt{5}\approx 2,24$

Vértices: $A(3,0)$; $A'(-3,0)$; $B(0,\sqrt{5})$; $B'(0,-\sqrt{5})$.

Excentricidad: $e=\frac{2}{3}=0,\widehat{6}$

✓ **Ejercicio:** Encuentra el centro, los focos, los valores de a, b y c , los vértices y la excentricidad de la siguiente elipse:

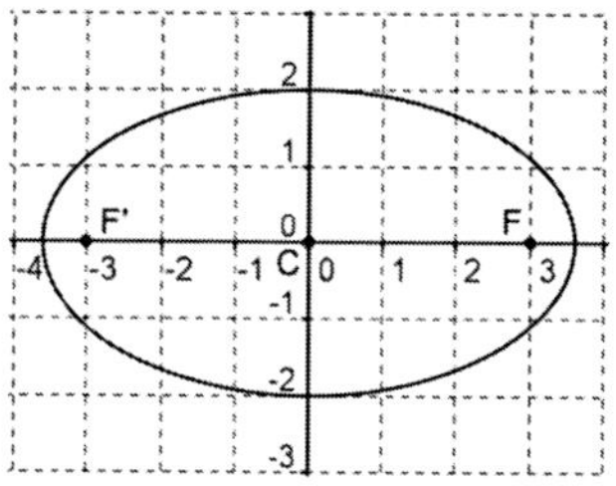

8.3.4 Ecuación reducida de la elipse

La ecuación de una elipse centrada en el origen de coordenadas y con los focos sobre el eje 0X es del tipo:

$$\frac{x^2}{a^2}+\frac{y^2}{b^2}=1$$ donde a es el semieje mayor y b es el semieje menor.

Esta ecuación también se conoce como **ecuación reducida de la elipse.**

Ejemplos:

1) Encuentra los focos, los valores de *a*, *b* y *c*, y la excentricidad de la elipse que tiene como ecuación $\frac{x^2}{25}+\frac{y^2}{9}=1$. ¿Cuál es la suma de las distancias de un punto cualquiera de esta elipse a los focos?

$a^2=25\rightarrow a=5;\ b^2=9\rightarrow b=3$

$c=\sqrt{a^2-b^2}=\sqrt{25-9}=4\rightarrow c=4$

Focos: $F(4,0);F'(-4,0)$

Excentricidad: $e=\frac{c}{a}=\frac{4}{5}=0{,}8$

Suma de las distancias de un punto a los focos: $d(P,F)+d(P,F')=2a=10$

2) Encuentra la ecuación de la elipse centrada en el origen de coordenadas sabiendo que uno de sus focos es F(5,0) y que el semieje mayor es 6. Calcula la excentricidad.

$$\left.\begin{array}{l}a=6\\c=5\end{array}\right\}\rightarrow b=\sqrt{a^2-c^2}=\sqrt{36-25}=\sqrt{11}$$

Ecuación: $\frac{x^2}{a^2}+\frac{y^2}{b^2}=1\rightarrow\frac{x^2}{36}+\frac{y^2}{11}=1$

Excentricidad: $e=\frac{c}{a}=\frac{5}{6}=0{,}8\widehat{3}$

3) Encuentra la ecuación de la elipse horizontal centrada en el origen de coordenadas que tiene distancia focal 4 y excentricidad 0,4.

Distancia focal $=2c\rightarrow c=\frac{4}{2}=2$

$e=\frac{c}{a}\rightarrow 0{,}4=\frac{2}{a}\rightarrow a=\frac{2}{0{,}4}=5$

$$\left.\begin{array}{l}a=5\\c=2\end{array}\right\}\rightarrow b=\sqrt{a^2-c^2}=\sqrt{5^2-2^2}=\sqrt{21}$$

Ecuación: $\frac{x^2}{a^2}+\frac{y^2}{b^2}=1\rightarrow\frac{x^2}{25}+\frac{y^2}{21}=1$

✓ **Ejercicio:**

1) Encuentra los focos, los valores de a, b y c, y la excentricidad de la elipse que tiene como ecuación $\frac{x^2}{16}+\frac{y^2}{1}=1$. ¿Cuál es la suma de las distancias de un punto cualquiera de esta elipse a los focos?

2) Encuentra la ecuación de la elipse centrada en el origen de coordenadas, sabiendo que uno de sus focos es F(-3,0) y que el semieje menor es 2. Calcula la excentricidad.

3) Encuentra la ecuación de la elipse horizontal centrada en el origen de coordenadas que tiene semidistancia focal 6 y excentricidad 0,6.

8.4 LA HIPÉRBOLA

La hipérbola es el lugar geométrico de los puntos del plano tales que la diferencia de sus distancias a dos puntos fijos, llamados focos, es constante. Está formada por dos ramas.

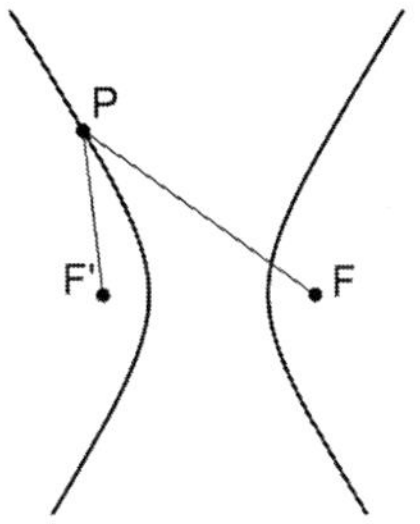

$|d(P,F)-d(P,F')|$ es constante

8.4.1 Elementos de una hipérbola

Solo estudiaremos hipérbolas centradas en el origen de coordenadas y con los focos sobre el eje 0X. En este caso, los ejes de simetría de la hipérbola coinciden con los ejes de coordenadas:

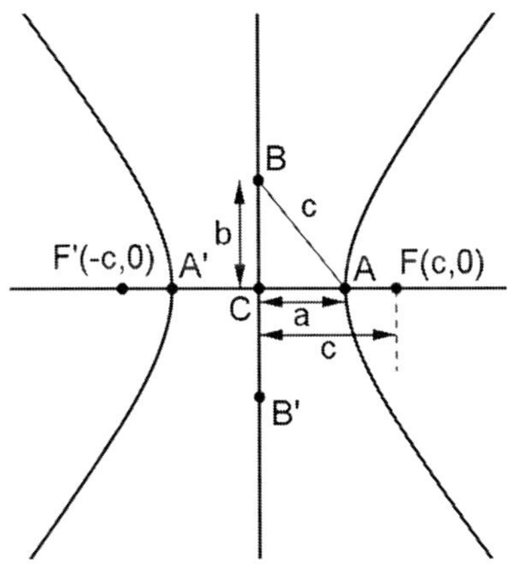

- Focos: F y F'
- Centro: C (punto medio del segmento FF').
- Distancia focal: $FF' = 2c$
- Semidistancia focal: $CF = c$
- Vértices reales: A y A'.
- Vértices imaginarios: B y B' (puntos de corte del eje 0Y y la circunferencia de centro A y radio c).
- Eje real: $A'A = 2a$
- Semieje real: $CA = a$
- Eje imaginario: $B'B = 2b$
- Semieje imaginario: $CB = b$

Según la definición de hipérbola, la diferencia de las distancias de cualquier punto de la hipérbola a los focos se mantiene constante. Si tomamos el punto A, vemos que la diferencia de las distancias de A a los focos es igual a $2a$ (eje real):

$$d(A,F')-d(A,F)+=AF'-AF=AA'+A'F'-AF=AA'=2a$$

De este modo, podemos decir que la diferencia de las distancias de cualquier punto de la hipérbola a los focos es igual a $2a$:

$$\boxed{|d(P,F)-d(P,F')|=2a}$$

8.4.2 Relación entre las constantes *a, b* y *c*

Según la definición del vértice B, $BA = c$:

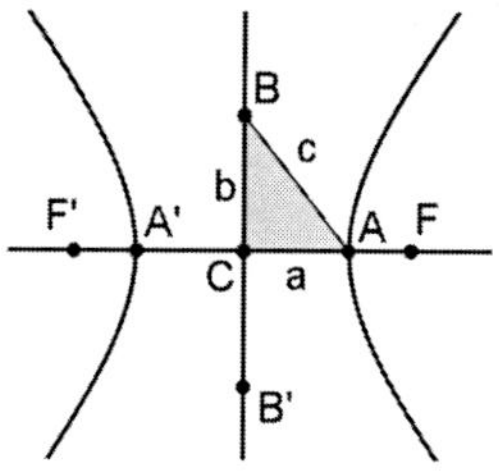

Si aplicamos el teorema de Pitágoras al triángulo gris de la figura, obtenemos que:

$$a^2 + b^2 = c^2$$

8.4.3 Excentricidad de la hipérbola

La excentricidad de la hipérbola se define como la razón entre la semidistancia focal y el semieje real y se representa con la letra e:

$$e = \frac{c}{a}$$

La excentricidad de la hipérbola es un número mayor que 1 (ya que $c > a$) que mide el grado de apertura de sus ramas:

- Cuanto más se aproxima e a 1, más cerradas son las ramas de la hipérbola.
- Cuanto mayor es la excentricidad, más abiertas son las ramas de la hipérbola.

Las figuras siguientes representan dos hipérbolas con excentricidades muy diferentes:

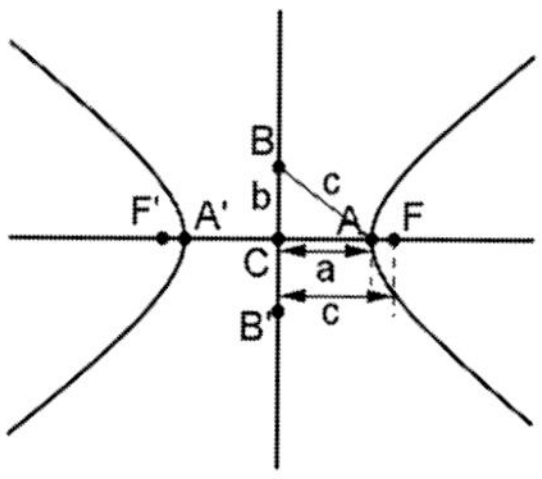

$e = 1{,}24$

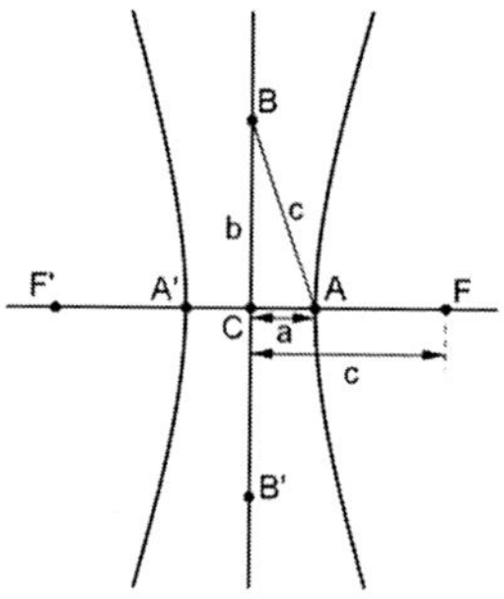

$e = 3$

Ejemplo: Encuentra el centro, los focos, los valores de a, b y c, los vértices y la ecuación de la siguiente hipérbola:

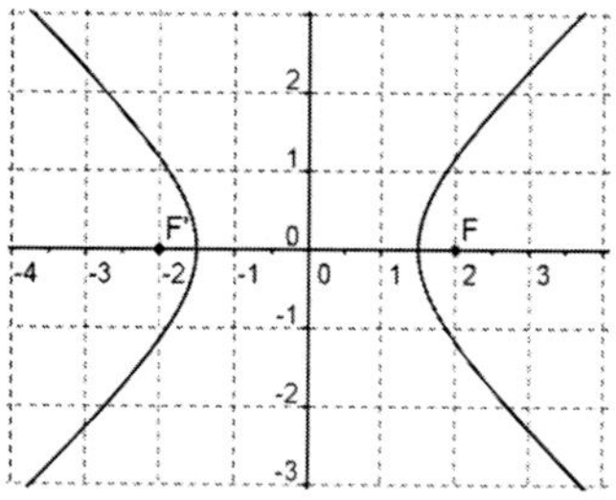

Centro: $C(0,0)$

Focos: $F(2,0)$; $F'(-2,0)$

$a = 1{,}5$; $c = 2$; $b = \sqrt{c^2 - a^2} = \sqrt{2^2 - 1{,}5^2} = \sqrt{1{,}75} \approx 1{,}32$

Vértices: $A(1{,}5,\ 0)$; $A'(1{,}5,\ 0)$; $B(0, \sqrt{1{,}75})$; $B'(0, -\sqrt{1{,}75})$

Excentricidad: $e = \frac{c}{a} = \frac{2}{1{,}5} = 1{,}\widehat{3}$

✓ **Ejercicio:** Encuentra el centro, los focos, los valores de a, b y c, los vértices y la excentricidad de la siguiente hipérbola:

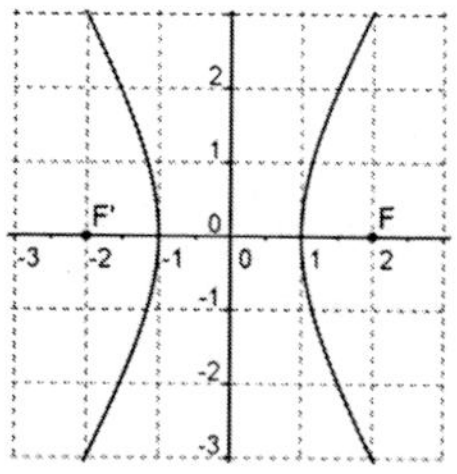

8.4.4 Ecuación reducida de la hipérbola

La ecuación de una hipérbola centrada en el origen de coordenadas y con los focos sobre el eje 0X es del tipo:

$$\frac{x^2}{a^2}-\frac{y^2}{b^2}=1$$ donde a es el semieje real y b es el semieje imaginario.

Esta ecuación también se conoce como **ecuación reducida de la hipérbola.**

Ejemplos:

1) Encuentra los focos, los valores de *a*, *b* y *c*, y la excentricidad de la hipérbola que tiene por ecuación $\frac{x^2}{16}-\frac{y^2}{9}=1$. ¿Cuál es la diferencia de las distancias de un punto cualquiera de esta hipérbola a los focos?

$a^2=16\to a=4;\ b^2=9\to b=3$

$c=\sqrt{a^2+b^2}=\sqrt{16+9}=5\to c=5$

Focos: $F(5,0);F'(-5,0)$

Excentricidad: $e=\frac{c}{a}=\frac{5}{4}=1{,}25$

Diferencia de las distancias de un punto a los focos: $\left|d(P,F)-d(P,F')\right|=2a=8$

2) Encuentra la ecuación de la hipérbola centrada en el origen de coordenadas, sabiendo que uno de sus focos es $F(3{,}0)$ y que el semieje real es 1. Calcula la excentricidad.

$$\left.\begin{matrix}a=1\\c=3\end{matrix}\right\}\to b=\sqrt{c^2-a^2}=\sqrt{9-1}=\sqrt{8}$$

Ecuación: $\frac{x^2}{a^2}-\frac{y^2}{b^2}=1\to\frac{x^2}{1}-\frac{y^2}{8}=1$

Excentricidad: $e=\frac{c}{a}=\frac{3}{1}=3$

3) Encuentra la ecuación de la hipérbola centrada en el origen de coordenadas y con los focos sobre el eje 0X que tiene distancia focal 4 y excentricidad 1,25.

Distancia focal $=2c\to c=\frac{4}{2}=2$

$e=\frac{c}{a}\to 1{,}25=\frac{2}{a}\to a=\frac{2}{1{,}25}=1{,}6$

$$\left.\begin{matrix}a=1{,}6\\c=2\end{matrix}\right\}\to b=\sqrt{2^2-1{,}6^2}=\sqrt{1{,}44}=1{,}2$$

Ecuación: $\frac{x^2}{a^2}-\frac{y^2}{b^2}=1\to\frac{x^2}{2{,}56}-\frac{y^2}{1{,}44}=1$

✓ **Ejercicio:**

1) Encuentra los focos, los valores de a, b y c, y la excentricidad de la hipérbola que tiene como ecuación $\frac{x^2}{16}-\frac{y^2}{1}=1$. ¿Cuál es la diferencia de las distancias de un punto cualquiera de esta hipérbola a los focos?
2) Encuentra la ecuación de la hipérbola centrada en el origen de coordenadas, sabiendo que uno de sus focos es $F(-3,0)$ y que el semieje imaginario es 2. Calcula la excentricidad.
3) Encuentra la ecuación de la hipérbola centrada en el origen de coordenadas y con los focos sobre el eje 0X que tiene semidistancia focal 8 y excentricidad 1,6.

8.5 LA PARÁBOLA

La parábola es el lugar geométrico de los puntos del plano tales que su distancia a un punto fijo, llamado foco, y a una recta fija, llamada directriz, es la misma.

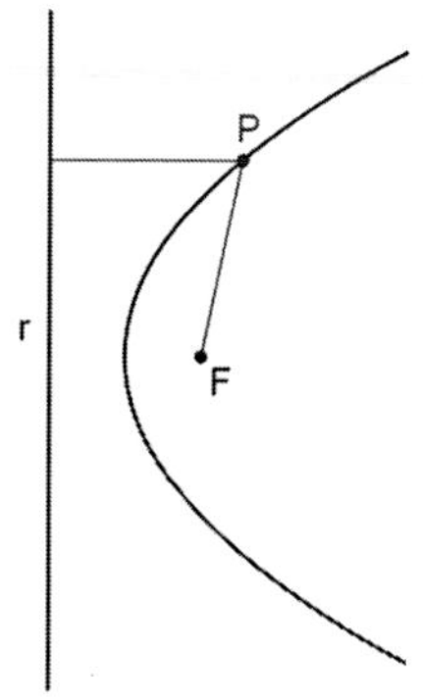

$$d(P,F)=d(P,r)$$

8.4.1 Elementos de una parábola

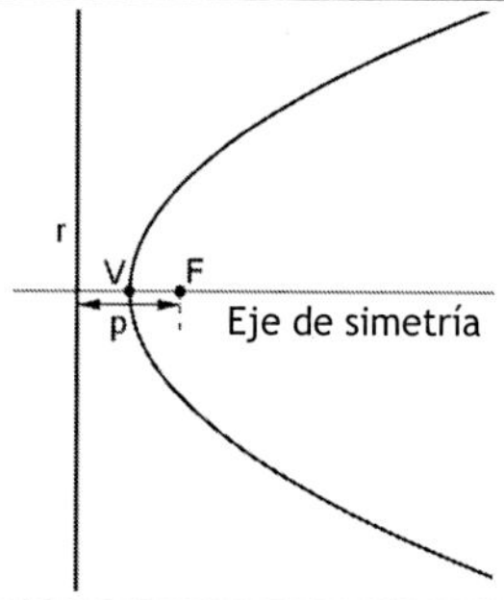

- Foco: F
- Directriz: r
- Eje de simetría: recta perpendicular a r que pasa por F
- Parámetro: p (distancia de F a r)
- Vértice: V (punto de intersección de la parábola con el eje de simetría)

8.4.2 Ecuación reducida de la parábola

Solo estudiaremos parábolas horizontales (con el eje de simetría sobre el eje 0X) y con vértice en el origen de coordenadas. La ecuación de este tipo de parábolas se denomina ecuación reducida de la parábola y es del tipo:

$$\boxed{y^2=2px}$$ donde p es el parámetro.

El foco es el punto $F(p/2,0)$ y la directriz es la recta vertical de ecuación $x=-p/2$.

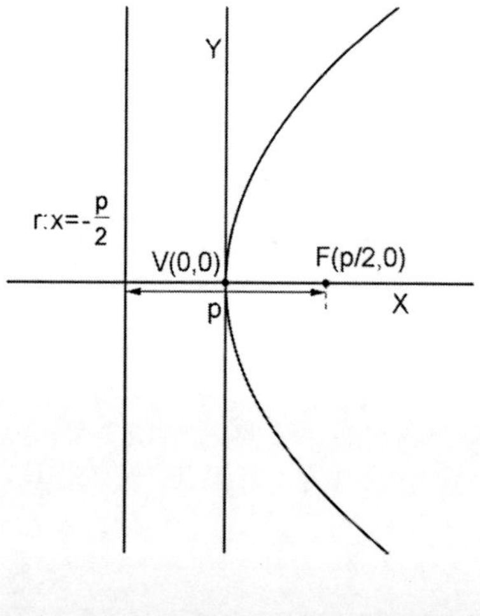

Vértice: $V(0,0)$

Foco: $F\left(\frac{p}{2},0\right)$

Directriz: $x=-\frac{p}{2}$

Ecuación: $y^2=2px$

Ejemplos:

1) Encuentra el vértice, el foco, la directriz, el parámetro y la ecuación de la siguiente parábola:

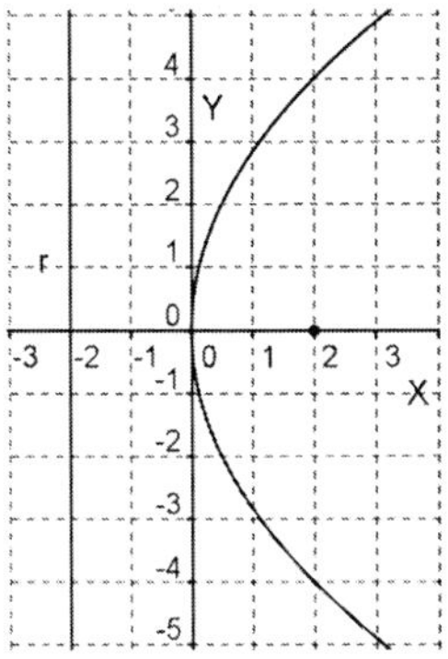

Vértice: $V(0,0)$

Foco: $F(2,0)$

Parámetro: $p = 4$

Directriz: $x = -\frac{p}{2} = -2$

Ecuación de la parábola: $y^2 = 8x$

2) Encuentra el parámetro, el foco y la directriz de la parábola horizontal de vértice $V(0,0)$ y ecuación $y^2 = 6x$:

Parámetro: $p = \frac{6}{2} = 3$

Foco: $F\left(\frac{p}{2},0\right) \rightarrow F\left(\frac{3}{2},0\right)$

Directriz: $x = -\frac{p}{2} \rightarrow x = -\frac{3}{2}$

✓ Ejercicio:

1) Encuentra el vértice, el foco, la directriz, el parámetro y la ecuación de la siguiente parábola:

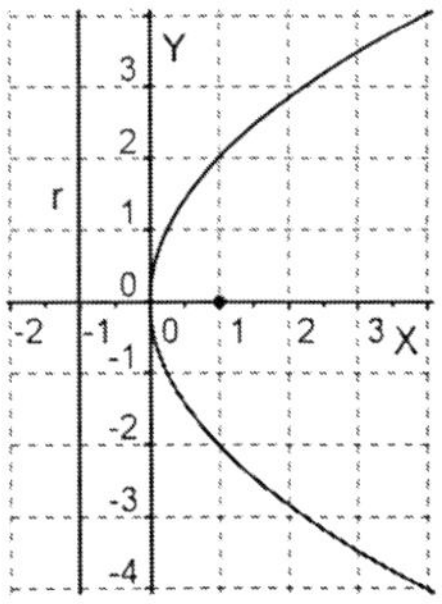

2) Encuentra el parámetro, el foco y la directriz de la parábola horizontal de vértice $V(0,0)$ y ecuación $y^2 = 20x$.

8.6 CUADRO RESUMEN

Cónica	Definición	Gráfica	Ecuación
Circunferencia	Lugar geométrico de los puntos del plano que equidistan de un punto fijo, llamado centro: $d(P,C)=r$	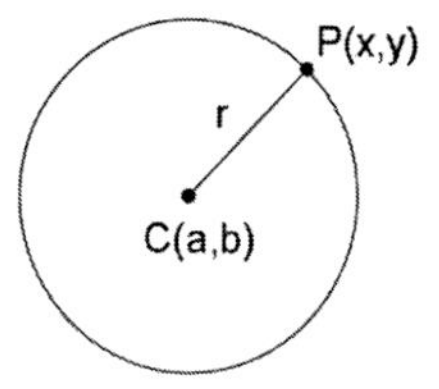	$(x-a)^2+(y-b)^2=r^2$ $x^2+y^2+mx+ny+p=0$ $\begin{cases} m=-2a \\ n=-2b \\ p=a^2+b^2-r^2 \end{cases}$
Elipse	Lugar geométrico de los puntos del plano tales que la suma de sus distancias a dos puntos fijos, llamados focos, es constante: $d(P,F)+d(P,F')=2a$	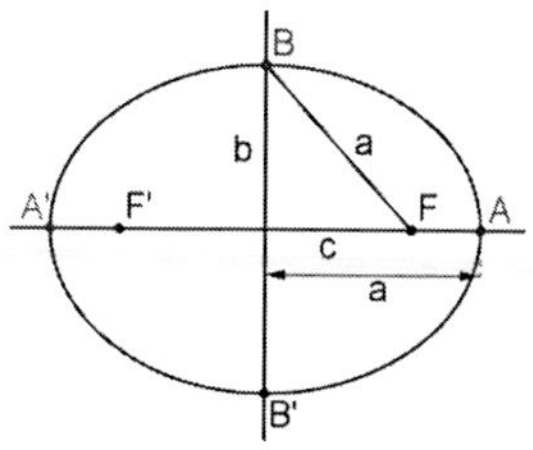	Ecuación reducida (elipse centrada en el origen de coordenadas y focos sobre el eje 0X): $\frac{x^2}{a^2}+\frac{y^2}{b^2}=1$ $b^2+c^2=a^2$
Hipérbola	Lugar geométrico de los puntos del plano tales que la diferencia de sus distancias a dos puntos fijos, llamados focos, es constante: $\lvert d(P,F)-d(P,F')\rvert-2a$	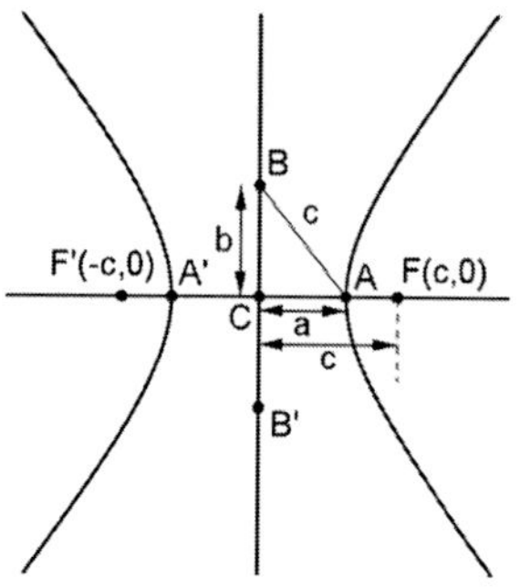	Ecuación reducida (hipérbola centrada en el origen de coordenadas y focos sobre el eje 0X): $\frac{x^2}{a^2}-\frac{y^2}{b^2}=1$ $a^2+b^2=c^2$
Parábola	Lugar geométrico de los puntos del plano tales que su distancia a un punto fijo, llamados foco, y a una recta fija, llamada directriz, es la misma: $d(P,F)-d(P,r)$	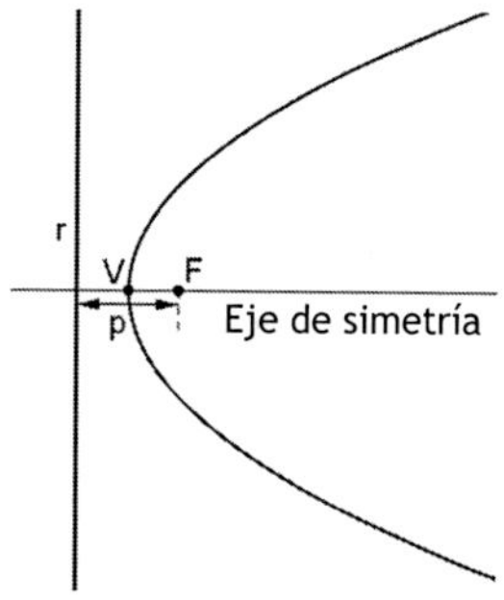	Ecuación reducida (parábola con vértice en el origen de coordenadas y eje de simetría sobre el eje 0X): $y^2=2px$ Directriz: $x=-\frac{p}{2}$

Ejercicios

Lugar geométrico

1. Indica qué nombre reciben los siguientes lugares geométricos:

a) Lugar geométrico de los puntos del plano que equidistan de los extremos de un segmento.

b) Lugar geométrico de los puntos del plano que equidistan de los lados de un ángulo.

2. Encuentra la ecuación de la mediatriz del segmento de extremos $A(-3,-4)$ y $B(2,-1)$.

3. Encuentra las ecuaciones de las bisectrices de los ángulos formados por las siguientes rectas:

$$\begin{cases} 3x+4y-7=0 \\ 4x-3y-1=0 \end{cases}$$

La circunferencia

4. Encuentra la ecuación de la circunferencia de centro $C(5,-4)$ y radio 3.

5. Encuentra el centro y el radio de la circunferencia de ecuación:

a) $(x-3)^2+(y+5)^2=1$ **b)** $x^2+y^2=3$

c) $x^2+y^2+6x-4y-12=0$ **d)** $x^2+y^2-5x+8y+22=0$

6. Indica si los puntos $A(3,6)$ y $B(0,-1)$ pertenecen a la circunferencia de ecuación $(x-2)^2+(y-7)^2=2$.

7. Encuentra la ecuación general de la circunferencia que pasa por los puntos $A(1,5)$, $B(4,6)$ y $D(5,3)$. Calcula el centro y el radio.

8. Encuentra la posición relativa de la circunferencia $c: x^2+y^2+14x-8y+60=0$ y el punto:

a) $P(-6,4)$ b) $Q(-5,5)$ c) $R(-7,1)$

9. Encuentra la posición relativa de la circunferencia $c: x^2+y^2+10x-10y+48=0$ y la recta:

a) $r: x-y+12=0$ **b)** $s: x-y+10=0$ **c)** $t: -2x+y-11=0$

10. Encuentra la ecuación de una circunferencia, sabiendo que el segmento de extremos $A(1,-1)$ y $B(5,1)$ es uno de sus diámetros.

La elipse

11. Encuentra el centro, los focos, los valores de a, b y c, los vértices, la excentricidad y la ecuación de la siguiente elipse:

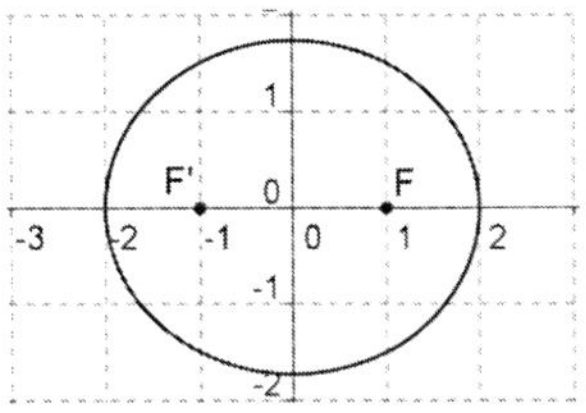

12. Encuentra los focos, los valores de a, b y c, y la excentricidad de la elipse que tiene como ecuación $\frac{x^2}{16}+\frac{y^2}{7}=1$. ¿Cuál es la suma de las distancias de un punto cualquiera de esta elipse a los focos?

Ejercicios

13. Encuentra la ecuación de la elipse centrada en el origen de coordenadas, sabiendo que uno de sus focos es $F(-4,0)$ y que el semieje mayor es 7. Calcula la excentricidad.

14. Encuentra la ecuación de la elipse horizontal centrada en el origen de coordenadas que tiene distancia focal 8 y excentricidad 0,4.

15. Encuentra la ecuación de la elipse horizontal centrada en el origen de coordenadas, sabiendo que el eje mayor mide 12 y el eje menor mide 10.

La hipérbola

16. Encuentra el centro, los focos, los valores de a, b y c, los vértices, la excentricidad y la ecuación de la siguiente hipérbola:

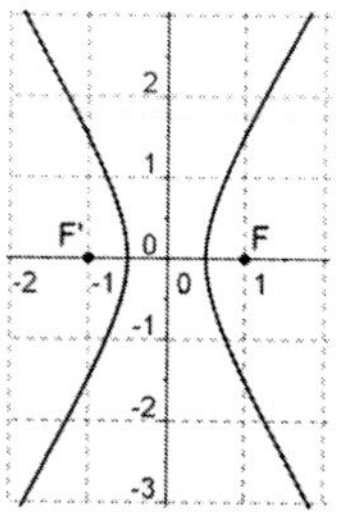

17. Encuentra los focos, los valores de a, b y c, y la excentricidad de la hipérbola que tiene como ecuación $\frac{x^2}{9}-\frac{y^2}{49}=1$. ¿Cuál es la diferencia de las distancias de un punto cualquiera de esta hipérbola a los focos?

18. Encuentra la ecuación de la hipérbola centrada en el origen de coordenadas, sabiendo que uno de sus focos es $F(-5,0)$ y que el semieje imaginario es 3. Calcula la excentricidad.

19. Encuentra la ecuación de la hipérbola centrada en el origen de coordenadas que tiene distancia focal 8 y excentricidad 1,6.

La parábola

20. Encuentra el vértice, el foco, la directriz, el parámetro y la ecuación de la siguiente parábola:

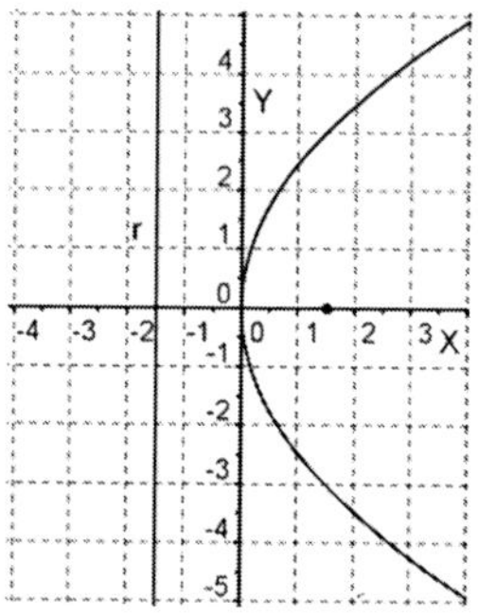

21. Encuentra el parámetro, el foco y la directriz de la parábola horizontal de vértice V(0,0) y ecuación $y^2 = 12x$.

Ejercicios

Cuadro resumen

22. Indica qué nombre reciben los siguientes lugares geométricos:

a) Lugar geométrico de los puntos del plano tales que la diferencia de sus distancias a dos puntos fijos es constante.

b) Lugar geométrico de los puntos del plano que equidistan de un punto fijo.

c) Lugar geométrico de los puntos del plano tales que su distancia a un punto fijo, y a una recta fija, es la misma.

d) Lugar geométrico de los puntos del plano tales que la suma de sus distancias a dos puntos fijos es constante.

23. Representa gráficamente, de manera aproximada, las cónicas siguientes:

a) $\frac{x^2}{9}-\frac{y^2}{4}=1$

b) $(x-4)^2+(y+1)^2=4$

c) $y^2=4x$

d) $\frac{x^2}{64}+\frac{y^2}{25}=1$

Tema 9 Funciones

En este tema:

9.1 CONCEPTO DE FUNCIÓN

Una **magnitud** es una cualidad que se puede medir (como la masa, la altura, la temperatura, el precio, el tiempo, la longitud, la superficie, el volumen, la velocidad...). Si una magnitud no es constante, se denomina variable.

Una función es un tipo de relación de dependencia entre dos variables.

Esta relación de dependencia puede ser una fórmula, un texto, una gráfica o una tabla, que nos permite calcular el valor de una magnitud determinada, denominada **variable dependiente**, a partir del valor de otra magnitud, conocida como **variable independiente**. La variable independiente se suele representar con la letra x y la variable dependiente se suele representar con la letra y (aunque también se pueden utilizar otras letras):

$x =$ variable independiente
$y =$ variable dependiente

No todas las relaciones de dependencia son funciones. Una relación de dependencia es una función si a cada valor de la variable independiente (x) le corresponde, como máximo, un único valor de la variable dependiente (y). En ese caso, decimos que **y está en función de x** y escribimos $y = f(x)$.

Si x e y toman valores reales, diremos que la **función es real de variable real.**

En este tema, cuando hablemos de una función nos estaremos refiriendo a una función real de variable real.

9.1.1 Formas de expresar una función

Tal como hemos dicho, una función se puede expresar como:

- Un texto.
- Una fórmula, denominada expresión algebraica de la función (no todas las funciones admiten expresión algebraica).
- Una tabla de valores (aunque no aporta información completa de la función).
- Una gráfica.

Ejemplo: Veamos una misma función expresada de diferentes maneras

- Texto: función que a cada número real le asigna su triple más una unidad.
- Expresión algebraica: $y = 3x + 1$ (también se puede escribir $f(x) = 3x + 1$)
- Tabla de valores:

x	-2	-1	0	1	2
y	-5	-2	1	4	7

- Gráfica:

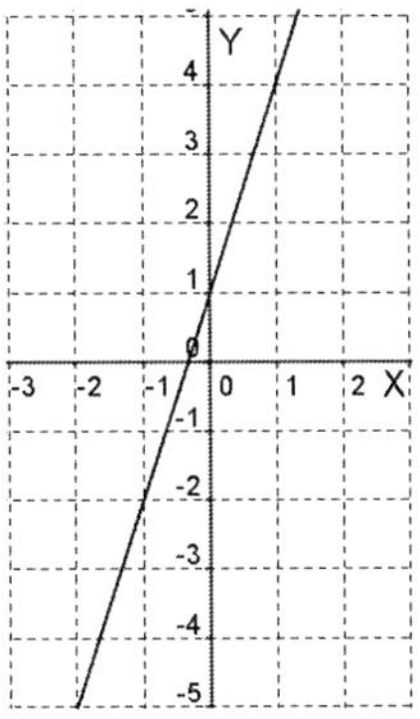

La gráfica de esta función es una recta.

Cada punto (x, y) de la recta verifica la relación de dependencia $y = 3x + 1$.

Dado un valor cualquiera de x, podemos ver en la gráfica qué valor de y le corresponde

✓ **Ejercicio:** Encuentra las otras formas de expresar las siguientes funciones:

a) Función que a cada número real le asigna su cuadrado.

b) $f(x) = x^3 - 1$

9.1.2 Gráficas que no corresponden a funciones

Veamos dos ejemplos de gráficas que no corresponden a una función porque no verifican la condición de que a cada valor de x le corresponde, como máximo, un único valor de y.

Ejemplos:

1)

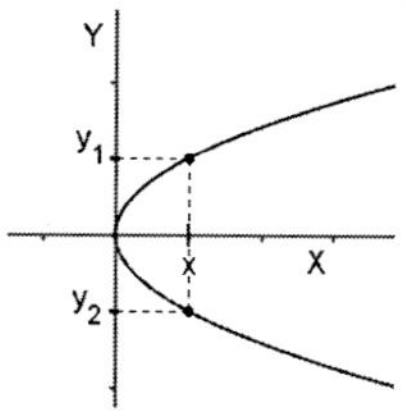

2)

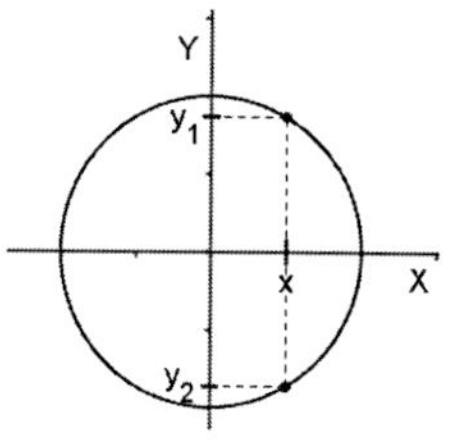

No son funciones porque a algunos valores de x les corresponden dos valores de y.

✓ **Ejercicio:** Indica cuáles de las siguientes gráficas corresponden a una función:

a)

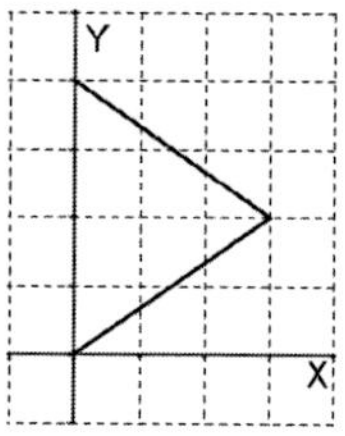

b)

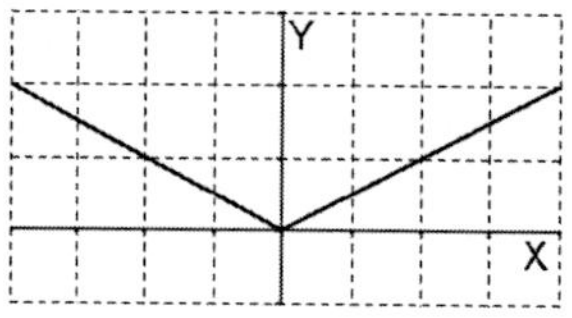

c)

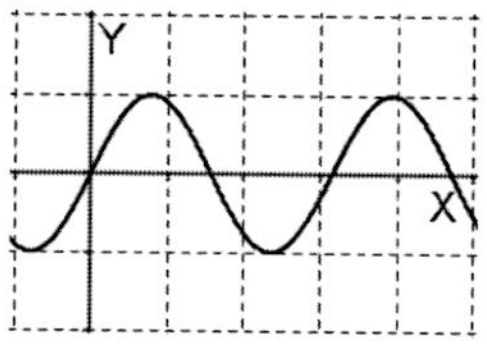

d)

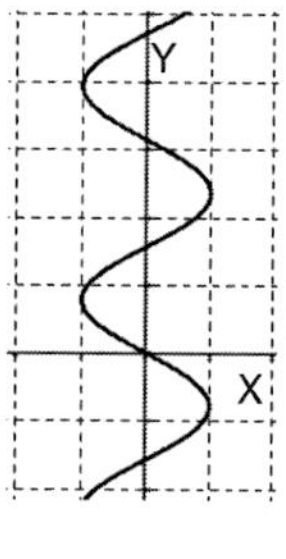

e)

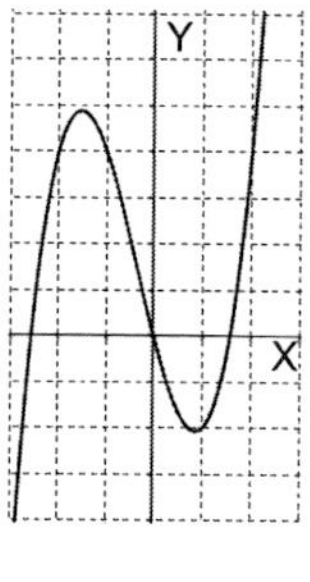

f)

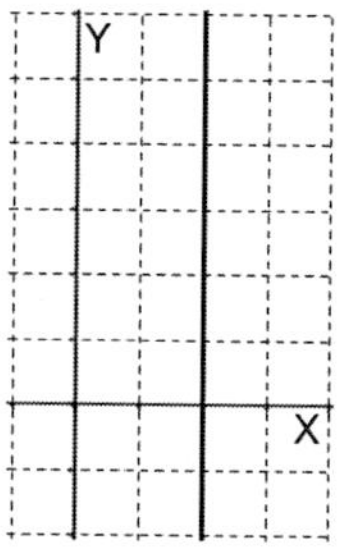

9.1.3 Ejemplos de funciones

Veamos algunos ejemplos de funciones referidas a situaciones de la vida cotidiana.

Ejemplos:

1) Una compañía de telefonía móvil nos ofrece tres tipos de tarifas para hacer llamadas nacionales:

- **Tarifa A: se factura 1 € por establecimiento de llamada y 50 céntimos por minuto.**
- **Tarifa B: no se factura por el establecimiento de llamada, pero se factura 1 € por minuto**
- **Tarifa C: se facturan 5 € por cada llamada nacional.**

En las tarifas A y B se factura por fracción de minuto (se cobra la duración exacta de la llamada).

Para cada caso, haz un estudio de la función que relaciona el coste de una llamada con su duración. ¿Qué tarifa nos interesa más si normalmente hacemos llamadas de un minuto? ¿Y si las hacemos de cinco minutos? ¿Y si hacemos llamadas largas de más de 10 minutos?

Identificamos la variable independiente y la dependiente:

x = variable independiente = minutos que dura la llamada

y = variable dependiente = precio en €

El precio depende de la duración de la llamada.

Elaboramos una tabla de valores, deducimos la expresión algebraica y hacemos la representación gráfica:

Tablas de valores y expresiones algebraicas

Tarifa A

x	y
0	1
1	1,50
2	2
3	2,50
4	3
⋮	⋮
10	1+0,5·10 = 6
x	1+0,5·x

$y = 1 + 0,5x$

Tarifa B

x	y
0	0
1	1
2	2
3	3
4	4
⋮	⋮
10	10
x	x

$y = x$

Tarifa C

x	y
0	5
1	5
2	5
3	5
4	5
⋮	⋮
10	5
x	5

$y = 5$

Representaciones gráficas

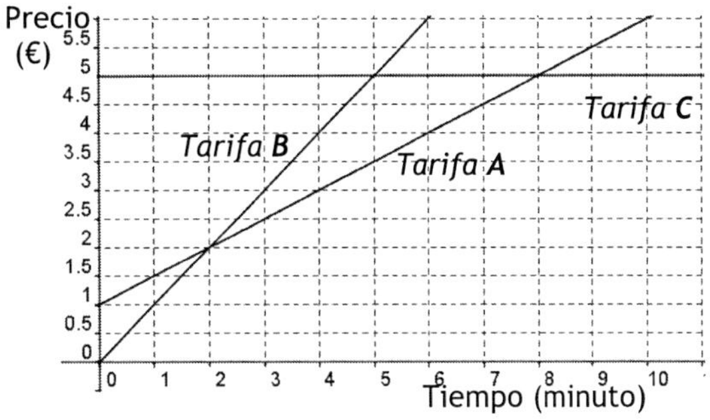

- Para hacer llamadas de un minuto: nos interesa la *tarifa B.*
- Para hacer llamadas de cinco minutos: nos interesa la *tarifa A.*
- Para hacer llamadas de más de diez minutos: nos interesa la *tarifa C*

Tarifa A: es una *función afín (*tiene por gráfica una recta que no pasa por el origen).

***Tarifa B*:** es una *función lineal* (tiene por gráfica una recta que pasa por el origen).

Tarifa C: es una *función constante* (tiene por gráfica una recta horizontal).

2) Estudia la función que nos permite calcular el área de un cuadrado conocido su lado.

Identificamos la variable independiente y la dependiente:

x = variable independiente = longitud del lado en cm

y = variable dependiente = área en cm^2

El área depende de la longitud del lado.

Elaboramos una tabla de valores, deducimos la expresión algebraica y hacemos la representación gráfica:

Tabla de valores

x	y
0	0
1	1
2	4
3	9
⋮	⋮
x	-x^2-

Expresión algebraica: $y = x^2$

Representación gráfica

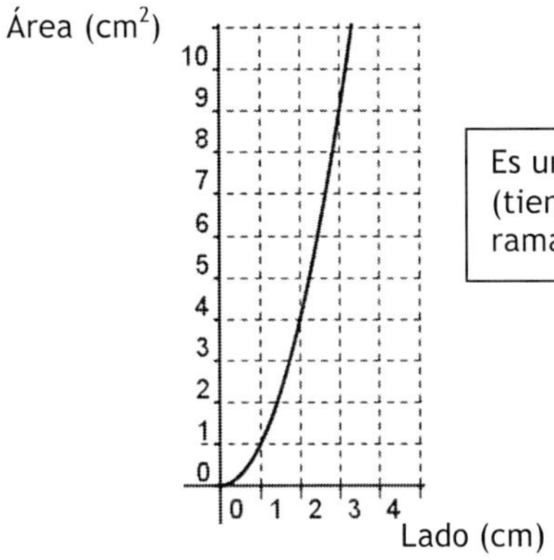

Es una *función cuadrática* (tiene por gráfica una rama de parábola)

3) **La tarifa de precios de un aparcamiento es la siguiente: 1,5 € por la primera hora o fracción más 1 € por cada hora o fracción a partir de la primera hora, con un máximo diario (hasta 24 horas) de 12,5 €.**

Completa el estudio de la función que relaciona el precio del aparcamiento con el tiempo.

Identificamos la variable independiente y la dependiente:

x = variable independiente = tiempo en horas

y = variable dependiente = precio en €

El precio depende del tiempo

Elaboramos una tabla de valores, deducimos la expresión algebraica y hacemos la representación gráfica:

Tabla de valores

x	y
$(0,1]$	1,5
$(1,2]$	2,5
$(2,3]$	3,5
$\vdots$	$\vdots$
$(10,11]$	11,5
$(11,24]$	12,5

Representación gráfica

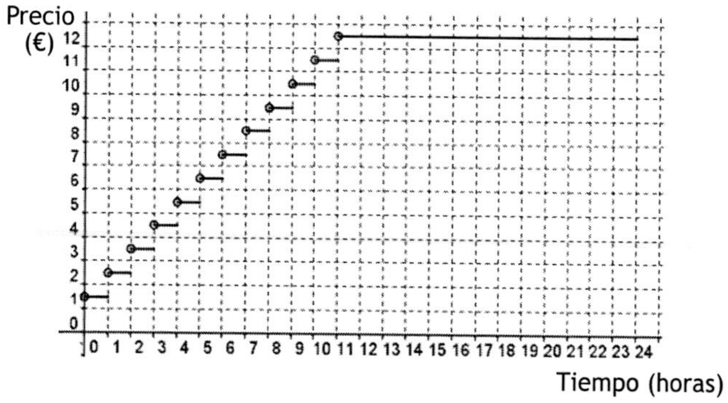

Expresión algebraica:

$$y = \begin{cases} 1{,}5 \text{ si } x \in (0,1] \\ 2{,}5 \text{ si } x \in (1,2] \\ \vdots \\ 11{,}5 \text{ si } x \in (10,11] \\ 12{,}5 \text{ si } x \in (11,24] \end{cases}$$

Es una *función definida a trozos*

✓ Ejercicios:

1) **Un grupo de alumnos quiere ir de excursión a la nieve. El alquiler del autobús de sesenta plazas para hacer esta excursión cuesta 600 €. Queremos saber cuánto tendría que pagar cada alumno o alumna por el concepto de transporte, en función del número de alumnos que vayan.**

Completa el estudio de la función del coste del transporte por alumno según el número de alumnos.

Identificamos la variable independiente y la dependiente:

x = variable independiente =

y = variable dependiente =

Elaboramos una tabla de valores, deducimos la expresión algebraica y hacemos la representación gráfica:

Tabla de valores

x	y
10	
20	
30	
40	
50	
60	
x	

Representación gráfica

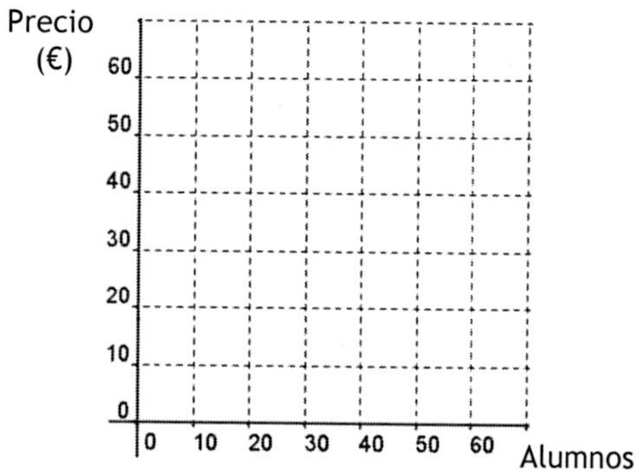

Expresión algebraica:

2) **En un laboratorio se quiere hacer un cultivo de una bacteria que cada hora se divide en dos bacterias. Se comienza el cultivo con una sola bacteria. ¿Cuántas bacterias habrá al cabo de 2 horas? ¿Y al cabo de 3? ¿Y al cabo de 10? ¿Y al cabo de 24?**

Completa el estudio de la función que nos permite calcular el número de bacterias en función del tiempo transcurrido.

Identificamos la variable independiente y la dependiente:

x = variable independiente =

y = variable dependiente =

Elaboramos una tabla de valores, deducimos la expresión algebraica y hacemos la representación gráfica:

Tabla de valores

x	y
1	
2	
3	
4	
5	
6	
x	
10	
24	

Representación gráfica

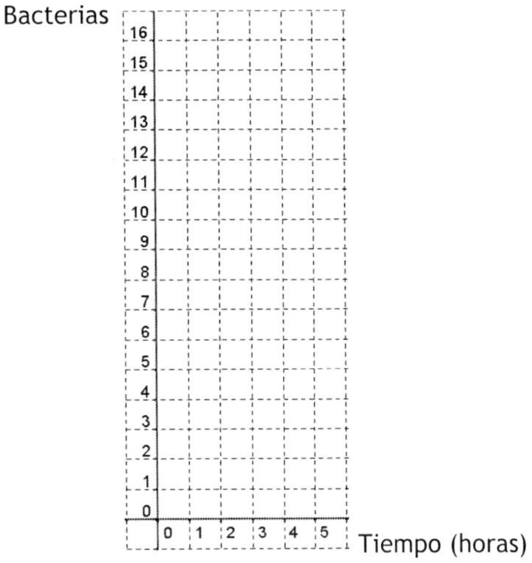

Expresión algebraica:

Ejercicios

Concepto de función

1. Completa el cuadro:

Texto	
Expresión algebraica	$y=\sqrt{x}$
Tabla de valores y gráfica	x | y: 0, 1, 4, 9 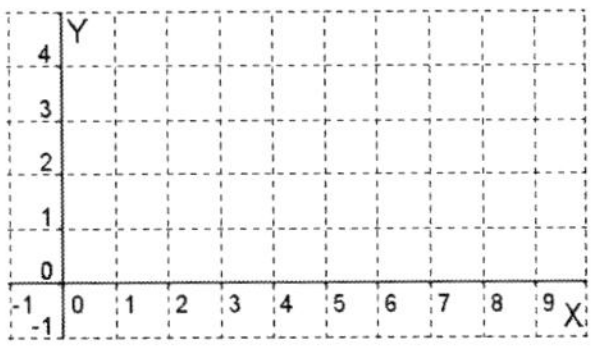

2. Indica cuáles de las siguientes gráficas corresponden a una función:

a)

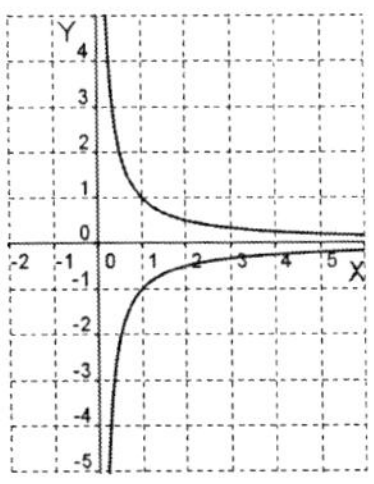

b)

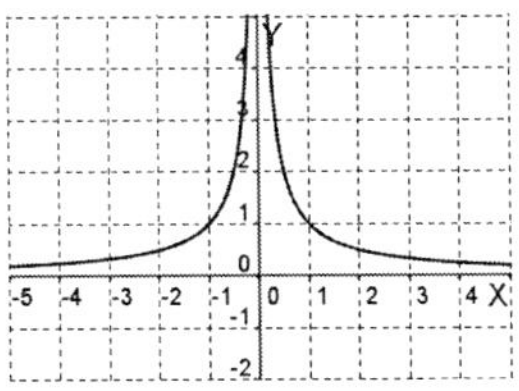

c)

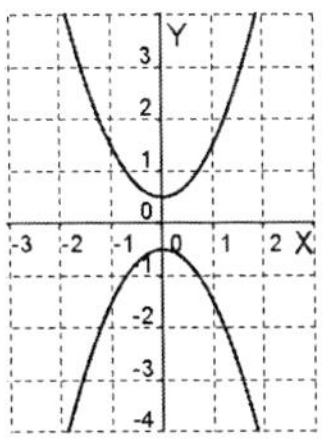

d)

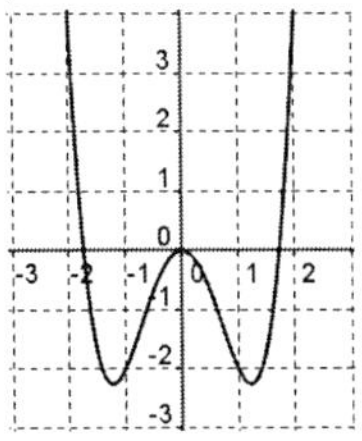

Ejercicios

3. Marcos, Jorge y Marta son tres taxistas de Cuenca. Marcos cobra 1 € por la bajada de bandera y 50 céntimos por cada minuto que pasa. Jorge no cobra por la bajada de bandera, pero cobra 1 € por minuto. Marta cobra todos los trayectos urbanos a 5 €.

Para cada caso, haz un estudio de la función que relaciona el coste del trayecto con su duración. ¿Qué taxi nos interesa coger para hacer un trayecto de un minuto? ¿Y de cinco minutos? ¿Y de nueve minutos?

4. Algunas de estas gráficas representan el trayecto que hace Elena cuando camina desde casa hasta el lugar donde trabaja. Relaciona las gráficas con las situaciones descritas. Indica qué gráfica no corresponde a ninguna situación y no representa una función.

Gráfica 1	Gráfica 2	Gráfica 3	Gráfica 4
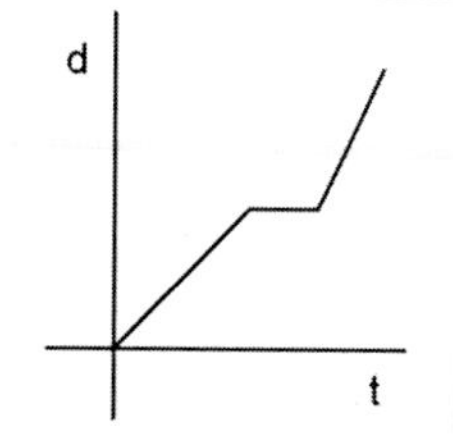	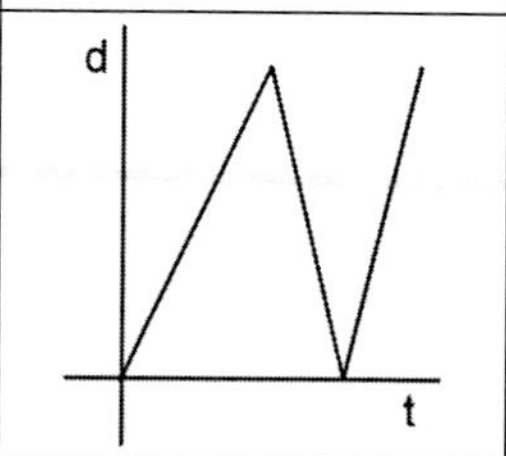	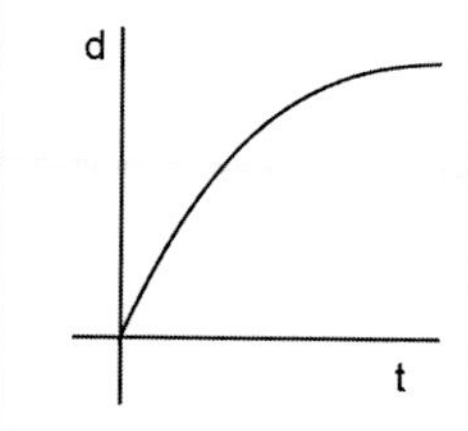	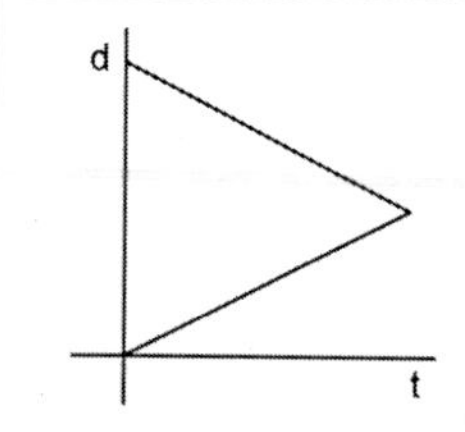

a) Elena ha comenzado a caminar muy rápido y como se cansaba, ha ido bajando el ritmo.

b) Elena va a trabajar andando desde su casa y cuando llega se da cuenta de que ha olvidado en casa un documento importante. Vuelve a su casa, recoge el documento y regresa al trabajo.

c) Cuando Elena iba hacia el trabajo se ha parado un rato a mirar un escaparate.

9.2 IMÁGENES Y ANTIIMÁGENES

Si $y = f(x)$, decimos que y es la imagen de x por f y que x es la antiimagen de y por f.

Según la definición de función, cada valor de x tiene, como máximo, una sola imagen. Sin embargo, un valor de y puede tener más de una antiimagen.

Ejemplos: Veamos, a partir de la tabla de valores de dos funciones, ejemplos de imágenes y antiimágenes:

1) $f(x) = 2x + 1$

x	y	
-2	-3	→–3 es la imagen de –2 y –2 es la antiimagen de –3→se escribe: **f(-2) = -3 y f^{-1}(-3) = -2**
-1	-1	→–1 es la imagen de –1 y –1 es la antiimagen de –1→se escribe: **f(-1) = -1 y f^{-1}(-1) = -1**
0	1	→ 1 es la imagen de 0 y 0 es la antiimagen d'1 → se escribe: **f(0) = 1 y f^{-1}(1) = 0**
1	3	→ 3 es la imagen de 1 y 1 es la antiimagen de 3 → se escribe: **f(1) =3 y f^{-1}(3) = 1**
2	5	→ 5 es la imagen de 2 y 2 es la antiimagen de 5 → se escribe: **f(2) = 5 y f^{-1}(5) = 2**

2) $f(x) = x^2$

x	y
-2	4
-1	1
0	0
1	1
2	4

Todos los valores positivos tienen dos antiimágenes por f:

- Las antiimágenes de 4 son –2 y 2 → se escribe $f^{-1}(4) = \{-2, 2\}$
- Las antiimágenes de 1 son 1 y –1 → se escribe $f^{-1}(1) = \{-1, 1\}$

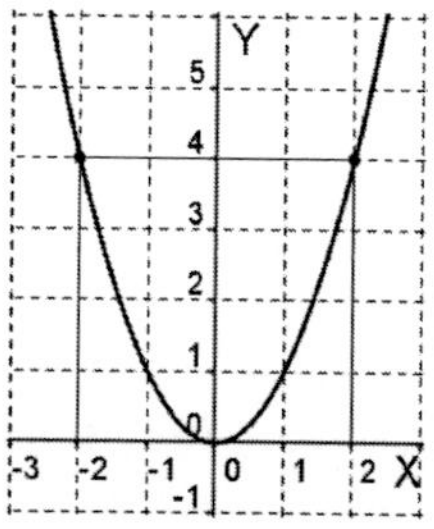

Para calcular la imagen de un valor de x, sustituimos este valor por x en la expresión algebraica de la función y hacemos los cálculos correspondientes.

Para calcular la antiimagen de un valor de y, sustituimos este valor por y en la expresión algebraica de la función y aislamos x.

Ejemplos:

1) Dada la función $f(x)=3x+5$, calcula la imagen de 2 y la antiimagen de −1:

- Imagen de 2: $f(2)=3\cdot 2+5=11 \to f(2)=11$ La imagen de 2 es 11.
- Antiimagen de -1: $-1=3x+5 \to -1-5=3x \to x=\frac{-6}{3}=-2 \to f^{-1}(-1)=-2$

La antiimagen de -1 es -2.

2) Dada la función $f(x)=x^2+5$, calcula la imagen de 3 y todas las antiimágenes de 9:

- Imagen de 3: $f(3)=3^2+5=14 \to f(3)=14$ La imagen de 3 es 14.
- Antiimágenes de 9: $9=x^2+5 \to 9-5=x^2 \to x=\pm\sqrt{4}=\begin{cases} x=2 \\ x=-2 \end{cases} \to f^{-1}(9)=\{-2,2\}$

Las antiimágenes de 9 son -2 y 2.

3) Dada la función $f(x)=\text{sen}\, x$, calcula las antiimágenes de 0,5.

$$0{,}5=\text{sen}\,x \to x=\begin{cases} 30^\circ+360^\circ k & k\in Z \\ 150^\circ+360^\circ k & k\in Z \end{cases}$$

$$\to f^{-1}(0{,}5)=\{30^\circ+360k,\ 150^\circ+360k \,/\, k\in Z\}$$

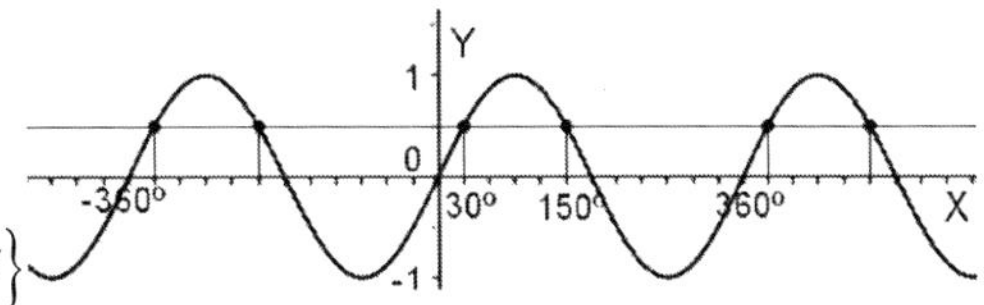

0,5 tiene infinitas antiimágenes por f.

4) Dada la función $f(x)=x^3+2x^2-x$, calcula las antiimágenes de 2.

$$2=x^3+2x^2-x \to 0=x^3+2x^2-x-2$$

Resolvemos la ecuación de grado 3 aplicando la Regla de Ruffini y obtenemos: $x=-2,\ x=-1,\ x=1$.

$$\to f^{-1}(2)=\{-2,-1,1\}$$

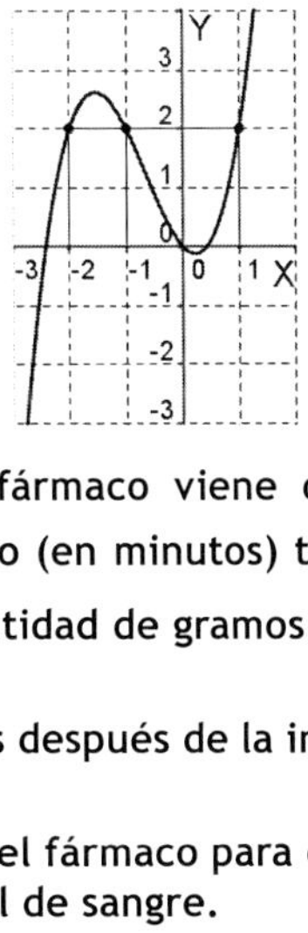

5) La concentración en sangre de un componente de un fármaco viene dada por la función $f(t)=-0{,}001t^2+0{,}08t-1{,}1$ donde t representa el tiempo (en minutos) transcurrido desde la ingestión de una dosis del fármaco y $f(t)$ representa la cantidad de gramos del componente por cada 100 ml de sangre. Calcula:

a) La concentración en sangre del componente 30 minutos después de la ingestión de una dosis de este fármaco.

b) Los minutos que deben transcurrir desde la ingestión del fármaco para que la concentración en sangre del componente sea de 0,1 g por cada 100 ml de sangre.

a) $f(30)=-0{,}001\cdot 30^2+0{,}08\cdot 30-1{,}1=0.4$ g por cada 100 ml de sangre.

b) $0{,}1=-0{,}001t^2+0{,}08t-1{,}1$

$$0=-0{,}001t^2+0{,}08t-1{,}2$$

$$t=\frac{-0{,}08\pm\sqrt{(-0{,}08)^2-4\cdot(-0{,}001)\cdot(-1{,}2)}}{2\cdot 0{,}001}=\begin{cases}=20\\=60\end{cases}$$

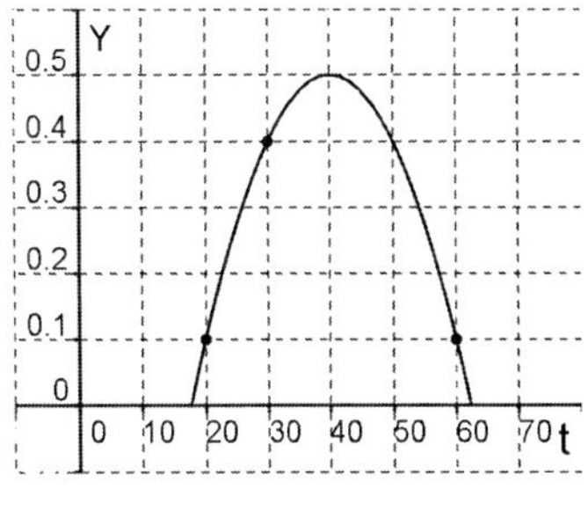

Después de 20 min y 60 min de la ingestión de una dosis del fármaco la concentración será de 0,1 g por cada 100 ml.

✓ **Ejercicios:**

1) Dada la función $f(x) = -5x - 1$, calcula la imagen de 3 y la antiimagen de 9.

2) Dada la función $f(x) = x^2 + x - 1$, calcula la imagen de -1 y las antiimágenes de 5.

3) El beneficio diario que obtiene una empresa de servicios turísticos durante los meses de temporada alta viene dado por la función $f(x) = -0{,}1x^2 + 5x - 10$, donde x representa el número de días que han transcurrido desdel inicio de la temporada, $f(x)$ representa el beneficio en miles de euros. Calcula:

a) El beneficio obtenido cuando han transcurrido 30 días del inicio de la temporada.

b) Los días que deben pasar para obtener un beneficio de 30.000 €.

Sol.: **1)** $f(3) = -16$ $f^{-1}(9) = -2$ **2)** $f(-1) = -1$ $f^{-1}(5) = \{-3{,}2\}$
3) a) 50.000 € b) 10 y 40 días

Ejercicios

Imágenes y antiimágenes

1. Calcula $f(2)$, $f(0)$ y $f(-2)$ para cada caso:

a) $f(x) = x^3 - 2x + 8$ **b)** $f(x) = \dfrac{-x^2 + 2}{x - 1}$

2. Calcula $f^{-1}(13)$ para cada caso:

a) $f(x) = 5x - 2$ **b)** $f(x) = x^2 - 3$ **c)** $f(x) = \dfrac{-4x + 6}{x + 7}$

3. Dada la función $f(x) = \dfrac{x + 2}{3x + 3}$, calcula la imagen y la antiimagen de $\dfrac{2}{5}$.

4. Calcula la imagen de -2 y la antiimagen de 4 para cada caso:

a)

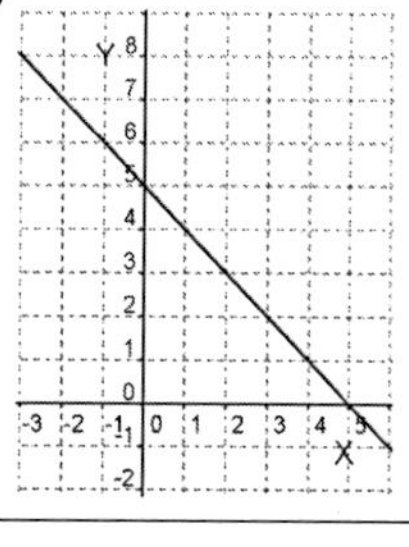

b)

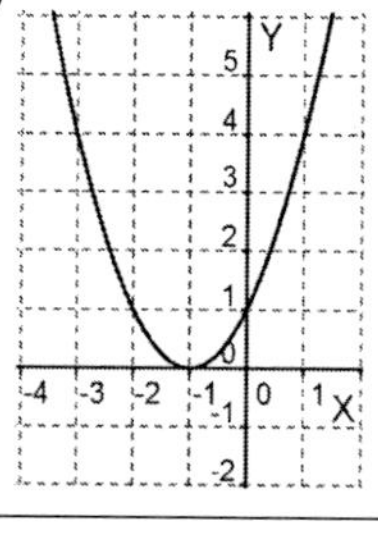

c)

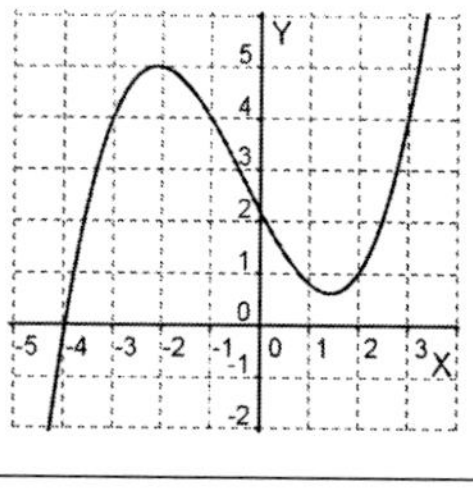

5. El número de individuos en función del tiempo de una población viene dado por la función $N(t) = 200 \cdot 1{,}5^t$ donde t representa el tiempo en años. Calcula:

a) El número de personas que hay inicialmente.

b) El número de personas que habrá transcurridos dos años.

c) ¿Cuándo llegará la población a tener 550 habitantes?

6. Un coche circula a una velocidad de 20 m/s cuando comienza a frenar. Desdel momento en que comienza a frenar hasta que se detiene, la velocidad y el espacio recorrido por el coche en función del tiempo vienen dados por las funciones $v(t) = 20 - 4t$ y $e(t) = 20t - 2t^2$, donde $v(t)$ y $e(t)$ representan, respectivamente, la velocidad en metros por segundo y el espacio recorrido en metros cuando han transcurrido t segundos. Calcula:

a) La distancia que habrá recorrido 3 segundos después de comenzar a frenar.

b) El tiempo que ha de transcurrir para que el coche se detenga.

c) El espacio recorrido desde el momento que frena hasta que se detiene.

9.3 DOMINIO Y RECORRIDO

9.3.1 Dominio

El dominio de una función *f* es el conjunto de valores de la variable independiente x que tienen imagen por *f* (valores para los que podemos calcular la imagen en R). Se representa con **Dom *f*** o D_f.

$$x \in \text{Dom}\, f \leftrightarrow f(x) \in R$$

Si un número real a pertenece al dominio de *f*, decimos que *f* está definida en $x = a$, o para $x = a$, o en el punto $x = a$. También decimos que el dominio de una función es el conjunto de valores para los que la función está definida.

Ejemplos: Calcula el dominio de las siguientes funciones:

1) $f(x) = 3x + 5 \rightarrow \text{Dom}\, f = R$ Todos los valores reales tienen imagen. Se puede calcular la imagen para *f* de cualquier número real.

2. $f(x) = \dfrac{1}{x} \rightarrow \text{Dom}\, f = R - \{0\}$ Todos los valores reales, excepto el 0, tienen imagen. No se puede calcular la imagen de 0, dado que $\nexists \dfrac{1}{0}$.

3) $f(x) = \sqrt{x} \rightarrow \text{Dom}\, f = [0, +\infty)$ Todos los valores reales positivos y el 0 tienen imagen. La raíz cuadrada de un número negativo no es un número real, por tanto, los números negativos no tienen imagen por f, y, por ello, no pertenecen al dominio de *f*.

✓ **Ejercicio:** Calcula el dominio de las siguientes funciones:

a) $f(x) = 2x^2 + 5x - 10$ b) $f(x) = \dfrac{1}{x-3}$ c) $f(x) = \sqrt{x-1}$

Sol.: a) $\text{Dom}\, f = R$ b) $\text{Dom}\, f = R - \{3\}$ c) $\text{Dom}\, f = [1, +\infty)$

9.3.2 Recorrido

El recorrido o rango de una función *f* es el conjunto formado por todas las imágenes de la función, es decir, el conjunto de los valores de la variable dependiente y que son imágenes de valores de la variable independiente x. Se representa con Im*f*.

$$y \in \text{Im}\, f \leftrightarrow y = f(a) \text{ amb } a \in \text{Dom} f$$

Ejemplos: Calcula el recorrido de las siguientes funciones:

1) $f(x) = 3x \rightarrow \text{Im}\, f = R$ Todos los valores reales tienen antiimagen por f.

2) $f(x) = x^2 \rightarrow \text{Im}\, f = [0, +\infty)$ El cuadrado de un número siempre es positivo o cero. De este modo, las imágenes de esta función son los números positivos y el 0. Los números negativos no tienen antiimagen por *f*.

9.3.3 Cálculo del dominio y el recorrido de una función a partir de su gráfica

Resulta fácil encontrar el dominio y el recorrido de una función a patir de su gráfica. Veamos algunos ejemplos:

Ejemplos: Calcula el dominio y el recorrido de las siguientes funciones:

1)

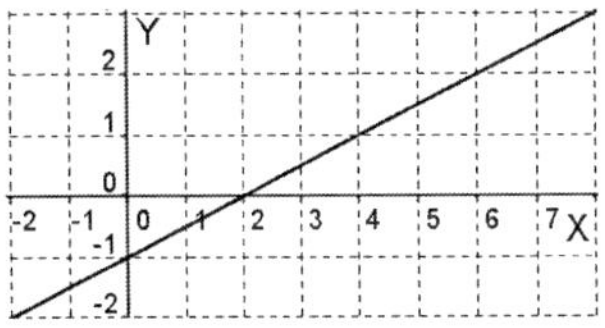

$\text{Dom}\, f = R$ y $\text{Im}\, f = R$

2)

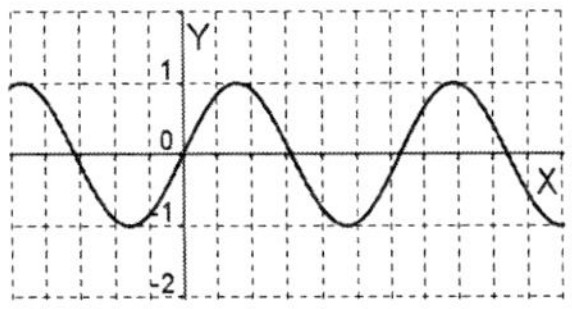

$\text{Dom}\, f = R$ y $\text{Im}\, f = [-1, 1]$

3)

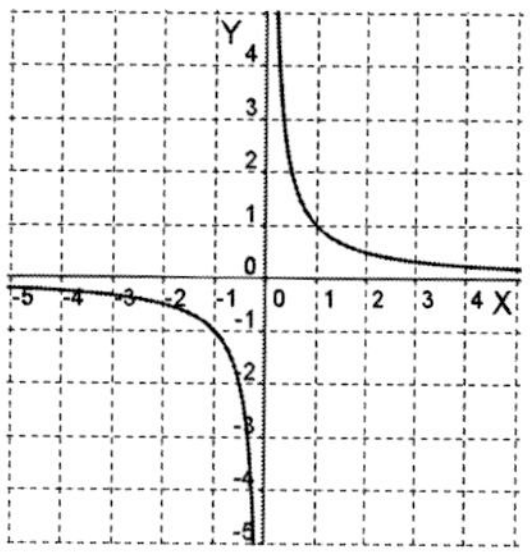

$\text{Dom} f = R - \{0\}$

$\text{Im} f = R - \{0\}$

4)

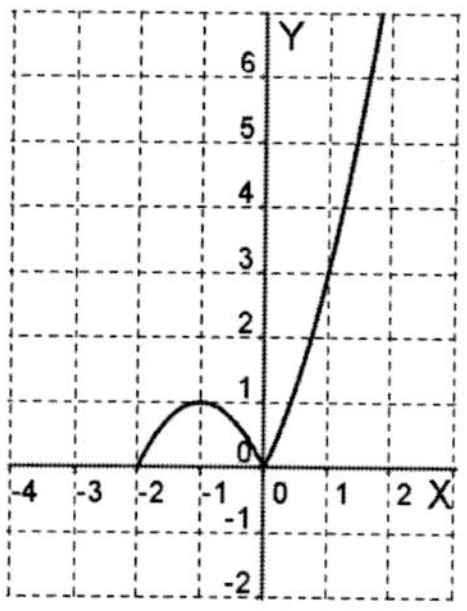

$\text{Dom} f = [-2, +\infty)$

$\text{Im} f = [0, +\infty)$

✓ **Ejercicio:** Calcula el dominio y el recorrido de las siguientes funciones:

a)

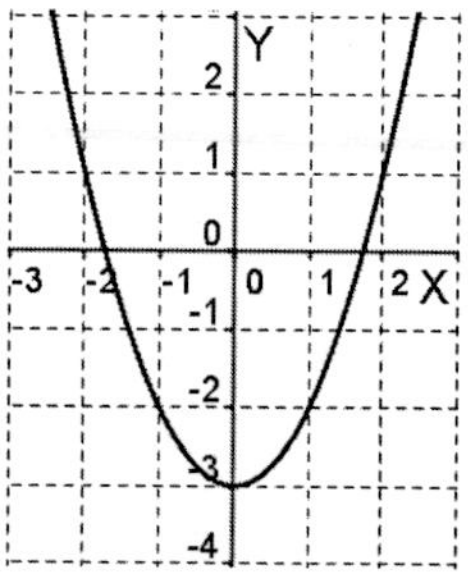

b)

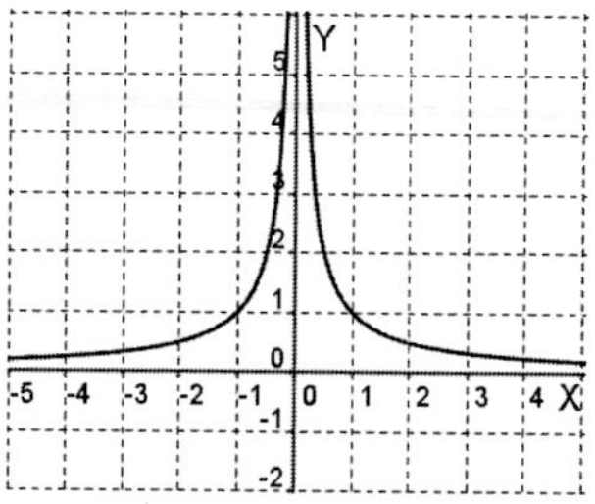

c)

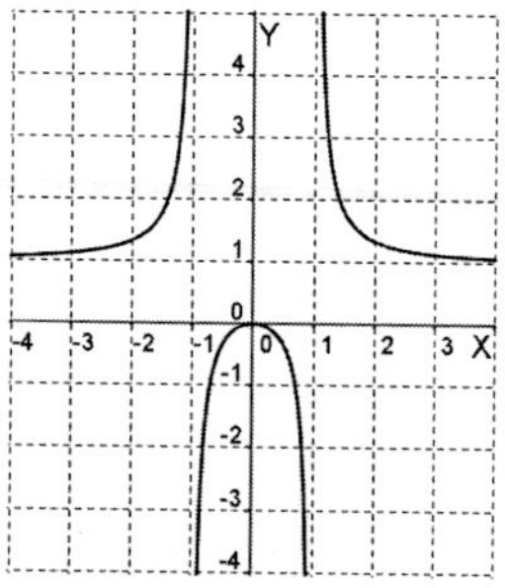

Ejercicios

Dominio y recorrido

1. Encuentra el dominio y el recorrido de las siguientes funciones:

a)

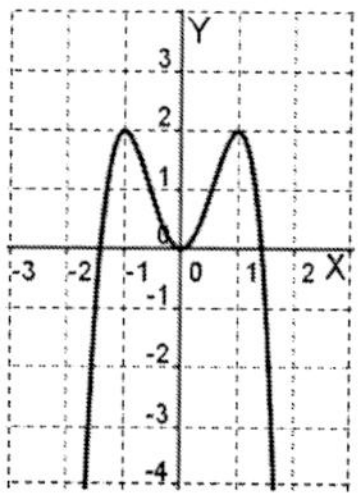

b)

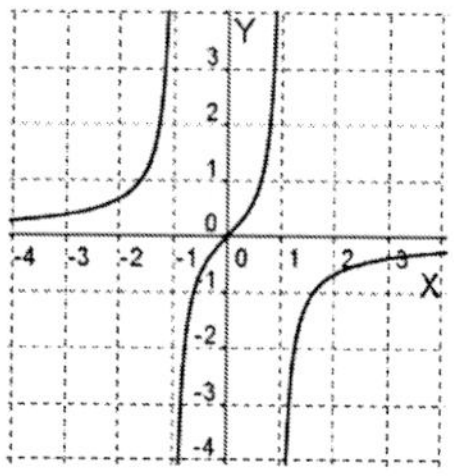

c)

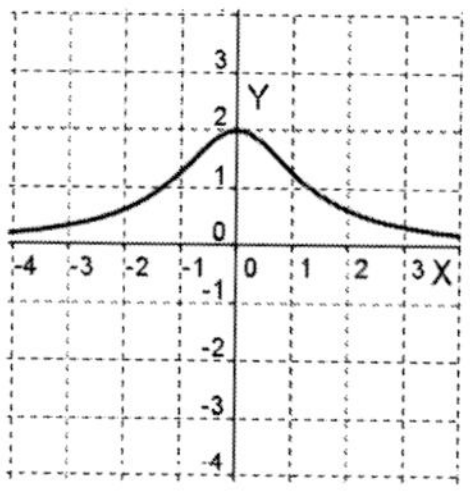

d)

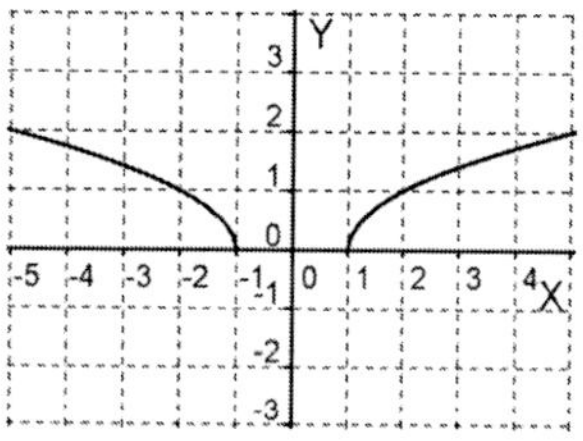

e)

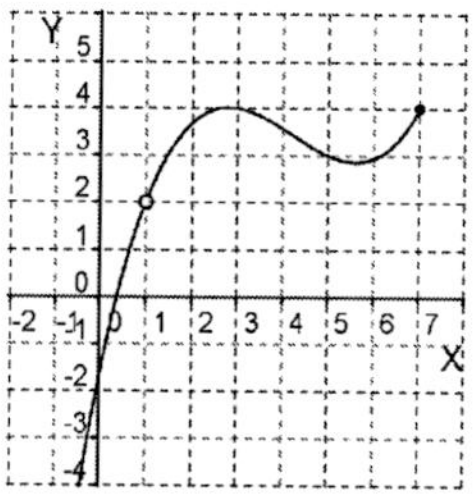

f)

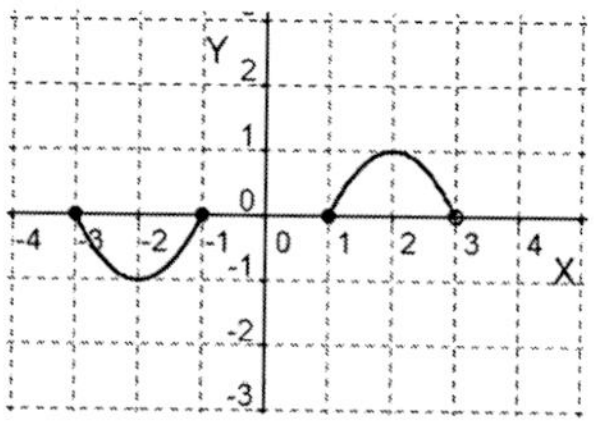

Ejercicios

2. Calcula el dominio de las siguientes funciones:

a) $f(x) = x^4 + 2x^3 - 3x + 1$

b) $f(x) = \dfrac{3x-1}{x-2}$

c) $f(x) = \dfrac{1}{3x-1}$

d) $f(x) = \dfrac{1}{x^2-1}$

e) $f(x) = \dfrac{1}{x^2+1}$

f) $f(x) = \dfrac{1}{x^2+3x-10}$

g) $f(x) = \dfrac{1}{x^3 - x^2 - 9x + 9}$

h) $f(x) = \dfrac{1}{x^2-5x}$

i) $f(x) = \begin{cases} \dfrac{1}{x+1} & \text{si } x \le 0 \\ 2x^2 - 3x & \text{si } x > 0 \end{cases}$

j) $f(x) = \begin{cases} x-5 & \text{si } x < -1 \\ \dfrac{1}{x^2-4} & \text{si } -1 \le x < 5 \\ \sqrt{x} & \text{si } x \ge 5 \end{cases}$

k) $f(x) = \sqrt{5x-15}$

l) $f(x) = \dfrac{1}{\sqrt{5x-15}}$

m) $f(x) = \sqrt[4]{2-x}$

n) $f(x) = \dfrac{3x^2 - x}{\sqrt[4]{2-x}}$

o) $f(x) = \sqrt[3]{x-7}$

p) $f(x) = \dfrac{-5}{\sqrt[3]{x-7}}$

9.4 CARACTERÍSTICAS DE LAS FUNCIONES

9.4.1 Continuidad

Una función es continua si la podemos dibujar sin levantar el lápiz del papel. En los puntos en los que sea necesario levantar el lápiz del papel será discontinua.

Ejemplos:

a)

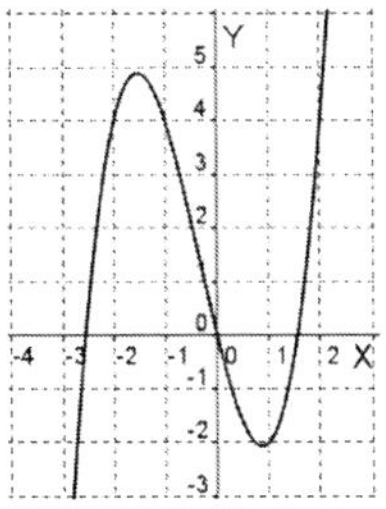

Función continua en R

b)

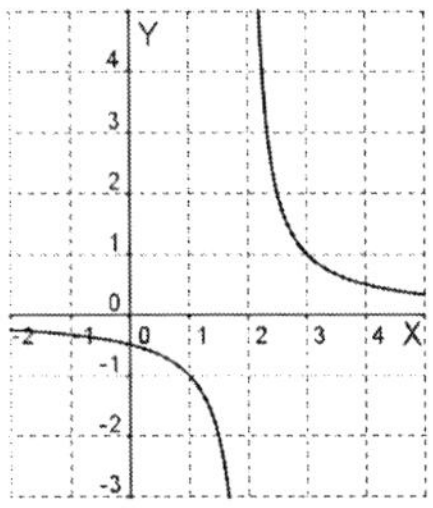

Función discontinua en $x = 2$

c)

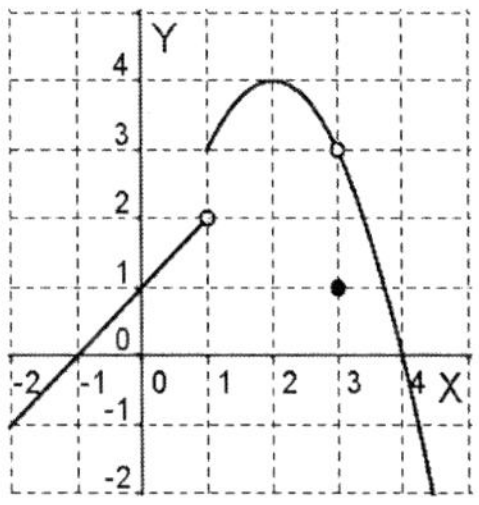

Función discontinua en $x = 1$ y en $x = 3$

9.4.2 Simetrías

Algunas funciones presentan una simetría respecto al eje 0Y o respecto al origen de coordenadas.

Las funciones simétricas respecto al eje 0Y se denominan funciones pares y verifican la propiedad $f(-x) = f(x)$ para cualquier valor de su dominio.

Las funciones simétricas respecto al origen de coordenadas se denominan funciones impares y verifican la propiedad $f(-x) = -f(x)$ para cualquier valor de su dominio.

Ejemplos:

a) $f(x)-x^2$

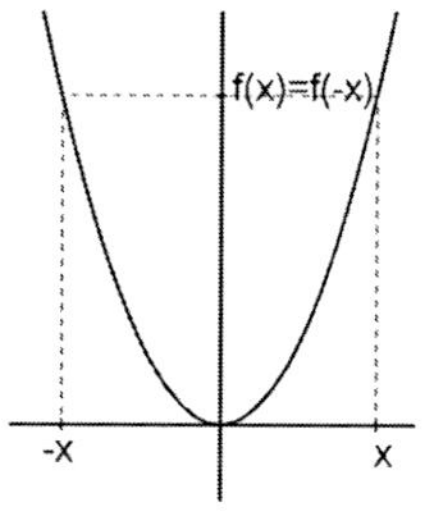

Función par:

$f(-x)=\left(-x\right)^2=x^2=f(x)$

b) $f(x)-x^3$

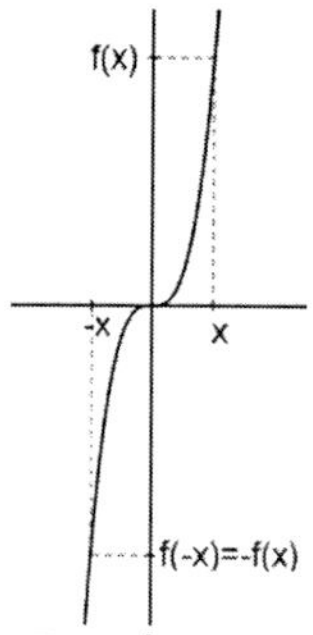

Función impar:

$f(-x)=\left(-x\right)^3=-x^3=-f(x)$

c) $f(x)=x^2-4x+1$

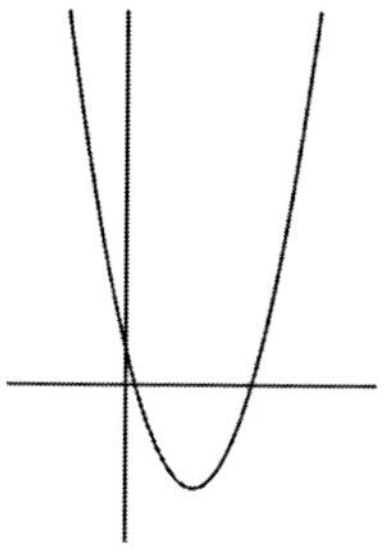

Función que no es ni par ni impar:

$f(-x)=\left(-x\right)^2-4\left(-x\right)+1=x^2+4x+1$

Ejemplos: Estudia las simetrías de las siguientes funciones:

a)

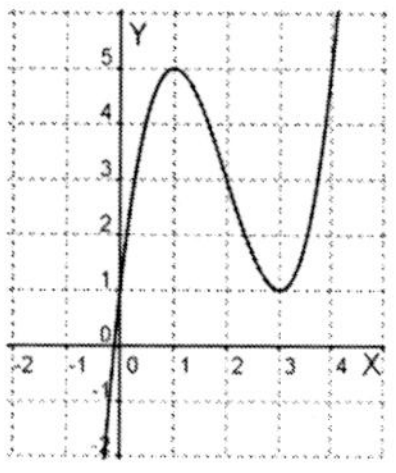

d) $f(x)=x^4+3x^2$

b)

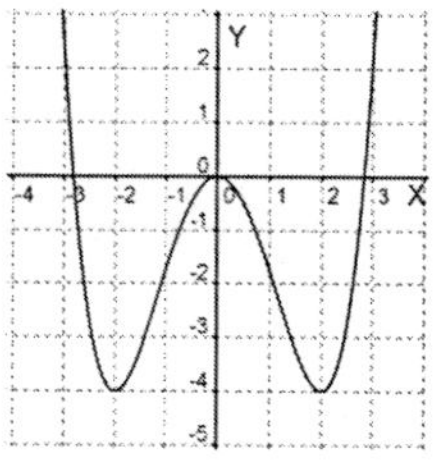

e) $f(x)=x^3+x$

c)

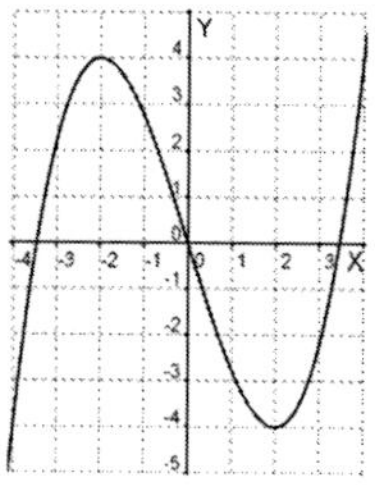

f) $f(x)=x^2+x$

9.4.3 Periodicidad

Una función es periódica si su gráfica se va repitiendo cada cierto intervalo. La amplitud de este intervalo se denomina periodo y se suele representar con la letra T.

De este modo, las funciones periódicas verifican que $f(x)=f(x+T)$ para cualquier valor de su dominio.

Ejemplos:

1)

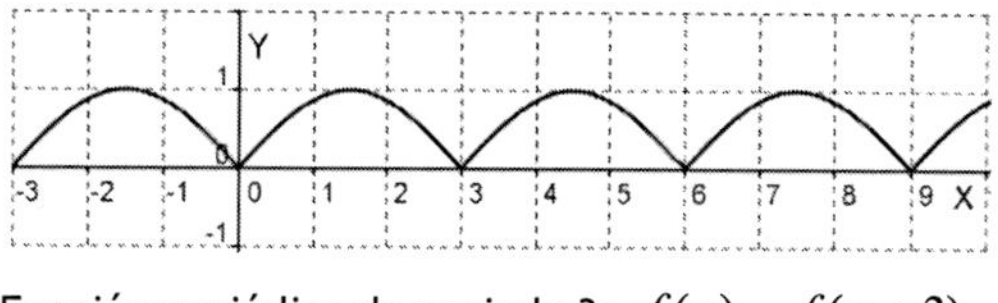

Función periódica de periodo 3: $f(x)=f(x+3)$

2)

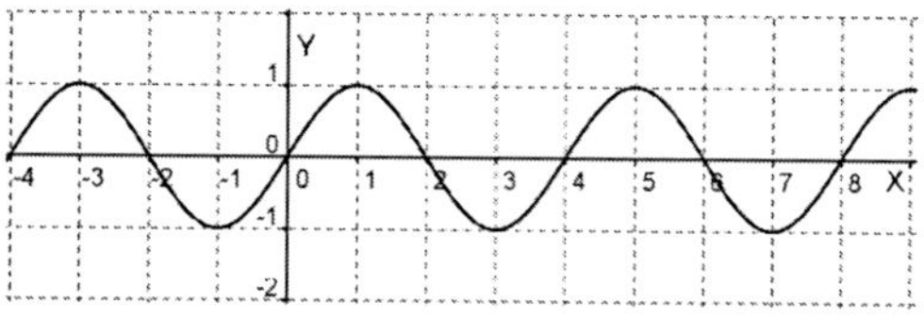

Función periódica de periodo 4: $f(x)=f(x+4)$

9.4.4 Puntos de corte con los ejes

Puntos de corte con el eje OX

La ecuación del eje OX es $y=0$ (cualquier punto del eje de las abscisas tiene la ordenada igual a 0).

Los puntos de corte de una función con el eje OX son los puntos de la función que tienen la ordenada igual a 0. Para calcularlos, sustituimos y por 0 ($y=0$) en la expresión algebraica de la función y calculamos x, resolviendo la ecuación $f(x)=0$.

Los puntos de corte con el eje OX son del tipo $(b,0)$. Una función puede tener diversos puntos de corte con el eje OX o no tener ninguno.

Punto de corte con el eje OY

La ecuación del eje OY es $x = 0$ (cualquier punto del eje de las ordenadas tiene la abscisa igual a 0).

El punto de corte de una función con el eje OY es el punto de la función que tiene la abscisa igual a 0. Para calcularlo, sustituimos x por 0 ($x = 0$) en la expresión algebraica de la función y calculamos y.

El punto de corte con el eje OY es del tipo $(0,a)$. Una función puede tener un solo punto de corte con el eje OY o no tener ninguno.

Ejemplos: Encuentra los puntos de corte con los ejes de las siguientes funciones:

1.

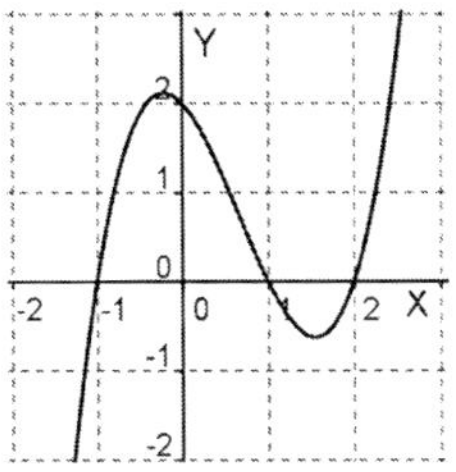

- Puntos de corte eje OX:
  (-1,0), (1,0), (2,0)
- Punto de corte eje OY:
  (0,2)

2.

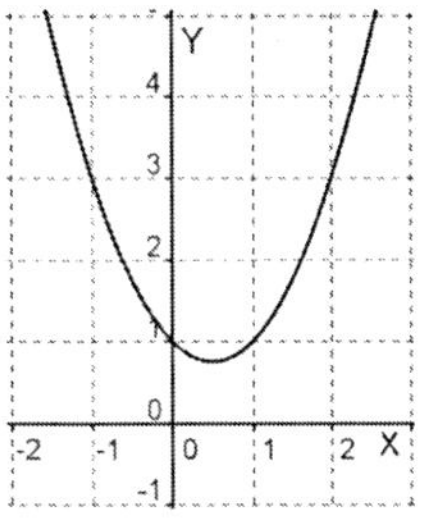

- Puntos de corte eje OX:
  No corta el eje OX
- Punto de corte eje OY:
  (0,1)

3. $y = x^2 - 4x - 5$

- Puntos de corte con el eje OX:

$$y = 0 \rightarrow 0 = x^2 - 4x - 5 \rightarrow x = \frac{4 \pm \sqrt{(-4)^2 - 4 \cdot 1 \cdot (-5)}}{2 \cdot 1} = \frac{4 \pm 6}{2} = \begin{cases} \frac{10}{2} = 5 \\ \frac{-2}{2} = -1 \end{cases} \rightarrow (5,0),\ (-1,0)$$

- Puntos de corte con el eje OY:

$$x = 0 \rightarrow y = 0^2 - 4 \cdot 0 - 5 \rightarrow y = -5 \rightarrow (0,-5)$$

✓ **Ejercicio:** Encuentra los puntos de corte con los ejes de las siguientes funciones:

a)

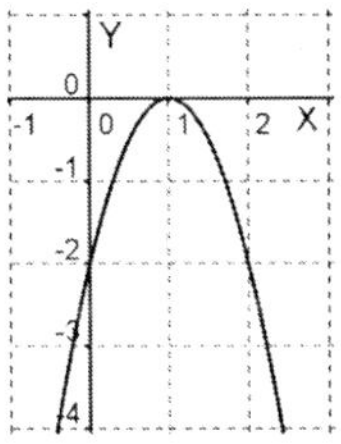

b)

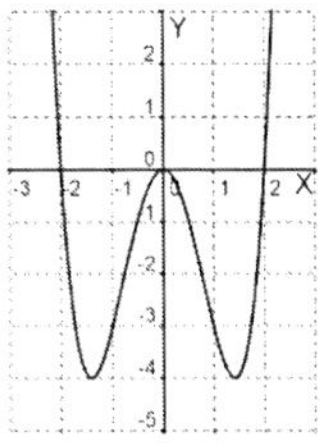

c) $y = x^2 - 9$

9.4.5 Asíntotas

Una asíntota horizontal es una recta horizontal a la que se aproxima la gráfica de la función cuando x se hace indefinidamente grande (se dice que x tiende a infinito) o indefinidamente pequeña (se dice que x tiende a menos infinito). Cuanto más se aproxima x a infinito más se aproxima la gráfica a la asíntota, pero no llega a tocarla.

Una asíntota vertical es una recta vertical a la que se aproxima la gráfica de la función cuando x tiende a un número real a (por la derecha o por la izquierda) y $f(x)$ se hace indefinidamente grande (tiende a más infinito) o indefinidamente pequeña (tiende a menos infinito). Cuanto más se aproxima x a a, más se aproxima la gráfica a la asíntota, pero no llega a tocarla.

Ejemplos: Encuentra las asíntotas de la función que tiene por gráfica:

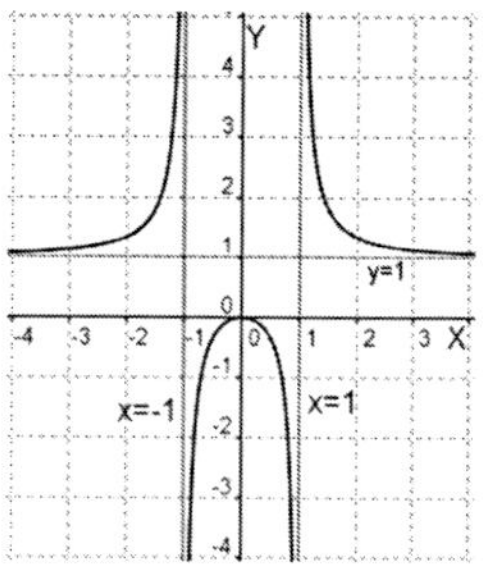

$y = 1$ es una asíntota horizontal de esta función.

$x = 1$ y $x = -1$ son asíntotas verticales de esta función.

✓**Ejercicio:** Encuentra las asíntotas horizontales y verticales de las siguientes funciones:

a)

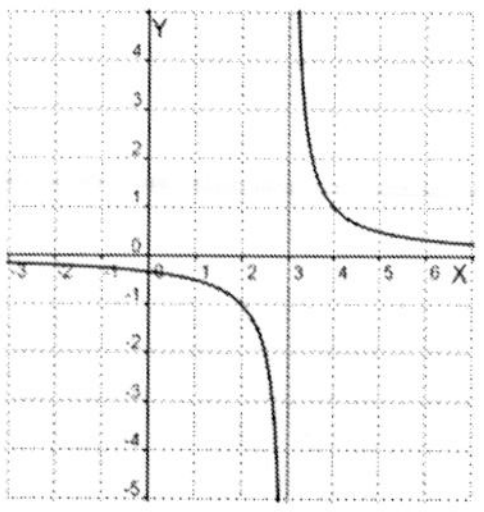

b)

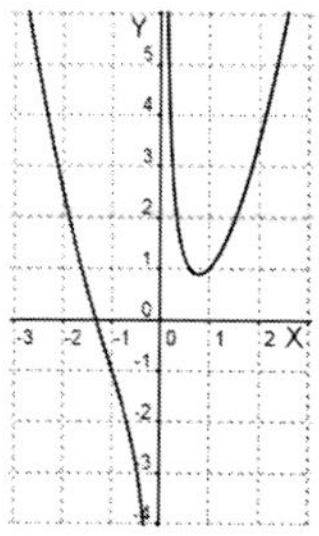

c)

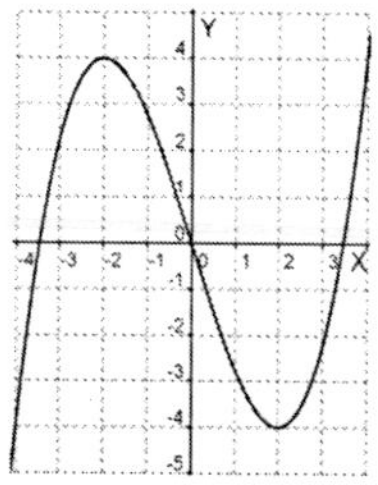

9.4.6 Crecimiento, decrecimiento y extremos relativos

Una función *f* es creciente en un intervalo si en este intervalo, cuando aumenta el valor de x también aumenta el de $f(x)$, es decir, si para todo par de valores x_1 y x_2 del intervalo se cumple que:

$$\text{Si } x_1 < x_2 \rightarrow f(x_1) < f(x_2)$$

Una función *f* es decreciente en un intervalo si en este intervalo, cuando aumenta el valor de x disminuye el valor de $f(x)$, es decir, si para todo par de valores x_1 y x_2 del intervalo se cumple que:

$$\text{Si } x_1 < x_2 \rightarrow f(x_1) > (x_2)$$

Una función *f* es constante en un intervalo si en este intervalo, cuando aumenta el valor de x se mantiene constante el valor de $f(x)$, es decir, si para todo par de valores x_1 y x_2 del intervalo se cumple que:

$$\text{Si } x_1 < x_2 \rightarrow f(x_1) = (x_2)$$

Una función continua en $x = a$ tiene un máximo relativo en $x = a$ si en este punto la función pasa de ser creciente a ser decreciente.

Una función continua en $x = a$ tiene un mínimo relativo en $x = a$ si en este punto la función pasa de ser decreciente a ser creciente.

Los máximos y mínimos relativos se denominan también extremos relativos.

Una función tiene un máximo (mínimo) absoluto en $x = a$ si $f(a)$ es la mayor (menor) de todas las imágenes de la función.

Ejemplo: A partir de la gráfica, estudia los intervalos de crecimiento y decrecimiento, y los extremos relativos de la siguiente función:

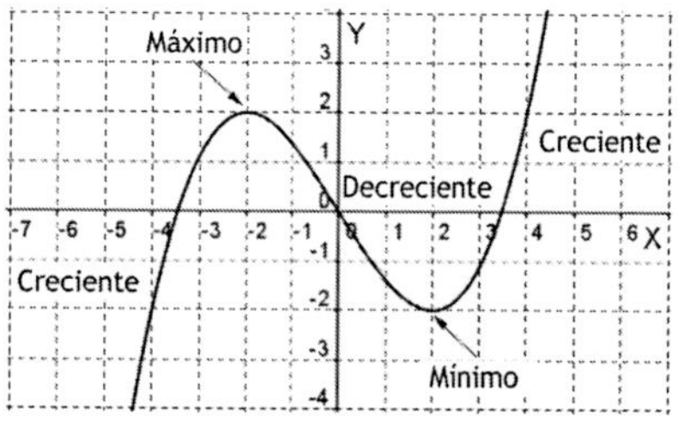

- En el intervalo $(-\infty, -2)$ la función es creciente.
- La función tiene un máximo relativo en $x = -2$.
- En el intervalo $(-2, 2)$ la función es decreciente.
- La función tiene un mínimo relativo en $x = 2$.
- En el intervalo $(2, +\infty)$ la función es creciente.

9.4.7 Concavidad, convexidad y puntos de inflexión

Una función es **cóncava** en un intervalo si la recta tangente a su gráfica en un punto cualquiera de este intervalo se sitúa por debajo de la gráfica, en torno al punto de tangencia.

Una función es **convexa** en un intervalo si la recta tangente a su gráfica en un punto cualquiera de este intervalo se sitúa por encima de la gráfica, en torno al punto de tangencia.

Una función tiene un punto de inflexión en el punto de abscisa $x = a$ si en este punto la función es continua, admite recta tangente y pasa de ser cóncava a ser convexa o viceversa.

Cóncava	Convexa	Punto de inflexión
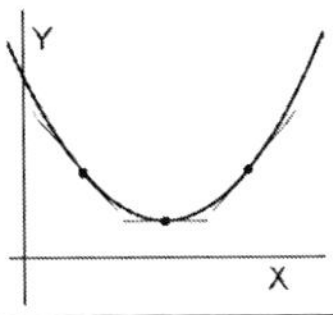	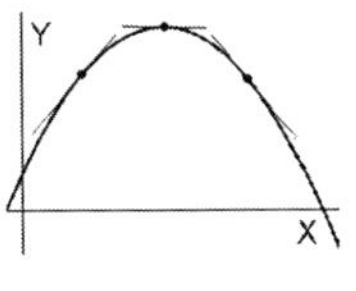	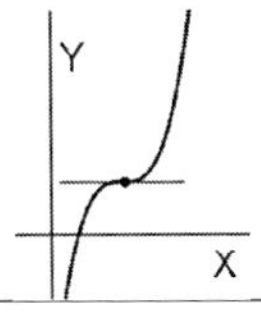

Ejercicios

Características de las funciones

1. Estudia la continuidad y la simetría de las siguientes funciones:

a)

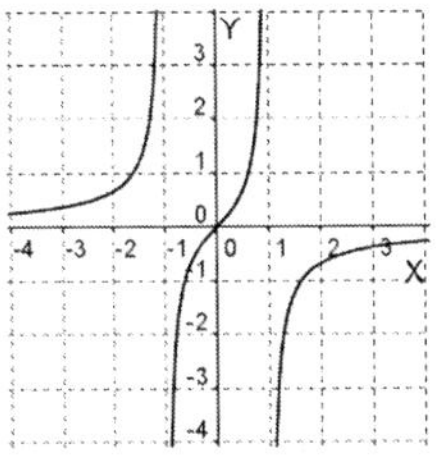

b)

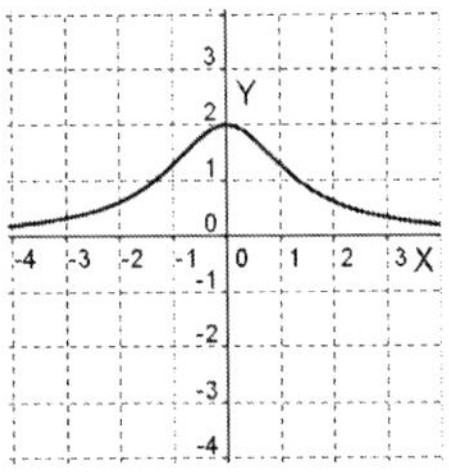

c)

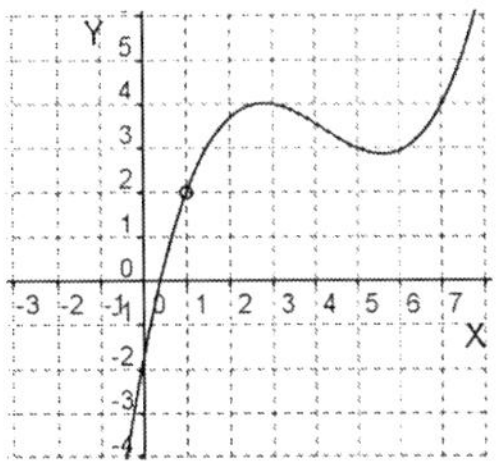

2. Estudia la periodicidad de las siguientes funciones:

a)

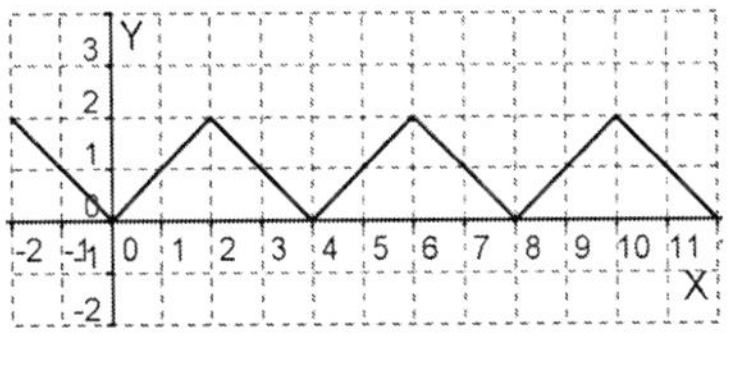

b)

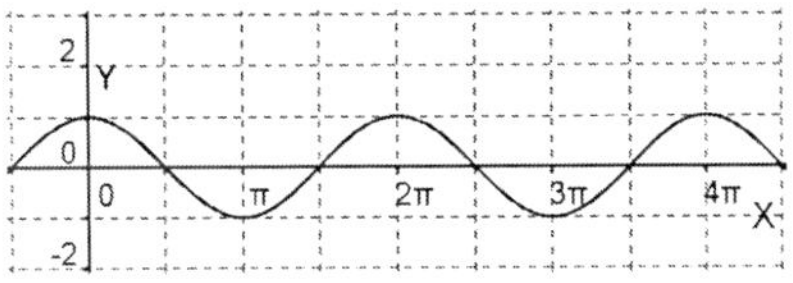

c)

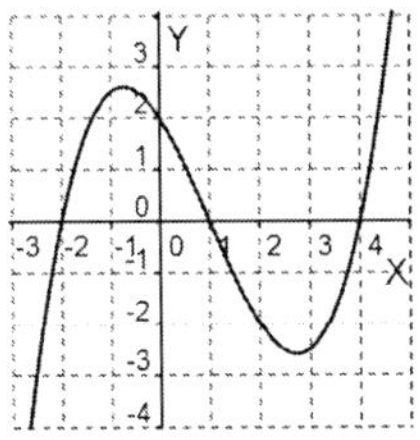

d)

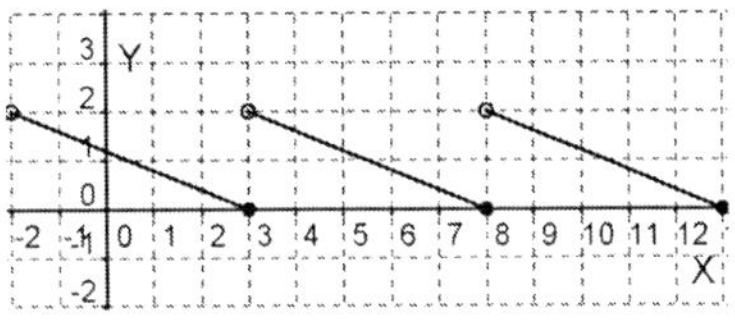

3. Indica los puntos de corte con los ejes de las siguientes funciones:

a)

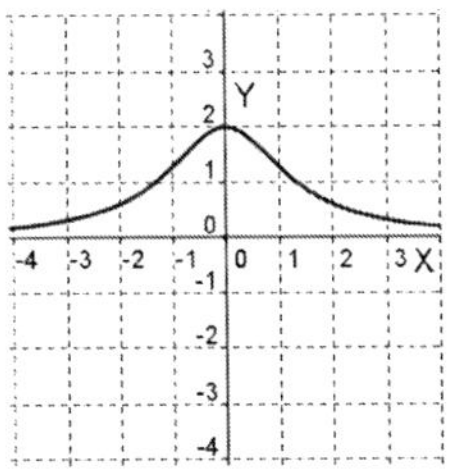

b)

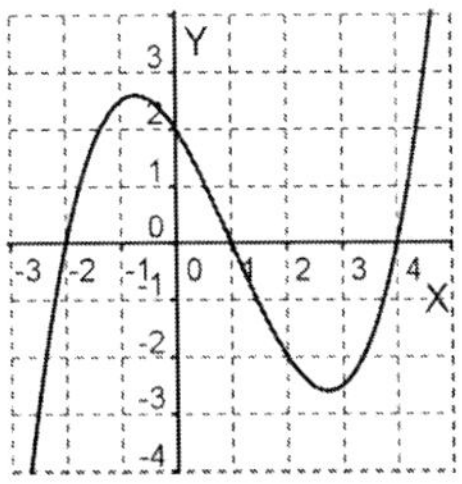

c)

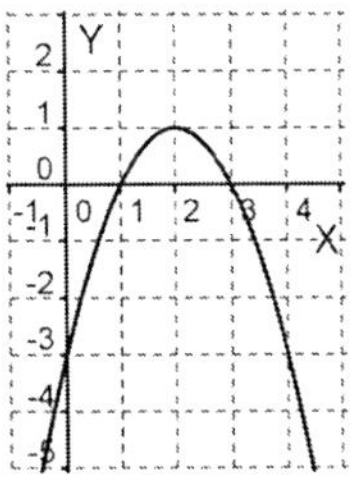

Ejercicios

4. Calcula los puntos de corte con los ejes de las siguientes funciones:

a) $y = x - 5$ **b)** $y = 3x + 2$ **c)** $y = x^2 - 4$

d) $y = x^2 - 2$ **e)** $y = x^2 + 4$ **f)** $y = x^2 - 3x$

g) $y = x^2 - 10x + 25$ **h)** $y = x^2 + 3x - 4$ **i)** $y = x^3 + x^2 - 4x - 4$

5. Encuentra las asíntotas de las siguientes funciones:

a)

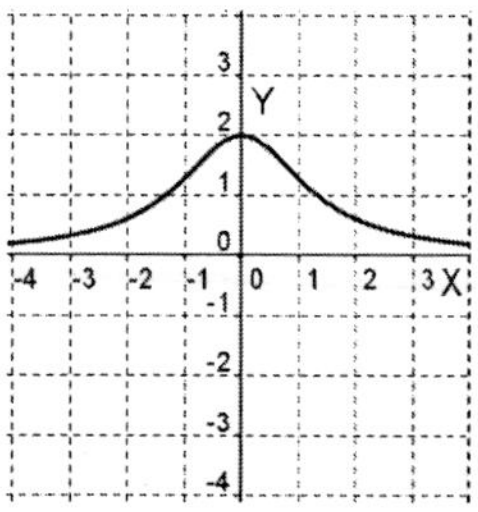

b)

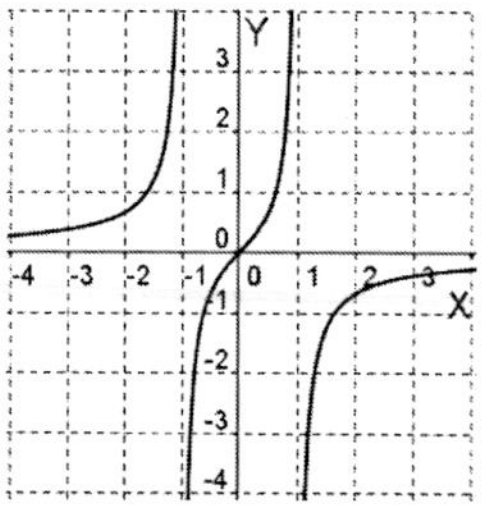

c)

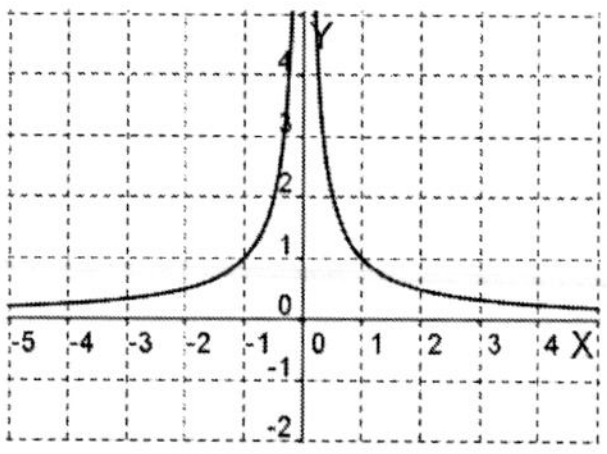

d)

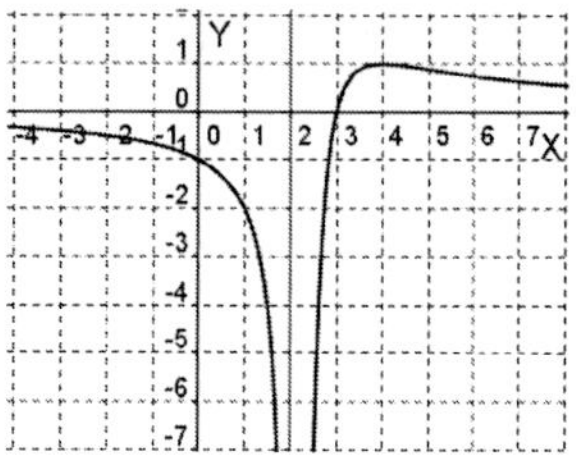

e)

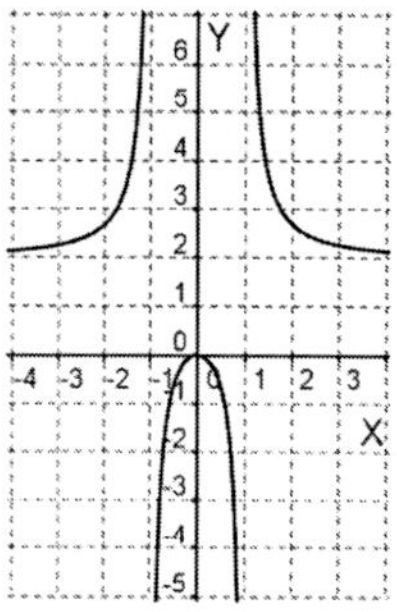

f)

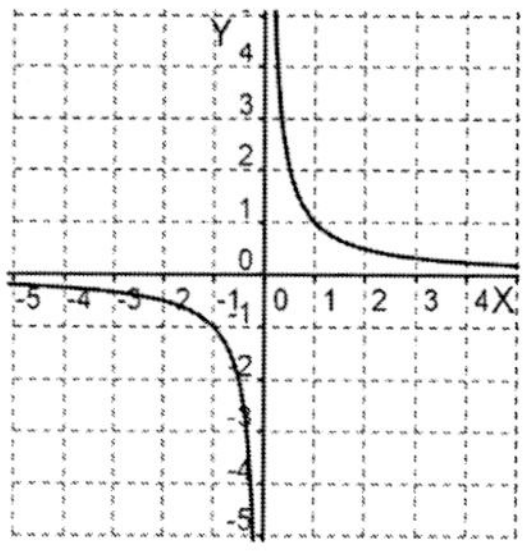

6. Estudia el crecimiento de las siguientes funciones. Indica los extremos relativos:

a)

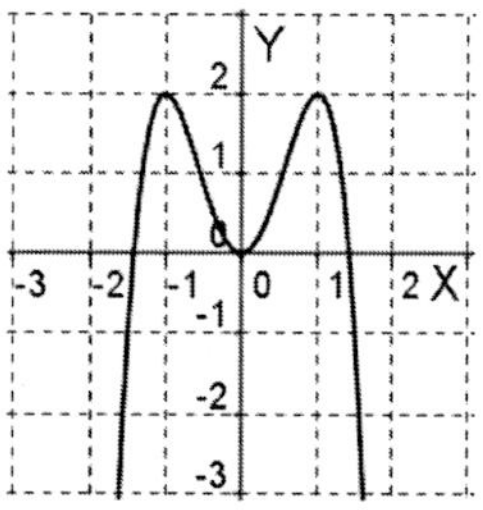

b)

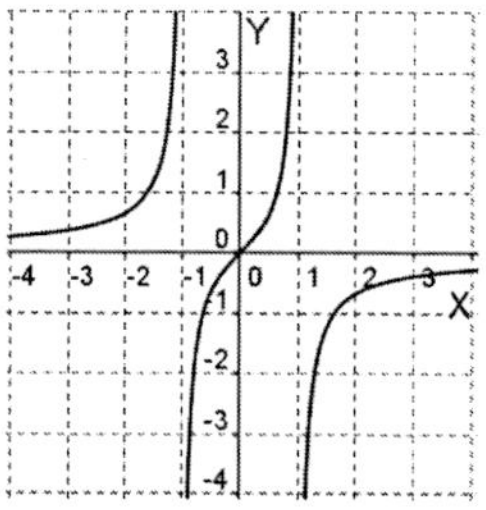

c)

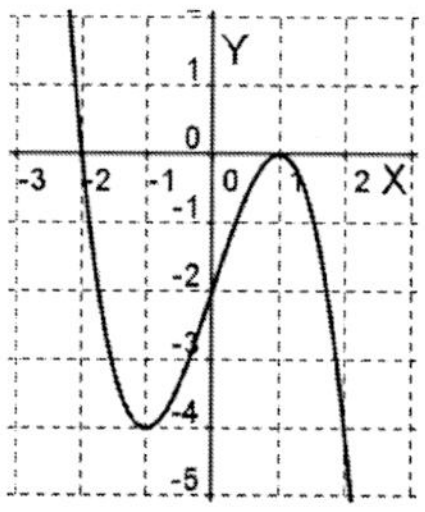

7. Estudia la curvatura de las siguientes funciones. Indica los puntos de inflexión:

a)

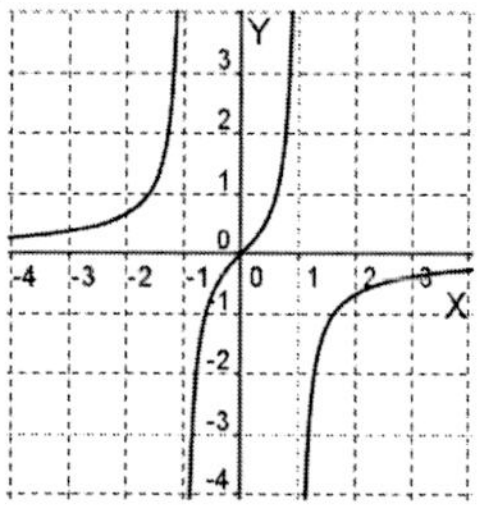

b)

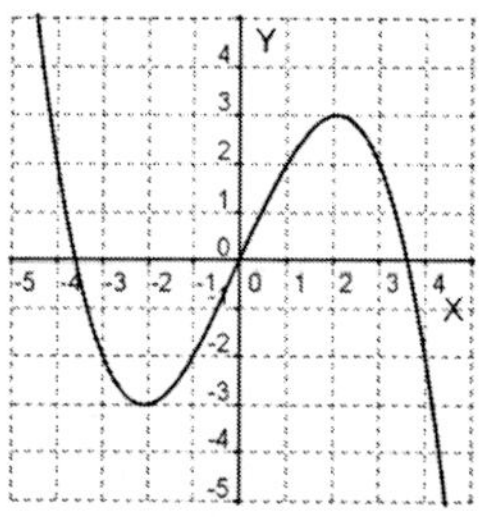

c)

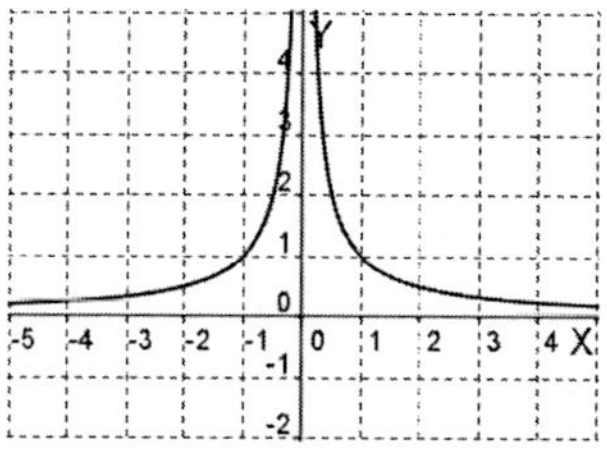

Ejercicios

8. Haz un estudio completo de las siguientes funciones (dominio, recorrido, continuidad, simetrías, periodicidad, puntos de corte con los ejes, asíntotas, crecimiento, extremos relativos, curvatura, puntos de inflexión):

a)

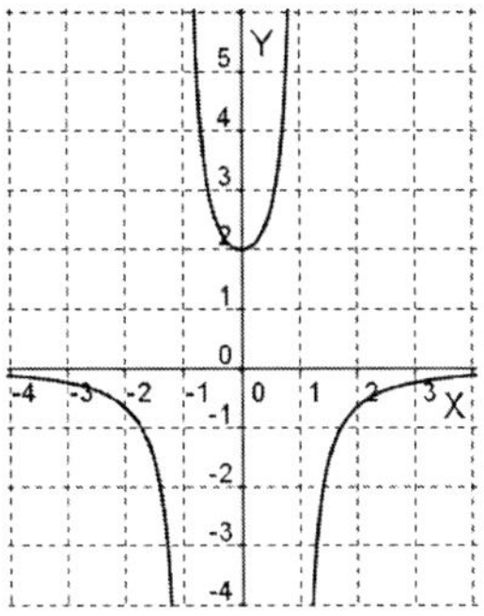

b)

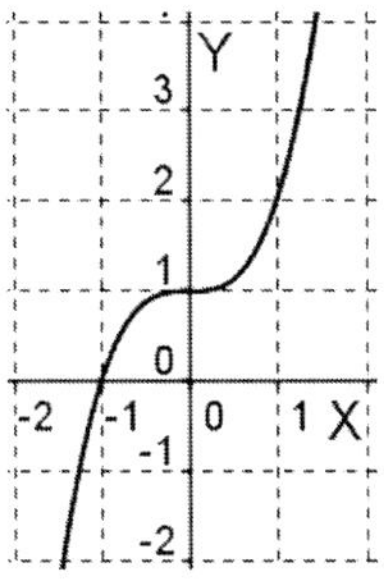

c)

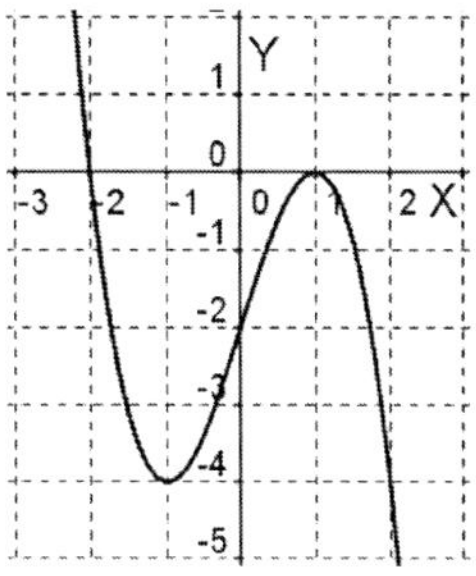

9. Representa gráficamente una función que tenga, al mismo tiempo, las características siguientes:

a) $\text{Dom}\, f = R - \{2\}$

b) $\text{Im}\, f = (-\infty, 1)$

c) $x = 2$ es una asíntota vertical de f.

d) $y = 0$ es una asíntota horizontal de f.

e) Tiene el único máximo relativo en $x = 4$.

f) No tiene mínimos relativos.

9.5 ESTUDIO DE ALGUNAS FUNCIONES

9.5.1 Funciones que tienen por gráfica una recta

Función lineal

La función lineal tiene por gráfica una recta oblicua que pasa por el origen de coordenadas (por el punto (0,0)). Su expresión algebraica es del tipo:

$$f(x) = mx$$

en la que m es un número real diferente de 0 denominado **pendiente de la recta**

Ejemplos: (Utilitzaremos la notación $y = f(x)$)

1) $y = x$

x	y
-2	-2
-1	-1
0	0
1	1
2	2

$m = 1$

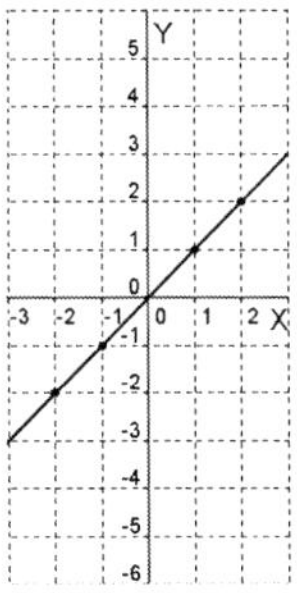

2) $y = 2x$

x	y
-2	-4
-1	-2
0	0
1	2
2	4

$m = 2$

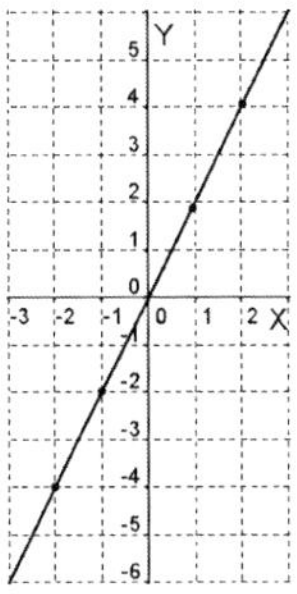

3) $y = 3x$

x	y
-2	-6
-1	-3
0	0
1	3
2	6

$m = 3$

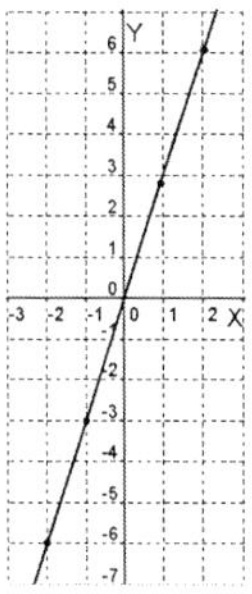

4) $y = -x$

x	y
-2	2
-1	1
0	0
1	-1
2	-2

$m = -1$

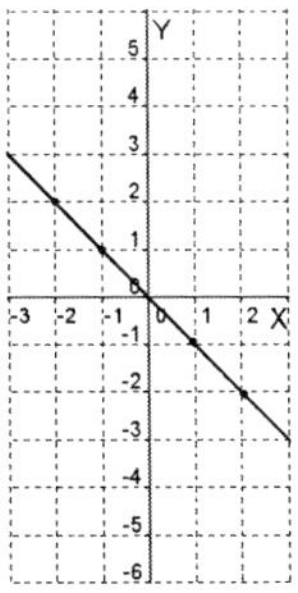

5) $y = -2x$

x	y
-2	4
-1	2
0	0
1	-2
2	-4

$m = -2$

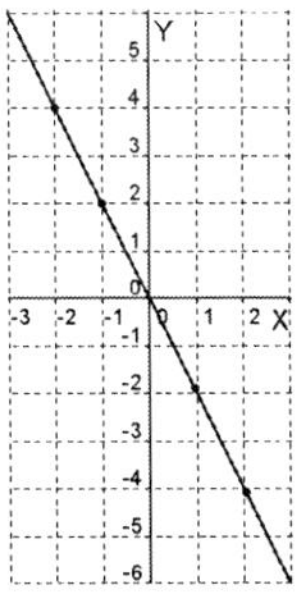

6) $y = -3x$

x	y
-2	6
-1	3
0	0
1	-3
2	-6

$m = -3$

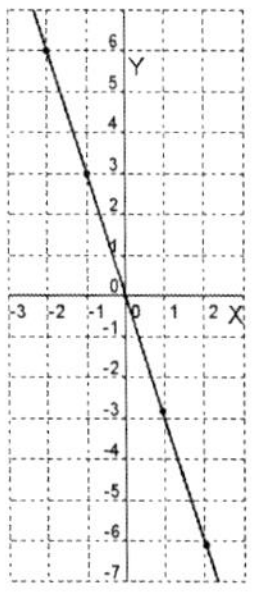

De los ejemplos anteriores se deduce que la pendiente de la recta (m) nos da información relativa a la inclinación de la recta:

- El signo de m determina si la recta es creciente o decreciente:
  - Si $m > 0$ (+) la recta es **creciente** (cuando aumenta el valor de x, aumenta el valor de y):
  - Si $m < 0$ (–) la recta es **decreciente** (cuando aumenta el valor de x, disminuye el valor de y):

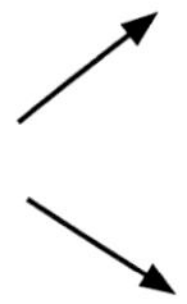

- Cuanto mayor es $|m|$ mayor es la inclinación de la recta (más se aproxima a la vertical).

Función afín

La función afín tiene por gráfica una recta oblicua. Su expresión algebraica es del tipo:

$$f(x) = mx + n$$ en la que m y n son números reales con $m \neq 0$

m se conoce como **pendiente de la recta** y n como **ordenada en el origen.**

La función lineal es un caso particular de función afín, en la que $n = 0$.

Ejemplos: (Utilitzaremos la notación $y = f(x)$)

1) $y = 2x + 1$

x	y
-2	-3
-1	-1
0	1
1	3
2	5

$m = 2$ y $n = 1$

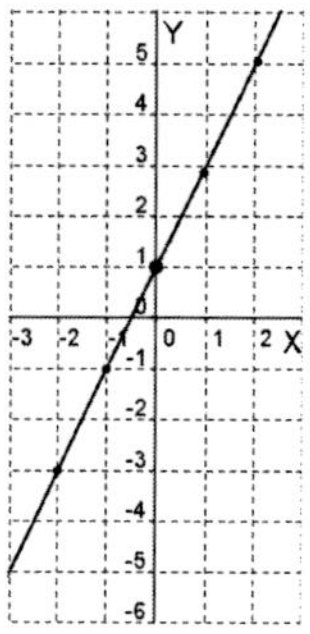

2) $y = 2x - 1$

x	y
-2	-5
-1	-3
0	-1
1	1
2	3

$m = 2$ y $n = -1$

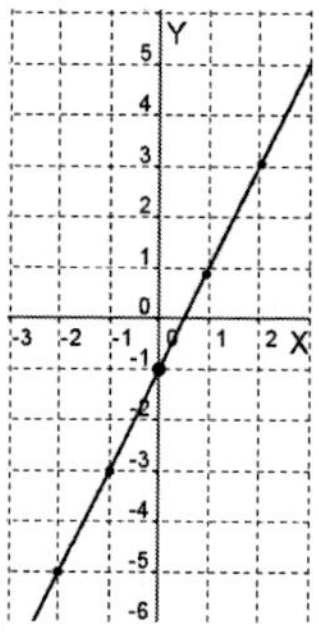

3) $y = -2x + 3$

x	y
-2	7
-1	5
0	3
1	1
2	-1

$m = -2$ y $n = 3$

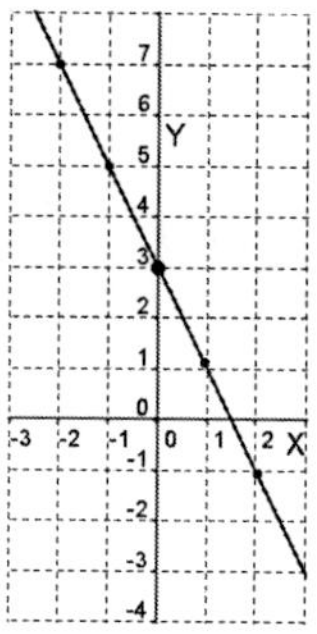

De los ejemplos anteriores se deduce que la ordenada en el origen indica por donde corta la recta el eje OY:

Punto de corte con el eje OY = $(0, n)$

Pendiente de la recta

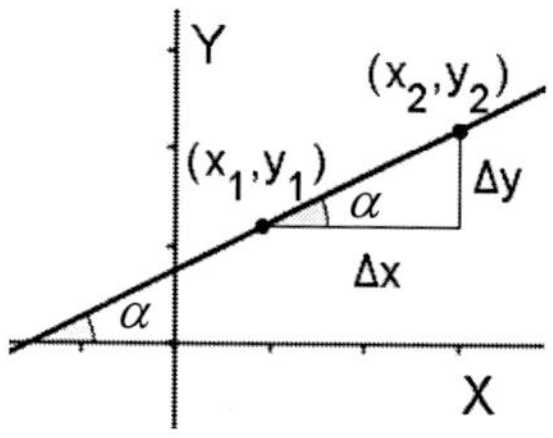

La pendiente m de una recta se define como la tangente del ángulo que forma la recta con el eje 0X. Si la recta es oblicua, corta el eje 0X y lo divide en dos partes. Para calcular la pendiente, tomamos el ángulo que forma la recta con la parte derecha del eje 0X, medido en sentido directo desde el eje 0X.

Dados dos puntos cualesquiera de la recta, la pendiente es el cociente del incremento (variación) de la ordenada (Δy) entre el incremento de la abscisa (Δx). Así, la pendiente indica el incremento de la ordenada cuando la abscisa se incrementa en una unidad:

$$m = \operatorname{tg}\alpha = \frac{\text{incremento de la ordenada}}{\text{incremento de la abscisa}} = \frac{y}{x} = \frac{y_2 - y_1}{x_2 - x_1}$$

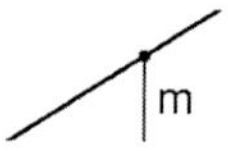

Función constante

La función constante tiene por gráfica una recta horizontal. Su pendiente es nula, ya que el ángulo que forma con el eje 0X es 0 ($\operatorname{tg} 0 = 0$). Su expresión algebraica es del tipo:

$$f(x) = n$$ en la que n es un ***número real*** denominado **ordenada en el origen**

Ejemplos:

1) $y = 2$

x	y
-2	2
-1	2
0	2
1	2
2	2

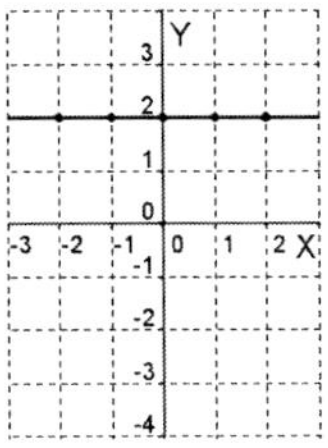

2) $y = -2$

x	y
-2	-2
-1	-2
0	-2
1	-2
2	-2

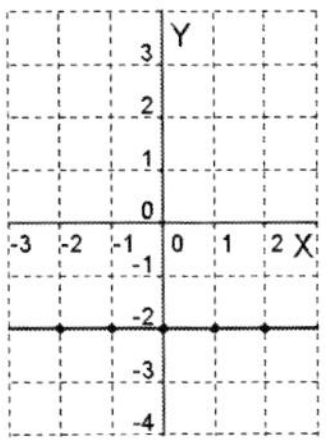

3) $y = 5$

x	y
-2	5
-1	5
0	5
1	5
2	5

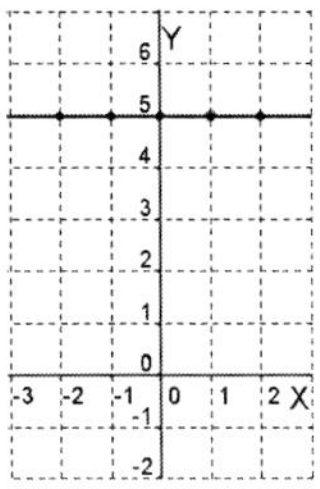

Rectas verticales

Una recta vertical no corresponde a la gráfica de una función, ya que a un mismo valor de x le corresponden infinitos valores de y. La expresión algebraica de una recta vertical es del tipo $x = a$, en la que a es un número real.

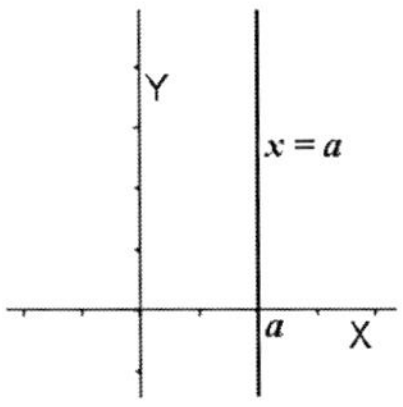

9.5.2 Funciones cuadráticas

Una función cuadrática tiene por gráfica una parábola. Su expresión algebraica es del tipo:

$$f(x) = ax^2 + bx + c$$

en la que a, b y c son números reales y $a \neq 0$

Ejemplos:

1) $y = x^2$

x	y
-3	9
-2	4
-1	1
0	0
1	1
2	4
3	9

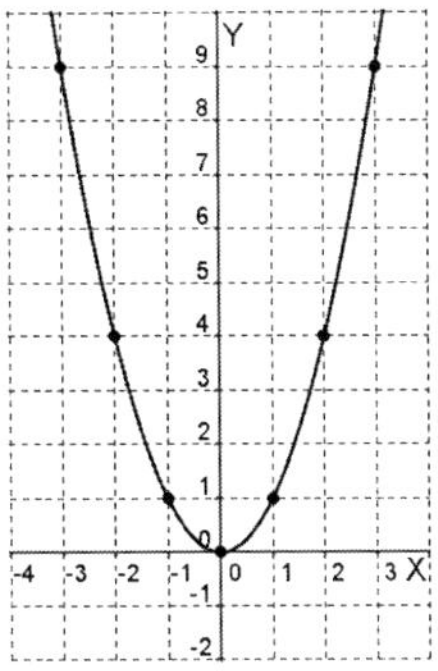

2) $y = -x^2$

x	y
-3	-9
-2	-4
-1	-1
0	0
1	-1
2	-4
3	-9

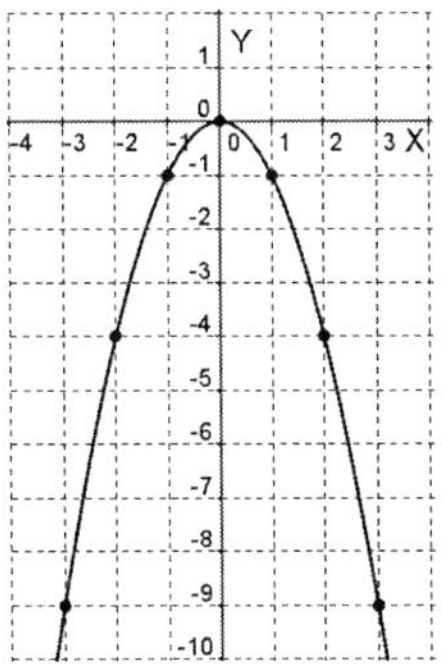

3) $y = 2x^2$

x	y
-2	8
-1	2
0	0
1	2
2	8

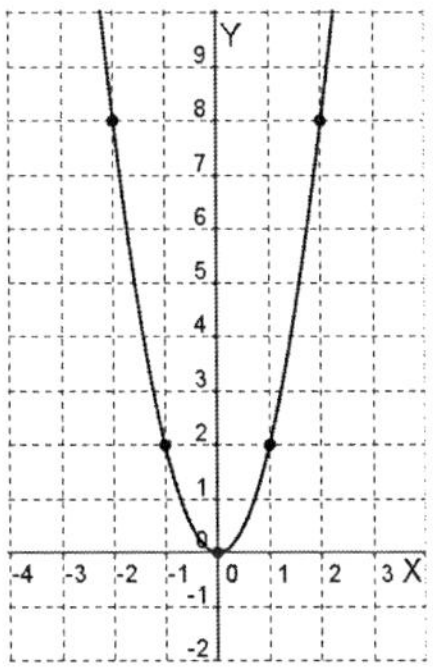

4) $y = x^2 + 1$

x	y
-3	10
-2	5
-1	2
0	1
1	2
2	5
3	10

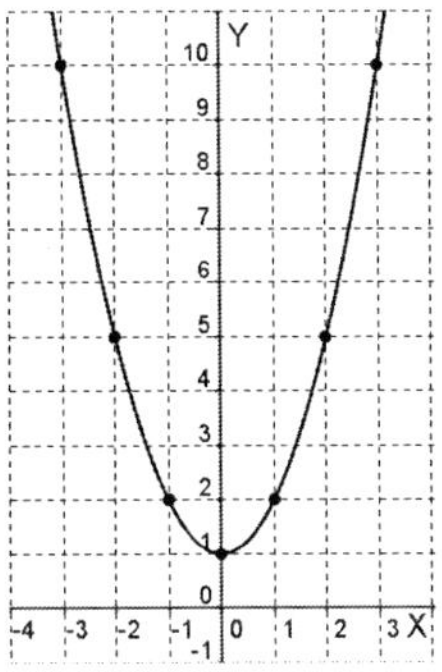

5) $y = x^2 - 5$

x	y
-3	4
-2	-1
-1	-4
0	-5
1	-4
2	-1
3	4

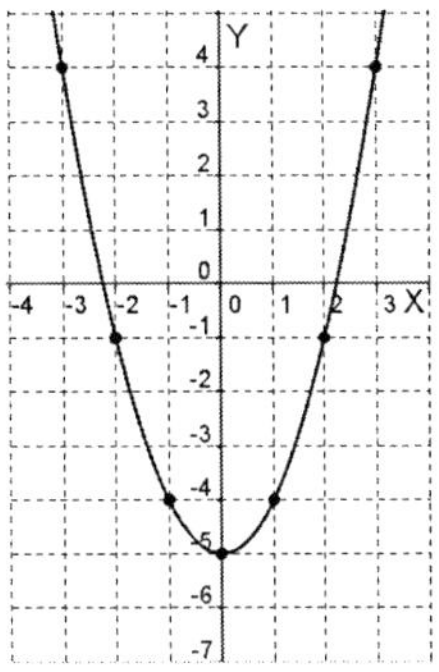

6) $y = x^2 - 4x$

x	y
-1	5
0	0
1	-3
2	-4
3	-3
4	0
5	5

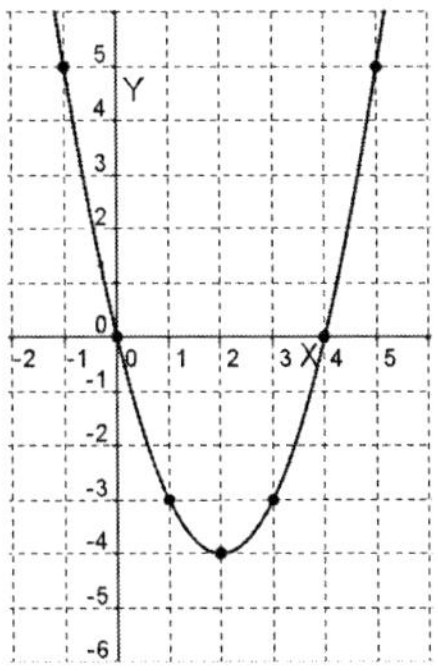

De los ejemplos anteriores podemos deducir que:

- El coeficiente a nos da información relativa a la apertura de la parábola:
  - El signo de a nos indica si la parábola está abierta hacia arriba o hacia abajo:

$$\begin{cases} \text{Si } \boldsymbol{a > 0} \ (+) \rightarrow & \text{la parábola está abierta hacia arriba } \textbf{(cóncava)}: \bigcup \\ \text{Si } \boldsymbol{a < 0} \ (-) \rightarrow & \text{la parábola está abierta hacia abajo } \textbf{(convexa)}: \bigcap \end{cases}$$

  - Cuanto mayor es $|a|$ más cerrada es la parábola.
- El coeficiente c indica por dónde corta la parábola al eje OY:

Punto de corte eje OY = $(0, c)$

Representación gráfica de parábolas

Normalmente, para representar gráficamente una parábola, no basta con elaborar una tabla de valores. Es conveniente seguir los siguientes pasos:

- Determinamos si la parábola es cóncava o convexa:
  - Si $a > 0$, la parábola es cóncava: $\bigcup$
  - Si $a < 0$, la parábola es convexa: $\bigcap$
- Calculamos el vértice de la parábola, teniendo en cuenta que las coordenadas del vértice son:

$$x_v = \frac{-b}{2a} \quad \text{y} \quad y_v = f\left(\frac{-b}{2a}\right)$$

- Calculamos los puntos de corte con los ejes.
- Elaboramos una tabla de valores para calcular algunos puntos a la izquierda y a la derecha del vértice.
- Representamos todos los puntos obtenidos en un sistema de ejes cartesianos y los unimos para dibujar la parábola.

Ejemplos: Representa gráficamente la parábola $y = x^2 + 2x - 3$

- Determinamos si la parábola es cóncava o convexa:

  $a = 1 > 0 \rightarrow$ La parábola es cóncava

- Calculamos el vértice de la parábola

$$\left.\begin{array}{l} x_v = \dfrac{-b}{2a} = \dfrac{-2}{2\cdot 1} = \dfrac{-2}{2} = -1 \rightarrow x_v = -1 \\ y_v = (-1)^2 + 2\cdot(-1) - 3 = 1 - 2 - 3 = -4 \rightarrow y_v = -4 \end{array}\right\} \rightarrow V(-1,-4)$$

- Calculamos los puntos de corte con los ejes.
  - Punto de corte con el eje OX:

$$y = 0 \rightarrow 0 = x^2 + 2x - 3 \rightarrow x = \frac{-2 \pm \sqrt{2^2 - 4\cdot 1\cdot(-3)}}{2\cdot 1} = \frac{-2 \pm 4}{2} = \begin{cases} \dfrac{2}{2} = 1 \\ \dfrac{-6}{2} = -3 \end{cases} \rightarrow (1,0), (-3,0)$$

  - Punto de corte con el eje OY:

$$x = 0 \rightarrow y = 0^2 + 2\cdot 0 - 3 \rightarrow y = -3 \rightarrow (0,-3)$$

- Elaboramos una tabla de valores y dibujamos la parábola:

x	y
-4	5
-3	0
-2	-3
-1	-4
0	-3
1	0
2	5

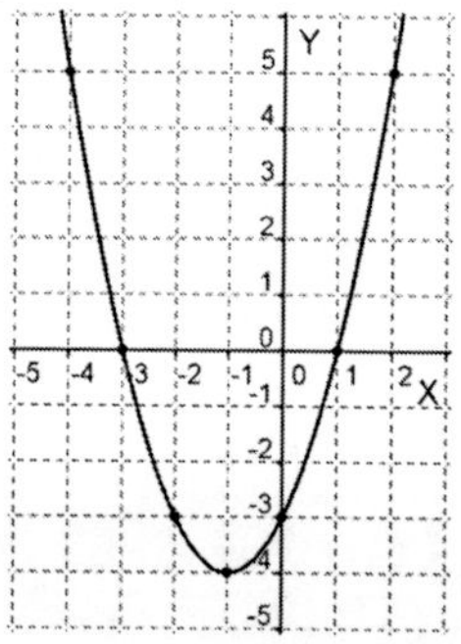

✓ **Ejercicio:** Representa gráficamente las siguientes parábolas:

a) $y = -x^2 - 4x + 5$ b) $y = x^2 - 4$ c) $y = x^2 + 2x + 1$ d) $y = x^2 + 2x + 2$

9.5.3 Funciones polinómicas

Una **función polinómica** es una función que tiene por expresión algebraica un polinomio.

$$f(x) = P(x)$$ donde **$P(x)$ es un polinomio.**

Las funciones que tienen por gráfica una recta y las funciones cuadráticas son casos particulares de funciones polinómicas.

Ejemplos:

1) $f(x) = 4$ → Función polinómica de grado 0 (función constante).

2) $f(x) = 3x$ → Función polinómica de grado 1 (función lineal).

3) $f(x) = 3x + 1$ → Función polinómica de grado 1 (función afín).

4) $f(x) = x^2 - 5x + 8$ → Función polinómica de grado 2 (función cuadrática).

5) $f(x) = 3x^3 - 2x^2 + 4x - 1$ → Función polinómica de grado 3.

6) $f(x) = x^4 - x^3 + 7x^2 - 2x - 2$ → Función polinómica de grado 4.

Dominio de una función polinómica

El dominio de una función polinómica es el conjunto de los números reales, ya que es posible calcular la imagen de cualquier número real por un polinomio:

$$\text{Dom } f = R$$

9.5.4 Funciones racionales

Una **función racional** es una función que tiene por expresión algebraica un cociente de polinomios.

$$f(x) = \frac{P(x)}{Q(x)}$$ donde $P(x)$ y $Q(x)$ son polinomios, y $Q(x) \approx 0$.

Ejemplos:

1) $f(x) = \dfrac{x^2 + 3x - 10}{2x - 6}$ 2) $f(x) = \dfrac{3x^3 - 2x^2 - 1}{x^2 - 4}$

Las funciones polinómicas son casos particulares de funciones racionales, con $Q(x) = 1$.

Dominio de una función racional

En una función racional, podemos calcular la imagen de cualquier número real, excepto de aquellos que anulen el denominador, ya que no se puede dividir por cero.

Por lo tanto, el dominio de una función racional es el conjunto de números reales que no anulan el denominador:

$$\text{Dom } f = R - \{x \in R \,/\, Q(x) = 0\}$$

Ejemplos: Calcula el dominio de las funciones racionales siguientes:

1) $f(x)=\dfrac{x^2+3x-10}{2x-6}$

Resolvemos la ecuación que resulta de igualar a 0 el denominador, para calcular los valores que no pertenecen al dominio de la función:

$$2x-6=0\rightarrow 2x=6\rightarrow x=\frac{6}{2}=3\rightarrow\ x=3\ \rightarrow\ \text{Dom}\,f=R-\{3\}$$

2) $f(x)=\dfrac{3x^3-2x^2-1}{x^2-4}$

Resolvemos la ecuación que resulta de igualar a 0 el denominador, para calcular los valores que no pertenecen al dominio de la función:

$$x^2-4=0\rightarrow x^2=4\rightarrow x=\pm\sqrt{4}=\pm2\rightarrow\ x=2\ \ i\ \ x=-2\ \rightarrow\ \text{Dom}\,f=R-\{-2,2\}$$

3) $f(x)=\dfrac{3x^3-2x^2-1}{x^2+4}$

Resolvemos la ecuación que resulta de igualar a 0 el denominador, para calcular los valores que no pertenecen al dominio de la función:

$$x^2+4=0\rightarrow x^2=-4\rightarrow x=\pm\sqrt{-4}\notin R\rightarrow\ \text{Dom}\,f=R$$

El denominador no se anula para ningún valor real, por lo tanto, el dominio es el conjunto de los números reales.

✓ **Ejercicio:** Calcula el dominio de las siguientes funciones racionales:

a) $f(x)=\dfrac{x^2+3x-10}{3x+1}$ b) $f(x)=\dfrac{3x^3-2x^2-1}{x^2-2x-3}$ c) $f(x)=\dfrac{3x-5}{x^3-4x^2+x+6}$

Sol.: a) $\text{Dom}\,f=R-\left\{-\frac{1}{3}\right\}$ b) $\text{Dom}\,f=R-\{-1,3\}$ c) $\text{Dom}\,f=R-\{-1,2,3\}$

9.5.5 Funciones irracionales

Una **función irracional** es una función en cuya expresión algebraica la variable independiente (x) se encuentra debajo del signo de radical. Estudiaremos únicamente las funciones irracionales cuya expresión algebraica sea del tipo:

$$f(x)=\sqrt[n]{g(x)}$$ en que $g(x)$ es una función racional

Ejemplos:

1) $f(x)=\sqrt{3x-6}$ 2) $f(x)=\sqrt[3]{x^2+3x-10}$ 3) $f(x)=\sqrt[4]{\dfrac{x}{x+1}}$

Dominio de una función irracional

Dada una función irracional del tipo $f(x)=\sqrt[n]{g(x)}$, en la que $g(x)$ es racional:

- Si n es par, el dominio de f es el conjunto de valores reales de x para los que el radicando de la raíz, $g(x)$, es un número real positivo o cero:

$$\text{Dom}\, f = \{x \in R \,/\, g(x) \geq 0\}$$

- Si n es impar, la raíz se puede calcular siempre que el radicando sea un número real, aunque sea negativo, y por tanto, el dominio de f coincide con el de g:

$$\text{Dom}\, f = \text{Dom}\, g$$

Ejemplos: Calcula el dominio de las funciones irracionales siguientes:

1) $f(x) = \sqrt{x} \rightarrow \text{Dom}\, f = [0, +\infty)$

En R, solo podemos calcular la raíz cuadrada de un número positivo o cero. La raíz cuadrada de un número negativo no es un número real.

2) $f(x) = \sqrt{3x-6}$

- Debemos averiguar para qué valores de x la función $g(x) = 3x - 6$ es positiva o cero.
  - Resolvemos la ecuación que resulta de igualar a cero la función $g(x) = 3x - 6$.

$$3x - 6 = 0 \rightarrow 3x = 6 \rightarrow x = \frac{6}{3} = 2 \rightarrow x = 2$$

  - En $x = 2$ la función $g(x)$ cambia de signo. Estudiemos el signo de $g(x)$ a la izquierda y a la derecha de 2 (calculando la imagen por g de un número más pequeño que 2 y la de un número más grande que 2).

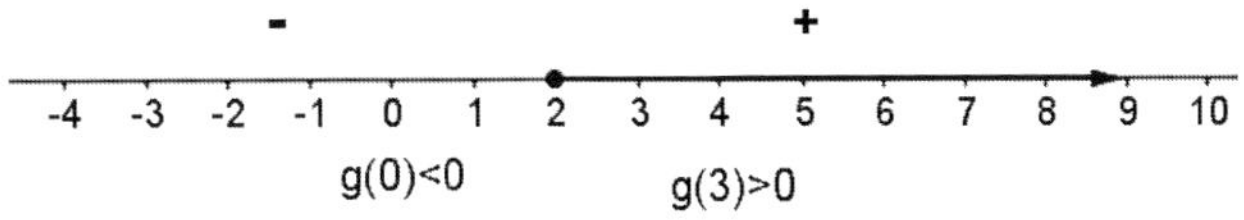

El dominio de f son todos los números reales mayores o iguales que 2: $\boxed{\text{Dom}\, f = [2, +\infty)}$

3) $f(x) = \sqrt[3]{x^2 + 3x - 10} \rightarrow \text{Dom}\, f = R$

Como el índice de la raíz es impar, el dominio de f coincide con el del radicando (recordemos que en R se puede calcular la raíz cúbica de cualquier número real). Dado que el radicando es un polinomio, el dominio de f es el conjunto de los números reales.

✓ **Ejercicio:** Calcula el dominio de las siguientes funciones irracionales:

a) $f(x) = \sqrt[4]{5-x}$ b) $f(x) = \sqrt[5]{x-8}$ c) $f(x) = \sqrt[3]{\frac{1}{x+3}}$

Sol.: a) $\text{Dom}\, f = (-\infty, 5]$ b) $\text{Dom}\, f = R$ c) $\text{Dom}\, f = R - \{-3\}$

9.5.6 Funciones definidas a trozos

Decimos que una **función está definida** a trozos si su expresión algebraica no es siempre la misma, sino que varía en función del valor de la variable independiente.

Para **calcular el dominio de una función definida a trozos,** debemos encontrar el dominio de cada una de las expresiones algebraicas que la determinan. Para hacerlo, debemos tener en cuenta en qué intervalo está definida cada expresión.

Ejemplos: Representa gráficamente las siguientes funciones y calcula $f(-1)$, $f(0)$, $f(1)$, $f(2)$, $f(3)$ y $\text{Dom} f$ para cada caso:

1) $f(x)=\begin{cases} x+1 & \text{si } x<1 \\ -x^2+4x & \text{si } x\geq 1 \end{cases}$

$f(-1)=-1+1=0$

$f(0)=0+1=1$

$f(1)=-1^2+4\cdot 1=3$

$f(2)=-2^2+4\cdot 2=4$

$f(3)=-3^2+4\cdot 3=3$

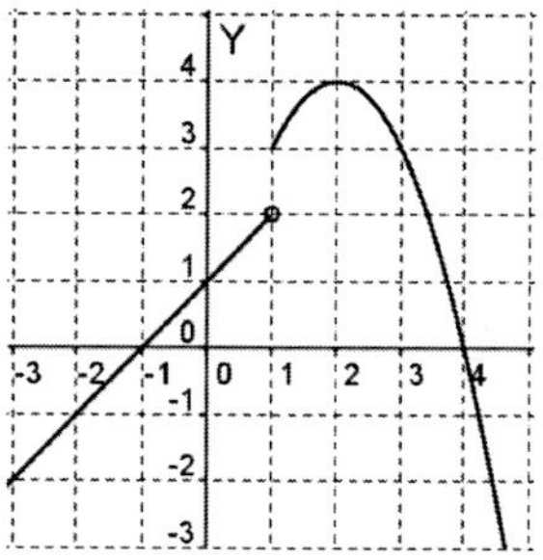

Cualquier valor de x tiene imagen real:

$\text{Dom} f = R$

2) $f(x)=\begin{cases} \frac{1}{x} & \text{si } x\leq 0 \\ x+1 & \text{si } 0<x<2 \\ 3 & \text{si } x\geq 2 \end{cases}$

$f(-1)=\frac{1}{-1}=-1$ $\quad f(2)=3$

$f(0)=\frac{1}{0}\nexists$ $\quad f(3)=3$

$f(1)=1+1=2$

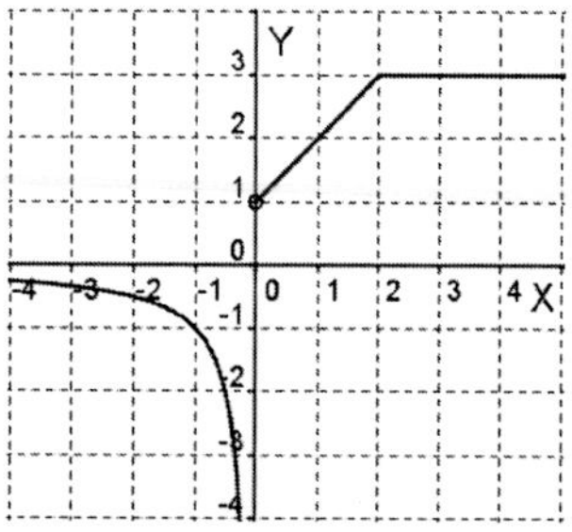

Cualquier valor de x tiene imagen real, excepto el cero, ya que el cero no pertenece al dominio de $\frac{1}{x}$, que es la expresión de la función en $x=0$:

$\text{Dom} f = R-\{0\}$

3) $f(x)=|x|=\begin{cases} -x & \text{si } x<0 \\ x & \text{si } x\geq 0 \end{cases}$

$f(-1)=-(-1)=1$ $\quad f(2)=2$

$f(0)=0$ $\quad f(3)=3$

$f(1)=1$

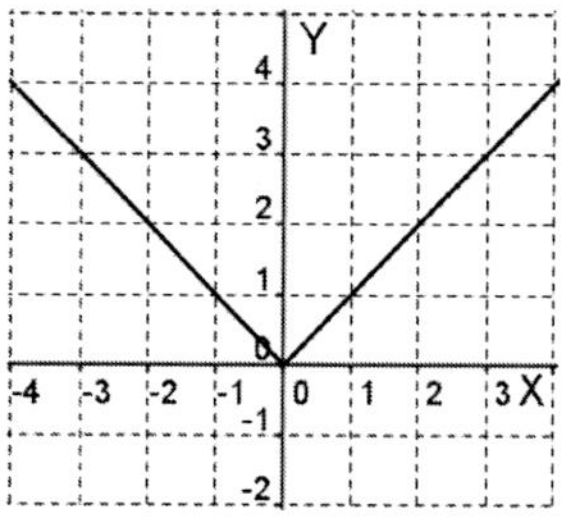

La **función valor absoluto** es una función definida a trozos.

Cualquier valor de x tiene imagen real:

$\text{Dom} f = R$

✓ **Ejercicio:** Dada la función $f(x)=\begin{cases} 2x-5 & si\ x\leq 3 \\ \frac{1}{x^3} & si\ x>3 \end{cases}$, calcula $f(1)$, $f(3)$, $f(5)$ y $\text{Dom} f$.

Sol.: $f(1)=-3$, $f(3)=1$, $f(5)=\frac{1}{125}$ y $\text{Dom} f = R$

Función parte entera

La función parte entera es la función que a cada número real le asigna su parte entera (el menor de los dos números enteros entre los que está comprendido) y se representa por $E(x)$.

Ejemplo: Representa gráficamente la función parte entera y calcula $E(1,5)$, $E(-1,5)$, $E(3,85)$ y $E(2)$

$E(1,5)=1$

$E(-1,5)=-2$

$E(3,85)=3$

$E(2)=2$

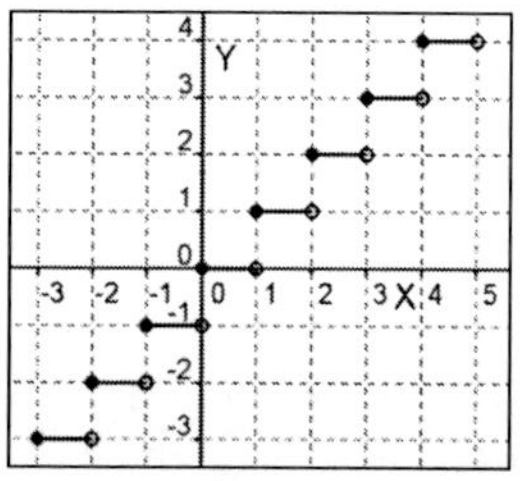

9.5.7 Funciones exponenciales

Una **función exponencial** es una función cuya expresión algebraica es del tipo:

$$\boxed{f(x)=a^x}$$

donde a es un número real positivo distinto de 1 ($a \in R^+$ y $a \neq 1$).

Ejemplos:

1) $f(x)=2^x$

x	y
-3	$\frac{1}{2^3}=\frac{1}{8}=0{,}125$
-2	$\frac{1}{2^2}=\frac{1}{4}=0{,}25$
-1	$\frac{1}{2}=0{,}5$
0	1
1	2
2	$2^2=4$
3	$2^3=8$

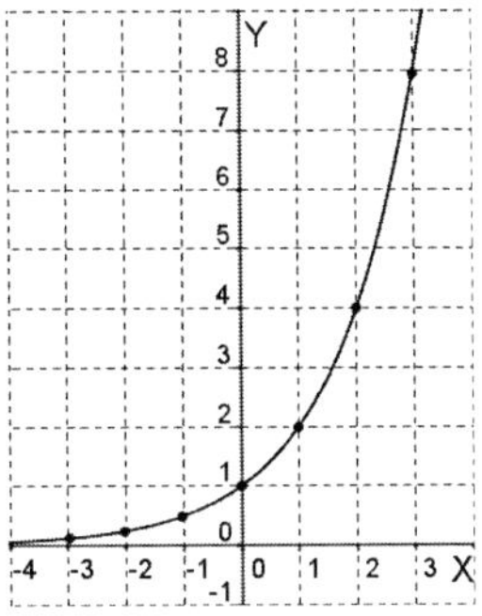

2) $f(x)=\left(\frac{1}{2}\right)^x \quad \left(=0{,}5^x=2^{-x}\right)$

x	y
-3	$2^3=8$
-2	$2^2=4$
-1	2
0	1
1	$\frac{1}{2}=0{,}5$
2	$\frac{1}{2^2}=\frac{1}{4}=0{,}25$
3	$\frac{1}{2^3}=\frac{1}{8}=0{,}125$

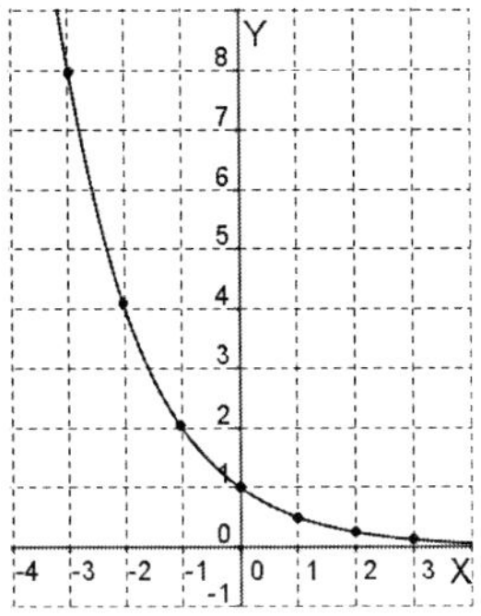

Las funciones exponenciales presentan las siguientes características:

- Su dominio es el conjunto de los números reales: $\text{Dom} f = R$
- Su recorrido es el conjunto de los números reales positivos, ya que si $a>0$, entonces $a^x>0$:

$$\text{Im} f = R^+ = (0,+\infty)$$

- El punto de corte con el eje OY es (0,1) para todas las funciones exponenciales: $f(0)=a^0=1$
- La gráfica de la función se aproxima indefinidamente al eje OX, pero no lo corta nunca. El eje OX es una asíntota horizontal.
  - Si $a>1$, la gráfica de la función se aproxima al eje OX a medida que disminuye el valor de x.
  - Si $0<a<1$, la gráfica de la función se aproxima al eje OX a medida que aumenta el valor de x.
- Si $a>1$, la función es creciente (cuando aumenta el valor de x, aumenta el valor de y). Si $0<a<1$, la función es decreciente (cuando aumenta el valor de x, disminuye el valor de y).
- La gráfica de la función exponencial es del tipo:

Si $a>1$:	Si $0<a<1$:
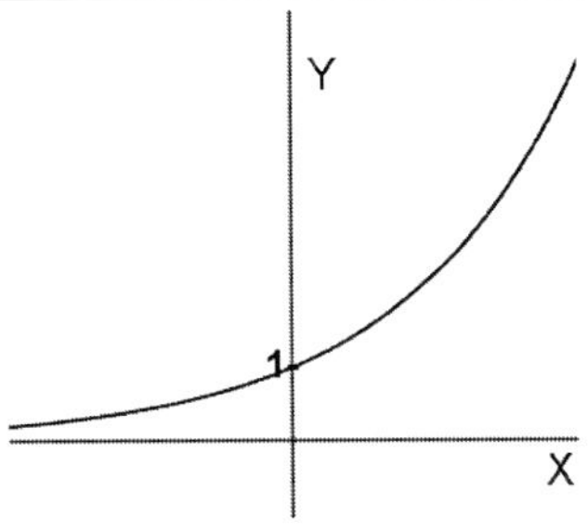	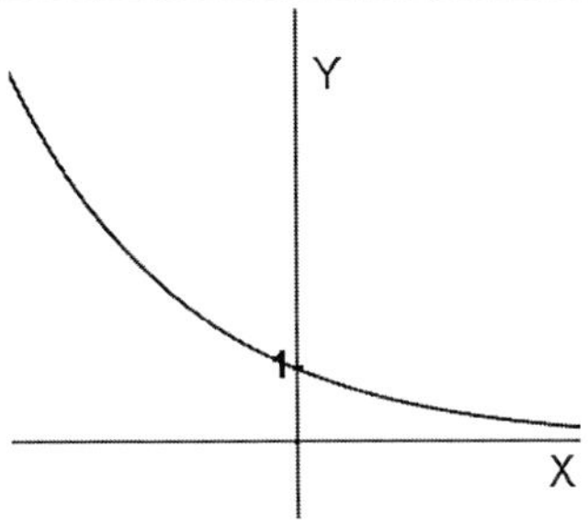

9.5.8 Funciones logarítmicas $\log x$

Recordemos que el logaritmo decimal de un número b es el exponente al que se debe elevar el número 10 para obtener b. Se designa con $\log b$ y el número b recibe el nombre de argumento del logaritmo.

$$\log b = x \rightarrow\ 10^x = b$$

La función **logarítmica en base 10** es la función que asigna a cada número real su logaritmo decimal

$$\boxed{f(x) = \log x}$$

Representación gráfica

x	y
0,1	-1
1	0
10	1
100	2

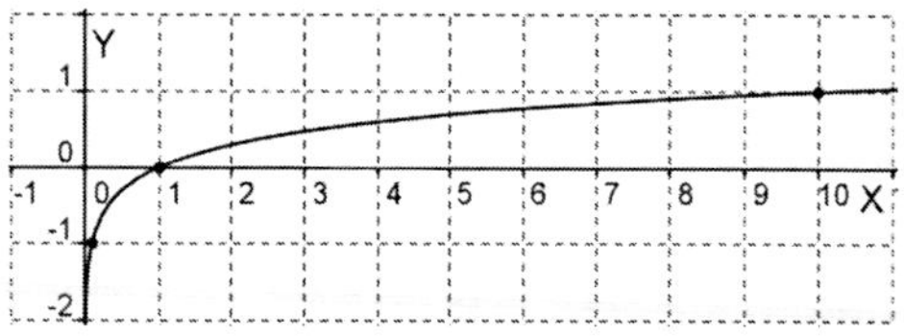

Características de la función logarítmica $\log x$

La función logarítmica en base 10 presenta las siguientes características:

- Su dominio es el conjunto de los números reales positivos (recordemos que no se puede calcular el logaritmo de un número negativo o 0, ya que las potencies de 10 son números positivos):

$$\text{Dom}\, f = R^+ = \left(0, +\infty\right)$$

- Su recorrido es el conjunto de los números reales: $\text{Im}\, f = R$
- El punto de corte con el eje OX es (1,0), ya que $\log 1 = 0\ (10^0 = 1)$
- La gráfica de la función se aproxima indefinidamente al eje OY, pero no lo corta nunca. El eje OY es una asíntota vertical. Cuanto más se aproxima x a 0, menor es $f(x)$.
- Es una función creciente.

9.5.9 Funciones trigonométricas

Las funciones trigonométricas asignan a cada número real x, que representa un ángulo expresado en radianes, una razón trigonométrica de ese ángulo.

Función seno

La función seno es la función que asigna a cada número real, que representa un ángulo expresado en radianes, su seno:

$$\boxed{f(x) = \text{sen}\, x}$$

Representación gráfica

x	y
0	0
$\pi/2$	1
π	0
$3\pi/2$	-1
2π	0

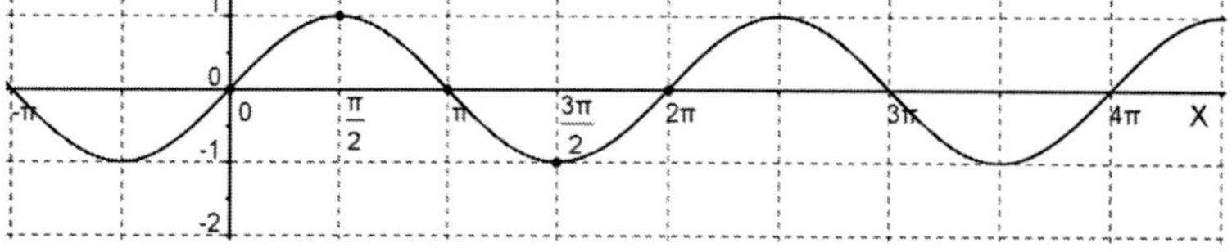

Características de la función seno

La función seno presenta las siguientes características:

- Su dominio es el conjunto de los números reales (se puede calcular el seno de cualquier ángulo):

$$\text{Dom}\, f = R$$

- Su recorrido es $\text{Im}\, f = [-1, 1]$, ya que el seno de cualquier ángulo es un número comprendido entre -1 y 1.
- Es una función periódica de periodo 2π:

$$\text{sen}\, x = \text{sen}\,(x + 2\pi k) \text{ donde } k \text{ es un número entero}$$

Cuando un ángulo α es mayor que 2π (360°), se interpreta que ha dado una o varias vueltas completas a la circunferencia. Las razones trigonométricas de α serán las mismas que las del ángulo que queda después de dar las vueltas completas (este ángulo es el resto de la división $\alpha{:}2\pi$).

- Es una función impar (simétrica respecto al origen de coordenadas).

Función coseno

La función coseno es la función que asigna a cada número real, que representa un ángulo expresado en radianes, su coseno:

$$\boxed{f(x) = \cos x}$$

Representación gráfica

x	y
0	1
$\pi/2$	0
π	-1
$3\pi/2$	0
2π	1

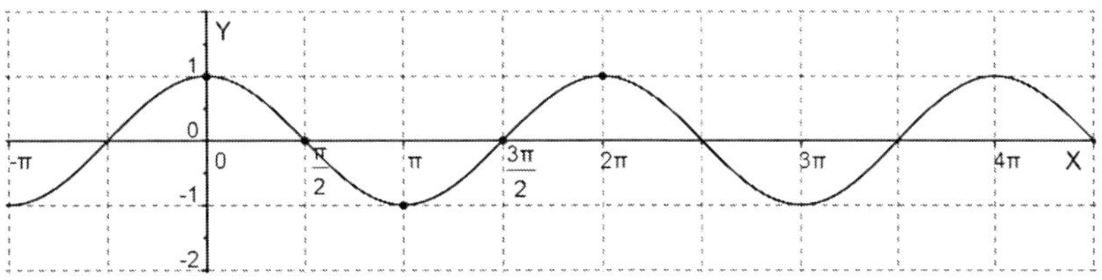

Características de la función coseno

La función coseno presenta las siguientes características:

- Su dominio es el conjunto de los números reales (se puede calcular el coseno de cualquier ángulo):

$$\text{Dom}\, f = R$$

- Su recorrido es $\text{Im}\, f = [-1, 1]$, ya que el coseno de cualquier ángulo es un número comprendido entre -1 y 1.
- Es una función periódica de periodo 2π:

$$\cos x = \cos\,(x + 2\pi k) \text{ donde } k \text{ es un número entero}$$

- Es una función par (simétrica respecto al eje OY).

Función tangente

La función tangente es la función que asigna a cada número real, que representa un ángulo expresado en radianes, su tangente:

$$\boxed{f(x) = \text{tg}\, x}$$

Representación gráfica

x	y
0	0
$\pi/4$	1
$\pi/2$	$\notin R$
$3\pi/4$	-1
π	0
$5\pi/4$	1
$3\pi/2$	$\notin R$
$7\pi/4$	-1
2π	0

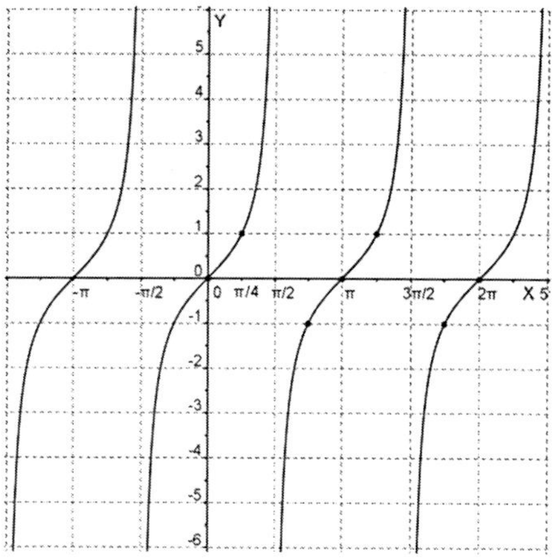

Características de la función tangente

La función tangente presenta las siguientes características:

- Se puede calcular la tangente de cualquier ángulo excepto de aquellos que hacen que $\cos x = 0$, ya que:

$$\operatorname{tg} x = \frac{\operatorname{sen} x}{\cos x}$$

Como $\cos x = 0$ cuando $x = \frac{\pi}{2} + k\pi$, con $k \in Z$, el dominio de la función tangente es:

$$\operatorname{Dom} f = R - \left\{ \frac{\pi}{2} + k\pi, \text{ con } k \in Z \right\}$$

- Su recorrido es $\operatorname{Im} f = R$.
- Es una función periódica de periodo π:

$\operatorname{tg} x = \operatorname{tg}(x + k\pi)$ donde k es un número entero

Ejercicios

Estudio de algunas funciones

1. Completa el cuadro:

	Lineal, afín o constante	Pendiente (m)	Ordenada en el origen (n)	Creciente o decreciente	Punto de corte eje 0Y
$y = 4x + 5$					
$y = -\frac{1}{2}x$					
$y = -x - 5$					
$y = 2x - 8$					
$y = -3$					

2. Representa gráficamente las siguientes funciones y clasifícalas:

a) $y = 3x - 1$ **b)** $y = -x + 5$ **c)** $y = -2x$ **d)** $y = -2$

e) $y = x^2 - 1$ **f)** $y = x^2 - 3x - 4$ **g)** $y = -x^2 + x - 1$ **h)** $y = x^2 + 6x + 9$

i) $f(x) = \begin{cases} 2x - 2 & \text{si } x < 2 \\ x^2 - 6x + 9 & \text{si } x \geq 2 \end{cases}$ **j)** $y = |x - 1|$ **k)** $y = 3^x$ **l)** $y = \operatorname{sen} x$

Ejercicios

3. Lanzamos un objeto hacia arriba con una velocidad de 10 m/s desde un metro de altura. La altura en metros a la que se encuentra el objeto viene dada por la función $f(t) = -5t^2 + 10t + 1$, donde t representa el tiempo en segundos que ha transcurrido desde el momento del lanzamiento. Representa la función gráficamente y calcula:

a) La altura a la que se encuentra el objeto 2 segundos después del lanzamiento.

b) Los segundos que deben pasar para que el objeto llegue a la altura máxima.

c) La altura máxima a la que llegará.

d) Los segundos que deben pasar para que el objeto llegue a tierra.

4. La evolución del precio de un kilo de fresas durante los 60 días que dura la temporada viene dada por la función $f(x) = 0{,}005x^2 - 0{,}25x + 5$, donde x representa el número de días transcurridos desde el inicio de la temporada y $f(x)$ representa el precio en euros de un kilo de fresas. Representa la función gráficamente y calcula:

a) El precio de un kilo de fresas al inicio de la temporada.

b) El precio de un kilo de fresas 10 días después del inicio de la temporada.

c) En qué momento de la temporada un kilo de fresas cuesta 2 €.

d) En qué momento de la temporada el precio de un kilo de fresas será mínimo.

9.6 TASA DE VARIACIÓN MEDIA DE UNA FUNCIÓN

La tasa de variación media de una función $y = f(x)$ en el intervalo $[a,b]$ se define como el cociente entre la variación de f (incremento de y) y la de x (incremento de x) en el intervalo $[a,b]$ (nos indica la variación de y respecto de x). Se representa con $TVM_{[a,b]}$.

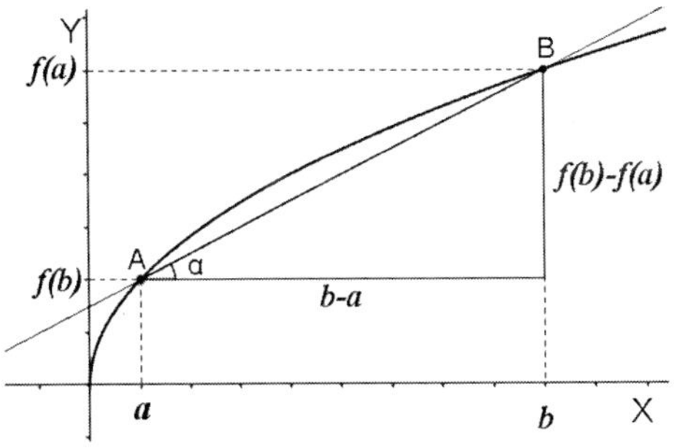

$$TVM_{[a,b]} = \frac{f(b)-f(a)}{b-a} = \frac{\Delta f}{\Delta x} = \frac{\Delta y}{\Delta x}$$

La tasa de variación media de f en el intervalo $[a,b]$ coincide con la pendiente de la recta que une los puntos $A(a, f(a))$ y $B(b, f(b))$, m_{AB}, y mide el incremento medio de y cuando x se incrementa una unidad, entre A y B. De este modo, a la hora de interpretar el resultado de la $TVM_{[a,\,b]}$, debemos tener en cuenta que es un valor medio.

$$TVM_{[a,b]} = m_{AB} = \frac{\Delta y}{\Delta x} = \operatorname{tg}\alpha$$

! Nota: Recordemos la definición de pendiente de la recta:

$$m = \operatorname{tg}\alpha = \frac{\text{incremento de la ordenada}}{\text{incremento de la abscisa}} = \frac{y}{x} = \frac{y_2 - y_1}{x_2 - x_1}$$

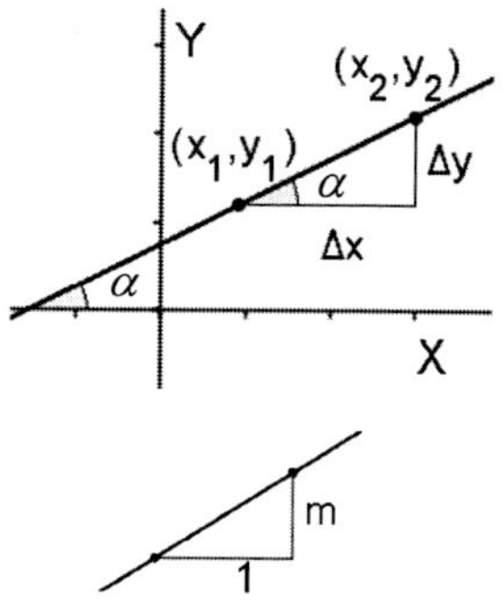

Ejemplos:

1) Durante un determinado día, las temperaturas en la ciudad de Cuenca fueron las siguientes:

Hora	7	8	9	10	11	12	13	14	15	16	17	18	19	20	21
Tª en °C	9	10	12	13	16	17	18	20	23	23	22	21	19	17	16

¿Cuál es la tasa de variación media de la temperatura entre las 7h y las 17h?

y = Tª en °C
x = Hores

$$TVM_{[7,17]} = \frac{f(17)-f(7)}{17-7} = \frac{\Delta y}{\Delta x} = \frac{22-9}{17-7} = \frac{13}{10} = \boxed{1{,}3\,^\circ\text{C/h}}$$

Este resultado significa que, de media, la temperatura ha aumentado 1,3 °C cada hora entre las 7 h y las 17 h. Este es el aumento medio por hora, no el aumento real. En realidad, hay horas que ha aumentado 1 °C, otras que ha aumentado 2 °C y otras que ha aumentado 3°C.

2) Un móvil sigue una trayectoria rectilínea. La función que nos da la posición del móvil (medida en metros) en función del tiempo (medido en segundos) es:

$$f(t) = t^2 - 2t + 1 \quad \begin{cases} y = f(t) = \text{posición del móvil respecto del origen} \\ t = \text{tiempo en segundos} \end{cases}$$

Calcula la velocidad media, v_m, del móvil entre $t = 1s$ y $t = 3s$.

La velocidad media entre 1 y 3 segundos coincide con la $TVM\,[1, 3]$:

$$v_m = TVM_{[1,3]} = \frac{f(3)-f(1)}{3-1} = \frac{4-0}{2} = \frac{4}{2} = 2 \text{ m/s}$$

El móvil pasa de la posición 0 m a la posición 4 m en 2 s, es decir, recorre 4 m en 2 s. Por lo tanto, la velocidad media del móvil en este intervalo de tiempo es de 2 m/s. Recorre, de media, 2 metros cada segundo. Eso no quiere decir que la velocidad del móvil en este periodo de tiempo sea siempre de 2 m/s; se trata solo de un valor medio.

3) Dada la función $f(x) = x^2$, calcula:

a) La $TVM_{[0,1]}$ b) La $TVM_{[1,2]}$ c) La $TVM_{[-2,0]}$ d) La $TVM_{[-1,1]}$

a) $TVM_{[0,1]} = \dfrac{f(1)-f(0)}{1-0} = \dfrac{1-0}{1} = 1$

En el intervalo $[0,1]$, el valor de la función aumenta, de media, una unidad por cada unidad que aumenta x.

b) $TVM_{[1,2]} = \dfrac{f(2)-f(1)}{2-1} = \dfrac{4-1}{1} = 3$

En el intervalo $[1,2]$, el valor de la función aumenta, de media, tres unidades por cada unidad que aumenta x.

c) $TVM_{[-2,0]} = \dfrac{f(0)-f(-2)}{2-0} = \dfrac{0-4}{2} = -2$

En el intervalo $[-2,0]$, el valor de la función disminuye, de media, dos unidades por cada unidad que aumenta x.

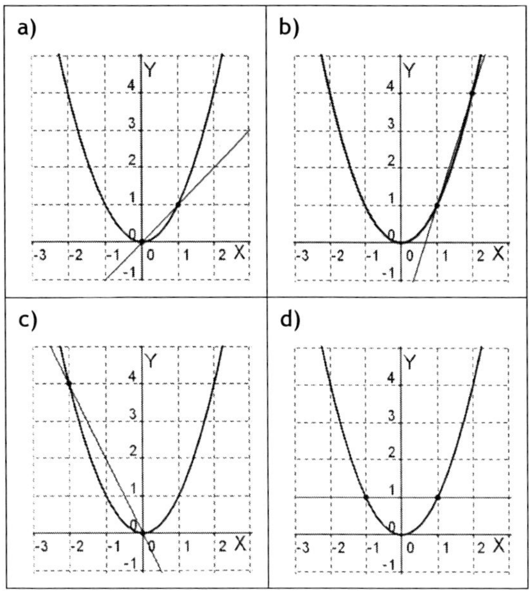

d) $TVM_{[-1,1]} = \dfrac{f(1)-f(-1)}{1-(-1)} = \dfrac{1-1}{2} = 0$

La variación media de la función entre −1 y 1 es 0, pero eso no quiere decir que el crecimiento sea nulo en todo este intervalo. De hecho, la función decrece entre −1 y 0 y crece entre 0 y 1.

✓ **Ejercicio:** Dada la función $f(x) = x^2 - 2x - 1$, calcula la tasa de variación media de f en los intervalos $[1,3]$ y $[-1,0]$.

Sol.: $TVM_{[1,3]} = 2$ y $TVM_{[-1,0]} = -3$

Ejercicios

1. Dada la función $f(x) = x^2 - 4x + 1$, calcula las siguientes tasas de variación media e interpreta el resultado:

   a) $TVM_{[-1,2]}$ b) $TVM_{[0,3]}$ c) $TVM_{[2,4]}$

2. Un móvil sigue una trayectoria rectilínea. La función que nos da la posición del móvil (medida en metros) en función del tiempo (medida en segundos) es $f(t) = t^2 - 5t + 7$.

   Calcula la velocidad media (v_m) del móvil entre 3 segundos y 4 segundos, y entre 4 segundos y 5 segundos. ¿En qué tramo va más deprisa?

3. A partir de la gráfica, calcula la $TVM_{[-1,3]}$ de la siguiente función:

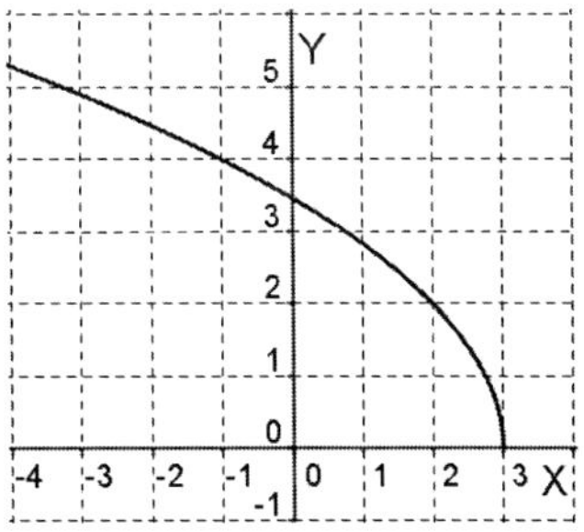

9.7 OPERACIONES CON FUNCIONES

9.7.1 Función suma

Dadas dos funciones, f y g, la función suma $f+g$ es otra función que se define como:

$$(f+g)(x)=f(x)+g(x)$$

Ejemplos: Calcula la expresión algebraica y el dominio de la función suma $f+g$ para cada caso:

1) $\boldsymbol{f(x)=x}$ **i** $\boldsymbol{g(x)=5x^2} \rightarrow (f+g)(x)=f(x)+g(x)=\ x+5x^2$ **;** $\text{Dom}(f+g)=R$

2) $\boldsymbol{f(x)=2x^2}$ **i** $\boldsymbol{g(x)=\frac{1}{x+1}} \rightarrow (f+g)(x)=f(x)+g(x)=\ 2x^2+\frac{1}{x+1}$ **;**

$$\text{Dom}(f+g)=R-\{-1\}$$

9.7.2 Función resta

Dadas dos funciones, f y g, la función resta $f-g$ es otra función que se define como:

$$(f-g)(x)=f(x)-g(x)$$

Ejemplos: Calcula la expresión algebraica y el dominio de la función resta $f-g$ para cada caso:

1) $\boldsymbol{f(x)=x}$ **i** $\boldsymbol{g(x)=5x^2} \rightarrow (f-g)(x)=f(x)-g(x)=\ x-5x^2$ **;** $\text{Dom}(f-g)=R$

2) $\boldsymbol{f(x)=2x^2}$ **i** $\boldsymbol{g(x)=\frac{1}{x+1}} \rightarrow (f-g)(x)=f(x)-g(x)=\ 2x^2-\frac{1}{x+1}$ **;**

$$\text{Dom}(f-g)=R-\{-1\}$$

9.7.3 Función producto

Dadas dos funciones, f y g, la función producte $f\cdot g$ es otra función que se define como:

$$(f\cdot g)(x)=f(x)\cdot g(x)$$

Ejemplos: Calcula la expresión algebraica y el dominio de la función producto $f\cdot g$ para cada caso:

1) $\boldsymbol{f(x)=x}$ **i** $\boldsymbol{g(x)=5x^2} \rightarrow (f\cdot g)(x)=f(x)\cdot g(x)=x\cdot 5x^2=\ 5x^3$ **;** $\text{Dom}(f\cdot g)=R$

2) $\boldsymbol{f(x)=2x^2}$ **i** $\boldsymbol{g(x)=\frac{1}{x+1}} \rightarrow (f\cdot g)(x)=f(x)\cdot g(x)=2x^2\cdot\frac{1}{x+1}=\ \frac{2x^2}{x+1}$ **;**

$$\text{Dom}(f\cdot g)=R-\{-1\}$$

9.7.4 Función cociente

Dadas dos funciones, f y g, la **función quocient** $\boldsymbol{\frac{f}{g}}$ es otra función que se define como:

$$\frac{f}{g}(x)=\frac{f(x)}{g(x)}$$

Ejemplos: Calcula la expresión algebraica y el dominio de la función cociente $\frac{f}{g}$ para cada caso:

1) $f(x)=x$ y $g(x)=5x^2 \rightarrow \left(\frac{f}{g}\right)(x)=\frac{f(x)}{g(x)}=\frac{x}{5x^2}=\frac{1}{5x}$; $\mathrm{Dom}(f\cdot g)=R-\{0\}$

2) $f(x)=2x^2$ y $g(x)=\frac{1}{x+1} \rightarrow \left(\frac{f}{g}\right)(x)=\frac{f(x)}{g(x)}=\frac{2x^2}{\frac{1}{x+1}}=2x^2\cdot(x+1)=2x^3+2x^2$;

$$\mathrm{Dom}\left(\frac{f}{g}\right)=R$$

9.7.5 Composición de funciones

Dadas dos funciones, f y g, la función compuesta de f y g, $g\circ f$, es otra función que se define como:

$$(g\circ f)(x)=g\big(f(x)\big)$$

! Nota: $g\circ f$ también se puede leer "f compuesta con g".

Para calcular la imagen de un valor para $g\circ f$, primero se le aplica a este valor la función f y al resultado, que será $f(x)$, se le aplica la función g:

Ejemplos: Dadas las funciones $f(x)=3x$ y $g(x)=x^2$, calcula:

1) $(g\circ f)(5)=g\big(f(5)\big)=g(3\cdot 5)=g(15)=15^2=225$

2) $(f\circ g)(5)=f\big(g(5)\big)=f(5^2)=f(25)=3\cdot 25=75$

✓ **Ejercicio:** Dadas las funciones $f(x)=x+1$ y $g(x)=x^2$, calcula

a) $(g\circ f)(2)$ b) $(f\circ g)(2)$

Sol: a) 9 b) 5

Tal como hemos visto en el ejemplo y los ejercicios anteriores, la composición de funciones no es conmutativa; si cambiamos el orden en que componemos las funciones, el resultado varía.

Fíjate que la función compuesta de f y g se escribe $g\circ f$ y la primera función que se aplica es f; mientras que la función compuesta de g y f se escribe $f\circ g$ y la primera función que se aplica es g:

$$x \xrightarrow[f]{} f(x) \xrightarrow[g]{} g\big(f(x)\big) \qquad (g\circ f)$$

$$x \xrightarrow[g]{} g(x) \xrightarrow[f]{} f\big(g(x)\big) \qquad (f\circ g)$$

Para calcular la expresión algebraica de la composición de dos funciones, , bastará con sustituir la expresión algebraica de $f(x)$ por x en la expresión algebraica de $g(x)$:

Ejemplos: Dadas las funciones $f(x)=3x$ y $g(x)=x^2$, calcula:

1) $(g\circ f)(x)=g\big(f(x)\big)=g(3x)=(3x)^2=9x^2$

2) $(f\circ g)(x)=f\big(g(x)\big)=f(x^2)=3x^2$

✓ **Ejercicio:** Dadas las funciones $f(x)=x+1$, $g(x)=x^2$ y $h(x)=\frac{1}{x}$, calcula

a) $(g\circ f)(x)$ b) $(f\circ g)(x)$ c) $(f\circ h)(x)$ d) $(h\circ f)(x)$

Sol: a) x^2+2x+1 b) x^2+1 c) $\frac{1}{x}+1$ d) $\frac{1}{x+1}$

9.8 INTERPOLACIÓN Y EXTRAPOLACIÓN LINEAL

A veces, obtenemos experimentalmente una serie de datos que relacionan dos variables, x e y. En estos casos no conocemos el valor de y para cualquier valor de x, sino únicamente para los valores de los cuales hemos obtenido datos. En muchas ocasiones nos puede interesar estimar algunos de estos valores desconocidos, distintos a los obtenidos.

Ejemplo: Queremos hacer un estudio de los beneficios que ha obtenido un negocio familiar a lo largo de los diez años que lleva en funcionamiento. Disponemos de los siguientes datos:

Año desde el inicio del negocio (x)	1	6	10
Beneficio en miles de euros (y)	60	110	130

Nos interesaría saber aproximadamente qué beneficios obtuvo el negocio en su 3.er y su 8.º año. También querríamos estimar los beneficios que se obtendrán en el año 12°.

No podemos conocer el valor exacto de los datos que no tenemos, pero podemos hacer una estimación a partir de los datos que conocemos buscando una función que relacione las dos variables. Esta función se denomina **función de interpolación** y cada par de datos conocidos debe verificar su expresión algebraica. Gráficamente, cada par de datos conocidos se representa como un punto en un sistema de ejes cartesianos y la gráfica de la función de interpolación ha de pasar por estos puntos.

Hay muchas funciones de interpolación que se ajustan a un conjunto de datos, pero nosotros solo estudiaremos la **función de interpolación lineal**, que es una recta. Es decir, uniremos los puntos conocidos por rectas. Eso quiere decir que para cada par de puntos tendremos una función de interpolación diferente, que es más fácil que buscar una única función que pase por todos los puntos.

Función de interpolación no lineal

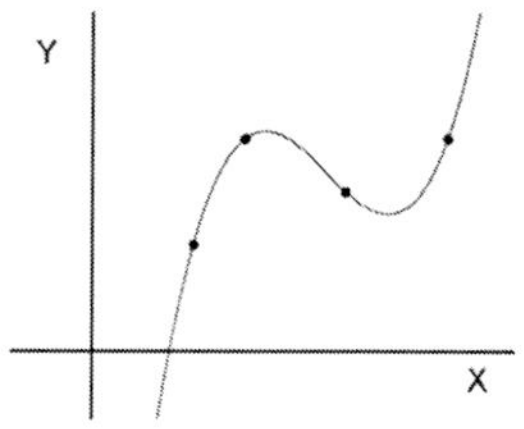

Función de interpolación lineal

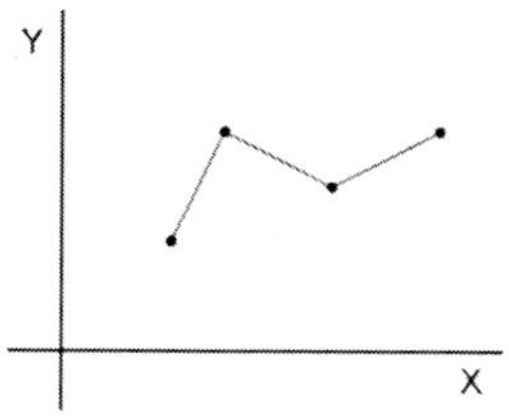

Cuando estimamos un punto que se encuentra entre dos puntos conocidos utilizando la recta que los une, decimos que hacemos una interpolación lineal. Cuando estimamos un punto que no está comprendido entre dos puntos conocidos, utilizamos la recta que une los dos puntos conocidos más cercanos y decimos que hacemos una extrapolación lineal.

Veámoslo con el ejemplo anterior:

Ejemplo: Haz una estimación de los beneficios que obtuvo el negocio del ejemplo anterior en su 3er año y en el 8° año, haciendo una interpolación lineal. Estima los beneficios que se obtendrán en el año 12° haciendo una extrapolación lineal.

Podemos resolver el problema gráficamente o analíticamente:

Gráficamente: Unimos los puntos con segmentos de recta:

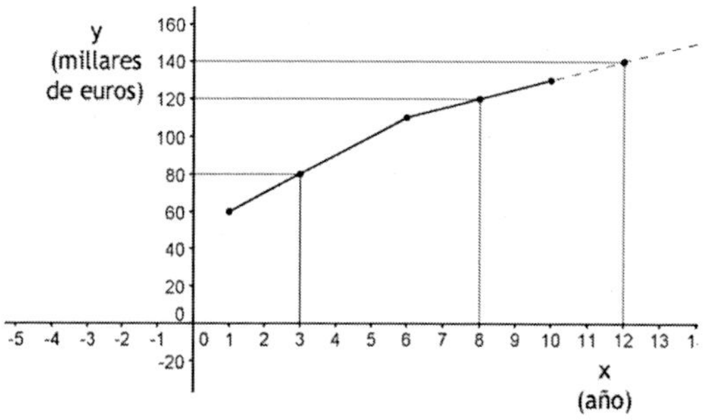

Beneficios estimados:

3.er año: 80.000 €

8.º año: 120.000 €

Para hacer la extrapolación prolongamos el último segmento:

12.º año: 140.000 €

Analíticamente:

Para cada par de puntos calculamos la ecuación explícita de la recta que pasa por ellos, que es la expresión algebraica de la función de interpolación lineal de estos dos puntos. Utilizamos las ecuaciones obtenidas para calcular los valores solicitados

Año desde el inicio del negocio (x)	1	6	10
Beneficio en miles de euros (y)	60	110	130

- Recta que pasa por (1,60) y (6,110):

Resolvemos el sistema formado por las ecuaciones que resultan de sustituir la x y la y de la expresión $y = mx + n$ por las coordenadas de los puntos:

$$\begin{cases} 60 = m \cdot 1 + n \xrightarrow{\cdot(-1)} -60 = -m - n \\ 110 = m \cdot 6 + n \qquad\quad 110 = 6m + n \end{cases}$$

$$50 = 5m + \not{} \rightarrow m = \frac{50}{5} = 10 \rightarrow m = 10$$

$$60 = 10 + n \rightarrow n = 60 - 10 = 50 \rightarrow n = 50$$

La recta que pasa por (1,60) y (6,110) es: $y = 10x + 50$

Calculamos la imagen de 3 (el valor de y cuando x es igual a 3), para estimar el beneficio del 3.er año:

$$x = 3 \rightarrow y = 10 \cdot 3 + 50 = 80$$

Estimamos que el beneficio del 3.er año es aproximadamente 80.000 €.

- Recta que pasa por (6,110) y (10,130):

Resolvemos el sistema formado por las ecuaciones:

$$\begin{cases} 110 = m \cdot 6 + n \xrightarrow{\cdot(-1)} -110 = -6m - n \\ 130 = m \cdot 10 + n \qquad\quad 130 = 10m + n \end{cases}$$

$$20 = 4m + \not{} \rightarrow m = \frac{20}{4} = 5 \rightarrow m = 5$$

$$110 = 6 \cdot 5 + n \rightarrow n = 110 - 30 = 80 \rightarrow n = 80 \rightarrow y = 5x + 80$$

Calculamos la imagen de 8 y 12 (el valor de y cuando x es igual a 8), para estimar el beneficio del 8.° año y del 12.° año:

$$x = 8 \rightarrow y = 5 \cdot 8 + 80 = 40 + 80 = 120$$

$$x = 12 \rightarrow y = 5 \cdot 12 + 80 = 60 + 80 = 140$$

Estimamos que el beneficio del 8.° año es aproximadamente 120.000 €.

Estimamos que el beneficio del 12.° año será aproximadamente 140.000 €.

Normalmente, no existe una función analítica que relaciona las dos variables. La función de interpolación es solo un modelo que se ajusta a los datos que tenemos y nos permite estimar datos desconocidos. Por este motivo, debemos tener presente que lo que obtendremos serán únicamente aproximaciones y no los valores reales.

✓ Ejercicios:

1) En un hospital han hecho las siguientes mediciones de la temperatura de un paciente después de suministrarle un medicamento:

Tiempo (en minutos) que ha transcurrido desde la toma del medicamento (x)	0	30	60	90
Temperatura corporal en °C (y)	39	38,6	38,0	37,1

a) Estima la temperatura que tenía este paciente 45 minutos después de tomar el medicamento.

b) Estima cuánto tiempo tardará en tener 36,5 °C.

Sol: a) 38,3 °C **b)** 1h 50 min

2) Dada la tabla siguiente:

x	0	3	8	10
y	1	3	4	6

a) Calcula por interpolación lineal el valor aproximado de y cuando $x = 6$.

b) Calcula por interpolación lineal el valor aproximado de x cuando $y = 5$.

c) Calcula por extrapolación lineal el valor aproximado de y cuando $x = 11$.

Sol: a) 3,6 **b)** 9 **c) 7**

Tema 10 Estadística unidimensional

En este tema:

10.1 Tablas y gráficos

10.2 Parámetros estadísticos

10.1. TABLAS Y GRÁFICOS

10.1.1 Conceptos básicos

La **estadística** tiene por objeto recopilar, organizar, analizar e interpretar datos referidos a un colectivo.

El conjunto de datos recopilados en un estudio estadístico se llama **distribución estadística.**

Población y muestra

La **población** es el conjunto de elementos a los que se refiere el estudio estadístico. Cada elemento de la población se llama **individuo.**

Ejemplos: Habitantes de una población, alumnos de una escuela, productos fabricados por una empresa, lobos que viven en un determinado territorio, bombillas de una marca en concreto, etc.

La **muestra** es un subconjunto de la población.

Cuando la población es demasiado grande, estudiar todos sus elementos puede ser inviable o poco operativo (en términos de tiempo, costes y recursos). En estos casos, se toma una muestra representativa, se estudian los elementos de la muestra y se generalizan los resultados a toda la población.

Para que las conclusiones extraídas de la muestra se puedan aplicar a toda la población, la muestra debe ser representativa, es decir, debe reproducir la población con la mayor exactitud posible. También es importante el tamaño de la muestra. En general, cuanto mayor sea la muestra, más representativa será.

Ejemplo: Para estudiar la intención de voto en unas elecciones, se hacen encuestas a una muestra representativa de la población, no a toda. En la muestra debe haber personas de diferentes poblaciones o barrios, de distintas clases sociales, de diferentes edades, etc., y en una proporción similar a la de la totalidad de la población.

Variable estadística

La **variable estadística** es la característica que queremos estudiar de los elementos de la población.

Ejemplos: La intención de voto, la altura, el peso, el color de los ojos, la profesión, etc.

Clasificación de las variables estadísticas

Las variables estadísticas se clasifican en cualitativas y cuantitativas.

Las **variables cualitativas** toman valores que no son numéricos, sino cualidades o modalidades.

Ejemplos: La intención de voto, el color de los ojos, la población, el sexo, la lengua materna, etc.

Las **variables cuantitativas** toman valores numéricos.

Ejemplos: La altura, el peso, el sueldo, el número de hijos, el número de libros leídos, etc.

Las variables cuantitativas pueden ser continuas o discretas:

Una variable cuantitativa es **continua** si puede tomar cualquier valor dentro de un intervalo de R. Entre dos valores posibles hay un número infinito de valores que puede tomar la variable.

Ejemplos: La altura de los alumnos de una clase. Entre 1,60 y 1,65 hay infinitos valores que puede tomar la variable: 1,61; 1,63; 1,615; 1,618; etc

Una variable cuantitativa es **discreta** si solo puede tomar valores aislados (suelen ser números naturales). Entre dos valores posibles hay un número finito de valores que puede tomar la variable.

Ejemplos: El número de hijos. Entre 2 y 5 hijos, solo puede tomar los valores 3 y 4, no se pueden tener 2,5 hijos.

Variable estadística
- Cualitativa
- Cuantitativa
  - Continua
  - Discreta

✓ **Ejercicio:** Para los estudios estadísticos siguientes, indica cuál es la población, cuál es la variable estadística y de qué tipo de variable se trata:

a) Peso de los bebés nacidos en un hospital durante el año 2009.

b) Número de veces que los estudiantes de una universidad van al cine en un mes concreto.

c) Mes de nacimiento de los alumnos de una clase.

d) Número de coches vendidos por los concesionarios de una ciudad en un mes.

e) Actriz preferida por los lectores de una revista.

f) Tiempo empleado por un grupo de alumnos en realizar una prueba.

g) Marca del coche de los trabajadores de una empresa.

h) Nacionalidad de los alumnos de una escuela.

i) Color de pelo de las modelos de un desfile.

j) Precio de las viviendas en venta de una determinada población.

10.1.2 Tablas de frecuencias

Una vez hemos recopilado los datos de un estudio estadístico, hacemos un recuento y los organizamos en **tablas de frecuencias.**

Frecuencia absoluta

La **frecuencia absoluta** de un valor determinado es el número de veces que aparece este valor.

Representamos con $x_1, x_2, ..., x_k$ los diferentes valores que puede tomar la variable, y con $n_1, n_2, ..., n_k$ sus frecuencias absolutas. Así, x_i representa un valor cualquiera y n_i, su frecuencia absoluta.

Representamos con N el número total de datos o elementos estudiados. N puede ser el número total de elementos de la población o el de la muestra si tomamos una muestra para hacer el estudio

Ejemplos:

1) **Preguntamos a un grupo de 25 alumnos el número de libros que han leído durante el último año. Las respuestas obtenidas son:**

2 0 1 3 5 3 5 2 1 1 1 0 2

5 3 3 2 2 1 0 1 2 2 3 2

Calcula las frecuencias absolutas.

x_i	n_i
0	3
1	6
2	8
3	5
4*	0
5	3
	$N = 25$

2) **Estamos estudiando el color del plumaje de la población de una especie determinada de aves. El plumaje de las aves de esta especie puede ser azul (A), verde (V) o marrón (M). Los datos obtenidos del estudio de una muestra de quince aves son:**

A V V V M V A M M V M V V A M

Calcula las frecuencias absolutas.

x_i	n_i
Azul	3
Verde	7
Marrón	5
	$N = 15$

! * Nota: Si entre el valor menor y el mayor hay algún valor posible que no aparece, también lo debemos escribir

Frecuencia relativa y porcentaje

La frecuencia absoluta por si misma no nos facilita ninguna información. Si decimos que veinte personas han aprobado un examen, no sabemos si eso representa un número muy elevado o muy reducido. Si se han presentado veinticinco, diremos que han aprobado muchas personas, pero si se han presentado mil, diremos que han aprobado muy pocas.

Por lo tanto, hace falta introducir un nuevo parámetro, denominado frecuencia relativa, que relacione la frecuencia absoluta con el número total de elementos estudiados.

La **frecuencia relativa** es el cociente entre la frecuencia absoluta y el número total de datos. La frecuencia relativa de un valor x_i la representamos con f_i:

$$f_i = \frac{n_i}{N}$$

La frecuencia relativa es un número entre 0 y 1. La podemos expresar en porcentaje multiplicándola por 100:

$$f_i \cdot 100\ \%$$

La suma de todas las frecuencias relativas es igual a 1 y la suma de todos los porcentajes es igual a 100.

Ejemplos: Calcula las frecuencias relativas y los porcentajes de los ejemplos del apartado anterior.

1)

x_i	n_i	f_i	%
0	3	$3:25=0{,}12$	$0{,}12\cdot 100=12\%$
1	6	$6:25=0{,}24$	$0{,}24\cdot 100=24\%$
2	8	$8:25=0{,}32$	$0{,}32\cdot 100=32\%$
3	5	$5:25=0{,}2$	$0{,}2\cdot 100=20\%$
4	0	$0:25=0$	$0\cdot 100=0\%$
5	3	$3:25=0{,}12$	$0{,}12\cdot 100=12\%$
	$N=25$	1	100

2)

x_i	n_i	f_i	%
Azul	3	0,2	20 %
Verde	7	$0{,}4\widehat{6}$	$46{,}\widehat{6}\ \%$
Marrón	5	$0{,}\widehat{3}$	$33{,}\widehat{3}\ \%$
	$N=15$	1	100

Por lo tanto, si decimos que el 80% de las personas que se han presentado a un examen lo han aprobado, estamos dando mucha más información que si decimos que lo han aprobado veinte personas.

Frecuencia acumulada

Dado un valor x_i de una variable cuantitativa, la frecuencia acumulada (o frecuencia absoluta acumulada) de x_i es la suma de su frecuencia absoluta más las frecuencias absolutas de los valores inferiores a x_i. La representamos con N_i.

$$N_i = n_1 + n_2 + \ldots + n_i$$

Solo podemos obtener frecuencias absolutas si la variable es cuantitativa, ya que se deben ordenar los valores de la variable de menor a mayor.

La frecuencia acumulada relativa de un valor x_i de una variable cuantitativa es el cociente entre la frecuencia acumulada de x_i y el número total de datos. La representamos con F_i.

$$F_i = \frac{N_i}{N}$$

Ejemplo: **Calcula las frecuencias acumuladas del ejemplo 1 de los apartados anteriores. Interpreta el resultado de la frecuencia acumulada del valor 2. Indica qué porcentaje de alumnos ha leído como máximo dos libros y qué porcentaje de alumnos ha leído más de un libro.**

1)

x_i	n_i	f_i	%	N_i	F_i
0	3	$3:25=0,12$	$0,12\cdot 100=12\%$	3	0,12
1	6	$6:25=0,24$	$0,24\cdot 100=24\%$	9	0,36
2	8	$8:25=0,32$	$0,32\cdot 100=32\%$	17	0,68
3	5	$5:25=0,2$	$0,2\cdot 100=20\%$	22	0,88
4	0	$0:25=0$	$0\cdot 100=0\%$	22	0,88
5	3	$3:25=0,12$	$0,12\cdot 100=12\%$	**25***	**1**
	$N=25$	1	100		

! * **Nota**: Fíjate que la frecuencia acumulada del último valor coincide con el número total de datos, N.

La frecuencia acumulada del valor 2 es 17 y significa que hay 17 alumnos del grupo que el año pasado leyeron como máximo 2 libros (2 libros o menos). También podemos decir, a partir del resultado de la frecuencia acumulada relativa de 2, que el 68% de los alumnos del grupo han leído entre 0 y 2 libros.

Para calcular el porcentaje de alumnos que ha leído más de un libro sumamos los porcentajes correspondientes a 2, 3, 4 y 5 libros:

$32 + 20 + 0 + 12 = 64$ el 64 % de los alumnos ha leído más de un libro.

También podemos hacer el cálculo anterior sumando las frecuencias absolutas y calculando después el porcentaje:

$$8+5+0+3=16 \rightarrow \frac{16}{25}\cdot 100 = 64\%$$

Tablas de frecuencias

Las tablas de frecuencias incluyen algunas o todas las frecuencias que hemos visto.

Tabla de frecuencias de una variable cualitativa

Para hacer una tabla de frecuencias de una variable cualitativa, debemos calcular la frecuencia absoluta, la frecuencia relativa y el porcentaje de cada valor, y presentarlo en forma de tabla como en el ejemplo 2 del apartado *Frecuencia relativa y porcentaje*.

x_i	n_i	f_i	%
	N	1	100

Ejercicios:

1. Hacemos una encuesta a 50 personas que salen del cine acerca del grado de satisfacción respecto a la película que acaban de ver. Los resultados obtenidos han sido los siguientes:

Grado de satisafcción (x_i)	Nº de personas (n_i)
Me ha gustado mucho	32
Me ha gustado	12
No me ha gustado demasiado	4
No me ha gustado nada	2

Indica de qué tipo de variable se trata y elabora una tabla de frecuencias

2. Queremos hacer un estudio sobre el sexo de los alumnos de la clase. Recopila los datos y elabora una tabla de frecuencias.

Tabla de frecuencias de una variable cuantitativa discreta

Para hacer una tabla de frecuencias de una variable cuantitativa discreta, debemos calcular la frecuencia absoluta, la frecuencia relativa, el porcentaje, la frecuencia acumulada absoluta y la frecuencia acumulada relativa de cada valor, y presentarlo en forma de tabla como en el ejemplo 1 del apartado *Frecuencia acumulada*.

x_i	n_i	f_i	%	N_i	F_i
				N	1
	N	1	100		

✓ **Ejercicios:**

1. Preguntamos a un grupo de 28 personas que estudian un curso en un centro de formación de adultos el número de hijos que tienen. Las respuestas han sido las siguientes:

Nº de hijos (x_i)	Nº de personas (n_i)
0	15
1	5
2	7
3	1

Indica de qué tipo de variable se trata y elabora una tabla de frecuencias. ¿Qué porcentaje de alumnos tiene más de un hijo?

2. Queremos hacer un estudio sobre el número de hermanos de los alumnos de la clase. Recopila los datos y elabora una tabla de frecuencias.

Tabla de frecuencias de una variable cuantitativa continua

Si la variable es continua, debemos agrupar los valores en intervalos (normalmente de la misma amplitud), ya que puede tomar infinitos valores y no es factible escribirlos todos. Cada uno de estos intervalos recibe el nombre de **clase**.

También debemos escribir un representante de cada intervalo, denominado **marca de clase**, que es el punto medio del intervalo. Para calcular la marca de clase, sumamos los extremos del intervalo y dividimos el resultado entre 2. La representamos por x_i.

Para elaborar la tabla, calculamos las mismas frecuencias que para la variable cuantitativa discreta:

Intervalo	Marca de clase (x_i)	n_i	f_i	%	N_i	F_i
					N	1
		N	1	100		

Ejemplo: Estamos estudiando el peso de los bebés nacidos en un hospital en una semana determinada. Los datos obtenidos son los siguientes:

3.522 g 3.875 g 3.210 g 2.525 g 2.830 g 3.100 g 2.100 g 3.040 g

4.380 g 3.722 g 2.711 g 3.585 g 4.830 g 4.052 g 3.936 g 3.180 g

Intervalo	x_i	n_i	f_i	%	N_i	F_i
$(2.000, 2.500]$	2.250	1	0,0625	6,25%	1	0,0625
$(2.500, 3.000]$	2.750	3	0,1875	18,75%	4	0,25
$(3.000, 3.500]$	3.250	4	0,25	25%	8	0,5
$(3.500, 4.000]$	3.750	5	0,3125	31,25%	13	0,8125
$(4.000, 4.500]$	4.250	2	0,125	12,5%	15	0,9375
$(4.500, 5.000]$	4.750	1	0,0625	6,25%	16	1
		16	1	100		

✓ **Ejercicios:**

1) Hacemos un estudio sobre el tiempo empleado por un grupo de 40 alumnos en realizar una prueba. Los resultados obtenidos son los siguientes:

Minutos (x_i)	Nº de personas (n_i)
$[0,20)$	4
$[20,40)$	10
$[40,60)$	24
$[60,80)$	2

Indica de qué tipo de variable se trata y elabora una tabla de frecuencias. ¿Qué porcentaje de alumnos ha tardado menos de 40 minutos en realizar la prueba?.

2) Queremos hacer un estudio sobre la altura de los alumnos de la clase. Recopila los datos y elabora una tabla de frecuencias.

Cuando el número de valores diferentes que puede tomar una variable cuantitativa discreta es muy elevado, estos valores también se agrupan en intervalos, tal como hemos visto para las variables cuantitativas continuas.

10.1.3 Gráficos estadísticos

Los datos estadísticos se pueden expresar mediante gráficos estadísticos, los cuales permiten hacerse una idea de los resultados de forma rápida y fácil.

Veamos los más comunes.

Diagrama de barras y polígono de frecuencias

Los diagrames de barras se utilizan para representar datos correspondientes a variables cualitativas o cuantitativas discretas.

Para representar los datos en un diagrama de barras, seguimos los siguientes pasos:

- Dibujamos unos ejes cartesianos.
- En el eje de las abscisas representamos los valores de la variable y en el eje de ordenadas, la frecuencia absoluta o relativa.
- Para cada valor, dibujamos una barra vertical que tenga la misma altura que la frecuencia absoluta o relativa de este valor. La anchura de todas las barras debe ser la misma y, normalmente, se deja un espacio entre ellas.

A veces, en un diagrama de barras se traza un polígono de frecuencias, el cual se obtiene uniendo con segmentos de recta los puntos medios de los lados superiores de las barras

Ejemplos:

1) Representa los datos del ejemplo del *número de libros leídos* (pág. 268) en un diagrama de barras. Traza el polígono de frecuencias.

x_i	n_i
0	3
1	6
2	8
3	5
4	0
5	3
	$N = 25$

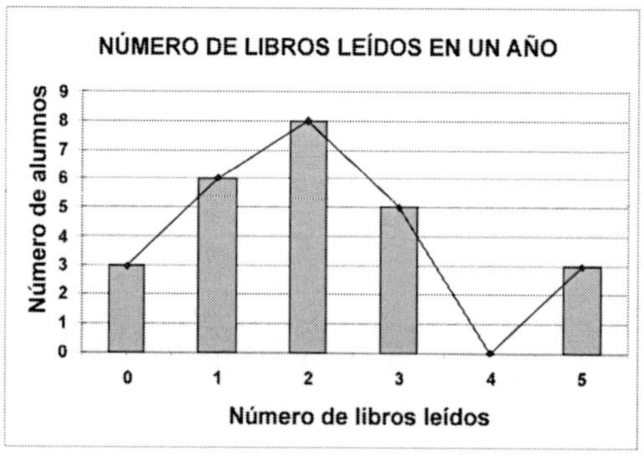

2) Representa los datos del ejemplo del *color del plumaje de las aves* (pág. 268) en un diagrama de barras.

x_i	n_i
Azul	3
Verde	7
Marrón	5
	$N = 15$

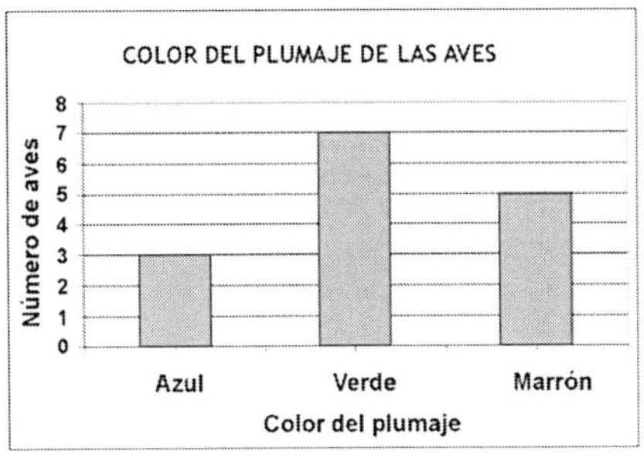

Diagrama de barras horizontales

En algunas ocasiones, las barras se dibujan horizontalmente.

Para dibujar un diagrama de barras horizontales, representamos los valores de la variable en el eje OY y la frecuencia absoluta o relativa en el eje OX.

En la figura inferior se muestra un diagrama de barras horizontales del ejemplo del color del plumaje de las aves.

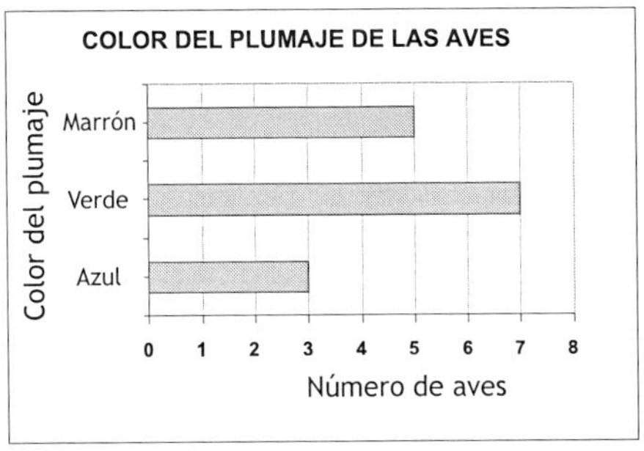

✓ Ejercicios:

1) Representa los datos del ejercicio de *la encuesta sobre la película de cine* (pág. 270) en un diagrama de barras y traza el polígono de frecuencias.

2) Representa los datos del ejercicio del *número de hermanos de los alumnos de la clase* en un diagrama de barras.

Histograma y polígono de frecuencias

Los **histogramas** se utilizan para representar datos correspondientes a variables cuantitativas continuas o variables cuantitativas discretas en las que se han agrupados los valores en intervalos.

Para representar los datos en un histograma, seguimos los siguientes pasos:

- Dibujamos unos ejes cartesianos.
- En el eje de las abscisas representamos los intervalos o clases, y en el eje de ordenadas la frecuencia absoluta o relativa.
- Si todos los intervalos tienen la misma amplitud, para cada intervalo dibujamos un rectángulo que tenga la misma altura que la frecuencia absoluta o relativa de este intervalo. Si tienen amplitudes diferentes, las áreas de los rectángulos deben ser proporcionales a la frecuencia absoluta o relativa. No se deja espacio entre los rectángulos.

En los histogramas también se pueden trazar polígonos de frecuencias. Para hacerlo, unimos con segmentos de recta los puntos medios de los lados superiores de los rectángulos.

Ejemplo: Representa los datos del ejemplo del peso de los bebés (pág. 271) en un histograma y traza el polígono de frecuencias.

Intervalo	x_i	n_i
$(2.000, 2.500]$	2.250	1
$(2.500, 3.000]$	2.750	3
$(3.000, 3.500]$	3.250	4
$(3.500, 4.000]$	3.750	5
$(4.000, 4.500]$	4.250	2
$(4.500, 5.000]$	4.750	1
		16

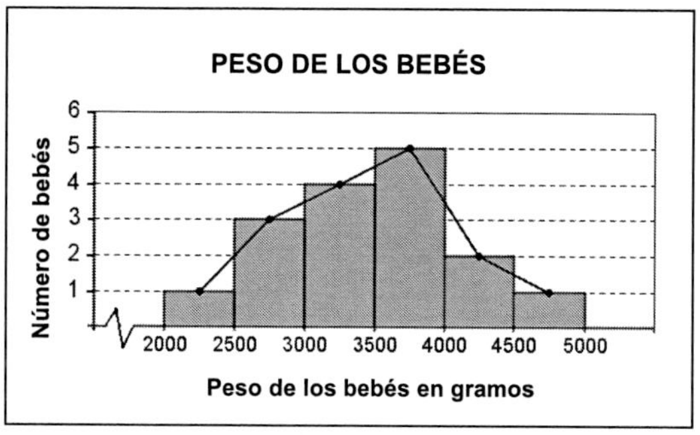

✓ Ejercicios:

1) Representa los datos del ejercicio del *tiempo empleado en realizar una prueba* (pág. 272) en un histograma y traza el polígono de frecuencias.

2) Representa los datos del ejercicio de la *altura de los alumnos de la clase* en un histograma.

Pictograma

Los pictogramas son gráficos estadísticos en los que se utilizan dibujos que representan la variable. Se utilizan para representar datos correspondientes a variables cualitativas o cuantitativas discretas.

Los pictogramas más comunes son diagramas de barras en los que las barras se sustituyen por dibujos que hacen referencia a la variable.

Ejemplo: Representa los datos del ejemplo del *número de libros leídos* (pág. 268) en un pictograma.

x_i	n_i
0	3
1	6
2	8
3	5
4	0
5	3
	$N = 25$

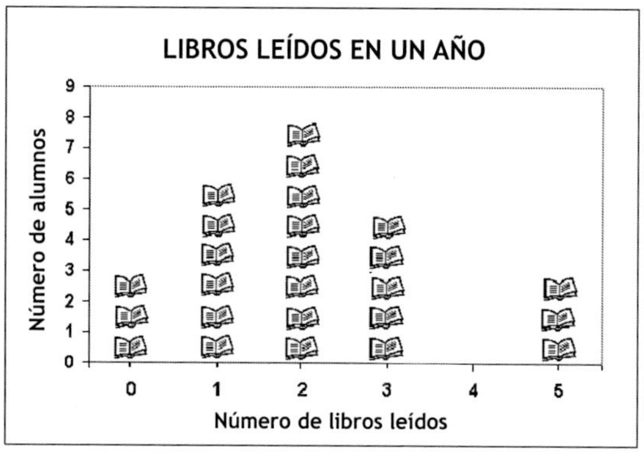

Diagrama de sectores

El diagrama de sectores se puede utilizar para cualquier tipo de variable. Está formado por un círculo (o semicírculo) dividido en tantos sectores como valores o clases toma la variable. La amplitud (ángulo central) de cada sector es proporcional a la frecuencia absoluta y relativa del valor o clase que representa.

Para calcular la amplitud de un sector, α_i, multiplicamos 360° (o 180°, si es un semicírculo) por la frecuencia relativa del valor que representa:

$$\text{Amplitud} = \alpha_i = 360^\circ \cdot f_i = \frac{360^\circ \cdot n_i}{N}$$

! Nota: Aplicando una regla de tres, obtenemos la misma fórmula:

$$\left.\begin{array}{l} N \rightarrow 360^\circ \\ n_i \rightarrow \alpha_i \end{array}\right\} \rightarrow \alpha_i = \frac{360^\circ \cdot n_i}{N} = 360^\circ \cdot f_i$$

Se suele escribir en cada sector el porcentaje que le corresponde.

Ejemplo: Representa los datos del ejemplo del *color del plumaje de las aves* (pág. 268) en un diagrama de sectores.

x_i	n_i	f_i	%	Amplitud
Azul	3	0,2	20 %	$*360^\circ \cdot 0,2 = 72^\circ$
Verde	7	$0,4\widehat{6}$	$46,\widehat{6}\,\%$	$360^\circ \cdot 0,4\widehat{6} = 168^\circ$
Marrón	5	$0,\widehat{3}$	$33,\widehat{3}\,\%$	$360^\circ \cdot 0,\widehat{3} = 120^\circ$
	$N = 15$	1	100	360°

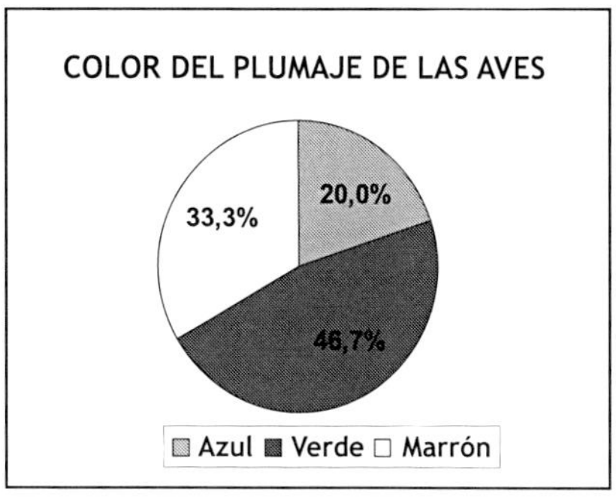

* Utilizando una regla de tres, sería:

$$\left.\begin{array}{l} 15 \rightarrow 360^\circ \\ 3 \;\;\rightarrow x \end{array}\right\} \rightarrow x = \frac{3 \cdot 360}{15} = 72^\circ$$

Ejercicios:

1) Representa los datos del ejercicio del *número de hijos* de un grupo de alumnos del centro de formación de adultos (pág. 271) en un diagrama de sectores.

2) Representa los datos del ejercicio del *sexo de los alumnos de la clase* en un diagrama de sectores.

Gráficos evolutivos

Los gráficos evolutivos se utilizan para representar la evolución de una variable en un período de tiempo determinado. Normalmente son diagramas de líneas o de barras.

En el eje OX se representa el tiempo y en el eje OY el valor de la variable.

Ejemplos:

1) **El gráfico siguiente muestra la evolución del precio medio de la vivienda de segunda mano, en euros por metro cuadrado, en una determinada población a lo largo de varios años:**

a) **¿En qué año el precio medio de la vivienda llegó al máximo en esta población? ¿Cuál fue este precio máximo?**

El precio medio de la vivienda llegó al máximo en enero del 2007. Se pagaron 2.900 €/m².

b) **¿En qué año se incrementó más el precio de la vivienda en esta población? ¿Qué porcentaje de incremento del precio tuvo lugar en ese año respecto del año anterior?**

El año 2004 fue el año en el que más se incrementó el precio de la vivienda. Este incremento fue del 23,07%:

$$\text{Incremento en } \% = \frac{\text{Precio final - Precio inicial}}{\text{Precio inicial}} \cdot \mathbf{100} = \frac{2400-1950}{1950} \cdot 100 = \frac{450}{1950} \cdot 100 = 23,07\%$$

c) **En qué año hubo un descenso más acusado en el precio de la vivienda en esta población? ¿Qué porcentaje de descenso del precio se dio en ese año respecto del año anterior?**

El año 2008 fue el año en el que el descenso fue más acusado. Este descenso fue del 10,71%:

$$\text{Incremento en } \% = \frac{2.500-2.800}{2.800} \cdot 100 = \frac{-300}{2.800} \cdot 100 = -10,71\%$$

2) El siguiente gráfico muestra la evolución de los beneficios, en millones de euros, de una empresa a lo largo del último año:

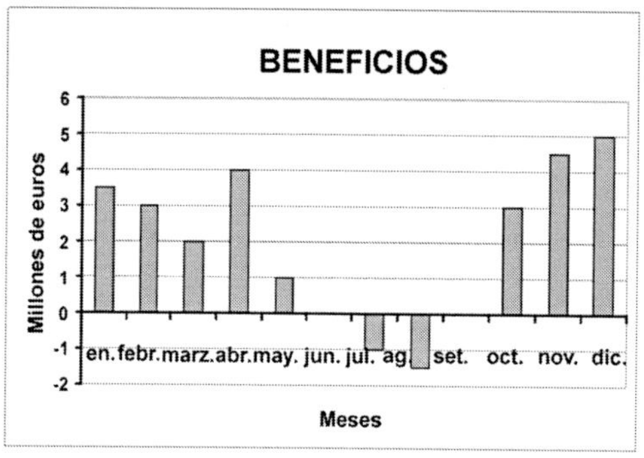

a) **¿Qué mes obtuvo más beneficios? ¿Cuál fue ese beneficio?**

Diciembre fue el mes en el que la empresa obtuvo más beneficios. Ese beneficio fue de 5 millones de euros.

b) **¿Qué meses ha tenido pérdidas?**

Ha tenido pérdidas los meses de julio y agosto.

✓**Ejercicio:** El siguiente gráfico muestra la evolución de la audiencia de un programa de televisión durante las siete semanas seguidas que se emitió:

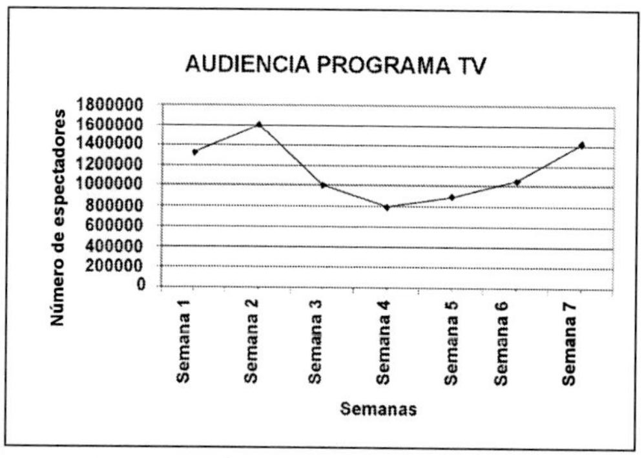

a) ¿Qué semana tuvo más audiencia? ¿Cuántos espectadores vieron el programa aquella semana?

b) ¿Qué semana tuvo menos audiencia? ¿Cuántos espectadores vieron el programa aquella semana?

c) ¿Qué porcentaje de descenso de la audiencia tuvo desde la semana 2 hasta la semana 4?

Gráficos comparativos

En los gráficos comparativos se representan en un mismo gráfico diferentes aspectos de una misma variable o diferentes variables, para poder comparar los datos. Suelen ser diagramas de barras o de líneas.

Ejemplos:

1) **El gráfico siguiente muestra el número de alumnos aprobados y suspendidos en la materia de matemáticas de tres grupos.**

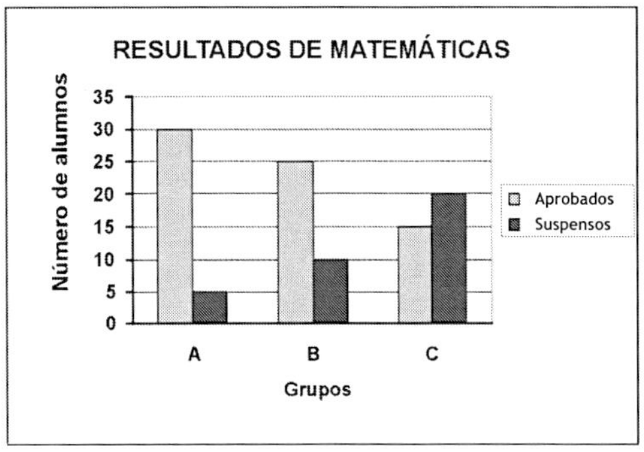

a) En qué grupo aprobaron más alumnos? ¿En qué grupo aprobaron menos?

El grupo en el que aprobaron más alumnos fue el grupo A. El grupo en el que aprobaron menos fue el grupo C.

b) Calcula el porcentaje de alumnos aprobados de cada grupo.

Grup A: $\frac{30}{35} \cdot 100 = 85,71\%$ Grup B: $\frac{25}{35} \cdot 100 = 71,43\%$ Grup C: $\frac{15}{35} \cdot 100 = 42,86\%$

2) **El siguiente gráfico muestra la evolución de las ventas a lo largo de distintos años de dos modelos diferentes de coche que fabrica una misma empresa:**

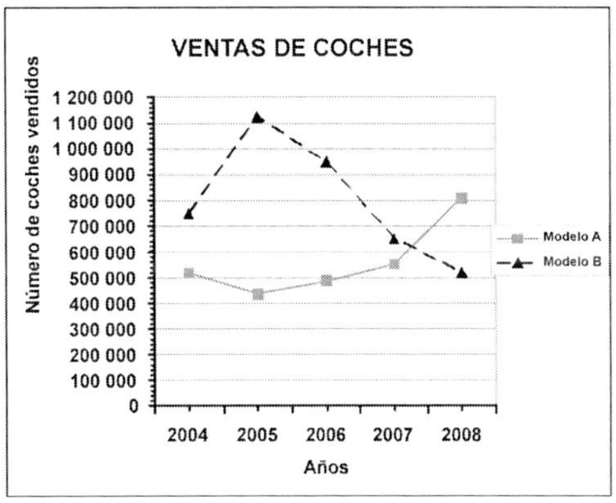

c) ¿En qué año fue mayor la diferencia de coches vendidos entre el modelo A y el B? ¿En qué año fue menor?

En el año 2005 la diferencia fue mayor y en el año 2007 menor.

d) ¿En qué año el incremento en las ventas del coche del modelo A fue mayor? ¿Qué porcentaje de incremento de ventas tuvo aquel año respecto del año anterior?

El año 2008, con un porcentaje de incremento del 45%, aproximadamente:

$$\frac{800.000 - 550.000}{550.000} = \frac{250.000}{550.000} = 45,45\%$$

Ejercicios

Tablas y gráficos

1. Clasifica las variables estadísticas siguientes:

a) Número de páginas de los libros de una colección.

b) Tipo de música que escuchan habitualmente los alumnos de una escuela.

c) Área de los pisos en venta de una determinada población.

d) Duración de un determinado tipo de bombillas.

e) Nivel de estudios de los trabajadores de una empresa.

f) Número de televisores que los alumnos de una clase tienen en su casa.

2. Hacemos un estudio sobre los postres que piden los clientes de un determinado restaurante a lo largo de un día. Los datos obtenidos son:

Flan	Pastel de chocolate	Flan	Pastel de chocolate	Pastel de chocolate
Flan	Pastel de chocolate	Helado	Fruta	Helado
Helado	Flan	Flan	Pastel de chocolate	Flan
Fruta	Pastel de chocolate	Helado	Flan	Pastel de chocolate

a) Haz una tabla de frecuencias.

b) Elabora un diagrama de barras.

3. En las elecciones para elegir delegado o delegada de una clase de treinta alumnos se presentan tres candidatos. Después de hacer la votación y el recuento de votos, obtenemos los siguientes resultados:

Candidato	Número de votos
Ana	15
Sonia	6
Marcos	9

a) Haz una tabla de frecuencias.

b) Elabora un diagrama de sectores.

4. Preguntamos a los 28 alumnos de una clase cuántos televisores tienen en casa. Las respuestas son las siguientes:

1 3 2 2 2 3 3 4 0 1 1 1 2 3 2 2 3 2 3 2 2 2 3 2 3 2 2 2

a) Haz una tabla de frecuencias.

b) Representa los datos por medio de un gráfico estadístico.

c) Calcula el porcentaje de alumnos que tiene más de dos televisores en casa.

d) Calcula el porcentaje de alumnos que tiene un televisor como máximo.

Ejercicios

5. En una revisión médica pesan a 23 trabajadoras de una empresa. Los resultados son los siguientes:

58,5 65,4 60,6 71,5 62,3 60,7 55,5 57,3 65,2 73,3 68,3 63,5 62,9 59,1 67,9
60,3 68,2 63,7 50,1 56,0 52,6 60,5 69,2

a) Haz una tabla de frecuencias.

b) Representa los datos por medio de un gráfico estadístico.

c) Calcula el porcentaje de trabajadoras que pesa como máximo 60 kg.

6. El gráfico siguiente muestra la evolución de los ingresos y los gastos de una familia durante el último año:

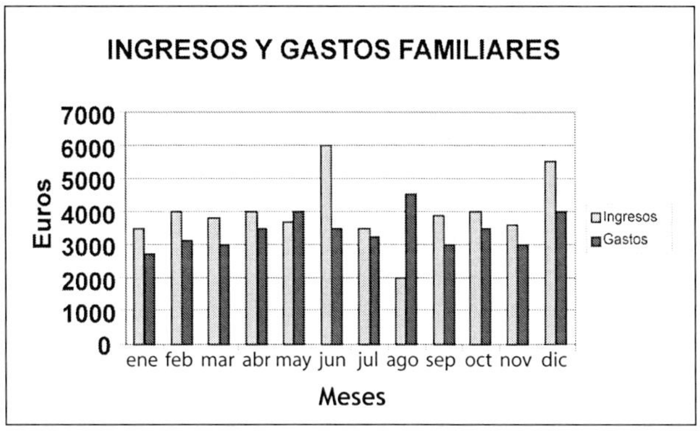

a) ¿Qué mes pudo ahorrar más esta familia? ¿Cuánto dinero ahorró ese mes?

b) ¿Qué meses tuvo más gastos que ingresos?

c) Construye un gráfico evolutivo que refleje el ahorro correspondiente a cada mes.

7. El gráfico siguiente muestra la evolución del precio al que se pagó una acción de una determinada empresa al final del día (cuando cerraba la Bolsa) durante toda una semana:

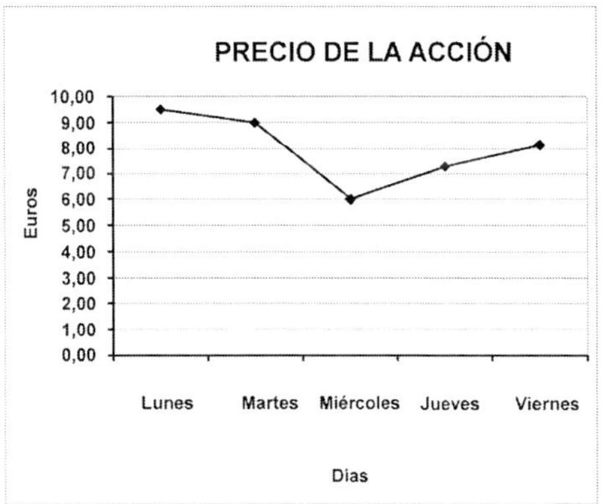

a) ¿Qué día cayó más el precio de la acción? ¿Qué porcentaje descendió respecto del día anterior?

d) ¿Qué día la cotización de la acción fue más alta? ¿A qué precio se pagó al final de ese día?

10.2. PARÁMETROS ESTADÍSTICOS

Para resumir un conjunto de datos estadísticos y describir las características, se definen los parámetros estadísticos. Hay dos tipos: las medidas de centralización y las medidas de dispersión.

10.2.1 Medidas de centralización

Las medidas de centralización (o términos medios) indican cuáles son los valores centrales del conjunto de datos y representan este conjunto de la mejor manera posible.

Las medidas de centralización más utilizadas son la media aritmética, la mediana y la moda. La media y la mediana solo se pueden calcular para variables cuantitativas.

Media aritmética

La media aritmética de un conjunto de datos se calcula sumando todos los datos y dividiendo el resultado por el número total de datos. Se representa con $\overline{x}$.

Ejemplo: Esther ha hecho cinco exámenes de matemáticas durante el primer trimestre y ha obtenido los siguientes resultados:

5 7 7,5 6 8

Calcula la media aritmética de las notas de los cinco exámenes.

$$\overline{x} = \frac{5+7+7,5+6+8}{5} = \frac{33,5}{5} = 6,7$$

Si los valores de la variable se repiten (tienen frecuencia absoluta mayor que 1) o están agrupados en intervalos, calculamos la media aritmética sumando los valores de la variable (o marcas de clase) multiplicados por sus frecuencias absolutas y dividiendo el resultado por el número total de datos.

Así, si $x_1, x_2, ..., x_k$ son los diferentes valores que puede tomar la variable (o las marcas de clase), $n_1, n_2, ..., n_k$ sus frecuencias absolutas respectivas y N el número total de datos, la media aritmética es:

$$\overline{x} = \frac{x_1 \cdot n_1 + x_2 \cdot n_2 + ... + x_k \cdot n_k}{N}$$

La manera más fácil de calcular la media aritmética es añadir a la tabla de frecuencias absolutas la columna $x_i \cdot n_i$:

Ejemplos:

1) Calcula la media aritmética del ejemplo del *número de libros leídos en un año* para un grupo de 25 alumnos (pág. 268).

x_i	n_i	$x_i \cdot n_i$
0	3	0
1	6	6
2	8	16
3	5	15
4	0	0
5	3	15
	$N = 25$	52

$$\overline{x} = \frac{52}{25} = 2,08$$

2) **Calcula la media aritmética del ejemplo del *peso de los bebés* nacidos en un hospital en una semana (pág. 271).**

Intervalo	x_i (marca de clase)	n_i	$x_i \cdot n_i$
$(2.000, 2.500]$	2.250	1	2.250
$(2.500, 3.000]$	2.750	3	8.250
$(3.000, 3.500]$	3.250	4	13.000
$(3.500, 4.000]$	3.750	5	18.750
$(4.000, 4.500]$	4.250	2	8.500
$(4.500, 5.000]$	4.750	1	4.750
		16	55.500

$$\bar{x} = \frac{55.500}{16} = 3.468,75$$

Cuando en un conjunto de datos hay valores extremos (valores que se alejan mucho de la media), la media aritmética pierde representatividad. Los valores extremos tienen mucho peso en el cálculo de la media aritmética. En estos casos, la **mediana** es una medida más representativa.

Mediana

La mediana es el valor de la variable (o marca de clase) que ocupa el lugar central de la serie de datos una vez se han ordenado los datos de forma creciente. Si hay dos valores centrales, la mediana es la media aritmética de estos dos valores (o marcas de clase). Se representa con Me (o M, Md, Med).

La mediana, Me, divide el conjunto de datos por la mitad, de manera que hay el mismo número de datos menores que Me, que mayores que Me.

Ejemplo: **Esther ha hecho cinco exámenes de matemáticas y seis de literatura durante el primer trimestre y ha obtenido los siguientes resultados:**

Matemáticas: 5 7 7,5 6 8

Literatura: 8,25 5 4 6 5,5 6,75

Calcula la mediana de las notas de matemáticas y de literatura.

Ordenamos los datos de forma creciente y marcamos el valor o los valores centrales

Matemáticas: 5 6 $\boxed{7}$ 7,5 8 $\rightarrow Me = 7$

Literatura: 4 5 $\boxed{5,5 \quad 6}$ 6,75 8,25 $\rightarrow Me = \dfrac{5,5+6}{2} = 5,75 \rightarrow Me = 5,75$

Tal como hemos visto en el ejemplo anterior, si el número de datos, N, es impar, hay un lugar central y si es par, hay dos lugares centrales.

Para calcular la mediana cuando hay un número elevado de datos, seguimos los pasos siguientes:

- Elaboramos la tabla de frecuencias que incluye las frecuencias absolutas y acumuladas. Los datos deben estar ordenados de forma creciente.
- Calculamos los lugares centrales:

  - Si N es impar, el lugar central es $\dfrac{N+1}{2}$.
  - Si N es par, los dos lugares centrales son $\dfrac{N}{2}$ y $\dfrac{N}{2}+1$.

Utilizamos la columna de frecuencias acumuladas para averiguar qué valor o valores (o marcas de clase) de la variable ocupan el lugar central o los lugares centrales. Para hacerlo, debemos tener en cuenta que la variable x_i ocupa desde el lugar $N_{i-1} + 1$ hasta el lugar N_i.

Ejemplos:

1) Calcula la mediana del ejemplo del *número de libros leídos en un año* para un grupo de 25 alumnos (pág. 268).

- Calculamos el lugar central: $N = 25 \rightarrow$ impar $\rightarrow$ lugar central = $\frac{N+1}{2} = \frac{25+1}{2} = 13$
- Calculamos el valor que ocupa el lugar 13, a partir de la columna de frecuencias acumuladas:

x_i	n_i	N_i
0	3	3
1	6	9
2	8	**17**
3	5	22
4	0	22
5	3	25
	$N = 25$	

→El valor 2 ocupa del lugar 10 hasta el 17 → $Me = 2$

2) Calcula la mediana del ejemplo del *peso de los bebés* nacidos en un hospital en una semana (pág. 271).

- Calculamos el lugar central:

$N = 16 \rightarrow$ par $\rightarrow$ lugares centrales: $\frac{N}{2} = \frac{16}{2} = 8$ y $\frac{16}{2} + 1 = 9$

- Calculamos la marca o marcas de clase que ocupan los lugares 8 y 9:

Intervalo	x_i (marca de clase)	n_i	N_i
$(2.000,2.500]$	2.250	1	1
$(2.500,3.000]$	2.750	3	4
$\mathbf{(3.000,3.500]}$	3.250	4	**8**
$\mathbf{(3.500,4.000]}$	3.750	5	**13**
$(4.000,4.500]$	4.250	2	15
$(4.500,5.000]$	4.750	1	16
		16	

→ La marca de clase 3.250 ocupa del lugar 5 hasta al 8.
→ La marca de clase 3.750 ocupa del lugar 9 hasta al 13.

$$Me = \frac{3.250 + 3.750}{2} = 3.500$$

Los valores extremos no afectan al cálculo de la mediana y, por tanto, en las distribuciones estadísticas que tienen valores extremos, la mediana es más representativa que la media aritmética.

Ejemplo: Calcula la media y la mediana de los siguientes sueldos, correspondientes a cinco amigos:

1.500 € 1.100 € 1.200 € 5.000 € 1.300 €

Media: $\bar{x} = \frac{1.500 + 1.100 + 1.200 + 5.000 + 1.300}{5} = 2.020 \rightarrow \bar{x} = 2.020 €$

Mediana: 1.100 1.200 **1.300** 1.500 5.000 $Me = 1.300$

La mediana es más representativa que la media aritmética, ya que 5.000 es un valor extremo.

Moda

La moda es el valor de la variable o marca de clase que tiene la mayor frecuencia absoluta. Se representa con Mo. Podemos calcular la moda para todos los tipos de variables.

Puede ser que un conjunto de datos no tenga moda (si todos los datos tienen la misma frecuencia) o que tenga más de una (si hay diversos valores con la misma frecuencia).

Ejemplos:

1) Calcula la moda de los ejemplos del *número de libros leídos en un año* y del *peso de los bebés*.

Número de libros leídos

x_i	n_i	
0	3	
1	6	
2	**8**	→ $Mo = 2$
3	5	
4	0	
5	3	
	$N = 25$	

Peso de los bebés

Intervalo	x_i (marca de clase)	n_i	
$(2.000, 2.500]$	2.250	1	
$(2.500, 3.000]$	2.750	3	
$(3.000, 3.500]$	3.250	4	
$\mathbf{(3.500, 4.000]}$	**3.750**	**5**	→ $Mo = 3.750$
$(4.000, 4.500]$	4.250	2	
$(4.500, 5.000]$	4.750	1	
		16	

También podemos decir que **el intervalo o clase modal** es: $(3.500, 4.000]$

Cálculo de las tres medidas de centralización

Para calcular las tres medidas de centralización, elaboramos una tabla de uno de los dos tipos siguientes:

- Si los datos no están agrupados en intervalos:

x_i	n_i	$x_i \cdot n_i$	N_i

- Si los datos están agrupados en intervalos:

Intervalos	x_i (marca de clase)	n_i	$x_i \cdot n_i$	N_i

Ejemplo: Las notas finales de matemáticas de un grupo de 22 alumnos son las siguientes:

4 5 7 6 8 4 9 3 6 6 8 7 7 6 9 10 5 6 7 6 5 5

Calcula la media aritmética, la mediana y la moda.

x_i	n_i	$x_i \cdot n_i$	N_i
3	1	3	1
4	2	8	3
5	4	20	7
6	**6**	36	**13**
7	4	28	17
8	2	16	19
9	2	18	21
10	1	10	22
	22	**139**	

Media:

$$\bar{x} = \frac{139}{22} = 6{,}32 \rightarrow \bar{x} = 6{,}32$$

Mediana:

$N = 22 \rightarrow$ par

Lugares centrales: $\frac{N}{2} = \frac{22}{2} = 11$ y $\frac{22}{2} + 1 = 12$

$\rightarrow Me = 6$

Moda:

$Mo = 6$

✓ **Ejercicios:**

1) Calcula las medidas de centralización de los ejercicios:

a) *Número de hijos de un grupo de estudiantes de un centro de formación de adultos (* (pg. 271).

b) *Tiempo empleado en realizar una prueba* (pg. 272).

2) Calcula las medidas de centralización de los ejercicios:

a) *Número de hermanos de los alumnos de la clase.*

b) *Altura de los alumnos de la clase.*

Sol.: 1. a) $\bar{x} = 0{,}79$ $Me = 0$; $Mo = 0$ b) $\bar{x} = 42$; $Me = 50$; $Mo = 50$

10.2.2 Medidas de dispersión

Las medidas de centralización no proporcionan suficiente información acerca de la distribución de los datos. Hay distribuciones estadísticas muy diferentes con los mismos términos medios.

Ejemplo: Laura y Noa han obtenido las siguientes notas en cinco pruebas de matemáticas realizadas a lo largo del primer trimestre:

Laura: 5 7 6 7 6

Noa: 10 2 3 6 10

Calcula la media aritmética y la mediana de las notas de cada alumna e interpreta los resultados.

Laura: 5 6 [6] 7 7 $\rightarrow \bar{x} = \frac{31}{5} = 6{,}2 \rightarrow \bar{x} = 6{,}2$; $Me = 6$

Noa: 2 3 [6] 10 10 $\rightarrow \bar{x} = \frac{31}{5} = 6{,}2 \rightarrow \bar{x} = 6{,}2$; $Me = 6$

Las medias aritméticas y las medianas de las notas de las dos alumnas son iguales; aunque, las notas son muy diferentes. Laura es una alumna regular que ha obtenido resultados parecidos en todas las pruebas, mientras que Noa es una alumna muy irregular que ha obtenido resultados muy buenos en algunas pruebas y muy malos en otras.

Para saber si los datos se concentran en torno a los términos medios o están muy separados de estos, se definen las medidas de dispersión.

Las medidas de dispersión indican el grado de separación de los datos. Cuanto mayor sean las medidas de dispersión, más esparcidos o dispersos están los datos y menor representatividad tienen los términos medios.

Las medidas de dispersión más utilizadas son: el rango, la desviación media, la varianza y la desviación típica.

Rango

El rango o recorrido es la diferencia entre el mayor y el menor valor de la variable. Se representa con R.

Si los datos están agrupados en intervalos y no conocemos los valores exactos que toma la variable, calculamos el rango restando a la marca de clase del último intervalo la marca de clase del primero.

Ejemplo: Calcula el rango de las notas de Laura y Noa del ejemplo anterior.

Laura: 5 7 6 7 6 $\rightarrow R = 7 - 5 = 2$

Noa: 10 2 3 6 10 $\rightarrow R = 10 - 2 = 8$

Desviación media

La desviación de un valor x_i respecto a la media $\overline{x}$ es la diferencia entre ellos. Se representa con d_i:

$$d_i = x_i - \overline{x}$$

La desviación media es la media aritmética de los valores absolutos de las desviaciones de los valores de la variable respecto a la media. Se representa con DM:

$$DM = \frac{|x_1 - \overline{x}| \cdot n_1 + |x_2 - \overline{x}| \cdot n_2 + \ldots + |x_k - \overline{x}| \cdot n_k}{N}$$

Si los datos están agrupados en intervalos, se calculan las desviaciones de las marcas de clase.

Se calcula el valor absoluto de las desviaciones para evitar que se anulen entre ellas.

Para calcular la desviación media, creamos una tabla de uno de los dos tipos siguientes:

- Si los datos no están agrupados en intervalos:

x_i	n_i	$x_i \cdot n_i$	$\lvert x_i - \overline{x} \rvert$	$\lvert x_i - \overline{x} \rvert \cdot n_i$

- Si los datos están agrupados en intervalos:

Intervalos	x_i (marca de clase)	n_i	$x_i \cdot n_i$	$\lvert x_i - \overline{x} \rvert$	$\lvert x_i - \overline{x} \rvert \cdot n_i$

Ejemplo: Calcula la desviación media de las notas de Laura y Noa de los ejemplos anteriores.

Laura:

x_i	n_i	$x_i \cdot n_i$	$\lvert x_i - \overline{x} \rvert$	$\lvert x_i - \overline{x} \rvert \cdot n_i$
5	1	5	1,2	1,2
6	2	12	0,2	0,4
7	2	14	0,8	1,6
	$N = 5$	31		3,2

$$\overline{x} = \frac{31}{5} = 6,2$$

$$DM = \frac{3,2}{5} = 0,64 \rightarrow DM = 0,64$$

Noa:

x_i	n_i	$x_i \cdot n_i$	$\lvert x_i - \bar{x}\rvert$	$\lvert x_i - \bar{x}\rvert \cdot n_i$
2	1	2	4,2	4,2
3	1	3	3,2	3,2
6	1	6	0,2	0,2
10	2	20	3,8	7,6
	$N=5$	31		15,2

$$\bar{x} = \frac{31}{5} = 6,2$$

$$DM = \frac{15,2}{5} = 3,04 \rightarrow DM = 3,04$$

La desviación media de las notas de Noa es mucho mayor que la de las notas de Laura.

Varianza y desviación típica

La varianza es la media aritmética de los cuadrados de las desviaciones de los valores de la variable (o de las marcas de clase) respecto a la media. Se representa con σ^2:

$$\sigma^2 = \frac{(x_1-\bar{x})^2 \cdot n_1 + (x_2-\bar{x})^2 \cdot n_2 + ... + (x_k-\bar{x})^2 \cdot n_k}{N}$$

Se elevan las desviaciones al cuadrado para convertirlas en números positivos y evitar que se anulen entre ellas.

La desviación típica es la raíz cuadrada de la varianza. Se representa con σ y es la medida de dispersión más utilizada:

$$\sigma = \sqrt{\frac{(x_1-\bar{x})^2 \cdot n_1 + (x_2-\bar{x})^2 \cdot n_2 + ... + (x_k-\bar{x})^2 \cdot n_k}{N}}$$

Para calcular la varianza y la desviación típica, creamos una tabla de uno de los dos tipos siguientes:

- Si los datos no están agrupados en intervalos:

x_i	n_i	$x_i \cdot n_i$	$\lvert x_i - \bar{x}\rvert$	$(x_i - \bar{x})^2 \cdot n_i$

- Si los datos están agrupados en intervalos:

Intervalos	x_i (marca de clase)	n_i	$x_i \cdot n_i$	$\lvert x_i - \bar{x}\rvert$	$(x_i - \bar{x})^2 \cdot n_i$

Ejemplo: Calcula la varianza y la desviación típica de las notas de Laura y Noa de los ejemplos anteriores.

Laura:

x_i	n_i	$x_i \cdot n_i$	$\lvert x_i - \bar{x}\rvert$	$(x_i - \bar{x})^2 \cdot n_i$
5	1	5	1,2	1,44
6	2	12	0,2	0,08
7	2	14	0,8	1,28
	$N=5$	**31**		**2,8**

$$\bar{x} = \frac{31}{5} = 6,2$$

$$\sigma^2 = \frac{2,8}{5} = 0,56$$

$$\sigma = \sqrt{0,56} = 0,75$$

Noa:

x_i	n_i	$x_i \cdot n_i$	$\lvert x_i - \bar{x}\rvert$	$(x_i - \bar{x})^2 \cdot n_i$
2	1	2	4,2	17,64
3	1	3	3,2	10,24
6	1	6	0,2	0,04
10	2	20	3,8	28,88
	$N=5$	**31**		**56,8**

$$\bar{x} = \frac{31}{5} = 6,2$$

$$\sigma^2 = \frac{56,8}{5} = 11,36$$

$$\sigma = \sqrt{11,36} = 3,37$$

La varianza y la desviación típica de las notas de Noa son mucho mayores que la varianza y la desviación típica de las notas de Laura.

Cálculo de todas las medidas de dispersión

Veamos ejemplos del cálculo de todas las medidas de dispersión que hemos visto.

Ejemplos:

1) Calcula las medidas de dispersión del ejemplo del *número de libros leídos en un año* para un grupo de 25 alumnos (pág. 268).

x_i	n_i	$x_i \cdot n_i$	$\lvert x_i - \bar{x} \rvert$	$\lvert x_i - \bar{x} \rvert \cdot n_i$	$(x_i - \bar{x})^2 \cdot n_i$
0	3	0	2,08	6,24	12,98
1	6	6	1,08	6,48	7
2	8	16	0,08	0,64	0,0512
3	5	15	0,92	4,6	4,23
4	0	0	1,92	0	0
5	3	15	2,92	8,76	25,58
	$N = $ **25**	**52**		**26,72**	**49,84**

$R = 5 - 0 = 5$

$\bar{x} = \dfrac{52}{25} = 2,08$

$DM = \dfrac{26,72}{25} = 1,07$

$\sigma^2 = \dfrac{49,84}{25} = 1,99$

$\sigma = \sqrt{1,99} = 1,41$

2) Calcula las medidas de dispersión del ejemplo del *peso de los bebés* nacidos en un hospital en una semana (pág. 271).

Intervalo	x_i (marca de clase)	n_i	$x_i \cdot n_i$	$\lvert x_i - \bar{x} \rvert$	$\lvert x_i - \bar{x} \rvert \cdot n_i$	$(x_i - \bar{x})^2 \cdot n_i$
(2.000,2.500]	2.250	1	2.250	1.218,75	1.218,75	1.485.351,56
(2.500,3.000]	2.750	3	8.250	718,75	2.156,25	1.549.804,69
(3.000,3.500]	3.250	4	13.000	218,75	875	191.406,25
(3.500,4.000]	3.750	5	18.750	281,25	1.406,25	395.507,81
(4.000,4.500]	4.250	2	8.500	781,25	1.562,5	1.220.703,13
(4.500,5.000]	4.750	1	4.750	1.281,25	1.281,25	1.641.601,56
		16	**55.500**		**8.500**	**6.484.375**

$R = 4.830 - 2.100 = 2.730$ $\quad \bar{x} = \dfrac{55.500}{16} = 3.468,75$ $\quad DM = \dfrac{8.500}{16} = 531,25$

$\sigma^2 = \dfrac{6.484.375}{16} = 405.273,44$ $\quad \sigma = \sqrt{405.273,44} = 636,61$

✓ **Ejercicios:**

1) Calcula las medidas de dispersión de los ejercicios:

a) *Número de hijos de un grupo de estudiantes de un centro de formación de adultos (pág. 271).*

b) *Tiempo empleado en realizar una prueba (pág. 272).*

2) Calcula las medidas de dispersión de los ejercicios:

a) *Número de hermanos de los alumnos de la clase.*

b) *Altura de los alumnos de la clase.*

3) Se pregunta a un grupo de veinte alumnos cuánto dinero se gastaron el último sábado por la noche que salieron. Las respuestas, en euros, son las siguientes:

15 65 25,5 21 34 37 53 50 30 32 45 47 25 36 30 27 18,5 25 35 27

Agrupa los datos en los siguientes intervalos y calcula las medidas de centralización y dispersión de estos datos:

$$[10,20),\ [20,30),\ [30,40),\ [40,50),\ [50,60),[60,70)$$

Sol.:

1. a) $R=3;\ DM=0,84;\ \sigma^2=0,88;\ \sigma=0,94$ **b)** $R=60;\ DM=12,40;\ \sigma^2=216;\ \sigma=14,7$

3. $\bar{x}=34,5;\ Me=35;\ Mo=35;\ R=50;\ DM=9,60;\ \sigma^2=164,75;\ \sigma=12,84$

Ejercicios

1. Para hacer un estudio sobre la altura de los edificios de dos barrios de una ciudad, elegimos una muestra representativa formada por quince edificios de cada barrio y obtenemos los siguientes datos:

Barrio A	
Nº de plantas	Nº de edificios
1	7
2	0
3	2
4	1
5	2
6	3

Barrio B	
Nº de plantas	Nº de edificios
1	0
2	2
3	11
4	2
5	0
6	0

Calcula, para cada barrio, las medidas de centralización y dispersión del número de plantas que tienen los edificios e interpreta los resultados.

2. La siguiente tabla da información sobre la distribución de los sueldos de los catorce trabajadores de una empresa.

Sueldo (en €)	Nº de trabajadores
$(1000,1500]$	2
$(1500,2000]$	5
$(2.000,2.500]$	6
$(2.500,3.000]$	1

Calcula las medidas de centralización y dispersión de los sueldos de los trabajadores de esta empresa.

3. Para hacer un estudio sobre la dieta de un grupo de treinta personas, les preguntamos cuántas veces a la semana comen pescado. Las respuestas son las siguientes:

3 2 5 4 7 3 2 4 2 2 3 4 3 2 4 2 3 3 4 3 2 2 0 3 0 1 3 2 1 5

Calcula las medidas de centralización y dispersión de estos datos.

Ejercicios

4. Preguntamos a 25 personas cuántas horas semanales dedican aproximadamente a ver la televisión. Obtenemos los siguientes resultados:

Horas	Personas
$(0,5]$	4
$(5,10]$	9
$(10,15]$	10
$(15,20]$	2

Calcula las medidas de centralización y dispersión de estos datos.

Tema 11 Probabilidad

En este tema

- 11.1 Experimentos aleatorios. Sucesos.
- 11.2. Probabilidad.
- 11.3. Experimentos compuestos. Diagramas en árbol.

11.1 EXPERIMENTOS ALEATORIOS. SUCESOS

11.1.1 Experimentos aleatorios. Espacio muestral

Decimos que un experimento es **aleatorio** si no podemos conocer el resultado antes de que tenga lugar. Si podemos determinar el resultado del experimento antes de realizarlo, el experimento se llama **determinista**.

Ejemplos:

1) Son experimentos aleatorios:

- Lanzar un dado y observar la puntuación (lo llamaremos: "lanzar un dado").
- Lanzar una moneda y observar si sale cara (O) o cruz (X) (lo llamaremos: "lanzar una moneda").
- Sacar una carta de una baraja.

2) Son experimentos deterministas:

- Medir el perímetro de un cuadrado que mide 2 cm de lado.
- Calentar agua destilada y observar a qué temperatura comienza a hervir.
- Pesar un litro de agua destilada.

El conjunto de todos los resultados posibles de un experimento aleatorio se llama espacio muestral. Se representa con **Ω** o con **E.**

Ejemplos:

1) En el experimento aleatorio "lanzar un dado", el espacio muestral es: $\Omega = \{1,2,3,4,5,6\}$.

2) En el experimento aleatorio "lanzar una moneda", el espacio muestral es: $\Omega = \{O, X\}$.

3) En el experimento aleatorio "lanzar dos moneda", el espacio muestral es:

$$\Omega = \{(O,O),\ (O,X),\ (X,O),\ (X,X)\}$$

11.1.2 Sucesos

Un suceso de un experimento aleatorio es un subconjunto del espacio muestral. Utilizamos letras mayúsculas para representar los sucesos: A, B, C, etc.

Ejemplos: Son sucesos del experimento aleatorio "lanzar un dado":

1. $A =$ Obtener un 5 = $\{5\}$

2. $B =$ Obtener un número par = $\{2,4,6\}$

3. $C =$ Obtener un número mayor que 3 = $\{4,5,6\}$

Diremos que un suceso A se produce, se cumple o se verifica si el resultado obtenido pertenece a A.

Tipo de sucesos

Sucesos elementales

Un suceso elemental es cada uno de los resultados posibles de un experimento aleatorio. Están formados por un solo elemento del espacio muestral.

Ejemplo: Obtener un 5 en el experimento aleatorio "lanzar un dado": $A = \{5\}$

Sucesos compuestos

Un suceso compuesto está formado por dos o más elementos del espacio muestral, es decir, por dos o más sucesos elementales.

Ejemplo: Obtener un número par en el experimento aleatorio "lanzar un dado": $B = \{2,4,6\}$

Sucesos imposibles

Un suceso imposible es aquel que no se produce nunca. Se representa con $\varnothing$ y es un conjunto vacío.

Ejemplo: Obtener un número mayor que 6 en el experimento aleatorio "lanzar un dado": $C = \{\varnothing\}$

Sucesos seguros

Un suceso seguro es aquel que siempre se produce. Coincide con el espacio muestral Ω.

> **Ejemplo: Obtener un número menor que 7 en el experimento aleatorio "lanzar un dado": $D = \Omega$**

Sucesos contrarios o complementarios

Un suceso contrario o complementario de otro suceso A es aquel formado por todos los elementos de Ω que no pertenecen a A. Por tanto, solo se produce cuando no se produce A. Se representa con $\overline{A}$.

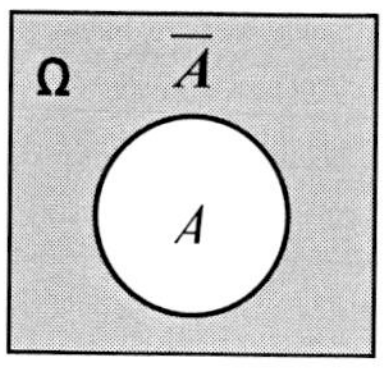

> **Ejemplo: Si A = "Obtener un 5" en el experimento aleatorio "lanzar un dado", el suceso contrario de A es:**
> $\overline{A} = \{1,2,3,4,6\}$

11.1.3 Operaciones con sucesos

Unión de sucesos

Dados los sucesos A y B de un experimento aleatorio, el suceso unión de A y B es otro suceso que se produce cuando se produce A o B, o ambos. Se representa con $A \cup B$ y contiene todos los elementos de A y de B.

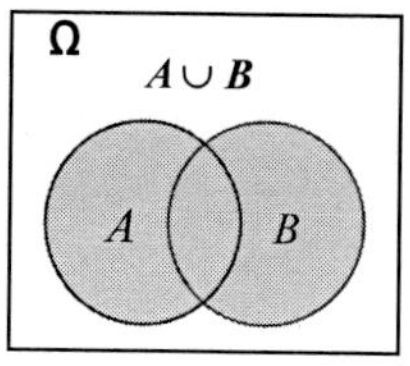

Intersección de sucesos

Dados los sucesos A y B de un experimento aleatorio, el suceso intersección de A y B es otro suceso que se produce cuando se producen A y B simultáneamente. Se representa con $A \cap B$ y contiene todos los elementos comunes de A y de B.

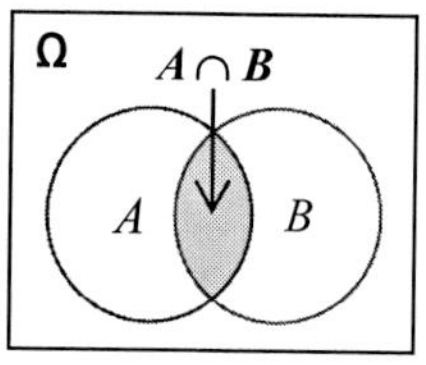

> **Ejemplo: En el experimento aleatorio "lanzar un dado", consideramos los siguientes sucesos:**
>
> A = **"Obtener un número par"** $= \{2,4,6\}$
>
> B = **"Obtener un número mayor que 3"** $= \{4,5,6\}$
>
> C = **"Obtener un número primo"** $= \{2,3,5\}$
>
> **Calcula:**
>
> a) $A \cup B$ = "Obtener un número par **o** mayor que 3" $= \{2,4,5,6\}$
>
> b) $A \cap B$ = "Obtener un número par **y** mayor que 3" $= \{4,6\}$
>
> ✓ **Ejercicio:** Del ejemplo anterior, calcula:
>
> a) $A \cup C =$ b) $B \cup C =$ c) $A \cap C =$ d) $B \cap C =$

Dos sucesos son **incompatibles** si no se pueden producir simultáneamente. Por tanto, la intersección de dos sucesos incompatibles es el conjunto vacío:

$$A \text{ y } B \text{ son incompatibles} \leftrightarrow A \cap B = \varnothing$$

> **Ejemplo: En el experimento aleatorio "lanzar un dado", los sucesos A = "Obtener un 5" y B = "Obtener un número par" son incompatibles.**

11.2 PROBABILIDAD

11.2.1 Probabilidad de un suceso

Ley empírica del azar. Definición intuitiva de probabilidad

Cuando repetimos un experimento aleatorio un cierto número de veces, llamamos frecuencia relativa de un suceso A al cociente entre el número de veces que se produce A y el número de veces que repetimos el experimento. La representamos con $f(A)$:

$$f(A) = \frac{\text{N° de veces que se produce A}}{\text{N° de veces que se repite el experimento}}$$

De esta definición se deduce que $f(A)$ es un número comprendido entre 0 y 1.

Según la ley empírica del azar (o ley de los grandes números), a medida que aumentamos el número de repeticiones del experimento, la frecuencia relativa del suceso A tiende a aproximarse a un valor constante. Este valor recibe el nombre de probabilidad del suceso A y se representa con $P(A)$.

Propiedades de la probabilidad de un suceso

La probabilidad de un suceso A, $P(A)$, es un número comprendido entre 0 y 1 que mide el grado de certeza de que se produzca A (nos indica el tanto por uno de veces que previsiblemente se producirá A).

$P(A)$ verifica las siguientes propiedades:

- $0 \leq P(A) \leq 1$.
- $P(A) = 0$ si, y solo si, A es un suceso imposible.
- $P(A) = 1$ si, y solo si, A es un suceso seguro.
- $P(\Omega) = 1$.
- La suma de las probabilidades de todos los sucesos elementales de un experimento es 1.
- $P(A \cup B) = P(A) + P(B) - P(A \cap B)$ (si A y B son incompatibles, $P(A \cup B) = P(A) + P(B)$)
- $P(\overline{A}) = 1 - P(A)$

11.2.2 Regla de Laplace

Cuando todos los sucesos elementales de un experimento son equiprobables (tienen la misma probabilidad de producirse), podemos calcular la probabilidad de un suceso A aplicando la regla de Laplace:

$$\boldsymbol{P(A)} = \frac{\textbf{N° de casos favorables a } \boldsymbol{A}}{\textbf{N° de casos posibles}}$$ → **Regla de Laplace**

N° de casos favorables a A = N° de resultados que forman el suceso A

N° de casos posibles = N° de resultados posibles del experimento

= N° de elementos del conjunto Ω

Ejemplos:

1) En el experimento aleatorio "lanzar un dado", consideramos los siguientes sucesos:

$\boldsymbol{A}$ = "Obtener un número par" $= \{\mathbf{2,4,6}\}$

$\boldsymbol{B}$ = "Obtener un número mayor que 1" $= \{\mathbf{2,3,4,5,6}\}$

Calcula:

a) $\boldsymbol{P(A)} = \frac{\text{Casos favorables}}{\text{Casos posibles}} = \frac{3}{6} = \frac{1}{2} = 0{,}5$ b) $\boldsymbol{P(B)} = \frac{\text{Casos favorables}}{\text{Casos posibles}} = \frac{5}{6} = 0{,}8\widehat{3}$

2) **En el experimento aleatorio "sacar una carta de una baraja española de 48 cartas", consideramos los sucesos siguientes:**

A = **"Sacar un rey"** B = **"Sacar una figura"** C = **"Sacar una copa"**

Calcula:

a) $P(A)=\dfrac{\text{Casos favorables}}{\text{Casos posibles}}=\dfrac{4}{48}=\dfrac{1}{12}=0{,}08\widehat{3}$ $A=\{12e,12o,12c,12b\}$ (4 reyes)

b) $P(B)=\dfrac{\text{Casos favorables}}{\text{Casos posibles}}=\dfrac{12}{48}=\dfrac{1}{4}=0{,}25$ $B=\{10e,11e,12e,10o,11o,12o$ $10c,11c,12c,10b,11b,12b\}$ (12 figuras)

c) $P(C)=\dfrac{\text{Casos favorables}}{\text{Casos posibles}}=\dfrac{12}{48}=\dfrac{1}{4}=0{,}25$ $C=\{1c,2c,3c,4c,5c,6c,7c,$ $8c,9c,10c,11c,12c\}$ (12 copas)

d) $P(A\cup C)=P(\text{"sacar rey o copa"})=\dfrac{\text{Casos favorables}}{\text{Casos posibles}}=\dfrac{15}{48}=\dfrac{5}{16}=0{,}3125$

e) $P(A\cap C)=P(\text{"sacar rey y copa"})=\dfrac{\text{Casos favorables}}{\text{Casos posibles}}=\dfrac{1}{48}\approx 0{,}021$

f) $P(\overline{C})=1-P(\overline{C})=1-\dfrac{1}{4}=\dfrac{3}{4}=0{,}75$

3) **En el experimento aleatorio "lanzar dos dados cúbicos", calcula la probabilidad de obtener:**

a) **Dos unos.**

b) **Dos puntuaciones iguales.**

c) **Una suma igual a 6.**

Antes de calcular las probabilidades solicitadas, escribimos todos los sucesos elementales del espacio muestral (resultados posibles del experimento) en una tabla de doble entrada:

	1	**2**	**3**	**4**	**5**	**6**
1	(1,1)	(2,1)	(3,1)	(4,1)	(5,1)	(6,1)
2	(1,2)	(2,2)	(3,2)	(4,2)	(5,2)	(6,2)
3	(1,3)	(2,3)	(3,3)	(4,3)	(5,3)	(6,3)
4	(1,4)	(2,4)	(3,4)	(4,4)	(5,4)	(6,4)
5	(1,5)	(2,5)	(3,5)	(4,5)	(5,5)	(6,5)
6	(1,6)	(2,6)	(3,6)	(4,6)	(5,6)	(6,6)

a) **Dos unos.**

P ("Obtener dos unos") = $\dfrac{\text{Casos favorables}}{\text{Casos posibles}}=\dfrac{1}{36}=0{,}02\widehat{7}$ "Obtener dos unos"= $\{(1,1)\}$

b) **Dos puntuaciones iguales.**

P ("Obtener dos puntuaciones iguales") = $\dfrac{\text{Casos favorables}}{\text{Casos posibles}}=\dfrac{6}{36}=\dfrac{1}{6}=0{,}1\widehat{6}$

"Obtener dos puntuaciones iguales" = $\{(1,1), (2,2), (3,3), (4,4), (5,5), (6,6)\}$

c) **Una suma igual a 6.**

P ("Obtener una suma igual a 6") = $\dfrac{\text{Casos favorables}}{\text{Casos posibles}}=\dfrac{5}{36}=0{,}13\widehat{8}$

"Obtener una suma igual a 6"= $\{(1,5), (5,1), (4,2), (2,4), (3,3)\}$

4) La tabla siguiente muestra el número de trabajadores y trabajadoras de una empresa de fumadores/as y no fumadores/as.

	Fumador/a	No fumador/a
Mujer	22	40
Hombre	17	33

Si seleccionamos una persona al azar que trabaja en esta empresa, calcula:

a) La probabilidad de que sea una mujer.
b) La probabilidad de que sea un hombre.
c) La probabilidad de que sea fumador o fumadora.
d) La probabilidad de que sea una mujer fumadora.
e) La probabilidad de que sea fumadora si sabemos que es una mujer.
f) La probabilidad de que sea fumador si sabemos que es un hombre.

Para poder calcular las probabilidades que nos piden, necesitamos calcular los totales de cada fila y columna.

	Fumador/a	No fumador/a	
Mujer	10	52	62
Hombre	17	33	50
	27	85	N =112

a) P ("Sea mujer") = $\dfrac{\text{Casos favorables}}{\text{Casos posibles}} = \dfrac{62}{112} = \dfrac{31}{56} \approx 0{,}55$

b) P ("Sea hombre") = $\dfrac{\text{Casos favorables}}{\text{Casos posibles}} = \dfrac{50}{112} = \dfrac{25}{56} \approx 0{,}45$

c) P ("Sea fumador/a") = $\dfrac{\text{Casos favorables}}{\text{Casos posibles}} = \dfrac{27}{112} \approx 0{,}24$

d) P ("Sea mujer fumadora") = $\dfrac{\text{Casos favorables}}{\text{Casos posibles}} = \dfrac{10}{112} = \dfrac{5}{56} \approx 0{,}09$

e) P ("Sea fumadora, sabiendo que es mujer") = $\dfrac{\text{Casos favorables}}{\text{Casos posibles}} = \dfrac{10}{62} = \dfrac{5}{31} \approx 0{,}16$

f) P ("Sea fumador, sabiendo que es hombre") = $\dfrac{\text{Casos favorables}}{\text{Casos posibles}} = \dfrac{17}{50} = 0{,}34$

✓ Ejercicios:

1) En una bolsa hay dos bolas verdes, tres grises y cinco blancas. En el experimento que consiste en sacar una bola de la bolsa y observar el color consideramos los sucesos siguientes:

V = "Sacar una bola verde" G ="Sacar una bola gris" B = "Sacar una bola blanca"

Calcula:

a) $P(V) =$ **c)** $P(B) =$ **e)** $P(V \cup B) =$

b) $P(\overline{V}) =$ **d)** $P(G) =$ **f)** $P(V \cap B) =$

2) En el experimento aleatorio "lanzar dos monedas", calcula la probabilidad de obtener:

a) Dos caras. c) Una cara y una cruz.
b) Dos cruces. d) Al menos una cruz.

3) En el experimento aleatorio "lanzar dos dados", calcula la probabilidad de obtener:

a) Al menos un tres.

b) Dos números diferentes.

c) Una suma superior a 9.

d) Una suma impar.

4) La tabla siguiente muestra el número de estudiantes de inglés de una escuela de idiomas clasificados por edad y por su nivel de lengua inglesa:

	Nivel elemental	Nivel intermedio	Nivel avanzado
Menores de edad (<18 años)	8	8	4
Mayores de edad (≥18 años)	15	21	4

Si seleccionamos un/a estudiante de inglés al azar de esta escuela, calcula:

a) La probabilidad de que sea menor de edad.

b) La probabilidad de que tenga nivel avanzado.

c) La probabilidad de que sea una persona mayor de edad con nivel intermedio.

d) La probabilidad de que tenga nivel avanzado si sabemos que es una persona menor de edad.

e) La probabilidad de que sea menor de edad si sabemos que tiene nivel avanzado.

11.3 EXPERIMENTOS COMPUESTOS. DIAGRAMAS EN ÁRBOL

Un experimento compuesto está formado por dos o más experimentos aleatorios simples.

Ejemplos: Lanzar dos dados, sacar dos bolas de una bolsa, lanzar una moneda tres veces, sacar dos cartas de una baraja española, etc.

A veces, para calcular probabilidades de sucesos de experimentos compuestos, es conveniente utilizar un diagrama en árbol, que tiene las siguientes características:

- Cada camino del diagrama representa un resultado del experimento compuesto y cada rama representa un resultado de uno de los experimentos simples.
- En cada rama del camino escribimos la probabilidad del resultado que representa.
- La probabilidad de un camino se calcula multiplicando las probabilidades de sus ramas.
- La probabilidad de un suceso se calcula sumando las probabilidades de los caminos correspondientes a los resultados que pertenecen al suceso.
- La suma de las probabilidades de todos los caminos es igual a 1

Ejemplos:

1) En una bolsa hay cinco bolas verdes y tres grises. Se extraen dos bolas sin devolución y se obser el color. Calcula la probabilidad de que:

a) Las dos bolas sean verdes.

b) Una bola sea verde y la otra gris.

c) Las dos bolas sean del mismo color.

d) Al menos una bola sea verde.

Consideramos los sucesos: V = "Sacar bola verde" y G = "Sacar bola gris"

Elaboramos un diagrama en árbol:

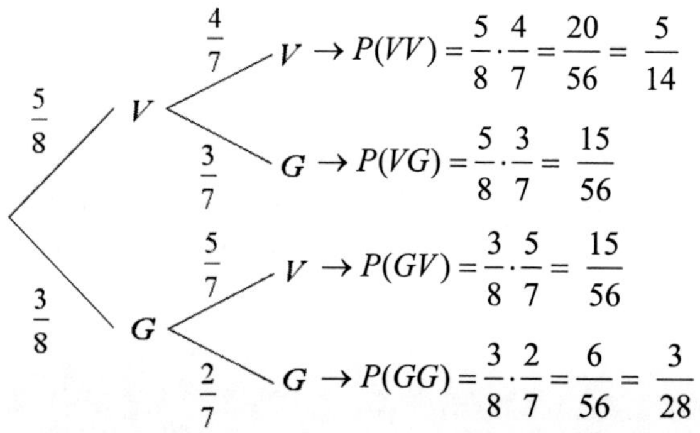

a) Las dos bolas sean verdes.

$P(VV) = \dfrac{5}{14}$

b) Una bola sea verde y la otra gris.

P ("Sacar una de verde y una gris".) = $P(VG) + P(GV) = \dfrac{15}{56} + \dfrac{15}{56} = \dfrac{30}{56} = \dfrac{15}{28} \approx 0,54$

c) Las dos bolas sean del mismo color.

P ("Sacar dos del mismo color") = $P(VV) + P(GG) = \dfrac{5}{14} + \dfrac{3}{28} = \dfrac{13}{28} \approx 0,46$

d) Al menos una bola sea verde.

P ("Sacar al menos una verde") = $1 - P(GG) = 1 - \dfrac{3}{28} = \dfrac{25}{28} \approx 0,89$

2) Se lanza una moneda tres veces. Calcula la probabilidad de obtener

a) Tres cruces seguidas. **b) Dos cruces y una cara, en el orden que sea.**

Consideramos los sucesos: O = "Sacar cara" X = "Sacar cruz".

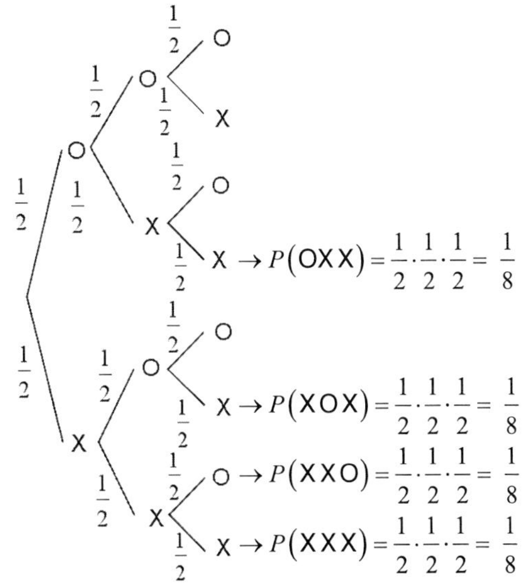

a) $P(XXX) = \dfrac{1}{2} \cdot \dfrac{1}{2} \cdot \dfrac{1}{2} = \dfrac{1}{8} = 0,125$

b) P (" Sacar dos cruces y una cara ") = $P(OXX) + P(XOX) + P(XXO) = \dfrac{1}{8} + \dfrac{1}{8} + \dfrac{1}{8} = \dfrac{3}{8} = 0,375$

3) En un establecimiento comercial hay 25 paquetes de CD a la venta, de los cuales cinco contienen unidades defectuosas. Si compramos dos de estos paquetes, ¿cuál es la probabilidad de que no nos salga ningún paquete defectuoso?

Consideramos los sucesos:

D = "comprar un paquete defectuoso" $\overline{D}$ = "comprar un paquete no defectuoso"

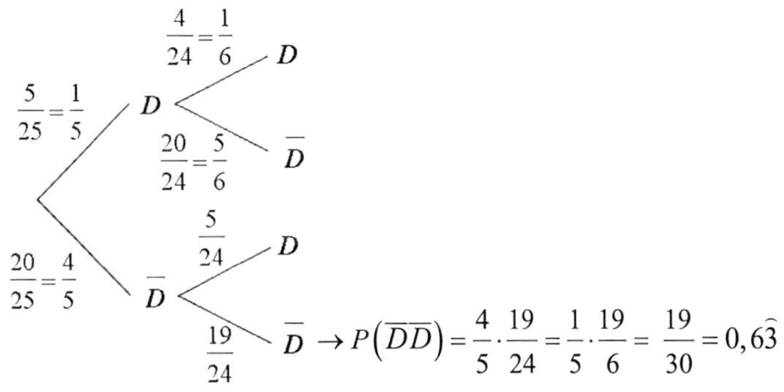

P (" No salga ningún defectuoso ") = $P\left(\overline{D}\,\overline{D}\right) = \dfrac{19}{30} = 0,6\widehat{3}$

✓ Ejercicios:

1. En una bolsa hay dos bolas blancas y tres negras. Se extraen dos bolas con devolución y se observa el color. Calcula la probabilidad de que:
   a) Las dos bolas sean blancas.
   b) Sean de colores diferentes.
   c) Las dos sean del mismo color.
   d) Al menos una sea negra.

2. Se extraen dos cartas de una baraja española de 48 cartas sin devolución. ¿Cuál es la probabilidad de obtener dos figuras?.

Ejercicios

1. En el experimento consistente en lanzar un dado y observar la puntuación, consideramos los siguientes sucesos:

   A = "Obtener un múltiplo de 3"
   B = "Obtener un divisor de 4"
   C = "Obtener un número impar"
   D = "Obtener un número menor que 5"

   Calcula:
   a) $P(A)$
   b) $P(B)$
   c) $P(C)$
   d) $P(D)$
   e) $P(A\cup C)$
   f) $P(A\cap C)$
   g) $P(A\cap B)$
   h) $P(\overline{A})$

2. En el experimento consistente a sacar una carta de una baraja española de 48 cartas, calcula la probabilidad de que sea:
   a) Sota.
   b) Figura y espada.
   c) Copa u oros.
   d) Figura o espada.
   e) Copa y oros.
   f) Caballo o espada.

3. En una rifa de mil números (del 000 al 999) se sortea un viaje. Calcula:
   a) La probabilidad de ganar el premio si compramos cinco números.
   b) La probabilidad de que el número premiado acabe en 5.

4. En el experimento consistente en lanzar dos dados cúbicos y observar la puntuación, calcula la probabilidad de obtener:
   a) Dos 4.
   b) Una suma igual a 8.
   c) Una suma par.
   d) Un producto igual a 6.

5. En el experimento consistente en lanzar una moneda y un dado, calcula la probabilidad de obtener una cara y un 5.

6. En una bolsa hay diez bolas numeradas del 1 al 10. Si extraemos una bola de la bolsa, calcula la probabilidad de:
   a) Sacar un 7.
   b) Sacar un número menor que 7.
   c) Sacar un número igual o superior a 7.
   d) Sacar un múltiplo de 5.
   e) Sacar un divisor de 6.
   f) Sacar un número primo.

7. La siguiente tabla muestra el número de trabajadores y trabajadoras de una empresa que practican deporte y que no practican:

	Practica deporte	**No practica deporte**
Mujer	32	40
Hombre	33	15

   Si seleccionamos un trabajador/a al azar de esta empresa, calcula:
   a) La probabilidad de que sea una mujer.
   b) La probabilidad de que sea un hombre.
   c) La probabilidad de que practique deporte.
   d) La probabilidad de que sea una mujer y practique deporte.
   e) La probabilidad de que sea hombre si sabemos que practica deporte.
   f) La probabilidad de que practique deporte si sabemos que es mujer.

Ejercicios

8. En una bolsa hay dos bolas blancas y tres negras. Se extraen dos bolas sin devolución y se observa el color. Calcula la probabilidad de que:

a) Las dos bolas sean blancas.

b) Sean de colores diferentes.

c) Las dos sean del mismo color.

d) Al menos una sea negra.

9. En un concurso, a un participante que ha quedado eliminado se le da una última oportunidad. Con los ojos vendados debe elegir una de las urnas de la figura, en las que hay bolas blancas y bolas negras, y sacar una bola de esta urna

Sacar una bola blanca le permite continuar en el concurso. ¿Cuál es la probabilidad de que pueda continuar?

10. Una de las pruebas de unas oposiciones consiste en desarrollar un tema de los setenta que componen el temario. El día de la prueba se extraen dos bolas de una bolsa que contiene setenta bolas numeradas del 1 al 70. Los y las participantes deben elegir uno de los dos temas correspondientes a las bolas que han salido y desarrollarlo.

Si un participante ha estudiado 25 temas, ¿cuál es la probabilidad de que al menos una de las dos bolas que se extraen corresponda a uno de los temas estudiados?

11. Se extraen dos cartas de una baraja española de 48 cartas sin devolución. ¿Cuál es la probabilidad de que se obtengan dos reyes?

12. En una caja hay tres monedas. La primera es normal, la segunda contiene dos cruces y la tercera está trucada de manera que la probabilidad de que salga cara es 1/4. Si se coge una moneda de la caja al azar y se lanza, ¿cuál es la probabilidad de que sea cruz? ¿Y cara?

13. En una reunión hay 15 hombres y 20 mujeres. Sabemos que hay cinco hombres fumadores y cuatro mujeres fumadoras. Si elegimos una persona de la reunió al azar, ¿cuál es la probabilidad de que sea una mujer fumadora?

14. En un examen hay dos preguntas de tipo test con cuatro respuestas posibles cada una, de las cuales solo una es correcta. Si elegimos las respuestas de estas dos preguntas al azar, ¿cuál es la probabilidad que tenemos de acertar las dos? ¿y de acertar al menos una?

✓ Solucionario

TEMA 1 • CONJUNTOS NUMÉRICOS

1.1 Números naturales. Divisibilidad (Página 4)

1. **6** → *6, 12, 18, 24, 30.* **25** → *25, 50, 75, 100, 125.* **8** → *8, 16, 24, 32, 40.*
12 → *12, 24, 36, 48, 60.* **15** → *15, 30, 45, 60, 75.* **9** → *9, 18, 27, 36, 45.*
4 → *4, 8, 12, 16, 20.* **11** → *11, 22, 33, 44, 55.* **20** → *20, 40, 60, 80, 100.*
7 → *7, 14, 21, 28, 35.* **30** → *30, 60, 90, 120, 150.* **45** → *45, 90, 135, 180, 225.*

2. **6** → *1, 2, 3, 6.* **25** → *1, 5, 25.* **4** → *1, 2, 4.*
8 → *1, 2, 4, 8.* **12** → *1, 2, 3, 4, 6,12* **11** → *1, 11.*
15 → *1, 3, 5, 15.* **9** → *1, 3, 9.* **20** → *1, 2, 4, 5, 10, 20.*
7 → *1, 7.* **30** → *1, 2, 3, 5, 6, 10, 15, 30.* **45** → *1, 3, 5, 9, 15, 45.*

3. **2** → *32, 20, 48, 92, 1220.* **3** → *285, 93, 318, 225, 31242.*
5 → *20, 350, 355, 35, 10.* **10** → *200, 350, 70, 110.*
9 → *585, 504, 9756, 594, 9.* **6** → *36, 336, 84, 552.*
4 → *36, 424, 1200, 1336, 4252, 1340.*

4. 41, 97, 2, 5, 7, 61.

5. Sí. Si un número es múltiplo de 5 y de 3, estos dos factores aparecen en su descomposición factorial: El número se puede descomponer como $n\cdot 3\cdot 5 = n\cdot 15$ (donde n es un número natural); por lo tanto, es un múltiplo de 15.
Ejemplo: 90 es múltiplo de 3 y de 5 → 90 es múltiplo de 15: $90=\underbrace{2\cdot 3}_{n}\cdot\mathbf{3}\cdot\mathbf{5} = \underbrace{6}_{n}\cdot 3\cdot 5 = \underbrace{6}_{n}\cdot\mathbf{15}$

6. **a)** $m.c.d. = 18$; $m.c.m. = 216$ **d)** $m.c.d. = 20$; $m.c.m. = 240$
b) $m.c.d. = 35$; $m.c.m. = 490$ **e)** $m.c.d. = 7$; $m.c.m. = 490$
c) $m.c.d. = 2$; $m.c.m. = 60$ **f)** $m.c.d. = 20$; $m.c.m. = 12.600$

7. Coincidirán cada 150 minutos, es decir, cada dos horas y media.

8. Hará 126 bolsas. En cada bolsa habrá: 2 piezas de fruta, 3 bocadillos y 5 caramelos.

Soluciones de los ejercicios de la teoría (Página 1)

Múltiplos de 4 → 4, 8, 12, 16, 20.

Múltiplos de 7 → 7, 14, 21, 28, 35.

Divisores de 8 → 1, 2, 4, 8.

Divisores de 20 → 1, 2, 4, 5, 10, 20.

Divisores de 150 → 1, 2, 3, 5, 6, 10, 15, 25, 30, 50, 75, 150.

Números primos hasta el 100 → 2, 3, 5, 7, 11, 13, 17, 19, 23, 29, 31, 37, 41, 43, 47, 53, 59, 61, 67, 71, 73, 79, 83, 89, 97.

1.2 Números enteros (Páginas 9 - 11)

1.

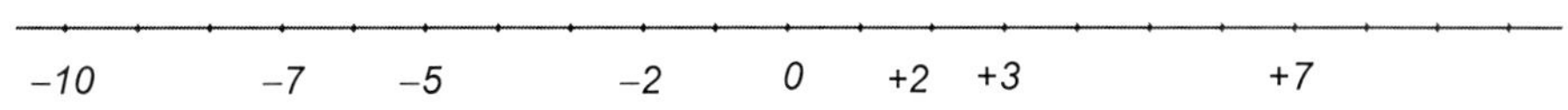

2. –21 < –8 < –6 < –4 < –3 < –1 < +1 < +3 < +9

3.

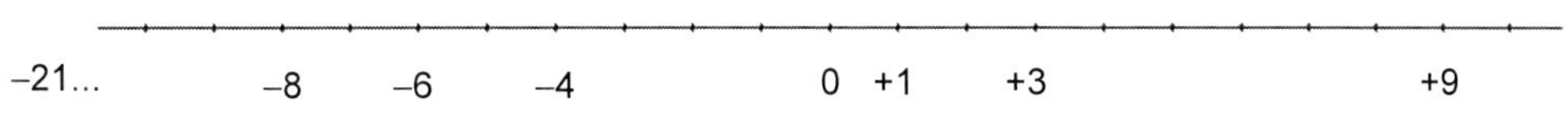

4. a) < b) > c) < d) >

e) > f) > g) < h) <

5. a) 2 b) 8 c) 7 d) 12

e) +2 f) –8 g) –7 h) +12

5. a) 2 b) 8 c) 7 d) 12

e) +2 f) –8 g) –7 h) +12

6. a) 3 i –3 b) 5 i –5

c) 8 i 2 d) 8 i –12

Suma y resta de números enteros (Página 9)

1. –4 – 5 = –9
2. –8 + 5 = –3
3. –14 + 5 = –9
4. –10 – 6 = –16
5. –24 – 5 = –29
6. +20 – 5 = +15
7. +4 + 5 = +9
8. –13 – 5 = –18
9. +4 –15 = –11
10. +4 –12 = –8
11. –9 + 5 = –4
12. –10 – 5 = –15
13. +6 – 1 = +5
14. –14 +21 = +7
15. +24 – 15 = +9
16. –7 +12 = +5
17. –4 +18 = +14
18. –31 – 5 = –36
19. –25 + 5 = –20
20. –12 – 16 = –28
21. +8 – 10 = –2
22. –3 + 7 = +4
23. –11 – 9 = –20
24. –2 – 5 = –7
25. +13 - 6 = +7
26. –15 – 17 = –32
27. +36 – 5 = +31
28. –8 + 5 = –3
29. –4 – 2 = –6
30. +17 – 16 = +11
31. –15 – 18 = –33
32. +24 – 11= +13
33. –3 – 19 = –22
34. +10 – 4 = +6
35. +34 – 5 = +29
36. –9 – 3 = –12
37. +8 – 15 = –7
38. +16 + 5 = +21
39. +16 – 5 = +11
40. –16 – 5 = –21
41. –16 + 5 = –11
42. +21 – 25 = –4
43. +36 + 8 = +44
44. –12 – 7 = –19
45. +4 – 11= –7
46. +6 – 5 = +1
47. –10 – 5 = –15
48. +23 – 11 = +12
49. –13 + 25 = +12
50. +9 – 15 = –6
51. –14 + 3 = –11
52. –19 – 6 = –25
53. –8 + 25 = +17
54. +3 + 5 = +8
55. +3 – 5 = –2
56. –3 – 5 = –8
57. –3 + 5 = +2
58. +6 + 26 = 32
59. +19 + 35 = +54
60. +13 – 45 = –32

Operaciones con números enteros (Página 10)

1. a) –8 b) +7 c) –17 d) –5 e) +8 f) –2 g) +7 h) –6 i) –31 j) –6 k) +2 l) +2

2. a) –15 b) –3 c) +16 d) –19 e) –26

3. a) +64 b) +8 c) +20 d) –18 e) –28 f) –63 g) –35 h) –55 i) –48

4. a) –160 b) +180 c) –126 d) –125 e) +27

5. a) +5 b) +3 c) –5 d) –30 e) +3 f) –8 g) –3 h) –11 i) +4

6. a) +6 b) –66 c) +43 d) –23 e) –94

Refuerzo de operaciones con números enteros (Página 11)

1. a) –24 c) +8 b) –2 d) –16

2. a) –56 b) +42 c) +54 d) –9 e) +63 f) –48

3. a) +176 c) +144 b) –120 d) –216

4. a) +5 b) +1 c) –50 d) –20 e) –6 f) +14

5. a) –54 b) +66 c) –79

6. a) +15 b) –20 c) –1 d) +1 e) 0 f) –38

Soluciones de los ejercicios de la teoría

Valor absoluto (Página 5)

$|+6| = 6$ $|-1| = 1$ $|-4| = 4$ $|+9| = 9$

Opuesto (Página 5)

a) Op(+8) = –8 b) Op(–9)=+9

Comparación de números enteros (Página 5)

a) +3 > +2 c) +8 > –5 e) –1 < +5

b) –7 > –10 d) –6 < –1 f) +1 > –3

Multiplicaciones y divisiones (Página 7)

a) –20 b) +24 c) –21 d) +4 e) –1 f) –2

Sacar factor común (Página 7)

a) $3\cdot\left[(-1)+(-3)+(+4)\right]=0$ b) $5\cdot\left[-1+2-3+5\right]=0$

1.3 Números racionales (Páginas 21-22)

1.

Fracción	Partes de la unidad	Expresión decimal	Propia o impropia
$\frac{3}{5}$	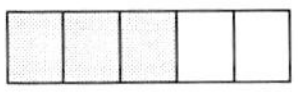	0,6	propia
$\frac{5}{7}$	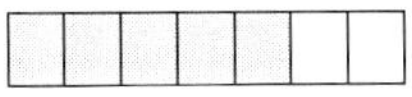	0,714285	propia
$\frac{7}{4}$	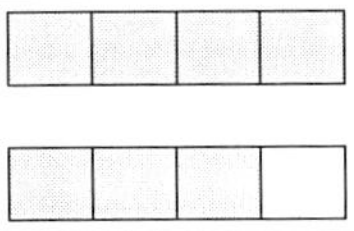	1,75	impropia
$\frac{8}{3}$	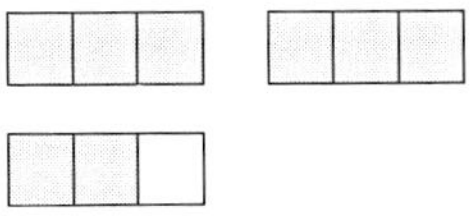	$2,\widehat{6}$	impropia

2. a) 15 b) 40 c) 20

3. a) $\frac{17}{5}$ b) $\frac{69}{11}$ c) $\frac{43}{8}$ d) $2\ \frac{2}{5}$ e) $4\frac{1}{6}$ f) $4\ \frac{5}{8}$

$-\frac{10}{3}=-3\ \frac{1}{3}$ $-\frac{5}{4}=-1\ \frac{1}{4}$ $\frac{3}{2}=1\ \frac{1}{2}$ $\frac{9}{2}=4\ \frac{1}{2}$

4.

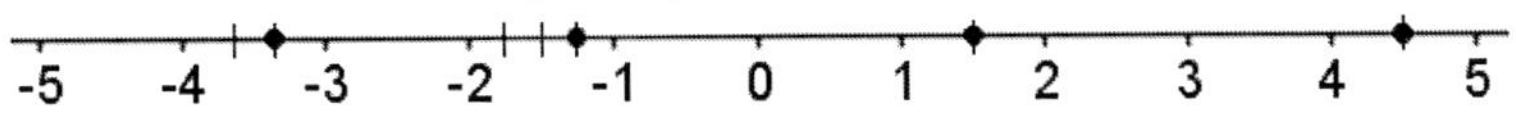

5. a) $\frac{4}{7}, \frac{8}{14}, \frac{12}{21}, \frac{16}{28}, \frac{20}{35}$ b) $\frac{75}{180}, \frac{50}{120}, \frac{25}{60}, \frac{30}{72}, \frac{5}{12}$

6. a) $\frac{8}{30}, \frac{5}{30}$ b) $\frac{21}{18}, \frac{2}{18}, \frac{45}{18}$ c) $\frac{270}{300}, \frac{48}{300}, \frac{175}{300}$

7. $\frac{150}{60} = \frac{5}{2}$ $\frac{16}{80} = \frac{1}{5}$ $\frac{252}{70} = \frac{18}{5}$

8. a) $\frac{2}{3} < \frac{5}{3}$ b) $\frac{5}{3} > \frac{5}{4}$ c) $\frac{2}{5} < \frac{5}{3}$ d) $\frac{5}{3} > \frac{4}{5}$ e) $\frac{8}{9} < \frac{10}{11}$

9. a) $\frac{1}{8}$ b) $\frac{17}{6}$ c) $-\frac{5}{56}$ d) $-\frac{11}{6}$ e) $-\frac{8}{3}$ f) $\frac{1}{6}$

g) $-\frac{4}{15}$ h) $\frac{19}{30}$ i) $\frac{25}{24}$ j) $-\frac{31}{150}$

10. a) $\frac{6}{5}$ b) $\frac{3}{2}$ c) $-\frac{1}{10}$ d) $+\frac{5}{14}$

11. a) 2 b) $\frac{50}{33}$ c) $\frac{1}{18}$ d) $\frac{14}{45}$

12. a) $\frac{1}{10}$ b) $\frac{16}{21}$ c) $+\frac{15}{11}$ d) $-\frac{1}{16}$

13. a) $\frac{4}{5}$ b) $\frac{6}{35}$ c) $\frac{5}{3}$

14. a) $\frac{3}{2}$ b) $-\frac{3}{5}$ c) $-\frac{520}{21}$ d) $\frac{11}{40}$ e) -7

Soluciones de los ejercicios de la teoría

Concepto de fracción (Página 12)

$\frac{2}{5}$	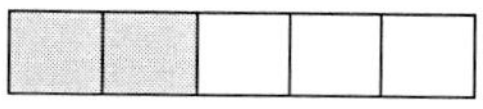	0,4	propia
$\frac{7}{3}$	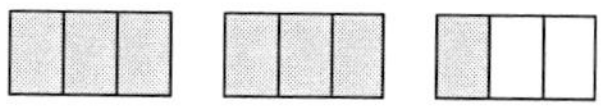	$2,\widehat{3}$	impropia

$\frac{2}{3}$ de 24 $\rightarrow$ 16 $\frac{5}{2}$ de 16 $\rightarrow$ 40

Número mixto (Página 13)

a) $\frac{17}{4} = 4\frac{1}{4}$ b) $2\frac{3}{5} = \frac{13}{5}$

Fracciones equivalentes (Página 14)

a) $\frac{2}{5} \rightarrow \frac{4}{10}, \frac{6}{15}, \frac{8}{20}, \frac{10}{25}, \frac{12}{30}...$ b) $\frac{120}{180} \rightarrow \frac{60}{90}, \frac{40}{60}, \frac{30}{45}, \frac{24}{36}, \frac{12}{18}.$

Reducción a denominador común (Página 15)

a) $\frac{2}{15}, \frac{7}{10} \rightarrow \frac{4}{30}, \frac{21}{30}$ b) $\frac{5}{4}, \frac{3}{8}, \frac{1}{2} \rightarrow \frac{10}{8}, \frac{3}{8}, \frac{4}{8}$

c) $\frac{3}{20}, \frac{4}{12}, \frac{2}{24} \rightarrow \frac{18}{120}, \frac{40}{120}, \frac{10}{120}$

Classificación de números racionales (Página 21)

a) Racional, decimal exacto.
b) Racional, decimal periódico puro.
c) Racional, decimal periódico mixto.
d) Racional, decimal exacto.
e) Racional, decimal periódico puro.
f) Racional, decimal exacto.
g) Racional, decimal periódico mixto.
h) Racional, decimal periódico puro.
i) Racional, entero negativo.
j) Racional, decimal periódico puro.
k) Racional, decimal periódico mixto.
l) Racional, decimal periódico puro.
m) Racional, decimal exacto.
n) Racional, decimal periódico puro.
o) Racional, decimal periódico puro.
p) Racional, entero, natural.

1.4 Números reales (Páginas 28 - 29)

1. a) Racional, decimal periódico mixto.
   b) Racional, entero negativo.
   c) Racional, decimal periódico mixto.
   d) Racional, decimal, periódico puro.
   e) Racional, decimal exacto.
   f) Irracional.
   g) Irracional.
   h) Irracional.
   i) Racional, decimal periódico mixto.
   j) Racional, decimal exacto.
   k) Irracional.
   l) Irracional.
   m) Racional, entero negativo.
   n) Racional, decimal exacto.
   o) Racional, decimal, periódico puro.
   p) Racional, decimal exacto.

2. 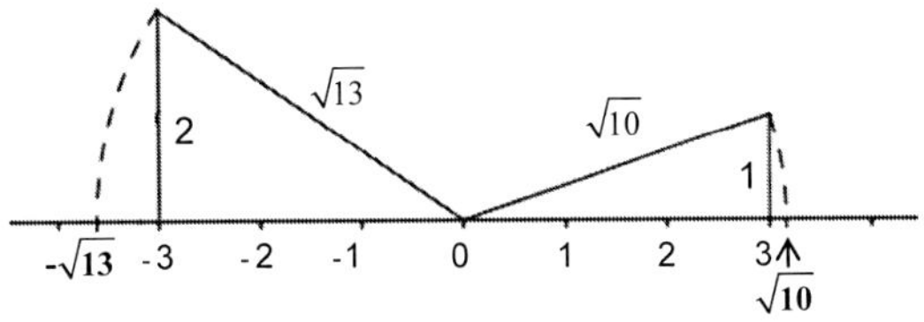

3. $-1{,}42 < -\sqrt{2} < 0 < 2{,}45 < \frac{5}{2} < 2{,}99 < 2{,}\widehat{9}$

4. Completa el cuadro

Valor exacto	Aproximación por defecto (hasta las centésimas)	Aproximación por exceso (hasta las centésimas)
4,2852614	4,28	4,29
$e = 2{,}718182...$	2,71	2,72
$5{,}3\widehat{8}$	5,38	5,39
$5{,}\widehat{9}$	5,99	6
3,1237	3,12	3,13

5.

Intervalo cerrado $[-1,1]$	$\{x \in \mathbb{R} / -1 \le x \le 1\}$	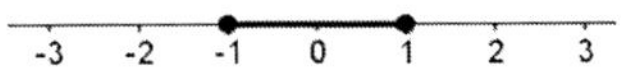	Conjunto formado por todos los números reales compresos entre -1 y 1, incluidos el -1 y el 1.
Semirrecta abierta $(-2,+\infty)$	$\{x \in \mathbb{R} / x > -2\}$	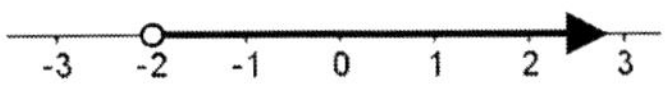	Conjunto formado por todos los números reales mayores que -2.
Semirrecta abierta $(-\infty,0)$	$\{x \in \mathbb{R} / x < 0\}$	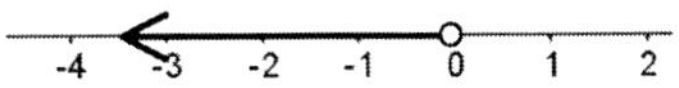	Conjunto formado por todos los números menores que 0.
Intervalo semiabierto $(-5,0]$	$\{x \in \mathbb{R} / -5 < x \le 0\}$	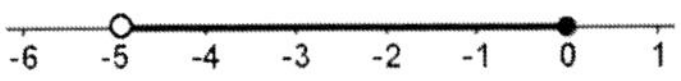	Conjunto formado por todos los números reales comprendidos entre -5 y 0, incluido el 0 y excluido el -5.
Intervalo abierto $(-5,-3)$	$\{x \in \mathbb{R} / -5 < x < -3\}$	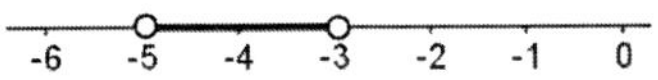	Conjunto formado por todos los números reales mayores que -5 y menores que -3.
Semirrecta cerrada $[-4,+\infty)$	$\{x \in \mathbb{R} / x \ge -4\}$	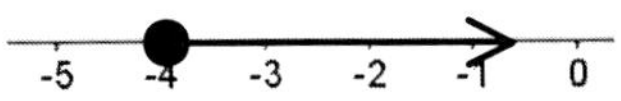	Conjunto formado por todos los números mayores o iguales que -4.

6. Completa el cuadro

Valor exacto	Aproximación por truncamiento		Aproximación por redondeo	
	2 cifras decimales	3 cifras decimales	2 cifras decimales	3 cifras decimales
4,2852614	4,28	4,285	4,29	4,285
$e = 2{,}718182...$	2,71	2,718	2,72	2,718
$5{,}3\widehat{8}$	5,38	5,388	5,39	5,389
$5{,}\widehat{9}$	5,99	5,999	6	6
3,1237	3,12	3,123	3,12	3,124

7. Completa el cuadro

Valor exacto	Número de cifras decimales de la aproximación	Aproximación por redondeo	¿Aproximación por defecto o por exceso?	Error absoluto	Error relativo	Porcentaje de error
2,115	Una cifra	2,1	*Defecto*	0,015	0,0071	0,71 %
2,115	Dos cifras	2,12	*Exceso*	0,005	0,0024	0,24 %
- 0,984	Una cifra	-1	*Defecto*	0,016	0,0163	1,63 %
- 0,984	Dos cifras	-0,98	*Exceso*	0,004	0,0041	0,41 %

La aproximación más precisa es 2,12, ya que tiene el menor error relativo. La menos precisa es −1, porque el error relativo es mayor.

8. Completa el cuadro

Valor exacto	Número de cifras decimales de la aproximación	Aproximación por redondeo	¿Aproximación por defecto o por exceso?	Cota de error absoluto
3,555...	Dos cifras	3,56	*Exceso*	0,01
40,3232...	Tres cifras	40,323	*Defecto*	0,001

Soluciones de los ejercicios de la teoría

Clasificación de números reales (Página 24)

a) Irracional.

b) Racional, decimal periódico mixto.

c) Racional, decimal exacto.

d) Racional, decimal exacto.

e) Racional, decimal periódico puro.

f) Irracional.

g) Racional, entero, natural.

h) Racional, decimal periódico puro.

i) Racional, decimal periódico puro.

j) Racional, decimal periódico mixto.

k) Irracional.

l) Irracional.

m) Racional, entero negativo.

n) Racional, entero, natural.

o) Racional, decimal exacto.

p) Irracional.

$$e < 3{,}14 < \pi < 5{,}3 < 5{,}36 < 5{,}365 < 5{,}3\widehat{6} < \sqrt{29} < \frac{17}{3}$$ **(Página 25)**

Intervalos (Página 25)

Intervalo semiabierto $(-3{,}0]$	$\{x \in \mathbb{R} \,/\, -3 < x \leq 0\}$	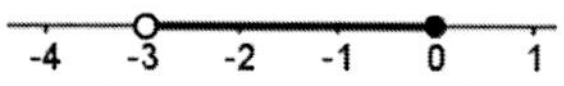	Conjunto formado por todos los números reales comprendidos entre -3 y 0, excluido el -3 e incluido el 0.
Semirrecta abierta $(5,+\infty)$	$\{x \in \mathbb{R} \,/\, x > 5\}$	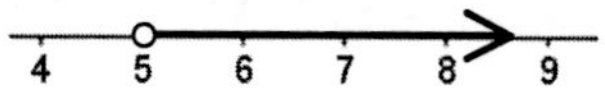	Conjunto formado por todos los números reales mayores que 5.

Aproximaciones (Página 26)

Valor exacto	Aproximación por defecto	Aproximación por exceso
5,856712...	5,8	5,9

Valor exacto	Número de cifras decimales de la aproximación	Aproximación por truncamiento	Aproximación por redondeo
1,349612	Tres (hasta las milésimas)	1,349	1,350
9,2548	Dos (hasta las centésimas)	9,25	9,25

Errores en la aproximación (Páginas 27 - 28)

V_{exacto}	Núm. cifras	Redond.	¿Exceso o defecto?	E_a	E_r	Porcentaje de error
50,32561	Una cifra	50,3	*Defecto*	0,02561	0,0005089	0,05089
50,32561	Dos cifras	50,33	*Exceso*	0,00439	0,0000872	0,00872
50,32561	Tres cifras	50,326	*Exceso*	0,00039	0,00000775	0,000775
- 11,345	Una cifra	-11,3	*Exceso*	0,045	0,0039665	0,39665
- 11,345	Dos cifras	-11,35	*Defecto*	0,005	0,00044072	0,044072

V_{exacto}	Núm. cifras	Redond.	¿Exceso o defecto?	Cota de E_a
π	Dos cifras	3,14	*Defecto*	0,01
π	Tres cifras	3,142	*Exceso*	0,001
-3,25667...	Tres cifras	-3,257	*Defecto*	0,001
$\sqrt{3}$	Una cifra	1,7	*Defecto*	0,1
$\sqrt{3}$	Cuatro cifras	1,7321	*Exceso*	0,0001

1.5 Potencias y radicales

Potencias (Página 38)

1. a) 49
b) 49
c) -49
d) -343
e) -343
f) 343
g) $\frac{1}{7^2}=\frac{1}{49}$
h) $\frac{1}{(-7)^2}=\frac{1}{49}$
i) $-\frac{1}{7^2}=-\frac{1}{49}$
j) $\frac{1}{7^3}=\frac{1}{343}$
k) $\frac{1}{(-7)^3}=-\frac{1}{343}$
l) $-\frac{1}{7^3}=-\frac{1}{343}$
m) 1
n) 1
o) -1
p) 7
q) $-(+49)=-49$
r) $-(-343)=+343$
s) -1
t) -1
u) -343
v) -49
w) $-\frac{1}{49}$
x) $-\frac{1}{-343}=\frac{1}{343}$

2. a) $\frac{4}{3}$
b) $\frac{4}{9}$
c) $\frac{4}{9}$
d) $-\frac{8}{27}$
e) $\frac{8}{27}$
f) 1
g) $-\frac{5}{6}$
h) $-\frac{25}{36}$
i) $-\left(-\frac{125}{216}\right)=\frac{125}{216}$
j) $-\frac{125}{216}$
k) $\left(\frac{7}{4}\right)^2=\frac{49}{16}$
l) $\left(\frac{7}{4}\right)^3=\frac{343}{64}$
m) $\frac{7}{4}$
n) $\left(-\frac{7}{4}\right)^2=\frac{49}{16}$
o) $\left(-\frac{7}{4}\right)^3=-\frac{343}{64}$

3. a) $5^8 = 390.625$ **g)** $3^{15} = 14.348.907$ **m)** $(-4)^5 = -1.024$

b) $(-4)^8 = 65.536$ **h)** $3^3 = 27$ **n)** $28^2 = 784$

c) $(-30)^3 = -27.000$ **i)** $2^5 \cdot (2^2)^3 \cdot (2^4)^2 = 2^{19} = 524.288$ **o)** $8 \cdot 25 = 200$ *

d) $11^4 = 14.641$ **j)** $6^{-2} = \frac{1}{6^2} = \frac{1}{36}$ **p)** $2^2 = 4$

e) $\frac{8^2 \cdot 3^3}{7} = \frac{1728}{7}$ * **k)** $(-3)^{-1} = \frac{1}{-3} = -\frac{1}{3}$ **q)** $\left(\frac{18}{3}\right)^3 = 6^3 = 216$

f) $6^{10} = 60.466.176$ **l)** $(-5)^{12} = 244.140.625$ **r)** $(-2)^{-5} = \frac{1}{(-2)^5} = \frac{1}{-32} = -\frac{1}{32}$

Los apartados e) y o) no se pueden poner como una sola potencia

4. a) $64y^2x^2$ **b)** $\frac{2^5}{11^5} = \frac{32}{161051}$ **c)** $x^9b^{15}c^3$ **d)** $\frac{a^{10}x^5}{y^5z^{15}}$ **e)** $16b^{20}c^{-4}$ **f)** $\frac{4a^2}{49b^2}$

Radicales (Páginas 38 - 40)

1. a) $7{,}746$ **b)** -8 **c)** $\sqrt{-49} \notin \mathbb{R}$ **d)** 10 **e)** -9 **f)** $-\frac{1}{10}$

2. a) $\sqrt[4]{5}$ **e)** $\sqrt[5]{-3}$ **i)** $\sqrt{6}$ **m)** $\sqrt{-6} \notin \mathbb{R}$

b) $\sqrt[4]{5^3} = \sqrt[4]{125}$ **f)** $\sqrt[5]{9}$ **j)** $\sqrt{6^3} = \sqrt{216}$ **n)** $\sqrt{(-6)^4} = (-6)^2$

c) $-\sqrt[4]{5}$ **g)** $-\sqrt[5]{9}$ **k)** $\frac{1}{\sqrt{6}}$ **o)** $\frac{1}{\sqrt[3]{(-6)^5}}$

d) $\sqrt[4]{\frac{3}{4}}$ **h)** $\sqrt[5]{\left(\frac{2}{5}\right)^2} = \sqrt[5]{\frac{4}{25}}$ **l)** $\left(\frac{3}{2}\right)^{\frac{3}{2}} = \sqrt{\frac{27}{8}}$ **p)** $\sqrt[3]{\left(-\frac{6}{5}\right)^2} = \sqrt[3]{\frac{36}{25}}$

3. a) $3^{\frac{6}{5}}$ **d)** $8^{\frac{1}{2}}$ **g)** $5^{\frac{1}{3}}$

b) $4^{\frac{6}{3}} = 4^2$ **e)** $5^{\frac{4}{2}} = 5^2$ **h)** $(-2)^{\frac{1}{3}}$

c) $(-6)^{\frac{2}{3}}$ **f)** $2^{\frac{2}{2}} = 2$ **i)** $(-5^2)^{\frac{1}{3}} = -5^{\frac{2}{3}}$

4. a) $\sqrt{50}$ **c)** $\sqrt[3]{-12}$ **e)** $\sqrt{3}$ **g)** $\sqrt{\frac{3}{10}}$

b) $\sqrt[3]{\frac{30}{-15}} = \sqrt[3]{-2}$ **d)** $\sqrt[24]{5}$ **f)** $\sqrt[4]{7}$ **h)** $\sqrt{2^3} = \sqrt{8}$

5. a) $\frac{13}{8}$ **c)** $\frac{2}{5}$ **e)** $7^2 \cdot 5 \cdot 3^4$

b) $5 \cdot 12 = 60$ **d)** $\frac{2^5 \cdot 3^2}{5^3 \cdot 7^4}$

6. a) $\sqrt[4]{2^2} = \sqrt{2}$ **c)** $\sqrt[10]{3^5} = \sqrt{3}$ **e)** $\sqrt[12]{2^{10}} = \sqrt[6]{32}$

b) $\sqrt[6]{5^4} = \sqrt[3]{25}$ **d)** $\sqrt[9]{2^6} = \sqrt[3]{4}$ **f)** $\sqrt{3^4} = 3^{\frac{4}{2}} = 3^2 = 9$

7. a) $\sqrt[12]{5^3}$, $\sqrt[12]{2^6}$, $\sqrt[12]{5^4}$ **b)** $\sqrt[30]{5^{12}}$, $\sqrt[30]{7^{15}}$, $\sqrt[30]{3^8}$ **c)** $\sqrt[24]{11^{18}}$, $\sqrt[24]{2^{21}}$, $\sqrt[24]{7^4}$

8. a) $20\sqrt{2}$ d) $2\sqrt[5]{12}$

b) $\frac{3}{2}\sqrt{\frac{1}{5}}$ e) $\frac{2}{5}\sqrt[3]{\frac{9}{2}}$

c) $20\sqrt[3]{2}$ f) $7^2 \cdot 2^2 \sqrt[4]{5^3 \cdot 2^3} = 196\sqrt[4]{1.000}$

9. a) $\sqrt{5^2 \cdot 3} = \sqrt{75}$ c) $\sqrt[3]{3^3 \cdot 2} = \sqrt[3]{54}$ e) $\sqrt[4]{5^4 \cdot 3} = \sqrt[4]{1.875}$

b) $\sqrt{\frac{1}{8}}$ d) $\sqrt[3]{\frac{2^3 \cdot 1}{5^3 \cdot 4}} = \sqrt[3]{\frac{2}{125}}$

10. a) $\sqrt[10]{2^9}$ b) $\sqrt[12]{2^{17}} = 2\sqrt[12]{2^5}$ c) $\sqrt[30]{151.263}$ d) $\sqrt[6]{\frac{1}{12}}$

11. a) $10\sqrt{6}$ b) $6\sqrt{3}$ c) $-\sqrt[3]{5}$ d) $5\sqrt{2}$ e) $\sqrt[3]{2} + 3\sqrt[3]{3}$ f) $5\sqrt{3}$ g) $-12\sqrt{7}$

12. a) $5 + 2\sqrt{6}$ b) $5 - 2\sqrt{6}$ c) *1* d) *56*

13. a) $6\sqrt{2}$ b) $\frac{\sqrt[4]{2^3}}{3}$ c) $\frac{\sqrt[3]{4}}{2}$ d) $2 + \sqrt{3}$ e) $\frac{\sqrt{14} + \sqrt{10}}{2}$

14. a) $\frac{6\sqrt{3}}{3} = 2\sqrt{3}$ b) $\frac{3\sqrt{2} + 2}{6}$ c) 3 d) $\frac{\sqrt{5}}{2}$

Soluciones de los ejercicios de la teoría

Potencias

Signo de una potencia de exponente natural (Página 30)

$(-5)^4 = 625$ $-5^4 = -625$ $(-5)^3 = -125$ $-5^3 = -125$

Calculadora (Página 30)

$3^4 = 81$ $5^6 = 15.625$ $2^{10} = 1.024$

a) 625 d) -243 g) 279.936

b) 64 e) 1 h) -1.000.000.000

c) 262.144 f) -262.144 i) 59.604,64

Propiedades de las potencias (Página 31)

a) 2^8 b) 2^2 c) 10^3 d) 2^3 e) 2^{15}

Potencia de exponente entero negativo (Página 31)

a) $\frac{1}{7^2} = \frac{1}{49}$ b) $5^4 = 625$ c) $\frac{1}{64}$

Radicales (Página 32)

a) 3 b) -3 c) 3 d) $\notin R$ e) -9 f) $\notin R$

Calculadora (Página 32)

$\sqrt[6]{64} = 2$ $\sqrt[4]{2401} = 7$ $\sqrt[5]{10} \approx 1,58$

a) 3 b) 2 c) $-2,08$

La raíz como una potencia de exponente fraccionario (Página 33)

1. a) $2^{\frac{1}{8}}$ b) $(-4)^{\frac{1}{3}}$ c) $5^{\frac{3}{5}}$ d) $5^{\frac{1}{3}}$ e) $5^{-\frac{1}{3}}$

2. a) $\sqrt[8]{7^3}$ b) $\sqrt[4]{11}$ c) $\sqrt{-9}$ d) $-\sqrt[5]{6^2}$ e) $\frac{1}{\sqrt[3]{2}}$

Propiedades de los radicales (Página 34)

1. a) $3\cdot 2=6$ b) $\frac{4}{5}$ c) $\sqrt[30]{10}\approx 1{,}08$ d) $\sqrt{125}\approx 11{,}18$ 2. a) $\sqrt[10]{3^4};\sqrt[15]{3^6};\sqrt[20]{3^8}$

Introducción de factores en un radical (Página 34)

a) $\sqrt{300}$ b) $\sqrt[6]{3^7}$

Extracción de factores de un radical (Página 35)

a) $12\sqrt{6}$ b) $3^3\cdot 5^2\cdot \sqrt[9]{3^3\cdot 5^7}$

Simplificación de radicales (Página 35)

a) $\sqrt[3]{3^5}$ b) 7^3

Reducción a índice común (Página 35)

a) $\sqrt[30]{5^5}$ a) $\sqrt[30]{2^4}$

1.6 Notación científica (Página 43)

1. a) 300.000.000
   b) 1.325.000.000
   c) 0,000000000831
   d) 63.458.210.000.000.000.000.000.000
   e) 0,000052
   f) 0,000725
   g) 3.500.000.000.000
   h) 0,6
2. a) $3{,}5264988895\cdot 10^{12}$
   b) $5\cdot 10^{-4}$
   c) 10^{-2}
   d) $3{,}5\cdot 10^{11}$
   e) $2{,}5\cdot 10^{-21}$
   f) $4{,}53\cdot 10^{5}$
3. a) 1.000.000
   b) 0,1
   c) 0,001
   d) 10.000.000.000
   e) 0,01
   f) 0,000001
4. a) 10^8 b) 10^{-3} c) 10^4 d) 10^{-6}
5. a) $8{,}47\cdot 10^{11}$ b) $3{,}83\cdot 10^{21}$ c) $2{,}1\cdot 10^{-14}$
6. a) $-8\cdot 10^{15}$ b) $3{,}025\cdot 10^{17}$ c) $7{,}5\cdot 10^{10}$ d) $1{,}43\cdot 10^{-11}$ e) 41,5

Soluciones de los ejercicios de la teoría (Página 41)

1. a) $2{,}75\cdot 10^{10}$ b) $8{,}1\cdot 10^{-21}$ c) 10^6 d) $3{,}2\cdot 10^{-3}$
2. a) 812.300.000.000.000.000   b) 0,0000000003   c) 0,00000215   d) 0,001

1.7 Logaritmos decimales (Página 45)

1. a) 2
   b) 6
   c) 9
   d) $\frac{1}{2}$
   e) $\nexists$
   f) -1
   g) 1
   h) -5
   i) $\frac{3}{2}$
   j) $\nexists$
   k) -5
   l) 0
   m) -2
   n) $\frac{1}{3}$
   o) $\frac{5}{3}$

2. a) $0{,}1$ b) 1.000 c) $\sqrt{10}$ d) 1

3. a) $1{,}54$ b) $1{,}85$ c) $0{,}3$

4. a) $\log a + 3\log b - 3\log c$ b) $4\log a + \frac{1}{7}\log b - \frac{2}{3}\log c$

5. a) $\log\ (a \cdot b^2)$ b) $\log\left(\frac{x}{y^4}\right)$

Soluciones de los ejercicios de la teoría (Página 44)

Logaritmos (Página 44)

Calcula:

a) $\log 10.000 = 4$ d) $\log 10^7 = 7$ g) $\log \sqrt[3]{10} = \frac{1}{3}$

b) $\log \frac{1}{\sqrt{10}} = -\frac{1}{2}$ e) $\log 0{,}01 = -2$ h) $\log \sqrt[5]{1000} = \frac{3}{5}$

Calcula el valor de x:

a) $\log x = 6 \rightarrow x = 1.000.000$ b) $\log x = -4 \rightarrow x = 0{,}0001$ c) $\log x = -\frac{1}{4} \rightarrow x = \frac{1}{\sqrt[4]{10}}$

Propiedades de los logaritmos (Página 45)

1. $3\left(2\log a + 5\log b - \frac{1}{2}\log c\right)$ **2.** $\log\left(x^2 y\right)$

TEMA 2 • PROPORCIONALIDAD

Razón y proporción (Página 59)

1. a) No son proporcionales. b) Sí son proporcionales. Constante de proporcionalidad 0,57.

2. a) 6 b) 12 c) 60 d) 9 e) 7 f) 2
g) 20 h) 6 i) 18 j) $3{,}\overset{\frown}{3}$ k) 1,2 l) 2,5

Regla de tres simple directa (Página 60)

3. a) 50 g de mantequilla b) 450 g de harina
4. 2,4 l de limonada
5. 21,45 €
6. 5,55 €
7. 375 g de harina
8. Hermana mediana: 14,40 €; hermana mayor: 18 €

Regla de tres simple inversa (Página 60)

9. 45 minutos
10. 1h 15 min
11. 80 árboles
12. 27 días
13. 225 g de pastel

Regla de tres simple directa e inversa (Páginas 60 - 61)

14. 240 g de harina; 4,8 manzanas; 320 g de mantequilla; 12,8 cucharadas de azúcar; 6,4 huevos.
15. 6h 45 min
16. 96 cajas
17. 7.500 habitantes
18. 6 días
19. 12,5 €
20. 9 horas
21. 48 l de gasolina
22. 25 minutos
23. 57,6 botes de pintura
24. 4 días

Porcentajes (Página 61)

25. a) 28 b) 8,51 c) 180 d) 10,35

26. Not.: 30 %, Sob.: 20 % Suf.: 50 %.

27. 14 alumnos

28. 120 habitaciones

29. 28 alumnos

30. 10.500 habitantes

31. 30 %

32. 1.824 €

33. 35 €

34. 75 personas.

35. Nos hemos ahorrado 22 €. Nos han hecho un 40 % de descuento.

36. Nos hemos ahorrado 26,25 €. Hemos tenido que pagar 48,75 €.

37. Nos han hecho 30,25 € de descuento. Ahora cuesta 90,75 €.

38. Nos hemos ahorrado 7,44 €. Hemos tenido que pagar 54,56 €.

39. 43,86 €.

40. 973,5 €.

41. 109,32 €

42. 32 €

43. Ha vendido el 52 % del terreno. El área del terreno era de 1.400 ha.

Soluciones de los ejercicios de la teoría (Página 54)

Magnitudes inversamente proporcionales

Son magnitudes directamente proporcionales las de los apartados a) y c)

Son magnitudes inversamente proporcionales las de los apartados b), d) y e)

TEMA 3 • ECUACIONES

3.1 Ecuaciones de primer grado con una incógnita (Página 71)

1. a) $x=2$
b) $x=1$
c) $x=5$
d) $x=1$
e) $x=3$
f) $x=-1$
g) $x=-2$
h) $0x=0$ Identidad
i) $0x=4$ No tiene solución
j) $x=0$
k) $x=8$
l) $x=-3$
m) $x=-\frac{10}{3}$
n) $x=\frac{-15}{2}$
o) $x=\frac{4}{5}$
p) $x=-\frac{1}{3}$
q) $0x=-5$ No tiene solución
r) $0x=0$ Identidad

2. a) $x=2$
b) $x=-2$
c) $x=1$
d) $x=0$
e) $x=-\frac{14}{3}$
f) $x=\frac{3}{4}$
g) $x=6$
h) $x=-\frac{2}{5}$
i) $x=\frac{1}{2}$
j) $0x=0$ Identidad

3. a) $x=9$
b) $x=-5$
c) $x=2$
d) $x=-4$
e) $x=5$
f) $0x=0$ Identidad
g) $x=0$
h) $0x=9$ No tiene solución
i) $x=-\frac{11}{3}$
j) $x=\frac{1}{4}$

4. a) $x = -6$ **d)** $x = -\frac{1}{2}$

b) $x = 9$ **e)** $x = 3$

c) $0x = 10$ No tiene solucion **f)** $x = 0$

Soluciones de los ejercicios de la teoría (Página 63)

Expresiones algebraicas

a) $2x$ b) $3x$ c) $\frac{x}{2}$ d) $\frac{x}{5}$ e) $\frac{x}{2}+1$ f) $7x$ g) $3x-\frac{x}{2}$ h) $\frac{2}{5}x$ i) $\frac{x}{6}$ j) x y $x+1$

Soluciones de los problemas (Página 72)

1. 15.
2. 27.
3. 124.
4. 93.
5. 160.
6. 130.
7. 23 y el 24.
8. Tenemos 125 €.
9. 80 y 55.
10. 200 cerdos y 600 gallinas.
11. 4 chicos y 20 chicas.
12. 10 profesores y 25 profesoras.
13. Pedro: 4,8 kg; Carla: 1,2 kg
14. Hay 7 yogures de fresa y 14 yogures de plátano.
15. Marcos: 15 años, Mónica: 9 años.
16. Luís: 25 años; hermana: 15 años; madre: 50 años.
17. Inés: 21 años; Marta: 30 años; Miguel: 29 años.
18. Mediana: 25 €; pequeña: 75 €; mayor: 100 €.
19. Juan: 40 €; Ana: 60 €; José: 20 €.
20. 1.er día: 61 km; 2.º día: 76 km; 3.er día: 91 km.
21. Manzanas: 2,5 kg; naranjas: 5,5 kg; plátanos: 11 kg.
22. 1er día: 24 pág.; 2º día: 44 pág.; 3er día: 132 pág.
23. Ganan 240 €.
24. Pepa tiene 25 años y Laura tiene 15.
25. Noa tiene 1 año y Fernando tiene 7.
26. Hace 5 años.

3.2 Sistemas de ecuaciones

Sistemas de dos ecuaciones con dos incógnitas (Página 86)

1. a) $x=1; y=2$ **b)** $x=4; y=-2$ **c)** $x=1; y=-1$ **d)** $x=0; y=2$

e) $x=1; y=0$ **f)** $x=5; y=2$ **g)** $x=2; y=-3$ **h)** $x=\frac{1}{2}; y=\frac{3}{2}$

2. a) $x=7; y=-1$ **b)** $x=3; y=-4$ **c)** $x=1; y=2$

d) $x=-3; y=1$ **e)** $x=12; y=10$ **f)** $x=7; y=\frac{1}{4}$

3. a) $x=3; y=-2$ **b)** $x=3; y=5$ **c)** $x=15; y=11$

d) $x=1; y=1$ **e)** $x=4; y=-2$ **f)** $x=\frac{1}{4}; y=\frac{2}{3}$

4. a) $x=-3; y=6$ **b)** $x=9; y=5$ **c)** $x=-2; y=-2$ **d)** $x=\frac{1}{4}; y=-\frac{1}{2}$

5. a) Compatible determinado **b)** Compatible indeterminado **c)** Incompatible

d) Compatible indeterminado **e)** Compatible indeterminado **f)** Incompatible

6. a) $x=2; y=3$ **b)** Incompatible **c)** $x=0; y=-2$

Soluciones de los problemas (Páginas 86 - 87)

1. Nos piden los números 9 y 18.
2. Nos piden los números 12 y 17.
3. Nos piden los números 5 y 6.
4. María: 12 caramelos; José: 7 caramelos .
5. 0,6 l de ginebra y 2,4 l de naranjada.
6. Pedro: 12 años; Laura: 4 años.
7. 2 habitaciones de 3 personas y 5 de 4 personas
8. 55 gallinas y 25 vacas
9. Caramelos: 0,20 €; chocolatinas: 1,5 €.
10. 2 kg de tomates y 3 kg de cebollas
11. Juan: 125 €; Paula: 375 €
12. Adela: 300 €; Martín: 100 €.
13. Antonio: 90 sellos; Miguel: 60 sellos
14. 10 chicos y 14 chicas.
15. Base: 7 cm; altura: 15 cm.
16. 6 cm, 18 cm y 18 cm.
17. Madre: 32 años; hija: 4 años.
18. Carolina: 15 años; hermana: 6 años
19. Ramón: 16 años; hermano: 8 años.

Sistemas de tres ecuaciones con tres incógnitas (Página 87)

1. a) $x=0;\ y=1;\ z=1$ **b)** $x=1;\ y=2;\ z=-1$ **c)** $x=5;\ y=1;\ z=0$

d) $x=\frac{1}{2};\ y=-\frac{1}{4};\ z=1$ **e)** Compatible indeterminado **f)** Incompatible

$$x=\frac{\lambda}{2};\ y=\frac{3\lambda}{2};\ z=\lambda$$

2. 80 coches blancos, 48 coches negros y 12 coches rojos.

3. Pedro: 60 €, Juan: 40 €, y Ángel: 100 €.

4. Pasteles de manzana = 2,5 €, pasteles de nata = 3,25 €, pasteles de chocolate = 1,75 €.

5. Manzanas: 3, peras: 4, plátanos: 5

Soluciones de los ejercicios de la teoría

Soluciones de ecuaciones lineales con dos incógnitas (página 73)

1. La solución no es única: (0,-2); (2,2); (3,4); (1,0); (4,6).

2. a) no **b)** sí **c)** no **d)** sí

Soluciones de un sistema de ecuaciones con dos incógnitas (página 74)

Es solución del sistema b)

Sistemas compatibles indeterminados e incompatibles (página 79)

a) Compatible indeterminado **b)** Incompatible **c)** Compatible determinado.

Método gráfico (página 81)

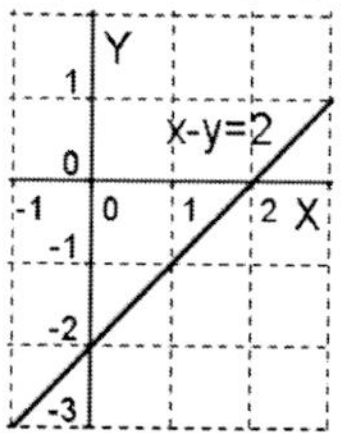

3.3 Ecuaciones de segundo grado con una incógnita (Página 93)

1. a) y e)

2. b) y d) son soluciones

3. a) $a=2;\ b=3;\ c=1$ **c)** $a=1;\ b=3;\ c=-10$ **e)** $a=1;\ b=1;\ c=0$

b) $a=-1;\ b=-3;\ c=1$ **d)** $a=1;\ b=0;\ c=10$ **f)** $a=-5;\ b=1;\ c=-3$

4. a) $x=-1\ \ y\ x=-3$ b) $x=-2\ \ y\ x=-5$ c) $x=-1\ \ y\ x=\frac{1}{2}$ d) $x=-1\ \ y\ x=2$ e) $x=1\ \ y\ x=-2$ f) $x=\frac{3}{4}\ \ y\ x=\frac{1}{4}$ g) $x=-1\ \ y\ x=2$ h) $x=-4\ \ y\ x=7$ i) $x=\frac{3+\sqrt{6}}{3}\ \ y\ x=\frac{3-\sqrt{6}}{3}$

5. **a)** $x=-5$ (una solución) **b)** No tiene soluciones reales **c)** No tiene soluciones reales **d)** No tiene soluciones reales **e)** $x=3$ (una solución) **f)** $x=-1$ (una solución)

6. **a)** Disc. = $-31<0 \rightarrow$ No tiene soluciones reales **b)** Disc. = $36>0 \rightarrow$ Tiene dos soluciones reales **c)** Disc. = $25>0 \rightarrow$ Tiene dos soluciones reales **d)** Disc. = $-8<0 \rightarrow$ No tiene soluciones reales **e)** Disc. = $0 \rightarrow$ Tiene una solución real **f)** Disc. = $0 \rightarrow$ Tiene una solución real

7. **a)** $x=+3\ \ y\ x=-3$ **b)** No tiene soluciones reales **c)** $x=+1\ \ y\ x=-1$ **d)** $x=+5\ \ y\ x=-5$ **e)** No tiene soluciones reales **f)** $x=+8\ \ y\ x=-8$ **g)** No tiene soluciones reales **h)** $x=+3\ \ y\ x=-3$ **i)** $x=+\frac{4}{3}\ \ y\ x=-\frac{4}{3}$ **j)** No tiene soluciones reales **k)** $x=+\frac{5}{2}\ \ y\ x=-\frac{5}{2}$ **l)** $x=+\sqrt{3}\ \ y\ x=-\sqrt{3}$ **m)** $x=+\sqrt{2}\ \ y\ x=-\sqrt{2}$ **n)** $x=+4\ \ y\ x=-4$ **o)** No tiene soluciones reales

8. **a)** $x=0\ \ y\ x=2$ **b)** $x=0\ \ y\ x=\frac{5}{3}$ **c)** $x=0\ \ y\ x=-2$ **d)** $x=0\ \ y\ x=5$ **e)** $x=0\ \ y\ x=6$ **f)** $x=0\ \ y\ x=\frac{3}{2}$

9. **a)** $x=-1\ \ y\ x=2$ **b)** $x=0\ \ y\ x=-\frac{1}{2}$ **c)** $x=-5\ \ y\ x=1$ **d)** $x=4\ \ y\ x=-3$ **e)** No tiene soluciones reales **f)** No tiene soluciones reales **g)** $x=-8$ **h)** No tiene soluciones reales **i)** $x=+\sqrt{\frac{8}{5}}\ \ i\ x=-\sqrt{\frac{8}{5}}$ **j)** $x=+\sqrt{3}\ \ y\ x=-\sqrt{3}$ **k)** $x=0\ \ y\ x=\frac{3}{4}$ **l)** No tiene soluciones reales **m)** $x=-8$ **n)** $x=+\sqrt{8}\ \ y\ x=-\sqrt{8}$ **o)** $x=-4\ \ y\ x=3$ **p)** $x=+\sqrt{10}\ \ y\ x=-\sqrt{10}$ **q)** $x=10$ **r)** $x=\frac{-12\pm\sqrt{444}}{10}=\frac{-6\pm\sqrt{111}}{5}\approx\begin{cases}0{,}91\\-3{,}31\end{cases}$

Soluciones de los ejercicios de la teoría

Ecuaciones de segundo grado (Página 88)

a) y d)

Forma general de una ecuación de segundo grado (Página 88)

c) $a=3,\ b=-2,\ c=5$ d) $a=-1,\ b=-1,\ c=-2$ e) $a=-1,\ b=5,\ c=2$ f) $a=1,\ b=0,\ c=2$ g) $a=2,\ b=-1,\ c=0$ h) Ecuación de primer grado. i) $a=2,\ b=0,\ c=0$ j) $a=5,\ b=0,\ c=-5$

Ecuaciones de segundo grado completas e incompletas (Página 89)

Completas: a) Incompletas: b), c), d).

Soluciones de una ecuación de segundo grado (Página 89)

a) $x=-2$ sí, $x=2$ no. b) $x=-2$ sí, $x=2$ sí. c) $x=-2$ no, $x=2$ sí.

3.5 Ecuaciones exponenciales y logarítmicas (Página 99)

1. **a)** $x = 3$ **d)** $x = 10$ **g)** $x = \log 5 \approx 0,7$

b) $x = 9$ **e)** $x = \frac{1}{2}$ **h)** $x = \frac{1}{5}\left(\frac{\log 3}{\log 2} + 4\right) \approx 1,12$

c) $x = 2$ **f)** $x = \frac{\log 2}{\log 5} \approx 0,43$ **i)** $\frac{\log 5}{\log 4} - 5 \approx -3,84$

2. **a)** No tiene solución. **d)** $x = 140$ **g)** $x = 200$

b) $x = 4$ **e)** $x = 200$ **h)** $x = 4$

c) $x = 1.000$ **f)** $x = 20$ **i)** $x = \frac{1}{2}$

TEMA 4 • POLINOMIOS

4.1 Polinomios (Página 103)

1. a) c) y d)

2. $P(x) \to$ 5; 9; 4; incompleto; -1 // $Q(x) \to$ 5; 7; 6; completo; -2/3// $R(x) \to$ 2; 1; 2; incompleto; 0// $S(x) \to$ 4; -5; 3; incompleto; 0 // $T(x) \to$ 3; 0; 3; incompleto; 1 // $U(x) \to$ 3; -1; 4; completo; -5.

3. **a)** $P(3) = 55;\ P(-2) = 25\ y\ P(0) = 1$ **b)** $Q(3) = -25;\ Q(-2) = -15\ y\ Q(0) = -1$

c) $R(3) = 24;\ R(-2) = -11\ y\ R(0) = -3$ **d)** $S(3) = -2;\ S(-2) = -2\ y\ S(0) = -2$

e) $T(3) = -53;\ T(-2) = 62\ y\ T(0) = 10$

Soluciones de los ejercicios de la teoría

Monomios (Página 101)

$\mathbf{3y^5} \to$ 3; y^5; y; 5 // $\mathbf{-\frac{10}{3}x^3} \to -\frac{10}{3}$; x^3; x; 3 // $\mathbf{3z} \to$ 3; z; z; 1 // $\mathbf{-0,25p^8} \to$ -0,25; p^8; p; 8.

Polinomios (Página 102)

a) $P(x) \to$ 4; 10; 4; incompleto; -3 // $Q(x) \to$ 5; -6; 5; incompleto; -1// $R(x) \to$ 2; 1; 3; completo;

0// $S(x) \to$ 5; 0; 3; incompleto; 0 // $T(x) \to$ 1; -2; 2; completo; 0 // $U(x) \to$ 3; 1; 4; completo; 1.

4.2 Operaciones con polinomios (Página 111)

1. **a)** $8x^3 + 2x^2 - 9x + 5$ **b)** $-8x^5 - x^4 - 2x^3 - 10x^2 - 5x + 7$ **c)** $-3x^4 + 2x^3 - 2x - 1$

d) $x^4 + 4x^3 + 2x^2 + 3x + 6$ **e)** $-x^5 + 3x^4 + 3x^3 - x^2 + 8x - 4$

2. **a)** $9x^3$ **b)** $-\frac{2}{5}x^5$ **c)** $-30x^3$ **d)** $10x^4$ **e)** $-3x$ **f)** $2x^2$ **g)** $\frac{2}{5}$ **h)** $\frac{1}{5}x$

3. **a)** $x^5 + x^4 - 3x^3 - x^2 - x + 3$ **b)** $6x^5 + 12x^4 + 3x^3 + 4x^2 - 1$

c) $-14x^7 + 9x^6 - 8x^5 + x^4 + 35x^3 + 2x^2 - x$ **d)** $-x^7 + 7x^5 + 6x^3 - 7x^2 - 41x + 6$

e) $-x^5 + 7x^4 - 13x^3 + 7x^2 + 16x - 24$

4. **a)** $Q(x) = 3x - 1;\ R(x) = x + 4$

b) $Q(x) = -2x^3 - 2x^2 + 8x + 17;\ R(x) = 5x - 15$

c) $Q(x) = x^4 + 2x^3 + 2x^2 - 3x - 5;\ R(x) = -5x$

d) $Q(x) = x^5 + x^4 - 3x^3 - 4x^2 - x + 3;\ R(x) = 6x + 6$

e) $Q(x) = x^3 - 3x + 5;\ R(x) = -x^3 - 15x^2 + 30x + 4$

5. a) $Q(x)=x^4-4x^3+5x^2-20x+100;\ R(x)=-510$

b) $Q(x)=5x^5+5x^4+5x^3+3x^2+3x+4;\ R(x)=7$

c) $Q(x)=-3x^4+3x^3+4x^2-6x+6;\ R(x)=-10$

d) $Q(x)=x^3+2x^2+9x+25; R(x)=75$

6. a) $Q(x)=2x^2+2x+3;\ R(x)=10x^2-x+6$

b) $Q(x)=3x-2;\ R(x)=3x^2+8x-7$

c) $Q(x)=x^4-3x^3+x^2-3x-2;\ R(x)=0$ *(division exacta)*

d) $Q(x)=x^3+2x^2+8x+32;\ R(x)=138$

e) $Q(x)=2x^2+x+\frac{2}{5};\ R(x)=-\frac{3}{5}$

7. a) $16x^2-24xy+9y^2$ **d)** $9x^2-12x+4$ **g)** n^2-9m^2

b) $4a^2+12ab+9b^2$ **e)** $4x^2-28x+49$ **h)** $25-64x^2$

c) $25x^6+30x^3y^2+9y^4$ **f)** $64x^4+32x^2+4$ **i)** $36x^2-1$

Soluciones de los ejercicios de la teoría

Suma y resta de monomios (Página 104)

a) $-x^4$ **b)** $-4x^5$ **c)** $-11x^7$

Multiplicación de monomios (Página 105)

a) $14x^6$ **b)** $12x^5$ **c)** $-10x^3$ **d)** $-15x^4$ **e)** $16x^5$ **f)** $-6x^2$

División de monomios (Página 106)

a) $5x^3$ **b)** $3x^5$ **c)** $-\frac{2}{5}$ **d)** $-\frac{5}{3}x$ **e)** $-2x^4$ **f)** No es un monomio.

4.5 Raíces y factorización de polinomios (Página 124)

1.

	a)	b)	c)	d)
$x=1$	No	Sí	Sí	No
$x=-1$	No	No	No	Sí

	a)	b)	c)	d)
$x=2$	Sí	No	Sí	No
$x=0$	No	No	No	Sí

2. a) Raíces: -5 ; $P(x)=5x+25=5(x+5)$

b) Raíces: $\frac{5}{4}$; $P(x)=4x-5=4\left(x-\frac{5}{4}\right)$

c) Raíces: -2 y 4 ; $P(x)=(x+2)(x-4)$

d) Raíces: 3 y -1 ; $P(x)=5(x-3)(x+1)$

e) Raíces: -1 y $\frac{2}{3}$; $P(x)=3\left(x-\frac{2}{3}\right)(x+1)=(3x-2)(x+1)$

f) Raíces: $\frac{1}{4}$ y $\frac{4}{3}$; $P(x)=12\left(x-\frac{1}{4}\right)\left(x-\frac{4}{3}\right)=(4x-1)(3x-4)$

g) Raíces: 9 y -9 ; $P(x)=-(x-9)(x+9)$

h) Raíces: 3 (doble) ; $P(x)=(x-3)^2$

i) No tiene raíces reales. No se puede factorizar.

j) Raíces: -7 (doble) ; $P(x)=(x+7)^2$

3. a) Raíces: 0 (doble), 1 y -1; $P(x)=x^2(x-1)(x+1)$

b) Raíces: 0 ; $P(x)=x(x^2+1)$

c) Raíces: 0 y 5; $P(x)=2x(x-5)$

d) Raíces: 0 (doble), -1 y 5 ; $P(x)=x^2(x+1)(x-5)$

e) Raíces: 0 (triple) y 2 (doble) ; $P(x)=5x^3(x-2)^2$

f) Raíces: 0 y 1; $P(x)=7x(x-1)(x^2+x+1)$

4. a) Raíces: 2, -3 y 5; $P(x)=(x-2)(x+3)(x-5)$ **g)** Raíces: $\frac{1}{4}$, 1 y -1; $P(x)=4\left(x-\frac{1}{4}\right)(x+1)(x-1)$

b) Raíces: 1, 2 y 3; $P(x)=3(x-1)(x-2)(x-3)$ **h)** Raíces: 1; $P(x)=(x-1)(x^2+3x+10)$

c) Raíces: 2; $P(x)=(x-2)(x^2+2x+5)$ **i)** Raíces: 0, 1 y -2 (dobles); $P(x)=x^2(x-1)^2(x+2)^2$

d) Raíces: -1 y 5 (doble); $P(x)=(x+1)(x-5)^2$ **j)** Raíces: 1, 2, -6 y 3; $P(x)=(x-3)(x-2)(x-1)(x+6)$

e) Raíces: 0 y -1 (triple); $P(x)=-x(x+1)^3$ **k)** Raíces: 3 y -3; $P(x)=(x-3)(x+3)(x^2+5)$

f) No tiene raíces enteras **l)** Raíces: 0 (triple), 2,-2 y -5; $P(x)=2x^3(x-2)(x+2)(x+5)$

5. a) Raíces: 7 y $\frac{3}{5}$. **c)** Raíces: -3 y $\frac{1}{5}$.

b) Raíces: 0, 2, -2 y -1 . **d)** Raíces: 0 (triple), 8 (doble) y -2.

6. a) $k=7$ **b)** $k=5$

7. Aplicamos la propiedad: "Un número entero a es raíz de $P(x)$ si, y solo si, $P(x)$ es divisible por x - a"

a) Sí, porque $P(-5)=0$ y, por tanto, −5 es raíz de $P(x)$.

b) No, porque $P(2)=0$ y, por tanto, 2 no es raíz de $P(x)$.

Soluciones de los ejercicios de la teoría

Estrategias para factorizar polinomios

Identificar igualdades notables (Página 117)

a) $(x+5)^2$ b) $(x+3)(x-3)$

Sacar factor común (Página 117)

2. $3(x^3+3x^2+x-3)$

a) $x^2(x^2+x+8)$ b) $x(x^2-2)$

Cálculo de las raíces de un polinomio factorizado (Página 123)

a) 0 (doble), -10, 9. b) -1, $\frac{3}{4}$, -5 (doble) c) -3, $\frac{5}{3}$.

4.7 Fracciones algebraicas (Página 129)

1. a) $\frac{x^2+3x+2}{x-2}$ **d)** $\frac{1}{x^2-9}$ **g)** $\frac{x-7}{x+7}$ **j)** $x-4$

b) $\frac{x^2+x+1}{x+1}$ **e)** $\frac{x^2}{x-1}$ **h)** x **k)** $\frac{1}{x+1}$

c) $\frac{x-3}{x+3}$ **f)** $\frac{x^2+1}{x^2-1}$ **i)** $\frac{x+2}{x+1}$ **l)** $-\frac{1}{x+1}$

2. a) $\dfrac{x^2+6x-2}{x-2}$ e) $-\dfrac{2}{x+2}$ h) $\dfrac{x-1}{3(x-4)}$

b) $\dfrac{-2x^2+5x+9}{3x+2}$ f) $\dfrac{x^3+x-1}{x^4+x^3-x-1}$ i) $\dfrac{5x^3+16x^2+4x-18}{x^3-9x}$

c) $-\dfrac{1}{x^2+4x+3}$ g) $\dfrac{2(x^2+1)}{x^2-1}$ j) $\dfrac{x+2}{x^2+x}$

d) $\dfrac{2x}{x^2-25}$

3. a) $\dfrac{x}{x^2+7x+6}$ c) $\dfrac{x^2+9x+20}{x-5}$ e) $\dfrac{x^4+2x^3}{x^2+x-6}$ g) $\dfrac{x^2}{8}$

b) $\dfrac{x-2}{x^2+3x}$ d) $\dfrac{1}{2}$ f) $\dfrac{1}{(x+1)^2}$ h) 1

4.8 Ampliación de ecuaciones y sistemas (Página 132)

1. a) $x=-7$ y $x=1$ c) $x=0$ y $x=5$ e) $x=\dfrac{1}{2}$

b) No tiene solución d) $x=-\dfrac{2}{3}$ f) $x=-2$

2. a) $x=0$ e $y=4$

b) $x=3$ e $y=-2$

c) tiene dos soluciones: $x=5$ e $y=-1$; $x=-\dfrac{1}{2}$ e $y=10$

d) tiene dos soluciones: $x=-2$ e $y=1$; $x=-1$ e $y=2$

e) tiene dos soluciones: $x=5$ e $y=2$; $x=\dfrac{17}{2}$ e $y=-5$

TEMA 5 • TRIGONOMETRIA

5.1 Ángulos (Página 138)

1. a) $15^\circ=\dfrac{\pi}{12}\ rad$ g) $105^\circ=\dfrac{7\pi}{12}\ rad$ m) $195^\circ=\dfrac{13\pi}{12}\ rad$ s) $285^\circ=\dfrac{19\pi}{12}\ rad$

b) $\boxed{30^\circ=\dfrac{\pi}{6}\ rad}$ h) $\boxed{120^\circ=\dfrac{2\pi}{3}\ rad}$ n) $210^\circ=\dfrac{7\pi}{6}\ rad$ t) $300^\circ=\dfrac{5\pi}{3}\ rad$

c) $\boxed{45^\circ=\dfrac{\pi}{4}\ rad}$ i) $135^\circ=\dfrac{3\pi}{4}\ rad$ o) $225^\circ=\dfrac{5\pi}{4}\ rad$ u) $315^\circ=\dfrac{7\pi}{4}\ rad$

d) $\boxed{60^\circ=\dfrac{\pi}{3}\ rad}$ j) $150^\circ=\dfrac{5\pi}{6}\ rad$ p) $240^\circ=\dfrac{4\pi}{3}\ rad$ v) $330^\circ=\dfrac{11\pi}{6}\ rad$

e) $75^\circ=\dfrac{5\pi}{12}\ rad$ k) $165^\circ=\dfrac{11\pi}{12}\ rad$ q) $255^\circ=\dfrac{17\pi}{12}\ rad$ w) $345^\circ=\dfrac{23\pi}{12}\ rad$

f) $\boxed{90^\circ=\dfrac{\pi}{2}\ rad}$ l) $\boxed{180^\circ=\pi\ rad}$ r) $\boxed{270^\circ=\dfrac{3\pi}{2}\ rad}$ x) $360^\circ=2\pi$

2. a) $\dfrac{73\pi}{180}$ b) $\dfrac{19\pi}{90}$ c) $\dfrac{7\pi}{60}$ d) $\dfrac{7\pi}{180}$

3. a) 229,18° d) 270° g) 300° j) 25,71°
b) 144,96° e) 144° h) 50° k) 135°
c) 71,62° f) 22,5° i) 15° l) 210°

4. a) 25° 19' 12'' c) 95° 33' 36'' e) 40° 0' 36'' g) 325° 0' 10,8''
b) 8° 18' d) 247° 55' 30'' f) 130° 30' h) 125° 7' 26,4''

5. a) 12,88° c) 8,0083° e) 50,42° g) 332,007°
b) 15,75° d) 10,84° f) 120,67° h) 86,5°

6. a) 94° 28' 25'' b) 38° 4' 30''

7.

a) completo	b) obtuso	c) agudo	d) recto	e) agudo	f) plano
g) cóncavo	h) obtuso	i) cóncavo	j) agudo	k) obtuso	l) recto

8.

	a) 45°	b) 85°	c) 90°	d) 10°
Complementario	45°	5°	0°	80°
Suplementario	135°	95°	90°	170°

5.2 Triángulos (Páginas 140 - 141)

1. a) 55° b) 20° c) 50°

2. a) Sí (4 + 5 = 9 > 8) b) No (3 + 1 = 4 < 5) c) No (4 + 2 = 6 = 6)

3.

a) isósceles acutángulo	b) escaleno acutángulo	c) equilátero acutángulo	d) isósceles rectángulo	e) escaleno obtusángulo	f) escaleno rectángulo
g) escaleno rectángulo	h) isósceles acutángulo	i) isósceles rectángulo	j) escaleno rectángulo	k) escaleno acutángulo	l) isósceles obtusángulo

4. Todos los triángulos equiláteros son acutángulos, ya que tienen los tres ángulos iguales, de 60° (180 : 3 = 60). Por lo tanto, no podemos dibujar un triángulo equilátero obtusángulo o rectángulo.

5. a) 6 cm b) 9,54 cm c) 15 cm d) 8,6 cm

5.3 Razones trigonométricas de un ángulo agudo (Página 144)

1. El resultado saldrá aproximado, ya que midiendo con la regla no podemos ser muy precisos.

$$\text{sen}\,25^\circ = 0{,}42 \qquad \cos 25^\circ = 0{,}91 \qquad \text{tg}\,25^\circ = 0{,}47$$

2. **a)** $\text{sen}\,\alpha = 0{,}385$ $\cos\alpha = 0{,}923$ $\text{tg}\,\alpha = 0{,}41\widehat{6}$
$\text{sen}\,\beta = 0{,}923$ $\cos\beta = 0{,}385$ $\text{tg}\,\beta = 2{,}4$

b) $\text{sen}\,\alpha = 0{,}6$ $\cos\alpha = 0{,}8$ $\text{tg}\,\alpha = 0{,}75$
$\text{sen}\,\beta = 0{,}8$ $\cos\beta = 0{,}6$ $\text{tg}\,\beta = 1{,}\widehat{3}$

3. **a)** $\text{sen}\,\alpha = 0{,}63$ $\cos\alpha = 0{,}\widehat{7}$ $\text{tg}\,\alpha = 0{,}81$

b) $\text{sen}\,\beta = 0{,}45$ $\cos\beta = 0{,}89$ $\text{tg}\,\beta = 0{,}5$

c) $\text{sen}\,\gamma = 0{,}8$ $\cos\gamma = 0{,}6$ $\text{tg}\,\gamma = 1{,}\widehat{3}$

4. a) 0,259 d) 0,990 g) 0,317

b) 0,788 e) 0,242 h) 0,326

c) 0,466 f) 1,664 i) 3,736

5. a) $\alpha = 70°$ d) $\alpha = 43°$ g) $\alpha = 35°$

b) $\alpha = 25{,}84°$ e) $\nexists$ h) $\alpha = 90°$

c) $\alpha = 50°$ f) $\alpha = 63{,}43°$ i) $\alpha = 16{,}7°$

5.4 Resolución de triángulos rectángulos (Páginas 149 - 152)

1. Triángulo 1: B = 97°; Triángulo 2: A = 62°; Triángulo 3: C = 18° 28' 37''

2. a)

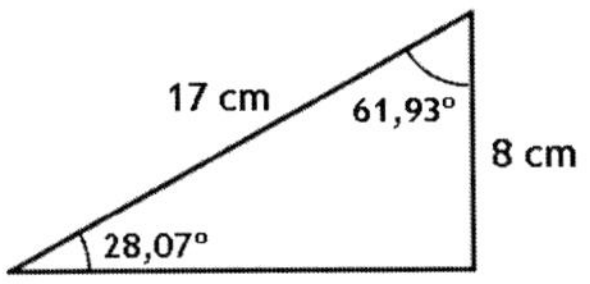

b)

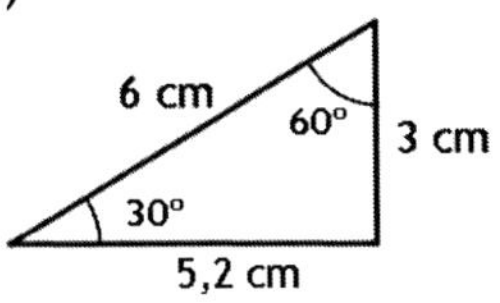

c)

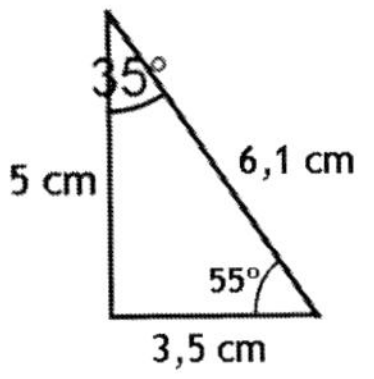

d)

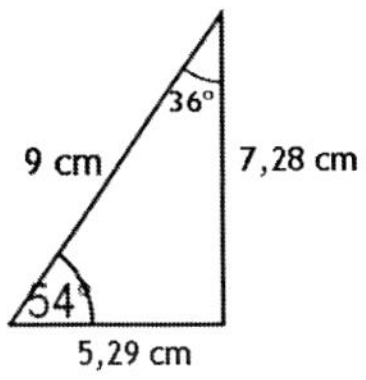

3. a) C = 12,68° B = 77,32° c = 9 cm

b) B = 15° b = 1,04 cm c = 3,86 cm

c) C = 45° a = 3,54 cm c = 2,5 cm

d) C = 16,26° B = 73,74° a = 25 cm

e) C = 56,94° B = 33,06° c = 9,22 cm

f) C = 45° B = 45° a = 56,57 cm

g) C = 51° 34' 20'' b = 6,46 cm c = 5,13 cm

h) B = 47° 29' a = 169,59 cm c = 114,61 cm

i) C = 18° a = 404,51 cm b = 384,71 cm

j) B = 75° b = 37,32 cm a = 38,64 cm

4. 8,49 m

5. 21,45 m

6. 3,46 m

7. $\alpha = 9{,}6°$

8. h = 19,95 m

9. 365,48 m

10. 27,47 m

11. 26,57°

12. 36,46 m

13. 65,69 m

14. Altitud = 7676,5 m; distancia a B = 20,5 km

15. d = 93,75 m

16. A = 134,34 cm^2; P = 58,36 cm

17. A = 12,99 cm^2

18. Lados iguales: 6,47 cm;
Lados iguales = 4,85 cm

19. 34,92°

20. 9,02 cm

21. 77,32° y 102,68°

22. A = 177,73 cm^2

23. A = 10,38 m^2

24. A = 70,78 cm^2

25. A = 496,5 cm^2; P = 80,34 cm

26. a = 3,61; B = 56,31°; C = 36,87°;
D = 19,44°

27. Anchura río = 9,23 m
Altura árbol = 11,82 m

28. 34,46 m

29. 21,32 m

30. 36,77 m

31. 305,16 m

32. Altura = 9882,69 m
d_A = 19,76 km d_B = 13,97 km

33. 1882,87 m

5.5 Razones trigonométricas de un ángulo cualquiera (Página 157)

1.

a) 34°

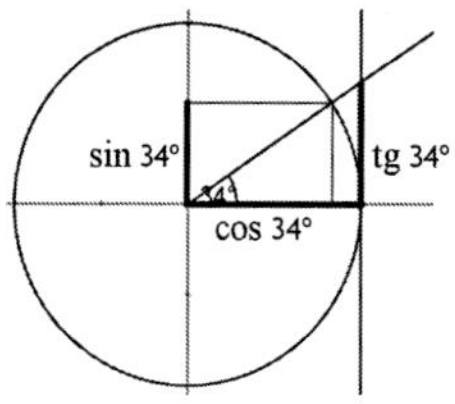

b) 120°

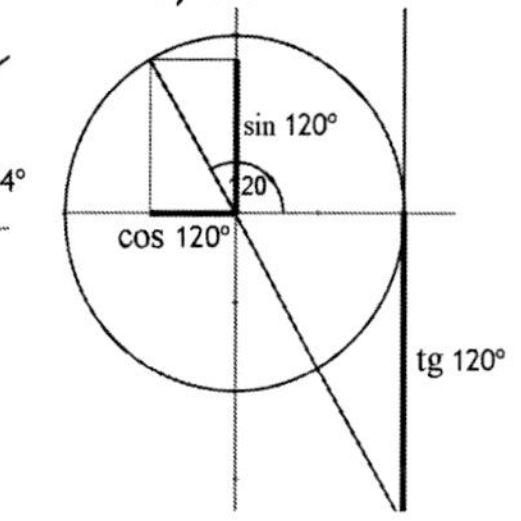

c) 240°

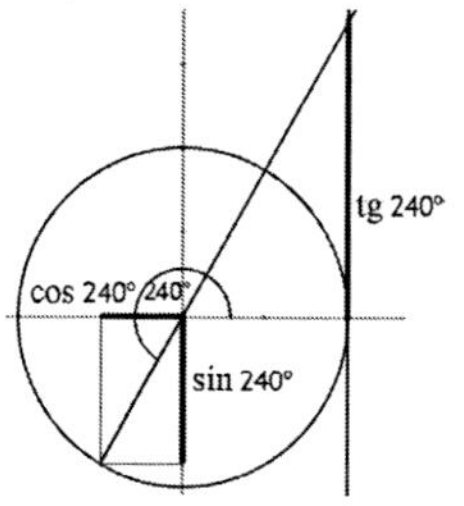

d) 345°

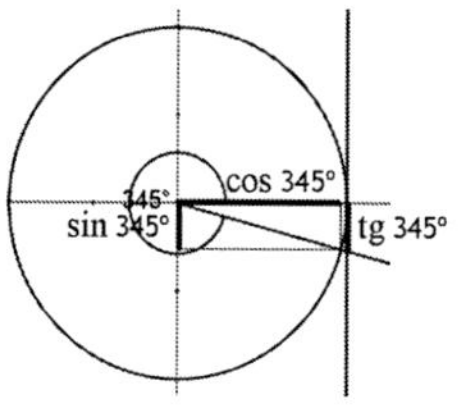

2.

	0°	90°	180°	270°
sin α	0	1	0	−1
cos α	1	0	−1	0
tg α	0	$\nexists$	0	$\nexists$

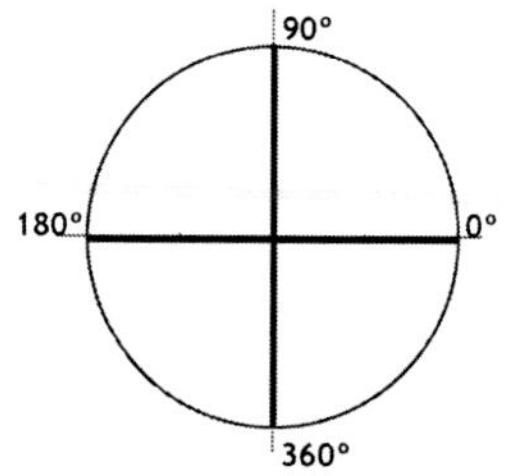

3. a) 220° b) 281° c) 75°

4. 45°; 405°; 765°; 1125°; 1485°; 315°; 675°; 1035° i 1395°

5. a) 64,16° y 115,84° b) 75,52° y 284,48° c) 123,69° y 303,69° d) 120° y 240° e) 270°

6. a) $\cos\alpha = -\sqrt{\frac{1}{5}} = -\frac{\sqrt{5}}{5}$; $\operatorname{sen}\alpha = \sqrt{\frac{4}{5}} = \frac{2\sqrt{5}}{5}$ c) $\cos\alpha = -0,6$; $\operatorname{tg}\alpha = 1,\widehat{3}$

b) $\cos\alpha = -\sqrt{\frac{3}{4}} = -\frac{\sqrt{3}}{2}$; $\operatorname{tg}\alpha = \sqrt{3}$ d) $\cos\alpha = +\sqrt{\frac{1}{2}} = +\frac{\sqrt{2}}{2}$; $\operatorname{sen}\alpha = -\sqrt{\frac{1}{2}} = -\frac{\sqrt{2}}{2}$

7. α → cuarto cuadrante β → segundo cuadrante γ → primer cuadrante δ → tercer cuadrante

Soluciones de los ejercicios de la teoría (Página 153)

Representación de las razones trigonométricas de ángulos situados en diferentes cuadrantes

a) 45°

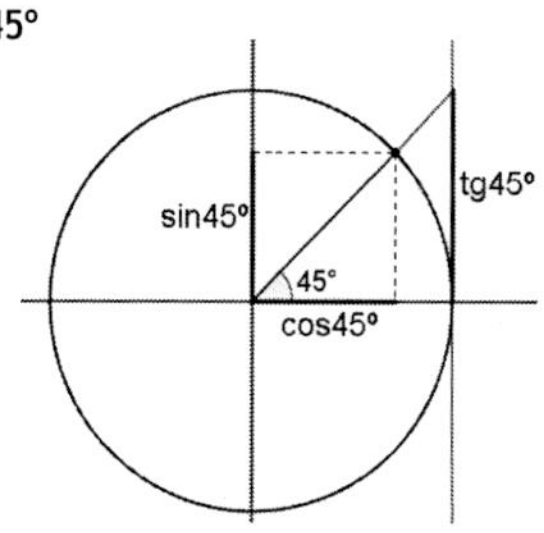

b) 150°

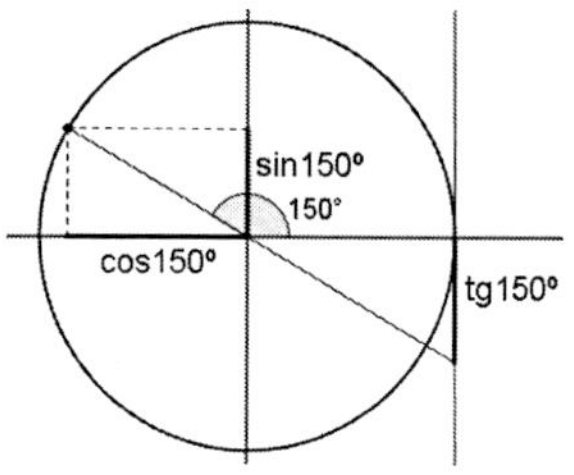

c) 200°

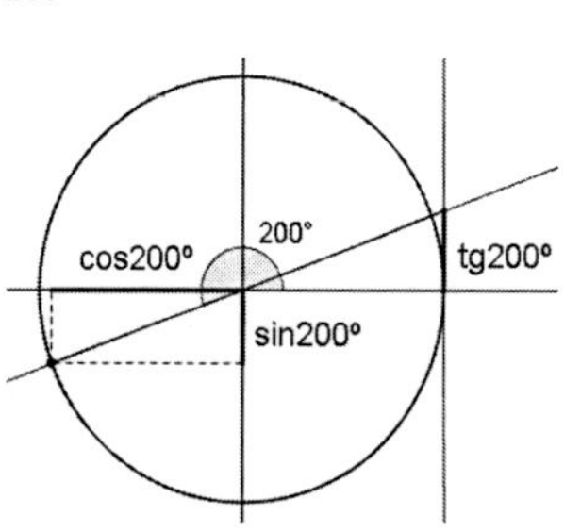

d) 300°

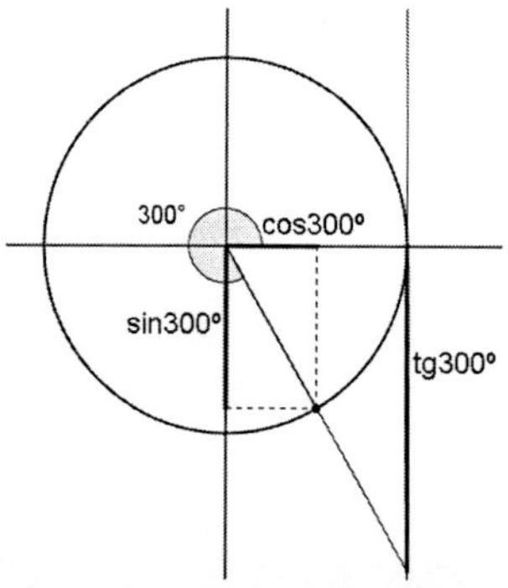

5.6 Resolución de triángulos no rectángulos (Página 161)

1. a) A = 100,29° B = 36,18° A = 43,53°

b) No tiene solución

c) c = 14,4 cm b = 9,85 cm C = 150°

d) c = 4,8 cm A = 102,58° B = 54,42°

e) c = 11,41 cm B = 22,09° C = 120,91°

f) No tiene solución

g) c_1 = 6,67 cm B_1 = 66,83° C_1 = 61,17°
c_2 = 1,95 cm B_2 = 113,17 ° C_2 = 14,83°

h) c = 39,16 cm a = 77,13 cm A = 100°

i) A = 141,26° B = 16,69° C = 22,05°

j) a = 12,02 cm B = 94,9° C = 32,10°

k) a_1 = 12,85 cm A_1 = 54,06° B_1 = 70,94°
a_2 = 4,36 cm A_2 = 15,94° B_2 = 109,06°

l) a = 2,5 cm b = 3,4 cm C = 115°

m) c = 86,95 cm A = 18,77° C = 138,23°

n) A = 90° B = 67,38° C = 22,62°

o) No tiene solución

p) b = 7,46 cm A = 33,26° C = 120,94°

q) b = 36,59 cm B = 124,18° C = 19,82°

r) a = 99,09 m c = 105,15 m B = 46°

s) A = 41,58° B = 102,58° C = 35,84°

t) c = 16,66 cm A = 36,75° B = 78,25°

2. 16,16 m

3. 526,17 Km

4. 33,43 cm y 47,57 cm

5. 154,07 m

6. a) 51,44 m **b)** 8,49 cm

TEMA 6 • VECTORES EN EL PLANO

6.1 Vectores en el plano (Páginas 177 - 178)

1. a) $\vec{b}$ i $\vec{f}$ **b)** $\vec{g}$ i $\vec{i}$; $\vec{d}$ i $\vec{h}$ **c)** $\vec{a}$ i $\vec{i}$ **d)** $\vec{a}$ i $\vec{g}$ **e)** $\vec{c}$ i $\vec{b}$; $\vec{c}$ i $\vec{f}$ **f)** $\vec{e}$ i $\vec{j}$

2. $\vec{a}=(1,1)$ $\vec{c}=(1,3)$ $\vec{e}=(2,0)$ $\vec{g}=(2,2)$ $\vec{i}=(-2,-2)$
$\vec{b}=(3,1)$ $\vec{d}=(2,-1)$ $\vec{f}=(3,1)$ $\vec{h}=(-2,1)$ $\vec{j}=(0,-1)$

$|\vec{a}|=\sqrt{2}$; $|\vec{b}|=\sqrt{10}$; $|\vec{c}|=\sqrt{10}$; $|\vec{d}|=\sqrt{5}$; $|\vec{e}|=2$; $|\vec{f}|=\sqrt{10}$; $|\vec{g}|=\sqrt{8}$; $|\vec{h}|=\sqrt{5}$; $|\vec{i}|=\sqrt{8}$; $|\vec{j}|=1$.

3.

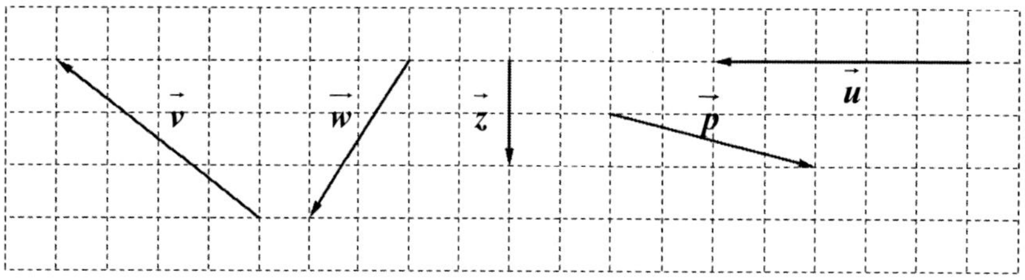

4. **a)** $\overrightarrow{AB} = (-8,0); \left|\overrightarrow{AB}\right| = 8$ **c)** $\overrightarrow{BC} = (1,-3); \left|\overrightarrow{BC}\right| = \sqrt{10}$ **e)** $\overrightarrow{CD} = (4,-1); \left|\overrightarrow{CD}\right| = \sqrt{17}$

b) $\overrightarrow{BA} = (8,0); \left|\overrightarrow{BA}\right| = 8$ **d)** $\overrightarrow{CB} = (-1,3); \left|\overrightarrow{CB}\right| = \sqrt{10}$ **f)** $\overrightarrow{AD} = (-3,-4); \left|\overrightarrow{AD}\right| = 5$

5. B(–1,5) **6.** A(–3,3) **7.** a) No son equipolentes. b) Son equipolentes.

8. D(–4,10) **9.** D(–1,–2) **10.** A(4,6) y B(12,18)

11. A(4,–10) y B(2,–5)

12. **a)** $(1,2)$ **c)** $(-1,-1)$ **e)** $(6,-3)$ **g)** $(-4,2)$ **i)** $(4,3)$

b) $(2,3)$ **d)** $(-3,4)$ **f)** $(1,-3)$ **h)** $(0,2)$ **j)** $(2,-2)$

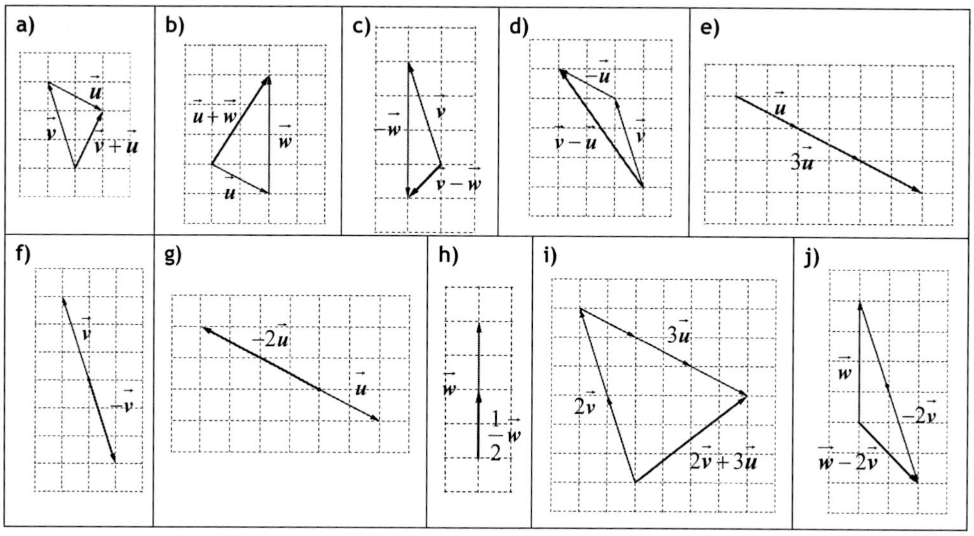

13. **a)** $(45,-16)$

b) $(25,-12)$

c) $(42,-6)$

d) $(44,-14)$

14. Infinitas soluciones. Por ejemplo: (5, –4), (–10, 8), (–15, 12), (–20,16)

15. **a)** Son paralelos.
b) No son paralelos.

16. 80,33

17. –22

18. **a)** –27 **b)** – 42 **c)** 30

19. **a)** 146,89° **b)** 37,23°

20. **a)** 0° → tienen la misma dirección y el mismo sentido.
b) 180° → tienen la misma dirección y el sentido opuesto

21. a) No son perpendiculares.

b) Son perpendiculares.

22. a) (–9, 8) (9, –8)

b) (–4, –1) y (4, 1)

c) (10, –2) y (–10, 2)

23. Infinitas soluciones. Por ejemplo: (–2, 3), (4, –6), (6, –9), (8, –12), (10, –15)

24. a) $M(1,-4)$

b) $M\left(\dfrac{9}{2},-5\right)$

25. a) No están alineados.

b) Están alineados.

26. a) $M_1(-1,0);\ \ M_2(1,1)$

b) $M_1\left(-\dfrac{3}{2},-\dfrac{1}{4}\right);\ \ M_2\left(0,\dfrac{1}{2}\right);\ M_1\left(\dfrac{3}{2},\dfrac{5}{4}\right)$

Soluciones de los ejercicios de la teoría

Puntos del plano (Página 163)

1. A(2,3); B(−1,1); C(−2,−2); D(3,−3); E(3,0); F(0,3); G(−1,0); H(0,−2); I(0,0).

2.

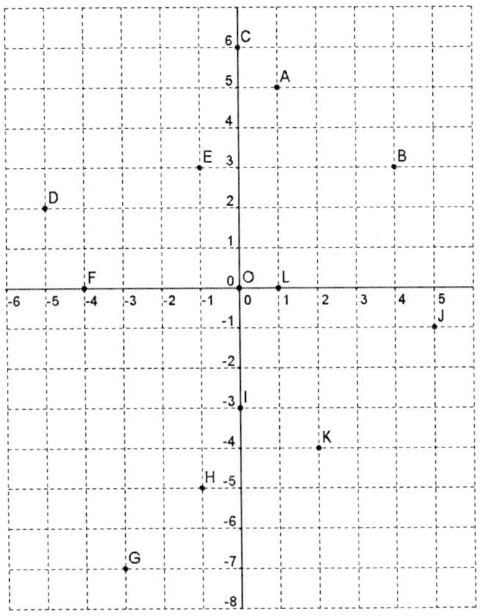

Componentes de un vector (Página 165)

$\vec{v}=(5,1)$ $\vec{z}=(-4,0)$

$\vec{u}=(0,2)$ $\vec{p}=(-3,-1)$

$\vec{w}=(-3,2)$ $\vec{t}=(2,-2)$

$\vec{a}=(-1,-1)$ $\vec{d}=(0,-3)$

$\vec{b}=(1,2)$ $\vec{e}=(3,-3)$

$\vec{c}=(-2,2)$ $\vec{f}=(-1,0)$

5.2 Rectas en el plano (Páginas 200 - 203)

1.

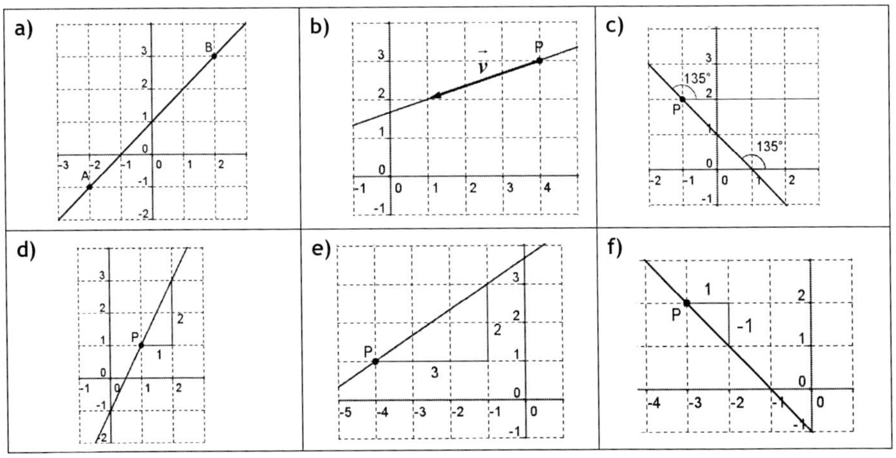

2. a) Ecuación vectorial: $r:(x,y)=(-5,-3)+k(6,4)$. Ecuaciones paramétricas: $r:\begin{cases}x=-5+6k\\y=-3+4k\end{cases}$

b) Tiene infinitas soluciones. Por ejemplo: $k=0\rightarrow(-5,-3)$; $k=1\rightarrow(1,1)$; $k=2\rightarrow(7,5)$.

c) El punto A **sí** que pertenece a la recta y el punto B **no** pertenece a la recta.

3. a) $\frac{x-4}{-2}=\frac{y+3}{7}$

b) Tiene infinitas soluciones. Por ejemplo: $(6,-10)$; $(2,4)$; $(-2,18)$.

c) El punto A **no** pertenece a la recta y el punto B **sí** que pertenece a la recta.

4. a) $4x+y+5=0$

b) Tiene infinitas soluciones. Por ejemplo: $(0,-5)$; $(1,-9)$; $(-1,-1)$.

c) El punto A **sí** que pertenece a la recta y el punto B **no** pertenece a la recta.

5. a) $x-3y+5=0$ b) $9x+2y-86=0$ c) $x+y+4=0$

6. a) $y+4=x-3$ b) $y+8=-5(x+2)$ c) $y-4=\frac{2}{3}(x-3)$

7. a) $y=-2x+5$

b) Tiene infinitas soluciones. Por ejemplo: $(0,5)$; $(1,3)$; $(2,1)$.

c) El punto A **no** pertenece a la recta y el punto B **sí** que pertenece a la recta.

8. a) $y=\frac{3}{4}x-\frac{7}{4}$ b) $y=4x-14$ c) $y=12$

9. Ecuación vectorial: $(x,y)=(-5,3)+k(-2,2)$ Ecuación continua: $\frac{x+5}{-2}=\frac{y-3}{2}$

Ecuaciones paramétricas: $\begin{cases}x=-5-2k\\y=3+2k\end{cases}$ Ecuación general: $2x+2y+4=0$ $\rightarrow x+y+2=0$

Ecuación explícita: $y=-x-2$ Ecuación punto-pendiente: $y-3=-(x+5)$

10. Ecuación vectorial: $(x,y)=(3,-8)+k(5,2)$ Ecuación continua: $\frac{x-3}{5}=\frac{y+8}{2}$

Ecuaciones paramétricas: $\begin{cases}x=3+5k\\y=-8+2k\end{cases}$ Ecuación general: $-2x+5y+46=0$

Ecuación explícita: $y=\frac{2}{5}x-\frac{46}{5}$. Ecuación punto-pendiente: $y+8=\frac{2}{5}(x-3)$

11. a) $P(-10,-4)$; $\vec{v}=(-9,7)$ e) $P(2,3)$; $\vec{v}=(-8,6)$ i) $P(-7,11)$; $\vec{v}=(-1,1)$

b) $P(15,-2)$; $\vec{v}=(-1,6)$ f) $P(5,-4)$; $\vec{v}=(1,12)$ j) $P(-5,-1)$; $\vec{v}=(1,2)$

c) $P(1,1)$; $\vec{v}=(5,2)$ g) $P(-1,0)$; $\vec{v}=(-3,1)$ k) $P(0,-12)$; $\vec{v}=(1,-2)$

d) $P(0,10)$; $\vec{v}=(1,-5)$ h) $P(0,-2)$; $\vec{v}=(2,-3)$ l) $P(0,4)$; $\vec{v}=(1,1)$

12. a) $-\frac{7}{9}$ b) -6 c) $\frac{2}{5}$ d) -5 e) $-\frac{3}{4}$ f) 12 g) $-\frac{1}{3}$ h) $-\frac{3}{2}$ i) -1 j) 2 k) -2 l) 1

13. $\frac{x+1}{-2}=\frac{y-4}{1}$

14. $x-1=0$

15. $y=-x-7$

16. **a)** Sí que están alineados **b)** No están alineados

17. **a)** Paralelas c) Paralelas e) Coincidentes g) Coincidentes
b) Secantes d) Paralelas f) Secantes h) Secantes

18. **b)** (–4,0) **f)** (0,1) **h)** (2,9)

19. **a)** (–4,0) y (0,8) **b)** (2,0) y (0,–3) **c)** $\left(-\frac{3}{5},0\right)$ y (0,3)

20. **a)** $4x-5y+37=0$ **b)** $\frac{x-4}{-2}=\frac{y+10}{-3}$ **c)** $y=-5x-4$

21. **a)** sí **b)** sí **c)** sí **d)** no **e)** sí **f)** no

22. **a)** $5x+4y-5=0$ **b)** $\frac{x-4}{3}=\frac{y+10}{-2}$ **c)** $y=\frac{1}{5}x+\frac{6}{5}$

23. **a)** $-3x+2y-3=0$ **b)** $-3x+2y+10=0$ **c)** $2x+3y+2=0$

24. **a)** $a=-\frac{3}{2}$ **b)** $a=6$

25. **a)** $\alpha=60{,}95^{\circ}$ **b)** $\alpha=26{,}57^{\circ}$ **c)** $\alpha=60{,}26^{\circ}$ **d)** $\alpha=90^{\circ}$

26. **a)** $d(A,B)=5$ **b)** $d(C,D)=\sqrt{13}$

27. **a)** $d(P,r)=\frac{34\sqrt{41}}{41}$ **b)** $d(P,r)=\frac{3}{5}$ **c)** $d(P,r)=\frac{7\sqrt{26}}{26}$

28. **a)** $d(r,s)=\frac{5}{\sqrt{52}}=\frac{5\sqrt{13}}{26}$ **b)** $d(r,s)=\frac{15}{\sqrt{5}}=3\sqrt{5}$ **c)** $d(r,s)=0$ **d)** $d(r,s)=\frac{3\sqrt{2}}{2}$

29. 5

Soluciones de los ejercicios de la teoría

Determinación de rectas (Página 179)

<table>
<tr><td>Recta determinada por dos puntos</td><td colspan="3">Recta determinada por un punto y una dirección</td></tr>
<tr><td>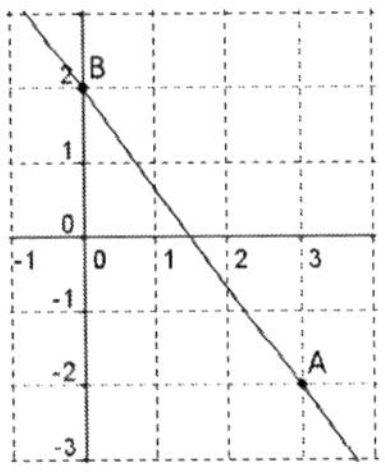
</td><td>a)
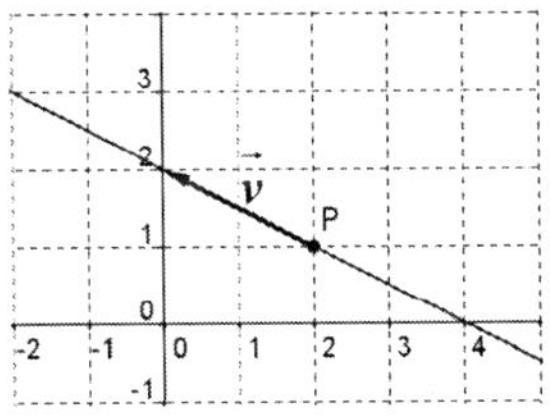
</td><td>b)
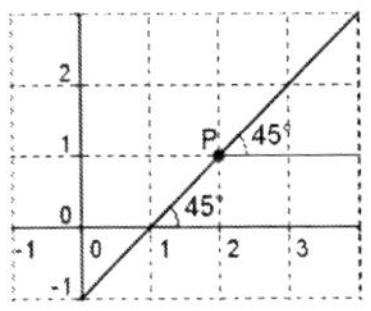
</td><td>c)
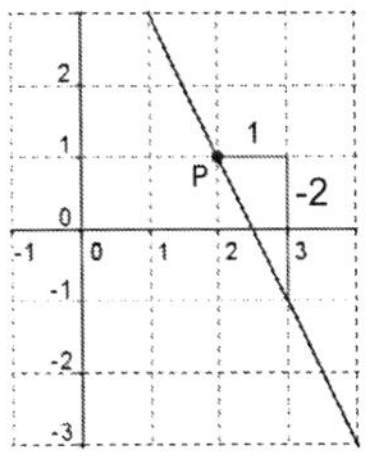
</td></tr>
</table>

Ecuaciones de la recta

Ecuación vectorial (Página 181)

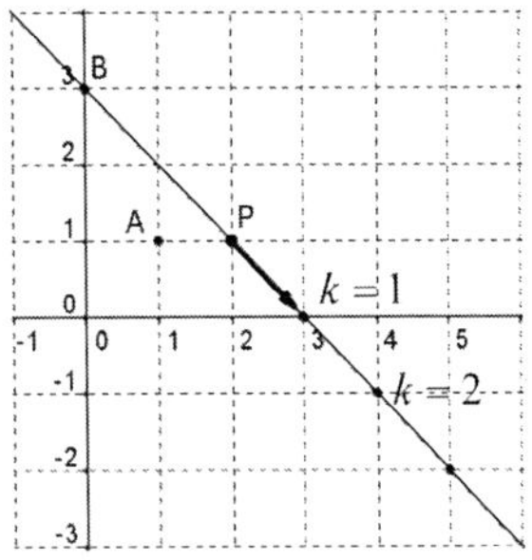

1.

a) $r:(x,y)=(2,1)+k(1,-1)$

b) Tiene infinitas soluciones.

Por ejemplo: $k=0\rightarrow(2,1)$; $k=1\rightarrow(3,0)$; $k=2\rightarrow(4,-1)$.

c) El punto **A no** pertenece a la recta

El punto **B sí** que pertenece a la recta.

2. $P(1,-6);\ \vec{v}=(-5,3)$

Ecuaciones paramétricas (Página 182)

1. a) $r:\begin{cases} x=-1-5k \\ y=3-k \end{cases}$

b) Tiene infinitas soluciones. Por ejemplo: $k=0\rightarrow(-1,3)$; $k=1\rightarrow(-6,2)$; $k=2\rightarrow(-11,1)$.

c) El punto **A no** pertenece a la recta y el punto **B sí** que pertenece a la recta.

2. a) $P(-3,7);\ \vec{v}=(-2,6)$ **b)** $P(1,5);\ \vec{v}=(-1,0)$

Ecuación continua (Página 183)

1. a) $\dfrac{x-8}{-3}=\dfrac{y+7}{-5}$

b) Tiene infinitas soluciones. Por ejemplo: $(8,-7)$; $(-1,-22)$; $(2,-17)$.

c) El punto **A no** pertenece a la recta y el punto **B sí** que pertenece a la recta.

2. a) $P(-5,1);\ \vec{v}=(9,-11)$

b) $P(4,0);\ \vec{v}=(1,1)$

c) $P\left(-13,\dfrac{2}{3}\right);\ \vec{v}=(-2,-3)$

Ecuación general (Página 184)

1.

a) $2x+y+7=0$

b) Tiene infinitas soluciones. Por ejemplo: $(1,-7)$; $(2,-11)$; $(-1,-5)$.

c) El punto **A sí** que pertenece a la recta y el punto **B no** pertenece a la recta.

2. $P(1,0);\ \vec{v}=(-2,1)$

Ecuación punto-pendiente (Página 185)

1. $y-2=-3(x+5)$

2. a) $P(1,-6);\ m=-1;\ \vec{v}=(1,-1)$ **b)** $P(2,1);\ m=\dfrac{4}{3};\ \vec{v}=(3,4)$

Ecuación explícita (Página 186)

1.

a) $m=2$

b) $y=2x+6$

c) Tiene infinitas soluciones. Por ejemplo: $(0,6)$; $(1,8)$; $(2,10)$.

d) El punto **A no** pertenece a la recta y el punto **B sí** que pertenece a la recta.

2. Punto de corte eje OY: $(0,-2)$; $m=5;\ \vec{v}=(1,5)$.

Rectas horizontales y verticales (Página 187)

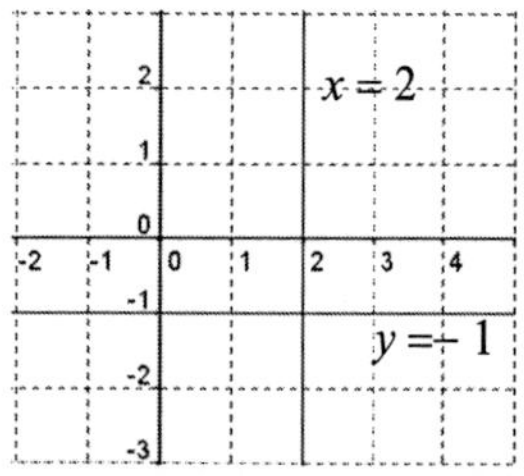

Resumen de las ecuaciones de la recta (Página 188)

Ecuación vectorial: $(x,y)=(-1,1)+k(-2,6)$

Ecuación continua: $\frac{x+1}{-2}=\frac{y-1}{6}$

Ecuaciones paramétricas: $\begin{cases} x=-1-2k \\ y=1+6k \end{cases}$

Ecuación general: $6x+2y+4=0 \rightarrow 3x+y+2=0$

Ecuación explícita: $y=-3x-2$

Ecuación punto-pendiente: $y-1=-3(x+1)$

TEMA 7 • NÚMEROS COMPLEJOS

Números complejos (Página 211)

1.

	a)	b)	c)	d)	e)
Parte real	-3	3	-2	0	-10
Parte imaginaria	5	1	-1	-5	0

2. Real: e) -10; imaginario: d) $-5i$

3. a) $5i;-5i$. b) $\sqrt{3}i;-\sqrt{3}i$ c) $7i;-7i$ d) $\frac{3}{4}i;-\frac{3}{4}i$ e) $\frac{1}{2}i;-\frac{1}{2}i$ f) $\sqrt{5}i;-\sqrt{5}i$

4. a) $3i;\ -3i$.

b) $i;\ -i$.

c) $\sqrt{3}i;\ -\sqrt{3}i$.

d) $2i;\ -2i$.

e) $\sqrt{\frac{3}{5}}i;\ -\sqrt{\frac{3}{5}}i$.

f) $1+i;\ 1-i$.

g) $-5+2i;\ -5-2i$.

h) $\frac{1}{4}+\frac{3}{4}i;\ \frac{1}{4}-\frac{3}{4}i$.

i) $-\frac{1}{2}+\frac{\sqrt{3}}{2}i;\ -\frac{1}{2}-\frac{\sqrt{3}}{2}i$.

j) $\frac{1}{4}+\frac{\sqrt{7}}{4}i;\ \frac{1}{4}-\frac{\sqrt{7}}{4}i$.

k) $-7+i;\ -7-i$.

l) $\frac{1}{2}+\frac{\sqrt{31}}{2}i;\ \frac{1}{2}-\frac{\sqrt{31}}{2}i$.

5.

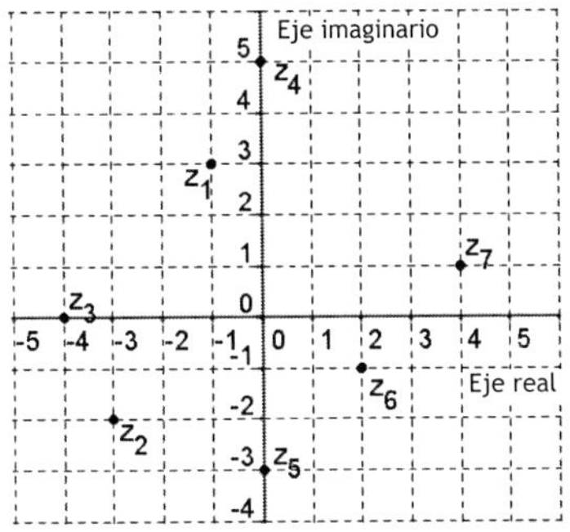

6. a) Opuesto: $-4-2i$
Conjugado: $4-2i$

b) Opuesto: $-6+i$
Conjugado: $6+i$

c) Opuesto: $5i$
Conjugado: $5i$

d) Opuesto: -4
Conjugado: 4

e) Opuesto: $1-i$
Conjugado: $-1-i$

f) Opuesto: $7+9i$
Conjugado: $-7+9i$

7. a) $5_{36,87^\circ}$ b) $5_{216,87^\circ}$ c) $\sqrt{2}_{315^\circ}$ d) $\sqrt{13}_{123,69^\circ}$ e) 5_{0° f) 3_{180° g) 2_{90° h) 2_{270°

8. a) $8,16+3,8i$ b) $\frac{\sqrt{2}}{2}+\frac{\sqrt{2}}{2}i$ c) $2,23+2,01i$ d) 7 e) $7i$ f) -7 g) $-7i$

9. a) $-4+7i$ e) $6-i$ i) $-17-11i$ m) $\frac{7}{41}-\frac{19}{41}i$ q) $-8+6i$

b) $-2+2i$ f) $4+4i$ j) $-10i$ n) $-\frac{3}{5}-\frac{4}{5}i$ r) $115+236i$

c) $-8+3i$ g) $-2+5i$ k) $19-7i$ o) $\frac{11}{10}-\frac{17}{10}i$ s) $-8i$

d) $1+5i$ h) $1+i$ l) $-6+2i$ p) $\frac{3}{2}-\frac{1}{2}i$ t) -1024

10. a) $10_{90°}=10i$ e) $2_{270°}=-2i$ i) $1_{30°}$

b) $2_{210°}$ f) $5_{240°}$ j) $\sqrt[4]{2}_{15°};\ \sqrt[4]{2}_{105°};\ \sqrt[4]{2}_{195°};\ \sqrt[4]{2}_{285°}$

c) $5_{180°}=-5$ g) $8_{180°}=-8$ k) $\sqrt{5}_{15°};\ \sqrt{5}_{195°}$

d) $\left(\frac{2}{5}\right)_{30°}$ h) $25_{60°}$ l) $1_{25°};\ 1_{85°};\ 1_{145°};\ 1_{205°};1_{265°};\ 1_{325°}$

Soluciones de los ejercicios de la teoría (Página 206)

Representación gráfica de números complejos

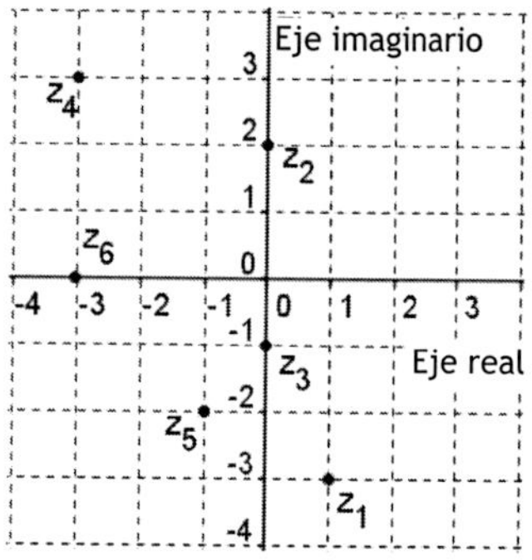

Opuesto y conjugado de un número complejo

Opuesto: $-z=-4+i$ Conjugado: $\bar{z}=4+i$

TEMA 8 • CÓNICAS

8.1 Lugar geométrico (Página 227)

1. a) Mediatriz del segmento b) Bisectriz del ángulo

2. $5x+3y+10=0$

3. $x-7y+6=0$ y $7x+y-8=0$

8.2 Circunferencia (Página 227)

4. $(x-5)^2+(y+4)^2=9 \rightarrow x^2+y^2-10x+8y+32=0$

5. a) $C(3,-5);\ r=1$ b) $C(0,0);\ r=\sqrt{3}$

c) $C(-3,2);\ r=5$ d) $C\left(\frac{5}{2},-4\right);\ r=\frac{1}{2}$

6. El punto A sí que pertenece a la circunferencia y el punto B no pertenece.

7. $(x-3)^2+(y-4)^2=5 \rightarrow C(3,4);\ r=\sqrt{5}$

8. **a)** P es un punto interior a la circunferencia c.

b) Q es un punto de la circunferencia c.

c) R es un punto exterior a la circunferencia c.

9. **a)** Tangente. Punto de tangencia: (-6,6). **b)** Secante. Puntos de corte: (-6,4) y (-4,6)

c) Exterior

10. $(x-3)^2+y^2=5$

8.3 Elipse (Páginas 227 - 228)

11. Centro: *C*(0,0); focos: *F*(1,0); *F'*(-1,0)

$a=2;\ c=1;\ b=\sqrt{a^2-c^2}=\sqrt{2^2-1^2}=\sqrt{3}\approx 1{,}73$

Vértices: $A(2,0);\ A'(-2,0);\ B(0,\sqrt{3});\ B'(0,-\sqrt{3})$.

Excentricidad: $e=\dfrac{c}{a}=\dfrac{1}{2}=0{,}5$; ecuación: $\dfrac{x^2}{4}+\dfrac{y^2}{3}=1$

12. $a=\sqrt{16}=4;\ b=\sqrt{7};\ c=\sqrt{a^2-b^2}=\sqrt{16-7}=\sqrt{9}=3$

Focos: $F(3,0);\ F'(-3,0)$

Vértices: $A(4,0);\ A'(-4,0);\ B(0,\sqrt{7});\ B'(0,-\sqrt{7})$.

Excentricidad: $e=\dfrac{c}{a}=\dfrac{3}{4}=0{,}75$

Suma de distancias de un punto a los focos: $2a=8$

13. $\dfrac{x^2}{49}+\dfrac{y^2}{33}=1;\ e=\dfrac{4}{7}\approx 0{,}57$ **14.** $\dfrac{x^2}{100}+\dfrac{y^2}{84}=1$ **15.** $\dfrac{x^2}{144}+\dfrac{y^2}{100}=1$

8.4 Hipérbola (Página 228)

16. Centro: *C*(0,0); focos: *F*(1,0); *F'*(-1,0)

$a=0{,}5;\ c=1;\ b=\sqrt{c^2-a^2}=\sqrt{1^2-0{,}5^2}=\sqrt{0{,}75}\approx 0{,}87$

Vértices: $A(0{,}5,\ 0);\ A'(-0{,}5,\ 0)\,B(0,\sqrt{0{,}75});\ B'(0,-\sqrt{0{,}75})$.

Excentricidad: $e=\dfrac{1}{0{,}5}=2$; ecuación: $\dfrac{x^2}{0{,}25}-\dfrac{y^2}{0{,}75}=1$

17. $a=\sqrt{9}=3;\ b=\sqrt{49}=7;\ c=\sqrt{a^2+b^2}=\sqrt{9+49}=\sqrt{58}\approx 7{,}62$

Focos: $F(\sqrt{58},0);\ F'(-\sqrt{58},0)$

Vértices: $A(3,0);\ A'(-3,0);\ B(0,7);\ B'(0,-7)$.

Excentricidad: $e=\dfrac{\sqrt{58}}{3}\approx 2{,}54$

Diferencia de distancias de un punto a los focos: $2a=6$

18. $\dfrac{x^2}{16}-\dfrac{y^2}{9}=1;\ e=\dfrac{5}{4}=1{,}25$ **19.** $\dfrac{x^2}{6{,}25}-\dfrac{y^2}{9{,}75}=1$

8.5 Parábola (Página 228)

20. Vértice: $V(0,0)$; foco: $F(1{,}5,\ 0)$

Directriz: $x = -1{,}5$; parámetro: $p = 3$; ecuación: $y^2 = 6x$

21. Parámetro: $p = 6$; foco: $F(3{,}0)$; directriz: $x = -3$;

8.6 Cuadro resumen (Página 229)

22. **a)** Hipérbola **b)** Circunferencia **c)** Parábola **d)** Elipse

23.

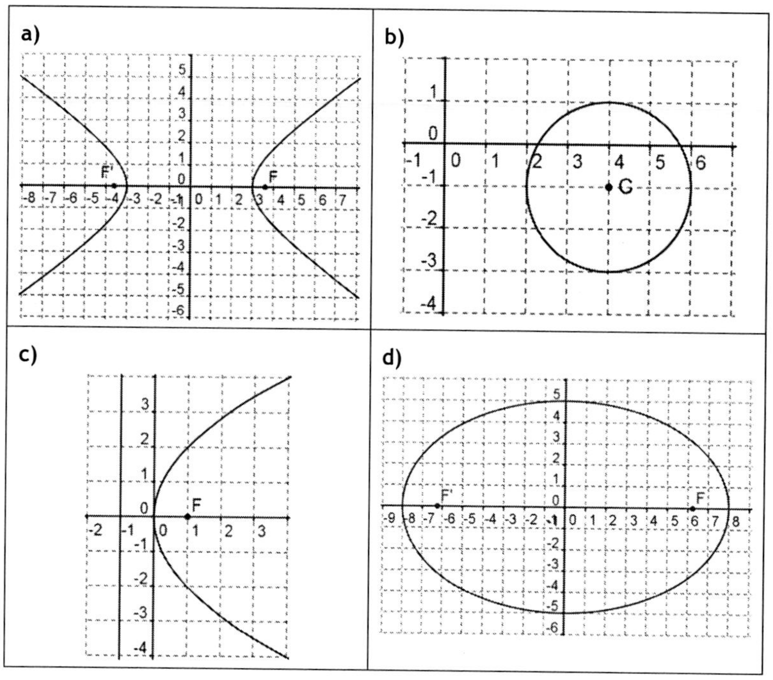

Soluciones de los ejercicios de la teoría

Excentricidad de la elipse (Página 220)

Centro: $C(0,0)$; focos: $F(3,0)$; $F'(-3,0)$

$$b = 2;\ c = 1;\ a = \sqrt{b^2 - c^2} = \sqrt{2^2 - 3^2} = \sqrt{13} \approx 3{,}6$$

Vértices: $A\left(\sqrt{13},0\right)$; $A'\left(-\sqrt{13},0\right)$; $B\left(0,2\right)$; $B'\left(0,-2\right)$

Excentricidad: $e = \dfrac{c}{a} = \dfrac{3}{\sqrt{13}} = 0{,}83$

Ecuación reducida de la elipse (Página 221)

1. $a = \sqrt{16} = 4;\ b = 1;\ c = \sqrt{a^2 - b^2} = \sqrt{16-1} = \sqrt{15} = 3{,}87$

Focos: $F\left(\sqrt{15},0\right)$; $F'\left(-\sqrt{15},0\right)$

Vértices: $A\left(4,0\right)$; $A'\left(-4,0\right)$; $B\left(0,1\right)$; $B'\left(0,-1\right)$.

Excentricidad: $e = \dfrac{c}{a} = \dfrac{\sqrt{15}}{4} \approx 0{,}97$

Suma de distancias de un punto a los focos: $2a = 8$

2. $\dfrac{x^2}{13} + \dfrac{y^2}{4} = 1;\ e = \dfrac{3}{\sqrt{13}} \approx 0{,}83$

3. $\dfrac{x^2}{100} + \dfrac{y^2}{64} = 1$

Excentricidad de la hipérbola (Página 222)

Centro: $C(0,0)$; focos: $F(2,0)$; $F'(-2,0)$

$a=1$; $c=2$; $b=\sqrt{c^2-a^2}=\sqrt{2^2-1^2}=\sqrt{3}\approx 1,73$

Vértices: $A(1,0)$; $A'(-1,0)$ $B(0,\sqrt{3})$; $B'(0,-\sqrt{3})$

Excentricidad: $e=\dfrac{2}{1}=2$

Ecuación reducida de la hipérbola (Página 224)

1. $a=4$; $b=1$; $c=\sqrt{17}\approx 4,12$

   Focos: $F(\sqrt{17},0)$; $F'(-\sqrt{17},0)$

   Vértices: $A(4,0)$; $A'(-4,0)$; $B(0,1)$; $B'(0,-1)$.

   Excentricidad: $e=\dfrac{\sqrt{17}}{4}\approx 1,03$

   Diferencia de distancias de un punto a los focos: $2a=8$

2. $\dfrac{x^2}{5}-\dfrac{y^2}{4}=1$; $e=\dfrac{3}{\sqrt{5}}=1,34$

3. $\dfrac{x^2}{25}-\dfrac{y^2}{39}=1$

Ecuación reducida de la parábola (Página 225)

1. Vértice: $V(0,0)$; foco: $F(1,0)$

   Directriz: $x=-1$; parámetro: $p=2$

   Ecuación: $y^2=4x$

2. Parámetro: $p=10$; foco: $F(5,0)$
   Directriz: $x=-5$

TEMA 9• FUNCIONES

9.1 Concepto de función (Página 235 - 236)

1.

<table>
<tr><td>Texto</td><td>Función que a cada número real le asigna su raíz cuadrada.</td></tr>
<tr><td>Expresión algebraica</td><td>$y=\sqrt{x}$</td></tr>
<tr><td>Tabla de valores y gráfica</td><td><table><tr><th>x</th><th>y</th></tr><tr><td>0</td><td>0</td></tr><tr><td>1</td><td>1</td></tr><tr><td>4</td><td>2</td></tr><tr><td>9</td><td>3</td></tr></table>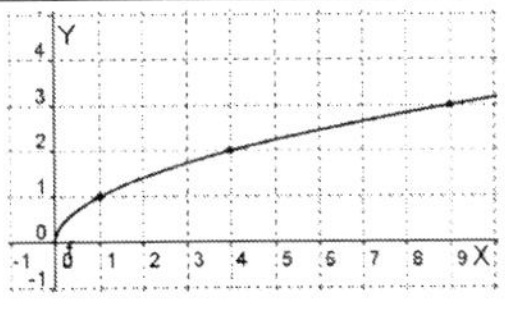</td></tr>
</table>

2. b) y d)

3.

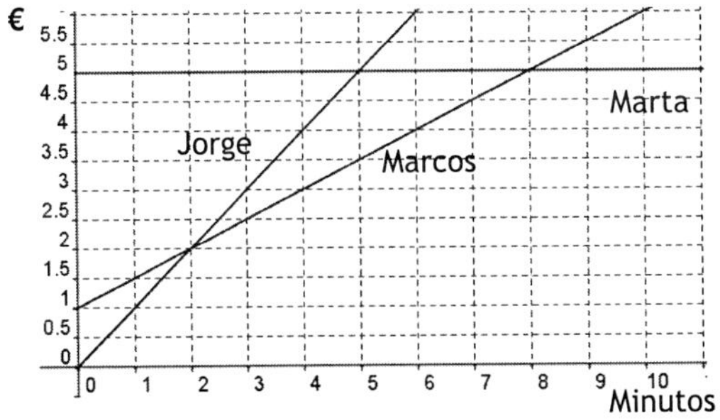

Marcos: $y=1+0,5x$

Jorge: $y=x$

Marta: $y=5$

- Trayecto de un minuto: nos interesa el taxi de Jorge.
- Trayecto de cinco minutos: nos interesa el taxi de Marcos.
- Trayecto de nueve minutos: nos interesa el taxi de Marta.

4. Gráfica 1: c); gráfica 2: b); gráfica 3: a); gráfica 4: no corresponde a ninguna función

Soluciones de los ejercicios de la teoría

Formas de expresar una función (Página 231)

a)	**Texto**	Función que a cada número real le asigna *su cuadrado*
	Expresión algebraica	$y = x^2$
	Tabla de valores y gráfica	<table><tr><td>x</td><td>-2</td><td>-1</td><td>0</td><td>1</td><td>2</td></tr><tr><td>y</td><td>4</td><td>1</td><td>0</td><td>1</td><td>4</td></tr></table> 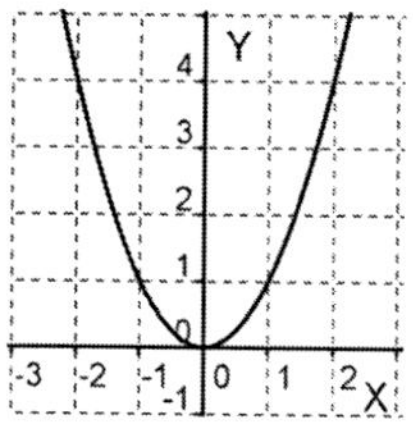
b)	**Texto**	Función que a cada número real le asigna *su cubo menos la unidad.*
	Expresión algebraica	$y = x^3 - 1$
	Tabla de valores y gráfica	<table><tr><td>x</td><td>-2</td><td>-1</td><td>0</td><td>1</td><td>2</td></tr><tr><td>y</td><td>-9</td><td>-2</td><td>-1</td><td>0</td><td>7</td></tr></table> 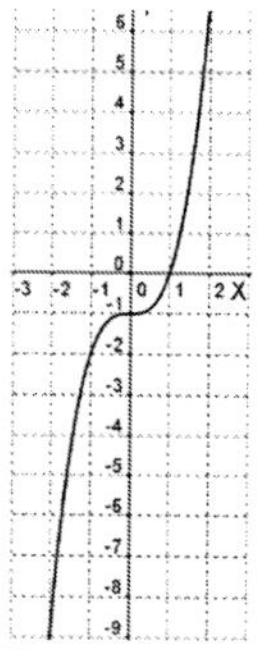

Gráficas que no corresponden a funciones (Página 232)

Corresponden a una función las gráficas de los apartados b), c) y e).

Ejemplos de funciones (Página 234 - 235)

1)

x = número de alumnos

y = coste por alumno

Expresión algebraica:

$$y = \frac{600}{x}$$

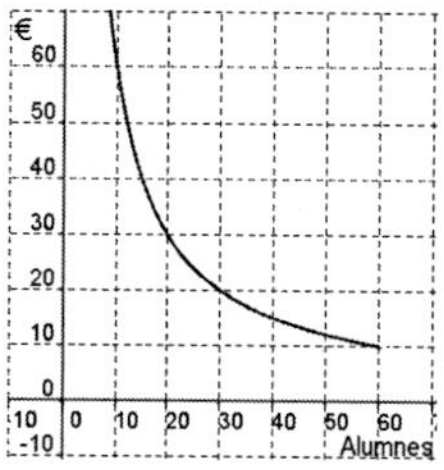

x	10	20	30	40	50	60
y	60	30	20	15	12	10

2)

x = horas

y = número de bacterias

Expresión algebraica:

$$y = 2^x$$

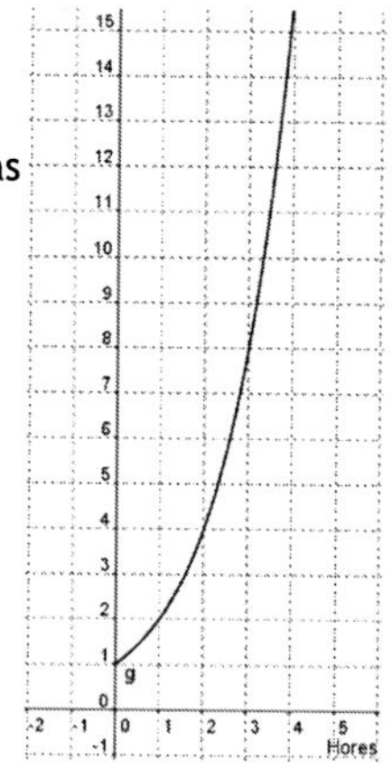

x	1	2	3	4	5	6	10	24
y	1	4	8	16	32	64	1.024	16.777.216

9.2 Imágenes y antiimágenes (Página 238)

1. a) $f(2) = 12$, $f(0) = 8$ y $f(-2) = 4$ **b)** $f(2) = -2$, $f(0) = -2$ y $f(-2) = \frac{2}{3}$

2. a) 3 **b)** $\{-4, 4\}$ **c)** -5

3. $f\left(\frac{2}{5}\right) = \frac{4}{7}$, $f^{-1}\left(\frac{2}{5}\right) = 4$

4. a) $f(-2) = 7$; $f^{-1}(4) = 1$ **b)** $f(-2) = 1$; $f^{-1}(4) = \{-3, 1\}$ **c)** $f(-2) = 5$; $f^{-1}(4) = \{-3, -1, 3\}$

5. a) 200 **b)** 450 **c)** Transcurridos dos años y medio

6. a) 42 m **b)** 5 s **c)** 50 m

9.3 Dominio y recorrido (Página 240 - 241)

1. a) $\text{Dom} f = R \quad \text{Im} f = (-\infty, 2]$

b) $\text{Dom} f = R - \{-1,1\} \quad \text{Im} f = R$

c) $\text{Dom} f = R \quad \text{Im} f = (0,2]$

d) $\text{Dom} f = (-\infty,-1] \cup [1,+\infty) \quad \text{Im} f = R^+ = [0,+\infty)$

e) $\text{Dom} f = (-\infty,7] - \{1\} \quad \text{Im} f = (-\infty,4] - \{2\}$

f) $\text{Dom} f = [-3,-1] \cup [1,3) \quad \text{Im} f = [-1,1]$

2. a) $\text{Dom} f = R$

b) $\text{Dom} f = R - \{2\}$

c) $\text{Dom} f = R - \left\{\frac{1}{3}\right\}$

d) $\text{Dom} f = R - \{-1,1\}$

e) $\text{Dom} f = R$

f) $\text{Dom} f = R - \{-5,2\}$

g) $\text{Dom} f = R - \{-3,1,3\}$

h) $\text{Dom} f = R - \{0,5\}$

i) $\text{Dom} f = R - \{-1\}$

j) $\text{Dom} f = R - \{2\}$

k) $\text{Dom} f = [3,+\infty)$

l) $\text{Dom} f = (3,+\infty)$

m) $\text{Dom} f = (-\infty,2]$

n) $\text{Dom} f = (-\infty,2)$

o) $\text{Dom} f = R$

p) $\text{Dom} f = R - \{7\}$

Soluciones de los ejercicios de la teoría

Cálculo del dominio y el recorrido de una función a partir de su gráfica (Página 240)

a) $\text{Dom} f = R$ e $\text{Im} f = [-3,+\infty)$

b) $\text{Dom} f = R - \{0\}$ e $\text{Im} f = (0,+\infty)$

c) $\text{Dom} f = R - \{-1,1\}$ e $\text{Im} f = (-\infty,0] \cup (1,+\infty)$

9.4 Características de las funciones (Páginas 245 - 247)

1. a) Función impar, discontinua en $x = -1$ y $x = 1$. Para el resto de valores de su dominio es continua.

b) Función par y continua en todo su dominio.

c) Función discontinua en $x = 1$. Para el resto de valores de su dominio es continua. No es simétrica.

2. a) Función periódica de periodo 4.

b) Función periódica de periodo 2π.

c) Función no periódica.

d) Función periódica de periodo 5.

3. a) Eje OY: (0,2); no corta el eje OX

b) Eje OY: (0,2); eje OX: (−2,0), (1,0), (4,0).

c) Eje OY: (0,−3); eje OX: (1,0), (3,0).

4. a) (0, −5); (5,0)

b) (0,2); (−2/3,0)

c) (0,−4); (−2,0), (2,0)

d) (0,−2); ($\sqrt{2}$,0), ($-\sqrt{2}$,0)

e) (0,4)

f) (0,0); (3,0)

g) (0,25); (5,0)

h) (0,−4); (1,0), (−4,0)

i) (0,−4); (−2,0), (−1,0), (2,0)

5. a) Asíntota horizontal: $y = 0$.

b) Asíntota horizontal: $y = 0$; asíntotas verticales: $x = -1$ y $x = 1$.

c) Asíntota horizontal: $y = 0$; asíntota vertical: $x = 0$.

d) Asíntota horizontal: $y = 0$; asíntota vertical: $x = 2$.

e) Asíntota horizontal: $y = 2$; asíntotas verticales: $x = -1$ y $x = 1$.

f) Asíntota horizontal: $y = 0$; asíntota vertical: $x = 0$.

6. a) Creciente: $(-\infty,-1) \cup (0,1)$; Decreciente: $(-1,0) \cup (1,+\infty)$; Máx.: (-1,2), (1,2); Mín.: (0,0)

b) Creciente en todo su dominio. No tiene extremos relativos.

c) Creciente: (-1,1); Decreciente: $(-\infty,-1) \cup (1,+\infty)$; Máx.: (1,0), Mín.:(-1,-4);

7. **a)** Cóncava: $(-\infty,-1)\cup(0,1)$; Convexa: $(-1,0)\cup(1,+\infty)$; Punto inflexión: (0,0)

b) Cóncava: $(-\infty,0)$; Convexa: $(0,+\infty)$; Punto inflexión: (0,0)

c) Cóncava en todo su dominio.

8. **a)** $\text{Dom}\, f = R-\{-1,1\}$; $\text{Im}\, f=(-\infty,0)\cup[2,+\infty)$. Función par. Discontinua en $x=-1$ y $x=1$. No es periódica. Puntos de corte con los ejes: (0,2). Asíntotas verticales: $x=-1$ y $x=1$; asíntota horizontal: $y=0$. Creciente: $(0,1)\cup(1,+\infty)$; decreciente: $(-\infty,-1)\cup(-1,0)$; Mínimo: (0,2). Convexa: $(-\infty,-1)\cup(1,+\infty)$; cóncava: (-1,1).

b) $\text{Dom}\, f = R$; $\text{Im}\, f = R$. Función no simétrica. Continua en todo su dominio. No es periódica. Puntos de corte con los ejes: (0,1) y (-1,0). No tiene asíntotas. Creciente en todo su dominio; no tiene extremos relativos. Convexa: $(-\infty,0)$; cóncava: $(0,+\infty)$; punto de inflexión: (0,1).

c) $\text{Dom}\, f = R$; $\text{Im}\, f = R$. Función no simétrica. Continua en todo su dominio. No es periódica. Puntos de corte con los ejes: (0,-2), (-2,0), (1,0). No tiene asíntotas. Creciente: (-1,1); decreciente: $(-\infty,-1)\cup(1,+\infty)$; Máx.: (1,0), Mín.:(-1,-4). Cóncava: $(-\infty,0)$; Convexa: $(0,+\infty)$; Punto inflexión: (0,-2).

9. Hay varias. Un ejemplo posible es el siguiente:

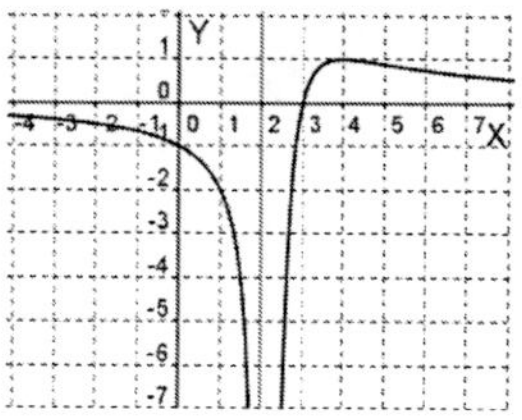

Soluciones de los ejercicios de la teoría

Simetrías (Página 242)

a) No es simétrica **b)** Par **c)** Impar

d) Par **e)** Impar **f)** No es simétrica

Puntos de corte con los ejes (Página 243)

a) (0,−2); (1,0) **b)** (0,0); (−2,0); (2,0) **c)** (0,−9); (3,0); (−3,0)

Asíntotas (Página 244)

a) $x=3$ y $y=0$ **b)** $x=0$ **c)** No tiene asíntotas

9.5 Estudio de algunas funciones (Páginas 258 - 259)

1.

	Lineal, afín o constante	Pendiente (m)	Ordenada en el origen (n)	Creciente o decreciente	Punto de corte eje 0Y
$y=4x+5$	Afín	4	5	Creciente	(0,5)
$y=-\frac{1}{2}x$	Lineal	-1/2	0	Decreciente	(0,0)
$y=-x-5$	Afín	-1	-5	Decreciente	(0,-5)
$y=2x-8$	Afín	2	-8	Creciente	(0,-8)
$y=-3$	Constante	0	-3	Constante	(0,-3)

2.

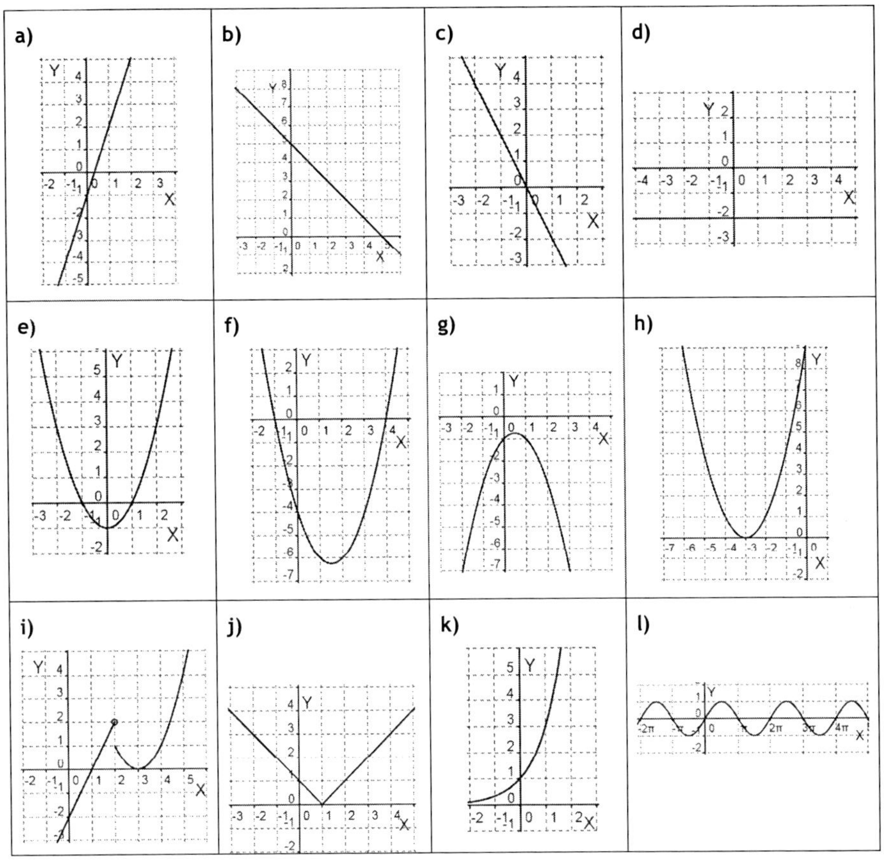

3. **a)** 1 m **b)** 1 segundo **c)** 6 m **d)** 2,1 segundos

4. **a)** 5 €/kg

   b) 3 €/kg

   c) Cuando hayan pasado 20 y 30 días desde el inicio de la temporada.

   d) Al cabo de 25 días del inicio de la temporada.

Soluciones de los ejercicios de la teoría

Representación gráfica de parábolas (Página 251)

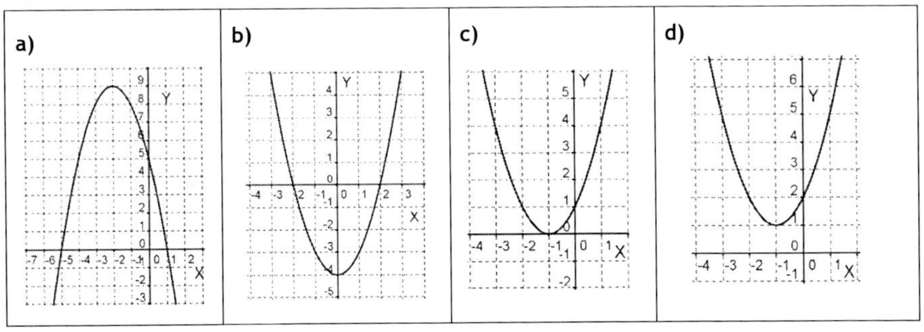

9.6 Tasa de variación media (Página 261)

1. **a)** -3
   El valor de la función disminuye, de media, 3 unidades por cada unidad que aumenta x.

   b) -1
   El valor de la función disminuye, de media, 1 unidad por cada unidad que aumenta x.

   c) 2
   El valor de la función aumenta, de media, 2 unidades por cada unidad que aumenta x.

2. La velocidad media entre 3 segundos y 4 segundos es de 2 m/s.
La velocidad media entre 4 segundos y 5 segundos es de 4 m/s.
El móvil va más deprisa en el segundo tramo.

3. $TVM_{[-1,3]} = -1$.

TEMA 10 • ESTADÍSTICA UNIDIMENSIONAL

10.1 Tablas y gráficos (Páginas 278 - 279)

1.

Variable cualitativa	Variable cuantitativa discreta	Variable cuantitativa continua
b), e)	a), f)	c), d)

2. a)

x_i	n_i	f_i	%
Flan	7	0,35	35 %
Pastel de chocolate	7	0,35	35%
Helado	4	0,2	20%
Fruta	2	0,1	10%
	$N = 20$	1	100

b)

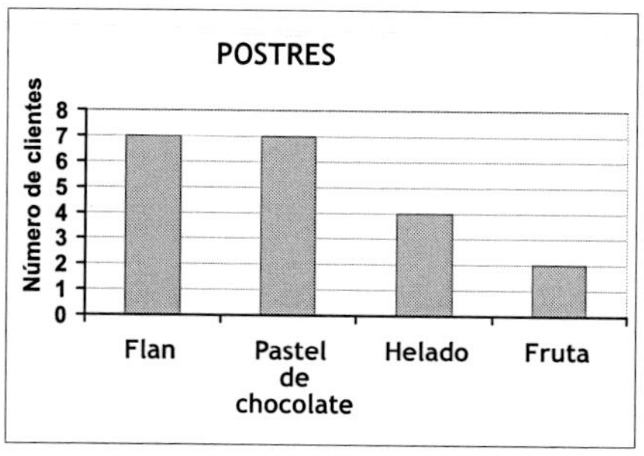

3.a)

x_i	n_i	f_i	%	Ángulo
Ana	15	0,50	50%	180º
Sonia	6	0,20	20%	72º
Marcos	9	0,30	30%	108º
	N=30	1	100	360º

b)

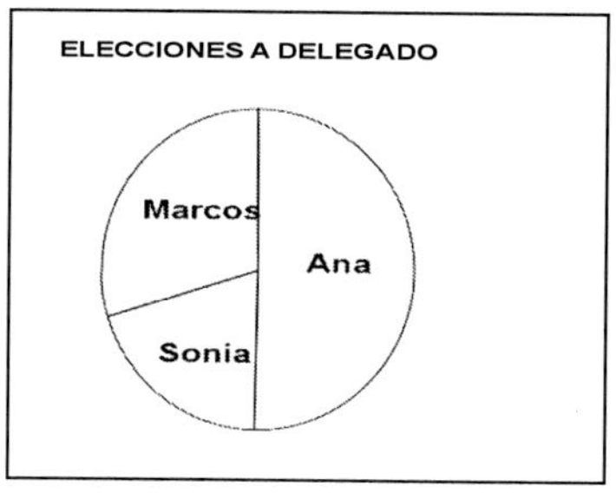

4. a)

x_i	n_i	f_i	%	N_i
0	1	0,0357	3,57%	1
1	4	0,1429	14,29%	5
2	14	0,5	50%	19
3	8	0,2857	28,57%	27
4	1	0,0357	3,57%	28
	$N = 28$	1	100	

b)

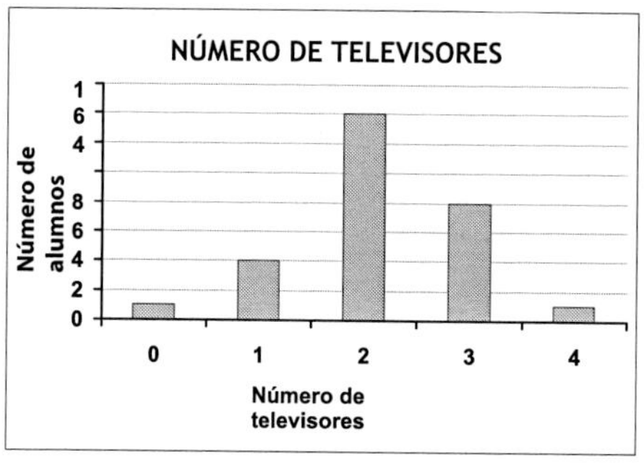

c) 32,14 % **d)** 17,86 %

5. a)

Intervalo	x_i	n_i	f_i	%	N_i
$(50,55]$	52,5	2	0,087	8,7%	2
$(55,60]$	57,5	5	0,2174	21,74%	7
$(60,65]$	62,5	8	0,3478	34,78%	15
$(65,70]$	67,5	6	0,2609	26,09%	21
$(70,75]$	72,5	2	0,087	8,7%	23
		23	$1,0001 \approx 1$	100,01	

b)

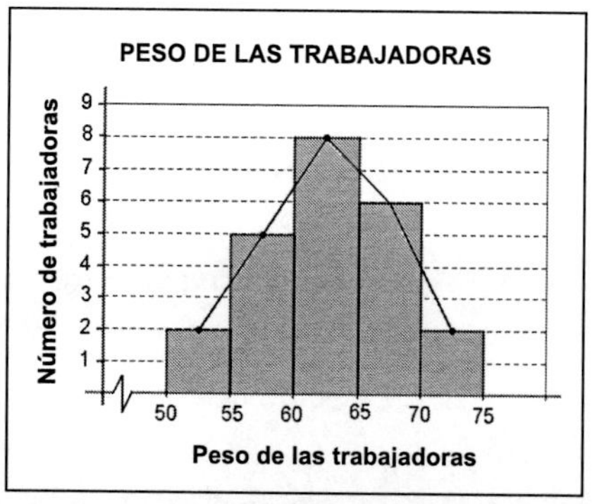

c) 30,43 %

6. a) En el mes de junio pudo ahorrar más. Ahorró 2.500€

b) Los meses de mayo y agosto la familia tuvo más gastos que ingresos.

c) Figura de la derecha.

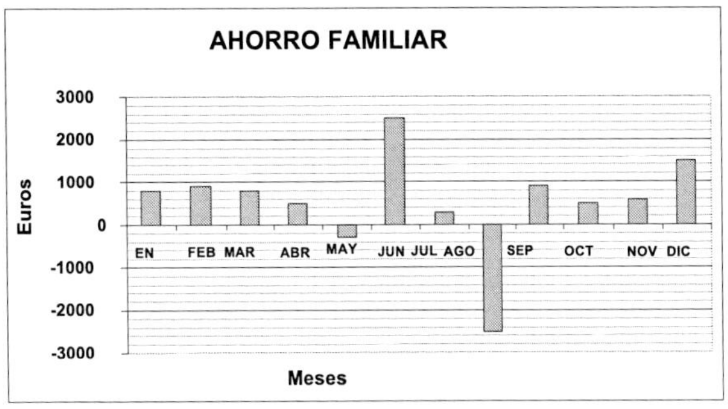

7. a) El miércoles fue el día de la semana que el precio de la acción cayó más. Descendió un $33,\overset{\frown}{3}\%$. $\frac{6-9}{9}\cdot 100 = \frac{3}{9}\cdot 100 = 0,\overset{\frown}{3}\cdot 100 = 33,\overset{\frown}{3}\ \%$

b) El lunes fue el día que la cotización fue más alta. La acción se pagó a 9,5 € al final de aquel día.

Soluciones de los ejercicios de la teoría

Conceptos básicos (Página 268)

Estudio estadístico	Población	Variable estadística	Clasificación de la variable
Peso de los bebés nacidos en un hospital durante el año 2009	*Todos los bebés nacidos en el hospital durante el año 2009*	*Peso de los bebés*	*Cuantitativa continua*
Número de veces que los estudiantes de una universidad van al cine en un mes concreto	*Los estudiantes de la universidad*	*Número de veces que van al cine en un mes concreto*	*Cuantitativa discreta*
Mes de nacimiento de los alumnos de una clase	*Los alumnos de la clase*	*Mes de nacimiento*	*Cualitativa*
Número de coches vendidos por los concesionarios de una ciudad en un mes	*Todos los concesionarios de la ciudad*	*Número de coches vendidos*	*Cuantitativa discreta*
Actriz preferida por los lectores de una revista	*Los lectores de la revista*	*Actriz preferida*	*Cualitativa*
Tiempo empleado por un grupo de alumnos en realizar una prueba	*Los alumnos y las alumnas del grupo*	*Tiempo empleado en realizar la prueba*	*Cuantitativa continua*
Marca del coche de los trabajadores de una empresa	*Los trabajadores de la empresa*	*Marca del coche*	*Cualitativa*
Nacionalidad de los alumnos de una escuela	*Todos los alumnos de la escuela*	*Nacionalidad*	*Cualitativa*
Color del pelo de las modelos de un desfile	*Todas las modelos del desfile*	*Color de pelo*	*Cualitativa*
Precio de la vivienda en venta de una determinada población	*Todas las viviendas en venta de la población*	*Precio de la vivienda*	*Cuantitativa continua*

Tabla de frecuencias de una variable cualitativa (Página 270)

1.

Grado de satisfacción (x_i)	Nº de personas (n_i)	f_i	%
Me ha gustado mucho	32	0,64	64 %
Me ha gustado	12	0,24	24 %
No me ha gustado demasiado	4	0,08	8 %
No me ha gustado nada	2	0,04	4 %
	50	1	100

Tabla de frecuencias de una variable cuantitativa discreta (Página 271)

1.

Nº de hijos (x_i)	Nº de personas (n_i)	f_i	%	N_i	F_i
0	15	0,5357	53,57 %	15	0,5357
1	5	0,1786	17,86 %	20	0,7143
2	7	0,25	25 %	27	0,9643
3	1	0,0357	3,57 %	28	1
	28	1	100		

Es una variable cuantitativa discreta. El 28,57 % de los alumnos tienen más de un hijo.

Tabla de frecuencias de una variable cuantitativa continua (Página 272)

1.

Intervalo (minutos)	Marca de clase (x_i)	Nº de personas (n_i)	f_i	%	N_i	F_i
$[0,20)$	10	4	0,1	10 %	4	0,1
$[20,40)$	30	10	0,25	25 %	14	0,35
$[40,60)$	50	24	0,6	60 %	38	0,95
$[60,80)$	70	2	0,05	5 %	40	1
		40	1	100		

Es una variable cuantitativa continua. El 35 % de los alumnos ha tardado menos de 40 minutos.

Diagrama de barras y polígono de frecuencias (Página 273)

1.

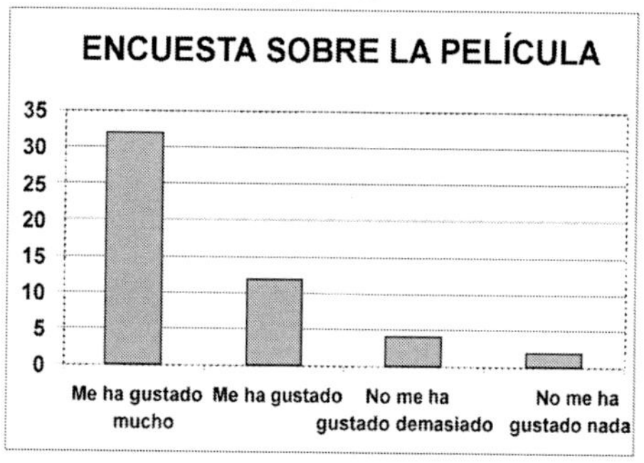

Histograma y polígono de frecuencias (Página 274)

1.

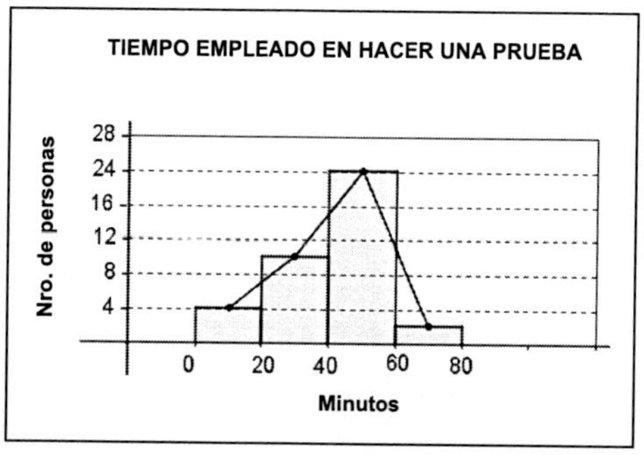

Diagrama de sectores (Página 275)

1.

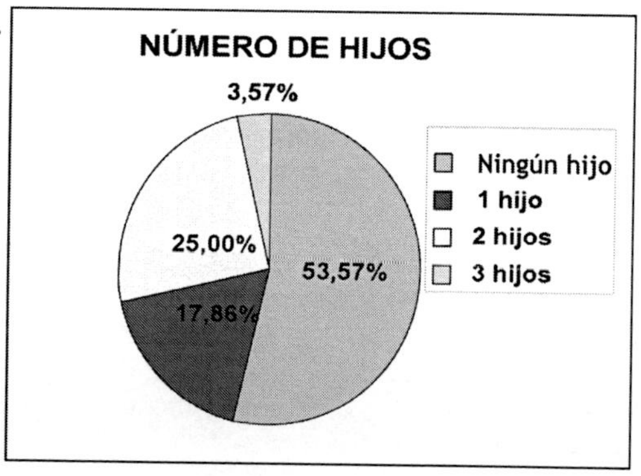

10.2 Parámetros estadísticos (Páginas 288 - 289)

1. Barrio A: $\bar{x}=3;\ Me=3;\ Mo=1;\ R=5;\ DM=1{,}87;\ \sigma^2=4{,}27;\ \sigma=2{,}07$

   Barrio B: $\bar{x}=3;\ Me=3;\ Mo=3;\ R=2;\ DM=0{,}27;\ \sigma^2=0{,}27;\ \sigma=0{,}52$

   La media y la mediana del número de plantas que tienen los edificios es la misma para los dos barrios; sin embargo, las medidas de dispersión son mucho mayores en el barrio A que en el barrio B. Eso nos indica que en el barrio A los datos están alejados de la media y en el barrio B se encuentran alrededor de la media.

   En el barrio A hay edificios muy bajos, edificios muy altos y pocos edificios medianos. Por otra parte, en el barrio B todos los edificios tienen entre dos y cuatro plantas, y la gran mayoría tiene tres plantas.

2. $\bar{x}=1.964{,}29\ Me=2.000;\ Mo=2.250;\ R=1.500;\ DM=357{,}14;\ \sigma^2=168.367{,}35;\ \sigma=410{,}33$

3. $\bar{x}=2{,}8;\ Me=3;\ Mo=2\ i\ 3;\ R=7;\ DM=1{,}09;\ \sigma^2=2{,}09;\ \sigma=1{,}45$

4. $\bar{x}=9{,}5;\ Me=7{,}5;\ Mo=12{,}5;\ R=15;\ DM=3{,}68;\ \sigma^2=18;\ \sigma=4{,}24$

TEMA 11 • PROBABILIDAD (Páginas 298 - 299)

1. a) $\frac{1}{3}=0{,}\widehat{3}$ c) $\frac{1}{2}=0{,}5$ e) $\frac{2}{3}=0{,}\widehat{6}$ g) 0

   b) $\frac{1}{2}=0{,}5$ d) $\frac{2}{3}=0{,}\widehat{6}$ f) $\frac{1}{6}=0{,}1\widehat{6}$ h) $\frac{2}{3}=0{,}\widehat{6}$

2. a) $\frac{1}{12}=0{,}08\widehat{3}$ c) $\frac{1}{2}=0{,}5$ e) 0

   b) $\frac{1}{16}=0{,}0625$ d) $\frac{7}{16}=0{,}4375$ f) $\frac{5}{16}=0{,}3125$

3. a) $\frac{1}{200}=0{,}005$ b) $\frac{1}{10}=0{,}1$

4. a) $\frac{1}{36}=0{,}02\widehat{7}$ b) $\frac{5}{36}=0{,}13\widehat{8}$ c) $\frac{1}{2}=0{,}5$ d) $\frac{1}{9}=0{,}\widehat{1}$

5. $\frac{1}{12}=0{,}08\widehat{3}$

6. a) $\frac{1}{10}=0{,}1$ b) $\frac{3}{5}=0{,}6$ c) $\frac{2}{5}=0{,}4$

   d) $\frac{1}{5}=0{,}2$ e) $\frac{2}{5}=0{,}4$ f) $\frac{2}{5}=0{,}4$

7. a) $\frac{3}{5}=0{,}6$ b) $\frac{2}{5}=0{,}4$ c) $\frac{13}{24}\approx 0{,}54$

   d) $\frac{4}{15}=0{,}2\widehat{6}$ e) $\frac{33}{65}\approx 0{,}51$ f) $\frac{4}{9}=0{,}\widehat{4}$

8. a) $\frac{1}{10}=0{,}1$ b) $\frac{3}{5}=0{,}6$ c) $\frac{2}{5}=0{,}4$ d) $\frac{9}{10}=0{,}9$

9. $\frac{23}{42}\approx 0{,}55$

10. $\frac{95}{161} \approx 0{,}59$

11. $\frac{1}{188} \approx 0{,}0053$

12. P(cruz) = $\frac{3}{4} = 0{,}75$; P(cara) = $\frac{1}{4} = 0{,}25$

13. $\frac{4}{35} \approx 0{,}11$

14. P(acertar las dos preguntas) = $\frac{1}{16} = 0{,}0625$; P(acertar al menos una) = $\frac{7}{16} = 0{,}4375$

Soluciones de los ejercicios de la teoría

Operaciones con sucesos (Página 292)

a) $A \cup C = \{2,3,4,5,6\}$ b) $B \cup C = \{2,3,4,5,6\}$ c) $A \cap C = \{2\}$ d) $B \cap C = \{5\}$

Regla de Laplace (Páginas 295 - 296)

1.

a) $P(V) = \frac{1}{5} = 0{,}2$

b) $P(\overline{V}) = \frac{4}{5} = 0{,}8$

c) $P(B) = \frac{1}{2} = 0{,}5$

d) $P(G) = \frac{3}{10} = 0{,}3$

e) $P(V \cup B) = \frac{7}{10} = 0{,}7$

f) $P(V \cap B) = 0$

2.

a) $\frac{1}{4} = 0{,}25$

b) $\frac{1}{4} = 0{,}25$

c) $\frac{1}{2} = 0{,}5$

d) $\frac{3}{4} = 0{,}75$

3.

a) $\frac{11}{36} \approx 0{,}31$

b) $\frac{5}{6} = 0{,}8\widehat{3}$

c) $\frac{1}{6} = 0{,}1\widehat{6}$

d) $\frac{1}{2} = 0{,}5$

4. a) $\frac{1}{3} = 0{,}\widehat{3}$ b) $\frac{2}{15} = 0{,}1\widehat{3}$ c) $\frac{7}{20} = 0{,}35$ d) $\frac{1}{5} = 0{,}2$ e) $\frac{1}{2} = 0{,}5$

Experimentos compuestos. Diagramas en árbol (Página 298)

1.

a) $\frac{4}{25} = 0{,}16$

b) $\frac{12}{25} = 0{,}48$

c) $\frac{13}{25} = 0{,}52$

d) $\frac{21}{25} = 0{,}84$

2. $\frac{11}{188} \approx 0{,}059$